Springer

高等院校海洋科学专业规划教材

Introduction to Satellite Oceanography

卫星海洋学

[美] G.A.莫尔（George A. Maul）著　刘汾汾 译

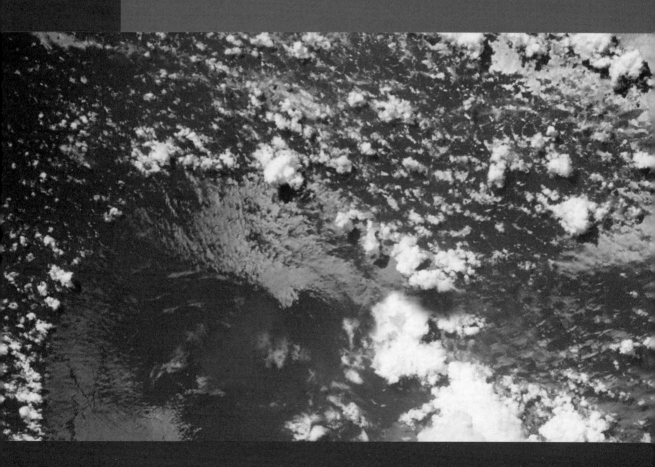

中山大學出版社
SUN YAT-SEN UNIVERSITY PRESS
·广州·

图书在版编目(CIP)数据

卫星海洋学/[美]G. A. 莫尔(George A. Maul)著；刘汾汾译．—广州：中山大学出版社，2018. 8

(高等院校海洋科学专业规划教材)

书名原文：Introduction to Satellite Oceanography

ISBN 978-7-306-06227-7

Ⅰ. ①卫… Ⅱ. ①G… ②刘… Ⅲ. ①海洋观测卫星—卫星遥感—高等学校—教材 Ⅳ. ①P715. 6

中国版本图书馆 CIP 数据核字(2017)第 281531 号

Weixing Haiyangxue

出 版 人：王天琪

策划编辑：谢贞静　　　责任编辑：谢贞静

封面设计：曾　斌　　　责任校对：梁嘉璐

责任技编：何雅涛

出版发行：中山大学出版社

电　　话：编辑部 020-84111996，84113349，84111997，84110779

　　　　　发行部 020-84111998，84111981，84111160

地　　址：广州市新港西路 135 号

邮　　编：510275　　　传　　真：020-84036565

网　　址：http://www.zsup.com.cn　　　E-mail：zdcbs@mail.sysu.edu.cn

印 刷 者：广州家联印刷有限公司

规　　格：787mm×1092mm　1/16　26.75 印张　600 千字

版次印次：2018 年 8 月第 1 版　2018 年 8 月第 1 次印刷

定　　价：140.00 元

总　　序

海洋与国家安全和权益维护、人类生存和可持续发展、全球气候变化、油气和某些金属矿产等战略性资源保障等等息息相关。贯彻落实“海洋强国”建设和“一带一路”倡议，不仅需要高端人才的持续汇集，实现关键技术的突破和超越，而且需要培养一大批了解海洋知识、掌握海洋科技、精通海洋事务的卓越拔尖人才。

海洋科学涉及领域极为宽广，几乎涵盖了传统所熟知的“陆地学科”。当前海洋科学更加强调整体观、系统观的研究思路，从单一学科向多学科交叉融合的趋势发展十分明显。海洋科学本科人才培养中，如何解决“广博”与“专深”的关系，非常关键。基于此，我们本着“博学专长”理念，按“243”思路，构建“学科大类→专业方向→综合提升”专业课程体系。其中，学科大类板块设置基础和核心 2 类课程，以培养宽广知识面，掌握海洋科学理论基础和核心知识；专业方向板块从第四学期开始，按海洋生物、海洋地质、物理海洋和海洋化学 4 个方向，“四选一”分流，以掌握扎实的专业知识；综合提升板块设置选修课、实践课和毕业论文 3 个模块，以推动更自主、个性化、综合性的学习，养成专业素养。

相对于数学、物理学、化学、生物学、地质学等专业，海洋科学专业开办时间较短，教材积累相对欠缺，部分课程尚无正式教材，部分课程虽有教材但专业适用性不理想或知识内容较为陈旧。我们基于“243”课程体系，固化课程内容，建设海洋科学专业系列教材：一是引进、翻译和出版 *Descriptive Physical Oceanography: An Introduction*, 6 ed[《物理海洋学》(第 6 版)]、*Chemical Oceanography*, 4 ed[《化学海洋学》(第 4 版)]、*Biological Oceanography*, 2 ed[《生物海洋学》(第 2 版)]、*Introduction to Satellite Oceanography*(《卫星海洋学》)等原版教材；二是编著、出版《海洋植物学》《海洋仪器分析》《海岸动力地貌学》《海洋地图与测量学》《海洋污染与毒理》《海洋气象学》《海洋观测技术》《海洋油气地质学》等理论课教材；三是编著、出版《海洋沉积动力学实验》《海洋化学实验》《海洋动物学实验》《海洋生态学实验》《海洋微生物学实验》《海洋科学专业实习》《海洋科学综合实习》等实验教材或实习指导书，预计最终将出版40余部系列性教材。

教材建设是高校的基本建设，对于实现人才培养目标起着重要作用。在教育部、广东省和中山大学等教学质量工程项目的支持下，我们以教师为主体，及时地把本学科发展的新成果引入教材，并突出以学生为中心，使教学内容更具针对性和适用性。谨此对所有参与系列教材建设的教师和学生表示感谢。

系列教材建设是一项长期持续的过程，我们致力于突出前沿性、科学性和适用性，并强调内容的衔接，以形成完整知识体系。

因时间仓促，教材中难免有所不足和疏漏，敬请不吝指正。

《高等院校海洋科学专业规划教材》编审委员会

内 容 提 要

本书主要介绍遥感观测海洋的机理及其在海洋学中的应用。全书共分5章，主要内容包括：①遥感电磁辐射机理(黑体辐射、麦克斯韦方程、极化、菲涅尔反射等)；②红外遥感观测机理、海洋温度算法反演及其在海洋中的应用研究；③可见光波段遥感观测机理、海洋水色算法反演及其在海洋中的应用；④微波遥感观测机理、海洋动力参数的获取及其在海洋中的应用研究(微波辐射传输方程、被动微波辐射计、主动微波辐射计等)。

本书原著者为国外著名海洋学专家。本书具有较高的学术价值及实用性，适用于海洋科学、大气科学、地理学、环境学、海洋测绘、地理信息系统及其他相关学科的本科生或研究生教学使用，也可供相关领域的科研人员参考借鉴。

前　言

本书所用的“卫星海洋学”一词为通用术语，意指航天电磁遥感技术在海洋研究中的应用。本书的关键词是“技术、研究、海洋、航天、电磁遥感”。海洋研究旨在了解更多关于地球水圈的知识。因此，遥感技术是海洋学家收纳袋中的另一个工具，就像温深测量仪或浮游生物网等工具一样。

但如果遥感技术只是一种工具，那么，是否有必要用一本书来对其进行介绍呢？虽然尚未有人将浮游生物网这类海洋研究工具撰写成书，但已经有关于浮游生物网能够获取哪些观测资料的章节。目前，利用航天器或飞机进行最先进的测量时，首先必须根据物理原理对测量进行解释，且必须使这些解释可从海洋过程的角度被理解。从这一层面来说，遥感观测与浮游生物网并没有本质上的区别。海洋生物学家仍然对能否利用浮游生物网获取有用的资料存在争议。

《卫星海洋学》的编写基于具有海洋光学、辐射传输以及遥感方面培训和经验的物理海洋学家的视角。本书源于美国迈阿密大学罗森斯蒂尔海洋和大气科学学院对“卫星海洋学”课程的多年开发及教学成果。学习该课程的学生多为主修物理、生物和地质海洋学以及多门工程和物理学科的二年级研究生。作者旨在为广大海洋学家、工程师和管理者概括介绍卫星海洋学这一学科。然而，这一学科在很大程度上是物理性质的。虽然几乎任何人都可以欣赏照片中的美景，但要对照片内容进行量化理解就需要欣赏者具备一定难以理解的知识。只有真正理解后方能欣赏到由心灵才能感受到的美，这种美远远超出视觉上的色彩和色调。

本书的大多数资料是由海洋和大气合作研究院研究员收集的，该研究院是美国迈阿密大学及国家海洋和大气管理局的联合研究院。大西洋海洋学与气象学实验室的工作人员负责完成图形绘制、摄影、文字处理、文本编辑和页面布局。特拉华大学和美国海军研究实验室则负责本书的初稿审查。在此真诚希望此书能惠及更多专业人士和学生。

本书的编写离不开我的朋友、同事及家人的支持，在此对他们表达由衷的感谢。开展此类项目的灵感、勇气和决心也源于人和自然。如果将这种顺序颠倒或试图去颠倒将会引起歧义。因此，仅用一句简单的谢谢来表达我的谢意。

G. A. Maul

1984 年 8 月于弗吉尼亚岛

目　录

第 1 章　海洋遥感技术简介

海洋卫星示例

美国宇航局海洋地形实验(TOPEX)采用专用精确雷达高度计测量海面地形。NOAA/TIROS 为业务气象卫星，配备传感器，可测量海面温度并定位拉格朗日漂流浮标。NROSS 为美国海军海洋遥感系统，被美国海军用来测量表面风、海面地形、海冰密集度和海洋锋位置。美国海军重力卫星(GEOSAT)配备 SEASAT 型高度计，可优化全球大地水准面和风速测定。NIMBUS－7 为美国宇航局系列的最后一颗卫星，配备海洋水色扫描仪和多波段微波扫描仪。SEASAT 为第一颗专门用于海洋学的卫星，配备五个传感器用于测量表面风、地形、温度、海冰密集度以及波型。图片由美国宇航局喷气推进实验室提供，原图为彩图。

1.1 简介

如果使用术语的字面定义，那么多年以来，遥感已经是海洋学家的工具：通过使用传感装置获取有关海洋的信息。传统海洋学家最常见的遥感设备可能是回声测深仪，该装置为我们提供了关于海底地形的大部分信息。在本书中，遥感仅限于照相机、电视、分光辐射计、雷达和无线电接收器等设备的“远程检测”和电磁辐射测量。海洋遥感在使用航天技术解决问题方面涉及整个实验计划，包括传感器的选择和信号的接收、记录和处理以及对最终数据的分析。

必须对组成实验方案的待测变量或运行监控系统设计中的待测变量进行定义。卫星或飞机遥感有一定的优点和局限性，这必须在初始阶段予以考虑。表 1－1 是海洋变量汇总，此类变量可通过其电磁特性进行测量。可通过飞行器或卫星测量到的深度（z）以及测量技术也在表格中。每个变量的精度和空间分辨率取决于所使用的技术和测量的高度。随着技术的发展，该表格内容也将发生变动。

采用遥感属性列出表 1－1 中的精度和分辨率很容易，但是这些值只能作短暂使用。例如，海洋表面红外测温的精确度被认为可达到 ±0.1 K。最近的误差分析表明理论上的不确定性为 ±1.0 K，并且根据航天器上的实际测试，均方根不确定性通常数倍于理论限值。与红外测量相关的物理和技术的持续研究无疑将改善这些数值。

未有相关专业知识的读者可能会对表 1－1 中列出的许多属性感到惊讶，比如盐度。如果人们将环境遥感视作人类视觉的延伸，那么，他们很快就会发现自己患有被称为近视的眼病或拥有狭窄的视野。至于盐度，你不能“看见”并说出含盐量的明显海洋属性。另一方面，对海水微波性质的考虑以及对在这些波长下的介电性质研究，向我们揭示了海水的微波发射率由盐度决定等新信息。发射率（将在第 2 章中详述）是关于测量在所有波长下海洋辐射的参数，但在微波频率处却是特别大的变量。因此，如果某一微波仪器对海洋发射率的变化敏感，那么它也对其盐度的变化敏感。

表 1－1　远程敏感的海洋属性

属性	深度/m	平台		技术
		飞机	卫星	
温度	$z=0$	x	x	红外波段测定
	$z=0$	x	x	微波波段测定
	$0\leqslant z\leqslant 100$	x	–	激光
水深	$0\leqslant z\leqslant 200$	x	x	摄影摄像
		x	x	可见光波段测定
		x	–	激光
盐度	$z=0$	x	–	微波波段测定

续表 1－1

属性	深度/m	平台		技术
		飞机	卫星	
盐度	$0 \leqslant z \leqslant 100$	x	–	激光散射测量
可见辐射	$0 \leqslant z \leqslant 200$	x	x	摄影摄像
(颜色)		x	x	光谱学
潮流	$z=0$	x	–	摄影测量法
		x	x	微波雷达
		x	–	多普勒激光
大地水准面	$z=0$	–	x	微波雷达
潮汐	$z=0$	–	x	微波雷达
海面状况	$z=0$	x	–	摄影摄像
		x	x	微波
		x	x	可见光测定
		x	–	激光
表面风	$z=0$	x	x	微波
冰	$z=0$	x	x	摄影摄像
		x	x	可见光测定
		x	x	微波
海洋锋	$z=0$	x	x	摄影摄像
		x	x	可见光测定
		x	x	红外线
		x	x	微波
悬浮	$0 \leqslant z \leqslant 100$	x	x	摄影摄像
颗粒		x	x	可见光谱
		x	–	激光
零碎杂物	$0 \leqslant z \leqslant 20$	x	x	摄影摄像
(即石油化工产品)		x	x	可见光反射比
		x	–	激光
		x	x	红外发射率
		x	x	微波
		–	–	(被动与主动)

上述的讨论旨在鼓励读者超越传统观点，创造新的令人振奋的方法来研究地球上的海洋。在此之前，需要了解一些通用性的术语，附录中给出了术语表和符号列表，

电磁波谱如图 1 - 1 所示。

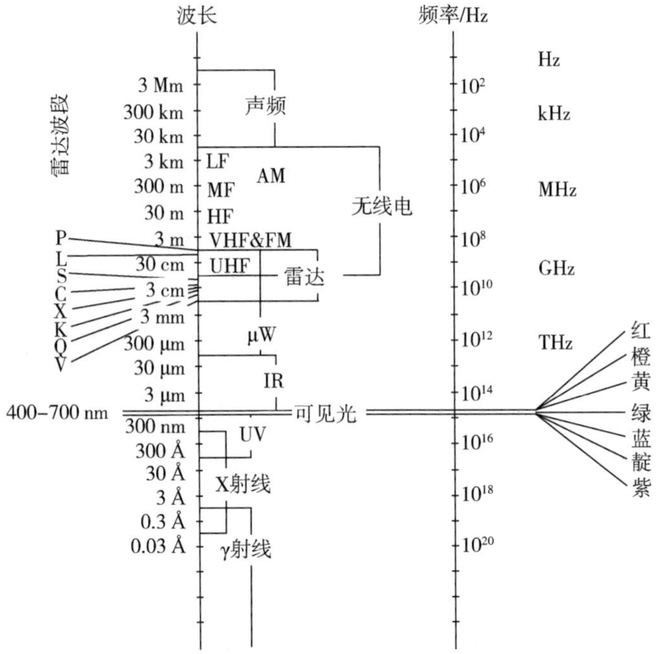

图 1 - 1　电磁波谱

缩略语含义在正文和术语表中给出；雷达波段的详细信息见表 1 - 3。

遥感测量单位遵循标准物理实施规则。长度、质量和时间的单位为米(m)、千克(kg)和秒(s)，即所谓的 MKS 系统。遥感术语中常使用的词头、符号及因数见表 1 - 2。

表 1 - 2　SI 主要词头

词头	符号	因数
皮(pico)	p	10^{-12}
纳(nano)	n	10^{-9}
微(micro)	μ	10^{-6}
毫(milli)	m	10^{-3}
厘(centi)	c	10^{-2}
千(kilo)	k	10^{3}
兆(mega)	M	10^{6}
吉(giga)	G	10^{9}
太(tera)	T	10^{12}
拍(peta)	P	10^{15}

其中许多单位也适用于物理学下面的遥感这一分支，我们将在接下来的一些章节中介绍这些单位。使用哪一种温度单位取决于温度是现场测定的还是遥感获得。现场

观测的温度通常以摄氏度(℃)表示，遥感观测的值通常以开尔文(K)为单位，其中 0 ℃ = 273. 16 K。

科学家们已经知道电磁谱是连续的，然而，这一发现却经历了相当长的时间。现在，人们习惯性地将不同波段的光谱分隔开并予以命名。人眼可见的辐射范围从紫色光(波长约 0. 4 μm)到红色光(波长约 0. 7 μm)。大于 0. 7 μm 波长的光被称为红外线(IR)，短于 0. 4 μm 波长的光被称为紫外线(SUV)。可见光的中心频率约为 5.5×10^{15} 赫兹(简写为 Hz；每秒周数)，对频率高于太赫兹(10^{12} Hz)的辐射，通常采用波长单位来表示，频率单位并不常用。在可见光波段，通常采用纳米(10^{-9} m)为单位；在红外波段使用微米；在紫外线、X 射线和伽马射线(在图 1 - 1 中缩写为 γ 射线)波段使用埃(Å，10^{-10} m)。

小于 400 nm 的光谱波段通常不适宜用于海洋遥感，这是因为这一波段范围可用于被动辐射测量的自然能源少，而且在此波段，卫星获取的辐射信号主要是大气的瑞利散射信号。自 20 世纪 50 年代初以来，红外波长的被动遥感一直是研究的热点，主要观测波段在 8～14 μm 之间，因为地球释放的热辐射信号在此波段最强，能够被显著探测到。微波波段(图 1 - 1 中缩写为 μW)包括雷达波长，可采用主动和被动遥感方法观测海洋。与可见光和红外波段不同，雷达波长通常采用特定的缩写字母表示，如图 1 - 1 所示，部分雷达波长名称在表 1 - 3 中列出。

表 1 - 3　雷达波长或波段

名称	频率	中心波长
P	220～300 MHz	115 cm
L	1～2 GHz	20 cm
S	2～4 GHz	10 cm
C	4～8 GHz	5 cm
X	8～12. 5 GHz	3 cm
Ku	12. 5～18 GHz	2 cm
K	18～26. 5 GHz	1. 35 cm
Ka	26. 5～40 GHz	1 cm

完整的辐射频段还包括无线电和音频，如图 1 - 1 所示。低、中和高频(LF、AF 和 HF)是通信中常使用的振幅调制(GA)波段。甚高频(VHF)是通信中常见的调频(FM)波段，UHF 代表超高频无线电频段。音频或声波(小于 30 kHz)是性质上与电磁波完全不同的声波，但是可以通过诸如麦克风或扬声器的换能器从一种波型转换为另一种波型。虽然人类喜欢基于自己的感官极限划分电磁谱，但自然界却没有这样的界限。

1. 2　遥感历史

遥感简史是物理、化学和工程几个领域的综合简史。轨道上运行的卫星遵循天体力学规律，天体力学规律源于古代占星学家的观察。经典希腊文献中有关于飞行和高空观测的优点的一些早期观点。虽然早期人们对反射这一现象很难理解，但《旧约全书》中已有对反光技术的论述。然而，这种光学技术的科学解释与物理学科的发展密切相关，物理学科的发展要追溯到公元 1000 年，当时一位名叫阿尔哈曾的阿拉伯人指出在反射光线中反射角等于入射角，并且反射光线和入射光线位于同一平面内。当然在此之前人类已经留下了丰富的科学遗产，但对光性质的定量的科学研究却被认为是从这名出色的数学家和物理学家开始。光的性质，更准确地说是辐射特征的定量研究，是早期遥感研究的焦点。

到 17 世纪，基于前人的研究，对辐射性质的研究取得了一些显著的进展。1627 年左右，威里布里德·斯涅耳建立了以其名字命名的著名定律，根据该定律，入射角和折射角的正弦值与两介质的折射率有关。斯涅耳时代关于光性质的流行理论是微粒说，微粒说是粒子理论，艾萨克·牛顿在 1671 年仍支持该理论。1665 年和 1678 年，罗伯特·胡克和克里斯蒂安·惠更斯提出光本质上是一种波。他们进行了令人信服的实验以支持自己的观点。直到 20 世纪光的波动性理论才在科学中确立，特别是在 19 世纪中叶詹姆斯·克拉克·麦克斯韦完成理论工作之后。

文艺复兴时期，在哥白尼、开普勒和伽利略等人在力学上取得进展的基础上，艾萨克·牛顿在 1687 年基于其万有引力理论提出人造卫星的可能性。牛顿在 1666 年提出的万有引力，是预测卫星轨道的平衡力。在式 1－1 中，F 是距离为 r、质量为 M_e 和 m 的两个物体之间的力。万有引力常数 G 由亨利·卡文迪什在 1797 年测定，现今采用 $6.673\times10^{-11}\ \mathrm{m^3\cdot kg^{-1}\cdot s^{-2}}$。虽然早在 1232 年中国人就知道使用火箭，但是真正设想将伽利略惯性定律（牛顿第一定律）和牛顿第三定律（动量守恒）应用于火箭和轨道的是 19 世纪的一名科幻作家。19 世纪的想象力引发了许多科学发现。虽然力学被应用于工程中，但电磁学和光学却始终处在知识的最前沿。

$$F = \frac{mGM_e}{r^2} = ma \qquad (式 1-1)$$

如今学术界普遍认为电磁波谱是连续的，在 1800 年威廉·赫歇尔爵士“发现”红外辐射，1801 年里特证明了紫外线辐射的“存在”之后，随着 1801 年托马斯·杨所做的光干涉研究工作以及 19 世纪 20 年代大卫·布儒斯特所做的关于反射、折射和偏振的研究工作的展开，波动说才日益流行起来。1814—1817 年，夫琅和费（Joseph Fraunhofer）观察到现在以他名字命名的太阳光谱中的黑线（夫琅和费线），1818 年奥古斯丁·菲涅尔（Augustin Fresnel）用波动说对光衍射进行了解释，对牛顿的光微粒说造成了“致命”一击。

虽然遥感方面的物理学研究不断取得进展，但化学家们却忙于探索光化学反应的性质。虽然人们对透镜几何学有了一些很好的认识，但是直到 1839 年，天才科学家达盖尔和尼埃普斯才拍下第一张照片。詹姆斯·克拉克·麦克斯韦（James Clerk Maxwell）于 1855 年提出了摄影的多光谱概念。1861 年，他和托马斯·萨顿创作了一个“彩色”图像，他们将蓝色、绿色和红色滤光器投影到同一场景，获得三个光谱图，该方法证明了杨氏三色理论。麦克斯韦和萨顿在皇家学会前的演示是现代许多遥感概念的理论基础。但航天遥感的功劳则归功于陶纳乔。1858 年，他希望将摄影应用于地形测绘，并从气球上拍摄了第一张航拍照片。直到 1871 年，一种不需要曝光胶片，拍照后能立即显影的胶片乳剂才得以问世，这样便不需要携带处理曝光胶片的化学药品。

同时，物理学家们也在尝试将遥感应用于除摄影外的其他领域。古斯塔夫・基尔霍夫提出在热平衡条件下，物体发射率和吸收率关系的一个非常重要的表达式。1 年后，即 1860 年，罗伯特・本生和基尔霍夫解释了太阳光谱中的夫琅和费谱线，认为它是由太阳光球层内外的气体吸收造成。1865 年，麦克斯韦发表了电磁场统一理论，这是波动说的最高成就。1879 年，兰利发明了辐射热测量计，光电效应被应用于量化辐射测量。9 年后，海因里希・赫兹证实了电磁波的存在，但另一场革命正在进行，这场革命源于当时麦克斯韦理论无法解释光电现象以及最根本的问题——黑体辐射。

19 世纪末 20 世纪初是技术和科学发展的辉煌时期。1893 年，威廉・维恩提出了他的黑体辐射位移定律；1900 年，瑞利勋爵采用电磁波理论解释了黑体辐射光谱的长波部分。同年，马克斯・普朗克提出一个统计方程解释黑体辐射，并提出量子理论。普朗克量化了发射光谱，维恩位移定律、维恩辐射定律（1896 年）和由金斯在 1905 年修正的瑞利定律（被称为瑞利 - 金斯定律）均可由普朗克定律推导出来。下式为普朗克定律：

$$M(\lambda)\mathrm{d}\lambda = \frac{c_1\lambda^{-5}}{\mathrm{e}^{c_2/\lambda T} - 1}\mathrm{d}\lambda \qquad \text{（式 1 - 2）}$$

其中 $M(\lambda)$ 是随波长（λ）变化的辐射强度，它是关于波长、温度（T）和两个常数 c_1 和 c_2 的函数。普朗克也在光量子论基础上推导出式 1 - 2。

这些结果表明，牛顿关于辐射性质的一些观点并不是完全错误的。阿尔伯特・爱因斯坦在 1905 年对光电效应进行了解释，又在 1909 年解释了波粒二象性，从而奠定了遥感技术的物理学基础。

在遥感技术不断取得进展的过程中，不乏有趣的一面。科学家在试图拍摄航空照片时，曾采用了各式装置。约 1882 年，爱德华・阿奇博尔德借助风筝进行拍摄，而劳伦斯则用重量为 500 kg 的高空摄像机拍摄了面积达 3. 25 m^2 的图片。1903 年，朱利・尼伯纳在信鸽胸前装载摄像机进行拍摄，并申请了专利，与劳伦斯不同的是，尼伯纳采用重 70 克的摄像机，用了 38 mm^2 的底片。事实上，从火箭上拍摄的第一张照片比尼伯纳的鸽子相机早 12 年。1891 年，路德维希・拉赫曼申请了专利，该专利是一个能从火箭上拍摄鸟瞰图的装置。1907 年，阿尔弗雷德・莫尔获得了航摄仪陀螺稳定相机的专利，该装置被应用于火箭，事实上，该相机是当今战术侦察机上搭载的一个基本装置。当人们拿 1909 年威尔伯・莱特从飞机上拍摄到第一张照片所使用的技术与同年阿尔伯特・爱因斯坦对波粒二象性的解释进行比较时，就会发现其中有趣的分歧。

在20世纪上半叶，遥感领域取得的重要进步主要是在辐射物理和辐射传输方面。约翰·威廉·斯特鲁特(瑞利勋爵)基于电磁偶极子相互作用原理成功地解释了分子散射现象。1908年，古斯塔夫·米提出了著名的粒子散射理论，20年后，C. V. 拉曼发现漫射光包含其他波长的射线。钱德拉塞卡在1950年出版的同名书中总结了对辐射传输的一些思考和对相关概述的一些理解。

1890年，威廉·马可尼发明了收音机，收音机主要利用了电磁波谱的微波波段。微波遥感促进了无线电探测与定位(RADAR)技术的发展，无线电探测与定位在第二次世界大战早期就出现了，同时微波遥感也促进了接收器的发展，这种接收器非常敏感，能够探测出自然辐射信号。康斯坦丁·齐奥尔科夫斯基在1898年完成了经典专著《利用喷气工具研究宇宙空间》，该专著于5年后出版。他在该专著及1911—1913年间出版的其他专著中，推导出了一些火箭的基本式(齐奥尔科夫斯基火箭公式)，并建议使用液态燃料代替固体燃料。1914年至1916年间，罗伯特·戈达德创立了火箭飞行的基本理论。到第一次世界大战结束时，航空摄影已经成为一门既定的科学，并创造出“摄影测量法”这一术语。1930年，克里诺夫介绍了多光谱摄影的概念，但被动多光谱微波或红外设备却在30多年后才被研制出来。在“多光谱”这一概念被引入后的10年中，摄影领域取得了若干重要进展，如1931年引入红外胶片，1935年柯达彩色胶片引起了艺术变革。

20世纪中叶火箭技术持续发展，罗伯特·戈达德所作贡献颇为显著。1926年，他获得液体燃料火箭专利并进行了发射，后来又发明了多级火箭。戈达德还发明了不需要旋转的导航系统，导航系统是威廉·黑尔在1846年对弹道学所作的贡献。与近1 000年前中国人的情况类似，是战争催生了V-2火箭，V-2火箭由沃纳·冯·布劳恩在1930年研制。与火箭技术相结合的是电子、光学和固体物理学中的无数发明，这些发明促使现代遥感所必需的探测仪、仪器、计算机和通信设备的产生。有几个具有里程碑意义的发明值得一提：1947年约翰·巴丁、沃尔特·布喇顿和威廉·肖克利发明了晶体管；20世纪四五十年代间数字计算机的发展；1954年太阳能电池问世并于1958年首次在美国先锋一号人造卫星上使用。

第二次世界大战期间，遥感第一次在海洋学中进行定量应用。由于需要在图上未标明或粗略标明的太平洋岛屿上进行两栖登陆，人们开始尝试采用空中水文测量。在进行海底地形摄影测量的同一年(1942年)，人们开始引入彩色红外片来区分自然植被和伪装手段。海洋学家花了几十年的时间才能掌握一项新技术，然而得益于记录在彩色红外片上的增强的反射率信号，生物学家如今能够绘制出海表面浮游植物的浓度。物理海洋学家也从摄影测量中受益，尤其是从1952年卡梅伦的研究工作开始，他使用表面浮标的航空照片来量化整个港口的海表环流。另一方面，海洋地质学家几十年来一直使用航空照片来描述与沉积物运移、海滩侵蚀和近岸环流相关的形态变化。

1953年，亨利·斯托梅尔、威廉·冯·阿克斯、唐纳德·帕森和威廉·理查森等人乘坐携带近红外辐射温度计的飞机飞往美国东海岸海洋上空。他们不仅成功地在飞机上进行了温度测量，而且还找出了墨西哥湾流的大陆边缘位置，并发现了现今被解释为水平剪切形成的涡旋结构的“叠瓦构造”。自那时起，红外技术被应用于海洋学，并奠定了卫星数据首次定量应用于海洋的基础。1964 年，麦卡利斯特成功地利用多光谱红外辐射计进行空中热通量测量，并表明双波长可以对大气衰减和辐射进行校正。

1965 年，吉福德·尤因(见图 1－2)将在伍兹霍尔海洋研究所(WHOI)举行的题为“太空海洋学”的会议上发表的论文编纂成册。那时，“伴侣号”人造卫星已是一个使用长达 8 年的家喻户晓的词，而且第一颗气象卫星泰罗斯已在轨道上运行了 5 年。几乎所有 20 世纪 70 年代后期使用于卫星上的先进概念，例如 GEOS－3、泰罗斯－n 卫星、SEASAT 和 NIMBUS－7，均在会议上进行过讨论：卫星测高、多光谱红外图像、微波辐射测量、可见光谱、卫星雷达和散射计以及摄影测量法。这些概念还在不断增加中。众所周知的卫星海洋学可能诞生于 1964 年 8 月的伍兹霍尔海洋研究所，当时吉福德·尤因担任所长。

图 1－2　吉福德·尤因博士

照片由伍兹霍尔海洋研究所提供。

美国国家航空航天局(NASA)于 1969 年夏天在马萨诸塞州威廉斯敦的威廉斯大学校园赞助了一个研讨会。由威廉·考拉主持的题为“陆地环境、固态地球和海洋物理，空间和天文学技术应用”的研讨会，其报告为美国航天局在 1970 年间的海洋动力学方案提供了指导。众所周知的《威廉斯敦报告》，在美国天空实验室中进行了几次实验，并为 GEOS－3 和 SEASAT 等计划作出了重大贡献。同期在伍兹霍尔海洋研究所举行的关于海洋水色的 WASA 研讨会上，主要讨论了生物海洋学家需要测量生物资源的变化性。威廉·汤姆森根据 1969 年 8 月的讨论会编辑了题为《海洋水色》的报告。该会议制定了航空测量计划，并将光谱仪器放置在美国天空实验室和 NIMBUS－7 中，用以量化可见光辐射的上行光谱，可见光的上行光谱反映了海水中叶绿素的变化。

1.3　测量原理

如 1.2 节所述，托马斯·杨在 19 世纪早期提出了三原色理论来解释人类色觉形成机制。麦克斯韦和萨顿证明了杨氏理论，他们将三种不同颜色过滤的镜头投影到一个屏幕上并成功构建出一幅彩色图像。这是当今遥感技术中常见的“多”的概念的早期示例。罗伯特·克罗韦尔于 1973 年综合了三原色色觉以外的想法，包括多站点、多频段、多时相、多级、多极化、多重增强、多学科、多专题以及遥感多输入概念。这些概念都在卫星海洋学中有着重要的应用，本节将举例说明。

1.3.1 “多”的概念

对摄影测绘制图员来说，一个一直很有用的飞行技术是“多站摄影”(multistation photography)。自第二次世界大战以来，重叠立体影像就被用于绘制清澈水体区域的底地形，在热带地区的应用尤其显著。物理海洋学家利用“多站摄影”，通过测量立体影像中与一个运动的表面目标相关的假视差来测量表层流场。图 1－3 是基于 1952 年卡梅伦的方法。

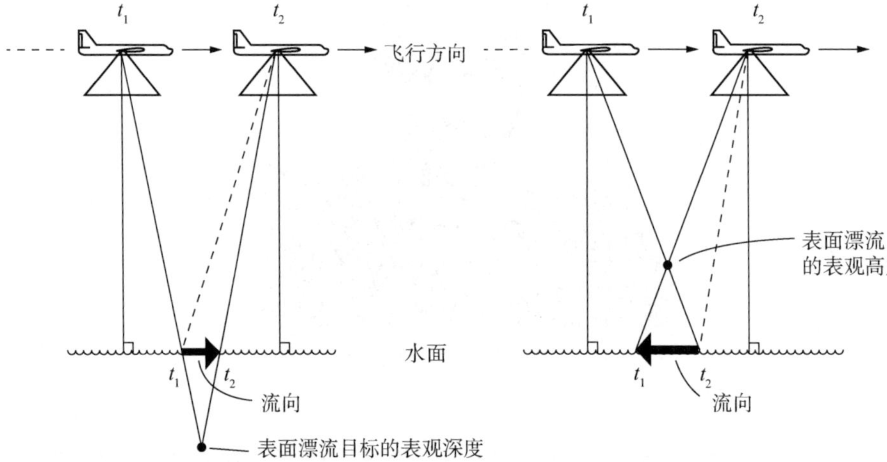

图 1－3 测定表层流速和方向的摄影测量技术

两次摄影间隔(时间 t_1和 t_2)水的移动将会引起与流速成正比的假视差。

如果观测目标与飞行器的飞行路径相反，则在水面自由漂浮的目标物在图片中表现为漂浮在水面上；相反，如果飞行器和水面漂浮目标物具有相同的速度矢量，则目标物在图片中表现为在水面以下。水面漂浮的目标物的表观高度或深度与其速度成正比。“多站摄影”技术在受潮流速度影响，系留式海流计无法使用的交通繁忙的港口和河口非常有用。

“多时相”(multidate 或 multitime)指采用同一仪器在不同时间对相同位置和仪器进行观测。时间序列应用当然不是遥感所独有的，但它们在卫星观测中却具有独特的优势。例如，在地球静止气象卫星的 30 分钟重复图像中，可以逐幅从图像中识别出云。根据多幅图像中的运动特征分析可以定量估计风速。估计的风速能够通过天气服务广播给海上船只。从同一地球静止气象卫星对海洋特征进行光谱分析通常很复杂，因为云会不时地遮蔽海洋特征。而云并不是在所有辐射波段均透明，这就是为什么我们需要多波段遥感数据。

“多波段”(多光谱，multiband)遥感，即同时获取同一地貌多个波长的信息。图1-4是来自地球资源卫星LANDSAT-1多光谱扫描仪的一个例子。通过四个光谱波段同时获取四幅图像：0.5～0.6 μm处绿-黄光的光谱信息；0.6～0.7 μm黄-橙色光的光谱信息；0.7～0.8 μm的红光的光谱信息；0.8～1.1 μm的人眼看不见的红外光的光谱信息。在第4章还会详细讲述图1-4中的每幅图像不同光谱波段所

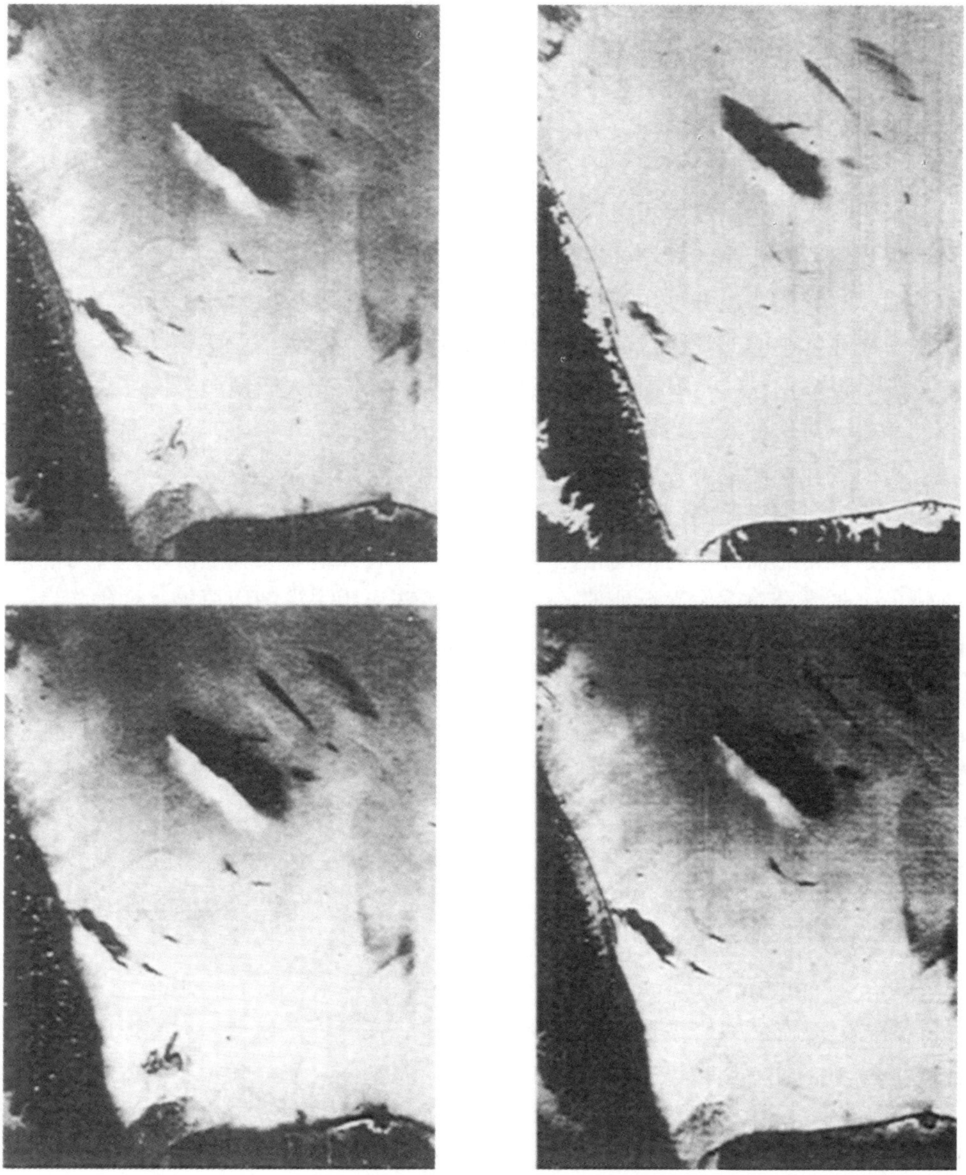

图1-4 纽约海湾地球资源卫星多波段图像

左上绿波段(0.5～0.6 μm)；右上橙色波段(0.6～0.7 μm)；左下红光波段(0.7～0.8 μm)；右下红外波段反射信息(0.8～1.1 μm)。

包含的海洋信息，这些信息主要由两个因素导致。第一，根据瑞利定律，大气散射与波长的四次方成反比。因此，0.5～0.6 μm 波段的大气散射信号比其他波段的要强。第二，水对光的吸收随着波长的增加而增大。因此，根据比尔定律，在 0.5～0.6 μm 的图像中，海水反射更多的光。这也就是为什么随着波长的增加，哈德逊河羽状流逐渐在图像上消失了。大气的影响则更为微妙，但是水面特征(例如右下角的内波振动)更容易被检测到，因为随着大气散射的减小，波形的对比度会增加。在可见光、红外和(或)微波波段使用多光谱遥感，是航空航天遥感最重要的技术之一。

使用不同尺度的观测来研究相同的特征，或以一个波长为中心但采用不同光谱带宽，被称为“多级”(multistage)遥感。许多验证实验需要多个平台的多级观测：船舶提供现场验证数据，低空飞行飞机以最小的大气干扰观测上行辐射，高空飞行飞机研究中间大气影响，最后是卫星，例如美国天空实验室，携带许多传感器获取最全面的信息。由于技术问题，仪器的高空间分辨率通常伴随着小的覆盖面积。因此，多级图像可以根据需要来获取低空间分辨率、大覆盖面积的影像，或者获取高空间分辨率、低覆盖面积的影像；也可以在时间和空间分辨率之间进行权衡来满足观测要求。

卫星海洋学中的“多极化”(multipolarization)被定义为通过偏振滤波器观测海表面。举一个许多用过偏光太阳镜的人所熟悉的例子，偏光太阳镜能够增强人们看水下物体的能力。对这种效果的物理解释将在第 2 章中进行，其中还涉及表面反射现象的描述。有时候我们侧重观察表面现象，而有时则需要将表面效应最小化。因此，根据应用要求，通过偏振器件可获取入射和发射辐射信息，特别是在微波波段。

与入射到传感器的辐射范围相比，人眼在照片胶片上观察到细微灰色阴影的能力是有限的。通常会对图像进行处理，以便向有特殊应用需求的用户提供详细信息。例如，在图 1－5 中，相同图像的红外数据已通过多种方式进行处理，即“多重增强”(multienhancement)。物理海洋学家需要获取海面温度范围的信息；制图员只需要确定海陆边界；气象学家需要获取云顶温度。在图 1－5 中，通过在一个灰度色标上设置不同的倍数，便可以在单幅图中同时满足以上三个目标。因此，在海洋表面温度范围内，海洋学家有一个完整的灰度色标，气象学家也获取了云顶温度范围。在单幅影像(如图 1－5)中，图像信息似乎很难解译，但是如果对于一系列图像，例如地球同步卫星每 30 分钟重复观测一次，根据观测结果，我们可以获取一组遥感影像，基于多个遥感影像，能够显著地将云的运动与陆地、海洋和大气特征区分开。

“多学科”(multidiscipline)分析是不同研究背景的科学家同时对同一幅图像独立地进行解译。例如，在阿波罗－联盟测试计划中，来自许多研究领域的地球科学家对发射期间获取的遥感影像进行解译。在宇航员汇报期间，海洋学家、气象学家、生物学家和地质学家提出的问题覆盖了多个学科。如果只有海洋学家出席，对于一些问题的反馈将不会那么全面、清晰。因为最初就是由一个多学科的专家工作小组对宇航员进行地球观测知识的训练的。

“专题”(thematic)一词源于希腊语，“多专题”(multithematic)是遥感中的术语。一个海洋学家熟悉的多专题绘图的例子是温度和盐度等值线图，每个变量采用不同的

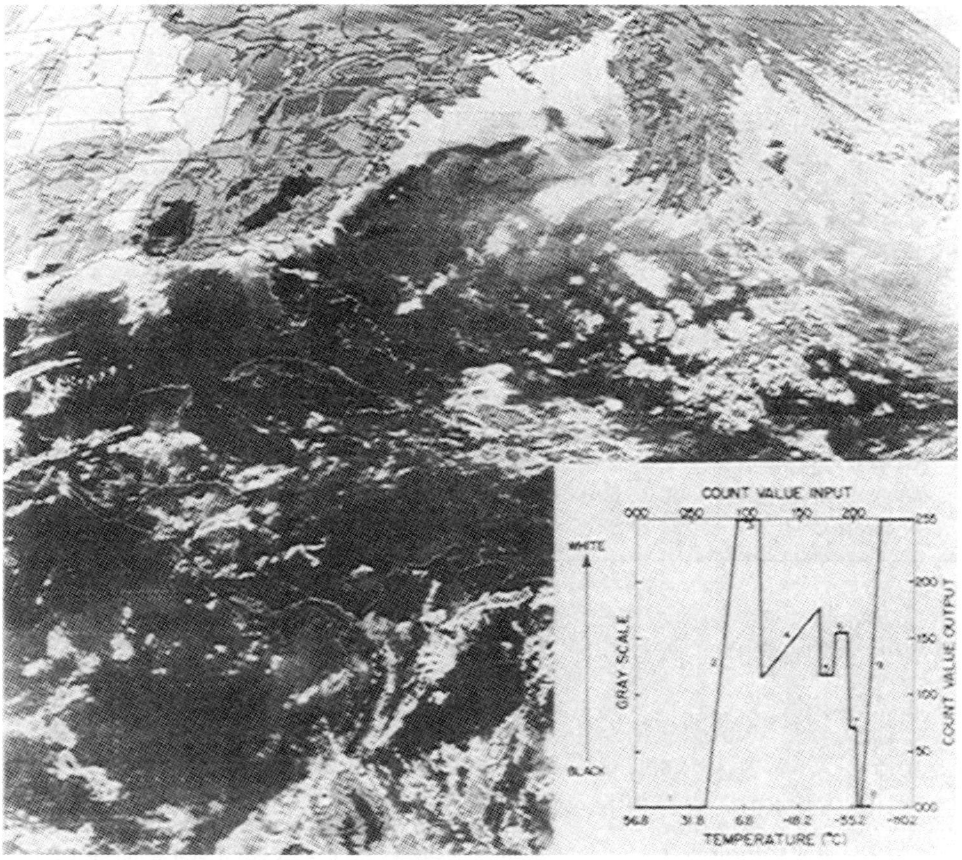

图 1－5　西北大西洋 GOES 红外(10.5～12.5 μm)图像的多重增强处理

多重增强曲线在右下方。

颜色来表示。红外图像可以作为底图，在其上绘制其他遥感变量的等值线，例如叶绿素浓度或悬浮泥沙浓度。关于土地资源利用这一专题，需要将多个信息叠加在地图上，这些信息是基于多学科分析的结果。海洋专题制图包括湿地和沿岸土地利用，沉积物类型和底地形，生产力和渔业区，水质和倾倒点，以及海洋动力图，展示势能向动能转化。专题地图需要许多信息，遥感图像及其获取的变量只是这些信息中的一部分。

任何遥感技术都需要将表面观测参数与辐射数据联系起来。“多输入”(multiin-put)分析是与海表面数据合并的技术。在海洋学中，多输入分析也是次表层海洋信息的合并过程。例如，物理海洋学家不满足于仅研究海面温度，表面温度与深层热结构的关系(若有)也是极为重要的。在墨西哥湾流的研究中，已有研究表明最大海表温度梯度与 200 m 深度处的最大温度梯度之间存在高度相关性。因此，对海面温度梯度最大值变化的研究可以用于指示深层热结构，也反映了西边界的变化情况。墨西哥湾流的另一个多输入分析的例子是确定湾流边界识别的置信度。多个传感器(例如可见光、红外线和微波)的信息可以用来定位边界位置，采用这种多源信息能够显著地降低误差发生概率。

科威尔关于“多”的概念还包括几个专业术语，这些术语主要应用于陆地遥感。但是有一个“多”的概念科威尔没有提出，那就是“多经济”，即遥感技术是低成本高效益么？这一“多”的概念需对昂贵的仪器、计算机设备、高技术可靠性以及对相关人员的长期培训进行考虑。表 1－4 总结了海洋遥感的一些利弊，将在以下段落中进行讨论。

表 1－4　遥感的实验室设计

为什么选海洋遥感技术	为什么不选海洋遥感技术
1. 调查的快速性	1. 无法测量所有所需的变量
2. 大面积覆盖	2. 有限分辨率
3. 无法现场测量	3. 通常不精确
4. 偏远地区的长期监测	4. 复杂、昂贵的电子系统
5. 不干扰海洋过程的测量	5. 仅限于地表现象的辐射技术
	6. 需要表面验证以及校准

1.3.2　遥感的实验室设计

描述“多”这一概念的许多例子都强调了选择遥感技术的理由。那么，“是否有必要采用遥感技术来解决实际问题?”换句话说，实验中可以没有遥感技术吗？如果需要遥感技术，那么在设计过程中，能够忽略某些海洋特征和尺度(空间和时间)吗？随着对海洋表面变化的更多了解，更需要将遥感数据集成到表面测量中。许多正在进行的科学计划不需要卫星数据，除了那些可能用于船舶安全的计划；然而，如果考虑表层动力学，则需考虑卫星数据。

在物理海洋学中，是否使用遥感(如表 1－5 所示)，取决于需要调查的海洋过程。图 1－6 是海洋中物理现象的时空尺度。例如，因为潮汐具有全球性和周期性，可以采用遥感技术研究深海潮汐；相反，当遥感观测的空间和时间尺度不适合观测内波时，则不适宜采用微波高度计研究内波引起的海表面的变化。因此在分析遥感调查海洋参数的可能性时，应结合图 1－6 和表 1－1。当然图 1－6 中的时空信息并不限于物理过程分析，生物学家也可以利用渔业与遥感可探测时空尺度的关系开展研究。

卫星数据处理和解译需要较高的技术水平，但是成本并不高。大量有用的海洋信息可以从气象服务产品中获取。如图 1－5 所示，通常海洋学家在一些研究计划中可以免费地获取大气和海洋地物信息。但是，当研究小组和业务小组建立某种共生关系时，成本效益将会显著提高。

表 1－4 中列出的一些限制告诉我们“什么是遥感能够真正测定的”。与所有新兴科技一样，新技术也需要用新的解译理念。例如，物理海洋学家曾经需要获取地表以上 10 米或 19 米处的风速，在边界层模型中使用这些速度来计算表面风应力，并且由此计算动量交换速率。主动微波遥感技术的最新发展表明，风应力可以从短表面重力

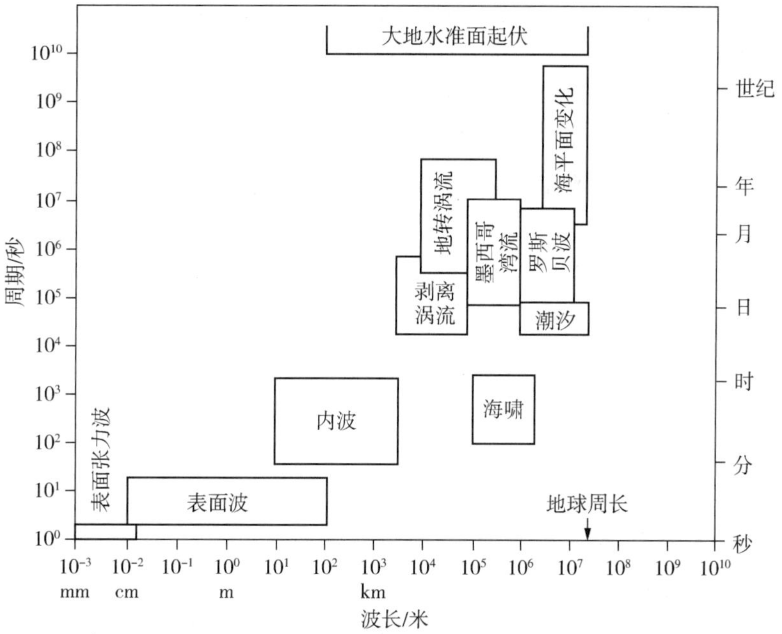

图 1－6　海洋中物理现象的时空尺度

根据 G. A. 莫尔等人的研究(1980 年)重绘。

波的雷达后向散射直接获取。该技术使得人们不再需要利用风速来获取动量通量。可以肯定的是，“什么是能够真正测定的”与微波辐射和波的相互作用有关，不过不同目标参数的观测机理有所不同。

表 1－4 告诉我们，研究海洋需要实现观测计划的整合。与在环境科学方面所做的其他努力一样，海洋卫星观测只是数据收集方案的一部分。海上数据收集和实验室分析同等重要，这一理念促使协同增效，即产生比总和更有成效的结果。

1.4　轨道

根据第谷·布拉赫和尼古拉·哥白尼等伟大天文学家的观测结果，约翰尼斯·开普勒构建了三个行星运动定律。根据开普勒定律，艾萨克·牛顿推导了万有引力定律(式 1－1)，描述了人造卫星运动的物理学。如果地球是密度均匀的球体，并且没有其他扰动力，则式 1－1 将正确地预测地球卫星的运动情况。地球轨道卫星还受到其他几个力的作用(如其他天体的引力、大气摩擦和地球扁率)，在这些力作用下的卫星轨道是一个吻切轨道。在讨论人造地球卫星物理学之前，需要一种通用语言。表 1－5 和图 1－7 至图 1－13 列出并描述了海洋学家与航天科学家共用的基本术语。

1.4.1　轨道术语

卫星在椭圆形轨道上运动，地球中心位于椭圆的其中一个焦点上(图 1－7 中的

F_e)。在图 1－7 所示的完美极轨上，航天器通过北极(P_N)和南极(P_S)。大部分海洋遥感卫星轨道近似圆形，也就是说，轨道的偏心率 e 几乎为零。从地球中心 F_e到卫星的距离通过位置矢量 $\mathbf{r}$ 来表示。如图 1－7 所示，在椭圆轨道上 $\mathbf{r}$ 的大小是变化的，因此其时间导数不为零。

当卫星从南向北经过地球赤道时，它通过一个升交点(N_{as})。许多卫星轨道表列出了升交点的时间和经度。因为航天器飞越北极期间地球也在旋转，所以从升交点到降交点 N_{ds}所跨经度不是 180°。航天器轨道上距离地球最近的点称为近地点 P'，距离最远的点称为远地点 A'，远地点和近地点通过拱线相连。

表 1－5　卫星轨道中使用的常用术语(参见图 1－7 至 1－12)

术语	定义	符号	图序
海拔	从地球表面到卫星沿位置矢量 $\mathbf{r}$ 的距离	h	1－7
远地点	距离地球中心最远的轨道上的点	A'	1－7
升交点	赤道平面上卫星由南向北经过的点	N_{as}	1－7，1－11，1－12
赤纬	由天球赤道向南或向北测量的天球纬度	δ	1－11
偏心率	椭圆中心到焦点的距离除以长半轴	e	1－7
焦点	与中心等距离的在长轴上的用于将椭圆定义为与其距离之和恒定的固定点	F	1－7
地球同步轨道	赤道平面轨道，其周期等于地球旋转周期	－	－
大圆弧	通过球体中心平面交叉形成的球体表面上的线，例如图 1－11 中的天球赤道 $Q-Q$	－	1－11
倾角	赤道平面与轨道平面之间的角度	i	1－11
拱线	线连接焦点 F_e与近地点	F_e-P'	1－7，1－11
交轨线	由轨道和赤道平面组成的线	F_e-N_{as}	1－7，1－11
天底	航天器正下方的 F_e-S 线上的地球表面点	－	1－7
近地点	距离地球中心最近的轨道上的点	P'	1－7，1－11
极地轨道	高倾角轨道，通常在 $70°<i<110°$范围内	－	－
位置矢量	其大小表示从地球中心(F_e)到航天器的定向距离	$\mathbf{r}$	1－7，1－9，1－11
岁差	轨道平面相对于恒星的旋转速率	$\dot{\Omega}$	－
顺行轨道	倾角为 $0°<i<90°$的轨道，旋进方向向西	$i<90°$	1－12
逆行轨道	倾角为 $90°<i<180°$的轨道，旋进方向向东	$i>90°$	1－12
赤经	黄经从春分点 0°至 360°向东测得	Ω	1－11

续表 1－5

术语	定义	符号	图序
长半轴	从中心到椭圆的最大距离（$C-A'$、$C-P'$）	a	1－7
短半轴	从中心到椭圆的最小距离	b	1－7
太阳同步轨道	$i>90°$的轨道，其平面岁差为 $\dot{\Omega}=2\pi/365$ d	－	1－10，1－12
春分点	由赤道平面和太阳黄道平面相交形成的天体球上的点	Υ	1－8，1－9，1－10，1－11

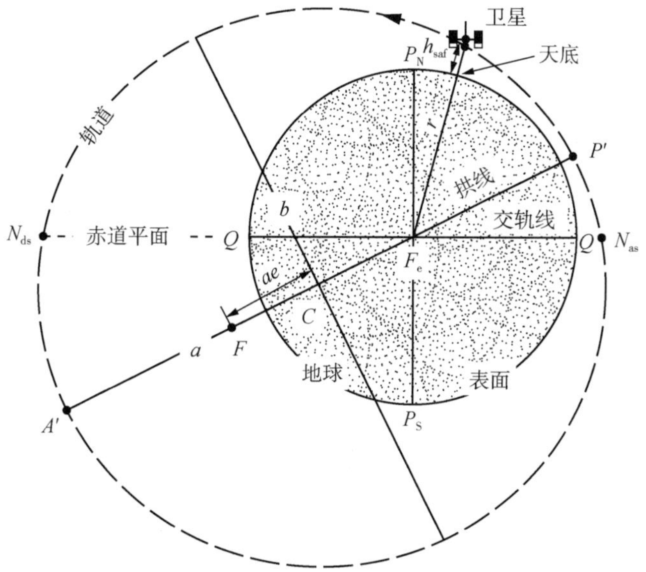

图 1－7　高度椭圆轨道的近地卫星示意图

相关符号和定义见表 1－5。

1.4.2　基础轨道力学

如果卫星的运动可以通过牛顿的经典二体问题来描述，交轨线和拱线相对于恒星在空间中保持固定，即固定在惯性空间中，那么（理想的）地球可以被认为是一个位于 F_e处的质量为 $M_e=5.97\times10^{24}$ kg 的质点，其具有均匀的重力势能 $\Phi=GM_e/r$。重力势能表示的仅是一种潜在做功的能力，并且在本文中定义单位质量颗粒的势能为负值。作用于单位质量 m 上的力 $\boldsymbol{F}$ 表示的是势能的梯度：

$$\boldsymbol{F}=-m\vec{\nabla}\Phi \qquad (式 1-3)$$

对于式 1－1（即牛顿万有引力定律）描述的二体点质量问题，Φ 仅沿着半径矢量$\boldsymbol{r}$变化，因此力的大小为

$$F=-m\frac{\mathrm{d}\Phi}{\mathrm{d}r}=-m\frac{\mathrm{d}}{\mathrm{d}r}\left(\frac{GM_e}{r}\right)=m\frac{GM_e}{r^2}$$

需要注意的是，势能是一个标量，描述无数个以 F_e为中心的等势球面。如果理

想的地球被一个均匀的、静止不动的海面覆盖，那么海面将是一个等势面。然而在这个等势面上，重力加速度不是恒定不变的。

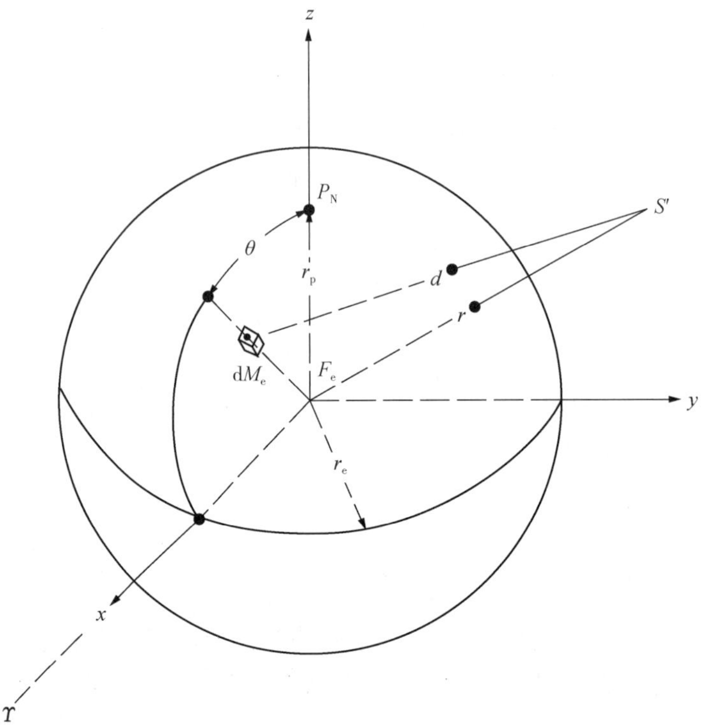

图 1－8　球坐标系，用于计算受质点单元 dM_e 作用的 S' 处的势能

其中质点单元 dM_e 距离 S' 为 d。相关符号和定义见表 1－5。

地球不是理想球体，其对理想球体的偏离导致对轨道产生有趣和有用的影响。在数学上，考虑地球上空间中的 S' 点，如图 1－8 所示。设质点单元 dM_e 与 S' 的距离为 d，则受质点单元 dM_e 作用的 S' 处的势能 $d\Phi$ 为

$$d\Phi = \frac{G dM_e}{d}$$

考虑到整个地球的作用，S' 处的总势能是每个单独势能的和，对整个地球体积进行积分，得

$$\Phi = G \int_{earth} \frac{dM_e}{d} \tag{式 1－4}$$

公式 1－4 被广泛用于分析地球势能（例如，布劳威尔和克莱门斯的《天体力学方法》），地球势能可用以下公式得到：

$$\Phi = \frac{GM_e}{r}\left[1 - \sum_{n=2}^{\infty} J_n \left(\frac{r_e}{r}\right)^n P_n(\cos\theta)\right] \tag{式 1－5}$$

其中，J_n 是地球重力势能的 n 个球面谐波系数，r_e 是地球赤道半径，$P_n(\cos\theta)$ 是自变量为 x 的 n 阶勒让德多项式，表示为

$$P_n(x) = \frac{1}{n \cdot 2^n} \frac{d^n}{dx^n}[(x^2 - 1)^n] \qquad (式 1-6)$$

式 1－5 描述了带谐函数(最显著)，但不包括高阶谐波。

由于地球不是完美球体，在计算过程中最显著的偏离是由作用在弹性旋转行星上的向心力不足而引起的两极的扁率(f)和补偿性赤道隆起(见表 1－6)。令式 1－6 中的 $n=2$，得

$$P_2(x) = \frac{1}{2}(3x^2 - 1)$$

将上式代入式 1－5 并忽略高阶项，得

$$\Phi \approx \frac{GM_e}{r}\left[1 - J_2\left(\frac{r_e}{r}\right)^2 \cdot \frac{1}{2}(3\cos^2\theta - 1)\right] \qquad (式 1-7)$$

考虑式 1－7 中的两个极端情况，当 $\theta=0$(极点)和 $\theta=\pi/2$(赤道)时，得($3\cos^2\theta-1$)分别等于 2 和 －1。在极点上对 $\frac{GM_e}{r}$ 的摄动为 $1 - J_2\left(\frac{r_e}{r_p}\right)^2$，在赤道处则为 $1 + \frac{J_2}{2}\left(\frac{r_e}{r_e}\right)^2$，这意味着两极的势能比赤道低，这和我们的直觉一致。参考表 1－6，J_2项被认为比任何其他 J_n 大三个数量级，式 1－7 用于讨论海洋学家感兴趣的轨道扰动。

表 1－6　＊国际重力公式(1930 年)地球常数

名称	符号	值
＊半长轴	r_e	6 378. 388 km
＊扁率	$f = \frac{r_e - r_p}{r_e}$	$\frac{1}{297}$
＊角速度	ω_e	$0.729\,2\times10^{-4}$ r/s
＊赤道向心加速度	C_e	3. 391 7 cm/s^2
＊赤道重力加速度	γ_e	978. 049 cm/s^2
＊万有引力常数	G	6.673×10^{-8} cm^3 · g^{-1} · s^{-2}
地球质量	M_e	5.973×10^{27} g
勒让德(球面)谐波系数	J_2	$1\,082.9\times10^{-6}$
	J_3	-2.4×10^{-6}
	J_4	-1.0×10^{-6}
	J_5	-0.2×10^{-6}
	J_6	0.7×10^{-6}
平均地球半径	$\langle r\rangle$	6 371. 229 km

附：I. U. G. G. 大地测量参考系(1980 年)

$r_e = (6\,378\,137 \pm 2)$ m

$GM_e = (398\,600.5 \pm 0.005)\times10^9$ m^3 · s^{-2}

续表 1-6

名称	符号	值
	$J_2=(1\ 082.63\ \pm 0.005)\times 10^{-6}$	
	$\omega_e=7.292\ 115\times 10^{-5}\ s^{-1}$	
	$f=1/(298.259\ \pm 0.001)$	
	$\gamma_e=(9.780\ 33\ \pm 0.000\ 01)\ m/s^2$	

人们已经开展了多年的卫星轨道的运动方程的研究。我们现在讨论两点：第一，球面坐标系式，这将有助于讨论作用于卫星上的力；第二，影响由地球扁率、其他天体和大气阻力导致的摄动的开普勒根数。

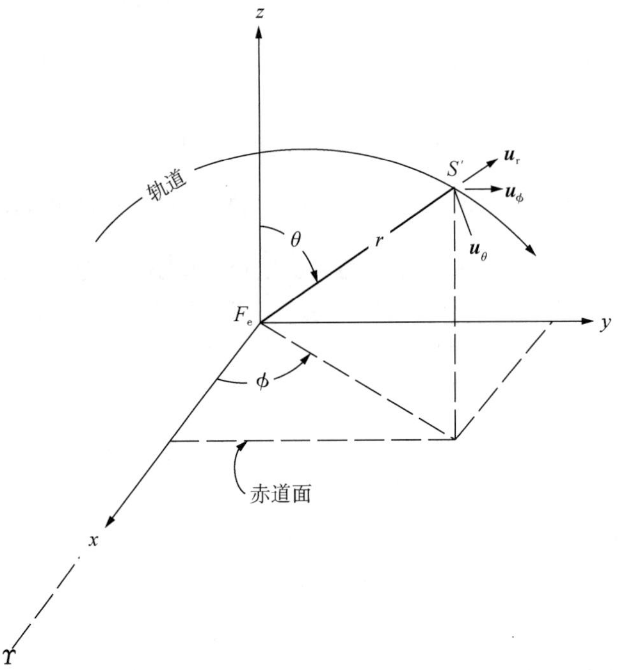

图 1-9　卫星 S'围绕椭圆焦点 F_e运动的轨道运动方程的球面坐标

相关符号和定义见表 1-5。

图 1-9 描绘了球面坐标中的变量 r、θ 和 ϕ，其中 x 轴按惯例指向春分点(♈)。卫星位置 S'的三个单位矢量 $\boldsymbol{u}_r$，r_θ和 $\boldsymbol{u}_\phi$，分别定义了半径矢量 $\boldsymbol{r}$、极角 θ 和方位角 ϕ 的瞬时方向。当采用这个符号时，矢量形式的运动方程为

$$\frac{\boldsymbol{F}}{m}=\ddot{\boldsymbol{r}}=\vec{\nabla}\Phi \qquad (式 1-8)$$

其中 $\boldsymbol{r}$ 上的两点指的是其对时间的二阶导数。$-\vec{\nabla}\Phi$ 有时被写为 $\vec{\nabla}U$，其中 U 被称为源函数。式 1-8 是以下的牛顿运动方程三个分矢量的简写形式：

$$\left.\begin{array}{l}(\ddot{r}-r\dot{\theta}^{2}-r\dot{\phi}^{2}\sin^{2}\theta)\boldsymbol{u}_{r}\\ (r\ddot{\theta}+2\dot{r}\dot{\theta}-r\dot{\phi}^{2}\sin\theta\cos\theta)\boldsymbol{u}_{\theta}\\ (r\ddot{\phi}\sin\theta+2\dot{r}\dot{\theta}\sin\theta+2r\dot{\theta}\dot{\phi}\cos\theta)\boldsymbol{u}_{\phi}\end{array}\right\}=\left\{\begin{array}{l}\dfrac{\partial\Phi}{\partial r}\boldsymbol{u}_{r}\\ \dfrac{1}{r}\dfrac{\partial\Phi}{\partial\theta}\boldsymbol{u}_{\theta}\\ \dfrac{1}{r\sin\theta}\dfrac{\partial\Phi}{\partial\phi}\boldsymbol{u}_{\phi}\end{array}\right. \quad (式 1-9)$$

式 1－9 是对三个变量 r、θ 和 ϕ 的标量的常微分方程，该方程没有一般解析解。然而，通过适当的假设和近似，可以从式 1－9 推导出几个重要的结论。

暂且忽略 θ 对 Φ 的依赖性(即 $J_2=0$)，并考虑圆形极轨道(ϕ 为常数，r 为常数)，则有

$$\frac{\partial\Phi}{\partial\phi}=\frac{\partial\Phi}{\partial\theta}=\ddot{r}=\dot{r}=\ddot{\phi}=\dot{\phi}=\ddot{\theta}=0$$

式可简化为

$$(-r\dot{\theta}^{2})\boldsymbol{u}_{r}+(0)\boldsymbol{u}_{\theta}+(0)\boldsymbol{u}_{\phi}=\frac{\partial\Phi}{\partial r}\boldsymbol{u}_{r}+(0)\boldsymbol{u}_{\theta}+(0)\boldsymbol{u}_{\phi}$$

即

$$-r\dot{\theta}^{2}=\frac{\partial}{\partial r}\left(\frac{GM_{\mathrm{e}}}{r}\right)=-\frac{GM_{\mathrm{e}}}{r^{2}}$$

或

$$\dot{\theta}^{2}=\frac{GM_{\mathrm{e}}}{r^{3}} \quad (式 1-10)$$

从式 1－10 可以看出，在圆地球轨道运行的卫星的周期(T)为每轨 $2\pi/\dot{\theta}$ 秒。一个 1 000 千米高的典型轨道，其周期可由下式计算出：

$$T=\frac{2\pi}{\dot{\theta}}=2\pi\left(\frac{GM_{\mathrm{e}}}{r^{3}}\right)^{-1/2}$$

计算结果约为 105 分钟，在这段时间里地球旋转约 26°。可以通过将表 1－6 中的值代入上述式获得该周期的简单表达式：

$$周期(单位：分钟)=1.66\,[6\,371+h(\mathrm{km})]^{3/2}\times10^{-4}=T \quad (式 1-11)$$

其中 h 是航空器的平均高度(单位：千米)，6 371 km 为地球的平均半径$\langle r\rangle$。

考虑圆形赤道轨道，即 θ 等于常数 $\pi/2$ 。式 1－9 中的零项为 $\dot{r}=\ddot{r}=\dot{\theta}=\ddot{\theta}=\ddot{\phi}=0$，运动方程为

$$(-r\dot{\phi}^{2}\sin^{2}\theta)\boldsymbol{u}_{r}+(-r\dot{\phi}^{2}\sin\theta\cos\theta)\boldsymbol{u}_{\theta}+(0)\boldsymbol{u}_{\phi}=\frac{\partial\Phi}{\partial r}\boldsymbol{u}_{r}+(0)\boldsymbol{u}_{\theta}+(0)\boldsymbol{u}_{\phi}$$

由于 $\sin^2\theta=1$ 并且 $\cos\theta=0$，故上式可换算成

$$\dot{\phi}^{2}=\frac{GM_{\mathrm{e}}}{r^{3}} \quad (式 1-12)$$

除了赤道平面以外，该式与式 1－10 等价。如果 $\dot{\phi}$ 项等于地球旋转速度(2π 弧度每天)，航天器将始终在赤道一个固定的经度的上方，这样的轨道被称为地球旋转同步或对地同步轨道。从式 1－11 可以计算出地球同步航天器的高度 h(km)为

$$h(\mathrm{km})=\left[\frac{T(=24\times60)}{1.66\times10^{-4}}\right]^{2/3}-6\,371=35\,850\ (\mathrm{km})$$

地球同步卫星能够观测的最大纬度(或大圆弧的弧度)可以从由 F_e，S' 和地球表面切线点三个点组成的平面三角形中计算得到，为 81.3°。

最后一种轨道类型如图 1－10 所示，被称为太阳同步卫星，因为轨道平面和太阳之间的角度是恒定不变的。相对春分点 Υ，太阳同步轨道的轨道平面 365 天约旋转 360°，也就是每天约 1°。多数高倾角($i \neq 90°$)的地球资源卫星都被设计为与太阳同步，这样，卫星每次过赤道的当地时间都相同。实际上，该周期可使得亚轨道每 12 小时在 15°经度带内横穿赤道。通常，亚轨道每 6 天左右重复一次，通过交轨扫描能够获取半日覆盖。地球的同步轨道能够实现以上的扫描覆盖，因为行星是扁球形体，赤道隆起反映了非球形地球引力。

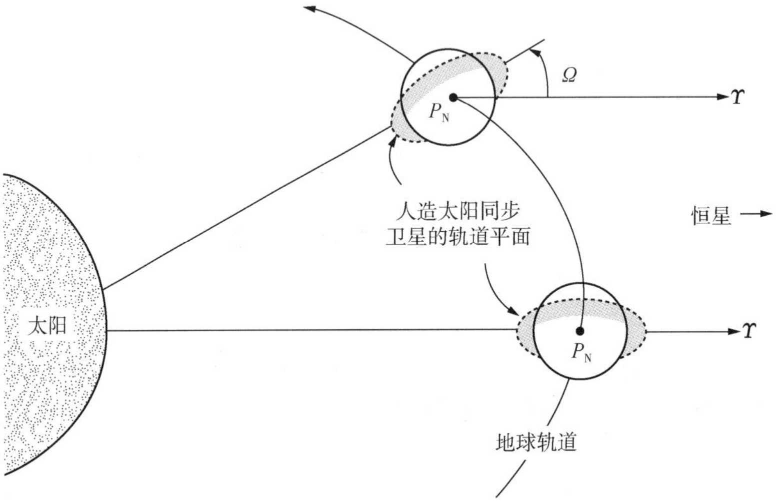

图 1－10　太阳同步卫星相对于太阳和恒星的轨道平面的方向

从地球北极 P_N 观察。相关符号和定义见表 1－5。

在式 1－10 和式 1－12 的推导过程中，忽略了 θ 对重力势能 Φ(式 1－7)的依赖性。若考虑 θ 对重力势能 Φ 的依赖性，则公式 1－9 的右侧变为

$$\boldsymbol{u}_r\left(\frac{\partial \Phi}{\partial r}\right)=\boldsymbol{u}_r\left\{-\frac{GM_e}{r^2}\left[1-\frac{9}{2}J_2\left(\frac{r_e}{r}\right)^2\cos^2\theta+\frac{3}{2}J_2\left(\frac{r_e}{r}\right)^2\right]\right\}$$

$$\boldsymbol{u}_\theta\left(\frac{1}{r}\frac{\partial \Phi}{\partial \theta}\right)=\boldsymbol{u}_\theta\left\{\frac{GM_e}{r^2}\left(3J_2\left(\frac{r_e}{r}\right)^2\cos\theta\sin\theta\right]\right\} \qquad \text{(式 1－13)}$$

$$\boldsymbol{u}_\phi\left(\frac{1}{r\sin\phi}\right)\frac{\partial \Phi}{\partial \phi}=\boldsymbol{u}_\phi(0)$$

从表 1－6 可知，J_2 项(数学上赤道隆起的表达)的量级为 10^{-3}，但这种摄动产生了式 1－10 和式 1－12 未描述的轨道平面的旋转项($\dot{\Omega}$)。航天器的轨道类似于陀螺仪，由于地球质量引力的变化，需要引入扭矩。在陀螺仪中，垂直于旋转轴的扭矩将导致垂直于该轴线的平面旋转。公式 1－13 中的这一项

$$\boldsymbol{u}_\theta\left\{\frac{GM_e}{r^2}\left(3J_2\left(\frac{r_e}{r}\right)^2\cos\theta\sin\theta\right]\right\}$$

描述了 θ 方向单位质量的力，可用于计算垂直于轨道平面的扭矩$\boldsymbol{\Gamma}$，为

$$\boldsymbol{\Gamma} = \boldsymbol{r} \times \left(\frac{1}{r}\frac{\partial \Phi}{\partial \theta}\right)\boldsymbol{u}_{\theta}$$

注意，该力在赤道($\theta = \pi/2$)和两极($\theta = 0$)处为零，并且在北纬或南纬 45°达到最大值。在 0°和 90°以外的极角下，由于地球扁率引起的其对航天器的净引力在赤道隆起处与 F_e存在较大差异，轨道倾角为 90°的航天器不会出现旋进，因为净引力总在轨道的平面内，而净扭矩总是平行于旋转轴。

在天体力学中，开普勒变量给出受摄动轨道的解。图 1－11 定义了通常使用的术语，除了偏近点角 $\hat{E}$ 和平近点角$\hat{M}$，它们由下式给出：

$$\tan\left(\frac{1}{2}\hat{E}\right) = \left(\frac{1-e}{1+e}\right)^{1/2}\tan\left(\frac{1}{2}f\right)$$

和

$$\hat{M} = \hat{E} - e\sin\hat{E}$$

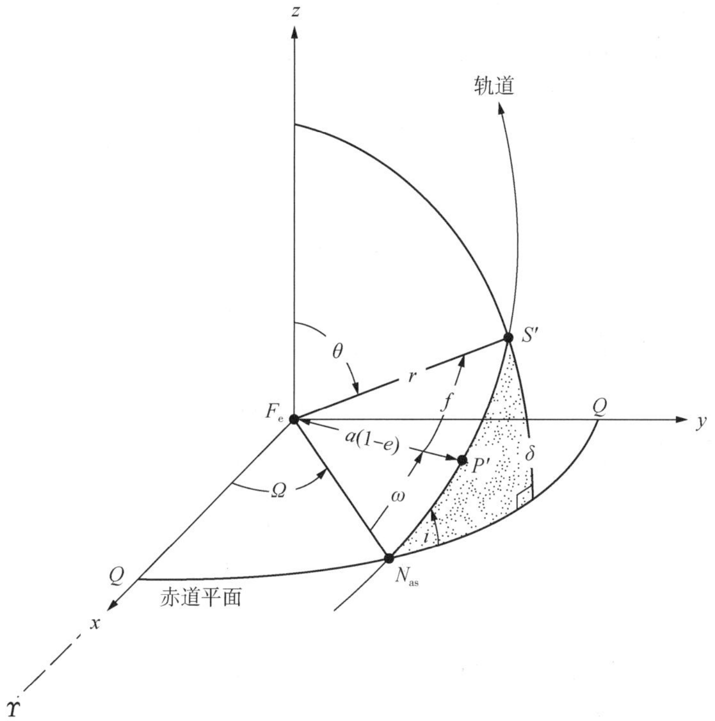

图 1－11　开普勒根数球面坐标示意图

阴影区域近似于卫星椭球体轨道上的直角球面三角形。相关符号和定义见表 1－5。

这些项的推导和开普勒根数运动方程参见布劳威尔和克莱门斯的《天体方法》。因为中心引力的小偏差 Ψ 造成了轨道摄动，所以仅由这些偏离引起的运动可用下式表示：

$$\Phi = \frac{GM_e}{r} + \Psi \qquad (式 1-14)$$

Ψ 中最重要的项是式 1－7 中涉及的地球扁率。对于近地卫星，对 Ψ 有贡献的另外两项分别是太阳和月亮的影响以及大气阻力的影响。

忽略阻力的影响，则开普勒根数可由下列式获得：

$$\dot{a} = \frac{2}{\eta a}\frac{\partial \Psi}{\partial \hat{M}}$$

$$\dot{e} = \frac{1-e^2}{\eta a^2 e}\frac{\partial \Psi}{\partial \hat{M}} - \frac{(1-e^2)^{1/2}}{\eta a^2 e}\frac{\partial \Psi}{\partial \omega}$$

$$\dot{\omega} = -\frac{\cos i}{\eta a^2(1-e^2)^{1/2}\sin i}\frac{\partial \Psi}{\partial i} + \frac{(1-e^2)^{1/2}}{\eta a^2 e}\frac{\partial \Psi}{\partial e}$$

$$\frac{\mathrm{d}i}{\mathrm{d}t} = \frac{\cos i}{\eta a^2(1-e^2)^{1/2}\sin i}\frac{\partial \Psi}{\partial \omega} - \frac{1}{\eta a^2(1-e^2)^{1/2}\sin i}\frac{\partial \Psi}{\partial \Omega} \quad \text{（式 1－15）}$$

$$\dot{\Omega} = \frac{1}{\eta a^2(1-e^2)^{1/2}\sin i}\frac{\partial \Psi}{\partial i}$$

$$\dot{\hat{M}} = \eta - \frac{1-e^2}{\eta a^2 e}\frac{\partial \Psi}{\partial e} - \frac{2}{\eta a}\frac{\partial \Psi}{\partial a}$$

其中 $\eta \equiv \sqrt{GM_e/r^3}$ 。式 1－15 是最简单的开普勒运动方程，用于获取由开普勒根数 Ψ（摄动势能）的作用引起的一阶近似。除了大地测量卫星之外，式 1－7 和式 1－15 均为海洋学家提供了足够精确的计算工具。

例如，太阳同步卫星，轨道平面的旋转 $\dot{\Omega}$ 必须通过选择适当的高度和倾角来预先确定。式 1－7 中的 $\cos^2\theta$ 项通过球面直角三角形正弦定律可以被转换为开普勒变量，如图 1－11 所示：

$$\cos\theta = \sin\delta = \sin i \sin(f + \omega)$$

为了获得 Ω 的长期摄动，将上述项代入式 1－7，在 0 到 2π 范围内进行积分，并采用式 1－15 中的导数（详见 A. E. Roy 的《天体力学基础》）。对圆轨道（$e=0$），有

$$\dot{\Omega} = -\frac{3}{2}\eta J_2\left(\frac{r_e}{r}\right)^2 \cdot \cos i$$

或使用关系式 $\eta^2 r^3 = GM_e$（开普勒第三定律），替换表 1－6 中所列的参数，并转化为度每天，得

$$\dot{\Omega}(\text{单位：度 / 天}) = -9.99\left(\frac{r_e}{r}\right)^{7/2} \cdot \cos i \quad \text{（式 1－16）}$$

对于倾角 i 大于 90°的情况，$\dot{\Omega}$ 为正数，旋进方向向东（参见图 1－11），这种轨道被称为逆行轨道。同样，如果倾角 i 小于 90°，旋进方向向西，这种轨道则被称为顺行轨道。这些结果以图形方式汇总在图 1－12 中。根据图 1－10，可得太阳同步轨道的旋进方向一定是 $\dot{\Omega} > 0$，因此，所有太阳同步轨道都做逆行运动。

1.4.3 精确的轨道参数

表 1－7 给出了 NASA 计算的较准确的轨道参数的汇总。各栏标题的定义可参见表 1－6 或表 1－7，“天底角”除外。天底角是指航天器处 $F_e - S'$ 线与自 S' 至地球表面上一点（通常）的线之间的角度。水平距离为航天器天底点与从卫星上看到的水平线之间的地球表面上的大圆弧。大多数地球资源卫星都在 800～1 500 km 的太阳同步轨道上。但地球同步卫星除外，地球同步卫星的高度为 36 000 km 左右。

表 1－7 r_e = 6 379 km 情况下一些常用的轨道参数

轨道高度/km	r/km	$\frac{r_e}{r}$	轨道速度/(km·hr^{-1})	对地速度(非旋转地球)/(km·hr^{-1})	轨道周期/min	每一轨道向西位移/经度角度	太阳同步倾角/度	近似最大纬度/度	水平天底角/度	水平距离/度
200	6 570	0.969 5	28 004	27 150	88.56	22.14	96.33	83.67	75.81	14.19
300	6 670	0.955 0	27 795	26 544	90.54	22.64	96.67	83.33	72.75	17.25
400	6 770	0.940 8	27 589	25 956	92.58	23.15	97.03	82.97	70.19	19.81
500	6 870	0.927 1	27 386	25 390	94.68	23.67	97.41	82.59	67.99	22.01
600	6 970	0.913 8	27 189	24 845	96.72	24.18	97.79	82.21	66.04	23.96
700	7 070	0.900 9	26 995	24 320	98.82	24.71	98.19	81.81	64.28	25.72
800	7 170	0.888 3	26 807	23 813	100.92	25.23	98.59	81.41	62.66	27.34
900	7 270	0.876 1	26 624	23 325	103.02	25.76	99.03	80.97	61.18	28.82
1 000	7 370	0.864 2	26 441	22 850	105.18	26.30	99.49	80.51	59.79	30.21
1 100	7 470	0.852 6	26 264	22 393	107.26	26.82	99.94	80.06	58.49	31.51
1 200	7 570	0.841 3	26 089	21 949	109.50	27.38	100.43	79.57	57.28	32.72
1 300	7 670	0.830 5	25 919	21 526	111.66	27.92	100.92	79.08	56.15	33.85
1 400	7 770	0.819 8	25 752	21 111	113.82	28.46	101.43	78.57	55.06	34.94
1 500	7 870	0.809 4	25 589	20 712	116.04	29.01	101.96	78.04	54.04	35.96
1 600	7 970	0.799 2	25 428	20 322	118.26	29.57	102.52	77.48	53.05	36.95
1 700	8 070	0.789 3	25 267	19 943	120.48	30.12	103.08	76.92	52.12	37.88
1 800	8 170	0.779 6	25 113	19 578	122.76	30.69	103.67	76.33	51.22	38.78
35 815	42 185	0.151 0	11 052	–	1 440.00	–	–	–	8.68	81.32

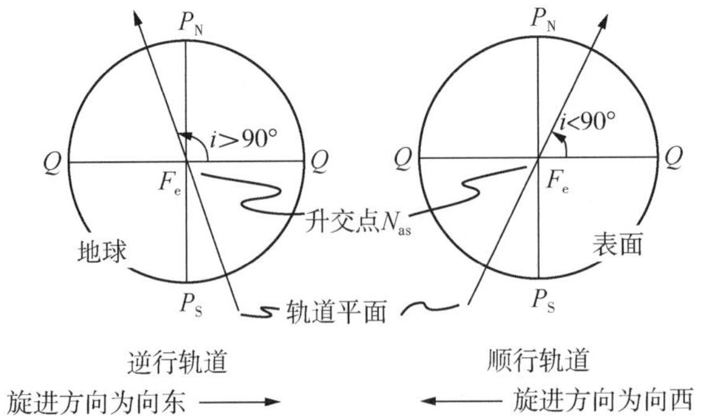

图 1－12　逆行和顺行轨道几何图

符号和定义见表 1－5。

精确跟踪轨道卫星与第 1.4.2 节所讨论的理想情况有轻微差异。例如，地球同步卫星并不是准确地位于一个特定经度的赤道上方，而是存在日运动（式 1－9 中的 $\dot{\theta}$）。观察者在地球上观察到的是一个椭圆或 8 字运行曲线。GOES－2（第二颗地球同步环境卫星）在 ±0.75°的纬度上发生南北向运动，在约 ±0.35°的经度上发生东西向运动。图 1－13 显示了 1980 年 8 月 20 日卫星的轨迹。除了周期运动外，还有更长期的运动，如每天沿赤道（式 1－15 中的 $\dot{\Omega}$）向西净漂移 0.01°。这一顺行运动可通过式 1－16 预测，直接由 J_2项即赤道隆起导致。在实际情况下，每天 0.01°的净漂移可以通过将 GOES 调整到一个稍微更低的轨道得到补偿。在更低的轨道上，GOES 的径向速

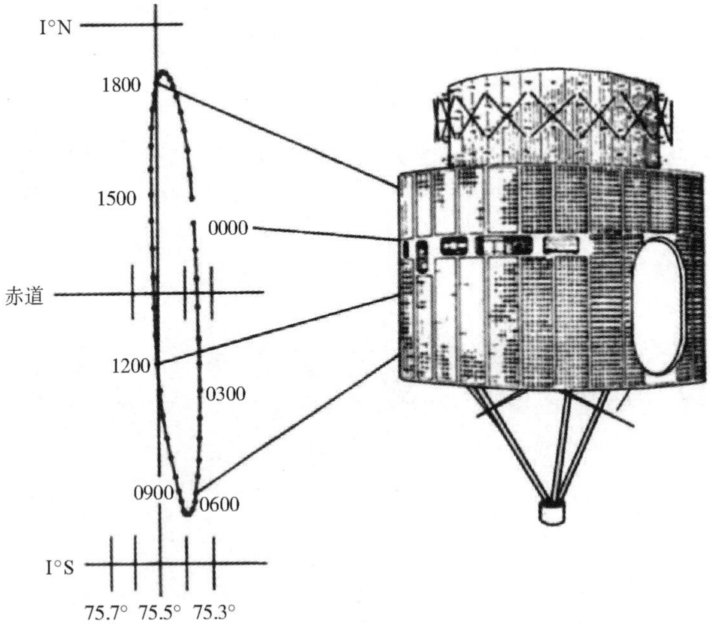

图 1－13　1980 年 8 月 20 日 24 小时的地球同步环境卫星（GOES－1）对地轨迹

GOES 通过以 100 转/分的速度绕其轴转动保持稳定，其动力来源于圆柱形卫星外表面上的太阳能电池。GOES 发射前质量为 837 kg（其中 487 kg 为推进剂质量），直径为 1.9 m，长度为 1.2 m。

度比 2π 弧度/天高 0.01°/天(见式 1-12)。

静止卫星(如 GOES)或极轨卫星(如 SEASAT)都可通过操作以维持其高度。选择轨道主要是为了满足特定任务要求，取决于卫星上的传感器类型和任务要求。一旦选择了基本轨道，卫星上的飞行器将仅会对因大气阻力和长期变化导致的微小变化进行校正，为运行要求服务。通常，航天器的寿命取决于喷气燃料的供应。

为了与图 1-13 相比较，第 1.5 节中关于海洋航天器和其轨道的详细描述将阐述卫星设计、高度控制以及高倾角卫星的对地轨迹等几个方面。轨道的选择取决于卫星的任务。如果是太阳同步航天器，高度或倾角仅有 1° 的自由度；而地球同步卫星是没有自由度的。轨道高度的选择与传感器空间分辨率设计、用于发射的火箭以及卫星的跟踪精确度相配合。低高度(小于等于 1 000 km)的航天器更容易发生重力势(参见式 1-5)变化，这对于某些大地测量研究是一个理想的选择，但更容易受大气阻力影响。高度更高的卫星水平距离更大(参见表 1-7)且不容易受大气阻力和重力势变化影响。但如果需要获得相当的空间分辨率，则需要更大的天线和望远镜，且助推火箭更大、成本更高。

选择了高度后，通常才会考虑轨道倾角的选择。例如，SEASAT 的倾角轨道为 108°。采用 108° 倾角的主要原因之一是为了以接近直角的角度跨过最具能量的洋流，由此提供可使地转信号达到最强的高度剖面。第 1.5 节将对 SEASAT 轨道的详情进行进一步讨论。在描述了卫星的传感器之后，就可充分地讨论轨道选择考虑的因素。

1.5　遥感平台

第 1.2 节探索了人类发明的简史，从中可以发现，几乎每一个构想的设备都可用作遥感平台：气球、风筝、鸽子、滑翔机、飞机、火箭，以及轨道航天器。海洋学家又在其中添加了浮标、塔、码头和船。但用于研究和可操作测量的基本设备为航天器、飞行器和船。表 1-3 列出了至今为止最重要的航天器，飞行器并没有被用作航天器。本节将讨论几个用于特定海洋遥感的代表性航天器和飞行器示例。

针对地球资源发射的最重要的卫星系列当属 NASA 的 NIMBUS 卫星系列。NIMBUS 卫星计划于 1958 年开始。第一次发射是在 1964 年，第七次发射是在 1978 年。很多 ESSA、NOAA 和 LANDSAT 卫星系列上的可操作仪器的构想都是在 NIMBUS 卫星上进行测试的。NIMBUS 是一艘无人航天器，而海洋遥感历史上另一个重要的平台 SKYLAB 则为载人航天器。1973—1974 年 SKYLAB 的任务，开发了重要的仪器，如微波散射计和高度计。此外，海洋水色参数的观测，尤其是 GEMINI-4、GEMINI-5 以及阿波罗 9 载人航天任务中的观测任务促使了一系列研究的进行，推进了 LANDSAT 和 NIMBUS-7 仪器的发明。SEASAT 卫星上集成了一些以海洋为研究目标的仪器，其主要执行海洋任务。SEASAT 上配备的并非都是最先进的海洋仪器。但由于其配备的海洋仪器的数量较多，在这里可将 SEASAT 作为一个代表极轨卫星的例子详细讨论。

1.5.1 海洋卫星

图 1－14 显示了 SEASAT－A 的发射顺序，从左到右分别是升空开始、升空期间和升空之后，地面控制对 ATLAST 运载火箭进行全程指挥。当高度达到 110 km 时，保护航天器通过低高度大气层的整流罩射出。当高度达到 185 km 时，Agena 助推火箭从 ATLAS 火箭脱离，将 SEASAT 推向最终高度。一旦卫星进入适当轨道，就会被调整到面向地球方向的位置，并部署太阳能电池板和下行天线。同大多数卫星情况一样，SEASAT 不与 Agena 分离。火箭发动机的质量提供额外的(重力梯度)稳定性，保持卫星方向精确。部署了观测仪器后，在宣布航天器可操作之前会进行轨道最终调整和验证。图 1－14 右侧的最终飞行配置显示了 12.2 m 长的运载火箭。

1978 年 6 月 28 日，SEASAT 被发射进入近圆形的轨道，轨道倾角为 108°，高度为 790 km。1978 年 10 月，卫星发生短路，导致 2 290 kg 重的航天器所有功能发生故障。从表 1－7 可以看出，轨道并不与太阳同步。但每 36 个小时，通过一些仪器可以观察到 95%的海洋。虽然极地轨道或太阳同步轨道更有利于冰雪研究和可见光及红外线测量，但选择 $i = 108°$有利于高度计测量。

SEASAT 上五个仪器构成了传感器包：一个雷达高度计(ALT)、一个主动微波散射计(SEASAT－A 散射计系统，SASS)、一个合成孔径雷达(SAR)、一个被动扫描多通道微波辐射计(SMMR)以及一个可见光和红外扫描辐射计(VIRR)。第 3～5 章将通过讨论地球物理测量，对这些仪器和其他仪器进行更加详细的描述。表 1－8 总结了讨论的相关内容。表 1－8 中的术语刈幅宽度是指特定仪器测量的表面宽度。上文所述的“每 36 小时 95%的海洋覆盖率”取决于讨论的仪器以及刈幅宽度。高度计仅提供沿亚轨道的信息，而 VIRR 观察亚轨道的范围在各侧 ±1 100 km。

图 1－15 显示了从 SEASAT 看的 2 个连续轨道，也显示了表 1－8 所列以及图 1－14 所绘的 5 个传感器的表面覆盖面积。在赤道处，轨道之间有 600 km 的覆盖差距。这是为了获得最宽的刈幅，即 VIRR 的刈幅。

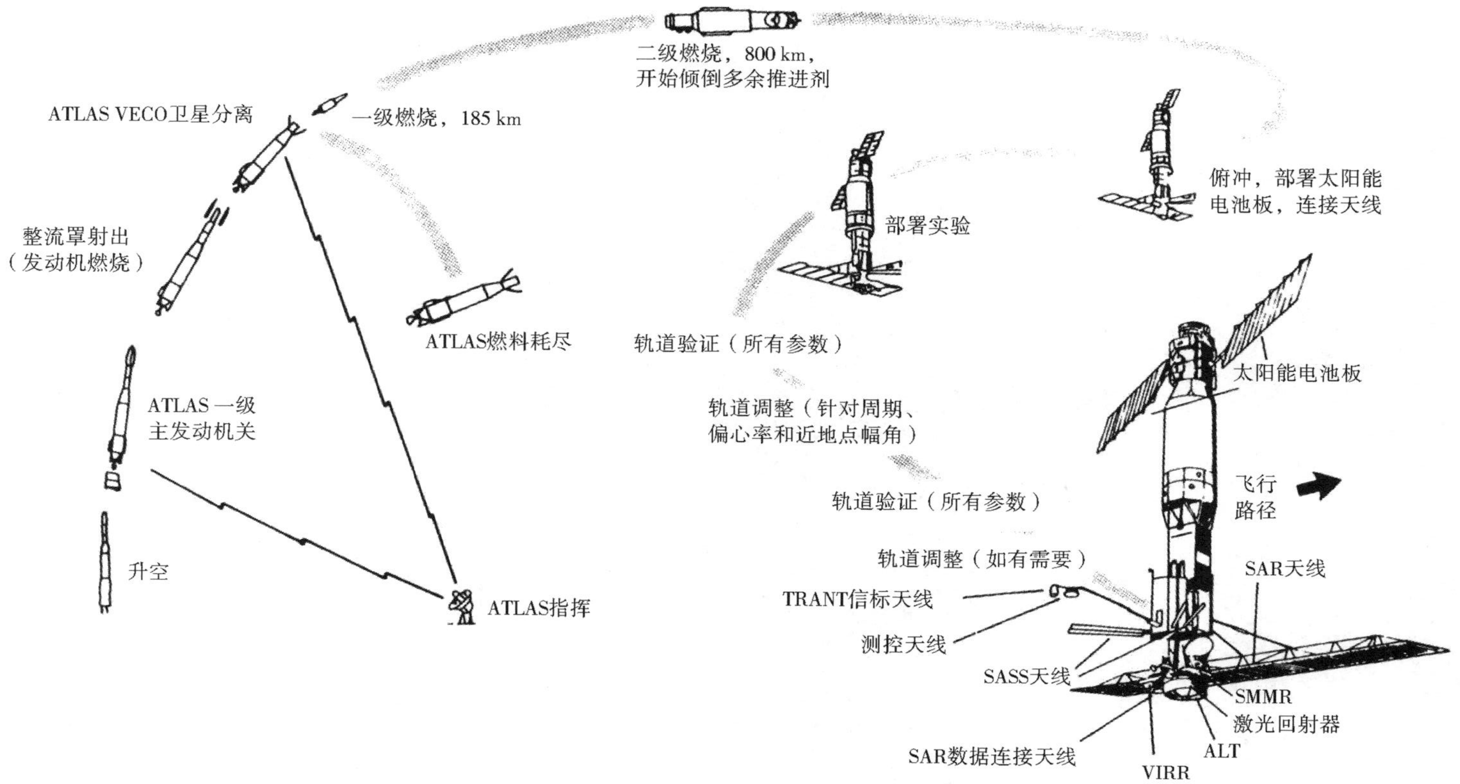

图1–14　SEASAT–A发射顺序、轨道调整、天线和太阳能电池板部署以及最终轨道内配置

显示表1–8所列的5个海洋传感器。

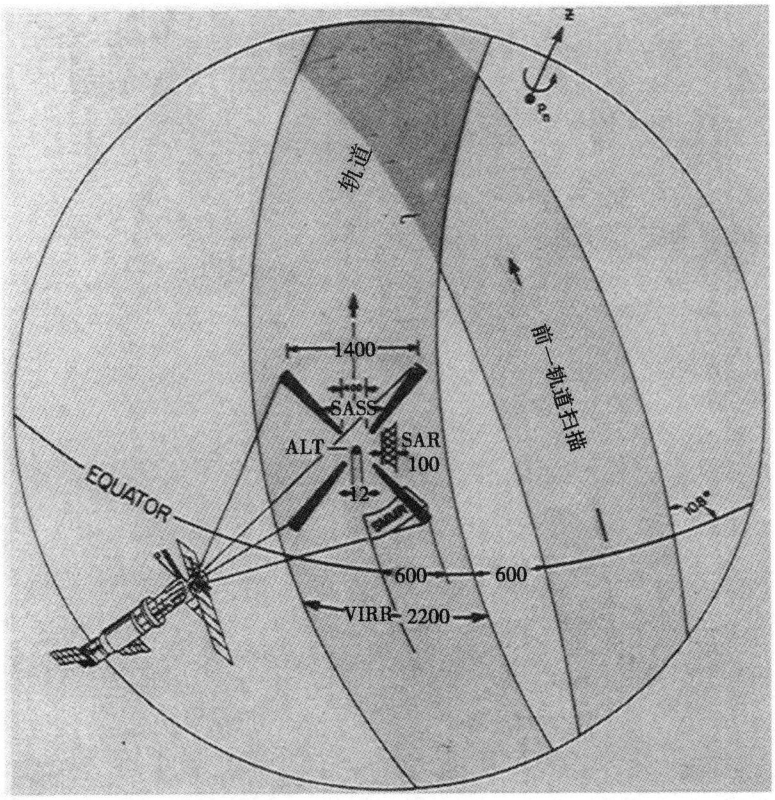

图 1－15 显示五个传感器覆盖面积的两个连续 SEASAT 轨道图(单位：km)

在高纬度地区，VIRR 的刈幅重叠，但不会提供极覆盖区。

表 1－8 SEASAT 仪器汇总

名称	缩略词	刈幅宽度	频率或波长	目的
高度计	ALT	星下点 2. 4～12 km	13. 5 GHz	动态高度测量精度为 ± 10 cm，对于小于 20 m 的波，有效波高精度同样为 ± 10 cm
散射计	SASS	星下点每侧，200～700 km	14. 6 GHz	4～26 m/s 范围内多普勒测风雷达测得的表面风精度达到 2 m/s 以及方向精度达到 ± 20°
合成孔径雷达	SAR	距右舷 100 km，离星下点最大 20°	1. 275 GHz（L 波段）	测量 50 m 波长或更长的波和波谱、冰边界、所有天气情况下的海洋边界
扫描多通道微波辐射计	SMMR	距右舷 600 km	6. 6 GHz、10. 7 GHz、18 GHz、21 GHz 和 37 GHz	全天候情况下测量海洋表面温度，精度达到 ± 2 K，表面风速(仅)精度达到 ± 2 m/s
可见光/红外线辐射计	VIRR	以星下点为中心 2 200 km	0. 5～0. 9 μm、10. 5～12. 5 μm	特征识别、云和表面温度

SASS 的刈幅宽度约为 1 400 km，但由于其 4 根天线阵列集合结构，亚轨道上存在 400 km 的覆盖间隔。SMMR 呈圆锥形沿航天器右侧扫描，约 600 km 的刈幅宽度。SAR 也沿 SEASAT 右侧观察，距星下点约 20°，且有 100 km 的图像刈幅(分辨率为 25 m)。高度计是指向星下点的仪器，其刈幅宽度取决于海洋状态。对于 SEASAT，ALT 的足迹为 2～12 km 不等，有效波高达 20 m。

SEASAT - A 是一个同时拥有主动和被动传感器的航天器。主动传感器是传输信号然后测量返回信号的设备。SEASAT 上的主动传感器有高度计、散射计和合成孔径雷达。针对 ALT、SASS 和 SAR 选择不同的收发器频率(13. 5 GHz、14. 6 GHz 和 1. 275 GHz)以使目标测量最优化，而不对被动仪器产生干扰。被动传感器测量物体自然反射和发射的辐射。在 SEASAT 上，SMMR 为被动微波传感器，VIRR 为被动可见光和发射红外传感器。对被动传感器使用的每个频率(波长)都进行了选择，这样可以从最小大气干扰、最大海洋信号和要求的分辨率之中实现最佳配合。

航天器结合了复杂的工程和系统集成。每一个传感器不仅要自身完整，还要与搭载的记录和遥测系统兼容。图 1 - 16 通过提供控制、驱动、跟踪航天器以及与航天器通信所需的整个系统的框图完成了对 SEASAT 的概述。SEASAT 上有 2 个基本部分：传感器模块(包括 5 个仪器、抄录天线)和卫星总线[包括轨道控制功能、能量发生器和管家功能(时间、工程数据等)、遥测、跟踪和命令]。

在卫星上储存数据的能力是有限的，仅特定仪器可提供全球覆盖，有全球跟踪和数据接收设备。在这个 SEASAT 示例中，SAR 有高数据速率和高功率要求，仅能接收命令和数据采集站范围内有限的数据。事实上，SAR 必须有自己的天线和遥测系统，这从图 1 - 14 和图 1 - 16 中可以看出。剩余 4 个传感器的作用是连续运行和全球覆盖，这可通过装载的数据储存设备和地面站网络实现。

通常，一个运行的航天器约有 6 个地面站，以向合作国家提供可进行直接读取的数据和命令以及数据采集控制功能。SEASAT 对精确的轨道信息有严格的要求以支持高度计，因此有更多的跟踪和测距站。有 2 个主要的 NASA 中心与 SEASAT 有关：加州的喷气推进实验室(JPL)以及马里兰州的戈达德航天飞行中心(GSFC)。最初，来自 SEASAT 的数据传输到 JPL 和(或)GSFC 用于研究和示范项目。来自该卫星的数据以来自 NOAA 的环境数据和信息服务中心的数字或模拟形式可用。美国海军舰队数值海洋中心针对 SEASAT 设立了一个实时处理实验，因此，有必要设置空间和地面微波传输连接系统以支持这一活动。很显然，SEASAT 等现代卫星需要对不同活动采用不同级别的管理，这些活动包括从系统设计到最终数据归档的一系列活动。上述讨论仅列出了代表性示例。在《科学》1979 年第 204 卷(4400)的文集以及《IEEE 海洋工程》1980 年第 OE - 5 卷(2)期的特别版中可找到关于 SEASAT 的其他信息以及早期科学结果。

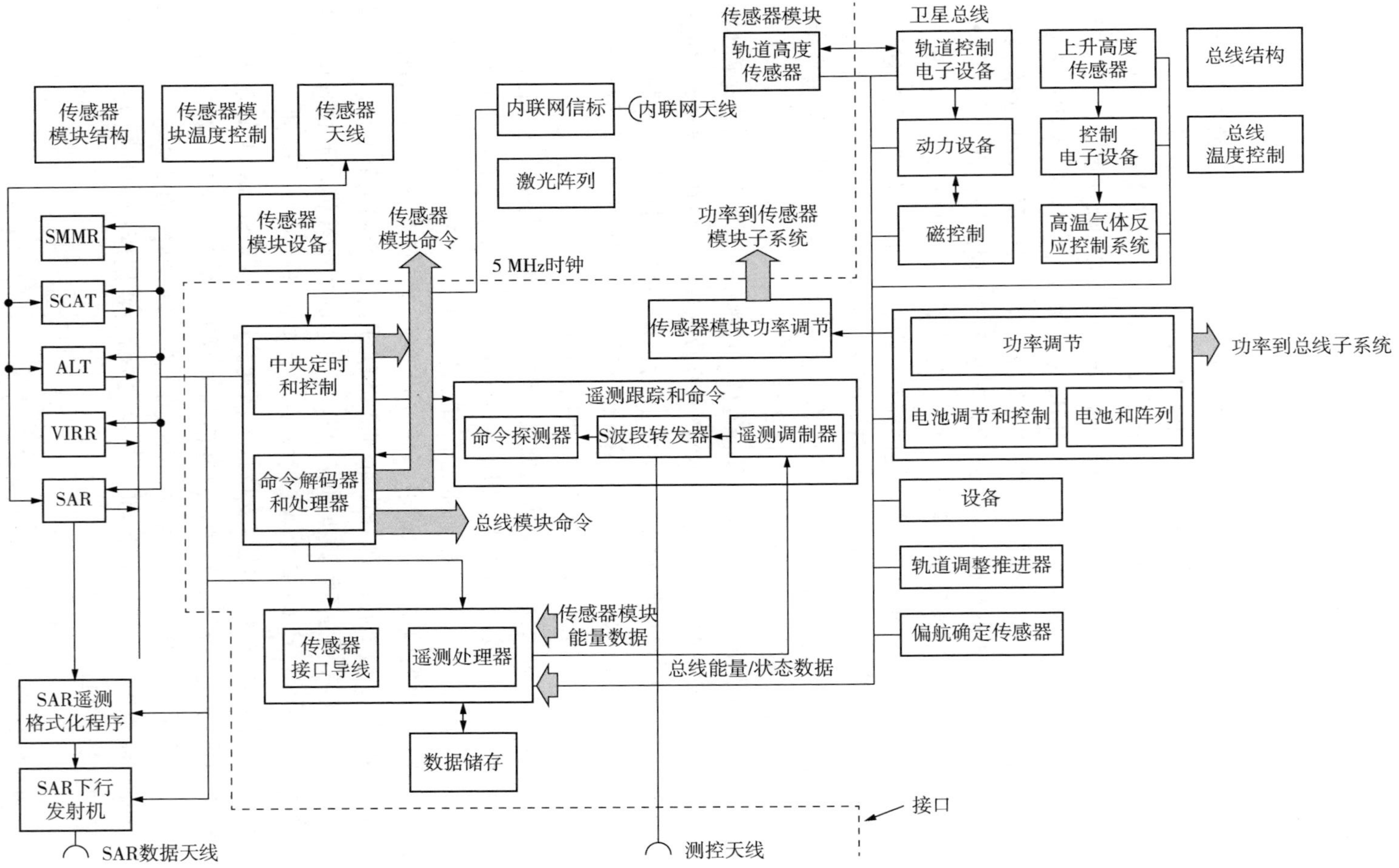

图1-16　SEASAT-A航天器功能框图

虚线左侧区域对应图1-14所示的感应器模块，右侧区域对应卫星总线。

1.5.2 海洋飞机

如果不简要地描述现代研究飞机，海洋遥感设备的示例就不完整。虽然用于遥感的飞机、气球、飞船和直升机的配置各不相同，但大多数海洋工作都是在大型的具有4个引擎的飞机上完成的。对于沿海应用，可使用小而轻的飞机。但对于广阔的海洋，由于工作的范围和高度要求或微波测量所需的天线尺寸要求，需使用大型飞机，如C－130、P－3或DC－6。图1－17a中显示了NOAA C－130B的照片，图1－17b为内部配置图。

图1－17a NOAA的C－130B研究和侦察飞机

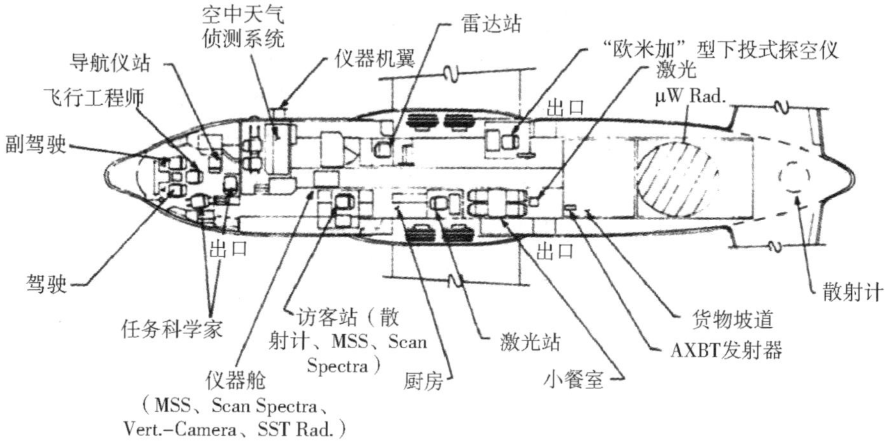

图1－17b C－130B遥感飞机平面图

表1－9中列出了典型仪器的描述。

C－130是一架总质量为60 000 kg的飞机，用于海洋学和气象研究。其总长度为30 m，有5～7名机组人员，还有可容纳9～11名科学家和技术人员的房间。该飞机经常飞入飓风之中。其飞行高度从海拔几百米到其最高飞行高度10 700 m不等。当飞行高度为6 100 m时，C－130的侦察范围为4 400 km，巡航速度为500 km/h；当飞行高度为 150 m 时，侦察范围减小到 3 100 km。该飞机的耐久力为 7～9 小时，取决于飞行高度。C－130 的一个优势是可以空运各种测试和(或)操作仪器，从 3 m 直径的微波天线到直径为 3 mm 的激光束。其操作成本约为 2 000 美元每小时，因此使用该飞机经常需要多个用户承担费用。

NASA 的 C－130 与图 1－17 中所示的飞机相似。除被用于所示用途以外，也被用于运输原型和操作传感器。表 1－9 列出了在 C－130 或类似飞机上的部分飞机遥感仪器，图 1－17b 显示了它们的典型位置。

表 1－9　飞机遥感仪器

图 1－17 缩写	名称	用途
AXBT	航空投弃式探温仪	海水温度与无线电传送给飞机的深度之间的现场对比分析
激光	激光高度计/分析仪	飞机高度和海洋表面波分析仪
μW Rad.	微波辐射计	海水温度、盐度和泡沫覆盖(风应力)被动微波测量
MSS	多谱线扫描器	可见光、紫外线和红外线光谱 24 通道海洋表面图像
Scan Spectra	扫描分光辐射计	可见(350～750 nm)或红外线(6～13 μm)辐射光谱
散射计	微波散射计	表面风应力主动微波后向散射测量
SST Rad.	海洋表面温度辐射计	红外线辐射对海洋/大气进行星底测量
Vert. －Camera	垂直照相机	公制摄影测量和/或多谱线垂直照相机

除了上述仪器外，现代飞机还有一个中央数字记录系统，能够接收来自各种仪器的信号。该系统也会记录常规气象数据以及导航、时间和高度信息。C－130 进行了增压以供高度研究，但对于特殊仪器，也可保持后货舱门打开飞行，如图 1－17b 所示的微波天线。由于 NOAA 的 C－130 用于飓风研究和观察，故其也配有大量的气象传感器和用于气象研究的仪器。

在为遥感实验选择工具时需要仔细考虑飞机的能力。例如，如果研究气象对海洋辐射的影响需要大的高度范围，那么 U－2 侦察机是一个经济的选择。而如果需要快速的现场采样，那么选择直升机可能比选择高速水面舰艇更合适。最后，数据必须是有价值的产品，研究科学家或运行经理必须就各数据采集决定的选择保持无偏见。

1.6　具有研究价值的数据示例

在深入研究卫星海洋学的物理学时，最好将研究的数据可视化。为了阐述数据并重申第 1 章所述的一些缩写和概念，下面将列出从遥感平台获得的图像、照片和辐射测量的附加示例。考虑到每一个示例，提出以下几个问题：

(1)仪器记录了什么样的数据？

(2)数据是否需要进行校准？如果进行校准，如何校准？

(3)使用了什么光谱或频率间隔?

(4)使用了哪种遥感平台?

(5)使用了什么图像增强技术?

(6)如果太阳的高度和方位角很重要，那么太阳高度和方位角是多少?

(7)居间大气层是否重要? 如果重要，能否说明原因?

(8)时间和空间尺度以及分辨率是多少?

(9)地理位置在哪里? 什么时候?

(10)物理上，观察的海洋意义是什么? 有没有任何支持性现场数据?

这些问题在这里不能全部回答，但它们构成了本书目标的一部分。在本书中，我们选择了一些示例以阐述这些问题的答案，并不是为了将常规卫星观测质量或有效性典型化。

本文使用图像和照片这两种不同的场景记录技术。照片是通过平常使用的相机光敏记录组合记录场景或物体。图 1－3 说明了航空摄影中使用的部分几何学。而图像是通过使用仪器扫描提供一个维度然后移动通过其目标而提供第二个维度记录场景。图像中的记录通常是使用探测器。探测器提供扫描的数字或模拟记录。图 1－18 显示了 NIMBUS－7 航天器上温度－湿度红外线辐射计(THIR)的扫描图像几何图。

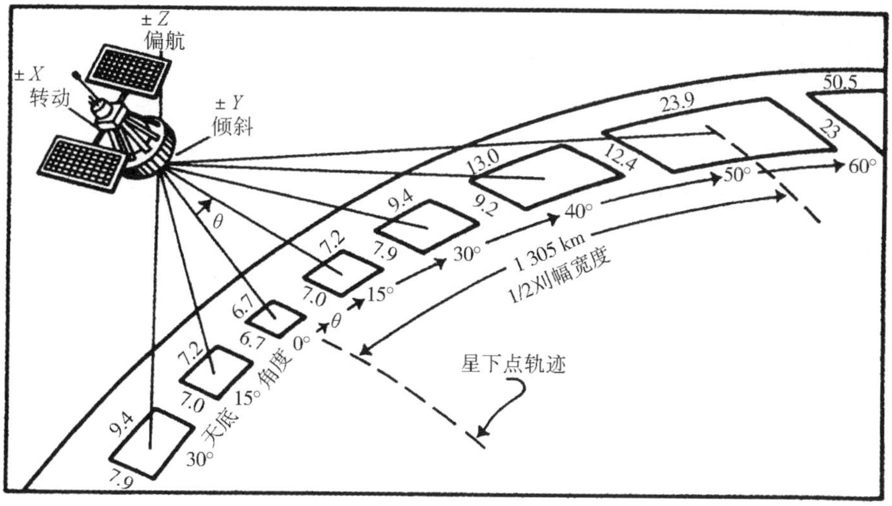

图 1－18　NIMBUS－7 上 TRIR 的扫描几何图

每一个图片元素的分辨率或像素是像素前沿所示的天底角的函数。分辨单元以 km 显示。根据 NASA 的研究(1978 年)重绘。

随着图 1－18 中所绘的航天器进入其轨道，TRIR 记录了图像像素。并列的像素线构成一个矩阵，就像马赛克上的拼贴，形成图像。如果分辨单元足够小，从表面看上去，图像就很像照片。重新检查图 1－5 就会发现构成图像的扫描线以及图片元素的跨轨迹刈幅。几何上未校正的图像的解释(如图 1－5)与照片的解释完全不同。第 3 章和第 4 章将进行详细讨论，但反射阳光的简单例子就可说明其中的差异：如果太阳在正上方，其将出现在垂直航空照片的中心位置，呈磁碟形；但在飞机扫描仪图像上，其将呈沿轨迹的底点带，宽度为碟子的宽度。

1.6.1 红外数据

第一个示例是一个河口的红外扫描仪图像以及西班牙地中海沿岸的羽状流。飞机飞行路径为图 1－19 所示的从左到右的路径。该图显示了以模拟照相记录形式记录的等效黑体温度。在该图中，扫描线很明显，为非常细的垂直条纹。黑色均匀分布的垂直条纹为基准标记，用于提供时间参考。从地球物理上看，该图像很有特点，羽状流看上去像一系列重叠的水脉冲，并像鱼鳞一样分布。在该图像中，来自河流的辐射为深灰色，与海洋的浅色调形成鲜明对比。

可对图 1－19 中的辐射图案进行多种解译，但解译的有效性取决于了解更多的测量过程。常用的红外图像显示技术是将低辐射的像素处理成白色，将高辐射的像素处理成黑色。采用这种方式，较冷的云为白色，更暖和的海洋为黑色，就像在可见光波段的黑白照片。图 1－5 是红外卫星图像，该图像以这种方式进行过处理，可称之为负片。图 1－19 的红外图像处理方式与图 1－5 的方式正好相反，低温处理为黑色，高温处理为白色。因此，河流羽状流为流入海洋的冷水，但由于低盐度影响密度且河流浮力增强，其仍然在海洋表面上。

图 1－19 的线扫描成像仪(扫描辐射计)配有一个设备，该设备被称为自动增益控制，或 AGC。AGC 自动将扫描线曝光量设置为等同于之前扫描线的曝光量，因此，整个摄影记录中对比较为平均。这就是说对于特定温度像素的传感器反应在图像中并不均匀，即左边河水的温度与右边排放口的温度不同，虽然两个区域看上去都是黑色的。AGC 对于某些应用是有用的，但如果没有考虑到其影响，则可能会导致解译数据出现错误。

对图 1－19 中所示的图案进行深入讨论是多学科方法一个较好的主题。水文学家可提供河流流动以及河流中悬浮或溶解的化学物质、颗粒物以及其他物理特性。河口物理海洋学家将使用流体动力学对讨论进行指导，尤其是在海底地形影响方面，而海洋地质学家具备这方面的相关知识。渔业海洋学家和海洋生物学家对此类河流流量的当地生态很感兴趣，化学家将讨论海洋环境中排放的物质的作用。如果每名科学家都精通测量技术，那么 AGC 的影响等信息就不会被忽略，也不会出现不正确的结论。

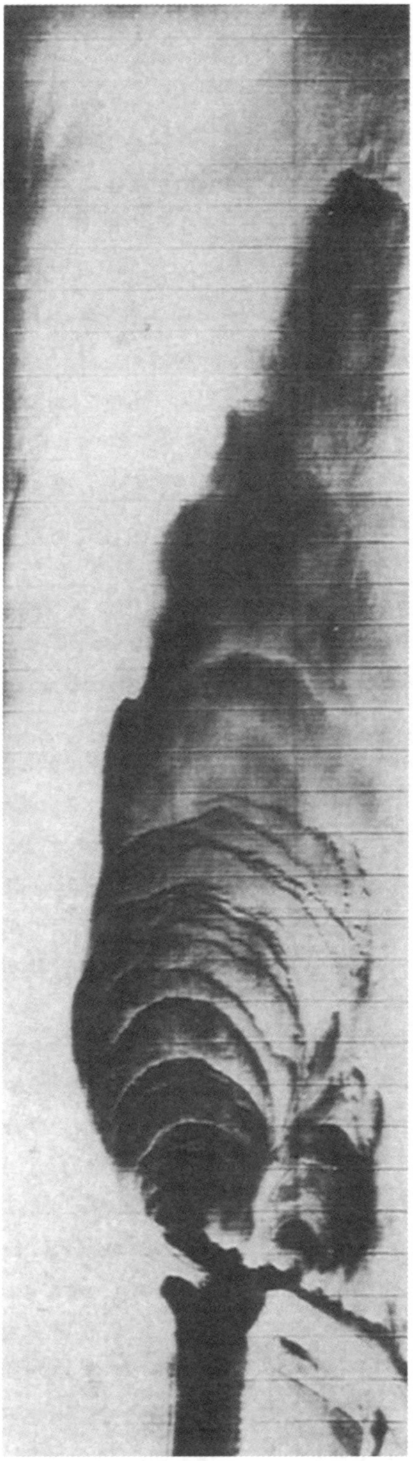

图1-19　飞机红外线扫描获取的河口温度分布图
图像来自西班牙政府（正片）。

1.6.2 多光谱数据

另一个有研究价值的数据示例是美国东部墨西哥湾流的红外/可见光图像对(图 1－20)。多波段光谱图像的示例在 1977 年 5 月 1 日格林威治时间 14：28 获取。通过 NOAA－5 气象卫星上的甚高分辨率辐射计获取。图 1－20 左侧为红外数据的负片，右手侧为可见数据的正片。垂直条纹是未经几何修正图像的 33°天底角基准标记。在千米级空间分辨率的情况下，从这个 1 450 km 太阳同步轨道看的 VHRR 数据中可看到地球上有一个 3 000 km 宽的刈幅。与 SEASAT 上的 VIRR 相反(图 1－15)，赤道没有从下面出现，且每 12 个小时可看到整个地球。

图 1－20 中含有大量的海洋表面信息。红外图像中的海岸线有明确定义。这是因为东部夏令时 1028 时区的陆地比沿岸海水更暖。可见光波段图像内的海岸线可见是因为陆地在橙红色光波段(0.6～0.7 μm)的反射信号比海洋更强。注意，在两幅图像中，云被处理为白色。但有时在可见光波段图像比在红外光波段获取的图像更容易看见它们，反之亦然，这取决于对比。可见光波段图像的右侧有一块明亮的沿轨迹区，在佛罗里达州的卡那维拉尔角东－东南区域最为明亮。出现这个明亮的区域是因为如

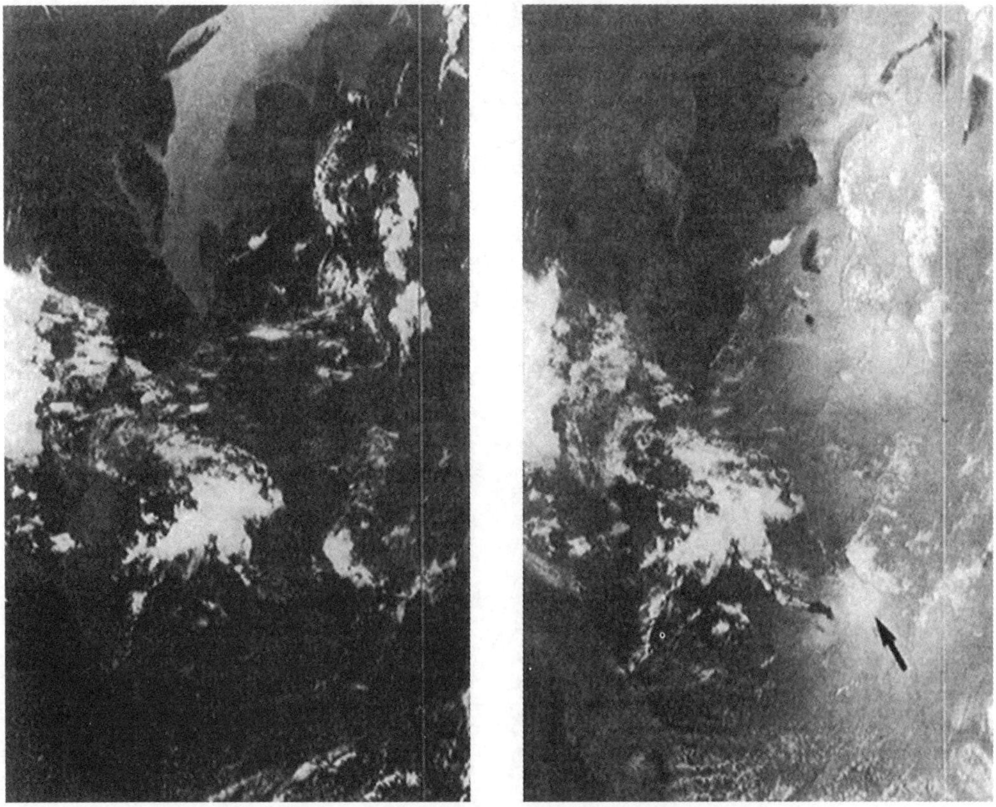

图 1－20　美国东部湾流多波段图像对

左侧为 10.5～12.5 μm 波段的红外图像；右侧为同时获得的 0.6～0.7 μm 波段的可见光数据。

上所述的太阳光所致。由于某些海洋特征可见，可为图像解释人员提供附加信息。例如，明亮区域的左侧黑色区域含有太阳的镜面反射点，可能是平静水区，这在红外区域上是没有证据的。

在图 1－20 的红外图像中，墨西哥湾流边缘可被视为冷(淡色调)沿岸水到暖(暗色调)沿岸水之间的明显过渡区。大的反气旋环流主导了中部大西洋大陆架坡折与湾流之间所谓的“斜坡水”。云也倾向于沿湾流大陆边界排列。这些特征的可见光辐射信号与红外信号存在差异。云与表面热之间的关系通常取决于气象情况，可以通过比较卡罗莱纳州—佐治亚州沿岸湾流与新泽西州沿岸湾流上的云图案得出。

1.6.3　分光辐射计数据

在解译图像时，气象影响是很重要的考虑因素。在上述示例中，仅做了定性评价，但了解所有波长情况下的大气影响非常重要。因为很大一部分的信号都来自于大气。图 1－21 显示了对可见光辐射的大气影响的示例。这些是加州公海的分光辐射计测量得到的。光谱从里尔喷射机测量获得。首先从 14 900 m 高度测量，23 分钟后在 910 m 高度测量，即该海洋区域的最低点视图处测量。注意，飞机的垂直速度为 $14\,000\ \text{m} \div 23\ \text{min} \div 60\ \text{s/min} = 10\ \text{m/s}$。为完成飞机高度下降，驾驶员踩下了空中刹车，降低了起落架和襟翼，科学家们评论说飞机用于遥感研究非常令人兴奋!

图 1－21 最明显的特征是来自对流层的光谱辐射。在本示例中，60%～90%的信号是来自大气层，且百分比非常依赖于波长(λ)。靠近短波长，曲线比值增加，反映了瑞利勋爵在 1899 年使用电磁理论预测的 λ^{-4}型散射。解释可见光图像(如图 1－20)或照片(如图 1－22)的海洋学家必须时刻提醒自己，记录的约 3/4 的辐射能量来自于大气层。大气随波长变化的能量百分比遵循物理定律，而非瑞利定律。430 nm 附近的波谷以及在波长短于 400 nm 的情况下，辐射减少是因为吸收。吸收和散射可视为独立的过程，必须在卫星海洋学的所有方面都考虑这两个过程。

我们在对图 1－22 进行讨论前应认识到图 1－20 中的可见光图像是从 $550\ \text{nm} < \lambda < 700\ \text{nm}$ 的波长范围内观察到的，这一点很重要。这个波段区间，大气的影响(或干扰，取决于看问题的角度)相对较小。这种窄的波段通常被称为大气窗口，因为在这些波段光子从海洋表面到达传感器的概率相对较大。从图 1－21 可看出为什么 VHRR 上的可见光传感器选择为 $0.55\ \mu\text{m} < \lambda < 0.70\ \mu\text{m}$：(海洋)信号与(海洋)噪声比很大。

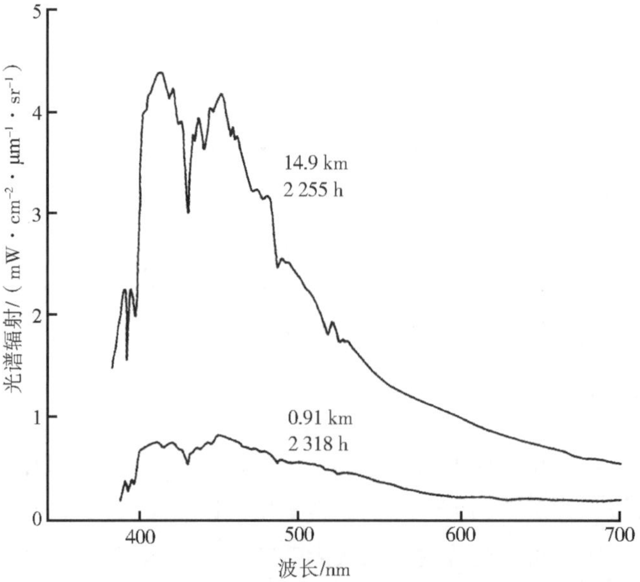

图 1-21　由飞机从海洋上两个高度测得的可见光辐射

两个高度各维持 23 分钟，区域时间为 1500。来源于美国国家海洋和大气管理局(NOAA)的 W. A. Hovis。

图 1-22　由天空实验室(SKYLAB)拍摄的南大西洋福克兰区域的照片

在图像增强处理过程中，颜色被处理为红色。色彩还原见图 3-39。

1.6.4　摄影数据

人类眼睛可对波长为 380～720 nm 的光产生反应。对于我们的眼睛来说，图 1 - 20 中所使用的图像基本上是单色的，即仅代表光谱的一个区域。另外，图 1 - 22 中的彩色照片为全色相片，即对所有可见光波段的光敏感的照片。这张照片由 SKYLAB 的宇航员于 1974 年 1 月在南大西洋地区的福克兰洋流上方拍摄。十字准线为基准。通常通过吸收紫外线和(或)蓝光的滤波器来减小蓝光散射对航天器照片(如图 1 - 21)的影响。

由于没有可用的表面验证信息，图 1 - 22 的海洋学解释仅仅是猜测。宇航员多次在这个区域上注意到了类似特征。导致海水变色的物质可能是生物。图片上中心处捕获到了一些云；穿过照片中心的条纹与福克兰洋流的边缘有关，可能是浮游植物；图片左下角处的深红褐色块可能是浮游动物，可能是龙虾、磷虾。值得注意的是，宇航员可以从福克兰群岛向上到南美海岸再到拉普拉塔河(福克兰洋流与向南流动的巴西洋流汇合)发现并拍出类似特征，然后可看见近海的汇合点(超过 1 000 km)。

在 SKYLAB 的任务报告中，宇航员指出他们对于缺乏照片的对比感到失望，仅与他们记得的场景进行了比较。相机遵循同眼睛一样的物理定律。然而，ASTP 宇航员 2 年后得出的结论仍然一样，并没有就该事项做进一步调查。生理上，人类非常善于发现场景中的差异，而这些差异比在胶卷/镜头系统中的对比印象更深。

1.6.5　成像雷达数据

图 1 - 22 中纪录的大多数信息都是来自海洋表面以下，主要是光的吸收和散射。海洋表面也是一个信息来源。如图 1 - 21 所示，自然光的反射显示了阳光区域、平静区域以及毛细波上风应力的各种影响。1889 年赫兹发现了其他波长的辐射能量反射，其自从雷达被发明后就被应用于海洋学。由于使用了无线电收发机，雷达图像成为主动微波遥感的例子。海洋卫星(SEASAT)合成孔径雷达(SAR)为航天器应用，侧视机载雷达(SLAR)为飞机应用。图 1 - 23 为美国东海岸外楠塔基特岛和浅滩的 SAR 图像，显示了从该岛和周围海洋雷达回波的复杂图案。

在解释图 1 - 23 时，应记住所记录的图案仅仅是由表面的相干(布拉格)散射后向散射无线电波形成的。第一眼看去，SAR 图像像是楠塔基特海峡水下砂波的可见全色黑白照片。将浅海的 SAR 和 SLAR 图像与照片比较通常会发现有明显的互相关关系。当洋流遇见浅滩时，通常会在浅滩上出现明显的表面波图案。这可能可以解释该图像中的一些图案。

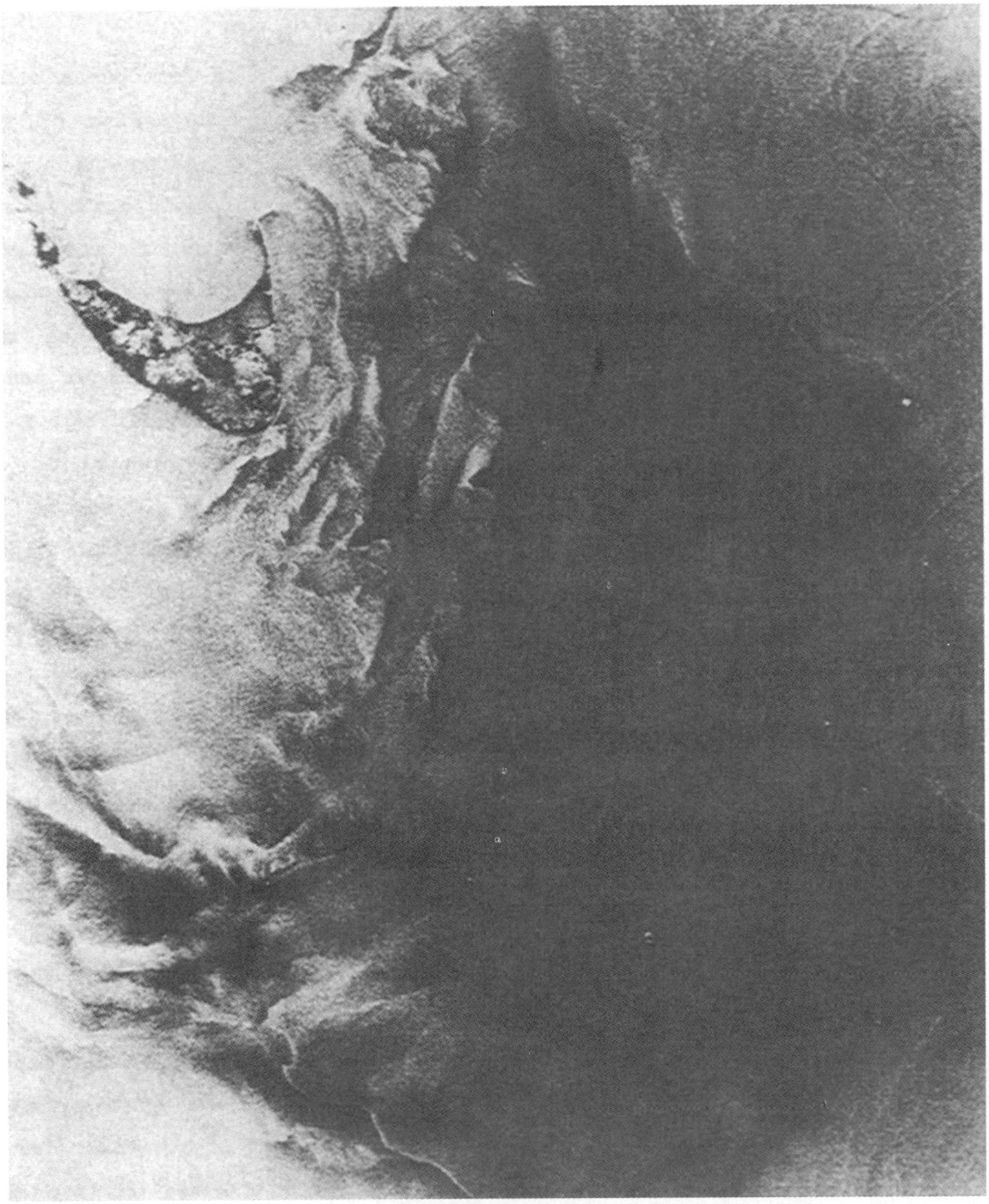

图 1-23 1978 年夏天拍摄的楠塔基特岛浅滩的合成孔径雷达图像

SAR 记录从地球散射的布拉格能量，仪器并没有接收到水渗透信息。

其他几个海洋表面现象可能影响了图 1－23 中的雷达回波。通常会发生与洋锋有关的海洋状态变化，如图像左下角处所示。内波可改变海洋表面，并造成由平滑水面过渡到波浪的水面的交替带；右上角的图案与陆地卫星(LANDSAT)可见光图像非常相似，且已通过现场测量进行了验证。同样，风应力分布导致在平静的海面上出现因风而使水面不平的区域，称之为猫爪区。这些被干扰的区域可使雷达信号变弱。此外，尽管 SAR 波长的电磁辐射的大气干扰很小，但透射率的变化也会改变信号，使地球物理解释变得复杂。

散射计、高度计、SAR 和 SLAR 是主动微波传感器的例子。根据普朗克定律式 1－2，自然物体也会辐射微波能量。自 20 世纪 60 年代以来，在天文学家的努力下，海洋科学家开始进行自然微波被动监测实验。在大型气象试验卫星(NIMBUS)系列航天器上有几个此类设备，在 SEASAT－A 和 NIMBUS－7 上有几乎相同的多通道微波扫描辐射计(SMMR)。可能最初的具有意义的被动微波辐射测量为极地地区的测量，尤其是测定冰河时代和冰/水界线的位置方面。

1.6.6　微波数据

图 1－24 为极地地区的假彩色被动微波图像，颜色按亮温进行分配。亮温是微波辐射测量专业的一个术语。在红外线术语中，亮温通常被称为表观温度或黑体温度。最好将该术语称为“辐射”温度以与热力学温度或接触温度进行区别。其被定义为已知辐射的黑体辐射体导致特定仪器显示的温度(黑体辐射器位于仪器的开口处)。然而，图1－24 中的颜色并不一定与成像的海洋、陆地、雪地或冰的热力学温度有关，因为实物也会反射和发射辐射，而且大气也产生了影响。

在特定波长，可以对微波数据进行地球物理解释。淡蓝色色调表示开阔水面。与之相比，紫色与极地冰冠有关。很明显，水和冰的热力学温度相差不会达到 60 K，如色标所示；目标的发射率，即目标像黑体一样发射辐射的能力存在问题。当然，有一些大气影响导致辐射不一致，但主要的信号还是由像素中发射率不同所致。每张图像中的插图显示夏天冰覆盖范围，可与主图像中显示的冬天冰覆盖范围进行比较。微波过程的详情将在第 5 章进行详述。

现在，读者应该很想知道本节开始处提出的关于图 1－19 至图 1－24 的所有未解答问题的答案了。但这些问题不能全部得到回答，因为很多问题都正在被研究。第 2 章将论述遥感辐射传输的物理框架。后面的章节将详细讨论红外线、可见光以及微波的物理原理。

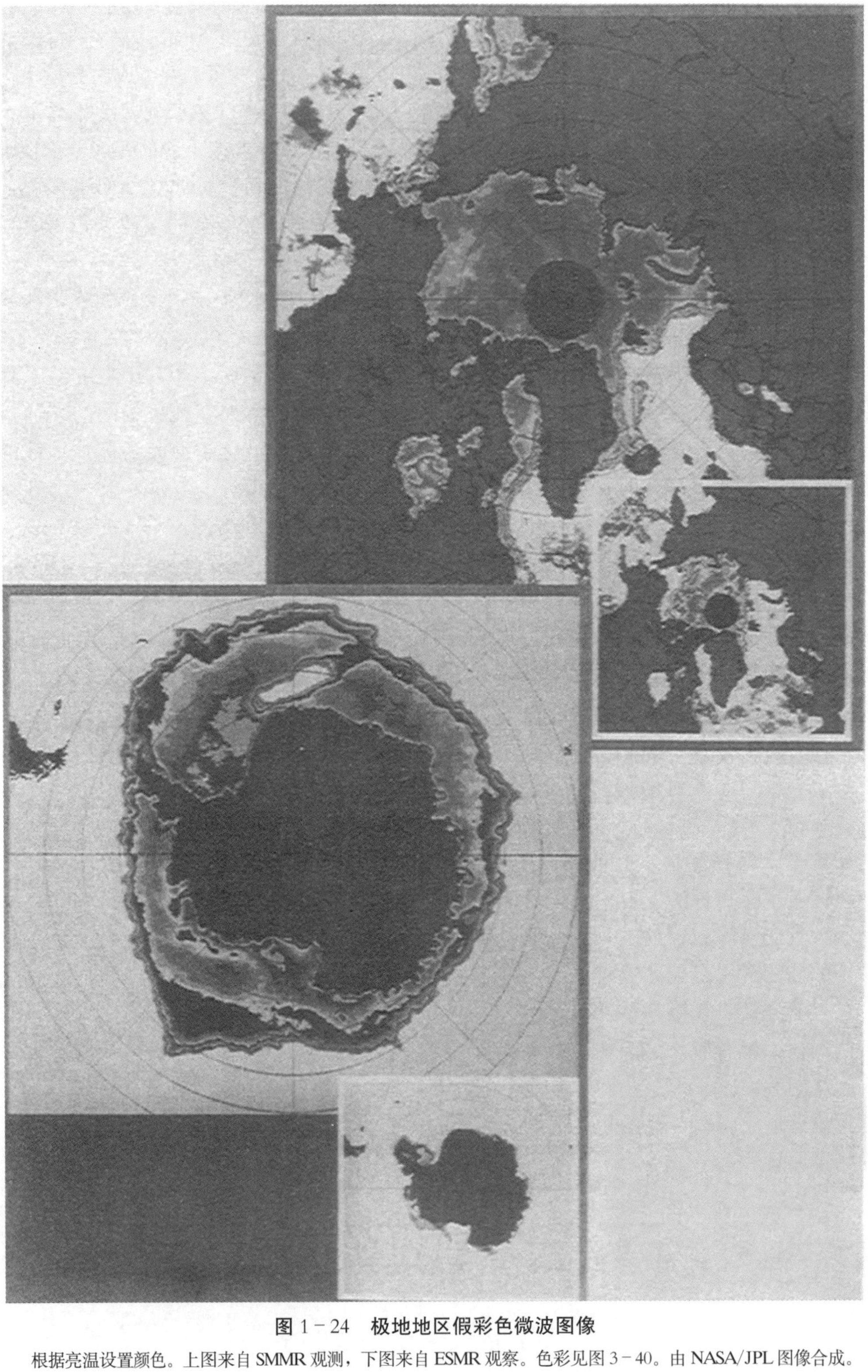

图 1-24 极地地区假彩色微波图像

根据亮温设置颜色。上图来自 SMMR 观测，下图来自 ESMR 观察。色彩见图 3-40。由 NASA/JPL 图像合成。

研究问题

(1)表 1－1 中所列的海洋特征的遥感观测需要与现场仪器的数据进行比较验证。列出最适合各现场仪器进行验证的海洋参数以及现场设备的准确度和精度(见第 1.1 节)。

(2)第 1.2 节讨论了牛顿第二定律和普朗克定律。这是航天海洋学的基础。此外，麦克斯韦式也将用于研究辐射传输。回顾上述物理原理并简单概述它们的推导过程。

(3)一个新的海洋卫星 RADSAT 正被放入 1 000 km 的圆形太阳同步轨道中。雷达高度计能获取的最大纬度是多少？计算 24 小时的升交点和降交点(见第 1.4 节)。如果 SEASAT SASS 被装在 RADSAT 上，其获得全球风覆盖范围需要多久(见第 1.5 节)?

(4)当地球同步航天器进入地球本影时，仪器校准将变得不可靠。计算 GOES 一年之中发生此种情况的时间以及最长持续时间(见第 1.4 节)。

第 2 章　辐射物理学

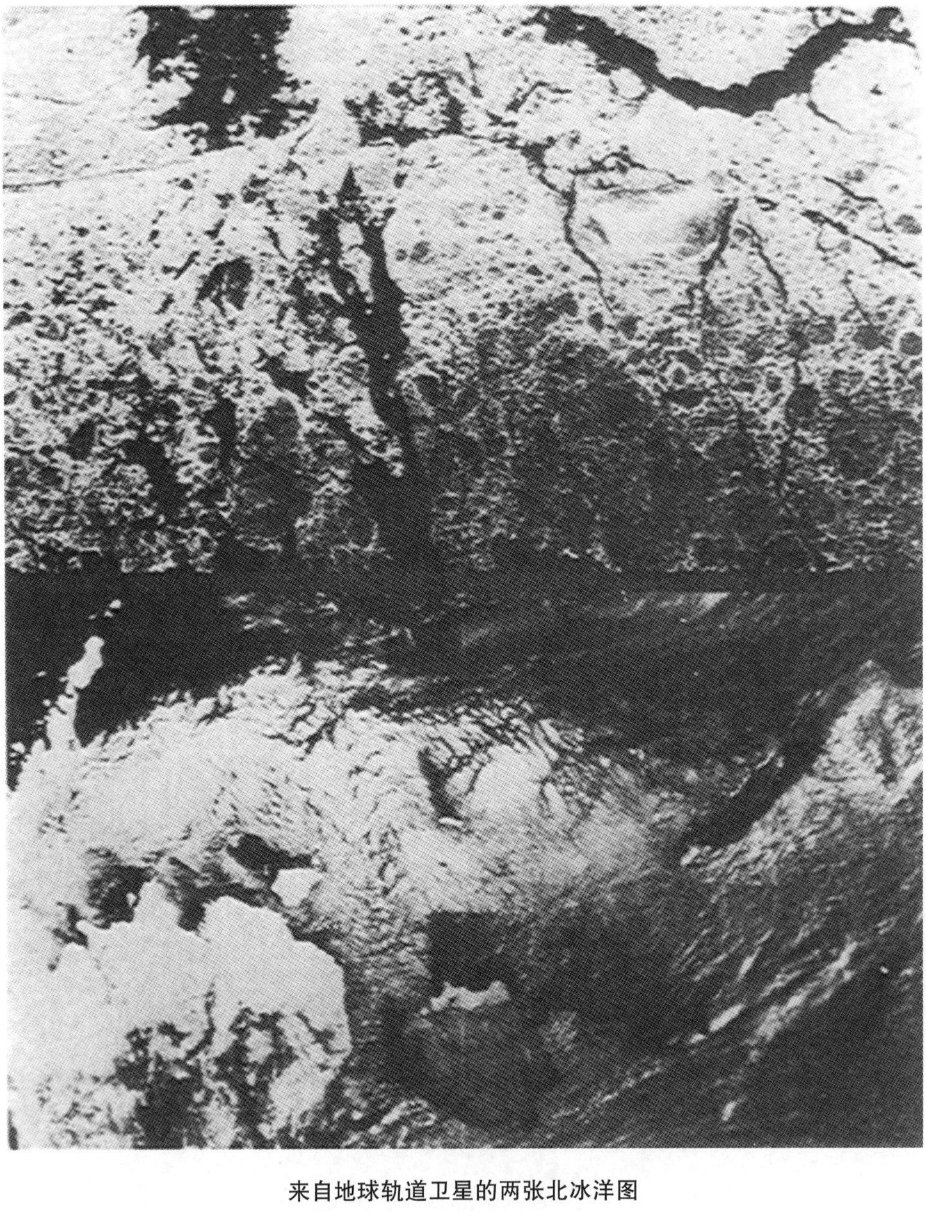

来自地球轨道卫星的两张北冰洋图

上图为白令海的可见光图像，阿拉斯加在右侧，西伯利亚在左侧，图像由 NOAA－4 获取；下图为波弗特海的雷达图像，由 SEASAT 上的合成孔径雷达获取。上图的空间分辨率约为 1 千米，通过测量反射太阳光获得；下图的空间分辨率为 25 米，通过测量雷达传输的雷达脉冲的后向散射能量获得。两张图像的处理方式均为将开阔水面显示为深色，各种冰被处理为灰色阴影。图片由美国宇航局喷气推进实验室提供。

2.1　辐射的性质

海洋遥感测量在本质上是解释电磁辐射（EMR）以及其通过大气层与海洋的相互作用。20 世纪关于 EMR 的观点与阿尔哈曾（约公元 1000 年）和麦克斯韦在 1865 年的观点明显不同。在阿尔哈曾时代，辐射可通过射线属性进行解释。而在麦克斯韦时代，辐射通过波属性进行解释。1900 年的普朗克以及 1905 年的爱因斯坦说明 EMR 具有类似粒子的属性且能量是量子化和离散的，并不是麦克斯韦式或波式的。然而，从波的角度看，可以发现很多实际问题的解决方案。这些问题是卫星海洋学中典型的问题。这是为什么呢？答案是人类需要在抽象与具体之间建立联系。

直到 19 世纪后期，物理学家才有了所有辐射能量都有机械震源的概念。这一观点产生了一个观念，即 EMR 通过一种被称为以太的介质传播，以太充满整个宇宙。就像能量以表面波的形式在水中传播，没有水，便没有能量传输。但麦克斯韦的电磁理论没有提及以太。当时的杰出人物都不能使用麦克斯韦的 EMR 理论解释黑体辐射，因此马克斯·普朗克敢于超越经验思考，提出了一个实用的解决方案。该解决方案起到了作用！普朗克定律（式 1－2）的影响是 EMR 有离散的能级，可用概率进行解释，且由类似粒子的能量包组成。这种能量包被爱因斯坦称为光子。

2.1.1　辐射能量

光子用于强调 EMR 的量子化或统计特性，而波用于强调 EMR 的时间平均影响。然而，更根本的是人们意识到粒子、波和射线都是机械起源的宏观概念，并不适用于亚微观行为。当时间间隔非常短或能级很低时，麦克斯韦方程组就不适用了。EMR 波总是在短波列发生或爆发（见图 2－1），每一个爆发带有辐射能量（E_R），公式如下：

$$E_R = h\nu \qquad （式 2－1）$$

式中 ν 为波的频率，h 为普朗克常数，$h = 6.625 \times 10^{-34}$ J·s。如果接收板上有大量的波列，则时间平均能量传输率就可使用麦克斯韦式计算。术语光子用于强调辐射的量子化或统计特性，波用于强调时间平均影响，而射线用于强调稳态定向属性。

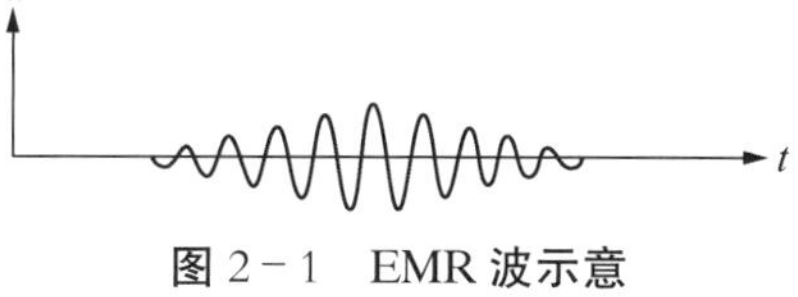

图 2－1　EMR 波示意

量子化的辐射爆发可视化为有幅度 a，且发生在一个有限的但微乎其微的时间 t 内。

通过引用惠更斯（1678 年）的遵循特定波阵面前进路线的原理，可用波的式描述射线。惠更斯原理经常被物理海洋学家和海洋工程师用于研究海洋表面波、潮汐波、内波和海啸的传播。波中各水质点的运动不用于计算前进波阵面的方向。另外，粒子角度总被用于描述沿海岸的洋流以及伴随海洋－陆地相互作用随之而来的沉积物运输或海滩侵蚀。然而，现象是相同的。

辐射物理学中的并行论点被称为互补，由尼尔斯·玻尔于 1928 年提出。玻尔认为一流的物理学家总是能成功使用波或粒子解决问题，但从不会同时使用两者。探索辐射与物质的相互作用时（如光电效应），使用辐射的粒子角度；探索传播时（如衍射），从波的角度。波与粒子之间的相互矛盾就决定了不能同时使用粒子和波进行描述。因此，玻尔原理认为辐射的波和粒子互补：可使用其中一个角度，但不能同时使用两者。

根据互补原理，可使用经典物理的宏观经验将辐射的性质可视化。但这并不可靠。因此需在波粒二象性之间架起一座桥梁。为做到这一点，考虑用来源于垂直于屏幕的远处的单色光照射屏幕。当光强度很大时，屏幕被均匀照射。第 2.3 节将波浪状辐射的能量通量描述为

$$S_0 = \varepsilon_0 E_0^2 v_0 \qquad \text{（式 2－2）}$$

该式从麦克斯韦方程组衍生出来。麦克斯韦方程组描述辐射的时间平均波属性。式 2－2 中的变量的定义如下：

S_0 为自由空间的能量通量；

ε_0 为自由空间的介电常数；

E_0 为电力场幅值；

v_0 为自由空间中的光速。

因此，当照射强度很大时，由于 ε_0 和 v_0 在自由空间中为常数，屏幕上的能量通量与电力场的平方成正比。

现在，如果照射强度很弱，就会“看见”亮点随机分布在区域内。每一个亮点对应一个到达的光子。而光子的位置和到达时间都不能预测。但可预测每个单位时间内到达光子的平均数量，这被称为光子通量 N，光子束的能量通量为

$$S = \frac{\text{能量}}{\text{光子}} \times \frac{\text{光子数}}{\text{面积} \times \text{时间}} = h\nu \times N$$

式中能量术语 $h\nu$ 来自式 2－1，N 与发现光子的概率成正比。随着对屏幕的照射的增强，到达光子的数量很大，以致颗粒外观融合成均匀的光。类比气体分子运动理论，容器上的恒压是由各分子与墙壁碰撞的综合影响所导致的。

光子通量并不能给出关于任何光子位置的准确信息，仅可给出发现光子的概率。同样，电力场幅值也不能描述辐射的量子化性质，但可以预测时间平均影响。由于 $S_0 = \varepsilon_0 E_0^2 v_0$ 描述波浪状辐射的能量通量且 $S = h\nu N$ 为粒子状辐射的能量通量，故能量通量是一个量，在波粒二象性中有具体含义。对于单色辐射，ν 是固定的，在自由空间中 $\varepsilon_0 v_0$ 也是固定的，因此，N 与 E_0^2 成正比（$\propto$），即

$$N \propto E_0^2$$

也就是说，发现光子的概率与电场强度的平方成正比。因此，电场强度 E 给出了每个单位电荷 q 的电力 F_E，$E = F_E/q$；此外，也给出了一个量，通过该量的平方可计

算在特定位置发现光子的概率 N。因此，当我们提到电力场中什么在波动时，是光子的概率振幅在波动，通过概率振幅的平方可给出可能的分布。

普朗克定律是一个概率分布定律，将在下节进行讨论。在随后一节介绍麦克斯韦方程组，并对其有了初步的认识后，应停下来回想一下本讨论。科学家们常常忘记回想，实施印度教徒所谓的“制感”(Prayahara)，全面看问题。正是这种特殊的品质使这个世纪出现了空间 - 时间概念，彻底颠覆了物理学。同样的概念目前正影响着海洋学家看待海洋表面问题的方式。不花时间停下来思考，超越常规智慧进行思考是一个很大的错误。我们难以承受这样的错误。

2.1.2 遥感使用的单位

在我们详细考虑黑体辐射前，我们应该回顾辐射物理学中常用的量纲和单位。表 2 - 1总结了常用术语和基本单位，其他衍生单位在第 2 章的适当章节进行汇总和讨论。基本上光谱辐射(参见图 1 - 21)等辐射单位为混合单位，并不是明确的 CGS 制或 MKS 制。历史上，这一惯例源于很多并行发展的物理分支。其中很少有人将这些分支结合起来。1843 年，詹姆斯・焦耳确定了热功当量。普通遥感单位的维度分析通常会使人感到困惑，需要进行仔细思考。例如，光谱辐亮度的单位为 $mW \cdot cm^{-2} \cdot \mu m^{-1} \cdot sr^{-1}$(毫瓦每平方厘米微米球面度，参见图 1 - 21)。这样写是因为其为投射到立体角(sr^{-1}，参见式 2 - 80)的窄波长间隔(μm^{-1})的能量通量($mW \cdot cm^{-2}$)。辐亮度的量纲(表 2 - 1)为 $L^2MT^{-2} \cdot T^{-1} \cdot L^{-2} \cdot L^{-1} \cdot L^0 = L^{-1}MT^{-3}$，但将 $g \cdot cm^{-1} \cdot s^{-3}$作为单位。

很重要但容易混淆的一组单位是那些与波长和频率有关的单位。波长(λ)和频率(ν)的基本关系为

$$\lambda \equiv \frac{v_0}{\nu} \qquad (式 2 - 3)$$

式中，v_0 为光在真空中的传播速度。因此，波长的量纲为 $LT^{-1}/T^{-1} = L$，频率的量纲为 $LT^{-1}/L = T^{-1}$。常用单位为可见光波段使用纳米，红外波段使用微米，微波波段使用厘米，频率使用赫兹(Hz)或次/秒。根据式 2 - 3，可推出

$$d\lambda = -\frac{v_0}{\nu^2}d\nu$$

同样，波数(κ，单位为 cm^{-1})通过下列式定义：

$$\kappa \equiv \frac{1}{\lambda} \qquad (式 2 - 4)$$

根据普朗克定律，下节给出了波长、频率和波数之间转换的例子。

表 2-1 遥感使用的量纲和基本单位

术语	量纲	基本单位	转换系数
质量	M	kg	1 kg = 10^3 g
长度	L	m	1 m = 10^2 cm
时间	T	s	1 d = 8.64 × 10^4 s
速度	LT^{-1}	m · s	1 m · s^{-1} = 10^2 cm · s^{-1}
加速度	LT^{-2}	m · s^{-2}	1 m · s^{-1} = 10^2 cm · s^{-2}
力	LMT^{-2}	kg · m · s^{-2} = N	1 N = 10^5 dyne（dynes = g · cm · s^{-2}）
功或	L^2MT^{-2}	kg · m^2 · s^{-2} = J	1 J = 10^7 erg（ergs = g · cm^2 · s^{-2}）
能量	L^2MT^{-2}	kg · m^2 · s^{-2} = N · m	1 N · m = 10^7 dyne · cm
功率	L^2MT^{-3}	kg · m^2 · s^{-3} = W	1 W = 1 J · s^{-1}
电荷	q	库仑(C)	1 N · m^2 = $q_1 q_2 / 4\pi\varepsilon_0$
电流	qT^{-1}	安培(A)	1 A = 1 C^{-1} · s^{-1}
势能	Pot. Energy q^{-1}	伏特（V）	1 V = 1 N · m · C^{-1} = 1 J · C^{-1}
热	Energy	卡路里	1 g · cal = 4.19 J = 4.19 W · s
热通量	Energy $T^{-1}L^{-2}$	兰勒	1 langley = 1 g · cal · min^{-1} · cm^{-2} = 6.9 × 10^{-2} W · cm^{-2}
温度	无	开尔文(K)	0 ℃ = 273.16 K

2.2　黑体辐射

所有物体都在不断发射和吸收辐射。对于某些辐射表面，如果确定了温度，则可完全知道它们的辐射特性。这种辐射表面是存在的。这些表面为连续光谱线源，是理想的热辐射体，或黑体。如果黑体为平面朗伯体表面，即完全扩散表面，则其辐射到半球内的单位区域的能量必须等于其从半球吸收的单位面积能量，以达到热平衡。普朗克定律给出了完美黑体的出射度 M。

20 世纪初，威廉・维恩、詹姆斯・金斯爵士以及瑞利勋爵等杰出物理学家尝试使用麦克斯韦的典型电磁理论解释来自黑体的辐射，但都失败了。普朗克的解决方法式 1－2 与常规思维有很大偏离。普朗克在已知的辐射强度分布中拟合了一个经验函数，然后表明一个原子谐振器仅发射或吸收离散的能量 $nh\nu$，其中 n 为一个正整数，常数 h(现在被称为普朗克常数)通过在已知数据中拟合经验函数确定。

2.2.1　普朗克定律

在下列式中，术语 $M(\nu,T)$ 的单位为 $W \cdot m^{-2} \cdot s$，其必须乘以 $d\nu$ 以获得能量通量($W \cdot m^{-2}$)或每个单位面积的能量。因此，普朗克定律的正式表达为

$$M(\nu,T)d\nu = \frac{2\pi h\nu^3}{v_0^2(e^{h\nu/kT}-1)}d\nu \qquad (式 2-5)$$

式中，T 为绝对温度[单位为开尔文(K)]，h 为通过经验拟合 $(e^{h\nu/kT}-1)^{-1}$ 获得的普朗克常数，等于 $6.625\times10^{-34}\ W \cdot s^2$，$k$ 为玻耳兹曼常数，为 $1.38\times10^{-23}\ J \cdot K^{-1}$。检查式中的单位是非常值得的。指数项(参见表 2－1)

$$\begin{aligned} h\nu/kT &= (W \cdot s^2) \cdot s^{-1}/[(J \cdot K^{-1}) \cdot K] \\ &= (J \cdot s^{-1} \cdot s^2) \cdot s^{-1}/J \\ &= 1 \end{aligned}$$

无量纲。$h\nu^3/v_0^2$ 项为

$$\begin{aligned} h\nu^3/v_0^2 &= (W \cdot s^2) \cdot (s^{-1})^3/(cm \cdot s^{-1})^2 \\ &= W \cdot cm^{-2} \cdot s \end{aligned}$$

乘以 $d\nu = sec^{-1}$ 得到辐射能量的通量。光谱辐射出射度 $M(\nu,T)$ 为每个单位频率间隔的能量通量。由于能量是以有限的频宽测量，故在 ν_1 与 ν_2 之间对式 2－5 的结果进行积分，将所得数与观察值进行比较。

黑体光谱辐射出射度不总是采用频率单位进行表达，更常用的是每个单位波长或每个单位波数的能量通量。从式 2－3 和 2－4 可推出，波数(κ)和频率(ν)的关系为 $\nu = v_0\kappa$，$d\nu = v_0 d\kappa$。将式 2－5 乘以上述表达式就获得波数空间的普朗克定律：

$$M(\kappa,T)d\kappa = \frac{2\pi v_0^2 h\kappa^3}{e^{v_0 h\kappa/kT}-1}d\kappa \qquad (式 2-6)$$

检查量纲发现指数项无量纲，分子项为一个波数间隔的光谱辐射通量：

$$h\nu_0^2\kappa^3 = (\mathrm{W}\cdot\mathrm{s}^2)\cdot(\mathrm{cm}\cdot\mathrm{s}^{-1})^2\cdot(\mathrm{cm}^{-1})^3$$
$$= (\mathrm{W}\cdot\mathrm{cm}^{-2})\cdot\mathrm{cm}$$

为将式 2－6 转化为波长单位，式 2－3 和 2－4 代入式 2－5。从 κ 到 λ 的单位转化表明

$$M(\lambda, T)\mathrm{d}\lambda = -M(\kappa, T)\mathrm{d}\kappa \qquad (式 2-7)$$

上式并无物理意义。这是一个需要使用相关物理学解释数学公式的例子。在实践中，$\mathrm{d}\lambda$ 是有限的 $\Delta\lambda$，因为在 $\Delta\lambda \to 0$ 的限制中，不能发射辐射能量。为测量能量，式 2－7必须被视为

$$\int_{\lambda_1}^{\lambda_2} M(\lambda, T)\mathrm{d}\lambda = \int_{\kappa_1}^{\kappa_2} -M(\kappa, T)\mathrm{d}\kappa \qquad (式 2-8)$$

但由于 λ_1 通常小于 λ_2，而 λ 与 κ 成反比关系，κ_1 比 κ_2 大，且惯例是从小(S)值求积分到大(L)值，故式 2－8 可写为

$$\int_{\lambda_S}^{\lambda_L} M(\lambda, T)\mathrm{d}\lambda = \int_{\kappa_S}^{\kappa_L} M(\kappa, T)\mathrm{d}\kappa \qquad (式 2-9)$$

因为 $\int_a^b = -\int_b^a$，所以当式 2－9 中的 S 值和 L 值分别被 1 和 2 取代时，该数学表达式的物理解释为求积分，从独立变量 λ 或 κ 的小值开始到大值。

根据前文所述的理解，采用波长表示的普朗克定律，光谱出射度式如下：

$$M(\lambda, T)\mathrm{d}\lambda = \frac{2\pi\nu_0^2 h}{\lambda^5(\mathrm{e}^{h\nu_0/\lambda kT} - 1)}\mathrm{d}\lambda \qquad (式 2-10)$$

从式 2－6 转化为式 2－10 可能不好理解，但如果采用了式 2－10 和式 2－6 的比率，就很容易理解：

$$\frac{M(\lambda, T)}{M(\kappa, T)} = \frac{2\pi\nu_0^2 h\lambda^{-5}/[\exp(h\nu_0/\lambda kT) - 1]}{2\pi\nu_0^2 h\kappa^3/[\exp(h\nu_0\kappa/kT) - 1]}$$

或

$$M(\lambda, T) = M(\kappa, T)\kappa^2$$

由于 $M(\lambda, T)$ 常用单位为 $\mathrm{W}\cdot\mathrm{cm}^{-2}\cdot\mu\mathrm{m}^{-1}$，$M(\kappa, T)$ 的常用单位为$\mathrm{W}\cdot\mathrm{cm}^{-2}\cdot\mathrm{cm}$，且 1 cm = 10^4 μm，即

$$(\mathrm{W}\cdot\mathrm{cm}^{-2})\cdot\mu\mathrm{m}^{-1} = (\mathrm{W}\cdot\mathrm{cm}^{-2})\cdot\mathrm{cm}\cdot(\mathrm{cm}^{-1})^2\cdot 10^{-4}\cdot\mathrm{cm}\cdot\mu\mathrm{m}^{-1}$$

因此，要将单位为 cm^{-1} 的波数转化为单位为 μm 的波长，

$$M(\lambda, T)(单位:\mu\mathrm{m}) = 10^{-4} M(\kappa, T)\kappa^2(单位:\mathrm{cm}^{-1}) \qquad (式 2-11)$$

图 2－2 总结了它们在太阳特征温度（T = 6 000 K）以及海洋典型温度（T = 300 K）条件下的关系。

在图 2－2 中，光谱辐射出射度按单位波长计算。注意，根据下列式，下面横坐标的波长可转化为上面横坐标的波数：

$$\kappa(\mathrm{cm}^{-1}) = 10^4/\lambda(\mu\mathrm{m})$$

但左侧的纵坐标上的每个单位波长光谱辐射出射度不能转化为每个单位波数光谱辐射出射度。从式 2－11 可看出，由于转换中 κ^2 项的关系，（例如）图 2－2 中的

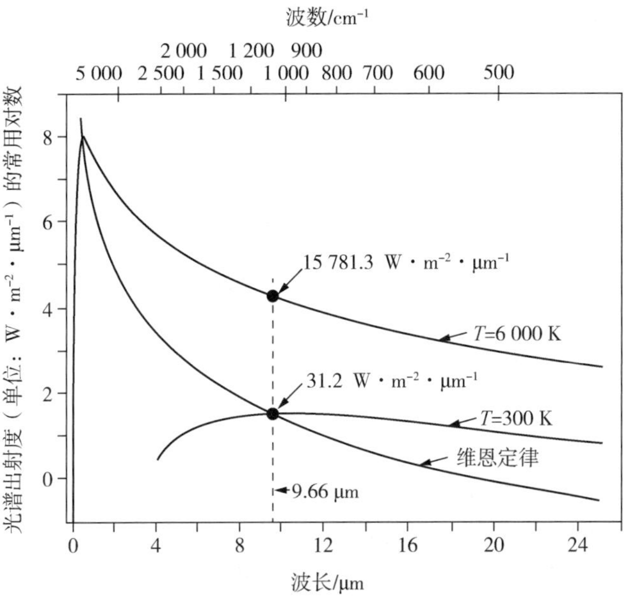

图 2－2　黑体光谱出射度作为波长或波数的常用对数函数的图像

温度为 300 K 的黑体的最高出射度表明，波长为 9.66 μm（1 035 cm^{-1}）情况下的太阳出射度比海洋出射度高 500 倍。在地球距太阳的距离，λ = 9.66 μm 情况下的太阳辐射为地球辐射的 10^{-2}（式 2－17a）。

lg $M(\lambda, 6\,000\ \mathrm{K}) = 6$ 的双值出射度在用波数进行表达时就不是双值。从 $M(\lambda, T)$ 到 $M(\kappa, T)$ 的转换为非线性曲线，但由于现在计算很容易，很少使用计算图表。虽然计算中波数和波长都很常用，但接下来的讨论中将使用波长，因为其更容易可视化。

2.2.2　维恩定律

所有黑体曲线都是双值，且在特定波长达到最大值。如上所述，1893 年维恩发现这一最大出射度与辐射体的绝对温度成反比。函数的图像在图 2－2 中有描绘出来，可通过在式 2－10 中令波长出射度导数等于 0 获得。定义

$$c_1 = 2\pi v_0^2 h = 3.741 \times 10^8\ \mathrm{W \cdot m^{-2} \cdot \mu m^{-4}}$$

$$c_2 = v_0 h / k = 1.439 \times 10^4\ \mathrm{\mu m \cdot K} \qquad \text{（式 2－12）}$$

出射度（有时也称之为光谱辐射度）可写为

$$M(\lambda, T) = \frac{c_1 \lambda^{-5}}{e^{c_2/\lambda T} - 1}$$

求导并令导数等于 0，得

$$\frac{\mathrm{d}M}{\mathrm{d}\lambda} = 0 = \frac{-5c_1 \lambda_{\max}^{-6}}{e^{c_2/T\lambda_{\max}} - 1} + \frac{c_1\ \lambda_{\max}^{-5}}{(e^{c_2/T\lambda_{\max}} - 1)^2} \lambda_{\max}^{-2} c_2\ T^{-1}\ e^{c_2/T\lambda_{\max}},$$

重新排列各项，得

$$5\lambda_{\max} = \frac{c_2 T^{-1} e^{c_2/T\lambda_{\max}}}{e^{c_2/T\lambda_{\max}} - 1}$$

$\lambda_{\max}$的下标是指最大辐射度的波长。$c_2/T\lambda_{\max}$项在上述表达中每个项中都有，如果将

其用一个变量 x 表示，则表达式可写为 $5(e^x - 1) = xe^x$ 或重排各项写为

$$\ln\left(1 - \frac{x}{5}\right) + x = 0$$

这是一个超越方程，其非零解（$x \neq 0$）为 $x = 4.965$。当我们解最大辐射度所在波长时，维恩位移定律为

$$\lambda_{max} = \frac{c_2}{4.965\ T} = \frac{1.439 \times 10^4\ \mu m \cdot K}{4.965T(K)}$$

$$\lambda_{max}(\mu m) = \frac{2\,898.3}{T(K)} \qquad (式 2-13)$$

维恩位移定律表明海洋的黑体辐射峰值在 10 μm 附近，图 2-2 中列出了精确的计算。该定律也预测来自太阳的最大辐射度所在波长为 2 898.3 ÷ 6 000 ≈ 0.48（μm），见图 2-2。因此，人眼看见的白光如果为单色，其达到峰值波长可能就为蓝色。第 4 章将会讨论颜色，但需在开始就弄明白颜色为人眼的一种反应，是黑体辐射的二阶效应。

维恩也试图预测整个黑体辐射的行为。但如上所述，仅在短波长的情况下才能成功预测。所谓的维恩定律很容易从普朗克的式推导出来。当 λ 非常小时（λ_S），$\exp(hv_0/\lambda kT)$ 项远大于 1。因此，

$$e^{hv_0/\lambda_s kT} - 1 \approx e^{hv_0/\lambda_s kT}$$

代入式 2-10 后就产生下列式

$$M(\lambda_S, T)d\lambda = 2\pi v_0^2 h \lambda_s^{-5} e^{-hv_0/\lambda_s kT} d\lambda \qquad (式 2-14)$$

这个式也带有维恩的名字。在 $T = 6\,000$ K 以及 $\lambda_S < 1$ μm 的情况下，使用式 2-14 的误差小于 10%。因此，虽然式 2-14 能较好地说明紫外太阳光谱，但其不能很好地说明 EMR 光谱的红外光和微波区。

2.2.3 瑞利-金斯定律

另一种极限情况是波长（λ_L）较大的情况，如远红外光和微波区。这种情况适用瑞利-金斯定律。当 λ 很大时，式 2-10 中分母的 $v_0 h/\lambda_L kT$ 项非常小，e^x 可近似等于 $1 + x$。因此，

$$e^{c_2/\lambda_L T} - 1 \approx c_2/\lambda_L T$$

辐射出射度可近似表示为

$$M(\lambda_L, T)d\lambda \approx \frac{2\pi v_0^2 h}{\lambda_L^5 v_0 h/\lambda_L kT} d\lambda = \frac{2\pi v_0 kT}{\lambda_L^4} d\lambda \qquad (式 2-15)$$

从式 2-15 可推出一个很重要的特性，即特定波长的出射度与绝对温度呈线性关系。这一近似对于微波遥感以及某些红外波长遥感都非常有用。

图 2-3 说明了在波长为 3.75 μm 和 11 μm 的情况下海洋表面温度范围内的线性关系。图 2-3 中的曲线为通过完整的普朗克表达式计算所得，用于说明在接近海洋的红外发射峰值情况下（图 2-2）近似的有效性。对于红外遥感，如图 1-19 和1-20 所示，可得出两个重要结论：第一，从图 2-2 可看出，在图 1-19 和 1-20 使用的波长间隔（10～12 μm）情况下，海洋发射的能量最大，从而优化了信噪比；第二，辐

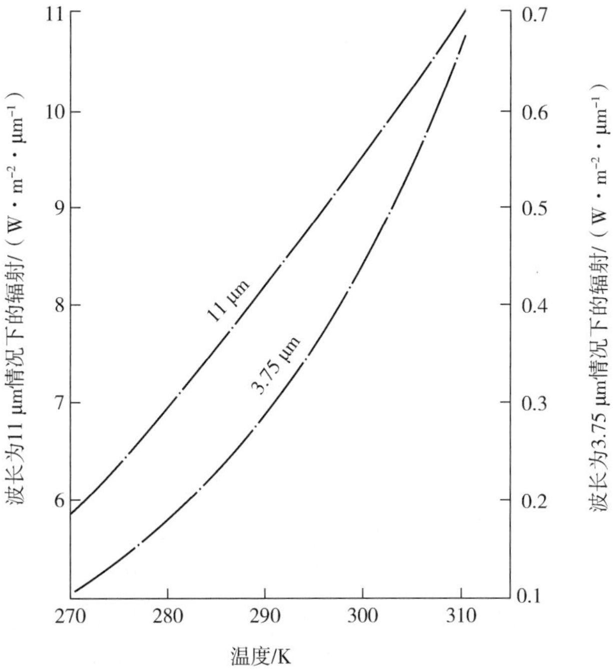

图 2－3　海洋遥感红外波段光谱出射度和温度的关系

随着越来越接近短波长，曲线越来越非线性，斜率下降。

射几乎与温度呈线性关系，因此，图像中的灰度梯度也是均匀的温度梯度。

式 2－15 中采用的近似是瑞利将麦克斯韦方程组视为在封闭空间内的驻波模式而发展起来的。海因里希·赫兹进行的精细微波测量结果与詹姆斯·金斯校正后的瑞利勋爵的结果相符。然而，式 2－15 预测了在短波长情况下每个单位面积内出现无限大的能量，这是没有观察到的。图 2－2 中短波长情况下曲线的下降表示，随着波长的减少，电子释放大量能量的概率很小。对于微波波长，概率与温度呈线性关系。这一点在无线电工程师设计微波遥感仪器时就得到了应用。

2.2.4　斯忒藩－玻耳兹曼定律

麦克斯韦方程组一个重要的方面是计算黑体发射在每个单位面积上的总能量 $M(T)$。单位面积上总能量为出射度在所有波长上的积分值，即图 2－2 中曲线下的区域的面积。在频率上积分最容易。我们在调用式 2－5 时，辐射功率 $M(T)$ 可写为

$$M(T) = \int_0^{\infty} M(\nu, T)\mathrm{d}\nu = \int_0^{\infty} \frac{2\pi h\nu^3}{v_0^2 \mathrm{e}^{h\nu/kT} - 1}\mathrm{d}\nu$$

引入变量 $x = h\nu/kT$，则 $\nu^3 = x^3(T^3k^3/h^3)$，$\mathrm{d}\nu = (Tk/h)\mathrm{d}x$，总辐射功率为

$$M(T) = \frac{2\pi k^4 T^4}{v_0^2 h^3}\int_0^{\infty} \frac{x^3\mathrm{d}x}{\mathrm{e}^{x-1}}$$

定积分等于 $\pi^4/15$，最终表达式为

$$M(T) = \frac{2\pi^5 k^4}{15 v_0^2 h^3} T^4 \equiv \sigma T^4 \qquad （式 2－16）$$

式中，σ 为斯忒藩－玻耳兹曼常数，可从各项中得出 $\sigma = 5.67\times10^{-8}$ W·m^{-2}·K^{-4}。

总辐射出射度仅与绝对温度的四次方有关。将太阳发射的能量与地球发射的能量相比，$6\,000^4/300^4 = 1.6\times10^5$，表明与太阳表面辐射出射度相比，地球表面的辐射出射度无关紧要。在地球物理研究中，太阳表面的辐射出射度并不重要，地球从太阳接收多少能量才重要。在太空中，太阳能很少会因物理过程损失，但从几何因素考虑，能量分布在一个很大的区域。这些概念可通过计算太阳常数进行量化。

2.2.5 来自太阳的总能量

太阳常数是地球接收的太阳总辐射量。根据斯忒藩－玻耳兹曼定律(式 2－16)，太阳的总辐射出射度计算如下：

$$M(T) = \sigma T^4$$

$$M(T) = (5.67\times10^{-8}\ \mathrm{W\cdot m^{-2}\cdot K^{-4}})(6\,000\ \mathrm{K})^4$$

$$M(T) = 7.35\times10^{7}\ \mathrm{W\cdot m^{-2}}$$

单位面积总能量为太阳表面区域 $4\pi r_s^2$ 的 7.35×10^7 W·m^{-2}倍。由于黑体辐射具有均匀向所有方向辐射的性质(图 2－4)，地球上的通量为总能量($\sigma T^4\times4\pi r_s^2$)除以半径为地球距太阳的距离($r_{e-s}$)的球体表面积。太阳对向地球约 0.5°弧，因此太阳的半径可写为

$$r_s = \frac{1}{2}r_{e-s}\times\left(\frac{0.5^\circ}{57.3^\circ/\mathrm{radian}}\right)$$

结合所有项，太阳常数 C_{sun} 为

$$C_{sun} = \frac{\sigma T^4\times4\pi\left(\frac{r_{e-s}}{2}\times\frac{0.5}{57.3}\right)^2}{4\pi r_{e-s}^2}$$

$$C_{sun} = 7.35\times10^7\ \mathrm{W\cdot m^{-2}}\times\left(\frac{0.5}{2\times57.3}\right)^2\frac{\mathrm{m^2}}{\mathrm{m^2}} = 1\,400\ \mathrm{W\cdot m^{-2}} \quad (式 2－17a)$$

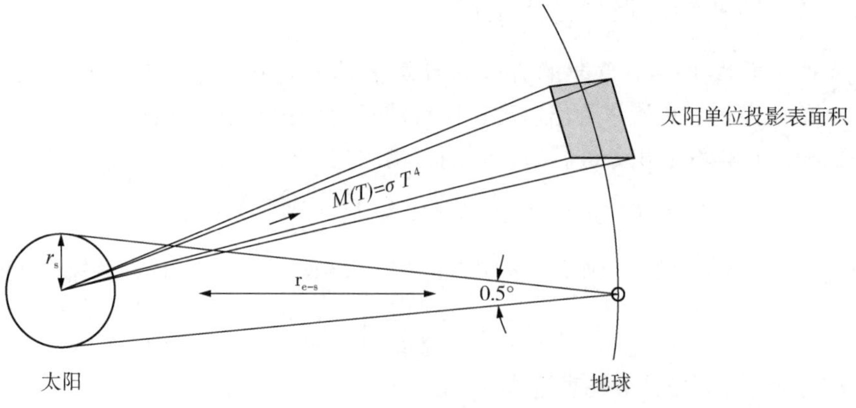

图 2－4 计算太阳常数的几何模型

从表 2－1 可看出，热量单位的转换系数为 $1\ \text{g}\cdot\text{cal}\cdot\text{min}^{-1}\cdot\text{cm}^{-2}=6.9\times10^{-2}\ \text{W}\cdot\text{cm}^{-2}$（或 $6.9\times10^{2}\ \text{W}\cdot\text{m}^{-2}$）。使用 $1\,400\ \text{W}\cdot\text{m}^{-2}$ 除以 6.9×10^{2}，得出太阳常数为

$$C_{\text{sun}} = 2\ \text{g}\cdot\text{cal}\cdot\text{min}^{-1}\cdot\text{cm}^{-2} = 2\ \text{ly} \tag{式 2－17b}$$

这与从地球轨道观测获得的高精度测量结果一致。

$1\,400\ \text{W}\cdot\text{m}^{-2}$ 代表一个表面积为 πr_{e}^{2} 的圆盘拦截的辐射。球体表面积为 $4\pi r^{2}$，因此地球上的总能量约为 $1\,400\div4=350(\text{W}\cdot\text{m}^{-2})$ 或 0.5 兰勒(ly)。虽然 300 K 为可接受的海洋特征温度，但若考虑云层的最高温度，地球的总体温度应接近 250 K。式 2－16 预测 250 K 的地球发射的无线电测量的能量为 $220\ \text{W}\cdot\text{m}^{-2}$ 或约入射辐射的 65%，剩余 35%为反射能量。35%为反射率，反射率通常被定义为总反射能量占总能量的比率。反射率不应与反射比相混淆。反射比取决于波长。式 2－17a 中的 $[0.5/(2\times57.3)]^{2}=1.9\times10^{-5}$ 项将太阳光谱出射度曲线（图 2－2）的峰值从 $10^{8}\ \text{W}\cdot\text{m}^{-2}\cdot\mu\text{m}^{-1}$ 减小到 $10^{8}\times1.9\times10^{-5}=1\,900(\text{W}\cdot\text{m}^{-2}\cdot\mu\text{m}^{-1})$，如图 4－17 所示。峰值 $1\,900\ \text{W}\cdot\text{m}^{-2}\cdot\mu\text{m}^{-1}$ 被称为地球上太阳光谱辐射峰值，将在第 2.8 节讲述。

在 2.1 和 2.2 节中对辐射的性质进行了描述。通过普朗克定律，辐射能量通量被量化。黑体辐射作为能量量子化的光子在空间传播，并从其源（黑体）均匀向四面八方传播。据观察，无线电光束会从太阳发射，因此不是完美的黑体。事实上，人们观察到其可在不同波长不同温度下具有黑体的行为。研究真实表面性质发现，从波的角度看能获得更好的理解。因此，接下来将讨论麦克斯韦对于 EMR 的描述。

2.3　麦克斯韦方程组

麦克斯韦方程组是电磁规则的简单的数学表达式，统一了高斯、法拉第、安培和欧姆等科学家提出的关系。回想一下，真空中两个电荷 q_1 和 q_2（两个电荷之间的距离为 r）的力的大小为

$$F_E \propto \frac{q_1 q_2}{r^2}$$

从实验得出，比例常数为 $(4\pi\varepsilon_0)^{-1}$，其中 ε_0 为自由空间内的介电常数，$\varepsilon_0=8.854\times10^{-12}\ \text{F}\cdot\text{m}^{-1}$。单位电荷的力的大小以 E 表示，定义为

$$E \equiv \frac{F_E}{q} \tag{式 2－18a}$$

式中，q 以 C 为单位，因此电场强度 $\boldsymbol{E}$ 为矢量，其单位为 N/C。同样，通过实验得出以速度 v 通过磁场 $\mu_0 H$（μ_0 为真空磁导率，$\mu_0=4\pi\times10^{-7}\ \text{H}\cdot\text{m}^{-1}$）粒子的磁力 $\boldsymbol{F}_H$ 的大小为

$$F_H = qv(\sin\theta)\,\mu_0 H \tag{式 2－18b}$$

式中 θ 为磁场密度矢量与速度矢量之间的夹角。由于力为矢量，故式 2－18a 和2－

18b 都是矢量式，分别写为 $\boldsymbol{F}_E = q\boldsymbol{E}$ 和 $\boldsymbol{F}_H = q\boldsymbol{v} \times \mu_0 \boldsymbol{H}$。$\boldsymbol{E}$ 为与电场平行的矢量，$\boldsymbol{H}$ 为与磁场平行的矢量。

詹姆斯·克拉克·麦克斯韦在 1864 年计算出了 $\boldsymbol{H}$ 和 $\boldsymbol{E}$ 之间的关系。对于自由空间等各向同性介质(或地球的大气)，关系可概括为

$$\begin{cases} \vec{\nabla} \cdot \varepsilon \boldsymbol{E} = \hat{\rho} & (\text{单位}:\mathrm{V \cdot m^{-2}}) \\ \vec{\nabla} \cdot \mu \boldsymbol{H} = 0 & (\text{单位}:\mathrm{A \cdot m^{-2}}) \\ \vec{\nabla} \times \boldsymbol{E} = -\dfrac{\partial}{\partial t}(\mu \boldsymbol{H}) & (\text{单位}:\mathrm{V \cdot m^{-2}}) \\ \vec{\nabla} \times \boldsymbol{H} = \dfrac{\partial}{\partial t}(\varepsilon \boldsymbol{E}) + \hat{\sigma} \boldsymbol{E} & (\text{单位}:\mathrm{A \cdot m^{-2}}) \end{cases} \quad (\text{式 } 2-19)$$

麦克斯韦方程组中的第一行被称为高斯(电)定律，其中 $\hat{\rho}$ 为电荷密度，单位为 $\mathrm{C \cdot m^{-3}}$。式 2 - 19 的第二行为高斯(磁)定律。第三行为法拉第定律，法拉第定律处理电场与磁场时间(t)导数之间的关系。在式 2 - 19 的最后一行中，麦克斯韦在安培定律中加入了 $\partial(\varepsilon \boldsymbol{E})/\partial t$ 项以解释电容器在充电或放电时，在其板间可测得磁场的这一现象；$\hat{\sigma}$ 被定义为电导率，自由空间中 $\hat{\sigma} = 0$。欧姆定律为方程组 2 - 19 最后一行右侧两项之间的平衡，$\partial(\varepsilon \boldsymbol{E})/\partial t$ 被麦克斯韦称为位移电流密度。表 2 - 2 对术语和符号进行了汇总。

可使用多种实用设备来说明式 2 - 19 中概括的各种定律。与我们对辐射性质的研究一致，式 2 - 19 将被解释为 EMR 特性。式 2 - 19 的通解并不比海水运动式的通解多。辐射传输的某些方面由 EMR 理论中的特定平衡主导，正如潮汐、地转流涡旋和静水压力可通过等化其在旋转流体理论中的主导平衡的式求取。推理过程是完全类似的：确定主项，获得控制式，得到解，应用边界条件，通过观察进行解释比较。作为第一个例子，EMR 的波性质是通过麦克斯韦方程组获得的。

表 2 - 2　麦克斯韦方程组中常用项、符号和单位

项	符号	单位
电导率	$\hat{\sigma}$	S/m
电荷密度	$\hat{\rho}$	$\mathrm{C/m^3}$
电场	$\boldsymbol{E}$	N/C = V/m
磁场	$\boldsymbol{H}$	$\mathrm{C \cdot s^{-1} \cdot m^{-1} = A/m}$
磁导率	μ	$\mathrm{N \cdot c^{-2} \cdot s^{-2} = H/m}$
介电常数	ε	$\mathrm{C^2 \cdot N^{-1} \cdot m^{-2} = F/m}$
	辅助项	
电容	C	C/V
电流	I	A = C/s
电势	V	V = J/C
电阻	R	Ω

2.3.1 麦克斯韦方程组的波解

假设式 2 - 19 在各向同性介质(μ、ε 为常数)中，空间中没有源电荷($\hat{\rho}=0$)和任何电导率($\hat{\sigma}=0$)，则

$$\begin{cases} \vec{\nabla}\cdot \boldsymbol{E} = 0 & \text{(a)} \\ \vec{\nabla}\cdot \boldsymbol{H} = 0 & \text{(b)} \\ \vec{\nabla}\times \boldsymbol{E} = -\mu\dfrac{\partial \boldsymbol{H}}{\partial t} & \text{(c)} \\ \vec{\nabla}\times \boldsymbol{H} = \varepsilon\dfrac{\partial \boldsymbol{E}}{\partial t} & \text{(d)} \end{cases} \qquad \text{(式 2 - 20)}$$

为了将近似方程组合成一个控制式，将 2 - 20(c)的矢量旋度$\vec{\nabla}\times\boldsymbol{A}$(其中 $\boldsymbol{A}$ 是任意矢量)代入 2 - 20(d)中，得

$$\vec{\nabla}\times(\vec{\nabla}\times \boldsymbol{E}) = -\mu\frac{\partial}{\partial t}\vec{\nabla}\times \boldsymbol{H} = -\mu\frac{\partial}{\partial t}\varepsilon\frac{\partial \boldsymbol{E}}{\partial t} = -\mu\varepsilon\frac{\partial^2 \boldsymbol{E}}{\partial t^2}$$

根据单位矢量

$$\vec{\nabla}\times(\vec{\nabla}\times \boldsymbol{A}) \equiv \vec{\nabla}(\vec{\nabla}\cdot \boldsymbol{A}) - \nabla^2\boldsymbol{A}$$

得

$$\vec{\nabla}\times(\vec{\nabla}\times \boldsymbol{E}) = \vec{\nabla}(\vec{\nabla}\cdot \boldsymbol{E}) - \nabla^2\boldsymbol{E}$$

根据式 2 - 20(a)，得电场强度的控制方程为

$$\nabla^2\boldsymbol{E} = \mu\varepsilon\frac{\partial^2 \boldsymbol{E}}{\partial t^2} \qquad \text{(式 2 - 21a)}$$

同样，对于磁场强度，有

$$\nabla^2\boldsymbol{H} = \mu\varepsilon\frac{\partial^2 \boldsymbol{H}}{\partial t^2} \qquad \text{(式 2 - 21b)}$$

式 2 - 21a 和式 2 - 21b 等价，也就是说，无论矢量域 $\boldsymbol{E}$ 获得什么解，都适用于矢量域 $\boldsymbol{H}$，反之亦然。

式 2 - 21a 和式 2 - 21b 是可以通过分离变量求解的二阶线性偏微分方程。矢量 $\boldsymbol{E}$ 是三个空间变量 (x,y,z) 和时间的函数，可以简化为一个空间坐标，例如 x，和时间。将拉普拉斯算子 ∇^2 简化为 $\partial^2/\partial x^2$，则式 2 - 21a 的一维形式可写为

$$\frac{\partial^2 E(x,t)}{\partial x^2} = \mu\varepsilon\frac{\partial^2 E(x,t)}{\partial t^2} \qquad \text{(式 2 - 22)}$$

假设式 2 - 22 的一个解为 $E(x,t) = X(x)T(t)$，即关于距离 x 和时间 t 的任意函数，则

$$\frac{\partial^2 E(x,t)}{\partial x^2} = T(x)\frac{\mathrm{d}^2 X(x)}{\mathrm{d}x^2},\ \frac{\partial^2 E(x,t)}{\partial t^2} = X(x)\frac{\mathrm{d}^2 T(x)}{\mathrm{d}t^2}$$

其中偏导数变为全导数。将上述表达式代入式 2 - 22 并重新排列项，得

$$\frac{1}{X(x)}\frac{\mathrm{d}^2 X(x)}{\mathrm{d}x^2} = \frac{\mu\varepsilon}{T(t)}\frac{\mathrm{d}^2 T(t)}{\mathrm{d}t^2} \qquad \text{(式 2 - 23)}$$

式 2 - 23 的左侧是仅关于空间的函数，右侧是仅关于时间的函数。尽管对于一对

特定的值 x 和 t 可能会满足该方程，但我们不能选择某一个 x 的值，并且希望方程对于任意值 t 都成立，除非这些 t 的替代值代入方程右边项时，总能获得相同的值。因此，式的两边必须等于某个任意常数，如令这个常数为 $-k^2$（不要将其与玻耳兹曼常数混淆），则式 2－23 化为以下两个常微分方程：

$$\frac{d^2X(x)}{dx^2}+k^2X(x)=0,\ \frac{d^2T(t)}{dt^2}+\frac{k^2}{\mu\varepsilon}T(t)=0$$

上述方程式有下列解：

$$X(x)=C_1e^{\pm ikx},T(t)=C_2e^{\pm i\left(\frac{k}{\sqrt{\mu\varepsilon}}\right)t},$$

其中，$i=\sqrt{-1}$，解可通过代入法进行验证。由于初始假设为 $E(x,t)=X(x)T(t)$，故通解为

$$E(x,t)=C_1e^{\pm ikx}C_2e^{\pm i\left(\frac{k}{\sqrt{\mu\varepsilon}}\right)t}=E_0e^{\pm i\left[kx\pm\left(\frac{k}{\sqrt{\mu\varepsilon}}\right)t\right]}$$

其中，$E_0=C_1C_2$，是一个常数。欧拉方程的形式 $e^{i\theta}=\cos\theta+i\sin\theta$ 为周期解，故已经发现了一种波解。通过将上述各种形式代入控制式中，例如由$e^{\pm i(kx\pm kt/\sqrt{\mu\varepsilon})}$可得到

$$E(x,t)=E_0e^{i(kx-\omega t)} \tag{式 2－24}$$

其中，ω 为角频率：

$$\omega\equiv\frac{k}{\sqrt{\mu\varepsilon}} \tag{式 2－25}$$

相应地，可以写出相同的磁场的解：

$$H(x,t)=H_0e^{i(kx-\omega t)} \tag{式 2－26}$$

式 2－24 和式 2－26 描述了辐射的基本波形特性：是电场和磁场产生了光的波动性。请注意，对波长或频率范围没有限制，以便对 EMR 的整个光谱（图 1－1）进行估算。式 2－24 和式 2－26 还预测了横平面波，这就解释了 17 世纪惠更斯提出的光线垂直于波阵面，因为能量以横平面波的形式沿光线方向传播。

2.3.2 电磁波的性质

式 2－25 引入了术语“角频率”。有许多相互关联的术语经常令人产生困惑，所以表 2－3 中进行了相关总结。由式 2－25 和表 2－3 中的定义可知，$\sqrt{\mu\varepsilon}$项的量纲为 $L^{-1}T$，是速度的倒数，即

$$v=\frac{1}{\sqrt{\mu\varepsilon}} \tag{式 2－27}$$

对于自由空间，$v_0=(\mu_0\varepsilon_0)^{-1/2}$。将 $\mu_0=4\pi\times10^{-7}\ N\cdot C^{-2}\cdot s^2$ 和 $\varepsilon_0=8.854\times10^{-12}\ C^2\cdot N^{-1}\cdot m^{-2}$代入式 2－27 中，得到光速

$$v_0=2.998\times10^8\ m/s$$

注意，v_0 的值可以从实验室测得的 μ_0和 ε_0计算出，这些测量与从辐射角度计算完全不同。在自由空间中，这些电磁波描述了最简单的辐射类型：单色、平面和极化 EMR。

表 2-3 波动式中常用术语的定义

术语	符号	波形解
角频率	$\omega = 2\pi/T$	$\sin(kx - \omega t)$
频率	$\nu = 1/T$	$\sin 2\pi\nu(x/v - t)$
周期	$T = \lambda/v$	
传播数	$k = 2\pi/\lambda$	$\sin k(x - vt)$
波长	$\lambda = v/\nu$	
波数	$\kappa = 1/\lambda$	$\sin 2\pi(\kappa x - \nu t)$

式 2-24 是控制方程(式 2-21a)的一维解。通解(可代入验证)是

$$\boldsymbol{E} = E_0 \boldsymbol{u}_E \mathrm{e}^{\mathrm{i}(\boldsymbol{k}\cdot\boldsymbol{r} - \omega t)} \quad (式 2-28)$$

其中 $\boldsymbol{k}\cdot\boldsymbol{r} = k_x x + k_y y + k_z z$ 。在上面的表达式中，$\boldsymbol{u}_E$ 是电场力的单位矢量，$\boldsymbol{k}$ 是传播数矢量(k_x, k_y, k_z)，$\boldsymbol{r}$ 是位置矢量并具有笛卡尔分量 x、y 和 z(参见第 1.4 节)。可以对磁场矢量进行类似推广：

$$\boldsymbol{H} = H_0 \boldsymbol{u}_H \mathrm{e}^{\mathrm{i}(\boldsymbol{k}\cdot\boldsymbol{r} - \omega t)} \quad (式 2-29)$$

其中 $\boldsymbol{u}_H$ 是与磁力场相关的单位矢量，H_0 为振幅。

式 2-20 中有 $\vec{\nabla}\cdot\boldsymbol{E} = 0$ 和 $\vec{\nabla}\cdot\boldsymbol{H} = 0$ 。与上述使用的一维类比一致，$\vec{\nabla}\cdot\boldsymbol{E} = 0$ 可表示为

$$\left(\frac{\partial}{\partial x}\boldsymbol{u}_x + \cdots\right)\cdot\left[E_0 \boldsymbol{u}_E \mathrm{e}^{\mathrm{i}(k_x x - \omega t)} + \cdots\right] = 0$$

由于 $\boldsymbol{u}_x \cdot \boldsymbol{u}_E = 0$，因此 $\boldsymbol{u}_x$ 和 $\boldsymbol{u}_E$ 是正交的，$\boldsymbol{E}$ 与传播方向 x 垂直。对 $\boldsymbol{H}$ 进行类似论证，可得出一个重要结论，即 $\boldsymbol{E}$ 和 $\boldsymbol{H}$ 都与传播数矢量 $\boldsymbol{k}$ 正交。电力场矢量的结果如图 2-5 所示。如果图 2-5 中的 $\boldsymbol{r}$ 是沿 x 方向，则与 $\boldsymbol{u}_r$ 正交的 $\boldsymbol{u}_E$ 不一定与 $\boldsymbol{u}_y$ 和 $\boldsymbol{u}_z$ 一致。根据矢量点积的定义，图 2-5 中的 $E_z = E_0\cos\theta$ 是电力场矢量在 xz 平面上的投影。

式 2-20 中的条件 $\vec{\nabla}\times\boldsymbol{H} = \varepsilon\partial\boldsymbol{E}/\partial t$ 提供了 $\boldsymbol{H}$ 与 $\boldsymbol{E}$ 关系的重要信息，以及相对大小的信息。为了简化起见，再次假设 EMR 波仅在 x 方向传播，即 $\partial/\partial y = \partial/\partial z = 0$，则

$$\frac{\partial}{\partial x}\left[\boldsymbol{u}_x \times H_0 \boldsymbol{u}_H \mathrm{e}^{\mathrm{i}(kx - \omega t)}\right] = \varepsilon\frac{\partial}{\partial t}\left[E_0 \boldsymbol{u}_E \mathrm{e}^{\mathrm{i}(kx - \omega t)}\right]$$

求该偏导数并消除所得到的指数和乘积项，我们得到

$$\boldsymbol{u}_x \times \boldsymbol{u}_H (H_0 k) = \varepsilon \boldsymbol{u}_E(-E_0 \omega)$$

$\varepsilon = \sqrt{\varepsilon\mu}\sqrt{\varepsilon/\mu}$，再根据由表 2-3 得到的 $\omega = vk$，结合 $v = 1/\sqrt{\mu\varepsilon}$，则以上表达式可写为

$$\boldsymbol{u}_x \times H_0 \boldsymbol{u}_H = -\boldsymbol{u}_E(\sqrt{\varepsilon/\mu}E_0)$$

由于 $\boldsymbol{u}_x$、$\boldsymbol{u}_H$ 和 $-\boldsymbol{u}_E$ 是单位矢量，所以标量之间的关系为

$$H_0 = \sqrt{\varepsilon/\mu}\,E_0 \quad (式 2-30)$$

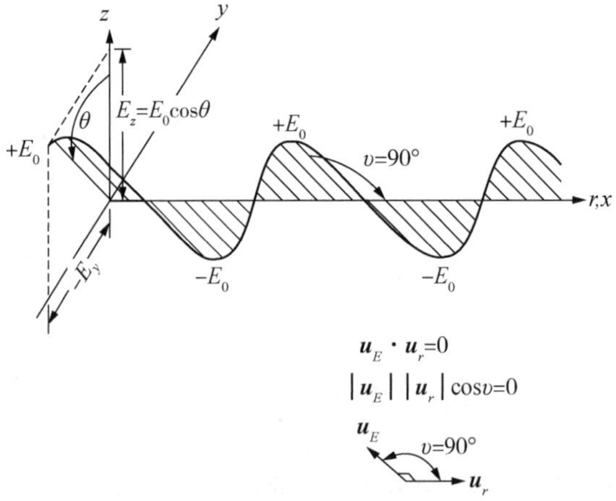

图 2-5 电力场矢量 E 与传播方向 r 正交，点积 $E \cdot u_z$ 为一标量，值 $E_0\cos\theta \equiv E_z$ 为 E 在 xz 平面上的投影

比值$\sqrt{\varepsilon_0/\mu_0}=2.654\times10^{-3}\ C^2\cdot s^{-1}\cdot N^{-1}\ m^{-1}$，故在自由空间中，电场力携带了大部分场强度，按照习惯，E 表示辐射。H 与 E 之间的矢量关系可用叉乘 $u_x\times u_H=-u_E$ 来表示。对于叉乘（$|A\times B|=|A|\cdot|B|\cdot\sin\upsilon$），通常采用右手定则，$\upsilon$ 在 $u_x\cdot u_H=-u_E$ 两边都必须为 90°，以使其为 1。E 和 H 都与传播方向正交(图 2-5)，并且 υ 为 90°，H 与 E 相互正交。图 2-6 总结了其中的关系。

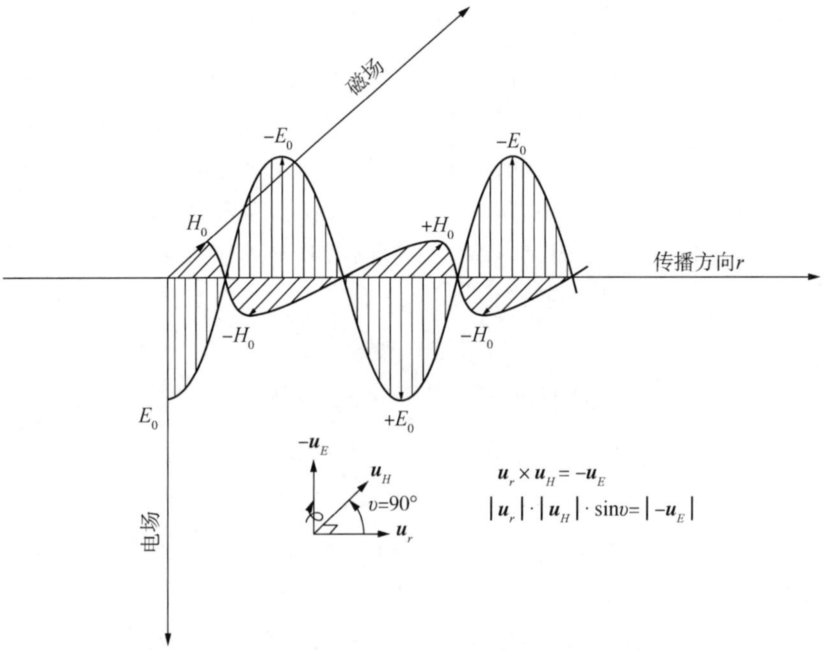

图 2-6 电场力 E 和磁场力 H 与传播方向 r 相互正交

右手定则规定了矢量叉积。

2.3.3　电磁波能量

在围绕式 2－1 的讨论中，提到了 EMR 最显著的属性之一：辐射传输能量。由于电磁场存在于有限空间中(参见图 2－4)，通常考虑单位体积的辐射能。单位体积的能量被称为能量密度，并被表示为 W。根据将电荷从 0 移动到电容器板之间的空间的某个值 q 所需做的功，能够严格地推算出电力场 $\boldsymbol{E}$ 的能量密度。感兴趣的读者可以参考一些关于电和磁的资料。海洋学家很早就知道，表面波中的能量与均方振幅的平均值成比例，而 EMR 也同样如此。考虑空间中特定点，例如 $x=0$ 的一维电力场振幅(式 2－24)。根据欧拉方程，式 2－24 在 $x=0$ 处的实部是 $E(0,t)=E_0\cos(-\omega t)$。能量 E_R 与平均振幅平方成比例，能量 E_R 可表示为一个周期 T 上的平均值：

$$E_R \propto \frac{1}{T}\int_0^T [E_0\cos(-\omega t)]^2 \mathrm{d}t$$

积分结果表明 $E_R \propto \frac{1}{2}E_0^2$。能量单位(表 2－1)为 J(＝N · m)，$E_R$ 单位为 $N^2 \cdot C^{-2}$。因此，比例常数的单位必须是 $C^2 \cdot N^{-1} \cdot m^{-2}$，这就是介电常数 ε。因此，电场的能量密度 W_E 为

$$W_E = \frac{\varepsilon}{2}E_0^2$$

类似的讨论可得磁场的能量密度为 $W_H = \frac{1}{2}\mu H_0^2$，总能量密度为 $W_E + W_H$。根据式 2－30，W_H 可以用 ε 和 E 表示，并且总能量密度 W 可以被表示为

$$W = \varepsilon E_0^2 = \mu H_0^2 \qquad (式 2-31)$$

在式 2－2 中，辐射能量通量被表示为 $S_0 = \varepsilon_0 E_0^2 v_0$，即单位时间内单位面积的自由空间中的能量流。磁通量是可测的，可衡量 EMR 以电磁波形式进行传输的速率。在图 2－7 中，考虑 EMR 的笔形波束，面积为 A 的横截面在自由空间的某个点(例如 $x=0$)穿过平面。对于时间 t，体积 Av_0t 中的所有能量将穿过平面。因此，

$$S = \frac{\text{能量}}{\text{面积} \times \text{时间}} = \frac{\text{能量密度} \times \text{体积}}{\text{面积} \times \text{时间}}$$

$$S_0 = \frac{W \times Av_0 t}{A \times t} = \varepsilon_0 E_0^2 v_0 \qquad (式 2-32)$$

从式 2－30 可以看出，$E_0 = H_0(\varepsilon/\mu)^{-1/2}$，从式 2－27 中可以看出，$v_0 = (\mu_0\varepsilon_0)^{-1/2}$，故强度可表示为

$$S_0 = \varepsilon_0 E_0 \frac{H_0}{\sqrt{\varepsilon_0/\mu_0}} \frac{1}{\sqrt{\mu_0\varepsilon_0}} = E_0 H_0$$

其单位(表 2－1)为

$$S_0 = N \cdot C^{-1} \cdot C \cdot s^{-1} \cdot m^{-1}$$

$$S_0 = \frac{N}{m \cdot s} \cdot \frac{m}{m} = \frac{J}{s} m^{-2} = \frac{W}{m^2} = W \cdot m^{-2}$$

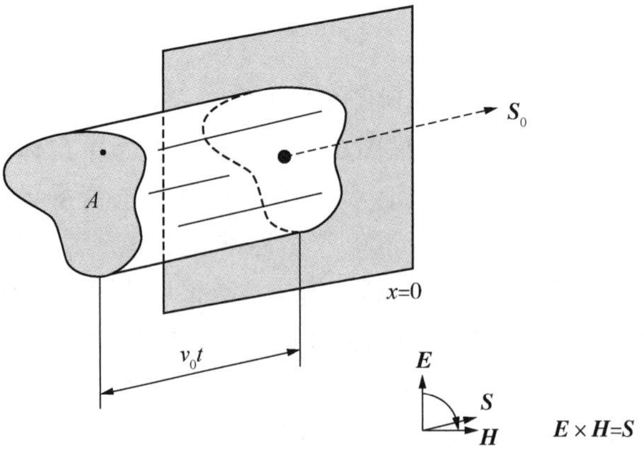

图 2-7　体积 $A\cdot v_0\cdot t$ 中的电磁波在时间 t 内通过一个平面

S_0 是自由空间中的坡印亭矢量。

能量通量是入射到或通过单位面积的功，是 E_0 和 H_0 的乘积。$\boldsymbol{u}_S=\boldsymbol{u}_E\times\boldsymbol{u}_H$ 的前进方向可由图 2-6 推导出。矢量 $\boldsymbol{S}$ 被称为坡印亭矢量，用以纪念约翰·坡印亭，他在约 1900 年提出：

$$\boldsymbol{S}=\boldsymbol{E}\times\boldsymbol{H} \qquad \text{（式 2-33）}$$

$\boldsymbol{E}\times\boldsymbol{H}$ 根据式 2-28 和 2-29 所得的解从最大值到最小值进行循环。在微波频率下，通过处理 $\boldsymbol{S}$ 中的时间变化来发送和接收信息，SEASAT 上的雷达高度计就是一个例子。被动微波仪器如 SMMR（在 SEASAT 或 NIMBUS-7 上）测量时间平均值 $\langle S\rangle$。在可见光和红外频率下，$\boldsymbol{S}$ 变化非常快，只能测量时间平均值，也就是辐照度 I，即

$$I\equiv\langle S\rangle \qquad \text{（式 2-34a）}$$

将 $\boldsymbol{S}$ 视为传输能量，而 I 作为测量的接收的能量，这是有用的。由于式 2-2 可以用 E_0^2 表示通量 S_0，因此辐照度可以被认为是入射在单位面积上的电场的平均振幅，即

$$I_0=\varepsilon_0 v_0\langle E_0^2\rangle \qquad \text{（式 2-34b）}$$

单位通常为瓦特每平方米。或者，辐照度可以被认为是入射在单位面积上的平均光子能量通量（参见第 2.1 节）。每一个观点都是正确的，但是按照玻尔的波粒二象性，这两个描述不能同时应用。

2.4　电磁波与地物相互作用

到目前为止，有人认为电磁波在自由空间中传播。介电常数 ε_0 和磁导率 μ_0 下标表示没有相互作用的传播，能量通量 $S_0=v_0\varepsilon_0E_0^2$，其中 v_0 是真空中的光速，E_0 是电场矢量的振幅。根据波动理论，E_R、v 或 E 中的任何变量都可以改变，但是从量子理论 $S=h\nu N$ 来看，由于频率不能改变，即由于每个光子的能量 $E_R=h\nu$ 不能改变，

唯一的变量是光子通量 N。波和光子的视角都给出了与物质相互作用时电磁辐射的特征。

从海洋学的角度来看，令人感兴趣的是光子的路径和光子的来源，因为它对如何解释遥感数据有影响。可以通过测量来自海洋的红外或被动微波辐射来确定表面温度，但测量的功率受大气吸收和再发射影响，因此必须对大气的影响进行量化，以准确估计出表面温度。类似地，可见光和紫外辐射的主要来源为太阳，但是在这些波长范围内的辐射受到大气散射、表面反射和水中散射及吸收的显著影响。这些过程也必须进行量化，以便可以计算出关于海洋的信息。

2.4.1　均匀介质中的相互作用

通过下列形式返回到麦克斯韦方程组来量化这些过程中的波动信息：

$$\vec{\nabla} \cdot \boldsymbol{E} = 0 \qquad \text{（式 2-35）}$$

$$\vec{\nabla} \cdot \boldsymbol{H} = 0 \qquad \text{（式 2-36）}$$

$$\vec{\nabla} \times \boldsymbol{H} = \varepsilon \frac{\partial \boldsymbol{E}}{\partial t} + \hat{\sigma}\boldsymbol{E} \qquad \text{（式 2-37）}$$

$$\vec{\nabla} \times \boldsymbol{E} = -\mu \frac{\partial \boldsymbol{H}}{\partial t} \qquad \text{（式 2-38）}$$

在该公式中，唯一采取的近似值是电荷密度 $\hat{\rho}$ 为 0（即没有外部电荷），介电常数 ε 和磁导率 μ 与时间 t 无关，并且为了简化控制方程，假设 ε、μ 和 $\hat{\sigma}$（电导率）为在空间中的恒定值，空间为均匀介质。通过式 2-38 得出

$$\vec{\nabla} \times (\vec{\nabla} \times \boldsymbol{E}) = -\vec{\nabla} \times \mu \frac{\partial \boldsymbol{H}}{\partial t} = -\mu \frac{\partial}{\partial t} \vec{\nabla} \times \boldsymbol{H}$$

代入向量恒等式 $\vec{\nabla} \times (\vec{\nabla} \times \boldsymbol{A}) = \vec{\nabla}(\vec{\nabla} \cdot \boldsymbol{A}) - \nabla^2 \boldsymbol{A}$ 并在式 2-36 和 2-37 中引入

$$\vec{\nabla}(0) - \nabla^2 \boldsymbol{E} = -\mu \frac{\partial}{\partial t}\left(\varepsilon \frac{\partial \boldsymbol{E}}{\partial t} + \hat{\sigma}\boldsymbol{E}\right)$$

得到

$$\nabla^2 \boldsymbol{E} - \mu\varepsilon \frac{\partial^2 \boldsymbol{E}}{\partial t^2} - \mu\hat{\sigma} \frac{\partial \boldsymbol{E}}{\partial t} = 0 \qquad \text{（式 2-39）}$$

该式是表示在均匀介质中与物质相互作用的电磁波控制式。

式 2-39 是一个波动方程，将通过假设一个解的形式来进行求解

$$E(x,t) = E_0 e^{i(k_x x - \omega t)} \qquad \text{（式 2-40）}$$

该假设解是通过自由空间中分离变量得到。为了简单起见，此处仅考虑 xt 平面，但结果具有普遍性。将式 2-40 代入式 2-39 中并代入：$\nabla^2 E = \partial^2 E/\partial x^2 = i^2 k_x^2 E_0$、$\partial E/\partial t = -i\omega E_0$ 和 $\partial^2 E/\partial t^2 = i^2 \omega^2 E_0$。通过这些代入，式 2-39 变为

$$-k_x^2 + \mu\varepsilon\omega^2 + i\hat{\sigma}\omega\mu = 0$$

即

$$k_x^2 = \omega^2\left(\mu\varepsilon + \frac{i\hat{\sigma}\mu}{\omega}\right)$$

在海洋遥感中 $\mu=\mu_0$，因为实际大气为非铁磁性。用 $\varepsilon_0/\varepsilon_0$ 乘以右端，代入得到

$$k_x^2 = \omega^2\left(\mu_0\varepsilon_0 \cdot \frac{\varepsilon}{\varepsilon_0} + \frac{\mathrm{i}\hat{\sigma}\mu_0\varepsilon_0}{\omega\varepsilon_0}\right)$$

$\mu_0\varepsilon_0$ 项表示 v_0^{-2}，$v=1/\sqrt{\mu\varepsilon}$。将折射率定义为

$$n \equiv \frac{v_0}{v} \qquad \text{（式 2－41）}$$

n^2 可以表示为 $\mu_0\varepsilon/\mu_0\varepsilon_0$ 或 $n^2=\varepsilon/\varepsilon_0$。通过代入和重新排列各项顺序，得到

$$k_x \equiv \frac{\omega}{v_0}\sqrt{n^2+\frac{\mathrm{i}\hat{\sigma}}{\omega\varepsilon_0}} \qquad \text{（式 2－42）}$$

式 2－42 被称为色散关系，意为这些波是分散的，即 $\mathrm{d}\omega/\mathrm{d}k \neq 0$。请注意，在真空中，$\hat{\sigma}=0$ 和 $n^2=1$，所以色散关系变为 $k_x=k_0\equiv\omega/v_0$。这就是前面导出的自由空间中的波的 $\omega-k$ 关系。式 2－42 中的传播数 k_x 是可以表示为 $k_x=k_\mathrm{R}+\mathrm{i}k_\mathrm{I}$ 的复数，这里 k_R 是 k 的实部而 k_I 为虚部。将复数中的 k_x 代入假定解（式 2－40），得到

$$E(x,t)=E_0\mathrm{e}^{\mathrm{i}[(k_\mathrm{R}+\mathrm{i}k_\mathrm{I})x-\omega t]}$$

或

$$E(x,t)=E_0\mathrm{e}^{-k_\mathrm{I}x}\mathrm{e}^{\mathrm{i}(k_\mathrm{R}x-\omega t)} \qquad \text{（式 2－43）}$$

如果 $k_\mathrm{I}>0$，则 $\mathrm{e}^{-k_\mathrm{I}x}$ 项就会使波变为阻尼波，其解如图 2－8 所示。电场矢量 $E(x,t=0)$ 的振幅在远离源的空间中消失，但是在固定点，均方根振幅（即通量）不随时间发生变化。

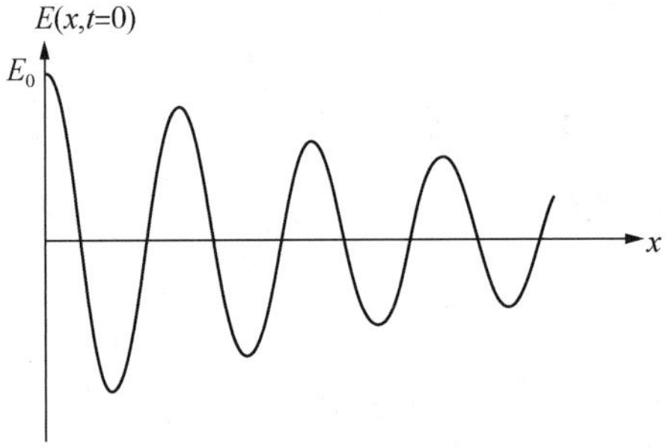

图 2－8　阻尼波解

适用于吸收介质中电场分量的麦克斯韦方程组。

为测试 $\sigma\boldsymbol{E}$ 项是否会改变这些阻尼波的其他属性，将解写为

$$\boldsymbol{E}=\boldsymbol{u}_E E_0\mathrm{e}^{\mathrm{i}(k_\mathrm{R}x-\omega t)-k_\mathrm{I}x}$$

式中，$\boldsymbol{u}_E$ 和前面一样，是定义 $\boldsymbol{E}$ 方向的单位矢量。在散度式（式 2－35）中，我们发现

$$\vec{\nabla}\cdot\boldsymbol{E}=\frac{\partial}{\partial x}\boldsymbol{u}_x\cdot\boldsymbol{u}_E\cdot E_0\mathrm{e}^{\mathrm{i}(k_\mathrm{R}x-\omega t)-k_\mathrm{I}x}=0$$

$\boldsymbol{u}_x\cdot\boldsymbol{u}_E=0$ 表明，$\boldsymbol{E}$ 的方向必须与传播方向 $\boldsymbol{u}_x$ 正交。

同样，根据解（式2－38）给出旋度：

$$\vec{\nabla} \times \boldsymbol{E} = -\mu_0 \frac{\partial \boldsymbol{H}}{\partial t}$$

$$\frac{\partial}{\partial x}(\boldsymbol{u}_x \times \boldsymbol{u}_E) E_0 e^{i(k_R x - \omega t) - k_I x} = -\mu_0 \boldsymbol{u}_H \frac{\partial}{\partial t} \boldsymbol{H}_0 e^{i(k_R x - \omega t) - k_I x}$$

$$\boldsymbol{u}_x \times \boldsymbol{u}_E (ik_R - k_I) E_0 = \boldsymbol{u}_H \mu_0 \cdot i\omega H_0$$

式中，$\boldsymbol{u}_H$ 和前面一样，是定义磁场方向$\boldsymbol{H}$的单位矢量。矢量关系 $\boldsymbol{u}_x \times \boldsymbol{u}_E = \boldsymbol{u}_H$ 要求这些波中的 $\boldsymbol{H}$ 与 $\boldsymbol{E}$ 互相垂直，$\boldsymbol{E}$ 和$\boldsymbol{H}$垂直于传播方向 x，和无阻尼波一样。然而，现在 H_0 和 E_0 之间的关系变成

$$\frac{E_0}{H_0} = \frac{\mu_0 \omega}{k_R + ik_I}$$

但 $k_R + ik_I$只是某个复数波数 k_x，因为 $\omega = vk_x$，所以

$$\frac{E_0}{H_0} = \frac{\mu_0 \omega}{k_x} \mu_0 v = \frac{\mu_0}{\sqrt{\mu_0 \varepsilon}} = \sqrt{\mu_0 / \varepsilon}$$

和无阻尼波一样。和无阻尼波相比，阻尼波中 E_0/H_0 的偏离量随 ε 偏离 ε_0 距离的不同而不同。将上述式的右边乘以 $\sqrt{\varepsilon_0/\varepsilon_0}$，则振幅比 E_0/H_0 可写作

$$\frac{H_0}{E_0} = n \sqrt{\varepsilon_0 / \mu_0} \qquad \text{(式 2 - 44)}$$

适用于 n 的这种关系被称为麦克斯韦关系。不同介质中 n 的取值范围均存在差异：在自由空间，$n = 1.000\,00$，在空气中，$n = 1.000\,29$，在纯水中，$n = 1.333\,33$，所有结果均在波长为 589 nm 处测得。

2.4.2　复数参数化

式 2 - 42 表明，传播数的大小可写作 $k_x = k_0 n$，式中，n^2 被重新定义为一个复数，即 $\varepsilon/\varepsilon_0 + i\hat{\sigma}\omega\varepsilon_0$。在一般情况下，折射率是一个复数，即

$$n = n_R + in_I$$

式中，下标 R 和 I 为折射率的实部和虚部。仅在 xt 平面内，得到一个波解

$$E(x, t) = E_0 e^{i(k_x x - \omega t)} = E_0 e^{i(k_0 n x - \omega t)}$$

代入 $n = n_R + in_I$得出

$$E(x, t) = E_0 e^{i[xk_0(n_R + in_I) - \omega t]}$$

或

$$E(x, t) = E_0 e^{i(xk_0 n_R - \omega t)} e^{-xk_0 n_I} \qquad \text{(式 2 - 45)}$$

$\exp(-xk_0 n_I)$项与阻尼波解(式 2 - 43)中的 $\exp(-xk_I)$项完全相同。折射率 n 的复数部分描述了波通过吸收媒介传播时电场强度的下降。

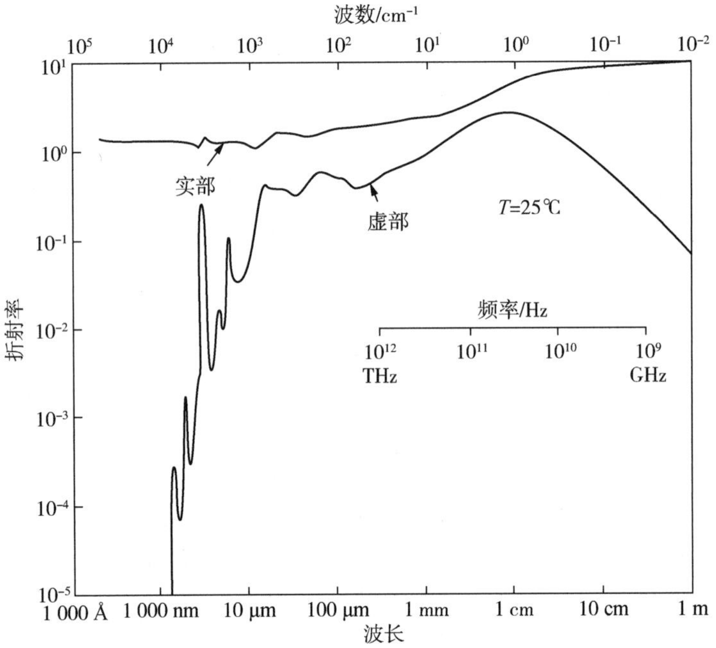

图 2-9 波长 200 nm 至 1 m 不等的波在纯水中的折射率

在可见光和红外波段，温度的影响很小，但当波长超过 10 μm 时，温度则变成一个重要的变量。

图 2-9 是纯水的复折射率实部和虚部的图像，包括可见光、红外和微波遥感中所使用的 EMR 光谱部分。在可见光部分，虚部范围为 10^{-6} 至 10^{-8}，往往可忽略不计。当红外和微波频率降至 10 GHz 时，虚部的大小变成和实部相同，这在大多数计算中是很重要的。n 的虚部不仅与辐射的波本质相关，此外，正如下文所述，也在波粒二象性中架起了一座桥梁。

2.4.3 均匀介质中的吸收

在讨论穿过介质的辐射的波本质时，只有场矢量的振幅衰减，同时存在介质吸收能量的现象，这一现象在式 2-43 中通过 $e^{-k_I x}$ 项体现。能量穿过介质的粒子性质可以从概率的角度设想。一个光子束 S 的能量通量为 $h\nu N$，式中，如第 2.1.1 节所示：

$$S = \frac{能量}{光子} \times \frac{光子数}{面积 \times 时间}$$

光子吸收的概率与通量的变化成比例。因为 $h\nu$ 是一种守恒性质，所以其变化与 N 的变化成比例。随着吸收介质中的原子数目增加，观察到从光束吸收光子的概率增加，即概率随吸收体厚度(Δr)的增加而增加。这一论点的正式说法如下所示：入射至板上的光子通量(N_{in})在通过该板时被减小至 N_{tr}，两者的差 $N_{in} - N_{tr}$ 与 $N_{in}\Delta r$ 成比例。选择一个比例常数 a，则光吸收系数为

$$N_{in} - N_{tr} = aN_{in}\Delta r$$

定义

$$\Delta N \equiv N_{\mathrm{tr}} - N_{\mathrm{in}}$$

得出

$$\Delta N = - aN_{\mathrm{in}}\Delta r$$

在 ΔN 和 Δr 接近 0 的极限情况下，

$$\frac{\mathrm{d}N}{N} = - a\mathrm{d}r \qquad (式 2-46)$$

这是众所周知的比尔定律，适用于许多辐射传输的问题，其解为积分

$$\int_{N_0}^{N} \frac{\mathrm{d}N}{N} = -\int_{0}^{r} a\mathrm{d}r$$

或

$$N = N_0\mathrm{e}^{-ar} \qquad (式 2-47a)$$

式中，已假设 $a \neq a(r)$，即与波解一致的均匀介质。回想一下，$S = h\nu N$，且 $S_0 = h\nu N_0$，代入得出

$$S = S_0\mathrm{e}^{-ar} \qquad (式 2-47b)$$

波能量通量的公式化表述和光子通量类似。已发现，当辐射通过吸收介质时，辐射通量减少。通量的变化量 $-\mathrm{d}S$ 与入射通量 S 和板的厚度 $\mathrm{d}r$ 成比例。用式列出各项并求解，得出式 2-47b。

注意电场矢量强度（式 2-43 或式 2-45）和能量通量（式 2-47b）之间解的相似性：

$$\begin{cases} E(x,t) = E_0\mathrm{e}^{-k_{\mathrm{I}}x}\mathrm{e}^{\mathrm{i}(k_{\mathrm{R}}x-\omega t)} \\ E(x,t) = E_0\mathrm{e}^{-k_0 n_{\mathrm{I}}x}\mathrm{e}^{\mathrm{i}(k_0 n_{\mathrm{R}}x-\omega t)} \\ S = S_0\mathrm{e}^{-ar} \end{cases}$$

回想一下式 2-32，

$$S \propto E^2$$

因此

$$S \propto \mathrm{e}^{-2k_0 n_{\mathrm{I}}x}$$

也就是说，由式 2-47b 可得出

$$a(\lambda) = 2k_0 n_{\mathrm{I}}$$

或

$$a(\lambda) = \frac{4\pi}{\lambda_0}n_{\mathrm{I}} \qquad (式 2-48)$$

这是吸收系数式。对于水中的光波，可通过在非常小的入射角下测量反射率来确定 n_{I}，并通过斯涅尔定律确定 n_{R}：在微波频率处，可用复介电常数 $K \equiv n^2$ 的测量值代替。图 2-10 是纯水中的吸收系数图，根据式 2-48 计算，使用了如图 2-9 所示的复折射率。

图 2-10 中的吸收系数在 0.5 μm 处有明显的最低值，此时黑体光谱曲线中的太阳辐射达到最大值。在近红外区的 3.0 μm 处，吸收系数大于 $10^4\ \mathrm{cm}^{-1}$；另一方面，在 10.0 μm 处，衰减系数 $a(\lambda) = 668\ \mathrm{cm}^{-1}$。微波频段的吸收系数稳步下降，有大量

的长波辐射穿透进入大海。吸收的物理解释取决于描述这一现象是采取波的角度还是粒子的角度。就波的角度而言，当能量进入衰减介质前的传播距离达 $2k_0 n_I r$ 时，电场矢量的振幅衰减 1/e。就粒子的角度而言，一个光子穿过距离 ar 进入单位厚度板的概率也是 1/e。振幅或概率减少 1/e 所需的距离 r 叫作 e 折距离。

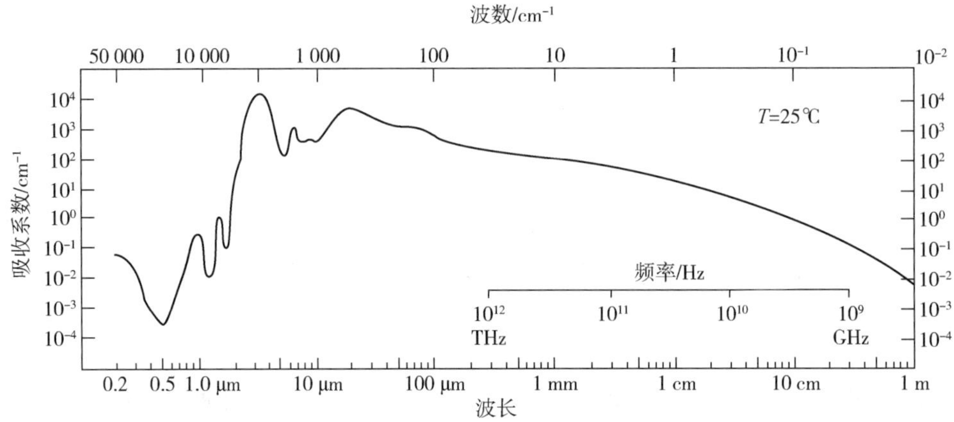

图 2-10 根据 $a(\lambda)=4\pi n_I/\lambda$（式 2-48）所得复折射率计算的纯水吸收系数

光束中的辐射可以通过吸收和散射这两个过程衰减。可以从 EMR 光束吸收光子，以增加光子能量的三个过程是：①光电效应；②康普顿效应；③对产生。

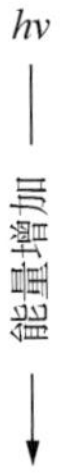

光电效应是指光子被原子吸收，且束缚电子离开原位的情况，这是遥感海洋学中最常见的一种效应。光子在与自由电子碰撞时，会产生具有较低能量的第二光子和动能已改变的电子，该相互作用被称为康普顿效应，这一效应由阿瑟·康普顿于 1922 年提出，适用于诸如 X 射线的短波辐射。对产生是指重核附近的光子湮灭并且产生正负电子对的相互作用情况，对产生在目前与遥感几乎无相关性。

可以从波或粒子的角度描述光束中的散射辐射。考虑单色 EMR 撞击在直径 D 远小于辐射波长 λ 的带电粒子上的情况，即 $D \ll \lambda$。带电粒子将主要受到波的电场作用，因为 $H/E \ll 1$。入射 EMR 的振动电力场将导致带电粒子在相同的频率振动。带电粒子从入射 EMR 处吸收辐射，并将其散射至四面八方（经典理论预测，加速带电粒子的辐射在垂直于矢量 $\boldsymbol{E}$ 运动方向平面上的能量最大）。已发现，经典理论的预测结果与可见光、红外和微波辐射的观测结果高度一致，即从镜子反射的光在 λ 上没有变化。但是，在 X 射线或 γ 射线的相互作用方面，这一预测是不成立的，因为可观察到频率变化 $d\omega$。可通过守恒动量（即 h/λ）来解释相互作用时的频率变化，这是康普顿效应的解释基础。在可见和较长波长处，动量不改变，且散射可被解释为带电粒子对光子的吸收，以及在另一方向上立即产生另一光子。由于新光子的能量（$E_R = h\nu$）与入射光子相同，所以散射不会改变频率。

2.5　偏振

17 世纪晚期，惠更斯和牛顿在观察光与方解石晶体的相互作用时，都意识到了偏振现象。直到 1808 年，E. T. 马吕斯才发现了这一现象。此前，偏振未与反射建立关联性，并且(当时)基本基于假设的光的波性质不能解释这种现象，因为光波被认为是纵波，而不是第 2.3 节中推导得出的横波。托马斯・杨的横波假设使奥古斯丁・菲涅尔在反射和透射光上推导出了他的著名式，还为海因里希・赫兹提供了用于射频 EMR 实验的正确框架。

2.5.1　反射和平面偏振

偏振是对 EMR 中的电(或磁)场表现出的方向特性的说明。图 2－11 对马吕斯的实验进行了说明，观察者朝着太阳看，视线平行于平静的水面。来自太阳等黑体的辐射(在某些波长处)，基本上是随机偏振的，因为这些辐射没有优选方向 $\boldsymbol{E}$，$\boldsymbol{E}$ 按照惯例，用于指定偏振方向。当 C 处的观察者通过在 B 处的镜子观察到来自 A 处的反射阳光时，看到的主要是平行于水面的矢量 $\boldsymbol{E}$。在图 2－11 中，平行于地平线，被称为水平分量或水平偏振 EMR 的矢量 $\boldsymbol{E}$，与来自太阳的随机偏振 EMR 具有几乎相同的强度。如果镜子旋转 90°，使得反射路径先经过 A' 处再经过 B' 处，则朝向页面平面观察镜子的观察者(现在)只能看到很少的阳光。这表明，表面优先反射平行于反射面的矢量 $\boldsymbol{E}$。对于可见光辐射，如果太阳和垂直面之间 A 或 A' 处的角度为 53°左右，则当观察者在 B 处观察镜子时，只能看到 $\boldsymbol{E}$ 的水平分量，当在 B' 处观察镜子时，看不到任何光线。

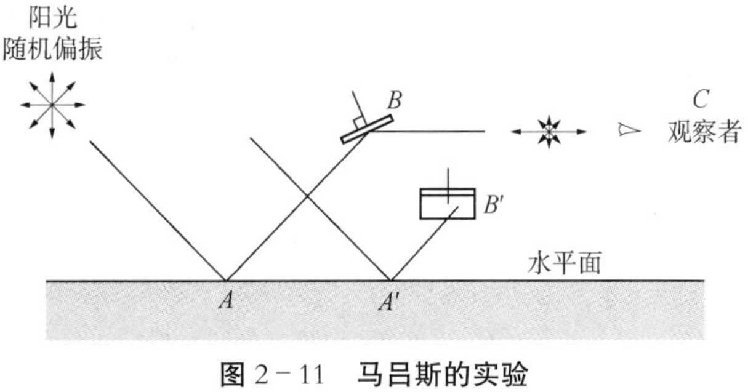

图 2－11　马吕斯的实验

其中 C 处的观察者看到的主要为 EMR 的水平分量，此时镜子在 B 处，但是如果镜子旋转 90°，且观察者看向页面平面(B')时，则只能看到很少的阳光。

图 2－11 中的实验图解是偏振的一种定性证明，但未提供定量信息。可以使用麦克斯韦方程组来量化反射之后的强度，此外，第 2.6 和 2.7 节中也将探讨此类内容。多了解几个术语将有助于下文的讨论，入射、反射和折射波束的定义如图 2－12 所示。

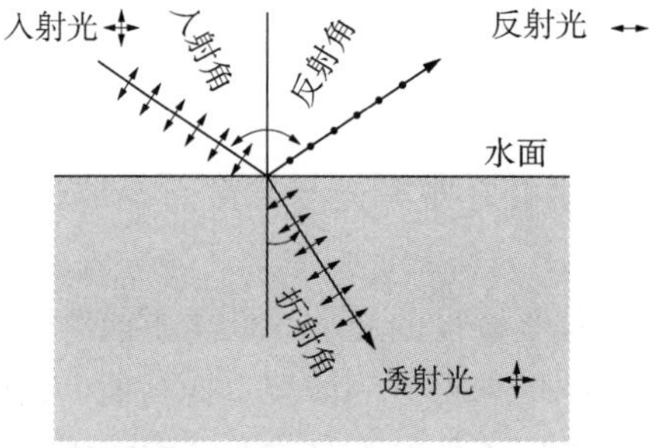

图 2-12　当入射角为布儒斯特角，即约为 53°时，在水面上观察到的入射、反射和透射光的术语和偏振

入射光和透射光都有两个 **E** 分量，但反射光是水平偏振的。

由于 **E** 场可以分解成其正交分量，因此只需要考虑两个分量。图 2-12 中的入射光具有与传播方向正交的 **E** 分量，箭头表示入射光平面上的分量，点表示进入入射光平面的分量。大卫 · 布儒斯特于 1812 年发现，当入射角约为 53°时，透射光与反射光成 90°。这个入射角现在被称为布儒斯特角，此时的反射光完全由水平偏振光组成，如马吕斯的实验所示。更重要的是，布儒斯特角可在斯涅尔定律：

入射角正弦/折射角正弦 = 水中的折射率/空气中的折射率

和偏振之间建立联系。设 θ_{in}为入射(或反射)角，θ_{tr}为折射角(透射光与下方垂直面之间的角度)，则当 θ_{in}为布儒斯特角时，$\theta_{in}+\theta_{tr}=90°$，且当空气中的折射率 n 为 1 时，有

$$\frac{\sin\theta_{in}}{\sin\theta_{tr}}=\frac{\sin\theta_{in}}{\cos\theta_{in}}=\tan\theta_{in}=n_w$$

式中 n_w为水中的折射率。物理上，当反射光以 90°行进至透射光时，入射平面中的振动(垂直偏振 EMR)可仅产生沿反射光方向行进的纵波，但由于这种波不存在于 EMR 中，故其反射为零。

2.5.2　圆偏振

到目前为止，本文只探讨了平面偏振 EMR，即电场矢量 **E** 相对于所使用的坐标系是固定的辐射。回想一下，在自由空间中，麦克斯韦方程组(式 2-28)的通解是

$$\boldsymbol{E}=E_0\boldsymbol{u}_E e^{i(\boldsymbol{k}\cdot\boldsymbol{r}-\omega t)}$$

在围绕这个解的讨论中，如图 2-5 所示，**E** 的方向被固定在 yz 平面中，因此，当在 $-r$ 方向上观察时，振动方向是固定的。从 $-r$ 的角度，现在想象，振动平面随时间均匀地旋转，并且想象，**E** 与 z 重合时的振幅等于 **E** 与 y 重合时的振幅，则此时，在数学上，有

$$E_y=E_0,\ E_z=E_0 e^{\pm i\pi/2}$$

式中，E_y和E_z的取值均为E_0，即当 E_0 分别与 y 或 z 轴重合时的自由空间电场振幅，$e^{\pm i\pi/2}$迫使 E_z与E_y相位相差 90°。根据欧拉公式

$$E_z = E_0(\cos\pi/2 \pm \mathrm{i}\sin\pi/2) = \pm \mathrm{i}E_0$$

将其代入式 2-28，得

$$\boldsymbol{E} = (E_y\boldsymbol{u}_y + E_z\boldsymbol{u}_z)\mathrm{e}^{\mathrm{i}(\boldsymbol{k}\cdot\boldsymbol{r}-\omega t)}$$

得

$$\boldsymbol{E} = E_0(\boldsymbol{u}_y \pm \mathrm{i}\boldsymbol{u}_z)\mathrm{e}^{\mathrm{i}(k_x x-\omega t)}$$

式中，波在 x 方向上传播，传播波数为 k_x。再次使用欧拉公式，在空间中的固定点，假设 $x=0$，则上述式可以写作

$$\boldsymbol{E} = E_0(\boldsymbol{u}_y \pm \mathrm{i}\boldsymbol{u}_z)[\cos(-\omega t) + \mathrm{i}\sin(-\omega t)]$$

用分配律进行计算，并选择实部，得

$$R_e(\boldsymbol{E}) = E_0[\boldsymbol{u}_y\cos(-\omega t) \mp \boldsymbol{u}_z\sin(-\omega t)] \qquad \text{（式 2-49）}$$

设∓符号为负，根据式 2-49 进行计算，得

$$当\ \omega t = 0\ 时, R_e(\boldsymbol{E}) = E_0\boldsymbol{u}_y$$

$$当\ \omega t = \frac{\pi}{2}\ 时, R_e(\boldsymbol{E}) = E_0\boldsymbol{u}_z$$

$$当\ \omega t = \pi\ 时, R_e(\boldsymbol{E}) = -E_0\boldsymbol{u}_y$$

$$当\ \omega t = 3\pi/2\ 时, R_e(\boldsymbol{E}) = -E_0\boldsymbol{u}_z$$

当∓符号为负时，式 2-49 描述的是一个逆时针旋转的矢量 $\boldsymbol{E}$，该矢量被称为左圆偏振（LCP）。若选择∓符号为正，$\boldsymbol{E}$ 将顺时针旋转（图 2-13），这一情况被称为右圆偏振（RCP）。如果 $E_z \neq E_y$，式 2-49 的所有其他部分相等，则 $\boldsymbol{E}(t)$的 $-x$ 视图是椭圆而非圆视图，这一情况被称为椭圆偏振。

自然界中不存在完全偏振或完全随机偏振的辐射源，它们都是部分偏振的。从海面（红外或微波）发射的辐射在偏振方面是高度随机的，但是布儒斯特角处的反射辐射

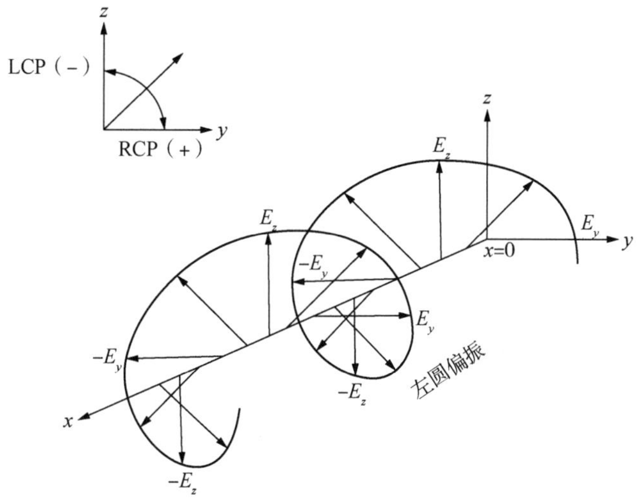

图 2-13　圆偏振示意

当式 2-49 中为负号时，电场矢量逆时针旋转，发生左圆偏振（LCP）；反之，发生右圆偏振（RCP）。

是水平偏振的。太阳镜制造商通过使用垂直偏振的透镜，利用了这一优势，从而最大限度地减少了海面的眩光。在现在使用的微波仪器中，偏振用于若干目的。这就是第5章讨论的，在 SEASAT 中，SAR 和 SASS 均使用偏振辐射的原因。在下一节中，麦克斯韦方程组将被用来量化入射至或透射穿过水平面的 EMR。

2.6 与平面的相互作用

如果麦克斯韦方程组能正确地描述辐射的类射线性质，我们熟悉的反射和折射概念肯定也能通过麦克斯韦方程组得出。通过分离变量，可将电磁波的控制式简化为具有以下形式的空间解的普通微分式：

$$X(x) = C_1 e^{ikx} + C_2 e^{-ikx}$$

式中，C_1 和 C_2 为需根据边界条件确定的未知常数。为量化 EMR 从一种介质到另一种介质的传输，一种介质中的常数 C 必须与另一种介质中的常数相关。

2.6.1 水平反射和透射系数

考虑辐射在穿过大气层时与海洋表面的相互作用。为获得良好的近似值，可在海洋遥感中假设没有电流($\hat{\sigma}=0$)或电荷($\hat{\rho}=0$)暴露在边界表面上。在这些假设下，麦克斯韦方程组的边界条件为

$$\boldsymbol{u}_n \times (\boldsymbol{H}_2 - \boldsymbol{H}_1) = 0$$
$$\boldsymbol{u}_n \times (\boldsymbol{E}_2 - \boldsymbol{E}_1) = 0 \qquad (式 2-50)$$

式中，$\boldsymbol{u}_n$ 是垂直于水面的单位矢量，下标 1、2 表示由界面分离的两种介质。该边界条件显示了连续性。图 2-14 显示 $|\boldsymbol{u}_n \times \boldsymbol{E}| = E\sin\theta$ 是任意电场矢量的大小在水平表面上的投影。式 $\boldsymbol{u}_n \times \boldsymbol{E}_2 = \boldsymbol{u}_n \times \boldsymbol{E}_1$ 要求空气中电场的水平分量 $\boldsymbol{u}_n \times \boldsymbol{E}_1$ 等于水中电场的水平分量 $\boldsymbol{u}_n \times \boldsymbol{E}_2$。

为使 EMR 波与边界的相互作用问题易于处理，首先考虑水平偏振的情况，即只考虑矢量 $\boldsymbol{E}$ 垂直于入射平面的分量。入射 E_{in}、反射 E_{re} 和透射 E_{tr} 域为

$$\begin{cases} E_{\mathrm{in}} = E_0 e^{i(\boldsymbol{k}\cdot\boldsymbol{r}-\omega t)} \\ E_{\mathrm{re}} = E_0 R_{\mathrm{h}} e^{i(\boldsymbol{k}\cdot\boldsymbol{r}-\omega t)} \\ E_{\mathrm{tr}} = E_0 T_{\mathrm{h}} e^{i(\boldsymbol{k}\cdot\boldsymbol{r}-\omega t)} \end{cases} \qquad (式 2-51)$$

式中，R_{h} 是水平分量的反射系数，T_{h} 是水平分量的透射系数。为进一步简化问题，y 轴将被认为与入射平面正交，因此只需要考虑 $x-z$ 分量，如图 2-15 所示。

本讨论中隐含适用于阻尼波的传播数$\boldsymbol{k}$的复数形式(式 2-42)，使得介质 1 和2 均具有吸收能力。假设 k_0 是空气(介质 1)中入射波传播数，则水(介质 2)中入射波传播数的大小为

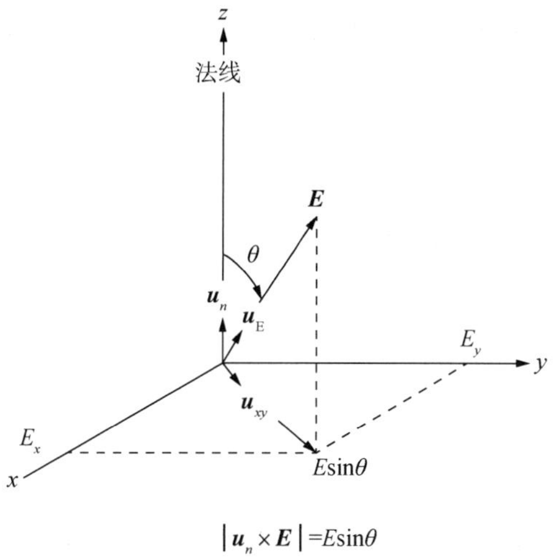

图 2-14　矢量在水平面的投影

单位法矢量 $\boldsymbol{u}_n$ 和电场矢量 $\boldsymbol{E}$ 的矢量叉积是 $\boldsymbol{E}$ 在水平面（xy 平面）上的投影。

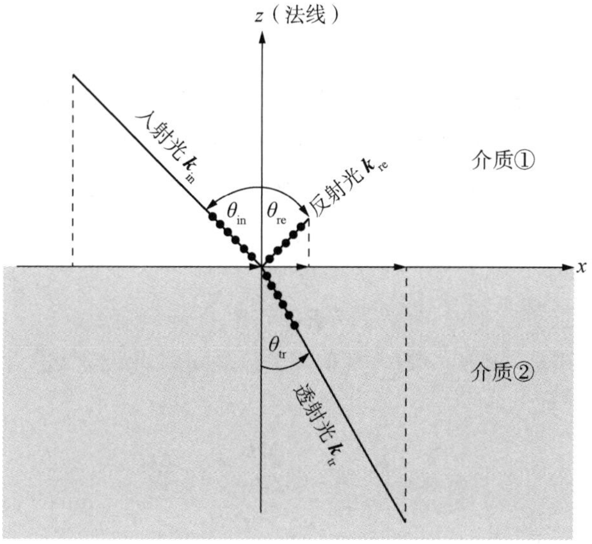

图 2-15　水平偏振辐射的反射和透射几何学

入射平面、反射平面和透射平面与页面平行。

$$k = k_0\sqrt{\varepsilon/\varepsilon_0} \qquad \text{（式 2-52）}$$

式中，和之前的 $\sqrt{\varepsilon/\varepsilon_0} = n$ 一样，k 是一个复数。传播数 $\boldsymbol{k}$ 具有 x 和 z 分量，$\boldsymbol{k} = k_x\boldsymbol{u}_x + k_z\boldsymbol{u}_z$，其可以写作 xz 平面上的投影 $\boldsymbol{k} = k(\boldsymbol{u}_x\sin\theta - \boldsymbol{u}_z\cos\theta)$，和图 2-15 的几何学对应。在传播数方面，入射、反射和透射分量为

$$\begin{cases} \boldsymbol{k}_{\mathrm{in}} = k_0(\boldsymbol{u}_x\sin\theta_{\mathrm{in}} - \boldsymbol{u}_z\cos\theta_{\mathrm{in}}) \\ \boldsymbol{k}_{\mathrm{re}} = k_0(\boldsymbol{u}_x\sin\theta_{\mathrm{re}} + \boldsymbol{u}_z\cos\theta_{\mathrm{re}}) \\ \boldsymbol{k}_{\mathrm{tr}} = k_0\sqrt{\varepsilon/\varepsilon_0}(\boldsymbol{u}_x\sin\theta_{\mathrm{tr}} - \boldsymbol{u}_z\cos\theta_{\mathrm{tr}}) \end{cases} \qquad \text{（式 2-53）}$$

边界条件 $\boldsymbol{u}_n\times\boldsymbol{E}_1=\boldsymbol{u}_n\times\boldsymbol{E}_2$ 要求 E_1 和 E_2 的切向分量相等。E_1 的切向传播数分量是 $k_0(x\sin\theta_{in})+k_0(x\sin\theta_{re})$ 的矢量和，E_2 的切向传播数分量是 $k_0\sqrt{\varepsilon/\varepsilon_0}(x\sin\theta_{tr})$，即

$$E_0e^{i(k_0x\sin\theta_{in})}+R_hE_0e^{i(k_0x\sin\theta_{re})}=T_hE_0e^{i(k_0x\sqrt{\varepsilon/\varepsilon_0}\sin\theta_{tr})} \quad (式2-54)$$

仅当满足下列条件时，上述关系才成立：

$$k_0\sin\theta_{in}=k_0\sin\theta_{re}=k_0\sqrt{\varepsilon/\varepsilon_0}\sin\theta_{tr} \quad (式2-55a)$$

即，在式 $C_1e^{ik_1x}=C_2e^{ik_2x}$ 中，实部为 $C_1\cos k_1x=C_2\cos k_2x$，这要求 $k_1=k_2$。它是描述水平面上的方向矢量分量的传播数，也是描述水平面上电场大小的透射和反射系数。式 2－51 包含 $-\omega t$ 项，并且在复指数都相等的条件(式 2－55a)下还要求角频率在界面上是恒定的。

条件 $k_0\sin\theta_{in}=k_0\sin\theta_{re}$ 描述了阿尔哈曾在一千年前观察到的现象：入射角等于反射角。条件 $k_0\sin\theta_{in}=k_0\sqrt{\varepsilon/\varepsilon_0}\sin\theta_{tr}$ 是指

$$\frac{\sin\theta_{in}}{\sin\theta_{tr}}=\sqrt{\varepsilon/\varepsilon_0}=n\equiv\sqrt{K} \quad (式2-55b)$$

式中，K 为介电常数。这是我们熟悉的斯涅尔定律，由威里布里德·斯涅尔于1621 年制定：折射光线位于入射平面中，折射角的正弦与入射角的正弦具有恒定的比率(对比第 2. 5. 1 节)。之后，麦克斯韦证明了这一比率的常数是定量的 $\sqrt{\varepsilon/\varepsilon_0}$。对称形式的斯涅尔定律为 $n_1\sin\theta_{in}=n_2\sin\theta_{tr}$。由于所有指数相等，式 2－54 可以写作

$$E_0+R_hE_0=T_hE_0$$

或

$$1+R_h=T_h \quad (式2-56)$$

为满足边界条件 $\boldsymbol{u}_n\times(\boldsymbol{H}_2-\boldsymbol{H}_1)=\boldsymbol{0}$，还必须同时考虑磁场。根据麦克斯韦方程组的波解可得出

$$\vec{\nabla}\times\boldsymbol{E}=-\mu\frac{\partial\boldsymbol{H}}{\partial t}=i\mu\omega\boldsymbol{H}$$

若满足此关系，则

$$\boldsymbol{u}_n\times(\vec{\nabla}\times\boldsymbol{E}_1)=i\mu\omega\boldsymbol{u}_n\times\boldsymbol{H}_1=i\mu\omega\boldsymbol{u}_n\times\boldsymbol{H}_2=\boldsymbol{u}_n\times(\vec{\nabla}\times\boldsymbol{E}_2) \quad (式2-57)$$

在边界条件中也必须满足。对于水平偏振 $\boldsymbol{E}=E\boldsymbol{u}_y$，即电场矢量只有 y 轴上的分量方向。因此，

$$\vec{\nabla}\times\boldsymbol{E}=\begin{vmatrix}\boldsymbol{u}_x & \boldsymbol{u}_y & \boldsymbol{u}_z\\ \frac{\partial}{\partial x} & \frac{\partial}{\partial y} & \frac{\partial}{\partial z}\\ 0 & E & 0\end{vmatrix}=\frac{\partial E}{\partial x}\boldsymbol{u}_z-\frac{\partial E}{\partial z}\boldsymbol{u}_x$$

得

$$\boldsymbol{u}_n\times(\vec{\nabla}\times\boldsymbol{E})=\frac{\partial E}{\partial x}(\boldsymbol{u}_n\times\boldsymbol{u}_z)-\frac{\partial E}{\partial z}(\boldsymbol{u}_n\times\boldsymbol{u}_x)$$

又因为 $\boldsymbol{u}_n$ 和 $\boldsymbol{u}_z$ 一致，且 $\boldsymbol{u}_z\times\boldsymbol{u}_z=\boldsymbol{0}$，故

$$\boldsymbol{u}_n \times (\vec{\nabla} \times \boldsymbol{E}) = \frac{\partial E}{\partial z}\boldsymbol{u}_y$$

定义 $E_1 \equiv E_{in} + E_{re}$ 和 $E_2 \equiv E_{tr}$（参见式 2－51），求偏微分，得出

$$\frac{\partial E_1}{\partial z} = \frac{\partial}{\partial z}(E_{in} + E_{re})$$

$$= - E_0 ik_0 \cos\theta_{in}\ e^{ik_0(x\sin\theta_{in} - z\cos\theta_{in})} + R_h E_0 ik_0 \cos\theta_{re}\ e^{ik_0(x\sin\theta_{re} + z\cos\theta_{re})}$$

以及

$$\frac{\partial E_2}{\partial z} = \frac{\partial}{\partial z}E_{tr}$$

$$= - T_h E_0 ik_0\sqrt{\varepsilon/\varepsilon_0}\cos\theta_{tr}\ e^{ik_0\sqrt{\varepsilon/\varepsilon_0}(x\sin\theta_{tr} - z\cos\theta_{tr})}$$

使用式 2－57，约去同类项，得出

$$\cos\theta_{in} - R_h\cos\theta_{re} = T_h\sqrt{\varepsilon/\varepsilon_0}\cos\theta_{tr} \qquad \text{（式 2－58）}$$

式中，用于推导斯涅尔定律的相同参数使所有指数项相同。

通过将式 2－56 代入式 2－58 中，得出水平透射系数，同时注意到 $\theta_{in} = \theta_{re}$：

$$2\cos\theta_{in} = T_h(\sqrt{\varepsilon/\varepsilon_0}\cos\theta_{tr} + \cos\theta_{in})$$

在推导得出斯涅尔定律的讨论中，θ_{in} 和 θ_{tr} 之间的关系是

$$\sin^2\theta_{in} = (\varepsilon/\varepsilon_0)\sin^2\theta_{tr}$$

可写作

$$\sin^2\theta_{in} = (\varepsilon/\varepsilon_0)(1 - \cos^2\theta_{tr})$$

或

$$\sqrt{\varepsilon/\varepsilon_0}\cos\theta_{tr} = \sqrt{\varepsilon/\varepsilon_0 - \sin^2\theta_{in}} \qquad \text{（式 2－59）}$$

这种关系允许仅以入射角表示水平透射系数：

$$T_h = \frac{2\cos\theta_{in}}{\cos\theta_{in} + \sqrt{\varepsilon/\varepsilon_0 - \sin^2\theta_{in}}} \qquad \text{（式 2－60）}$$

同样，可根据式 2－58 推导得出水平反射系数为

$$R_h = \frac{\cos\theta_{in} - \sqrt{\varepsilon/\varepsilon_0 - \sin^2\theta_{in}}}{\cos\theta_{in} + \sqrt{\varepsilon/\varepsilon_0 - \sin^2\theta_{in}}} \qquad \text{（式 2－61）}$$

作为对式 2－59 和 2－60 正确性的部分检查，设 $\varepsilon/\varepsilon_0 = 1$，即没有边界，结果是

$$T_h = \frac{2\cos\theta_{in}}{\cos\theta_{in} + \cos\theta_{in}} = 1$$

$$R_h = \frac{\cos\theta_{in} - \cos\theta_{in}}{\cos\theta_{in} + \cos\theta_{in}} = 0$$

对于完全反射的情况，根据式 2－56 得出 $R_h = -1$。对于水中的可见光，$\varepsilon/\varepsilon_0 \approx 1.333^2$，此时 $\theta_{in} = 30^\circ$，$T_h = 0.82$，$R_h = -0.18$。对于水中的可见光，R_h 总是负的，范围在 $-0.07(\theta_{in} = 0^\circ)$ 到 $-1.0(\theta_{in} = 90^\circ)$ 之间。

2.6.2　垂直反射和透射系数

接下来考虑垂直偏振的透射和反射系数，即入射平面中电矢量的系数。已证明

(第 2. 4. 1 节，参见图 2-6)，$\boldsymbol{E}$ 与 $\boldsymbol{H}$ 正交，并且因为 $\boldsymbol{E}$ 的垂直分量在入射平面上，所以 $\boldsymbol{H}=H(\boldsymbol{u}_y)$。对于垂直于入射平面的电场矢量，由于推导其水平透射和反射系数的许多步骤均是已知的，因此(正交)水平磁矢量将用于确定垂直系数。磁矢量分量是

$$\begin{cases} H_{\text{in}} = H_0 e^{i[k_0(x\sin\theta_{\text{in}} - z\cos\theta_{\text{in}}) - \omega t]} \\ H_{\text{re}} = R_v H_0 e^{i[k_0(x\sin\theta_{\text{re}} + z\cos\theta_{\text{re}}) - \omega t]} \\ H_{\text{tr}} = T_v H_0 e^{i[k_0\sqrt{\varepsilon/\varepsilon_0}(x\sin\theta_{\text{tr}} - z\cos\theta_{\text{tr}}) - \omega t]} \end{cases} \quad (式 2-62)$$

根据麦克斯韦方程组，可得出 $\boldsymbol{H}$ 和 $\boldsymbol{E}$ 之间的关系为

$$\vec{\nabla} \times \boldsymbol{H}_1 = \varepsilon_0 \frac{\partial E_1}{\partial t} = -\varepsilon_0 i\omega \boldsymbol{E}_1$$

以及

$$\vec{\nabla} \times \boldsymbol{H}_2 = \varepsilon \frac{\partial E_2}{\partial t} = -\varepsilon i\omega \boldsymbol{E}_2$$

式中，吸收介质项 $\sigma\boldsymbol{E}$ 隐含在复传播数中。边界条件 $\boldsymbol{u}_n \times \boldsymbol{E}_1 = \boldsymbol{u}_n \times \boldsymbol{E}_2$ 要求

$$\boldsymbol{u}_n \times \boldsymbol{E}_1 = -\frac{1}{\varepsilon_0 i\omega}\boldsymbol{u}_n \times (\vec{\nabla} \times \boldsymbol{H}_1)$$

和

$$\boldsymbol{u}_n \times \boldsymbol{E}_2 = -\frac{1}{\varepsilon i\omega}\boldsymbol{u}_n \times (\vec{\nabla} \times \boldsymbol{H}_2)$$

令上述式的右边相等，得出

$$(\varepsilon/\varepsilon_0)[\boldsymbol{u}_n \times (\vec{\nabla} \times \boldsymbol{H}_1)] = \boldsymbol{u}_n \times (\vec{\nabla} \times \boldsymbol{H}_2) \quad (式 2-63)$$

而

$$\vec{\nabla} \times \boldsymbol{H} = \frac{\partial H}{\partial x}\boldsymbol{u}_z - \frac{\partial H}{\partial z}\boldsymbol{u}_x$$

论证过程和上文一致。与单位法矢量(z 方向)的叉积满足

$$\boldsymbol{u}_n \times (\boldsymbol{H}_2 - \boldsymbol{H}_1) = \boldsymbol{0}$$

得出

$$\boldsymbol{u}_n \times (\vec{\nabla} \times \boldsymbol{H}) = -\frac{\partial H}{\partial z}(\boldsymbol{u}_z \times \boldsymbol{u}_x) = -\frac{\partial H}{\partial z}\boldsymbol{u}_y$$

代入式 2-63，得

$$\frac{\varepsilon}{\varepsilon_0} \cdot \frac{\partial H_1}{\partial z} = \frac{\partial H_2}{\partial z},$$

即

$$\frac{\varepsilon}{\varepsilon_0} \cdot \frac{\partial}{\partial z}(H_{\text{in}} + H_{\text{re}}) = \frac{\partial}{\partial z}H_{\text{tr}}$$

求式 2-62 的偏导数，得

$$(\varepsilon/\varepsilon_0)(-\cos\theta_{\text{in}} + R_v\cos\theta_{\text{re}}) = -T_v\sqrt{\varepsilon/\varepsilon_0}\cos\theta_{\text{tr}} \quad (式 2-64)$$

和式 2-56 同样，$1+R_v=T_v$。代入这一表达式，同时令 $\theta_{\text{in}}=\theta_{\text{re}}$，则垂直透射系数可写作

$$2\frac{\varepsilon}{\varepsilon_0}\cos\theta_{in} = T_v\left(\sqrt{\varepsilon/\varepsilon_0}\cos\theta_{tr} + \frac{\varepsilon}{\varepsilon_0}\cos\theta_{in}\right)$$

或使用式 2 - 53，重新组合项后，得出

$$T_v = \frac{2(\varepsilon/\varepsilon_0)\cos\theta_{in}}{(\varepsilon/\varepsilon_0)\cos\theta_{in} + \sqrt{\varepsilon/\varepsilon_0 - \sin^2\theta_{in}}} \quad (式 2-65)$$

垂直反射系数 R_v 的解可由式 2 - 64 推导得出：

$$R_v = \frac{(\varepsilon/\varepsilon_0)\cos\theta_{in} - \sqrt{\varepsilon/\varepsilon_0 - \sin^2\theta_{in}}}{(\varepsilon/\varepsilon_0)\cos\theta_{in} + \sqrt{\varepsilon/\varepsilon_0 - \sin^2\theta_{in}}} \quad (式 2-66)$$

这是由麦克斯韦观点得到的透射和反射辐射的量化。透射和反射系数仅取决于几何学和折射率 $n = \sqrt{\varepsilon/\varepsilon_0}$。系数与入射辐射的强度无关，前提是不违反边界表面上的假设 $\hat{\sigma} = \hat{\rho} = 0$。

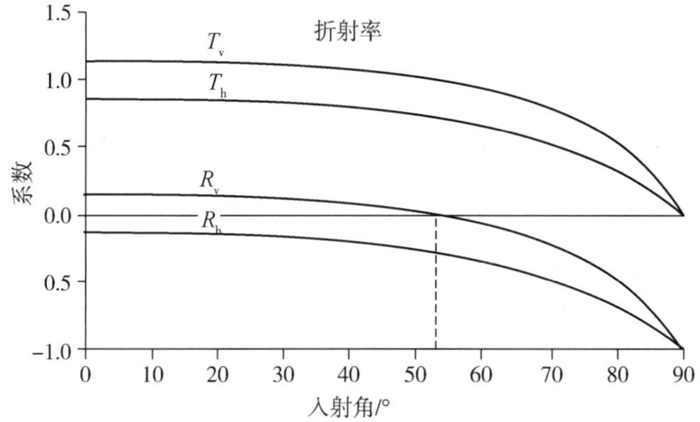

图 2 - 16　透射和反射系数

R_v 为负时的角度被称为布儒斯特角。对于偏振的水平 h 和垂直 v 分量，理想的气水边界的透射 T 和反射 R 系数。

图 2 - 16 绘制了在折射率为 1.328 9 的气水边界平面上，辐射的水平和垂直偏振分量的透射和反射系数；$n = 1.328\,9$ 对应于 763 nm 的波长，刚好超过人眼检测红光的能力。当 $\theta = 90°$ 时，水平和垂直透射系数都消失，这意味着所有的入射光都被反射，这与根据式 2 - 56 得出的预测结果一致。然而，在普通观察时，这一逆命题并不为真，因为存在一些反射光的 $\theta_{in} = 0°$。这证实了人类的普遍经验，即当光垂直于水面照射时，人眼可看到微弱的反射光。如果光束非常强大，例如来自激光器，且水面被强度干扰，则违背了用于推导式 2 - 60、式 2 - 61、式 2 - 65 和式 2 - 66 的热力学平衡的假设。

2.6.3　穿过平面的能量

还需要确定穿过海气边界的辐射能量通量。通量 $\boldsymbol{S}$ 可由坡印亭矢量 $\boldsymbol{S} = \boldsymbol{E} \times \boldsymbol{H}$ 得出，它是 $\boldsymbol{S}$ 的垂直分量，这些垂直分量通过界面量化该通量。几何结构如图 2 - 17 所

示。通量的垂直分量是 $S\cos\theta$，或从矢量角度来说，通量的垂直分量是 $\boldsymbol{u}_n \cdot \boldsymbol{S}$。如前所述，假设旋转入射平面使得 $\boldsymbol{S}$ 与 y 方向正交，则连续性需满足以下条件：

$$\boldsymbol{u}_n \cdot (\boldsymbol{S}_{\mathrm{in}} + \boldsymbol{S}_{\mathrm{re}}) = \boldsymbol{u}_n \cdot \boldsymbol{S}_{\mathrm{tr}} \tag{式 2 - 67}$$

即

$$\boldsymbol{u}_n \cdot (\boldsymbol{E}_{\mathrm{in}} \times \boldsymbol{H}_{\mathrm{in}} + \boldsymbol{E}_{\mathrm{re}} \times \boldsymbol{H}_{\mathrm{re}}) = \boldsymbol{u}_n \cdot (\boldsymbol{E}_{\mathrm{tr}} \times \boldsymbol{H}_{\mathrm{tr}})$$

也就是说，入射至海洋以及从海洋反射的通量的垂直分量必须与通过透射至海洋中的通量的垂直分量达到平衡。

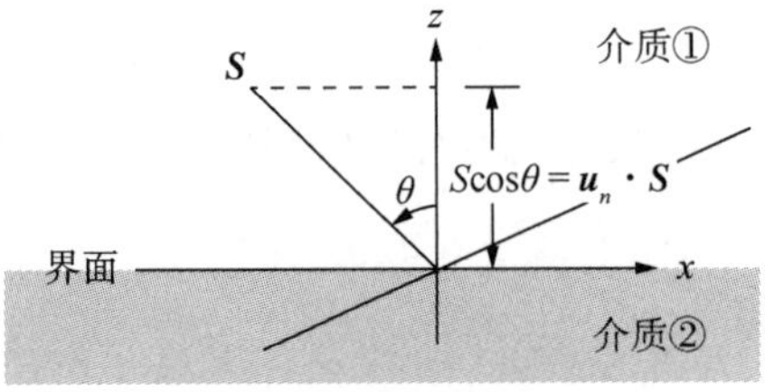

图 2－17　界面辐射通量

穿过界面辐射通量通过入射面上 $\boldsymbol{S}$ 的垂直分量得出。

回想一下，在麦克斯韦方程组中，有 $\vec{\nabla} \times \boldsymbol{E} = -\mu \frac{\partial \boldsymbol{H}}{\partial t} = \mu\omega \mathrm{i}\boldsymbol{H}$，其中 $\boldsymbol{H} = H_0 \boldsymbol{u}_H \mathrm{e}^{\mathrm{i}(\boldsymbol{k}\cdot\boldsymbol{r}-\omega t)}$。

由于在入射电场矢量的水平分量中，仅 $\boldsymbol{E}_{\mathrm{in}} = E\boldsymbol{u}_y$，故

$$\vec{\nabla} \times \boldsymbol{E}_{\mathrm{in}} = \boldsymbol{u}_z \frac{\partial E}{\partial x} - \boldsymbol{u}_x \frac{\partial E}{\partial z} = \mu\omega \mathrm{i}\boldsymbol{H}_{\mathrm{in}}$$

或

$$\boldsymbol{H}_{\mathrm{in}} = \frac{1}{\mu\omega \mathrm{i}}\left(\boldsymbol{u}_z \frac{\partial E}{\partial x} - \boldsymbol{u}_x \frac{\partial E}{\partial z}\right)$$

为计算水平偏振分量的垂直通量，求解

$$\begin{aligned}
\boldsymbol{u}_n \cdot \boldsymbol{S}_{\mathrm{in}} &= \boldsymbol{u}_z \cdot (\boldsymbol{E}_{\mathrm{in}} \times \boldsymbol{H}_{\mathrm{in}}) \\
&= \boldsymbol{u}_z \cdot \left\{E\boldsymbol{u}_y \times \left[\frac{1}{\mu\omega \mathrm{i}}\left(\boldsymbol{u}_z \frac{\partial E}{\partial x} - \boldsymbol{u}_x \frac{\partial E}{\partial z}\right)\right]\right\} \\
&= \boldsymbol{u}_z \cdot \left(\boldsymbol{u}_x \frac{E}{\mu\omega \mathrm{i}} \frac{\partial E}{\partial x} + \boldsymbol{u}_z \frac{E}{\mu\omega \mathrm{i}} \frac{\partial E}{\partial z}\right) \\
&= \frac{E}{\mu\omega \mathrm{i}} \frac{\partial}{\partial z}\left\{E_0 \mathrm{e}^{\mathrm{i}[k_0(x\sin\theta_{\mathrm{in}} - z\cos\theta_{\mathrm{in}}) - \omega t]}\right\} \\
&= -E^2 \frac{k_0}{\mu\omega}\cos\theta_{\mathrm{in}}
\end{aligned}$$

采用式 2－51、式 2－53 和式 2－54 中的表达式作相似的分析得出 $\boldsymbol{u}_n \cdot \boldsymbol{S}_{\mathrm{re}}$ 和 $\boldsymbol{u}_n \cdot \boldsymbol{S}_{\mathrm{tr}}$ 的值。代入式 2－67，得

$$-E^2 \frac{k_0}{\mu\omega}\cos\theta_{\mathrm{in}} + E^2 \frac{k_0}{\mu\omega} R_{\mathrm{h}}^2 \cos\theta_{\mathrm{re}} = -E^2 T_{\mathrm{h}}^2 \frac{k_0\sqrt{\varepsilon/\varepsilon_0}}{\mu\omega}\cos\theta_{\mathrm{tr}}$$

或简化后得

$$(1 - R_{\mathrm{h}}^2)\cos\theta_{\mathrm{in}} = T_{\mathrm{h}}^2 \sqrt{\varepsilon/\varepsilon_0}\cos\theta_{\mathrm{tr}}$$

和先前一样，通过类似方式可得出垂直偏振通量的表达式，当磁场矢量被代入平衡式2-67并简化后可得出

$$(1 - R_{\mathrm{v}}^{2})\cos\theta_{\mathrm{in}} = T_{\mathrm{v}}^{2}\sqrt{\varepsilon/\varepsilon_{0}}\cos\theta_{\mathrm{tr}}$$

2.6.4 反射率和透射率

$R_{\substack{\mathrm{h}\\\mathrm{v}}}^{2}$ 项通常以 $\rho_{\substack{\mathrm{h}\\\mathrm{v}}}$ 表示，其中下标表示偏振的水平分量或垂直分量。如果，按定义

$$\tau_{\substack{\mathrm{h}\\\mathrm{v}}} \equiv T_{\substack{\mathrm{h}\\\mathrm{v}}}^{2}\sqrt{\varepsilon/\varepsilon_{0}}\,\frac{\cos\theta_{\mathrm{tr}}}{\cos\theta_{\mathrm{in}}}$$

则在 $z=0$ 时可得出重要关系

$$\rho + \tau = 1 \qquad (式2-68)$$

$\rho_{\substack{\mathrm{h}\\\mathrm{v}}}$ 和 $\tau_{\substack{\mathrm{h}\\\mathrm{v}}}$ 分别为菲涅尔反射率和菲涅尔透射率，它们量化了穿过介电边界的辐射能量通量。奥古斯丁·菲涅尔(1788—1827年)在麦克斯韦推导得出他的方程组之前，从不同的角度，根据波理论推导出来一组方程组。菲涅尔反射率方程的一般形式是

$$\rho_{\mathrm{h}} = \left(\frac{\cos\theta_{\mathrm{in}} - \sqrt{\varepsilon/\varepsilon_{0} - \sin^{2}\theta_{\mathrm{in}}}}{\cos\theta_{\mathrm{in}} + \sqrt{\varepsilon/\varepsilon_{0} - \sin^{2}\theta_{\mathrm{in}}}}\right)^{2} \qquad (式2-69)$$

$$\rho_{\mathrm{v}} = \left[\frac{(\varepsilon/\varepsilon_{0})\cos\theta_{\mathrm{in}} - \sqrt{\varepsilon/\varepsilon_{0} - \sin^{2}\theta_{\mathrm{in}}}}{(\varepsilon/\varepsilon_{0})\cos\theta_{\mathrm{in}} + \sqrt{\varepsilon/\varepsilon_{0} - \sin^{2}\theta_{\mathrm{in}}}}\right]^{2} \qquad (式2-70)$$

透射率通常在解出反射率后，通过式2-68计算。

可以根据辐射能量通量对菲涅尔反射率和透射率进行物理解释。在电磁波中，单位时间内单位面积的能量可用势能来表示，为 $S = v\varepsilon E^{2}$。假设 S_{in} 是入射通量，S_{re} 是反射通量，S_{tr} 是透射通量(图2-12和图2-17)，其中垂直于水表面的单位面积的功率是 $S\cos\theta$。反射率是反射通量的垂直分量与入射通量的垂直分量的比率：

$$\rho = \frac{S_{\mathrm{re}}\cos\theta_{\mathrm{re}}}{S_{\mathrm{in}}\cos\theta_{\mathrm{in}}} = \frac{S_{\mathrm{re}}}{S_{\mathrm{in}}}$$

对于电场矢量，有

$$\rho = \frac{v_{0}\varepsilon_{0}E_{\mathrm{re}}^{2}}{v_{0}\varepsilon_{0}E_{\mathrm{in}}^{2}} = \left(\frac{E_{\mathrm{re}}}{E_{\mathrm{in}}}\right)^{2}$$

因此，反射率只是反射和入射电场矢量的比值。反射系数 $R_{\substack{\mathrm{h}\\\mathrm{v}}}$ 为 $\pm(E_{\mathrm{re}}/E_{\mathrm{in}})$，其中，符号取决于采用的偏振分量，并表示反射过程中存在相位偏移。如图2-16所示，在入射角大于53°前，R_{v} 符号为正(无相位偏移)，R_{h} 一直为负，这意味着所有入射角均存在 π 弧度的相位偏移。另外，透射率是透射和入射能量通量的垂直分量比：

$$\tau = \frac{S_{\mathrm{tr}}\cos\theta_{\mathrm{tr}}}{S_{\mathrm{in}}\cos\theta_{\mathrm{in}}}$$

或

$$\tau = \frac{v\varepsilon E_{\mathrm{tr}}^{2}}{v_{0}\varepsilon_{0}E_{\mathrm{in}}^{2}}$$

由 $v=(\mu\varepsilon)^{-1/2}$ 可得出

$$\tau=\sqrt{\varepsilon/\varepsilon_0}\,\frac{\cos\theta_{tr}}{\cos\theta_{in}}\left(\frac{E_{tr}}{E_{in}}\right)^2$$

因此，透射系数 $T_{\text{h v}}^2=(E_{tr}/E_{in})^2$。该系数始终为正(图 2-16)，且从物理上来说，透射系数是通过边界前和后的电矢量比的度量，不存在与透射光相关的相位偏移。隔板反射的水波是相位偏移的日常物理示例，但可通过去除边界并让波传播消除相位偏移。

2.7 对菲涅尔反射率的解读

在海洋遥感中，菲涅尔方程极其重要，因为水反射的辐射一直是一个考虑因素。人们通常认为，海洋会像黑体一样辐射红外波段，即像一个吸收所有入射辐射，并严格根据普朗克定律辐射的物体。根据适用于偏振水平分量的菲涅尔反射率(式 2-69)，当满足下列条件时，$\rho_h=0$：

$$\cos\theta_{in}=\sqrt{\varepsilon/\varepsilon_0-\sin^2\theta_{in}}$$

或

$$\cos^2\theta_{in}+\sin^2\theta_{in}=1=\varepsilon/\varepsilon_0$$

因此，只有当 $\varepsilon=\varepsilon_0$ 时，才会发生水平偏振分量的零反射，即在没有边界的情况下发生。因此，只要在入射辐射中存在水平分量，纯水永远不可能真正跟黑体一样。

2.7.1 布儒斯特角

仅当满足下列条件(式 2-70)时，入射辐射垂直分量的反射率为零，即 $\rho_v=0$：

$$(\varepsilon/\varepsilon_0)\cos\theta_{in}-\sqrt{\varepsilon/\varepsilon_0-\sin^2\theta_{in}}=0$$

移项、平方，并利用二次公式，得

$$\varepsilon/\varepsilon_0=\frac{1\pm\sqrt{1-4\sin^2\theta_{in}\cos^2\theta_{in}}}{2\cos^2\theta_{in}}$$

将 $\sin^2\theta_{in}=1-\cos^2\theta_{in}$ 的关系应用于上式分子中，得

$$\varepsilon/\varepsilon_0=\frac{1\pm\sqrt{(2\cos^2\theta_{in}-1)^2}}{2\cos^2\theta_{in}}=\frac{1\pm(2\cos^2\theta_{in}-1)}{2\cos^2\theta_{in}}$$

选择 ± 为负(因为如果 ± 为正，则 $\varepsilon/\varepsilon_0=1$，会得出一个无意义解)，再次使用 $2\sin^2\theta=2-\cos^2\theta$，得

$$\varepsilon/\varepsilon_0=\frac{\sin^2\theta_{in}}{\cos^2\theta_{in}}=\tan^2\theta_{in}$$

或

$$\tan\theta_{in}=\sqrt{\varepsilon/\varepsilon_0} \tag{式 2-71}$$

式中，角的正切值为 $\sqrt{\varepsilon/\varepsilon_0}$，如前所述，称之为布儒斯特角，在纯水可见光波段处大

约是 53°。艾蒂安・马吕斯发现，在某一个临界角，从介电表面反射的可见光是完全水平偏振的，即 $\rho_v = 0$；之后，大卫・布儒斯特发现，当反射和透射光线之间的夹角呈 90°时，反射光是水平偏振的，从而对临界角进行了界定。可根据条件(式 2－55b)证明这种相关性：

$$k_0 \sin\theta_{in} = k_0 \sqrt{\varepsilon/\varepsilon_0} \sin\theta_{tr}$$

将布儒斯特角(式 2－71)写作

$$\frac{\sin\theta_{in}}{\cos\theta_{in}} = \sqrt{\varepsilon/\varepsilon_0}$$

代入后，得 $\cos\theta_{in} = \sin\theta_{tr} = \cos(\pi/2 - \theta_{tr})$。由此可见，在这一临界角，$\theta_{in} + \theta_{tr} = \pi/2$。因此，$\theta_{re}$和 θ_{tr}之间的关系(图 2－11)必须是和为 90°。

2.7.2　垂直入射时的反射率

当入射辐射通量 $\boldsymbol{S}$ 与水面垂直时，菲涅尔方程的形式为

$$\rho_h(0^\circ) = \left(\frac{1 - \sqrt{\varepsilon/\varepsilon_0}}{1 + \sqrt{\varepsilon/\varepsilon_0}}\right)^2$$

$$\rho_v(0^\circ) = \left(\frac{\varepsilon/\varepsilon_0 - \sqrt{\varepsilon/\varepsilon_0}}{\varepsilon/\varepsilon_0 + \sqrt{\varepsilon/\varepsilon_0}}\right)^2 = \left(\frac{\sqrt{\varepsilon/\varepsilon_0} - 1}{\sqrt{\varepsilon/\varepsilon_0} + 1}\right)^2$$

求每个等式右边的平方值，得出

$$\rho_h(0^\circ) = \frac{\varepsilon/\varepsilon_0 - 2\sqrt{\varepsilon/\varepsilon_0} + 1}{\varepsilon/\varepsilon_0 + 2\sqrt{\varepsilon/\varepsilon_0} + 1} = \rho_v(0^\circ) \qquad \text{(式 2 - 72)}$$

由于当 $\boldsymbol{u}_n \cdot \boldsymbol{S} = S$ 时，电场矢量只能有一个分量平行于入射面，因此，可合理猜测，反射率由 ρ_v或 ρ_h得出。在可见光波段处，纯水的垂直反射率的典型值是 2%。

2.7.3　全反射率

当 $\theta_{in} = 90^\circ$时，全反射率为 $\rho_v = \rho_h = 1$，可以从式 2－69 和式 2－70 推导得出。在任意角度，对于落在水面的辐射 θ_{in}，其全反射率可使式 2－69 或式 2－70 写作

$$\sqrt{\varepsilon/\varepsilon_0 - \sin^2\theta_{in}} = -\sqrt{\varepsilon/\varepsilon_0 - \sin^2\theta_{in}}$$

这就要求 $\sin\theta_{in} = \sqrt{\varepsilon/\varepsilon_0}$ 但 $\sqrt{\varepsilon/\varepsilon_0} > 1$ 或 $\sin\theta_{in} > 1$，这两者都是不可能的，因此，全反射只发生在 $\theta_{in} = 90^\circ$ 时。另一方面，如果光线从水里到空气中，$\sqrt{\varepsilon/\varepsilon_0} < 1$，则在 90°以外的角度，全内反射是可能的。对于纯水，假设在 500 nm 处，内反射临界角为 $\sin^{-1} 1/n$，或约为 48.8°。在这个角度，沿海气边界存在全透射，在大于 48.8°的角度，存在全内反射(图 2－18)。在数学上，这些结论可从以下事实推导得出：当角度大于 48.8°时，$n^2 - \sin^2\theta$ 变成虚数。

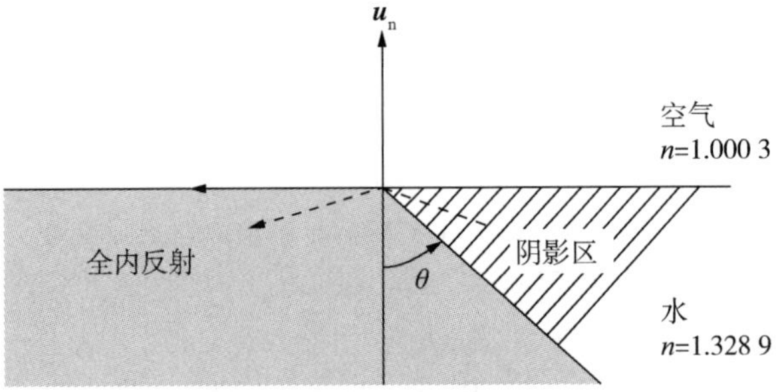

图 2－18　全内反射示意

对于入射至平坦气水界面的可见光来说，全内反射发生在角 $\theta > 48.8^{\circ}$时；当 $\theta \geq \pm 48.8^{\circ}$时，遥感信息不可用。

2.7.4　随机偏振反射率

由于太阳辐射是随机偏振的，它在平坦水面 ρ_s的反射率是 ρ_h和 ρ_v的平均值。ρ_s的式通常用入射角和透射角(也叫折射角)来表示。式 2－61 为

$$R_h = \frac{\cos\theta_{in} - \sqrt{\varepsilon/\varepsilon_0 - \sin^2\theta_{in}}}{\cos\theta_{in} + \sqrt{\varepsilon/\varepsilon_0 - \sin^2\theta_{in}}}$$

可写作

$$R_h = \frac{\cos\theta_{in}\sin\theta_{tr} - \cos\theta_{tr}\sin\theta_{in}}{\cos\theta_{in}\sin\theta_{tr} + \cos\theta_{tr}\sin\theta_{in}}$$

代入式 2－59，并使用斯涅尔定律 $\sin\theta_{in} = \sqrt{\varepsilon/\varepsilon_0}\sin\theta_{tr}$，用两角和的正弦式，得

$$R_h = \frac{\sin(\theta_{in} - \theta_{tr})}{\sin(\theta_{in} + \theta_{tr})} \qquad (式 2-73)$$

因此，

$$\rho_h = \frac{\sin^2(\theta_{in} - \theta_{tr})}{\sin^2(\theta_{in} + \theta_{tr})}$$

相似地，菲涅尔反射率的垂直分量可写作

$$\rho_v = \frac{\tan^2(\theta_{in} - \theta_{tr})}{\tan^2(\theta_{in} + \theta_{tr})}$$

在漫反射式中，其平均值为

$$\rho_s = \frac{1}{2}(\rho_h + \rho_v) = \frac{1}{2}\left[\frac{\sin^2(\theta_{in} - \theta_{tr})}{\sin^2(\theta_{in} + \theta_{tr})} + \frac{\tan^2(\theta_{in} - \theta_{tr})}{\tan^2(\theta_{in} + \theta_{tr})}\right] \qquad (式 2-74)$$

式 2－74 的解如图 2－19 所示，图中还有 ρ_h(式 2－69)和 ρ_v(式2－70)的曲线，对于在水面上的漫入射辐射，只有在切线入射的情况下，反射率为 100%。

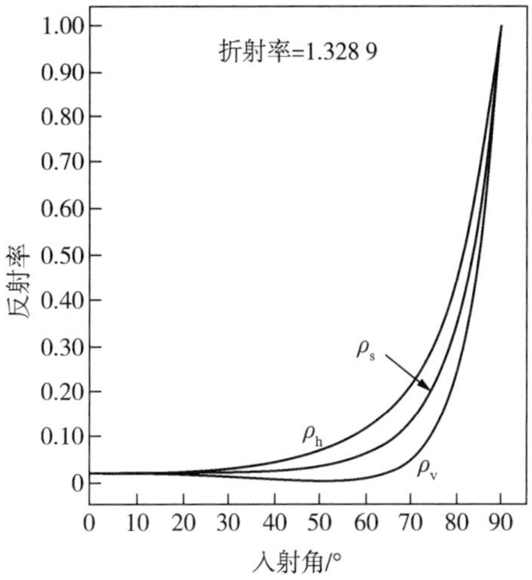

图 2-19 水平和垂直偏振辐射的菲涅尔反射率

漫射辐射，即太阳辐射等随机偏振辐射，是偏振值的平均值。

2.7.5 反射率的复参数化

式 2-73 表明，当从 E_{in}变化至 E_{re}时，反射系数符号改变。这再次表明，当入射介质中的折射率小于反射介质中的折射率时，垂直于入射平面的电场分量会出现 π 弧度的相位偏移。与此相反，T_h和 T_v一直为正，无相位偏移情况。当垂直入射时，无论是垂直偏振还是水平偏振，均存在 π 弧度的相位偏移。

垂直入射的反射率为 $(n-1)^2/(n+1)^2$，复折射率表示为

$$\rho_v = \rho_h = \frac{n-1}{n+1} \cdot \frac{n^*-1}{n^*+1} \qquad (式 2-75)$$

式中的星号表示 n 的复共轭，用于获得反射率的实部[即，$R_e(n)=\sqrt{n \cdot n^*}$]。将复折射率 $(n_R + in_I)$ 代入上述表达式，得

$$\rho_{\frac{h}{v}}(0^\circ) = \frac{n_R + in_I - 1}{n_R + in_I + 1} \cdot \frac{n_R - in_I - 1}{n_R - in_I + 1}$$

或

$$\rho_{\frac{h}{v}}(0^\circ) = \frac{(n_R - 1)^2 + n_I^2}{(n_R + 1)^2 + n_I^2} \qquad (式 2-76)$$

若介质为黑体，即 $\rho_{\frac{h}{v}}(0^\circ) = 0$，则

$$(n_R - 1)^2 + n_I^2 = 0$$

这在水中是不可能的，因为 $n_R>1$ 且 n_I是正数。同时应注意，因为折射率是复数，而布儒斯特角也为复数，故 $\rho_v \neq 0$。在主入射角处存在 ρ_v的最小值，且在纯水中，可见光波段处的 ρ_v最小值基本上为零，因为 $n_I \approx 10^{-6}$。

对于空气(电介质)和水(导体)之间的反射率的一般情况，需要根据全菲涅尔方程求复折射率的解。式 2-69 和式 2-70 中的 $\sqrt{n^2 - \sin^2\theta_{in}}$ 项为复数，可按照以下方

式求解。令 $z=x+\mathrm{i}y$，然后根据复数理论，计算

$$\sqrt{z}=\sqrt[4]{x^2+y^2}\left(\cos\frac{\phi+2\pi m}{2}+\mathrm{i}\sin\frac{\phi+2\pi m}{2}\right)$$

式中，整数 $m=0$、1，且 $\phi=\tan^{-1}y/x$。

$$\sqrt{z}=\sqrt{n^2-\sin^2\theta_{\mathrm{in}}}=\sqrt{(n_{\mathrm{R}}+\mathrm{i}n_{\mathrm{I}})^2-\sin^2\theta_{\mathrm{in}}}$$

$$\sqrt{z}=\sqrt{(n_{\mathrm{R}}^2-n_{\mathrm{I}}^2-\sin^2\theta_{\mathrm{in}})+\mathrm{i}\cdot 2n_{\mathrm{R}}n_{\mathrm{I}}}$$

实部 $x\equiv n_{\mathrm{R}}^2-n_{\mathrm{I}}^2-\sin^2\theta_{\mathrm{in}}$ 和虚部 $y\equiv 2n_{\mathrm{R}}n_{\mathrm{I}}$。选择 $m=0$ 的根，则式 2－69 的分母为

$$\left(\cos\theta_{\mathrm{in}}-\sqrt{n^2-\sin^2\theta_{\mathrm{in}}}\right)^2$$

$$=\left\{\cos\theta_{\mathrm{in}}-\sqrt[4]{x^2+y^2}\left[\cos\left(\frac{1}{2}\tan^{-1}\frac{y}{x}\right)+\mathrm{i}\sin\left(\frac{1}{2}\tan^{-1}\frac{y}{x}\right)\right]\right\}^2$$

利用复共轭得到反射率的实部，则分子变成

$$\left[\cos\theta_{\mathrm{in}}-\sqrt[4]{x^2+y^2}\left(\cos\frac{\phi}{2}+\mathrm{i}\sin\frac{\phi}{2}\right)\right]\left[\cos\theta_{\mathrm{in}}-\sqrt[4]{x^2+y^2}\left(\cos\frac{\phi}{2}-\mathrm{i}\sin\frac{\phi}{2}\right)\right]$$

$$=\left(\cos\theta_{\mathrm{in}}-\sqrt[4]{x^2+y^2}\cos\frac{\phi}{2}\right)^2+\left(\sqrt[4]{x^2+y^2}\sin\frac{\phi}{2}\right)^2$$

综上，复折射率的反射率水平分量的完整表达式为

$$\rho_{\mathrm{h}}=\frac{\left(\cos\theta_{\mathrm{in}}-\sqrt[4]{x^2+y^2}\cos\frac{\phi}{2}\right)^2+\left(\sqrt[4]{x^2+y^2}\sin\frac{\phi}{2}\right)^2}{\left(\cos\theta_{\mathrm{in}}+\sqrt[4]{x^2+y^2}\cos\frac{\phi}{2}\right)^2+\left(\sqrt[4]{x^2+y^2}\sin\frac{\phi}{2}\right)^2}\qquad\text{（式 2－77）}$$

利用上文获取 ρ_{h} 的相同的方法，可推导出 ρ_{v} 的类似复杂的代数表达式：

$$\rho_{\mathrm{v}}=\frac{\left[(n_{\mathrm{R}}^2-n_{\mathrm{I}}^2)\cos\theta_{\mathrm{in}}-\sqrt[4]{x^2+y^2}\cos\frac{\phi}{2}\right]^2+\left[2n_{\mathrm{R}}n_{\mathrm{I}}\cos\theta_{\mathrm{in}}-\sqrt[4]{x^2+y^2}\sin\frac{\phi}{2}\right]^2}{\left[(n_{\mathrm{R}}^2-n_{\mathrm{I}}^2)\cos\theta_{\mathrm{in}}+\sqrt[4]{x^2+y^2}\cos\frac{\phi}{2}\right]^2+\left[2n_{\mathrm{R}}n_{\mathrm{I}}\cos\theta_{\mathrm{in}}+\sqrt[4]{x^2+y^2}\sin\frac{\phi}{2}\right]^2}$$

（式 2－78）

式 2－77 和式 2－78 为复反射率式。

式 2－78 如图 2－20 所示，ρ_{h} 曲线总是在 ρ_{v} 曲线的上方。主入射角 ρ_{v} 仅在布儒斯特角附近处达到最小值，且取决于波长。波长依赖性由折射率的色散导致（图 2－9）。在可见光（0.5 μm）和反射红外（1.0 μm）波长处，折射率的虚部较小，且在式 2－69 和式 2－70 中可以使用一个很好的近似值 $\sqrt{\varepsilon/\varepsilon_0}\approx n_{\mathrm{R}}$。在发射红外（5.0～20.0 μm）波长处，复数项变得更重要。在微波波长处，折射率的虚部和实部具有相同的大小，并且根据式 2－76 可以预测，垂向入射时的反射率相当大。

纯水（导体）中 $\theta_{\mathrm{in}}=0°$ 的菲涅尔反射率如图 2－21 所示。该曲线由式 2－76 计算得出。最小值在 3.6 μm 处和 11.0 μm 处。在红外遥感中，3～4 μm 之间的最大值和 11.0 μm 处的最小值同等重要。在整个可见光区域，反射率相对恒定，在 2%左右。较长波长处较高的反射率对从水面反射的无线电波（海因里希・赫兹于 1888 年发现）进行了量化。

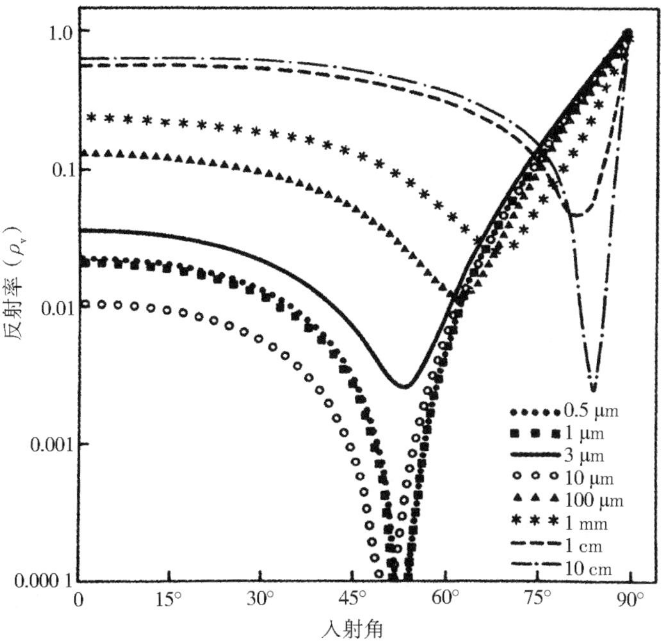

图 2－20　八个波长的菲涅尔反射率的垂直分量，显示了作为波长函数的主入射角（一阶情况下的布儒斯特角）的变化

2.7.6　菲涅尔定律应用

在继续考虑穿过界面的辐射测量、辐射传输和辐亮度之前，鉴于第2章中的讨论内容，应停下来对第1.6节的内容进行回想。图2－21显示了在约11 μm处的最小反射率[$\rho(\lambda) \approx 0.01$]，同时，根据基尔霍夫定律，有

$$\rho(\lambda) + \tau(\lambda) + \varepsilon(\lambda) = 1 \qquad (式2-79)$$

式中，$\rho(\lambda)$、$\tau(\lambda)$和$\varepsilon(\lambda)$分别是光谱反射率、透射率和发射率，$\tau(\lambda) + \varepsilon(\lambda) \approx 0.99$。如第3章所讨论的，在11 μm处，海水的吸收系数非常大，使得$\tau(\lambda) \approx 0$，根据普朗克定律，海洋辐射在1%以内。可以根据式2－10，将表面温度图转换为辐射出射度，当乘以$1-\rho(\lambda)$（见图2－21）时，可以进行定量预测。因此，图1－19和1－20所示的海面温度图可以通过研究麦克斯韦方程组和普朗克定律，以绝对能量值来解释。

图1－20还说明了作为波长函数的表面反射的变化。可见光范围（箭头处）中的太阳耀斑在红外范围中几乎不可见。海水的太阳光反射是太阳以及海洋发射的相对能量的函数，不能简单地通过图2－21中的曲线进行描述。还要记住，海水自然表面经常被油、颗粒和其他海洋废弃物污染，式2－77和式2－78对此类污染均不成立。

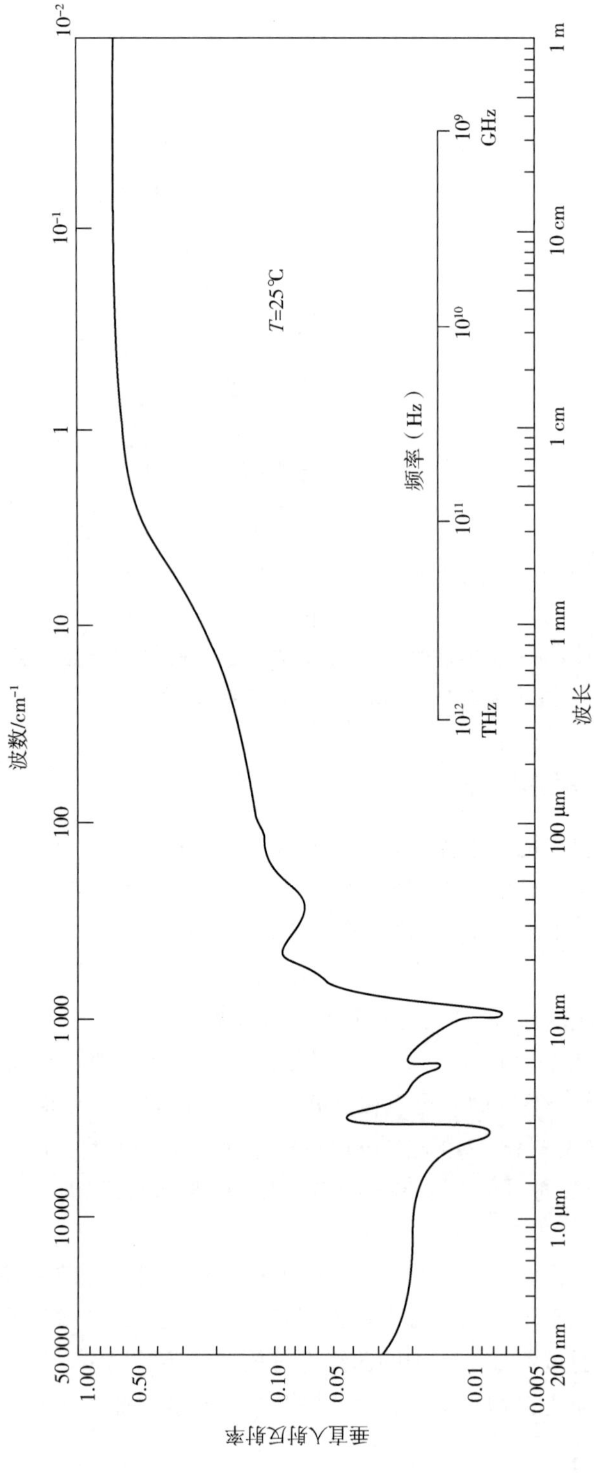

图2-21　随波长变化的垂向入射的反射率

可见光反射率约为0.02；发射红外反射率在11 μm处具有显著的最小值；微波反射率在更长波长处接近0.7。

当然，如图 1－20 可见光范围所示的平坦的水面的情况很少。随机偏振的阳光或天空光在有效入射角范围内被海洋反射，该有效入射角由像素中的平均波斜度确定。另外，来自诸如 SAR 的仪器的微波能量是布拉格散射被接收器接收的偏振能量(图 1－23)。太阳光和 SAR 电磁波入射在平坦水面上时的物理显影相同，但其与风作用后的粗糙表面的相互作用各不相同。然而，所得到的图像可以以互补的方式进行解译，因为海洋表面波的分布在光学像素或微波中几乎相同。

图 2－22 给出了一个示例，其中总结了最后三个部分中的一些想法。照片的左侧是通过水平偏振滤光器的水表面，右侧是通过垂直偏振滤光器的水表面。入射到水上的漫射光优先反射阳光的水平分量；在布儒斯特角，只有水平分量被反射(参见图2－12)。垂直偏振滤光器吸收水平反射分量(这一过程通常被称为二色性)，从而从水的表面下方传送垂直偏振光(图 2－18)。只有来自水下的光包含关于海洋光学性质的信息，并且正是由于这种次表层辐射的存在，海洋学家才得以推断出色素浓度或悬浮泥沙浓度。(参见第 4 章)

本章的下一小节将讲述人们研究出的实际测量 EMR 的方式。暂时忽略波的特性，采用粒子或射线特性来描述。玻尔的互补原理提醒人们，EMR 不能被同时认为是波和粒子。可通过辐射计测量 EMR 的强度，并且已有研究表明，强度是波粒二象性的桥梁。

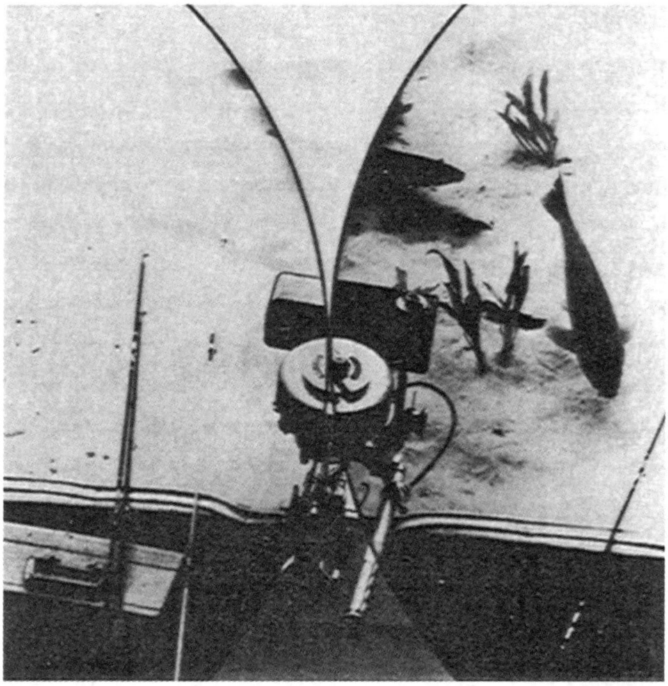

图 2－22　显示水平(左侧滤光器)和垂直(右侧滤光器)二向色偏振器影响的照片

照片由宝丽来公司提供。

2.8 辐射计

辐射计量化接收的辐射。海因里希·赫兹最先测得坡印亭矢量的大小，他于1887年报告了他在光电效应方面的发现。如上所述，阿尔伯特·爱因斯坦解释称，光电效应是马克斯·普朗克量子假说的延伸。因此，即使测量值可以被解释为波或射线现象，但测量辐射的能力源于光子的粒子性质。在可见光频段，辐射测量利用EMR波的射线性质得出其几何结构，但在定量检测技术中利用其粒子性质，在微波频率，波性质是最适当的。

2.8.1 几何因素

在我们讨论辐射测量之前，我们必须界定辐射观测的几何结构。考虑一个辐射能量源，例如一颗恒星。观测发现，辐射能量在所有方向上向外传播，从而在辐射源周围形成一个球状(见图2-4)。因此，按照球坐标来描述辐射的强度似乎是自然的。想象一个半径为 r 的球体，它的顶点在中心。锥体与球体表面的相交确定了曲线表面的面积 A。比率 A/r^2 被定义为锥体顶点处的立体角，用 Ω 表示，单位为球面度(sr)则无穷小立体角被定义为

$$d\Omega \equiv \frac{dA}{r^2} \tag{式 2-80a}$$

此外，由于球体的表面积是 $4\pi r^2$，故球体中的立体角是 4πsr。

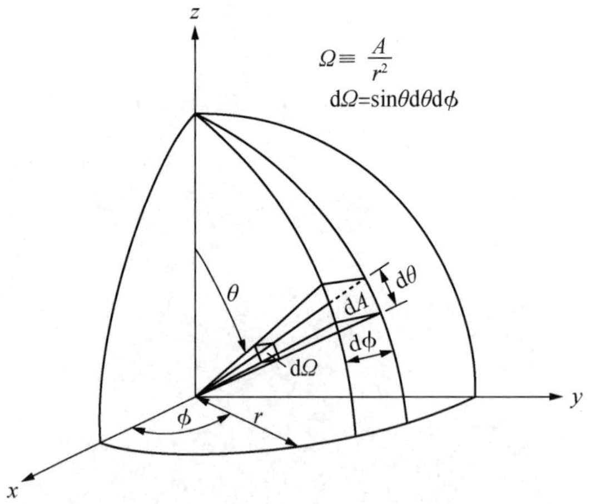

图2-23 立体角 Ω 的几何定义

立体角的几何结构如图2-23所示。无穷小区域 dA 被看作是极角 θ 以及限定 dA 各边的弧长 ds 的函数。根据关系 $ds = r d\theta$，该面积可写作

$$dA = r\sin\theta d\phi \cdot r d\theta = r^2 \sin\theta d\theta d\phi$$

通过代入，得

$$d\Omega = \sin\theta d\theta d\phi \qquad \text{（式 2 − 80b）}$$

区域 A 是一个曲面，但在大多数实际应用中，A 可近似看作平面区域。为了估计该近似值中的误差，求解 $dA = r^2 d\Omega$（式 2 − 80）的积分：

$$A = r^2 \int_0^{\theta} \sin\theta d\theta \cdot \int_0^{2\pi} d\phi$$

$$A = 2\pi(1 - \cos\theta) r^2$$

对于单位面积，$A = 1$，并且对于单位半径，$r = 1$，即当 $\Omega = 1$ 时，$\theta = 0.57$ rad（33°），并且 A 与在球体表面处包围在锥体中的平面面积的比率为 0.92。在实际应用中，Ω 比 1 个单位至少低一个数量级，并且当假定 A 为平面面积时，该数量级的误差小于 0.8%。

对着无限小的立体角的辐射源被称为点源。例如，如果在一个秒差距处观察太阳，太阳将像任何其他恒星一样成为点源。然而，在一个天文单位的距离处，太阳被认为是一个延伸源，即具有可测量表面积的物体，其辐射出射度会因位置不同而变化。

来自点源的辐射功率被称为强度 J，并被定义为在给定方向上离开点源的单位立体角 $d\Omega$ 的功率 dP，即

$$J \equiv \frac{dP}{d\Omega} \qquad \text{（式 2 − 81）}$$

在风作用的粗糙海面上，波面的太阳耀斑是宏观上辐射强度的例子；在一定体积的水中，悬浮颗粒的散射是微观尺度示例，通常为使用比浊计的海洋科学家所熟知。具有如图 2 − 23 所示立体角 $d\Omega$ 的扩展波束可以设想为来自点源，其中 $r = 0$。按照式 2 − 81，强度 J 的单位为瓦特每球面度（$W \cdot sr^{-1}$）。如果需要获得从点源辐射到球体中的功率，则

$$P = \int_{\Omega} J d\Omega$$

对于均向强度，有

$$P = J \int_{\Omega} d\Omega = J \int_0^{2\pi} \int_0^{\pi} \sin\theta d\theta d\phi$$

或

$$P = 4\pi J$$

由于 $d\Omega = dA/r^2$，故与点源相关联的能量通量 $S = dP/dA$ 可以写作 $S = J/r^2$ 或使用上述表达式 $S = P/4\pi r^2$。

2.8.2　辐亮度

来自点源的功率和强度的概念在光学海洋学中是至关重要的，但是在遥感中，延伸源的测量最为常见。单位立体角 $d\Omega$ 单位投影面积 $dA\cos\theta$ 的辐射功率 d^2P 被定义为辐亮度 L。在数学上，这表示为

$$L \equiv \frac{d^2 P}{dA\cos\theta d\Omega} \qquad \text{（式 2 − 82）}$$

其几何结构如图 2-24 所示。如果该区域是整个区域的单位平面段（即该区域很小，是一个点源），则

$$J = \frac{\mathrm{d}P}{\mathrm{d}\Omega} = L\mathrm{d}A\cos\theta$$

与辐亮度和强度相关。延伸源的辐亮度是点源强度，辐亮度单位是瓦特每平方米球面度（$\mathrm{W} \cdot \mathrm{m}^{-2} \cdot \mathrm{sr}^{-1}$）。

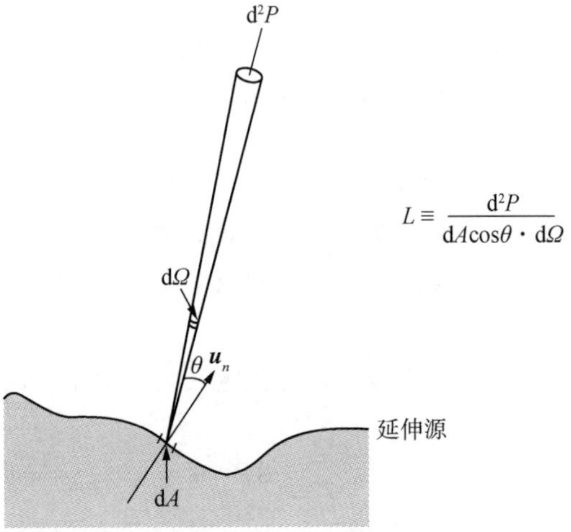

图 2-24　辐亮度定义为单位立体角 $\mathrm{d}\Omega$，单位投影面积 $\mathrm{d}A\cos\theta$ 的辐射功率 d^2P

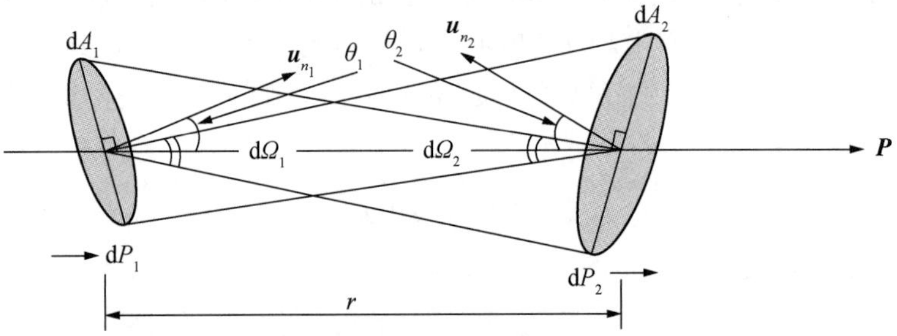

图 2-25　区域 $\mathrm{d}A_1$ 和 $\mathrm{d}A_2$ 之间的原光束要求通过 $\mathrm{d}A_1$ 的所有光线也通过 $\mathrm{d}A_2$

假设 $r^2 \gg \mathrm{d}A$。

辐亮度是定量遥感中最重要的术语，因为它是最常见的测量变量。辐亮度是光学和红外术语，但通常不用于微波做功，由于历史原因，微波为电气工程使用的术语。辐亮度的测量直接按照定义进行，但理论证明需要采用守恒定律。图 2-25 给出了原光束的几何结构，原光束被定义为由通过 $\mathrm{d}A_1$ 和 $\mathrm{d}A_2$ 的所有光线组成的辐射光束。在图2-25 中，垂直于区域 $\mathrm{d}A$ 的单位矢量 $\boldsymbol{u}_n$ 和中心功率传播矢量 $\boldsymbol{P}$ 之间形成了角度 θ。只要通过 $\mathrm{d}A_1$ 的所有光线也穿过 $\mathrm{d}A_2$，那么通过 $\mathrm{d}A_1$ 的功率等于通过 $\mathrm{d}A_2$ 的功率。设 $\mathrm{d}P_1$ 是离开 $\mathrm{d}A_1$ 的功率，$\mathrm{d}P_2$ 是在 $\mathrm{d}A_2$ 处接收的功率，则辐亮度为

$$L_1 = \frac{\mathrm{d}^2 P_1}{\mathrm{d}A_1 \cos\theta_1 \mathrm{d}\Omega_1}, L_2 = \frac{\mathrm{d}^2 P_2}{\mathrm{d}A_2 \cos\theta_2 \mathrm{d}\Omega_2}$$

其中 $d^2P_1 = d^2P_2, L_1 dA_1 \cos\theta_1 d\Omega_1 = L_2 dA_2 \cos\theta_2 d\Omega_2$。

根据立体角 Ω 的定义，$d\Omega_1 = (dA_2\cos\theta_2)/r^2$ 和 $d\Omega_2 = (dA_1\cos\theta_1)/r^2$，代入和相互抵消这些项后，可得出非常重要的关系：

$$L_1 = L_2$$

因此，沿原光束的辐亮度与光源的距离无关，前提是光源需填满整个视场。

2.8.3　光学辐射计基本原理

自然界中不存在原光束，只在外太空的一些区域存在一些非常近似于原光束的光束。原光束概念的重要意义是它定义了光学辐射计中的辐亮度测量方法。如果 dA_1 是仪器的入口孔径，dA_2是检测器的面积，则根据原光束原理可推断出孔径处的辐亮度 L_1等于检测器处的辐亮度 L_2。基本辐射计如图 2-26 所示，其中 r 是辐射计的焦距。

为简单起见，我们对来自延伸源(例如海洋表面)的原光束进行研究，暂时忽略任何大气影响。延伸源的辐亮度 L 必须等于通过视场光阑和孔径光阑的辐亮度(图2-26)。也就是说，从原光束角度看，来自源区域 dA 的辐射功率 d^2P 与通过孔径的辐射功率相同，即功率似乎在孔径处测得。由于 $\Omega' = A_d/r^2$，离开孔径的辐亮度($L = d^2P/A\Omega'$)可写作 $L = d^2P/(A \cdot A_d/r^2)$。而 A/r^2 是检测器处的立体角 Ω，因此

$$L = \frac{d^2P}{A_d\Omega}$$

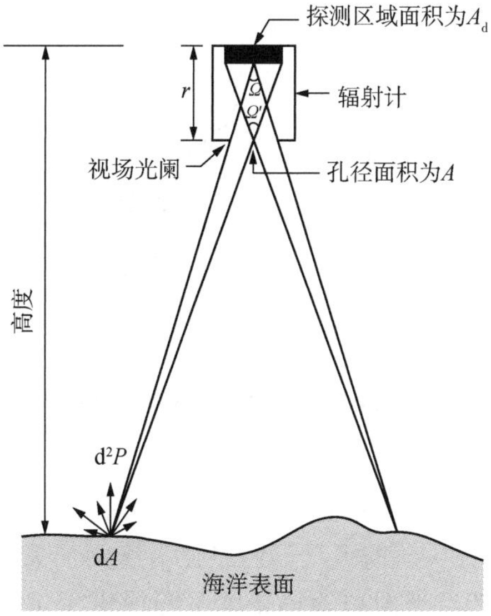

图 2-26　基本光学辐射计

称遥感测定的总面积为辐射计中的光斑大小或成像器中的像素(图像元素)。微波辐射计(与图 2-28 比较)是具有类似参数的定向天线。

这个重要的结果在图 2-26 中被放大了，图中，为了清楚起见，辐射计的焦距被缩短。实际上，为了将检测器区域 A_d近似保持为球形表面积，A_d/r^2 低至 0.01 或以

下是不常见的。

为了说明上述原理，考虑用卫星获取均匀辐射地球表面的辐亮度。为简单起见，地球表面和辐射计之间的区域将被视为真空，使原光束原理得以应用。在图 2－27 中，位置③处的航天器接收来自天底点①的辐亮度，并接收来自某个天顶角 θ 上区域②的辐亮度。根据立体角的定义，当区域垂直于观察方向时，$A_1 = \Omega_3 r_1^2$ 且 $A_2\cos\theta = \Omega_3 r_2^2$。由于通过区域①和②投射的功率都必须落在原光束中位置③处的检测器上，因此位置③处从①和②处接收的辐亮度 L_1 和 L_2 满足以下条件：

$$L_1 A_1 \Omega_1 = L_2 A_2 (\cos\theta) \Omega_2$$

而 $\Omega_1 = A_d / r_1^2$，$\Omega_2 = A_d / r_2^2$。在表达式中代入 Ω_1、Ω_2、A_1 和 A_2，得

$$L_1 \Omega_3 r_1^2 \frac{A_d}{r_1^2} = L_2 \Omega_3 r_2^2 \frac{A_d}{r_2^2}$$

或

$$L_1 = L_2$$

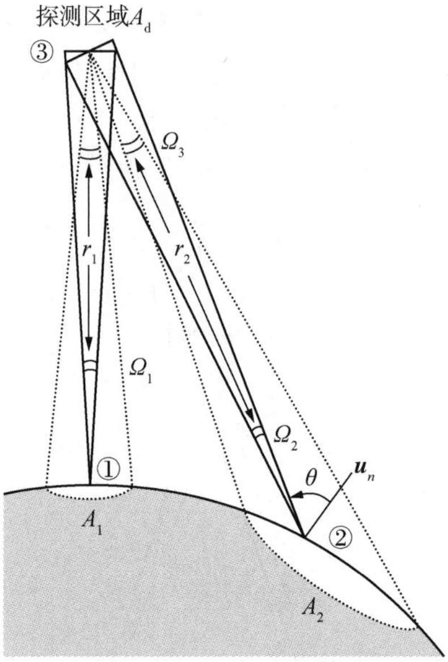

图 2－27　黑体的辐亮度与测量的距离或角度无关

θ 为天顶角。

这个结果是原光束研究结论的重申：来自均匀辐射延伸源的辐亮度与测量的距离平方 r^2 或其形成角度 θ 无关，前提是辐射路径沿途无损失或增益，且延伸源完全填充辐射计的视场。如果来自平面源的辐亮度不随视角变化，则该平面源被称为朗伯源。由漫射天空光照亮的一片白色哑光纸可作为朗伯反射器的示例。

2.8.4　辐照度

在垂直于 dA 的半球中从各个方向落在无穷小区域 dA 上的总辐射功率 dP 被称为辐照度 I（参见式 2－34a）：

$$I \equiv \frac{\mathrm{d}P}{\mathrm{d}A} \tag{式 2 - 83a}$$

相比之下，出射度 M(式 2 - 16)由表面区域的无穷小元素发射到半球中的总辐射功率除以该元素的面积后得出。出射度是普朗克定律中的因变量；辐照度和出射度的单位都是 $\mathrm{W \cdot m^{-2}}$。

如果用辐射计测量半球中所有方向的辐亮度，则

$$P = \int_A \int_\Omega L \mathrm{d}A \cos\theta \mathrm{d}\Omega$$

而根据辐照度的定义(见式 2 - 83a)，有

$$P = \int_A I \mathrm{d}A$$

比较得出

$$I = \int_\Omega L \cos\theta \mathrm{d}\Omega \tag{式 2 - 83b}$$

如果接收的辐射为漫射辐射，例如来自均匀多云的天空，并且各向同性，这就意味着 L 与方向无关，即 $L \neq L(\Omega) \neq (L\theta, \phi)$，则辐照度

$$I = L\int_0^{2\pi}\int_0^{\pi/2} \cos\theta \sin\theta \mathrm{d}\theta \mathrm{d}\phi$$

$$I = 2\pi L \cdot \frac{1}{2}\int_0^{\pi/2} \sin 2\theta \mathrm{d}\theta$$

$$I = \pi L \tag{式 2 - 84}$$

这种关系对于黑体的出射度也是成立的，即完美的普朗克辐射体的辐亮度由出射度除以 π 得出。

在第 2.2 节中，太阳常数是在考虑太阳在地球上的辐射出射度的球面扩展后计算得出的(图 2 - 4)。对于 6 000 K 的温度(见第 2.2.5 节)，可假设太阳遵守斯忒藩 - 玻耳兹曼定律(式 2 - 16)，其黑体辐亮度，从辐亮度的角度进行计算：

$$L = M(T)/\pi = 2.3 \times 10^7\ \mathrm{W \cdot m^{-2} \cdot sr^{-1}}$$

太阳常数是垂直于太阳光线的板上的辐照度 I，根据式 2 - 83b，可写作

$$I = \int_\Omega L \mathrm{d}\Omega$$

这是因为 $\cos\theta = 1$。由于 L 仅来自小角度($0 \sim 0.5^\circ$)，且其他方向上的 L 基本为零，故

$$I = L\int_0^{2\pi} \mathrm{d}\phi \int_0^{0.25^\circ} \sin\theta \mathrm{d}\theta = L \cdot 6 \times 10^{-5}\ \mathrm{sr}$$

或者，可以计算立体角 $\Delta\Omega$：

$$I = L \cdot \Delta\Omega = L \cdot \frac{A}{r^2} = L \cdot \pi \frac{\left(r_\mathrm{s} = \frac{\theta \cdot r_{\mathrm{e-s}}}{2}\right)^2}{r_{\mathrm{e-s}}^2} = L \cdot 6 \times 10^{-5}\ \mathrm{sr}$$

式中，$\theta = 0.5^\circ$(计算时需换算为弧度)。在上述计算中，或在式 2 - 17a 的计算中，立体角的自然定义是显而易见的。注意，积分范围以日轮为中心，因为已假定自由空间的辐亮度为 0。

关于辐射测量的文献有些复杂，因为这些年的文献中使用了许多术语和符号来描述相同的量。本文尽可能使用最常用的术语和符号。然而，在试图将电磁理论与辐射理论结合时，必须引入一些符号。本文使用的辐射测量术语汇总见表 2-4。术语表中“定义”一栏的一些符号已在表 2-1 中定义。记住，除非如斯忒藩-玻耳兹曼定律的情况那样，求 0 到无穷大的积分，或者如第 1 章给出的例子中那样，求离散带宽上的积分，否则表 2-1 中的每个辐射测量变量均为波长相关变量。例如，在使用式 2-10 求出射度时，光谱辐照度的单位为 $W \cdot m^{-2} \cdot nm^{-1}$。

表 2-4　用于辐射测量的术语、符号、定义和单位汇总

术语	符号	定义	单位
通量	S	单位面积单位时间的能量 $S = dP/dA = h\nu N = EH$	$J \cdot s^{-1} \cdot m^{-2}$
强度(点源)	J	点源单位立体角的功率 $J \equiv dP/d\Omega$	$W \cdot s^{-1}$
辐照度	I	入射至表面区域无穷小单元的功率 $I \equiv dP/dA$	$W \cdot m^{-2}$
功率	P	单位时间能量。$P = dE_R/dt$	$J \cdot s^{-1} = W$
辐亮度	L	单位投影面积上延伸源发射的单位立体角的功率。$L = d^2P/dA\cos\theta d\Omega$	$W \cdot m^{-2} \cdot sr^{-1}$
辐射能量	E_R	EMR 做功能力的度量。$E_R = h\nu$	J
辐射能量密度	W	单位体积的能量。$W = \varepsilon_0 E^2$	$J \cdot m^{-3}$
立体角	Ω	一个球体的表面积与其半径平方的比率	sr
天线温度	T_A	处于热平衡的天线在单位频率间隔中的等效功率。$T_A \equiv (P_{in}/k)d\nu$	K
有效孔径	A_e	带增益方向 G 的微波辐射计的有效投影面积为 $dA\cos\theta$。$A_e = \lambda^2 G/4\pi$	m^2
增益	G	在天线方向为各向同性的情况下，接收到的微波功率与实际接收的微波功率的比率	$\int_\Omega G(\Omega) \equiv 4\pi$

2.8.5　微波辐射计基本原理

在微波频率下，必须对本节中的论述内容做出相应修改，因为微波辐射计是天线而不是望远镜。第 5.1 节将详细研究天线，但是就目前讨论的辐射测量而言，天线可作为测量辐亮度的衍射限制装置使用。图 2-28 显示了定向微波天线的几何结构。天线具有被称为增益 $G(\theta,\phi)$ 的实际功率分布格局，在遥感天线的设计中，天线有一个狭窄的波束主瓣，和最小化的旁瓣。接收的功率 $d^2P(\theta,\phi)$ 是增益的函数，如图 2-28 所示，从旁瓣方向上进行的光源测量可能没有任何意义。功率分布或增益

$G(\theta,\phi)$ 是无量纲量，被定义为

$$G(\theta,\phi)\equiv\frac{P(\theta,\phi)}{\frac{1}{4\pi}\int_0^{2\pi}\int_0^{\pi}P(\theta,\phi)\sin\theta\mathrm{d}\theta\mathrm{d}\phi}\qquad(式\ 2-85)$$

在 4πsr 的立体角上求 $G(\theta,\phi)$ 的积分，值为 4π。如果功率方向是各向同性的，则可将增益定义为从给定方向实际接收的功率与本该从该方向接收的功率的比率。可证明，无论用于发射还是接收，理想天线的增益都是相同的。

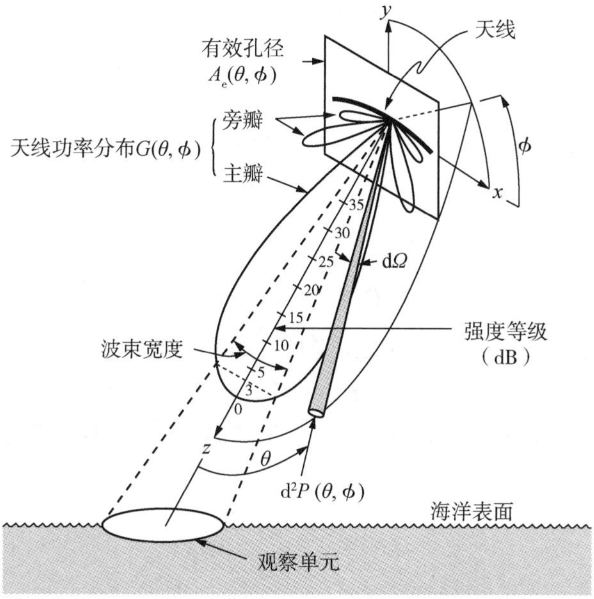

图 2－28　定向微波天线的几何结构

为了清楚起见，仅给出了天线和 $G(\theta,\phi)$ 的二维截面，事实上旁瓣是三维的环形。此类天线包括在 SEASAT 的 SMNR 上使用的海面辐射的被动辐亮度测量天线。

微波天线的波束宽度（或回声探测器的声束）类似于在光学系统中观察到的立体角。波束宽度通常被定义为在 $G(\theta,\phi)$相交线之间的天线所对的角，其中增益的值是 $G(0,0)$ 值的一半。当定义 $-10\log_{10}0.5\equiv3$ 分贝（dB）时，该半功率点被称为“3 dB 半功率点”，波束宽度被指定为 θ，3 dB 半功率点。与图 2－28 中的立体角 $\mathrm{d}\Omega$ 对应的 (θ,ϕ)处的功率约为 20 dB。

有效孔径 $A_e(\theta,\ \phi)$平面将增益与辐亮度联系起来，如公式 2－82 所定义：$L\equiv \mathrm{d}^2P/\mathrm{d}A\cos\theta\mathrm{d}\Omega$。如果图 2－28 中的天线位于完美的黑体外壳内，则处于热平衡状态的天线从某个方向 (θ,ϕ) 接收的功率可以写作

$$\mathrm{d}^2P(\theta,\phi)=\frac{M(\lambda_L,T)}{\pi}\mathrm{d}\lambda A_e(\theta,\phi)\mathrm{d}\Omega$$

式中，$A_e(\theta,\phi)$ 变化补偿非各向同性天线功率分布，垂直于 $\mathrm{d}^2P(\theta,\phi)$ 的方向，且式中，$M(\lambda_L,T)\mathrm{d}\lambda/\pi$ 是以辐亮度单位表示的瑞利－金斯定律（式 2－15）。类似地，

$$d^2P(\theta,\phi) = \frac{M(\lambda_L,T)}{\pi}d\lambda \cdot C \cdot G(\theta,\phi)d\Omega$$

描述了增益方面的接收功率，式中，常数 C 与下式相关：

$$A_e(\theta,\phi) = C \cdot G(\theta,\phi)$$

根据式 2－15，回顾 $d\nu = \nu_0\lambda^{-2}d\lambda$，则单位频率间隔的辐亮度可写作

$$M(\lambda_L,T)d\nu = \frac{2\pi kT}{\lambda_L^2}d\nu = \pi L(\nu)d\nu$$

此外，入射至天线上的单位频率间隔的总功率为

$$P_{in} = \frac{1}{2}d\nu\int_0^{2\pi}\int_0^{\pi}\frac{2kT}{\lambda_L^2} \cdot C \cdot G(\theta,\phi)\sin\theta d\theta d\phi$$

引入 1/2 是因为线性偏振天线仅接收一半随机偏振的入射黑体辐射。根据式 2－85，$G(\theta,\phi)$ 在 4π 球面度上进行归一化，单位频率间隔接收的功率为

$$P_{in} = \frac{kT}{\lambda_L^2} \cdot C \cdot 4\pi d\nu$$

要确定常数 C，需要另一个单位频率间隔的功率的表达式。1928 年，哈利・奈奎斯特指出黑体内热平衡状态下的电阻器的噪音功率为

$$P = kT_Rd\nu$$

式中的 T_R 为电阻器温度。如果 $T_R = T$，且 T 为天线的平衡温度，那么常数 C 为 $\lambda_L^2/4\pi$，因此有效孔径与增益间的关系式为

$$A_e(\theta,\phi) = \frac{\lambda_L^2}{4\pi}G(\theta,\phi) \quad \text{（式 2－86）}$$

根据奈奎斯特的发现，天线收到的功率可按等效电阻器收到的功率处理，这就产生了另一个术语：天线温度（T_A）。天线温度被定义为这个假设电阻器的温度，则入射功率可表示为

$$T_A \equiv \frac{P_{in}}{kd\nu} \quad \text{（式 2－87）}$$

在实际应用中，天线温度根据接收到的功率按式 2－87 计算，也可通过光辐射计计算，它与孔径辐亮度一致。术语比较见表 2－5。

表 2－5　微波术语与光学术语的比较

微波术语	光学术语
天线温度	孔径辐亮度
波束宽度	瞬时视场（IFOV）
有效孔径	孔径
增益（天线功率分布）	衍射分布
分辨单元	像素

2.9　穿过界面的辐亮度

当电磁辐射穿过一个界面，如海面时，辐亮度会发生变化。有的入射功率按菲涅尔方程反射，有的按斯佩尔方程作为折射光透射。此外，如果表面有吸收，那么透射光束可能损失部分入射辐射。通过考虑穿过界面的辐亮度，这些概念都可以量化，见图 2-29 中的几何示意图。

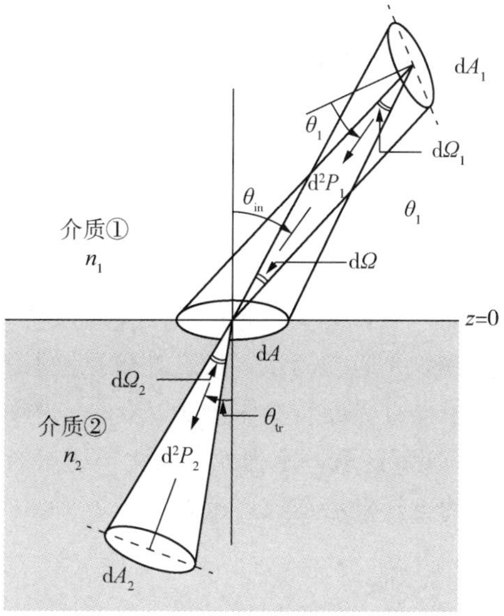

图 2-29　穿过界面辐亮度量化几何图

2.9.1　非吸收的平面界面

当折射率为 n_1时，介质①中一个辐射源发出的辐亮度是在 $z=0$ 的界面入射。界面上辐亮度 L_1等于扩展光源单元投影面积 $dA_1\cos\theta_1$ 单位立体角 $d\Omega$ 上的功率 d^2P_1。dA 为辐亮度 L_1 入射的面积单元，用 dA 和 dA_1 定义原光束，那么功率 $d^2P_1 = L_1 \cdot \cos\theta_1 dA_1 d\Omega_1$。根据基本原光束的定义，所有穿过 $dA_1\cos\theta_1$ 的功率等于穿过 $dA\cos\theta_{in}$ 的功率，所以辐亮度为

$$L_1 = \frac{d^2P_1}{dA\cos\theta_{in}d\Omega} \quad (式\ 2-88a)$$

在介质②中，根据辐射的定义，辐亮度 L_2为

$$L_2 = \frac{d^2P_2}{dA\cos\theta_{tr}d\Omega_2} \quad (式\ 2-88b)$$

根据 $L_1 = L_2$，介质②的功率与介质①的功率的关系可用菲涅耳方程表示，即

$$d^2P_2 = d^2P_1(1-\rho) = \tau d^2P_1$$

将式 2-88a 和式 2-88b 代入上式，得

$$L_2\cos\theta_{tr}\mathrm{d}\Omega_2 = \tau L_1\cos\theta_{in}\mathrm{d}\Omega$$

立体角 $\mathrm{d}\Omega = \sin\theta\mathrm{d}\theta\mathrm{d}\phi$，只考虑单平面上的折射，方位角 $\mathrm{d}\phi_1 = \mathrm{d}\phi_2$，在单平面中，有以下的式：

$$L_2\cos\theta_{tr}\sin\theta_{tr}\mathrm{d}\theta_{tr} = \tau L_1\cos\theta_{in}\sin\theta_{in}\mathrm{d}\theta_{in} \qquad (式\ 2-89)$$

对斯涅尔定律 $n_2\sin\theta_{tr} = n_1\sin\theta_{in}$求导，得

$$n_2\cos\theta_{tr}\mathrm{d}\theta_{tr} = n_1\cos\theta_{in}\mathrm{d}\theta_{in}$$

上式的两边都乘以 $n_2\sin\theta_{tr}$，使用斯涅尔定律，得

$$n_2^2\sin\theta_{tr}\cos\theta_{tr}\mathrm{d}\theta_{tr} = n_1^2\sin\theta_{in}\cos\theta_{in}\mathrm{d}\theta_{in}$$

将上式代入式 2－89，重新排列界面辐亮度式的各项结果，得

$$L_2\frac{n_1^2}{n_2^2} = \tau L_1$$

或

$$\frac{L_2}{n_2^2} = \frac{L_1}{n_1^2}(1-\rho) \qquad (式\ 2-90)$$

这一重要关系与预测的一致，因为 n_2^2/n_1^2 是斯涅尔定律的基本比率。从物理角度来说，如果介质①为空气，介质②为水，那么在可见波长下，水中辐亮度会增加；或者也可以把这解释为光束穿过界面后立体角 $\mathrm{d}\Omega_2$变小。例如，如果 $n_2/n_1 = 4/3$，$\rho = 0.02$，那么 $L_2/L_1 = 1.74$ 。这就一定程度上量化了所有游泳者应该了解的从水面下看太阳的危险之处，因为这样做会造成严重眼损伤。

2.9.2　界面吸收的影响

式 2－90 揭示了这样一种情形：反射是使穿过界面的辐亮度发生变化的唯一过程。另外，如果界面上光吸收有所损失，那么平衡式必须修改。例如，如果图 2－29 里的介质②是黑体，那么当 $z = 0$ 时，来自介质①的所有辐射都会被吸收掉，式 2－90 就不适用。因此，如果界面的能量要守恒，那么入射功率 P_{in}就必须等于反射功率 P_{re}、透射功率 P_{tr}和吸收功率 P_{ab}的总和，亦即：

$$P_{in} = P_{re} + P_{tr} + P_{ab}$$

两边同时除以 P_{in}，得到

$$1 = \rho(\lambda) + \tau(\lambda) + \alpha(\lambda) \qquad (式\ 2-91)$$

这是基尔霍夫定律的另一个表达式，其中 $\alpha(\lambda)$表示光谱吸收率。

古斯塔夫·基尔霍夫(1824—1887 年)为物理光学作出了许多贡献。他最重要的观测结果之一就是材料表面的单色吸收率等于同一波长的发射率。发射率就是在同样温度和波长条件下，发出功率与黑体发出功率之比。如果透射率为 0，那么基尔霍夫定律将其定义为灰体，反射率为 $\rho = 1 - \alpha$。因此，良好的辐射体和吸收体却不是好的反射体。比方说当发射红外的波长为 10 μm 时，液态水就是一个灰体，$\tau\approx 0$。在可见波长下(如 0.5 μm)，液态水完全不是灰体，因为 $\alpha\approx 0$。在微波频段，τ 和 α 都不接近 0。

认识到吸收率 $\alpha(\lambda)$（衡量单反射时消失的辐射量）和介质体内辐射吸收[用吸收系数 $\alpha(\lambda)$衡量]的区别是很重要的。吸收系数衡量的是穿过介质时的辐射损失，与表面吸收率间没有直接联系。

在实际的海洋遥感技术中，计算界面上辐亮度的式对研究从天空到海洋，从海洋到天空的可见光辐射很有用，也就是说在基尔霍夫定律中，$\alpha\approx 0$。当波长超过 0.75 μm 时，水基本上是不透明的，因此基尔霍夫定律中常取 $\tau\approx 0$。中等波长的红外线（8～14 μm）在水面的辐亮度最好采用普朗克定律中的灰体近似值，但在微波段，吸收率和发射率不只与波长有关，而且还与温度和盐度有关。后面这一问题将在第 5 章中详细讨论。

2.10　辐射传输方程

穿过界面的辐亮度可解释为当通过两种介质的边界时，辐射能的通量或电场矢量的相互作用。辐射传输主要涉及单位投影面积向单位立体角发射的功率（即辐亮度）或垂直于辐射入射半球的单位面积的功率（即辐照度）的测量。辐射传输研究的是辐射经过吸收、散射和发射介质时的传输情况，用辐射计测量。要研究辐射传输，必须定义介质特定的固有光学特性。这些特性不受外部光场的影响，比如吸收系数与是否有辐射无关，但辐亮度却与是否有辐射有关。

2.10.1　固有光学量

介质的三个固有光学量包括吸收系数、散射系数和衰减系数。正如第 2.4 节中所讨论的那样，吸收系数是基于离开一块 dr 厚板的功率与入射功率 P 以及板厚的比值的观测结果。图 2-30 再一次说明了其中的几何学。想象一束光以辐射功率 P 入射在一块均匀的平板上。在没有散射和发射的情况下，离开这块板的功率为 $P+\mathrm{d}P$。

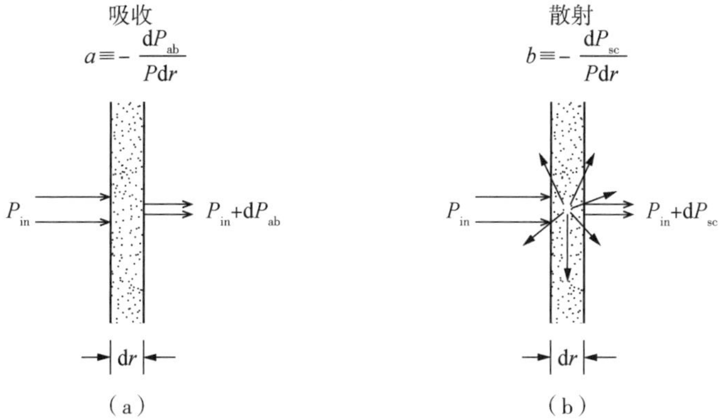

图 2-30　(a)没有散射和发射情况下的光吸收；(b)没有吸收和发射情况下的散射

光吸收系数 $a(\lambda)$ 定义如下：

$$a \equiv -\frac{dP_{ab}}{P dr} \qquad \text{（式 2 - 92）}$$

同样地，散射系数 $b(\lambda)$ 定义如下(见图 2 - 30)：

$$b \equiv -\frac{dP_{sc}}{P dr} \qquad \text{（式 2 - 93）}$$

在无穷小的均匀的 dr 厚的平板上没有吸收和散射。事实上，在真正的平板上，既有散射也有吸收。散射系数和吸收系数之和被称为光衰减系数 $c(\lambda)$，定义如下：

$$c(\lambda) \equiv a(\lambda) + b(\lambda) \qquad \text{（式 2 - 94）}$$

在实际应用中，衰减系数直接按图 2 - 30 所示测量，散射系数用间接的测量结果计算，光吸收系数用式 2 - 94 计算。这三个系数的单位都是长度的倒数(m^{-1})。不管 a、b 或 c 后面是否有(λ)，这三个系数都与波长有关。

入射光的吸收是辐射功率的直线运动损失，而入射光的散射具有角度依赖性。为便于用散射角函数来测量散射，对体散射函数 $\beta(\theta,\phi)$ 做了定义。想象一个无穷小的体积 dV，其上有一入射辐照 I_{in} 垂直于 xy 面，如图 2 - 31 所示。可以把从无穷小的体积上散射的辐射想象为它来自于一个辐射强度为 d$J(\theta,\phi)$ 的点源。体散射函数定义如下：

$$\beta(\theta,\phi) \equiv \frac{dJ(\theta,\phi)}{I_{in} dV} \qquad \text{（式 2 - 95）}$$

辐射强度 $J = dP/d\Omega$ 的单位为 $W \cdot sr^{-1}$，辐照度 $I = dP/dA$ 的单位为 $W \cdot m^{-2}$。代入式 2 - 95，得体散射函数的单位为每米每球面度($m^{-1} \cdot sr^{-1}$)。

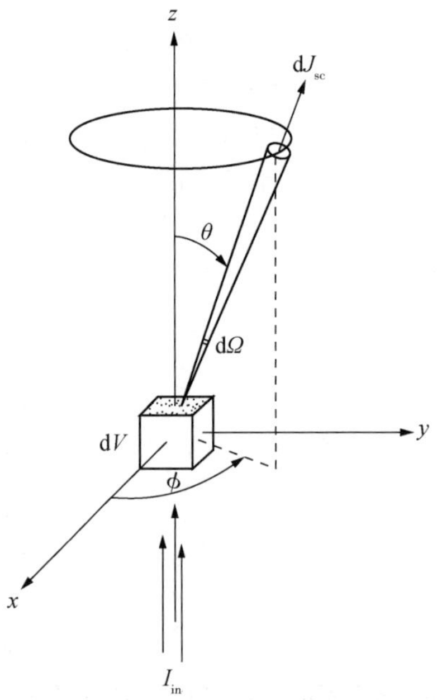

图 2 - 31　被 I_{in} 照射的无穷小体积 dV 的点源散射 dJ_{sc} 几何示意图

从物理角度来说，$dJ/I_{in}dV$ 可解释为点源单位体积单位入射辐照的辐射强度。假设 $\beta(\theta,\phi)$不变，如果 I_{in}和 dV 更大，则单位立体角的散射功率就越大。根据定义的体散射函数，其在所有角度上的散射表示为散射系数 $b(\lambda)$。形式上，b 和$\beta(\theta,\phi)$的关系可通过将 $J=dP/d\Omega$ 或 $dJ=d^2P/d\Omega$，$dV=dAdr$，$I_{in}=dP_{in}/dA$ 代入式 2-95，推导得到：

$$\beta = \frac{d^2 P}{dP_{in}drd\Omega}$$

在 4π 球面度上积分，得

$$\int_{\Omega}\beta d\Omega = \int\frac{d^2 P}{dP_{in}dr} = -\frac{dP}{P_{in}dr}$$

其中负号表示图 2-30(b)中的 dP_{sc}是负的。而上式右侧的项是散射系数 b 的定义，因此

$$b = \int_0^{2\pi}\int_0^{\pi}\beta(\theta,\phi)\sin\theta d\theta d\phi \qquad (式\ 2-96)$$

可以看出，散射强度 $dJ(\theta,\phi)$ 的函数图像关于 z 轴对称，也就是说，当常量为极角 θ 时，$J=J(\theta)$。对所有 ϕ 积分，得到

$$b = 2\pi\int_0^{\pi}\beta(\theta)\sin\theta d\theta \qquad (式\ 2-97)$$

体散射函数的三个例子见图 2-32(与图 2-31 比较)。在各向同性散射中，$\beta\neq\beta(\theta)$，即 β 是一个常量，而不是 θ 函数，式 2-97 可写成

$$b = 2\pi\beta\int_0^{\pi}\sin\theta d\theta = 4\pi\beta$$

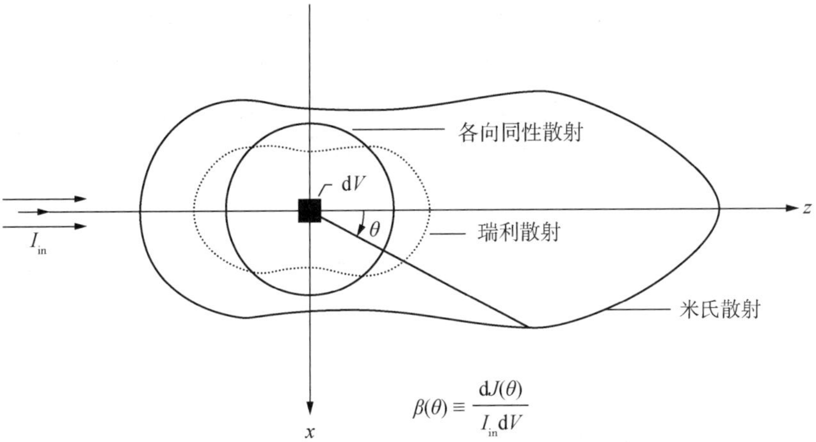

图 2-32　各向同性散射、瑞利(分子)散射和米氏(粒子)散射的体散射函数 $\beta(\theta)$

在厚云层或浓雾的情况下，可见波长会发生各向同性散射。当辐射波长远大于分子直径时，发生瑞利(分子)散射，如大气或纯净水中的白光散射。瑞利散射的体散射函数与 $1+\cos^2\theta$ 成正比(见第 4 章)。代入式 2-97，并注意，$\beta(\theta)=\beta(90^\circ)(1+\cos^2\theta)$，得

$$b = 2\pi\beta(90^\circ)\int_0^\pi \sin\theta(1+\cos^2\theta)\mathrm{d}\theta$$

$$b = \frac{16}{3}\pi\beta(90^\circ) = \frac{8}{3}\pi\beta(0^\circ)$$

当辐射波长与散射粒子直径相当时，发生米氏散射。米氏散射所散射的大部分辐射为前向散射，这在海洋中十分常见，因此可用一个 δ 函数来表示前向散射。米氏散射的公式化很复杂，但随着波长增加，大于粒子直径，在极限情况下式化为瑞利散射。

在推导辐射传输方程前，需要先定义几个其他项，以使式更简洁。光散射相函数 $\hat{P}(\theta,\phi)$ 是对体散射函数的归一化，具体如下：

$$\hat{P}(\theta,\phi) \equiv \frac{4\pi\beta(\theta,\phi)}{b} \tag{式 2-98}$$

这个相函数将各向同性散射归一化。因为 β 的单位为 $m^{-1}\cdot sr^{-1}$，b 的单位为 m^{-1}，所以相函数的单位为 sr^{-1}。另一项就是单次散射反照率 ω_0，定义如下：

$$\omega_0 \equiv \frac{b}{c} \tag{式 2-99}$$

这里，单次散射指光子从光束中散射后，就不再被多次散射。在光散射系数的定义(式 2-94)中，默认该条件成立。表 2-6 对这些重要的定义和在辐射传输中有用的几个其他定义做了汇总。

表 2-6　辐射传输介质的固有光学特性

项	符号	定义	单位
吸收系数	a	在没有散射情况下，入射一块 dr 厚平板的功率 P 与变化的功率 dP 之比，$a \equiv -\mathrm{d}P/P\mathrm{d}r$	m^{-1}
散射系数	b	在无吸收的情况下，一块 dr 厚平板的入射辐射功率与单次散射的功率变化值比	m^{-1}
衰减系数	c	$c \equiv a+b$	m^{-1}
散射反照率	ω_0	$\omega_0 \equiv b/c$。光子散射的概率	无量纲
体散射函数	$\beta(\theta,\phi)$	单位体积 dV 入射辐照度 I_{in} 与点源散射强度 dJ 的比。$\beta \equiv \mathrm{d}J/(\mathrm{d}V\cdot I_{in})$	$m^{-1}\cdot sr^{-1}$
相函数	$\hat{P}(\theta,\phi)$	体散射函数 β 与散射系数 b 之比，归一化为球体积。$\hat{P}(\theta,\phi) \equiv 4\pi\beta/b$	sr^{-1}
(介质的)透射率	τ	沿斜程 $r=\sec\theta\mathrm{d}z$ 穿透介质的衰减系数 c 的积分 $\tau \equiv \exp\left[-\int_0^z c(z)\sec\theta\mathrm{d}z\right]$	无量纲
光学厚度	u	$u \equiv \int_0^z c(z)\mathrm{d}z$	无量纲

2.10.2　辐射衰减

为推导辐射传输方程，考虑辐射计测得的一块 dr 厚平板所散射的辐亮度(见图 2-33)。假设这时立体角 dΩ 太小，前向散射的辐射无法达到探测器。再假设 cdr 比单位“1”小得多，也就是说板内无多次散射。在 $\boldsymbol{u}_{in}$ 方向落到板上的辐射被改变，用辐射计测量打在板上的辐射，从而计算板对辐射的影响。板与辐射计之间的间隙可再次借用原光束假设。

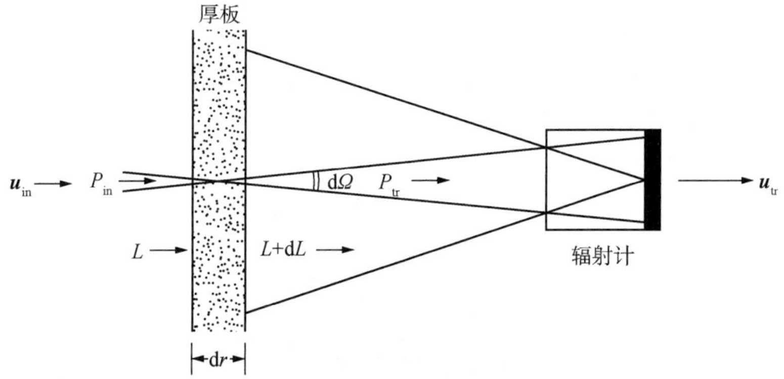

图 2-33　板对辐射的影响

板厚为 dr，光衰减系数为 c，辐亮度用辐射计测量。

P_{in}和 P_{tr}分别为以立体角 dΩ 入射平板的辐射功率和以立体角 dΩ 透射平板的辐射功率。平板上的入射辐亮度为 L，穿过平板的透射辐亮度为 L + dL。根据辐亮度的定义(见式 2-82)，有

$$L + \mathrm{d}L = \frac{P_{tr}}{A\Omega}$$

衰减系数定义如下：

$$c \equiv - \frac{\mathrm{d}P}{P_{in}\mathrm{d}r}$$

也就是

$$c \equiv - \frac{P_{tr} - P_{in}}{P_{in}\mathrm{d}r}$$

右侧分子式的分子、分母同时除以 P_{in}，并重新排列各项，得出

$$P_{tr} = P_{in}(1 - c\mathrm{d}r)$$

将这个表达式代入穿过板前后的辐亮度差的计算式，得出

$$L + \mathrm{d}L = \frac{P_{in}(1 - c\mathrm{d}r)}{A\Omega}$$

而 $P_{in} = LA\Omega$，也就是说立体角 Ω 在平板上不会变化。将这个表达式代入上式，得到

$$L + \mathrm{d}L = L - cL\mathrm{d}r$$

或

$$\frac{\mathrm{d}L}{\mathrm{d}r} = -cL \tag{式 2-100}$$

式 2-100 代表光吸收和光散射造成的总的光损失，表明辐亮度和能量通量 S、光子通量概率 N 一样，也遵循比尔定律。衰减系数总是正数，因此式 2-100 表示电磁辐射与介质相互作用时的辐射损失量。

2.10.3 辐射散射

虽然辐射可以被介质散射回光束，但根据光衰减系数的定义，式 2-100 不考虑这一点。现在想象其他 $\boldsymbol{u}_{in}$ 方向上的辐射被散射至 $\boldsymbol{u}_{sc}$ 方向的探测器，如图 2-34 所示。与 $\boldsymbol{u}_{in}$ 向正交的 $\mathrm{d}A_{in}$区，其上的入射辐亮度为

$$L(\boldsymbol{u}_{in}) = \frac{\mathrm{d}^2 P(\boldsymbol{u}_{in})}{\mathrm{d}A_{in}\mathrm{d}\Omega_{in}}$$

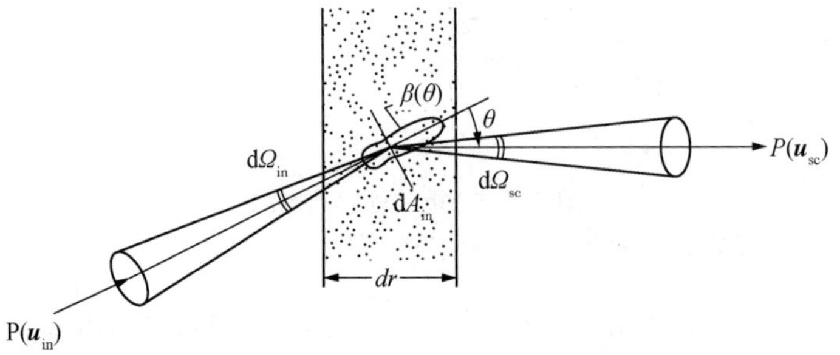

图 2-34 $\boldsymbol{u}_{in}$方向的辐射被辐射计方向 $\boldsymbol{u}_{sc}$上的介质散射的几何示意

散射的功率就是特定介质体散射函数 $\beta(\theta)$的点源强度 $J(\theta)$。由于 $J(\theta)=\mathrm{d}P/\mathrm{d}\Omega$，$\beta(\theta)=\mathrm{d}J(\theta)/(I_{in}\mathrm{d}V)$，故散射到 $\boldsymbol{u}_{sc}$方向上探测器的功率为

$$\mathrm{d}^2 P(\boldsymbol{u}_{sc}) = \mathrm{d}J(\theta)\mathrm{d}\Omega_{sc} = \beta(\theta) I_{in}\mathrm{d}V\mathrm{d}\Omega_{sc}$$

或因为 $I_{in} = \mathrm{d}P(\boldsymbol{u}_{in})/\mathrm{d}A_{in}, \mathrm{d}V = \mathrm{d}A\mathrm{d}r$，所以

$$\frac{\mathrm{d}^2 P(\boldsymbol{u}_{sc})}{\mathrm{d}\Omega_{sc}} = \beta(\theta)\frac{\mathrm{d}P(\boldsymbol{u}_{in})}{\mathrm{d}A_{in}}\mathrm{d}A\mathrm{d}r$$

根据辐亮度的定义，这个表达式可写成

$$\frac{\mathrm{d}^2 P(\boldsymbol{u}_{sc})}{\mathrm{d}\Omega_{sc}} = L(\boldsymbol{u}_{in})\mathrm{d}\Omega_{in}\beta(\theta)\mathrm{d}A\mathrm{d}r$$

这里用角度 θ 来表示从 $\boldsymbol{u}_{in}$ 方向散射到 $\boldsymbol{u}_{sc}$ 方向的探测器的角度。当 $\theta=0^{\circ}$时，辐射就不再能散射到 $\boldsymbol{u}_{sc}$，但可以沿着 $P(\boldsymbol{u}_{sc})$ 方向透射。这时，不用 θ，而用 $\beta(\boldsymbol{u}_{sc},\boldsymbol{u}_{in})$ 来表示从 $\boldsymbol{u}_{in}$ 到 $\boldsymbol{u}_{sc}$ 方向的散射。这样代入后，得

$$L(\boldsymbol{u}_{sc}, L\boldsymbol{u}_{in}) = \mathrm{d}r \cdot L(\boldsymbol{u}_{in})\beta(\boldsymbol{u}_{sc},\boldsymbol{u}_{in})\mathrm{d}\Omega_{in}$$

将各方向 $\boldsymbol{u}_{in}$ 的散射相加，得

$$\frac{\mathrm{d}L(\boldsymbol{u}_{sc})}{\mathrm{d}r} = \int_{\Omega_{in}}\beta(\boldsymbol{u}_{sc},\boldsymbol{u}_{in})L(\boldsymbol{u}_{in})\mathrm{d}\Omega_{in} \tag{式 2-101}$$

其中 $\mathrm{d}L(\boldsymbol{u}_{sc})$ 是 $\mathrm{d}r$ 因 4π 球面度散射而增加的辐亮度。式 2－101 总是为正，表示对辐射计所收到的辐射的额外散射贡献。

2. 10. 4　辐射发射

如果平板是一个发射体，需要考虑辐射传输方程的第三项和最后一项。考虑平板为一个处于热平衡的黑体。根据普朗克定律(式 2－10)，进入半球的辐射出射度为

$$M(\lambda, T) = \frac{2\pi v_0^2 h}{\lambda^5 (e^{hv_0/\lambda kT} - 1)}$$

由于辐亮度为 $M(\lambda, T)/\pi$，因此功率可表达为

$$P(\boldsymbol{u}_{em}) = \frac{M(\lambda, T)}{\pi} A\Omega$$

其中 A 为平板的一个单位面积，与 $\boldsymbol{u}_{em}$ 的方向正交。因为平板为热平衡的黑体，所以基尔霍夫定律要求平板发射的光与吸收的光相等。在 $\mathrm{d}r$ 厚的板上吸收光子的概率为 $a\mathrm{d}r$，其中 $a(\lambda)$ 表示光吸收系数，$a\mathrm{d}r \ll 1$；$a\mathrm{d}r$ 必须也与发射一个光子的概率相同。概率的定义为实际发生次数与可能的总发生次数之比。根据比尔定律 $\frac{N}{N_{in}} = e^{-ar}$，其中 N_{in} 和之前一样，表示平板上入射光子的数量，得 $\mathrm{d}r$ 厚的板吸收光子的概率为

$$\frac{N_{in} - N}{N_{in}} = 1 - \frac{N}{N_{in}} = 1 - e^{-a\mathrm{d}r}$$

当指数为一个很小的值，近似地，$e^{-a\mathrm{d}r} \approx 1 - a\mathrm{d}r$，吸收光子的概率为 $a\mathrm{d}r$。因为 $a\mathrm{d}r$ 同时也是光子被平板发射的概率，因此由于平板发射而增加的辐射功率 $\mathrm{d}P(\boldsymbol{u}_{em})$ 为

$$\mathrm{d}P(\boldsymbol{u}_{em}) = \frac{M(\lambda, T)}{\pi} \cdot A\Omega \cdot a\mathrm{d}r$$

而 $\mathrm{d}P/A\Omega$ 是发射引起的辐亮度贡献 $\mathrm{d}L(\boldsymbol{u}_{em})$，又因为 $M/\pi = L$，所以

$$\frac{\mathrm{d}L(\boldsymbol{u}_{em})}{\mathrm{d}r} = aL(\lambda, T) \qquad (式 2－102)$$

式 2－102 是平板发射引起的额外贡献。

2. 10. 5　辐射传输方程

将式 2－100、式 2－101 和式 2－102 相加，获取辐射传输方程，为

$$\frac{\mathrm{d}L(\boldsymbol{u}_r)}{\mathrm{d}r} = -cL(\boldsymbol{u}_r) + \int \beta(\boldsymbol{u}_r, \boldsymbol{u}_{in}) L(\boldsymbol{u}_{in}) \mathrm{d}\Omega(\boldsymbol{u}_{in}) + aL(\lambda, T) \qquad (式 2－103)$$

其中表示透射 $\boldsymbol{u}_{tr}$、散射 $\boldsymbol{u}_{sc}$ 和发射 $\boldsymbol{u}_{em}$ 方向的单位矢量都相等，且都用通项 $\boldsymbol{u}_r$ 表示。散射项通常写成

$$L^* \equiv \int_{\Omega_{in}} \beta(\boldsymbol{u}_r, \boldsymbol{u}_{in}) L(\boldsymbol{u}_{in}) \mathrm{d}\Omega(\boldsymbol{u}_{in}) \qquad (式 2－104)$$

L^* 被称为路径函数或程辐射。

光学海洋学和遥感中所用的辐射传输式略有不同。海洋公约定义了坐标系统，z 轴指向下方，y 轴指向北侧，x 轴指向东侧。几何示意图见图 2-35，其中，角 θ 按惯例从 $-z$ 方向测量。在这种结构中，θ 被称为天顶角。大气和海洋非常接近于垂向分层，因此可以假设

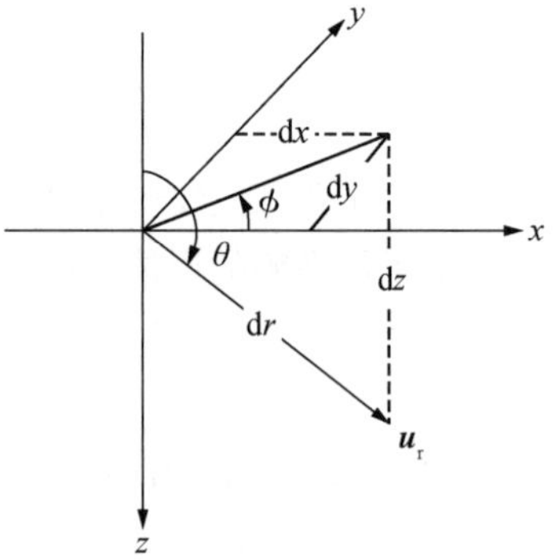

图 2-35 采用海洋公约的辐射传输方程坐标

$$a = a(z)$$
$$b = b(z)$$
$$c = c(z)$$
$$T = T(z)$$
$$\beta = \beta(z, \theta, \phi)$$

展开方程 2-102 左侧的微分，得

$$\frac{\mathrm{d}}{\mathrm{d}r} = \frac{\partial}{\partial x}\frac{\mathrm{d}x}{\mathrm{d}r} + \frac{\partial}{\partial y}\frac{\mathrm{d}y}{\mathrm{d}r} + \frac{\partial}{\partial z}\frac{\mathrm{d}z}{\mathrm{d}r}$$

或

$$\frac{\mathrm{d}L}{\mathrm{d}r} = \frac{\mathrm{d}L}{\mathrm{d}z}\frac{\mathrm{d}z}{\mathrm{d}r} = -\cos\theta\frac{\mathrm{d}L}{\mathrm{d}z}$$

其中偏导数 $\frac{\partial}{\partial z}$ 被替换为全导数，因为 z 在这样一个平面平行介质中是唯一的自变量。式 2-103 除以 c 后，程辐射项(式 2-104)可写为

$$\frac{1}{c}\int_{\Omega} L\beta \mathrm{d}\Omega = \frac{b}{c}\int_{\Omega}\frac{L\beta}{b}\mathrm{d}\Omega = \frac{\omega_0}{4\pi}\int_{\Omega} L\hat{P}\mathrm{d}\Omega$$

式中代入了散射反照率 ω_0(式 2-99)和相函数 $\hat{P}(\theta, \phi)$ (式 2-98)。式 2-103 右侧的第三项除以 c 后，可写为

$$\frac{a}{c}\cdot L = \frac{c-b}{c}\cdot L = (1-\omega_0)L$$

因此，地球物理坐标内的辐射传输方程为

$$\frac{\cos\theta}{c}\frac{\mathrm{d}L}{\mathrm{d}z} = L_{\mathrm{in}} - \frac{\omega_0}{4\pi}\int L_{\mathrm{sc}}\hat{P}\mathrm{d}\Omega - (1-\omega_0)L_{\mathrm{em}} \quad (式 2-105)$$

在图 2-36 中，辐射的散射方向为角 θ' 和 ϕ'，单位矢量 $\boldsymbol{u}_\mathrm{r}$ 的方向为角 θ 和 ϕ。

辐射传输式是一个微积分方程，可以找到正常的求解方式。为了对代数式化简，将源项($\hat{S}$)定义为包含光散射和发射两种：

$$\hat{S}(\theta, \phi, z; \theta', \phi') \equiv \frac{\omega_0}{4\pi}\int_{\Omega'} L(\theta', \phi'; z)\ \hat{P}(\theta, \phi, z; \theta', \phi')\mathrm{d}\Omega' + (1-\omega_0)L(T, z) \quad (式 2-106)$$

将式 2-106 代入传输公式(图 2-36)，去掉函数符号后，得

$$\frac{\cos\theta}{c}\frac{\mathrm{d}L}{\mathrm{d}z} = L - \hat{S}$$

或

$$\frac{\mathrm{d}L}{\mathrm{d}z} - c \cdot \sec\theta \cdot L = - c \cdot \sec\theta \cdot \hat{S} \qquad (式 2-107)$$

这是一个一阶常微分方程，可用一个积分因子求解。

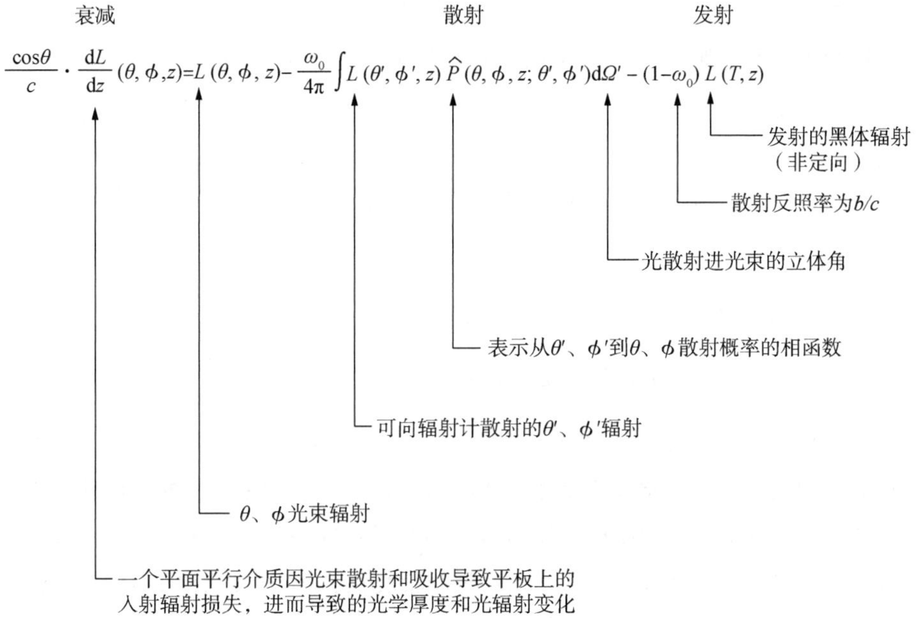

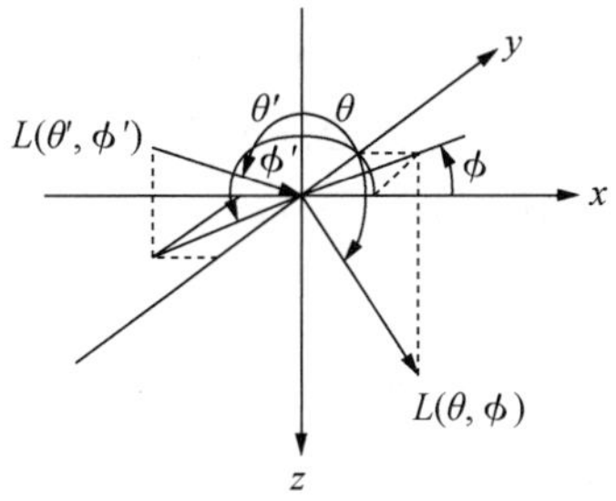

图 2-36　辐射传输方程的海洋学坐标

2.10.6　边界条件

海洋辐射因大气影响衰减的边界条件为卫星上信号 $L(\theta,\phi;z=0)$ 包含太阳光束，而在海面上，$L(\theta,\phi;z=z_s)$ 包含海面辐亮度。根据微分链式法则，得

$$\frac{\mathrm{d}}{\mathrm{d}z}L(z)\mathrm{e}^{-\int c\sec\theta \mathrm{d}z} = \mathrm{e}^{-\int c\sec\theta \mathrm{d}z}\frac{\mathrm{d}L}{\mathrm{d}z}(z) - c\sec\theta \cdot L(z)\mathrm{e}^{-\int c\sec\theta \mathrm{d}z}$$

当式 2-107 乘以积分因子 $\mathrm{e}^{-\int c\sec\theta \mathrm{d}z}$ 时，这个式的右侧就与式 2-107 的左侧一样。这样代入后，式 2-107 的积分形式变为

$$\int_0^{z_s}\mathrm{d}\left[L(z)\mathrm{e}^{-\int_0^z c\sec\theta \mathrm{d}z}\right] = \int_0^{z_s} - c\sec\theta \cdot \hat{S}(z)\mathrm{e}^{-\int_0^z c\sec\theta \mathrm{d}z}\mathrm{d}z$$

根据比尔定律，$e^{-\int c\sec\theta dz}$ 项就是入射通量与透射通量之比，当从 $z=0$ 到 $z=z_s$ 求积分时，其被称为大气透射率 τ_a 。千万别将其和菲涅尔的界面功率透射率 τ 相混淆，虽然两者的概念相近。将积分限代入左侧，重新排列各项后，得

$$L(0) = L(z_s)\tau_a + \int_0^{z_s} c\sec\theta \cdot \hat{S}(z) e^{-\int_0^z c\sec\theta dz} dz \qquad (式 2-108)$$

注意，指数项的积分限与源项有关而不是与整个大气有关。

从物理角度来说，式 2-108 表示卫星接收到的辐亮度 $L(0)$ 为以下两项之和：第一项 $L(z_s)\tau_a$，等于表面辐亮度乘以该表面的光子被传感器接收到的概率；第二项表示在各层沿着路径，源辐射[用 $\hat{S}(z)$ 参数表示]因干扰大气而衰减的概率，概率的计算公式为 $e^{-\int_0^z c\sec\theta dz}$ 。

项 $c\sec\theta \cdot e^{-\int_0^z c\sec\theta dz}$ 为 $-\partial\tau_a/\partial z$，因此辐射透射方程(式 2-108)可写成

$$L(0) = L(z_s)\tau_a - \int_0^{z_s} \hat{S}(z) \frac{\partial\tau_a}{\partial z} dz \qquad (式 2-109)$$

$\partial\tau_a/\partial z$ 是一个负数，因为当 $z=0$ 时，$\tau_a=1$，当 $z>0$ 时，$\tau_a<1$。从物理上来说，式 2-109 比式 2-108 更难解释，但计算效率更高。根据平面平行几何的假设，$\sec\theta$ 项也是一个近似值。当用于卫星时，需调整地球的斜率(详见式3-20)。

边界条件必须考虑当 $z=0$ 和 $z=z_s$ 时的辐亮度。考虑大气顶部的太阳光。太阳能集中在一些很小的角度 θ_0 处，其他地方的太阳能为零。辐射传输方程的解析解要用到球面调和函数，而且需要大量的谐波来表示太阳光的 δ 函数。由于解析解需要许多项，因此一般最好将边界条件并入辐射传输方程。方法是将 L 写为

$$L = 散射部分 + 直接部分$$

其中直接部分仅取决于太阳光束，并假设为 δ 函数。

大气顶部的直接太阳辐照度 I_0 沿着路径 $z\sec\theta_{in}$ 衰减后，才从 dA 区散射到光束 $d\Omega$(图 2-37)。dA 区的直接太阳入射辐照度为

$$I_{in}(z) = I_0 e^{-\int_0^z c\sec\theta_{in} dz}$$

由体散射函数

$$\beta = \frac{dJ}{I_{in} dV} = \frac{d^2P/d\Omega}{I_{in} dA dr} = \frac{dL}{dr} \cdot \frac{1}{I_{in}}$$

可知 $\boldsymbol{u}_r$ 方向的辐亮度由直接太阳光散射产生，为

$$\frac{dL}{dr} = \beta I_{in} = \beta I_0 e^{-\int_0^z c\sec\theta_{in} dz}$$

将符号 L_{df} 代入辐射的漫射部分，则辐射传输方程(式 2-103)可写为

$$\frac{dL}{dr} = -cL_{df} + \int_{\Omega'} L_{df}\beta d\Omega' + aL_{em}(T) + \beta I_0 e^{-\int_0^z c\sec\theta_{in} dz} \qquad (式 2-110)$$

其中直接太阳光产生的项是单次散射产生的辐亮度。这里的单次散射指光子从入射光

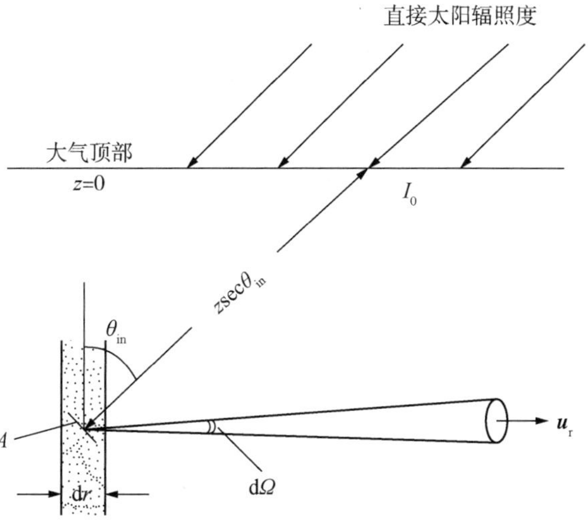

图 2-37　将上边界条件并入辐射传输方程的几何示意

散射出后，再也不能返回，因为散射回无穷小的立体角 dΩ 的概率为零。

通常将光学厚度 u 定义为

$$u(z) \equiv \int c(z)\mathrm{d}z \qquad (式\ 2-111)$$

根据这个定义，常用的辐射传输方程的另一个形式可由式 2-110 表示为

$$\frac{\cos\theta_{\mathrm{in}}}{c}\frac{\mathrm{d}L}{\mathrm{d}z} = L_{\mathrm{df}} - \frac{1}{c}\int_{\Omega'} L_{\mathrm{df}}\beta\mathrm{d}\Omega' - \frac{a}{c}L_{\mathrm{em}}(T) - \frac{I_0}{c}\beta\mathrm{e}^{-u\sec\theta_{\mathrm{in}}}$$

或

$$\cos\theta_{\mathrm{in}}\frac{\mathrm{d}L}{\mathrm{d}u} = L_{\mathrm{df}} - \frac{b}{4\pi c}\int_{\Omega'} L_{\mathrm{df}}\hat{P}\mathrm{d}\Omega' - \frac{a}{c}L_{\mathrm{em}}(T) - \frac{b}{4\pi c}\hat{P}(\theta,\phi)I_0\mathrm{e}^{-u\sec\theta_{\mathrm{in}}}$$

进一步写成

$$\begin{cases}\cos\theta_{\mathrm{in}}\dfrac{\mathrm{d}L}{\mathrm{d}u}(u,\theta,\phi) = L_{\mathrm{df}}(u,\theta,\phi) - \dfrac{\omega_0}{4\pi}\displaystyle\int_0^{2\pi}\int_{\pi}^{0} L_{\mathrm{df}}(u,\theta',\phi')\cdot \\ \hat{P}(u,\theta,\phi;\theta',\phi')\mathrm{d}(\cos\theta')\mathrm{d}\phi' - (1-\omega_0)L_{\mathrm{em}}(T) \\ -\dfrac{\omega_0}{4\pi}I_0\mathrm{e}^{-u\sec\theta_{\mathrm{in}}}\hat{P}(u,\theta,\phi;-\theta_{\mathrm{in}},\phi_{\mathrm{in}})\end{cases} \qquad (式\ 2-112)$$

其中散射 Ω' 的积分为

$$\int_{\Omega'}\mathrm{d}\Omega' = \int_0^{2\pi}\int_0^{\pi}\sin\theta'\mathrm{d}\theta'\mathrm{d}\phi'$$

$$= \int_0^{2\pi}\int_0^{\pi} -\mathrm{d}(\cos\theta')\mathrm{d}\phi' = \int_0^{2\pi}\int_{\pi}^{0}\mathrm{d}(\cos\theta')\mathrm{d}\phi'$$

注意，$\cos\theta_{\mathrm{in}}$必须是一个正数，因为太阳光限制在 $0 \leqslant \theta_{\mathrm{in}} \leqslant \pi/2$ 范围内(图 2-37)。式 2-112 中直接光束项的 $-\theta_{\mathrm{in}}$、ϕ_{in}表示散射到 z 向的太阳光；负号(见图 2-38)表示点 M 上太阳沿 z 向的前向散射辐射。

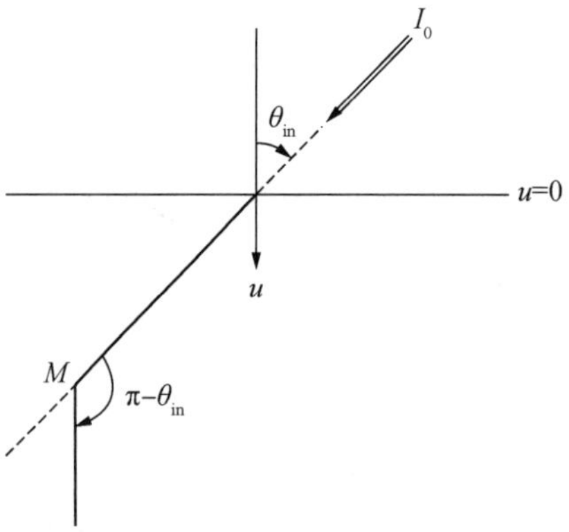

图 2-38　点 M 上的 u 向散射

在式 2-112 中，来自 $0\leqslant\theta_{in}\leqslant\pi/2$ 向的漫射辐射在大气顶部为 0 零，因此，漫射辐射的大气上边界条件为

$$L_{df}(u=0,-\theta_{in},\phi_{in})=0 \quad (式 2-113)$$

如将式 2-112 用于海洋辐射，那么漫射辐射的海洋上边界条件为

$$L_{df}(u=0,-\theta,\phi)=\rho_{uw}L_{df}(u=0,+\theta,\phi)$$

其中 ρ_{uw} 表示来自海气界面水下的反射，$+\theta$、ϕ 表示上行辐射。

下边界条件为上边界条件的两倍。如果底边界为海洋表面，且可以将它视为黑体（即界面为完全吸收），则

$$L_{df}(u=u_s;+\theta,\phi)=\frac{M(\lambda,T)}{\pi}$$

如果下边界为朗伯反射体（比方说一个白色纱质底部），那么漫射下边界条件为

$$L_{df}(u=u_s;+\theta,\phi)=\frac{A(\lambda)I(u_s)}{\pi} \quad (式 2-114)$$

其中 $A(\lambda)$为光谱反照率，定义为下行（$+z$ 方向）辐照度与上行（$-z$ 方向）辐照度之比。此处使用的光谱反照率包括表面反射的辐射，来自表面以下的漫射辐射和出射度；假设存在波长依赖性。考虑到漫射，下行辐射为

$$I_{\downarrow}(u_s)=\int_0^{2\pi}\int_0^{\pi/2}L_{df}(u_s;-\theta,\phi)\sin\theta\cos\theta\mathrm{d}\theta\mathrm{d}\phi+I_0\cos\theta_{in}\mathrm{e}^{-u_s\sec\theta}$$

其中因为太阳光束是一个 δ 函数，因此 $\cos\theta_{in}$项必须按辐亮度项处理。上行辐照度的计算公式为

$$I_{\uparrow}(u_s)=\rho I_{\downarrow}+\int_0^{2\pi}\int_{\pi}^{2/\pi}\hat{S}(u_s,\theta,\phi;\theta',\phi')\cos\theta\sin\theta\mathrm{d}\theta\mathrm{d}\phi \quad (式 2-115)$$

其中的源函数

$$\hat{S}(\theta,\phi;\theta',\phi')=\frac{\omega_0}{4\pi}\int L_{sc}\hat{P}(\theta,\phi;\theta',\phi')\mathrm{d}\Omega'+(1-\omega_0)L_{em}$$

辐射从水面正上方测量，以排除那些在海气界面反射到海里的光子。上行辐射和

下行辐射的辐照度定义了热平衡时的功率守恒定律：

$$\int (I_{\uparrow} - I_{\downarrow})\mathrm{d}\lambda = 0 \qquad (式 2-116)$$

示意图见图 2－39。入射辐射在表面反射(ρ)，或者透射(τ)入介质。部分光子在点 b 散射(L_{sc})回大气层或在点 a 被吸收后在海洋温度下被重新发射(L_{em})。海洋里几乎不可能实现热平衡，因为海水的温度不但每小时不同，各个季节之间也不同。本节所讨论的式提供了量化评估功率守恒的可能。

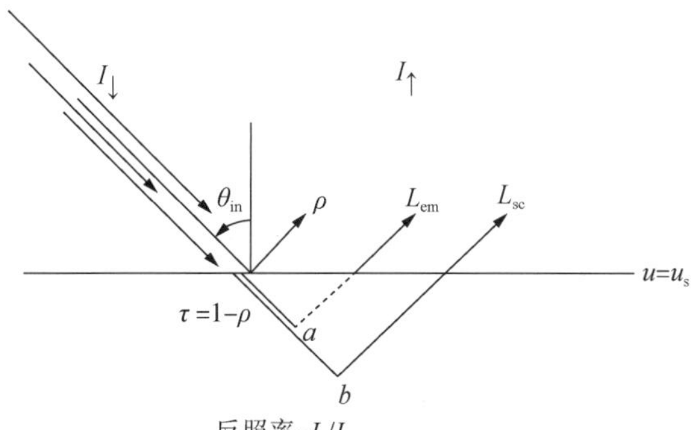

图 2－39 角 θ_{in} 的反照率参数

本章所述内容为海洋遥感辐射的定量测量打下了基础。不管是被动辐射测量还是主动辐射测量，电磁辐射都必须穿过大气层，这之间的相互作用在物理上用辐射传输方程定义。与普朗克定律一样，辐射传输方程有不同波长的近似值。传输方程的化简将在下面三章适当的部分介绍。例如分子散射与 λ^{-4}有关联，可以预见在可见光波段下，程辐射 L^* 十分重要，但在发射红外波长或微波频率下，$L^* = 0$。

第 2 章中许多方程的解析方法在实际操作中是不存在的，因为体散射函数 $\beta(\theta, \phi)$或大气透射率 τ_a等变量都不简单。实际上，计算机模拟可以广泛使用，但是其算法也是依据上文所提到的合理物理原理。这时用点时间得出一个扎实的理论认识，有助于深入了解问题，而不是仅仅知道应该遵循什么原则。

研究问题

(1)计算频率单位下光谱出射度的常用对数，然后与波数单位下光谱出射度的常用对数(图 2-2)比较，其中 T 分别为 6 000 K 和 300 K，范围为 $0 \leqslant \lambda \leqslant 100$ μm (见第 2.2 节)。

(2)当海面温度为 285 K，观测波长分别为 3.75 μm、11 μm、100 μm 和 1 cm 时，计算瑞利-金斯定律的百分比误差(见第 2.2 节)。

(3)计算太阳在地球上最大的光谱辐照度为多少；最大太阳光光谱通量对应的电场磁场的振幅为多少(见第 2.3 节)。

(4)说明在非导电介质中，麦克斯韦方程组的复波数求解方法与导电介质中实波数求解是一致的(见第 2.6 节)。

(5)用复折射率，以天顶角为函数，计算 0.5 μm、10 μm 和 1 cm 波长的水平菲涅尔反射率，并与第 2.7 节所示的垂直分量对比。

(6)说明当均匀的目标占据整个视场时，这个目标的辐亮度在没有大气干扰的情况下不受距离影响(见第 2.8 节)。

(7)计算 11 μm 处卫星测得的海面红外辐射，大气为均匀等温大气，温度与海洋温度一样为 285 K，且大气透射率为 0.75(见第 2.10 节)。

第 3 章　红外遥感

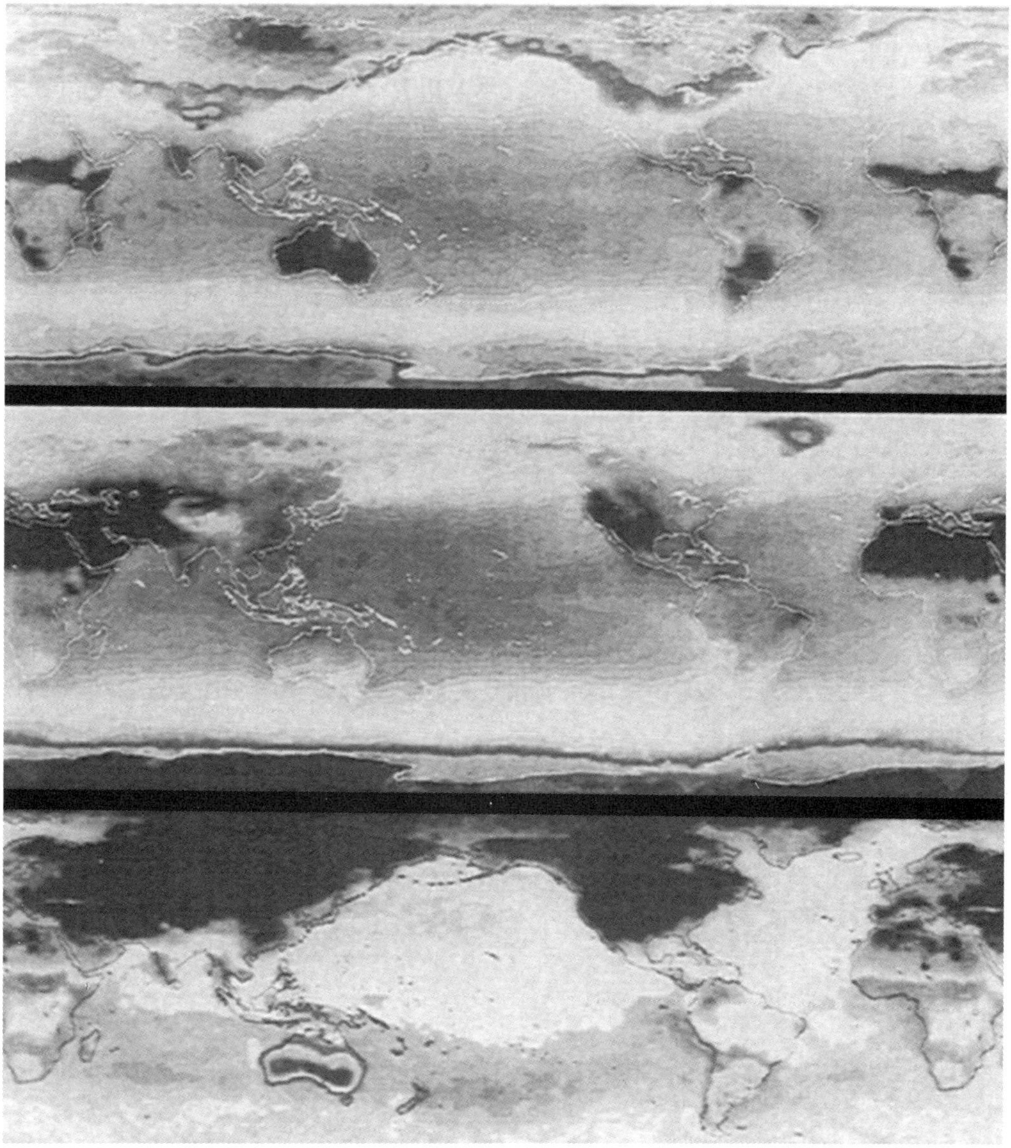

极轨卫星上的红外微波辐射计测量地球和大气辐亮度

测量数据处理成全球地表温度地图，用于科学分析。上面的图显示的是 1979 年 1 月的地表温度，中间的图显示的是 1979 年 7 月的地表温度，下面的图显示的是 1—7 月的地表温度差异。这些图原来有颜色，其中红色表示温暖的温度，蓝色表示寒冷的温度。此处为黑白复制图，深灰色表示温暖的热带地区，浅色表示较冷的极地地区。在下面的图中，深色表示北半球在变暖，浅色表示南半球在变冷。图片由美国宇航局喷气推进实验室提供，原图为彩色。

3.1 红外遥感与仪器

早期的海洋定量辐射测量本质上是早期的海面温度红外测量。除吉福德·尤因于1964年对《太空海洋学》进行了编辑外(见第1.2节)，Peter Badgley、Leatha Miloy和Leo Childs于1969年也编辑出版了一本《太空海洋学》。1972年，Kirby Hanson编写了一篇名为《海洋遥感》的评论文章，该文由Vernon Derr编辑后以《对流层遥感》为题刊发在美国国家海洋和大气管理局报告上。这些引用清楚地表明海洋红外遥测史与卫星仪器发展有直接的关系。但这并不是说Stommel、von Arx、Parson和Richardson等人于1953年做的海面温度测量飞机试验，以及William McAlister和William McLeish于1964年做的机载热通量试验没有价值。相反，空载仪器提供的观测对全球海洋过程的研究和了解起了更大的作用。

表3-1总结了20世纪60年代至80年代美国民用卫星红外设备的发展情况。早期TIROS系列卫星上的中等分辨率红外辐射计(MRIR)从未被证明对海洋学有用，因为那时的热响应是设计用于夜间云图绘制，因而不适合相对较小的海洋热梯度。真正令海洋学界兴奋的是NIMBUS 2和NIMBUS 3卫星上的高分辨率红外辐射计(HRIR)的出现，因为这种辐射计提供的数据相对噪音较小，空间分辨率高，而且全球覆盖。图3-1是NIMBUS 3卫星拍摄的哈特拉斯角附近墨西哥湾流的图像。它与图1-20中的甚高分辨率辐射计(VHRR)数据的对比总结了过去10年里取得的进步，但在1969年，人们对海洋有了一个戏剧性的新观点。NIMBUS 2卫星搭载的MRIR辐射计是一种五通道多光谱扫描仪，它的使用为最早的海面温度确定多光谱大气校正方法设立了标准。

在NOAA 1-5系列中，新的VHRR辐射计不但增加了可探测的空间分辨率，对噪声等效温差(NETD)也做了相应的改善。

表3-1 搭载有红外扫描辐射计的主要美国民用卫星

卫星系列	发射	红外传感仪	空间分辨率	光谱*响应	轨道
TIROS 2,3,4,7	1960—1963	MRIR	37.0 km	8.0～12.0 μm	645～773 km i 为 48°～58°
NIMBUS 1	1964	HRIR	9.0 km	3.4～4.2 μm	667 km 太阳同步
NIMBUS 2,3	1966，1969	MRIR HRIR	55.0 km 9.0 km	10.0～11.0 μm 3.4～4.2 μm	1 136 km 太阳同步
ITOS 1 (NOAA 1-5)	1970—1976	SR VHRR	7.0 km 1.0 km	10.5～12.5 μm 10.5～12.5 μm	1 438～1 511 km 太阳同步
NIMBUS 4-7	1970，1972，1975，1978	THIR	7.0 km	10.5～12.5 μm	1 100 km 太阳同步

续表 3 - 1

卫星系列	发射	红外传感仪	空间分辨率	光谱* 响应	轨道
美国天空实验室	1973	S191 光谱辐射计	0.5 km	6.6～16.0 μm	435 km $i = 50°$
		S192 多光谱扫描仪	80 m	0.98～1.08 μm 1.09～1.19 μm 1.20～1.30 μm 1.55～1.75 μm 2.10～2.35 μm 10.2～12.5 μm	
SMS 1,2 GOES 1 - 4	1974，1975 1975 - 1980	VISSR	8.0 km	10.5～12.5 μm	35 700 km 地球同步
NIMBUS 7	1978	CZCS THIR	0.8 km 7.0 km	10.5～12.5 μm 10.5～12.5 μm	1 100 km 太阳同步
SEASAT	1978	VIRR	4.0 km	10.5～12.5 μm	790 km $i = 108°$
AEM 1	1978	HCMM	0.6 km	10.5 - 12.5 μm	620 km 太阳同步
泰罗斯 - *n* 卫星 NOAA 6 NOAA 7	1978 1980 1981	AVHRR:HRPT AVHRR:GAC AVHRR:GAC	1.1 km 4.0 km	3.5～3.9 μm 10.5～11.5 μm 11.5～12.5 μm	854 km 太阳同步

* 仅指红外通道，几个传感器也有可见通道。

海洋的大尺度观测有助于海洋学家认识复杂的海表温度分布特征，也迈出了对温度锋定性“短时预测”的第一步，温度锋通常可用于描述洋流边界。ITOS - 1 卫星(改良的 TIROS 操作卫星)及其二代系列 NOAA 1 - 5 卫星支持双通道(可见光和红外线)操作数据源。双通道数据提供了日间可视化操作数据，有了这个数据就能发现红外大气特性。从此开启了相片解译的新时代。

1974 年发射了第一颗搭载多光谱可见光红外自旋扫描辐射计(VISSR)的同步气象卫星(SMS 1)。图 1 - 13 是 SNS - GOES 航天器的示意图，图 1 - 5 是 GOES 红外图像的一个例子。美国对地同步航天器空间分辨率为红外 8 km，比 VHRR 低，但与极轨卫星每天只能提供 2 张图像相比，VISSR 一天能提供 48 张图像。快速的图像时间序列首次为海洋学家提供了中尺度海洋事件的红外运动图像，揭示了更高的频率变化。

海面温度高精度测定取决于我们所考虑的大气信息。这个需求使泰罗斯 - *n* 卫星和二代操作航天器 NOAA 6 + 等搭载的多光谱成像仪出现了。正如本章所讨论的那样，海

图 3-1　哈特拉斯角附近墨西哥湾流 NIMBUS-3 卫星高分辨率红外辐射计图像

10 年后的高质量图像见图 1-20。

洋温度的红外探测受这些因素的影响：(1)识别的云层；(2)无云大气吸收和再发射；(3)海洋反射和发射建模情况；(4)海洋观测对辐射计数据结果的校正、导航及对比情况。NOAA－7 号卫星搭载的五通道甚高分辨率辐射计(AVHRR)和 GOES－4 号卫星搭载的垂直大气探测器(VAS)标志着从太空量化海面温度方面的取得了重大进展。

3.1.1　光学机械扫描仪设计

泰罗斯－n 卫星搭载的 AVHRR 是可见光/红外多光谱扫描仪的一个范例。图 3－2 是泰罗斯－n 卫星的效果图，展示了航天器的设计和 AVHRR 的位置。运载工具长 3.7 米，直径 1.9 米，发射时包括耗材在内的总质量为 1 421 千克。太阳能电池板面积为 11.6 m^2，每圈由电机驱动旋转一次(102 分钟)，以确保太阳能电池板在轨道的太阳光部分朝着太阳。除 AVHRR 外，所有传感器的数据都在卫星上数字化并通过无线电传送，串行数位的书写速度为 8.3 $Kb \cdot s^{-1}$。AVHRR 数据也在卫星上经数字化处理后，以下列四种方式之一传输：实时高分辨率图片传输(HRPT)；低分辨率全球覆盖(GAC)记录；全分辨率局部覆盖(LAC)记录；用模拟信号实时自动图片传输(APT)。HRPT 和 LAC 以 0.66 兆位每秒的速度进行数字传输；GAC 和 LAC 只能在卫星过境时向地面指挥及数据采集(CDA)站传输。

从技术的角度说，AVHRR 是像平面型设计的光机扫描仪。它是一种辐射计，因此是用来测量透射到单位面积单位立体角的辐射功率：

$$L_i(T) = \int_0^{+\infty} \xi_i(\lambda) L(\lambda, T) \mathrm{d}\lambda$$

式中 $\xi_i(\lambda)$ 表示 i 通道的归一化光谱响应，$L(\lambda, T)$表示光谱辐亮度，单位为 $W \cdot m^{-2} \cdot sr^{-1} \cdot \mu m^{-1}$(与式 3－16 比较)。五个通道各自焦点上的探测器产生一个与辐亮度成正比的信号。AVHRR 的设计图示见图 3－3，传感器的光谱特点和仪器参数见表 3－2 和表 3－3。辐射通过转速为 360 r/min 的 21 cm×30 cm 镜面反射到孔径为 20.3 cm 的望远镜。二次光学元件通过分束器和滤光器将辐射能分为分散的光谱带，这些光谱带集中在各自的场阑。然后将探测器输出放大、多路传输、模拟数字转化，再缓冲到一个叫"操纵信息率处理器"的设备里，准备最终的传输和(或)记录。

表 3－2　NOAA 7 搭载的 AVHRR 辐射计的光谱特点

通道	名称	带通 $\xi_i(\lambda)$	探测器
1	可见光	0.58～0.68 μm	硅
2	反射红外	0.725～1.10 μm	硅
3	近红外	3.55～3.93 μm	铟、锑
4	红外线	10.3～11.3 μm	汞、镉、碲
5	红外线	11.5～12.5 μm	汞、镉、碲

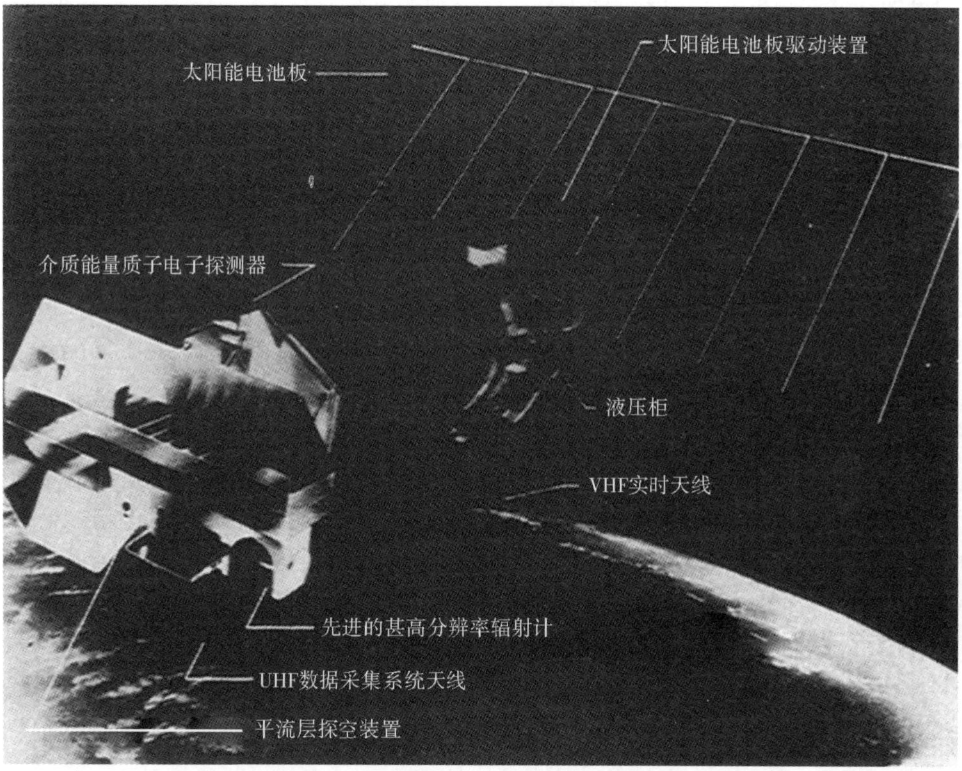

图 3-2 泰罗斯-n 卫星极轨航天器图

通过扭矩轮、地平仪和太阳敏感器以及陀螺仪系统将姿态控制(横滚角、俯仰角和偏航角)在 0.2°以下。图由 NOAA 提供。

表 3-3 NOAA 7 搭载的 AVHRR 辐射计的仪器参数

参数	值
校准：红外	稳定的黑体和太空
校准：可见光	仅太空
跨轨扫描	天底 ±55.4°
扫描速度	360 行/分钟
视场	1.3 ±0.1 毫弧度
通道配准	±0.1 毫弧度
地面分辨率	天底 1.1 km
红外通道 NETD	300 K 时，NETD<0.12 K
可见光通道信噪比	0.5%反照率时为 3.1

AVHRR 每次扫描时完成一次校准。反射镜转动时，AVHRR 的光学系统能按地球、太空、外壳、太空、地球的顺序查看。外壳里是一个被控制为 290 K 的黑体的空

腔，能提供上辐射校准点。自由空间几乎为零辐射，由于电子旨在提供线性输出，所以每次扫描都设置两个校准点。每次地球扫描的刈幅宽度约为 2 500 km，略大于 SEASAT 搭载的 VIRR，见图 1 - 15。由于 TIROS 卫星的高度相对较低，约为 800 km，所以每次扫描靠近 ± 55. 4°极限(表 3 - 2、表 3 - 3)的成像，区域严重透视收缩。

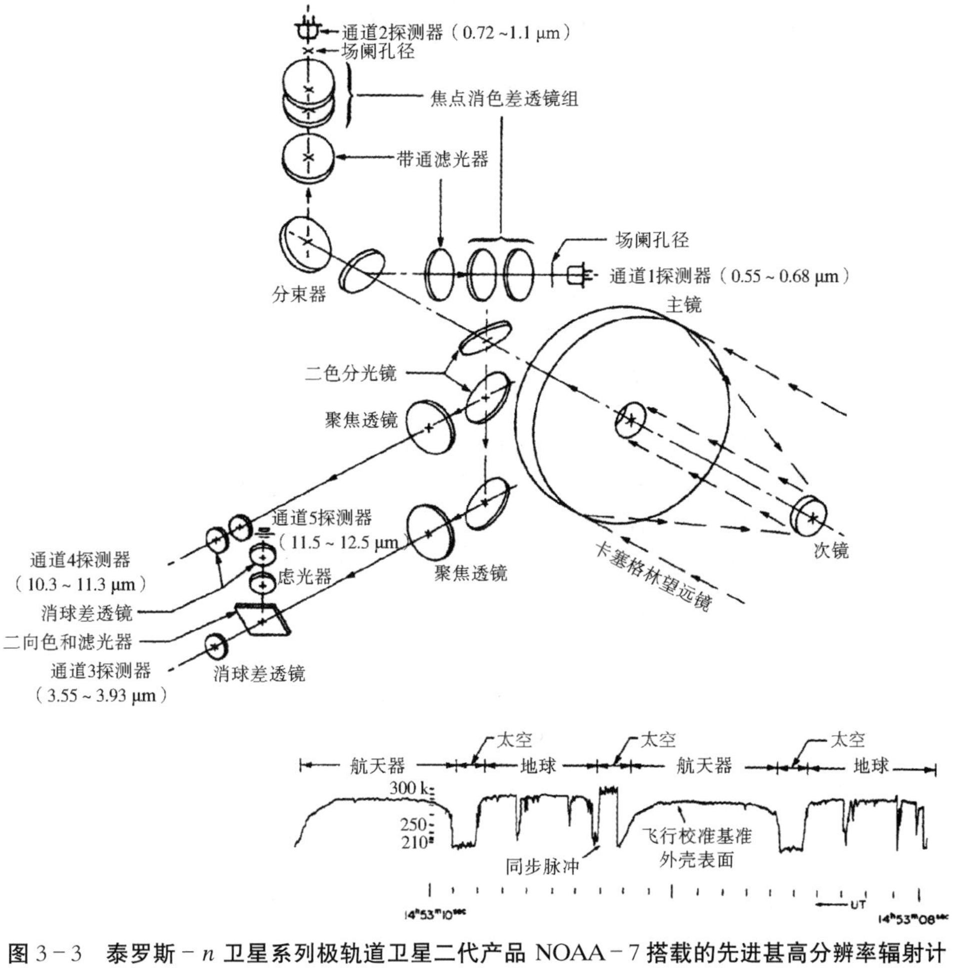

图 3 - 3　泰罗斯 - n 卫星系列极轨道卫星二代产品 NOAA - 7 搭载的先进甚高分辨率辐射计

插图(NASA 1965 年)是 NIMBUS - 1 卫星早期搭载的 3. 5～4. 0 μm HRIR 辐射计扫描的一个模拟案例；注意图上只显示了 2. 6 秒的数据。

图像处理细节、消除几何扭曲、地理绘图以及海岸线和网格叠加都不是小问题，它们本身就能形成专著。这里要注意，所有的图像从绘图的角度来说都是不理想的，因此有必要通过数学转换在普通的地图投影上呈现数据。图 1 - 20 所展示的图像校正了沿扫描线的变形，横向点之间的距离与扫描线上任何地方的比例因子都相同。相比之下，图 1 - 5 没有沿着扫描线校正，并且用特殊的地图投影计算每张图像上的电子覆盖。

3.1.2 S/N 和 NETD

当我们研究红外遥感时，必须在数学上定义光机扫描仪常用的两个术语——信噪比(S/N)和 NETD。信噪比取决于仪器运行的波长间隔，其定义为

$$\mathrm{S/N} \equiv \int_{\lambda_1}^{\lambda_2} \frac{P(\lambda)}{\mathrm{NEP}_\lambda} \mathrm{d}\lambda$$

式中 $P(\lambda)$表示入射到探测器的光谱辐射功率，NEP_λ表示探测器的光谱噪音等效功率。参考图 2－23，可知 $\mathrm{d}\Omega = A_c r^{-2}$，根据式 2－82，出于工程的目的，可将入射功率定义为

$$P(\lambda) \equiv \frac{\tau_a(\lambda)\tau_0(\lambda)A_s A_c L_{em}(\lambda)}{r^2}$$

式中 $\tau_a(\lambda)$是沿路径长 r 的源区 A_s(发射辐亮度 L_{em}在立体角 A_c/r^2 内)与辐射计目标(收集器)区 A_c间的大气透射率；τ_0 是辐射计的光透射率。光谱噪声等效功率为

$$\mathrm{NEP}_\lambda = \frac{P_d V_n}{V_d} \equiv \frac{(A_d \Delta\nu)^{1/2}}{D_\lambda^*}$$

式中 P_d为探测器上的峰值入射功率，V_d为探测器的峰值电压，V_n是探测器在 1 Hz 带宽下的均方根噪音电压，A_d为探测器灵敏面积，$\Delta\nu$ 为与观测时间成反比的电子带宽，D_λ^* 为探测灵敏度。探测器面积或带宽越小，信噪比越大。同样，探测灵敏度、收集器面积或入射辐亮度越大，信噪比就越大。成像传感器的信噪比大小决定着图像的最大对比度，即信噪比是衡量观测信号质量的单位。

如果观测到两个温差为 1 K 的黑体间存在辐射差，那么信噪比的倒数与噪声等效温差 NETD 相同。AVHRR 的 NETD 小于 0.12 K(见表 3－3)，这就是说 S/N 大于 8，即如果两个黑体的温差为 1 K，AVHRR 可以确定在特定温度，比如 300 K 下，噪音等效温差在 12%以内。计算 NETD 必须要有一个特定的温度，因为温度代表着开始被考虑的每 1 K 温差 ΔT 带来的辐亮度差 $\Delta L_{em}(\lambda)$。图 2－3 是 3.75 μm 和 11 μm 波长下 $\Delta L/\Delta T$ 的斜率。

正如上面讨论的那样，科学合理的仪器设计涉及许多因素。整体的考虑必须包括辐射路径环境以及最佳光学、探测器和机械部件。AVHRR 的设计应能满足多个波长下的运行，这就需要不同的探测器材料，但又因为工程原因，需要通过一个普通的光机系统来实现。在接下来的几节中将解释 AVHRR 多个折中方案的原因。

3.2 水的红外特征

在讨论海洋发射的红外辐射时，一般会习惯性地考虑 3～15 μm 的波长。这样做的原因有两个：海表面辐射功率的峰值出现在 9.3～10.7 μm 波长，而大气吸收的极小值出现在 3.5 μm、9.0 μm 和 11.0 μm 波长。因此，实际上 3～15 μm 代表了辐射功率能满足探测器作出适当响应的波长范围，且在这个范围内大气的光学性能能满足海面温度遥测的条件。

纯水的光吸收系数与海水一样，范围都是 3.0 μm 波长下的 10 860 cm^{-1} 到 10.0 μm波长下的 668 cm^{-1}(参见图 2 - 10)。当代表值取 10^3 cm^{-1}时，e 指数递减透光深度为 $e^{-10^3 \cdot z} = e^{-1}$，说明 $z = 10$ μm 。根据基尔霍夫定律，这表示 63%的发射信号必须也来自海表上层 10 μm处。海面的菲涅尔功率反射率在 11.0 μm 波长时达到最小值 0.7%，在 3.2 μm 和15 μm 时大于 4%(参见图 2 - 21)。因此，大洋在红外波长下并不是黑体，因为黑体不反射能量，仅在表层发射能量。

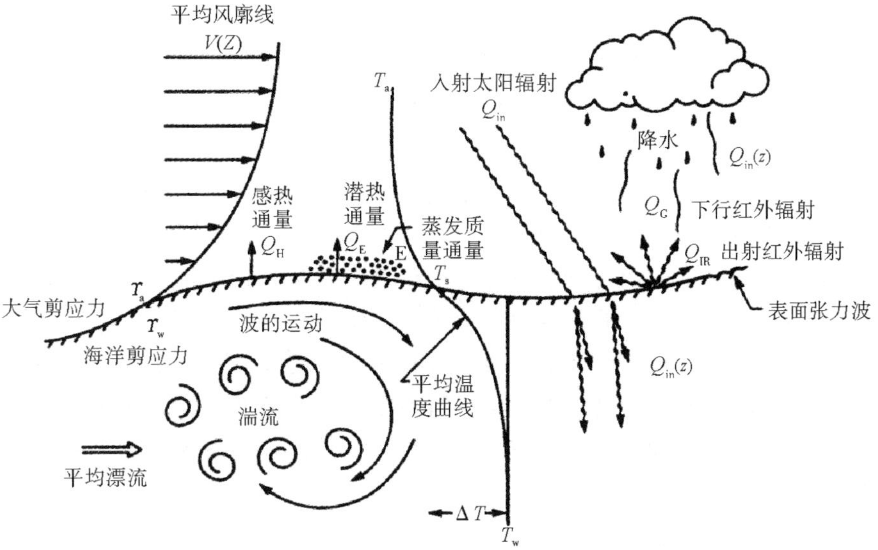

图 3 - 4　海面上影响机械及辐射能量平衡的物理通量及变量

改自华盛顿大学 K. Katsaros；已获得使用许可。

海表面是相当复杂的区域(图 3 - 4)。在大气边界层，风廓线必须转换为剪切应力 Υ_a，以使其与海洋剪切应力 Υ_w 平衡。这个边界上有机械能、热能和辐射能的交换。在大气与海洋的接触面，两者的温度曲线必须匹配，而这常常会导致海洋微表层温度 T_s与海表面下几厘米处海水的总体温度 T_w间存在温差 ΔT。蒸发质量通量由于蒸发本身的冷却过程还会产生一个温差 ΔT。由于这些过程的共同影响以及海水不是黑体的事实，辐射温度不会等于现场温度计测得的海水总体温度 T_w。

3.2.1　红外波段基尔霍夫定律

从辐射的角度来说，海洋在红外波段很接近黑体，即在热平衡状态下发射的辐照度 I_{em}与黑体在同样波长和温度条件下的出射度 M 很接近。一块单位厚度的平板在热平衡状态下，发射辐照度与黑体出射度之比被称为发射率 $\varepsilon(\lambda, T, \theta)$，函数定义为

$$\varepsilon(\lambda, T, \theta) \equiv \lim_{\Delta\lambda \to 0} \frac{\int_{\lambda-\Delta\lambda}^{\lambda+\Delta\lambda} I_{em}(\lambda, T, \theta)\mathrm{d}\lambda}{\int_{\lambda-\Delta\lambda}^{\lambda+\Delta\lambda} M(\lambda, T)\mathrm{d}\lambda} \qquad (式\ 3 - 1)$$

灰体是一个辐射体，其发射率不是波长的函数，即 $\varepsilon \neq \varepsilon(\lambda)$；注意，$I_{em}$不包括反射的辐射。

在热平衡状态下，一个理想光源单位面积辐射的功率必须等于它单位面积吸收的功率，也就是说出射度必须等于辐照度。对于不太理想的辐射体，关系式为

$$I(\lambda, T) = \alpha(\lambda, T, \theta) \cdot M(\lambda, T)$$

式中 $\alpha(\lambda, T, \theta)$ 表示吸收率。所以，$\alpha(\lambda, T, \theta) = \varepsilon(\lambda, T, \theta)$，这是基尔霍夫定律的另一种陈述。由于红外辐射的 e 指数递减透光深度只有 10 μm，所以基尔霍夫定律(式 2-79)中的透射率项可以忽略不计，其近似公式为

$$\alpha(\lambda, T, \theta) = 1 - \rho(\lambda, T, \theta)$$

该公式表明反射率 ρ 较差的表面是很好的吸收体。海水在红外波长下反射不强，因此它偏离纯水红外光学特性的情况可以忽略不计。

在真实的海洋里(见图 3-4)，发射率只反映实测温度与黑体温度之间的部分明显温差，因为蒸发、辐射和热通量通常会使海洋微表层温度 T_s与海水的总体温度 T_w有所偏差。解释这种温差的实验见图 3-5，在这个实验里，潜水泵放置在海面下方几厘米处，并在泵向上的出口处设置了一个热阻器。当水泵运行时，辐射(表层)温度和海水总体温度大致相等。但是当水泵关闭时，辐射温度会逐渐降低，直到 $\Delta T \equiv T_s - T_w = -0.6$ ℃。当再次打开水泵时，$\Delta T \approx 0$ ℃，表明大气-海洋界面存在可通过辐射测量的"皮温效应"。因此影响海面辐射温度的变量有两个：一个是海水的光学特性，这可以用复折射率通过菲涅尔方程量化；一个是大气-海洋界面上的物理过程，其实验量化方法如图 3-5 所示。

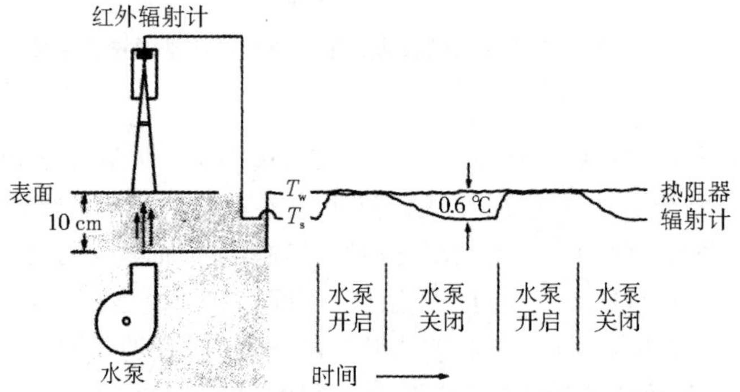

图 3-5　总体温度与微表层温度间温差 ΔT 测量的试验设置示意

水泵打开时将辐射计和热阻器的读数调为 0。

3.2.2　海洋上层几毫米

海洋毫米厚表层内的温度曲线详见图 3-6。标记辐射的上部区域指存在有效辐射过程的区域，也是一个层流区。当中间厚度为 δ 时，热传递的方式主要为热传导，水流从层流过渡到湍流。最后，在传导区以下，湍流对流会传递热，从而观测到总体温度 T_w。如果海洋剪应力Υ_w恒定，那么层流层的水流特点为

$$\Upsilon_w = \rho_w \nu_w \frac{\partial \bar{v}}{\partial z}$$

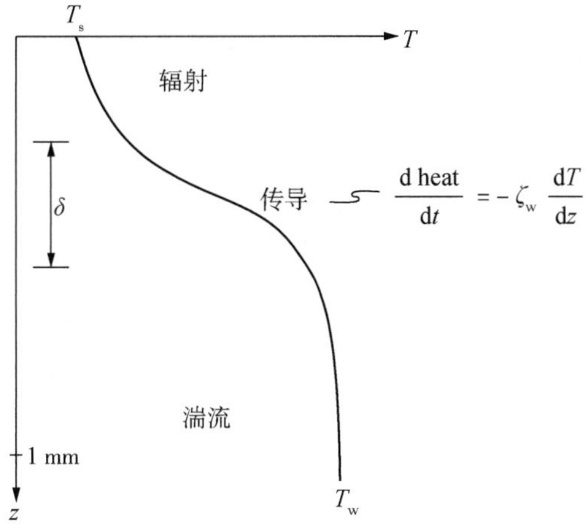

图 3-6　海洋上毫米表层内热传递区示意图

此处温度 T 与深度 z 为理想的连续曲线，但实际上，δ 可能会接近 0，也就是说海洋分层。

式中 ρ_w 为海水密度，ν_w 为海水的运动粘度系数，$\partial \overline{v}/\partial z$ 为垂直速度剪切。对数层（湍流过程主导）的水流特点为

$$\Upsilon_w = \rho_w u_*^2$$

式中 $u_*^2 \equiv \ell^2(\partial \overline{v}/\partial z)^2 = (\hat{k}z)^2(\partial \overline{v}/\partial z)^2$，$u_*$ 被称为摩擦速度，ℓ 为混合长度，$\hat{k}$ 为冯卡曼常数。在传导区内，由 $Q_H \sim \frac{\zeta_w \Delta T}{\delta}$ 得热通量 Q_H 的计算方法为

$$\frac{\mathrm{dheat}}{\mathrm{d}t} = -\zeta_w \frac{\mathrm{d}T}{\mathrm{d}z} \qquad \text{（式 3-2）}$$

式中 ζ_w 为导热系数。假设式 3-2 中有一个 δ 厚的海水层，其热传递主要通过传导进行。这一层表示为 ΔT，描述的是 T_s 和 T_w 间的大部分温差。传导区之上的辐射过程主导的薄层也是一个半层流的区域，在这个区域内，风应力的摩擦成分呈粘性传递。列出海洋剪应力的湍流表达式和层流表达式，通过量纲论证可得出如下表达式：

$$u_*^2 = u_* \sqrt{\Upsilon_w/\rho_w} \propto \nu_w \frac{\overline{v}}{\delta}$$

或

$$\delta \propto \frac{\nu_w}{\sqrt{\Upsilon_w/\rho_w}}$$

式中，δ 与厚度 ∂z 相同量级。将 δ 的表达式代入式 3-2，海洋皮温与总体温度之差的计算公式为

$$\Delta T = \frac{\Lambda \nu_w Q_H}{\zeta_w \sqrt{\Upsilon_w/\rho_w}} \qquad \text{（式 3-3）}$$

式中 Λ 是比例常数。式 3-3 的正负由热通量的方向确定，当 Q_H 在负 z 方向时，结果为负。

观测到的 ΔT 值范围为 +0.5 ℃到 −1.5 ℃。当我们取 $\nu_w = 1.9\times10^{-2}\ cm^2\cdot s^{-1}$，$\zeta_w = 1.4\times10^{-3}\ cal\cdot s^{-1}\cdot cm^{-1}\cdot ℃^{-1}$时，北大西洋上 Λ 的估算值约为 7。由于层流和 ΔT 本身可能是波长的函数，所以式 3－3 的适用性很有限。

3.2.3 红外边界条件

海洋的红外光学性能允许对辐射传输方程的上边界条件进行简化。因为 $10^2\ cm^{-1}\leqslant a(\kappa)\leqslant 10^4\ cm^{-1}$，所以与单位“1”相比，散射反照率 $\omega_0 = b/c$ 变得十分小。式 2－115 的源项 $\hat{S} = \frac{\omega_0}{4\pi}\int L'_{sc}\hat{P}d\Omega' + (1-\omega_0)L_{em}$ 根据近似法只能用 L_{em}计算。因此，海洋的上行辐射辐照度($I_\uparrow$)和天空的下行辐射辐照度($I_\downarrow$)的关系式为

$$I_\uparrow = \rho I_\downarrow + \int_0^{2\pi}\int_\pi^{\pi/2} L_{em}\sin\theta\cos\theta d\theta d\phi$$

而式 3－1 的积分项正好是 I_{em}，代入后得

$$I_\uparrow = \rho I_\downarrow + \varepsilon M$$

或在局部热平衡的情况下，有

$$I_\uparrow = \rho I_\downarrow + (1-\rho)M \quad (式\ 3-4)$$

$I_\downarrow$项包括来自大气层和太阳的辐射，当波长为 9.66 μm 时，太阳辐射(参见图 2－2)比地球辐射高 500 倍，太阳圆面在 $I_\downarrow$中仅占了 2π 球面度的6×10^{-5}球面度，那么地球表面来自太阳的辐射只占总信号的 $500\times6\times10^{-5}\div2\pi\times100\%\approx0.5\%$。此外，受风影响的海面，其反射比几乎总是比风平浪静时的反射比低 3～4 个数量级(第 4.6 节)。但是，在其他波长，太阳辐射与地球辐射的比值大不相同，$\rho I_\downarrow$项变化很大。

在红外波长，海水的光学性能稍微偏离纯水的光学性能，因为溶解离子会改变折射率 n，且由于有杂质，吸收光谱带也有偏差。在可见光波段，折射率的实部分在盐度从 0‰变为 35‰时会上升 6×10^{-3}，我们假设红外波长也有同样的效果。n 的虚部[吸收系数 $a(\lambda) = 4\pi n_I/\lambda$]在吸收带移动附近会变化，但唯一重要的受影响的波段大约从 9 μm，延伸到 15 μm 以外。在遥感中，发生这些偏离纯水的情况，主要原因是菲涅尔反射率 ρ 改变了。图 3－7 是根据光谱仪观测计算结果绘制的海水(sw)光谱反射率与纯水(pw)反射率之比。ρ_{sw}/ρ_{pw} 之比在 0.96(当波长为 12.0 μm 时)到 1.04 左右(当波长为 2.5 μm 和 10.5 μm 时)变化。图 3－7 表明了入射角 $\theta_{in} = 70^\circ$的情况，但似乎其他度数的角也存在这个影响。这正是海水有趣而重要的一个特性，因此与海水的粗糙表面和大气吸收和再发射的影响相比，$\rho_{sw}/\rho_{pw} = 1\pm0.04$ 的变化范围通常可以忽略不计。

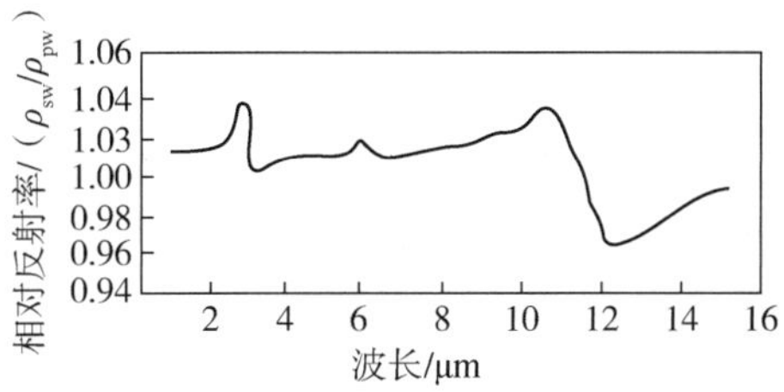

图 3－7　当 $\theta_{in}=70°$ 时，海水菲涅耳反射率 ρ_{sw} 与纯水菲涅尔反射率之比随红外波长的变化

当 $0°\leqslant\theta_{in}\leqslant 80°$ 时观测结果与此类似。根据 Friedman 的研究（1969 年）重绘。

3.3　大气红外光学特性

海表面红外遥感包括定量测定海表面辐亮度和通过大气的辐射传输。因为清洁大气散射很小，红外传输主要依赖于光子吸收和再发射。图 3－8 给出了 8～12 μm 波长范围的水蒸气（有氨污染的迹象）的吸收光谱。这个实验室测量显示在不同波长的不同的强吸收线。能量量子 $E_R=h\nu$ 被强烈吸收时形成吸收曲线。大气中多原子分子吸收通过三种方式实现：电子、振动和转动。

气相分子的电子跃迁、振动跃迁和转动跃迁发生在不同的能量吸收水平。下面是对三种跃迁的说明。

$h\nu$ ← 能量降低 →

电子跃迁是指电子吸收光子后，跃迁到更高能级，这一过程主要出现在 X 射线、紫外线和可见光波段区域。振动跃迁发生的情形：吸收的光子能量增加，使原子键的振动增加；振动跃迁主要出现在近红外波长和发射红外波长。转动跃迁需要的能量最少，它发生的情形是：分子绕质心的转动发生变化；这一过程主要发生在长波红外和微波频率。

事实上，在特定的跃迁中吸收或发射的能量的频率范围是可测量的，而不是像图 3－8 里所显示的一个无穷小的范围。这种“传播”是由物质样本的分子能级并不正好相等而引起的。例如，气体分子间的碰撞会不同程度地扰乱根据 $E_R=h\nu$ 得出的能级，并产生一个有限宽度的吸收线。所以，随着分子碰撞概率的上升，即压强上升，某条吸收线的宽度可能会变宽。

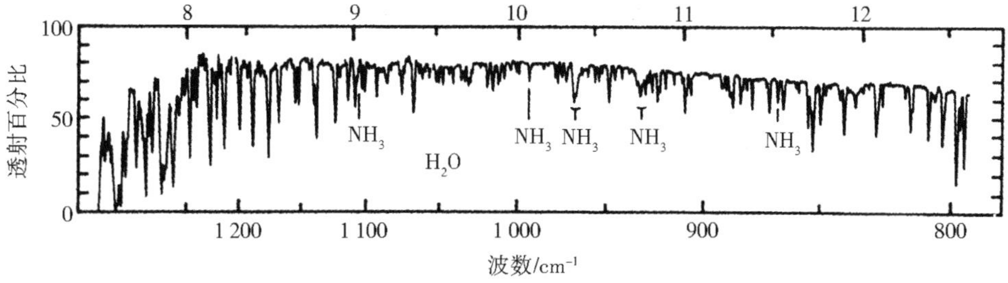

图 3－8　水（轻微氨污染）8～13 μm 红外区高分辨率实验室光谱

根据 Burch 的研究（1970 年）重绘。

3.3.1 模拟大气吸收

理论上，可用一些函数来说明吸收系数 $a(\kappa)$ 的变化。当大气中只有一种或两种吸收气体的时候，最适合用这些函数来说明大气行为。用这些理论函数说明吸收曲线的一个例子是洛伦兹线型，它是一个分析函数：

$$\ell(\kappa) = \frac{S_L\gamma}{\pi}\left[\frac{1}{(\kappa-\kappa_0)^2+\gamma^2}\right] \quad \text{（式 3 - 5）}$$

式中 γ 为吸收线的半宽(cm^{-1})，S_L是吸收线的强度，因此($cm^{-2}\cdot atm^{-1}$)，κ 和之前一样是波数(cm^{-1})。$\ell(\kappa)$ 的单位为 $cm^{-1}\cdot atm^{-1}$，因此，$a(\kappa)$有量纲，为

$$a(\kappa) = \ell(\kappa)p$$

式中 p 是吸收气体的分压(atm)。洛伦兹线型图见图 3 - 9。当 $a(\kappa)/2$，$\kappa-\kappa_0=\pm\gamma$，半宽时，根据定义，有

$$S_L \equiv \int_{-\infty}^{\infty} a(\kappa)\mathrm{d}\kappa$$

观测发现 γ 与温度的平方根成反比，即洛伦兹线随着温度增加而变窄。还发现 γ 与所有气体的总压强成正比。这就意味着吸收线随着压强的上升而变宽。S_L也是温度的一个复杂函数，通常取 300 K。

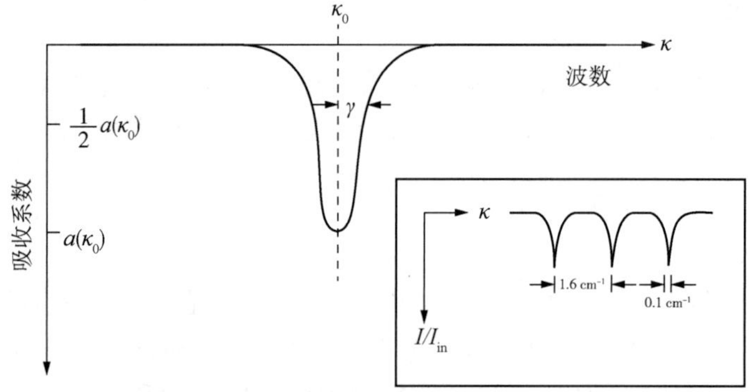

图 3 - 9 基于式 3 - 5 的洛伦兹吸收线

函数的设计目的是解辐射传输方程。插图：表示 CO_2吸收曲线。

以劳仑兹线形分析举例，图 3 - 9 给出了一个简图，该图是 CO_2 吸收光谱的一部分。比值 I/I_{in} 是发射到样品上的辐照度，该比值通常被定义为等效宽度：

$$w_e \equiv \int_{line}[1-e^{-\ell(\kappa)pr}]\mathrm{d}\kappa$$

即特定吸收曲线下方面积。项 $\exp[-\ell(\kappa)pr]$是 I/I_{in}的比值(比尔定律)，其中 r 为 $\pm 0.8\ cm^{-1}$。因为对超过 $\pm 0.8\ cm^{-1}$ 的积分的影响很小，所以CO_2的可解出的近似值为

$$w_e = \int_{-\infty}^{\infty}\left\{1-\exp\left[\frac{-pr\cdot S_L\cdot\gamma/\pi}{(\kappa-\kappa_0)^2+\gamma^2}\right]\right\}\mathrm{d}(\kappa-\kappa_0)$$

该值根据式 3 - 5 推出。此解存在贝塞尔函数形式，为

$$w_e = 2\pi\gamma\chi e^{-\chi[J_0(i\chi)-iJ_1(i\chi)]} \qquad (式3-6)$$

式中 $\chi \equiv S_L pr/2\pi\gamma$。式3-6得出吸收线$\kappa_1$至$\kappa_2$的某个波数$\kappa_0$的总吸收量。计算各条吸收线的吸收量总和，即可得出连续体区域 $\Delta\kappa$ 内的总吸收量。海洋遥感领域许多实际应用中，采用了某个区域 $\Delta\kappa$ 的吸收量，但是各条吸收线的详细吸收量则被忽略了。

3.3.2　吸收气体的计量单位

$[\ell(\kappa)]^{-1}$的单位为大气厘米。大气厘米(atm-cm)是标准温度和压强(NTP)下吸收气体分子数的计量，即是光学厚度(表2-6)的一种计量。例如，假设在NTP下有一个单位体积(1 cm^3)的干空气。CO_2的量大约是一个单位体积的0.03%，即在此单位体积下，存在0.000 3 atm-cm的CO_2。大气厘米是光学厚度的计量，因为它是沿路径吸收分子数的计量。从阿伏伽德罗常量来看，每摩尔分子数 $\hat{N} = 0.602\,4\times10^{24}$，以及理想气体定律

$$pV = nR^*T \qquad (式3-7)$$

式中，体积 V 是指某个面积A 乘以长度r，n 是样品中气体的摩尔数，R^* 是气体常数，可看出吸收分子数与 pr 成正比：

$$n = pr \cdot \frac{A}{R^*T}$$

同样，需注意，项 $pr \cdot \ell(\kappa)$是比尔定律中的指数。通常情况下，$\int p\mathrm{d}r$ 被定义为大气厘米，在此处，p 是气体的分压。

在评估大气对红外透射的影响时，测量光程内吸收气体的量很有用。阿伏伽德罗定律指出，当 $p_0 = 1\,013.25$ mb且 $T_0 = 273.16$ K(NTP)时，一摩尔气体占 22.415×10^3 cm^3。道尔顿定律指出，混合气体的总压强等于各分压之和。因此，对于一种气体，如CO_2，其体积是准恒定的，吸收分子数和压强的比率为恒定值。因为 $pV_0 = R^*T_0$，并且CO_2的体积为总体积的0.03%，所以要使 pV_0等于常量 R^*T_0，则CO_2产生的分压必然等于0.000 3 p。在此意义上，CO_2的体积百分比可代入CO_2的大气厘米表达式及

$$\text{atm-cm} = \int V_0 \mathrm{d}r$$

式中，V_0是NTP下吸收气体的体积百分比。为了将任何压强和温度下的体积减小至NTP下的体积，需要采用波义耳定律和查理定律，其中

$$V_0 = V(p/p_0)(T_0/T)$$

采用流体静力学式 $\mathrm{d}p = \rho_a g\mathrm{d}r$(式中 ρ_a代表大气密度，g 代表重力加速度)和波义耳定律和查理定律的上述表达式计算，CO_2的大气厘米可写作

$$\text{atm-cm} = \int \frac{V}{\rho_a g}(p/p_0)(T_0/T)\mathrm{d}p$$

若采用虚温 T^* 代替实际温度，则干空气状态式可用于上述表达式。虚温是指干

空气压强和体积等于给定湿空气样品的压强和体积时的温度。因为水蒸气少于干空气，所以 $T^* \geqslant T$。虚温通过下述公式得出：

$$T^* = \left(\frac{1 + 1.609\hat{m}}{1 + \hat{m}}\right)T$$

式中 $\hat{m}$ 是指混合比，1.609 是干空气与水蒸气的分子量比值。采用虚温表达式和干空气状态式 ρ_d，得

$$\begin{aligned} \text{atm-cm} &= \int \frac{V}{g\rho_d}(T_0/p_0)(p/T^*)\left(\frac{1 + 1.609\hat{m}}{1 + \hat{m}}\right)\mathrm{d}p \\ &= \int \frac{V}{g\rho_d}\left(\frac{1}{R^*\rho_0}\right)(R^*\rho_d)\left(\frac{1 + 1.609\hat{m}}{1 + \hat{m}}\right)\mathrm{d}p \\ &= \int \frac{v}{g\rho_0}\left(\frac{1 + 1.609\hat{m}}{1 + \hat{m}}\right)\mathrm{d}p \end{aligned}$$

式中 ρ_0 代表 NTP 下干空气的密度，等于 1.292 9 g·L^{-1}。对于 CO_2，V 在对流层基本上是不变的，因此可以提到积分符号外。代入 $g = 980.6$ cm/s^2，表达式为

$$\text{atm-cm}_{CO_2} = 0.237\int \frac{1 + 1.609\hat{m}}{1 + \hat{m}}\mathrm{d}p \qquad (式 3-8)$$

典型值为 250 atm-cm，但此数值会在 ±5%范围内变动。当采用 CO_2 强吸收光谱波段来判断通过大气辐射量时，此计量单位是具有价值的。

另一个常见的吸收水蒸气量的计量单位是可降水量，即斜程路径柱中单位面积的水的总质量：

$$w_p \equiv \int \rho_{wv}\mathrm{d}r$$

式中 ρ_{wv} 为大气水蒸气的密度。采用流体静力学式进行干空气计算，得

$$w_p = \int \frac{\rho_{wv}}{g\rho_d}\mathrm{d}p$$

而 ρ_{wv}/ρ_d 被定义为混合比 $\hat{m}$，故

$$w_p = \frac{1}{g}\int \hat{m}\,\mathrm{d}p \qquad (式 3-9)$$

可降水量的单位为 g/cm^2，或除以密度，则单位可以表示为 cm。在非常潮湿但无云的垂直大气路径中的可降水量范围为 0 至 5 cm。

根据式 3－8 和式 3－9 计算得出的吸收气体量用于辅助解释红外遥感技术中的大气透射率 τ_a。从图 3－8 可明显看出，τ_a 随波长的变化非常快，导致在解析积分或数值积分时，不能有光谱间隔 $\mathrm{d}\kappa$。另外还有一个难点，τ_a 是大气路径的函数，因为吸收系数 $a(\kappa)$ 是温度和压强以及波数 κ 的函数。可以考虑通过有限光谱间隔解决此困境，有限光谱间隔可通过理论和(或)观测定义的有效透射函数来实现。

考虑光谱宽度 $\Delta\kappa$ 足够小，确保辐亮度 $L(\kappa)$ 可被当作具有一个有效平均值 $L(\Delta\kappa)$，但足够大，可保证 $\Delta\kappa$ 包含许多吸收线。光学厚度为 u 的光柱的透射率 τ_a 表示为

$$\tau_a(\Delta\kappa) = \frac{1}{\Delta\kappa}\int_{\kappa}^{\kappa+\Delta\kappa} \mathrm{e}^{-u}\,\mathrm{d}\kappa \qquad (式 3-10)$$

式中，若为红外波长，则 $u = \int_{z_1}^{z_2} a(\kappa)\mathrm{d}z$，因为散射系数 $b(\kappa)$ 可忽略不计(见式2－94)。为评估式3－10中的积分，在间隔 $\Delta\kappa$ 中带有 κ 的变量 $a(\kappa)$ 必须是已知的，如得出式3－6。另外，$\tau_a(\Delta\kappa)$ 作为光学厚度函数，只能通过实验室测量确定，但是没有物理模型的测量可能导致错误的结果，此时这样的测量并非是令人满意的。在实践中，结合物理模型进行测量可得出实际应用的 $\tau_a(\Delta\kappa)$ 有用值。

基于理论和波长8～12 μm区的测量结果得出的透射率函数如下：

$$\tau_a(\Delta\kappa) = \exp[-C_1(\kappa)\cdot(p/p_0)w_p^{C_2(\kappa)}] \qquad (式3-11)$$

式中，$C_1(\kappa)$ 和 $C_2(\kappa)$ 是经验常数，p/p_0 是现场压强与1 013.25 mb的比值，w_p 是式3－9中定义的可降水量。在此例子中，$\Delta\kappa$ 有25 cm^{-1}宽，中心波数为 κ。式3－11只说明了水蒸气对透射率的影响；若存在其他吸收气体，则必须将它们的透射率乘以式3－11，从而得出所有吸收气体的总影响。在此模型中，经验系数的典型值为：$0.091 \leqslant C_1 \leqslant 0.115$，$0.795 \leqslant C_2 \leqslant 0.885$。

另一种得出透射率参数的方法是确定一个等效光学厚度 u_e，等效光学厚度包括将 T_0 和 p_0 归一化到NTP：

$$u_e \equiv \rho_d \int_0^r \hat{m}(p/p_0)^2(T_0/T)^{1.5}\mathrm{d}r \qquad (式3-12)$$

和之前一样，式中 ρ_d 是干空气的密度，$\hat{m}$ 是混合比。然后将式3－12代入透射率式，如

$$\tau_a(\Delta\kappa) = \exp[-(u_e C_3)^{0.5}]$$

式中，经验常数有几个典型值，C_3(900～925 cm^{-1}) = 2.72×10^{-3} 以及 C_3(1 075～1 100 cm^{-1}) = 2.35×10^{-3}。在使用时，透射率的表达式中明显包括温度下降 $(T_0/T)^{1.5}$。在此透射率表达式中，项 $(p/p_0)^2$ 和项 $(T_0/T)^{1.5}$ 的值减去项 $(u_e C_3)^{0.5}$，从而确保压强比值项和式3－11的压强比值项相同。温度项的有效值为 $(T_0/T)^{0.75}$，是一个小的校正值，因此，一些研究者不考虑波长在8～12 μm范围内热量对水蒸气吸收的影响。

若在水蒸气吸收线两侧附近进行测量，T_0/T 便成为一个重要比值，并且需要利用等效光学厚度(式3－12)和透射率的不同表达式。图3－10(下半部分)显示了大气的吸收光谱，以及组成大气的重要气体的吸收光谱(上半部分)。当波长大于12 μm时，水蒸气吸收量会增大，而在波长大约为12.6 μm处，CO_2 可导致大气变得几乎不透明。波长接近9.6 μm的大量臭氧吸收将太阳光谱分解成了两个红外吸收区：8～9.5 μm和10～12 μm。低大气吸收区是指辐射穿透地球大气的波段，像可见光一样，这些区域也被称为窗口。另一个重要的红外窗口在3.5～4.0 μm之间，其中4.2 μm的 CO_2 吸收带和小于3.5 μm的 H_2O 吸收带形成了这一大气窗口。

3.3.3　大气吸收光谱

我们归纳了地球大气的吸收光谱变化，见图3－11。这些结果是采用一种计算机

代码即 LOWTRAN 得出的理论计算结果，显示了光子通过不同类型的大气的概率变化，大气的类型包括：北极大气、亚极地大气、中纬度大气、亚热带大气和热带大气。每种大气因为水蒸气量及其他相对稳定的吸收气体量不同而具有不同特点。中低纬度的吸收量通常远远高于极地纬度处的吸收量，因为空气温度更高，中低纬度释放出的能量也更高。注意波长 8～13 μm 区域对 w_p 变化的敏感性比 3.5～4 μm 窗口对 w_p 的敏感性高。这不一定意味着，波长 3.5～4 μm 窗口对地表温度遥感的影响更小，因为还要考虑海洋表面的影响。

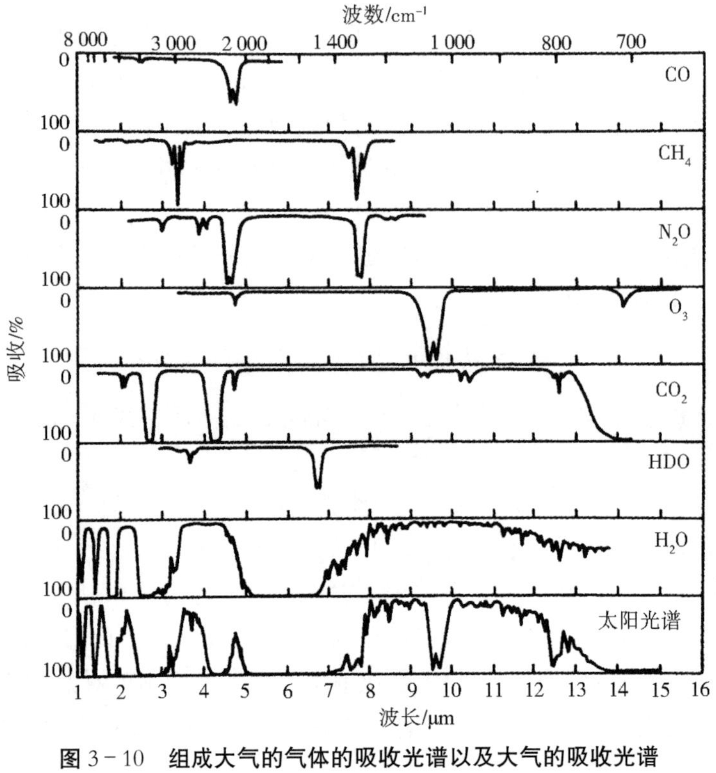

图 3-10　组成大气的气体的吸收光谱以及大气的吸收光谱

改编自 S. E. Valley，1965 年。

比较图 3-10 和水的菲涅尔反射率（图 2-21），可看出，反射率最低的在波长 11.0 μm 左右，集中在 10～12 μm 大气窗口。因此，卫星红外辐射计在设计时通常装有 10～12 μm 滤光器，阻隔不需要的直接大气辐射，尽可能降低表面反射辐射。与8～12 μm 窗口相比，3.5～4.0 μm 窗口内水蒸气引起的吸收量较少，但是波长 3.75 μm 的表面反射则比 11.0 μm 的表面反射高三倍。因此，即使 3.5～4.0 μm 窗口受到大气水蒸气的影响较小，但是表面反射则可能限制了此窗口对海洋表面温度定量测定中夜间观察的有用性。

来自海洋的黑体发射的峰值为 10 μm 左右，见图 2-2。因此，可测量到的能量最大值在 10～12 μm 窗口，该窗口缓解了探测器设计中的信噪比问题。尽管在地球上产生生命是一场意外，但最大发射值集中在 8～12 μm 窗口处，这很可能并不是意外。地球海洋表面温度是大气辐射平衡的结果，平均值约等于 285 K 只是结果的表现。

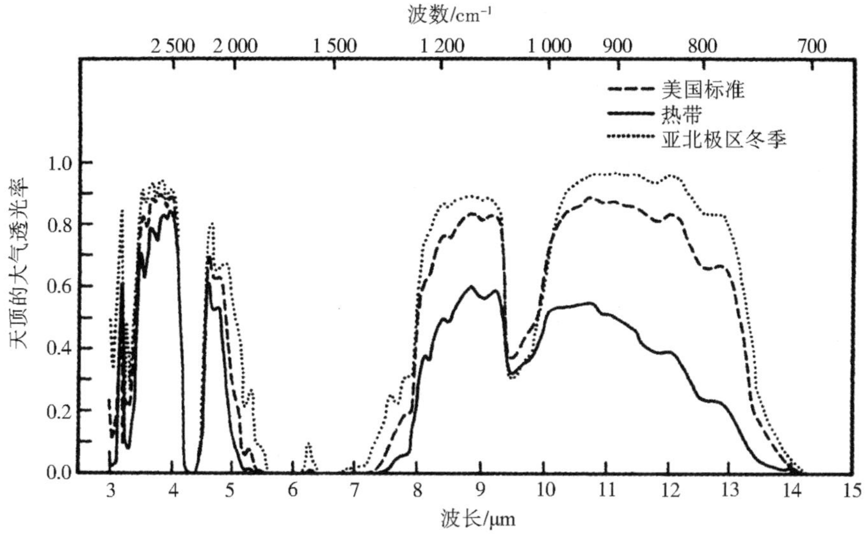

图 3 - 11　**利用** LOWTRAN - 4 **代码计算的大气吸收**

LOWTRAN 由美国空军地球物理研究所光物理学部门汉斯科姆空军基地人员建立。01731(Selby 等人，1978 年)。

3.4　辐射传输方程

发射红外波长的辐射传输本质上是一个吸收发射方程，因为在海洋遥感的应用中可忽略散射，发射可通过基尔霍夫定律确定。在有些上层大气物理研究中，比如极光和大气光的光度测定研究以及天体物理学的许多问题研究中，红外散射可忽略不计。辐射传输方程

$$\cos\theta\frac{\mathrm{d}L}{\mathrm{d}u}=L_{\mathrm{df}}-\frac{\omega_0}{4\pi}\iint L_{\mathrm{df}}\hat{P}\mathrm{d}(\cos\theta)\mathrm{d}\phi$$

$$-(1-\omega_0)L_{\mathrm{em}}-\frac{\omega_0}{4\pi}\hat{P}I_{\mathrm{in}}\mathrm{e}^{-u\sec\theta}$$

当不考虑散射时，$\omega_0=0$ 可简化为一个简单的公式：

$$\cos\theta\frac{\mathrm{d}L}{\mathrm{d}u}=L_{\mathrm{df}}-L_{\mathrm{em}}$$

这是红外辐射传输方程。乘以$\mathrm{e}^{-u\sec\theta}$并计算积分，得

$$L(u=0)=L_{\mathrm{df}}(u_{\mathrm{s}})\mathrm{e}^{-u_{\mathrm{s}}\sec\theta}+\int_0^{u_{\mathrm{s}}}L_{\mathrm{em}}(u)\mathrm{e}^{-u\sec\theta}\mathrm{d}u\cdot\sec\theta \qquad (式\ 3-13)$$

此方程和式 2 - 108 相似，之前采用源函数 $\hat{S}$ 推导出来。在式 3 - 13 中，因为下边界条件z_{s}为海洋表面，所以假定使用了一个窗口区。因为此公式中只考虑了吸收，所以红外光学厚度为

$$u_s \equiv \int_0^{z_s} a(z)\mathrm{d}z$$

式中，u_s代表0到z_s的积分。我们归纳了式3－13中各项的符号和定义，见表3－4。从物理学上看，大气顶层的辐亮度$L(u=0)$是漫射表面辐亮度$L_{df}(u_s)$与大气红外透射率$e^{-u_s\sec\theta}$的乘积，加上光学厚度u时的发射的大气辐亮度$L_{em}(u)$与该光学厚度下的大气透射率$e^{-u\sec\theta}$的乘积。即，$e^{-u\sec\theta}$是当光学厚度为u时从大气层发射出的光子透射到光学厚度$u=0$处的辐射计的概率。

3.4.1　大气红外辐射通量

辐射传输的一个例子是大气顶红外辐射通量问题。红外辐射通量是指当光学厚度$u=0$时来自地球大气系统的辐照度。根据辐亮度和辐照度的关系(式2－83b)，有

$$I_{\uparrow} = \int_0^{2\pi}\int_0^{\pi/2} L(u=0;\theta,\phi)\cos\theta\mathrm{d}\Omega$$

表3－4　红外辐射传输式各项

项目	符号	定义	单位
辐亮度 漫射辐亮度	L L_{df}	从延伸源发射出的单位立体角Ω单位投射面$\mathrm{d}A\cos\theta$的功率。$L\equiv \mathrm{d}^2P/(\mathrm{d}A\cos\theta\mathrm{d}\Omega)$	$\mathrm{W\cdot m^{-2}\cdot sr^{-1}}$
吸收系数	a	厚度为$\mathrm{d}r$的大气层吸收导致的功率差与入射功率的比值。$a\equiv -\mathrm{d}P/(P_{in}\mathrm{d}r)$(无散射)	$\mathrm{m^{-1}}$
透射率	τ_a	有限厚度为r的介质透射的辐亮度与入射辐亮度的比值$\tau_a = \exp\left(-\int_{z_1}^{z_2} a\cdot\sec\theta\mathrm{d}z\right)$，其中$r=\sec\theta\cdot z$	无量纲
光学厚度	u	当为e的负幂指数时，用以表示光子穿透介质的概率$u=\int_{z_1}^{z_2} a\mathrm{d}z$	无量纲

立体角的三角关系(式2－80b)为

$$\mathrm{d}\Omega = \sin\theta\mathrm{d}\theta\mathrm{d}\phi$$

红外辐射通量可表示为

$$I_{\uparrow} = \int_0^{2\pi}\int_0^{\pi/2} L\cos\theta(-\mathrm{d}\cos\theta)\mathrm{d}\phi$$

将式3－13中给出的L代入表达式中，得

$$\begin{aligned} I_{\uparrow} &= 2\pi\int_0^{\pi/2} L_{df}(u_s)e^{-u_s\sec\theta}\cos\theta\mathrm{d}(-\cos\theta) \\ &+ 2\pi\int_0^{u_s}\int_0^{\pi/2} L_{em}(u)e^{-u\sec\theta}\mathrm{d}u\mathrm{d}(-\cos\theta) \end{aligned} \quad \text{(式3－14)}$$

现在我们引入一个变量：

$$\cos\theta \equiv \frac{1}{\eta}$$

求导，得

$$\mathrm{d}(-\cos\theta) = \frac{\mathrm{d}\eta}{\eta^2}$$

代入式 3－14，得

$$I_{\uparrow} = 2\pi L_{\mathrm{df}}(u_{\mathrm{s}})\int_1^{+\infty}\frac{\mathrm{e}^{-u_{\mathrm{s}}\eta}}{\eta^3}\mathrm{d}\eta + 2\pi\int_0^{u_{\mathrm{s}}}L_{\mathrm{em}}(u)\mathrm{d}u \cdot \int_1^{+\infty}\frac{\mathrm{e}^{-u\eta}}{\eta^2}\mathrm{d}\eta$$

形如

$$E_m(u) \equiv \int_1^{+\infty}\frac{\mathrm{e}^{-u\eta}}{\eta^m}\mathrm{d}\eta$$

的积分被称为指数积分，因为下述递推关系，这些积分很有用：

$$E_{m+1}(u) = \frac{1}{m}[\mathrm{e}^{-u} - uE_m(u)]$$

当 $m \geqslant 1$ 时，此递推公式很容易将E_3与E_2联系起来。采用指数积分的概念，红外辐射通量式可写作

$$I_{\uparrow}(u=0) = 2\pi L_{\mathrm{df}}(u_{\mathrm{s}})E_3(u_{\mathrm{s}}) + 2\pi\int_0^{u_{\mathrm{s}}}L_{\mathrm{em}}(u)\mathrm{d}u \cdot E_2(u) \quad (\text{式 } 3-15)$$

我们得出了指数积分的曲线图，见图 3－12。当 $u=0$，即没有大气时，$E_2=1$ 并且$E_3=0.5$。式 3－15 中的积分项将变为 0，上行辐照度变为$I_{\uparrow}=\pi L_{\mathrm{df}}(u_{\mathrm{s}})$，此公式准确来说是漫射辐亮度如从黑体发射出的辐亮度与辐照度的关系式(式 2－84)。当大气光学厚度不断增加时，E_3会不断降低，其降低速度比E_2的降低速度慢。因此，随着 u 不断增加，表面辐亮度对总红外辐射通量的贡献量逐渐变少；最终，因为$E_2>E_3$，$L_{\mathrm{em}}\mathrm{d}u$ 项占主导，并且只有大气对通量有贡献。即，当 u 的值很大时，表面光子(在大气温度下)吸收后再发射的概率接近于 1。

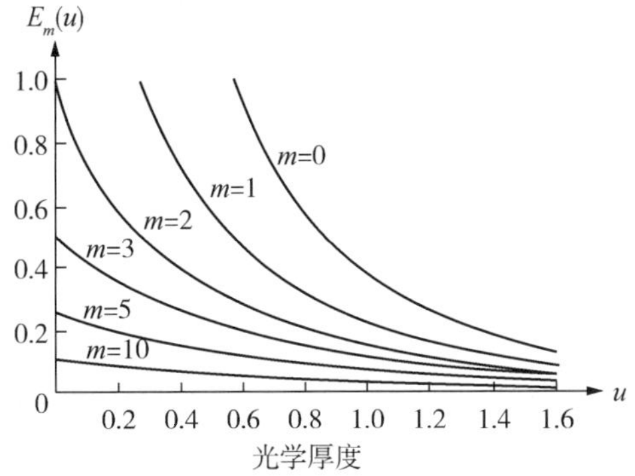

图 3－12　红外辐射传输(式 3－15)求解指数积分

文中递推公式 $m=0$ 与其他 m 参数的曲线相关。

3.4.2 红外辐亮度测量方程

尽管红外辐射传输方程(见式 3－15)的解可为我们了解红外辐射通量提供重要的物理观点，但整个问题并未得到解决。难点是，现在我们并未完全理解吸收系数 $a(\kappa)$，并且如图 3－8 所示，吸收系数会随着波长以一种复杂的方式变化。为得到辐射传输式的数值解，必须采用式 3－10 的透射率公式。这要求按照有限光谱间隔 $\Delta\kappa$ 改写辐射传输式。为重新构建传输式，求 κ 至 $\kappa+\Delta\kappa$ 的光谱间隔的积分，并定义间隔的平均辐亮度。采用式 3－13 和光学厚度的定义(表 3－4)，得

$$L(0,\kappa) = L(z_s,\kappa)e^{-\int_0^{z_s} a(z,\kappa)\sec\theta dz} + \int_0^{z_s} a(z,\kappa)\sec\theta \cdot L_{em}(z,\kappa)e^{-\int_0^{z} a(z,\kappa)\sec\theta dz}dz$$

式中，辐射被默认为是漫射的，其符号可删除。当计算间隔为 $\Delta\kappa$ 时，$L(z_s, \kappa)$和$L_{em}(z, \kappa)$的平均值，分别为 $L(z_s, \Delta\kappa)$和$L_{em}(z, \Delta\kappa)$，计算 κ 到 $\kappa+\Delta\kappa$ 的积分，得

$$L(0,\Delta\kappa)\Delta\kappa = L(z_s,\Delta\kappa)\int_\kappa^{\kappa+\Delta\kappa} e^{-\int_0^{z_s} a(z,\kappa)\sec\theta dz}d\kappa + \int_0^{z_s} L_{em}(z,\Delta\kappa)\int_\kappa^{\kappa+\Delta\kappa} e^{-\int_0^{z} a(z,\kappa)\sec\theta dz} \cdot a(z,\kappa)\sec\theta d\kappa dz$$

式中，根据定义，当间隔为 $\Delta\kappa$ 时，平均辐亮度为

$$L(\Delta\kappa) \equiv \frac{1}{\Delta\kappa}\int_\kappa^{\kappa+\Delta\kappa} L(\kappa)d\kappa$$

代入式 3－10，得出有限间隔 $\Delta\kappa$ 的光谱辐射传输方程为

$$L(0,\Delta\kappa) = L(u_s,\Delta\kappa)\tau_a(z_s,\Delta\kappa) - \int_0^{z_s} L_{em}(z,\Delta\kappa)\frac{\partial\tau_a(z,\kappa)}{\partial z}dz$$

必须通过滤光器进行辐射测量，排除不需要波数的辐亮度。滤光器的归一化响应 $\xi(\kappa)$在波数上比$\tau_a(\Delta\kappa)$的参数化过程中使用的 $\Delta\kappa$ 更宽。图 3－13 举例说明了 750～1 000 cm^{-1}(10～13 μm)滤光器的 $\xi(\kappa)$以及当 $\Delta\kappa$ 为 25 cm^{-1}时 $\xi(\Delta\kappa)$的近似值。

因为在 750 $cm^{-1} \leqslant \kappa \leqslant$ 1 000 cm^{-1} 区域外，$\xi(\Delta\kappa)$为 0，传输方程乘以 $\xi(\Delta\kappa)$，并计算所有波数的积分，得出红外辐亮度测量式为

$$L(0) = \int_0^{+\infty} \xi(\Delta\kappa)L(u_s,\Delta\kappa)\tau_a(z_s,\Delta\kappa)d\kappa + \int_0^{+\infty}\int_{\tau_a}^{1} \xi(\Delta\kappa)L_{em}(z,\Delta\kappa)d\tau_a d\kappa \qquad (式 3-16)$$

在式 3－16 中，$L(0)$不再依赖波数变化，单位是 $W \cdot m^{-2} \cdot sr^{-1}$；$L(\Delta\kappa)$以波数为自变量的常用单位是 $W \cdot m^{-2} \cdot sr^{-1}$，以波长为自变量的常用单位为 $W \cdot m^{-2} \cdot sr^{-1} \cdot \mu m^{-1}$。

表面边界条件指来自海洋的辐亮度，它是通过海洋发射出的辐亮度以及从天空反射回来的辐亮度的总和(图 2－39)：

$$L(z_s,\Delta\kappa) = \frac{M(T_s,\Delta\kappa)}{\pi} \cdot \varepsilon(\Delta\kappa) + \widetilde{L}_a(z_s,\theta,\phi;\theta',\phi';\Delta\kappa) \cdot \rho_{df}(\theta,\Delta\kappa) \qquad (式 3-17)$$

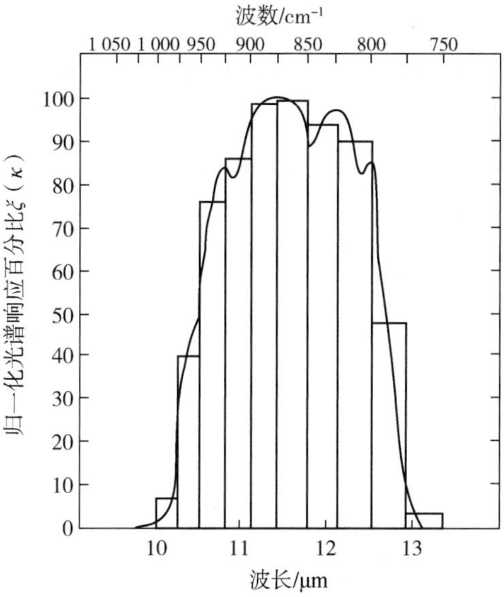

图 3－13 NOAA 1－5 **航天器上搭载的** VHRR **的滤光器函数**

柱状图是每隔 25 cm^{-1}波数间隔的数字近似值。

在式 3－17 中，M 是温度为T_s的黑体出射度(式 2－5)，$\varepsilon(\Delta\kappa)$是发射率(式 3－1)，$\widetilde{L}_a$是当入射角度为 θ、φ 时，从表面z_s的所有 θ'、φ'反射的天空“平均”辐亮度，$\rho_{df}(\theta,\ \Delta\kappa)$是入射角为 θ 的漫射辐射的菲涅尔反射率($\widetilde{L}_a\rho_{df}$的严格定义见式 4－42)；M、ε、L 和 ρ_{df}每一个量均是中心波数为κ_0，间隔为 $\Delta\kappa$ 上的平均值。为评估 8～12 μm 窗口的各项大小，回顾(图 2－2)当 $T=300$ K 时最大出射度波长处的发射率为 $M=31.2$ $W\cdot m^{-2}\cdot sr^{-1}\cdot \mu m^{-1}$，则 4 μm 带宽(8～12 μm)的辐亮度为

$$L(z_s)=\int_{8\ \mu m}^{12\ \mu m}\xi(\lambda)\ \frac{M(\lambda)}{\pi}d\lambda\approx 40\ W\cdot m^{-2}\cdot sr^{-1}$$

在波长 8.3～12.5 μm 范围，天顶角小于 75°的天空辐亮度L_a的测量结果的平均值为 10 $W\cdot m^{-2}\cdot sr^{-1}$。波长 10 μm 的漫射菲涅尔反射率大约为 0.01(图 2－20)，因为$\varepsilon=1-\rho_{df}$，发射率约为 0.99。因此，式 3－17 的右边两项的比值为

$$\frac{L_{sky}\cdot\rho_{df}}{(M/\pi)\cdot\varepsilon}=\frac{10\times0.01}{40\times0.99}=0.25\%$$

可见，仅占四百分之一，天空漫射辐亮度(天空光)可忽略不计，假设表面为黑体，式3－16 可用于计算波长范围为 10～13 μm 的辐亮度。当 dΩ 很小并且直射太阳光被反射回来(如波长为 3.75 μm，甚至是来自被风影响的粗糙海平面)时，这种近似不成立。

在第 4.6 节中，将讨论亚毫米波 EMR 从受风影响的粗糙海平面的反射。反射天空光的毛细波不会明显影响上述结论，但是，海洋状况对天空光的反射至关重要。当波长为 9.66 μm 时，比值为$L_{sun}/L_{sea}\approx500$(图 2－2)，但是当波长为 3.75 μm 时，比值大约为 4×10^5。当风速为 10 m/s 时，波面反射太阳光的概率¶大约为(表 4－11)

10^{-4}，而波长为 3.75 μm 时的$\rho_s(\theta=0^\circ)=0.04$(图 2－10)，比值 $(L_{sun}\rho_s \cdot ¶\ \pi)/(M\varepsilon)$ = 167%。即，当波长为 3.75 μm 时，从海面反射回来的太阳辐亮度大于等于从海面发射出的太阳辐亮度。

最后一个问题是将测量的辐亮度 $L(0)$换算为温度。通常情况下，通过转化

$$L(0)=\frac{1}{\pi}\int_0^{+\infty}\xi(\kappa)M(T_{bb},\kappa)\mathrm{d}\kappa \qquad (式\ 3-18a)$$

得出黑体温度T_{bb}。测定的辐亮度等于等效黑体辐亮度时的温度被称为等效黑体温度。在实际中，在滤光器预计温度范围内解式 3－18a，通过插值法或最小二乘多项式拟合法测算出等效黑体温度。对于 10.5～12.5 μm GOES VISSR 波道，多项式为

$$T_{bb}=194.99+0.149\,49L-0.654\,34\times10^{-4}L^2+0.155\,10\times10^{-7}L^3 \qquad (式\ 3-18b)$$

通过式 3.18a 得出 L 的典型值为 1 000 μW · cm^{-2} · sr^{-1}，通过一些计算表明，式 3.18b 在$T_{bb}=300$ K 附近接近线性。

3.5 大气对红外传感的影响

在 11 μm 的红外窗口，大气的影响随时间和地点而不同。采用辐射传输式 3－16 定量估算辐亮度，通过传输式 3－18a 计算出辐亮度的等效黑体温度。表 3－4 归纳了大气对装有滤光器的辐射计的影响，辐射计的响应见图 3－12，采用美国标准大气温度、相对湿度和压强剖面图。根据式 3－9 计算出每个大气的可降水量；根据式 3－8 计算出 CO_2的大气厘米。表 3－5 中的每个数值均为天底观测值，即从海洋到航天器辐射计之间的垂直路径。

3.5.1 吸收和再发射的影响

表面温度T_s和计算得出(或观测到)的航天器温度T_c之间的差异(见表 3－5)。

表 3－5 大气对 10～12 μm 红外辐射海面温度传感的影响

大气	海面温度 $T_s(\kappa)$	计算所得卫星获取的温度 $T_c(\kappa)$	温度距平 T_s-T_c	温度比值 T_c/T_s	可降水量/ $(gm \cdot cm^{-2})$	二氧化碳/ atm-cm
15°N 全年	299.6	291.1	8.6	0.972	4.0	248.5
30°N 一月	287.2	283.1	4.1	0.986	2.1	250.2
30°N 七月	301.2	290.6	10.5	0.965	4.4	248.8
45 °N 一月	272.6	270.4	2.2	0.992	0.8	249.3
45°七月	294.2	287.7	6.4	0.978	3.0	248.6
60°N 一月	271.2	268.7	2.5	0.991	0.4	248.2
60°七月	287.2	281.6	5.6	0.981	2. 1	247.5

$$\delta T \equiv T_s - T_c$$

被称为温度距平。温度距平在七种大气条件下和 10～12 μm 滤光器下各有不同，范围在 2～10 K 之间。尽管卫星温度往往比地表温度冷，但也并非总是如此。若温暖潮湿的大气覆盖在凉爽的海洋上方，温度距平可能为负值。在低空航空器测量结果中更可能出现负的温度距平，这是因为对流层上层远远比海洋表面冷，冷的水蒸气的辐射会导致正的温度距平。温度距平也很容易受季节影响，其范围在北纬 30°的 6 K 以上到北纬 60°的 3 K 左右之间。乍看之下，会发现温度距平与降水量之间存在一种相关关系，见表 3－5，但是仔细研究(图 3－14)发现，这种相关系数很弱。这是一种大致的关联，但是是偶然性的，因为 w_P 的高值与温暖的大气温度有关。同样，在 10～12 μm窗口内，降水量与大气透射率 τ_a(图 3－15)的相关关系也很弱。这是因为，可降水量不只包括重要的水蒸气的总量，还与大气温度和压强的分布有关。比如，如果大气剖面上的 T_S 和空气温度是相等的，此时无论辐射路径上的水蒸气或 CO_2 有多少，温度距平都为 0。这可通过将式 3－16 写为以下形式看出：

$$L(0) = L(u_s)\tau_a + \int_{\tau_a}^{1} L_{em}(\tau_a)\mathrm{d}\tau_a$$

式中，隐含了对 $\xi(\kappa)$ 进行了积分计算。若 L_{em} 是一个常数，可提到积分符号外，则

$$L(0) = L(u_s)\tau_a + L_{em}(1 - \tau_a) \qquad \text{(式 3－19)}$$

约去同类项 $[L(u_s) = L_{em}(\tau_a)]$，得

$$L(0) = L_{em} = L(u_s)$$

式 3－19 对低空航空器的运行修正方案很重要，此时 L_{em} 可被当作 300 m 左右低海拔路径上的准恒定值。

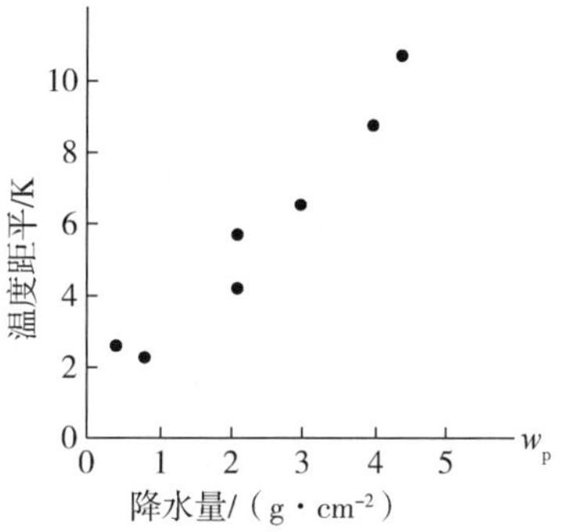

图 3－14　温度距平(海洋表面温度与卫星测量的黑体海洋温度的差距)和可降大气水蒸气的相关关系

计算针对 NOAA 1－5 VHRR 滤光器响应和天底视角。

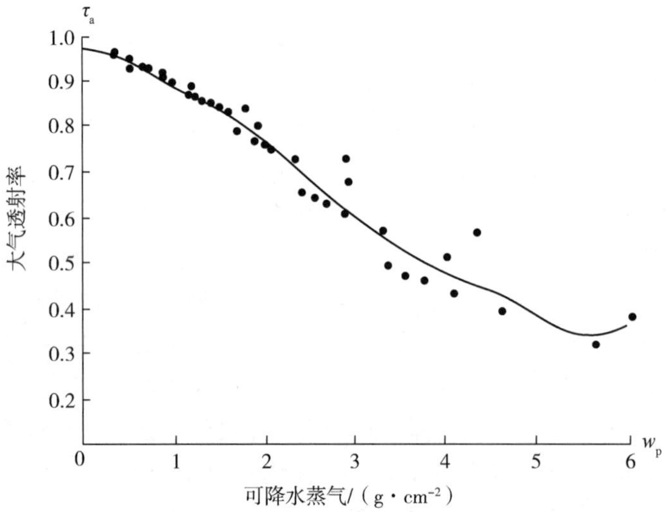

图 3-15　波长为 10～12 μm GOES 窗口的大气透射率与斜程的可降水量关系

利用表 3-5 中的标准大气以及七个天顶角进行计算；粗实线是 8 阶最小二乘多项式。

3.5.2　几何效应

表 3-5 的数值均为天底观测值，但是航天器的数据通常是与天底角有关的线扫描图像。在平行大气平面近似时，用式 3-13 中的 $\sec\theta$ 项校正天底角 θ。然而，在航天器高度，必须考虑地球曲率，如图 3-16 所示。根据余弦定律

$$r_e^2 = d^2 + (h + r_e)^2 - 2d(h + r_e)\cos\theta$$

利用下述二次方程式，将距离 d 归一化为 h：

$$\frac{d}{h} = b - |(b^2 + c)^{0.5}| \qquad (式 3-20)$$

式中

$$b \equiv \frac{h + r_e}{h}\cos\theta$$

$$c \equiv \frac{r_e^2 - (h + r_e)^2}{h^2}$$

对于海拔 1 000 km 的地方，与地球表面相切的射线 d 处的角 θ 大约为 59.8°。对于 $0° \leqslant \theta \leqslant 60°$ 范围，与平面地球相比较，地球曲率的影响很大，影响范围为

$$1 \leqslant \frac{d/h}{\sec\theta} \leqslant 1.8$$

必须采用 d/h 比值（式 3-20）替换式 3-13 中 $\sec\theta$ 项，从而定量校正天底角的影响。

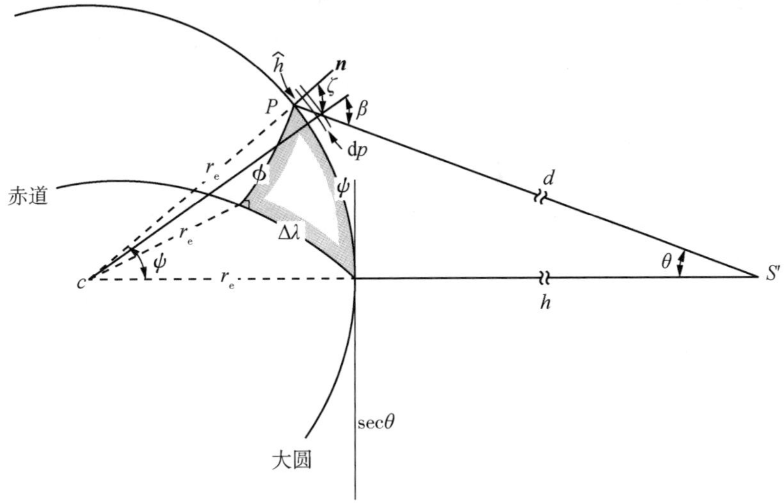

图 3－16　地球同步卫星的地球观测几何图

从 $h=35\ 800$ km 的轨道处的天底角 θ 不能超过 8°。低轨道（$h=1\ 000$ km）飞行器的几何图也很相似，除了 θ 大于 59°。

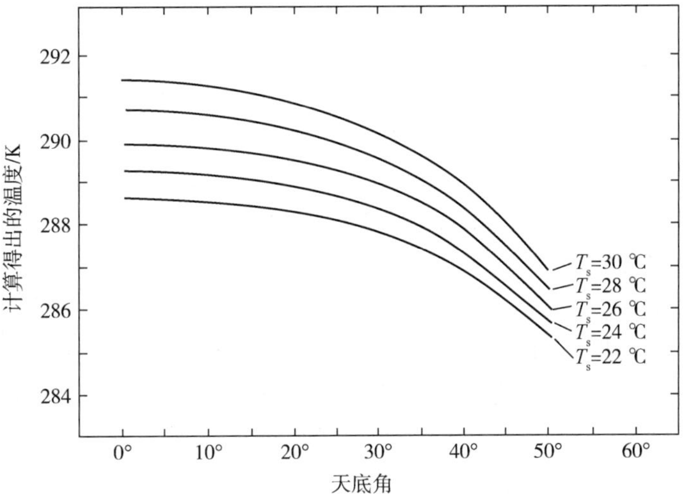

图 3－17　温暖湿润大气对 1 000 km 海拔处搭载 VHRR 的航天器的温度和天底角的影响

根据 Maul 和 Sidran 的研究（1973 年）重绘。

海拔 $h=1\ 000$ km，7 月，北纬 30°，美国标准大气下，天底角 θ 与计算得出的温度的关系如图 3－17 所示。上曲线的表面温度为 30 ℃（303.2 K），下面的曲线比上面的曲线上的温度小 2 ℃。因此，表面 8 ℃的温差在卫星天底观测时只有 2.7 ℃，并且在 50°天底角处，会进一步降低至 1.5 ℃。北纬 30°，7 月大气大约是天底角影响的上限，因为 7 月大气非常湿润（$w_p=4.4$ gm · cm^{-2}）并且 T_s的实际值离 301.2 K（表 3－5）不过几度。然而，图 3－17 的曲线显示，若采用海洋表面温差检测两个水团之间的边界，则卫星辐射计处的等效黑体温度差会降低。此外，因为辐射计会有仪表噪音 NETD，所以表面温度的不确定性依赖于观测时的天底角。比如，在图 3－17 中，若 NETD = 0.5 ℃，则北纬 30°的 7 月大气，当 $\theta = 50°$ 时，T_s 的不确定性为 $(0.5/1.5)\times 8.0 = 2.7°$，但是当 $\theta = 0°$ 时，不确定性只有 $(0.5/2.7)\times 8.0 = 1.5°$。

3.5.3 对表面温度梯度的影响

卫星上观测的表面温度梯度减小的物理原因可通过分析辐射传输方程式看出。采用传输方程推导出式 3－19：

$$L(0) = L(u_s)\tau_a + \int_{\tau_a}^{1} L_{em}\mathrm{d}\tau_a$$

并利用平均值定理定义平均发射辐亮度：

$$\overline{L}_{em} \equiv \frac{1}{1-\tau_a}\int_{\tau_a}^{1} L_{em}\mathrm{d}\tau_a$$

则传输方程式可写为

$$L(0) = L(u_s)\tau_a + (1-\tau_a)\overline{L}_{em} \tag{式 3－21}$$

假定大气透射率 τ_a 在短距离内是一个常数，并代入水平空间导数 $\nabla_h = (\partial/\partial x + \partial/\partial y)$，

$$\nabla_h L(0) = \nabla_h L(u_s)\tau_a$$

或考虑单因子情况，

$$\frac{\partial L(0)}{\partial L(u_s)} = \tau_a \approx \frac{\delta T_0}{\delta T_s} \tag{式 3－22}$$

这是红外温度梯度方程式。光谱（参见图 2－3）温度和辐亮度线性相关，卫星高度处的表面温度梯度减小了 $1/\tau_a$，比值 $\delta T_0/\delta T_s$ 只依赖于大气透射率。本文以北纬 30°，7 月美国标准大气及 10～13 μm 光谱滤光器为例，$\tau_a = 2.7/8.0 = 0.34$，如前文所述，这是估算的上限。

大气对地球同步航天器的红外传感的影响不同于对极轨航天器的影响，这是因为观测几何的差异。图 3－16 也显示了卫星与地球的几何，采用了表面球面三角形，其中 ϕ 是点 P 的纬度，$\Delta\lambda$ 是子卫星点和点 P 的经度差。中心角 ψ 等于点 P 到赤道的弧长，可通过纳皮尔法则找到此角，得出正确球面三角形的解：

$$\psi = \cos^{-1}(\cos\phi\cos\Delta\lambda) \tag{式 3－23}$$

角 ζ 确定了点 P 到航天器的斜程，使用切线法通过平面三角形 CPS' 的解可以找到该角。剩下的问题就是找到高度为地表以上 h 的大气层 $\mathrm{d}p$ 的光学厚度。作为一个近似值，有效路径长度，即未偏射光子穿过大气层 $\mathrm{d}p$ 的可能路径长度，可用 $\mathrm{d}p \cdot \sec\beta$ 表示。通过平面三角形的正弦定理以及 $\sin\theta = \sin(180° - \theta)$ 的关系式，得

$$\frac{\sin\beta}{r_e + h} = \frac{\sin\theta}{r_e + h}, \frac{\sin\zeta}{r_e + h} = \frac{\sin\theta}{r_e}$$

结合上式，重新排列各项，得

$$\sin\beta = \frac{r_e}{r_e + h} = \sin\zeta \tag{式 3－24}$$

对红外辐射传输十分重要的大气高度 $\hat{h}$，$\hat{h} \leqslant 10$ km，对流层顶近似高度，其比值$r_e/(r_e+\hat{h}) \approx 0.998$。因此，对于地球同步红外扫描仪，sec$\zeta$(很容易确定)可假定为天顶角。

3.5.4 地理和季节影响

根据 GOES 几何关系(式 3-23 和 3-24)，计算典型冬季和夏季无云大气的红外辐射传输方程(式 3.13)的数值解。图 3-18 显示，如果海洋温度均匀分布，T_s = 20 ℃，则通过 GOES 观测，似乎可以发现一个经向温度梯度。尽管透射率(包括几何效应)从北向南降低，但是这种南北梯度是由式 3-13 中大气发射项中 $L_{em}(u)$ 值较低引起的，该项控制了光学厚度的影响。图 3-18 的梯度是经向的，不会与海洋梯度 $\nabla_h T_s$ 混淆，因为海洋锋发生在非常短的距离(如 10 km)内，而图 3-18 中的梯度分布的距离要大得多。信风逆温的高度变化可能在一天内导致可降水量变化约 ±30%，这种影响可能导致卫星测量温度发生局部变化，约 ±1 K。若信风逆温的波长和海洋尺度一致，则卫星感应到的温度可能会被错误地解译为海洋温度而非大气温度。

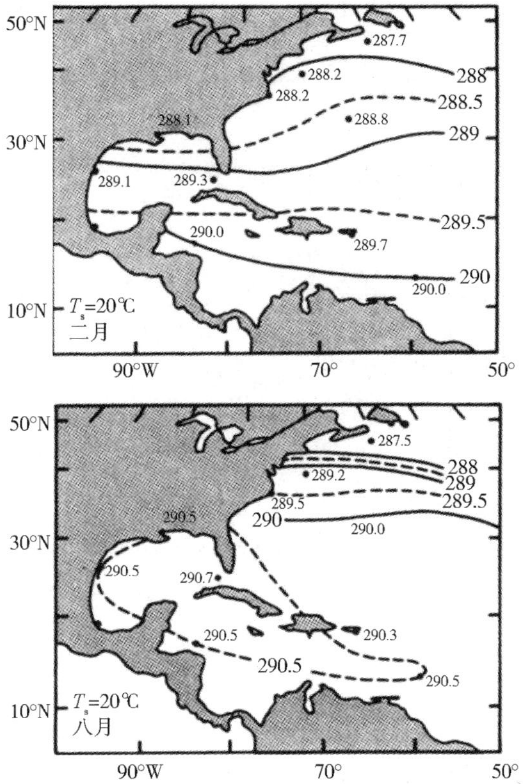

图 3-18 大规模大气温度和湿度对冬季(上图)和夏季(下图)海湿均匀分布的海洋区域(T = 293.2 K)的地球同步遥感的影响

更小的空间尺度变化，可能比上述数值大几倍。来源于 Maul 等人(1978 年)。

我们绘制了典型冬季和夏季无云大气对 GOES 海面绝对温度的影响图，见图 3-

19。采用近表面温度(假定等于 T_s；参见式 3－3)历史(图集)数值，我们绘制了无线电探空站(和图 3－18 中采用的无线电探空站相同)获取的温度距平。温度距平各有不同，冬天塞布尔岛、新斯科舍的温度距平不到 2 K，夏天布朗斯维尔、德克萨斯州附近的温度距平超过了 8 K。图 3－19 中温度距平的数值比表 3－5 中的数值稍低，这是因为图 3－19 利用的是无云大气而非标准大气，标准大气包括云层的湿度数据。在地球同步测量中，在塞布尔岛，角 ζ(式 3－24)大约为 50°，而在圣胡安岛和波多黎各，该角大约为 20°。在讨论地球同步观测时，天底角 θ 没有什么用，这是因为在纬度的切点处，天底角的最大值为 8.7°，也就是 $\phi=81°$，$\Delta\lambda=0°$(图 3－16)。

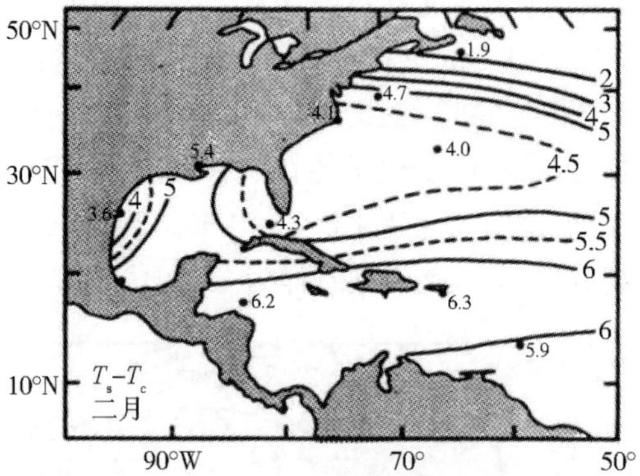

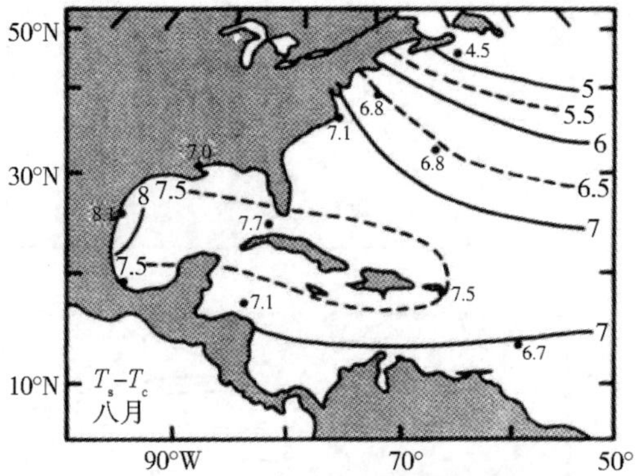

图 3－19　冬季(上图)和夏季(下图)的平均温度距平

由 GOES－2 上的 VISSR 测得。由小尺度大气不均匀性引起的局部变化与整体温度距平一样大。来源于 Maul 等人(1978 年)。

3.5.5　云的影响

分辨率相对较低的红外扫描仪，比如地球同步辐射计(约 10 km)上的红外扫描仪，可能扫描到云覆盖的视场。例如，在信风区，小积云通常直径有 0.5～1.0 km，间距为 5～10 km。因此，具有 10 km 分辨率的辐射计通常会有云污染数据。云对海面的影响是云污染百分比、云高及海表温度的函数。图 3－20 归纳了云层对 VHRR 的影响，同样采用的是北纬 30°处 7 月美国标准大气(参见图 3－16)下最坏情况示例。

在已知云层高度和云污染的百分比情况下，由于云层和海洋之间存在温差，误差主要是海表温度与大气的函数；如果海洋和低云或雾的温度相同，则不会出现误差。图 3－20 显示了北纬 30°处 7 月的大气温度曲线。大气顶（横坐标）温度的计算是基于 $T_s = 28$ ℃（301.2 K）。注意，高度为 8 000 m 处的积云（占视场的 10%），会导致 4 K 误差，而 1 000 m 处，导致的误差仅为 0.5 K。为了利用红外观测结果准确测定海面温度，分析时必须去除被局部云污染的测量结果。图 3－20 中绘制的计算结果表明，温度只能识别部分被云污染的数据。

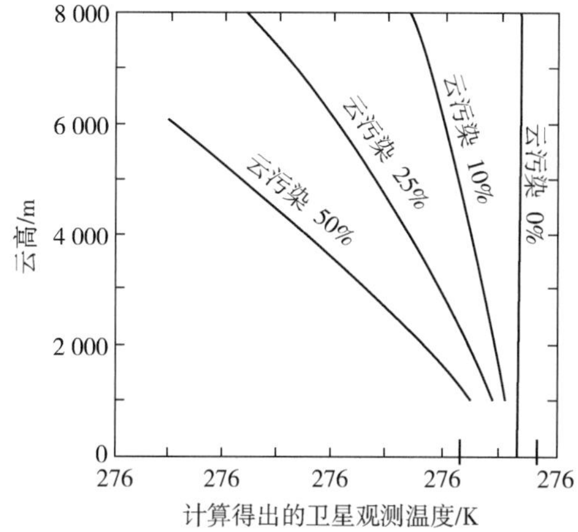

图 3－20　波长 10.5～12.5 μm 范围云局部充满天底视场时对温度的影响

计算是针对 VHRR 的，但也适用于在最坏潮湿典型大气情况下对 VISSR 的研究。来自 Maul 和 Sidran（1973 年）。

3.5.6　天空温度

在本部分（第 3.5 节的最后部分）我们总结几个关于大气对红外遥感的影响的重要结论。非黑体表面（比如海洋）的辐射传输方程，可写作

$$L(0,\kappa) = L(s,\kappa)\tau(s,\kappa)\varepsilon(s,\kappa) + \rho(s,\kappa)\tau(s,\kappa)L_{em_\downarrow}(s,\kappa) + [1-\tau(s,\kappa)]\overline{L}_{em}(0,\kappa) \quad (式 3-25)$$

$L_{em_\downarrow}(s,\kappa)$项是海面辐射计测得的大气辐亮度，而$(1-\tau)\overline{L}_{em}(0,\kappa)$是航天器或航空器上辐射计测得的大气辐亮度。$L_{em_\downarrow}(s,\kappa)$和$(1-\tau)\overline{L}_{em}(0,\kappa)$项的差异如下。

应用平均值定理可以方便计算俯视辐射计观测到的上行大气辐亮度$[L_{em_\uparrow}(\kappa)]$，写作

$$L_{em_\uparrow}(\kappa) \equiv [1-\tau(s,\kappa)]\overline{L}_{em}(\kappa) = \int_{\tau(s,\kappa)}^{1} L_{em}(\tau,\kappa)\,d\tau \quad (式 3-26)$$

和式 3－25 相似。相反，海洋表面（即仰视辐射计）测量的大气辐亮度为

$$L_{em_\downarrow}(s,\kappa) \equiv \int_{\tau(0,\kappa)}^{1} L_{em}(\tau,\kappa)\,d\tau \quad (式 3-27)$$

即$L_{em_\uparrow}(\kappa)$的积分是从海表面到航天器辐亮度，而对于$L_{em_\downarrow}(\kappa)$，积分是从太空到海表面。为了弄清楚$L_{em_\downarrow}$和$L_{em_\uparrow}$之间的差异，将与$L_{em_\downarrow}$有关的透射率用符号$\tau_\uparrow$表示，写作

$$\tau_{\uparrow} = e^{-\int_0^p a\mathrm{d}p}$$

然后将与$L_{em_{\downarrow}}$相关的透射率写作

$$\tau_{\downarrow} = e^{-\int_1^p a\mathrm{d}p}$$

式中，将大气压强(p)归一化为$0\leqslant p\leqslant 1$。为了简单化，设单位压强的吸收系数a为常数，具体而言，令$a=1$。然后，指数的积分是可解出的，由此产生的曲线见图3-21所示。

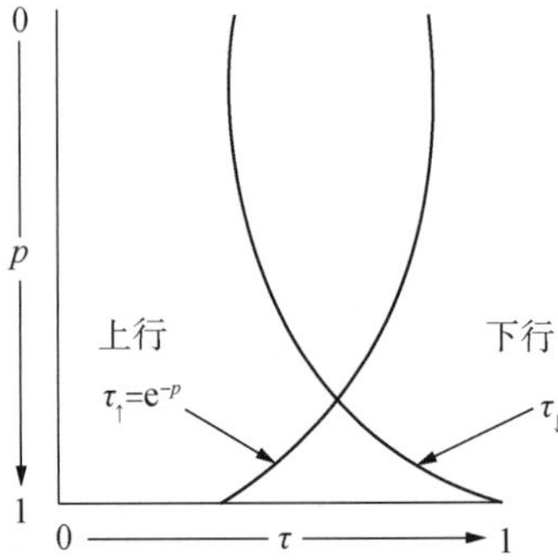

图3-21 大气压强与透射率的曲线关系示意

大气透射剖面，依赖于辐射计是从海表面看向天顶，还是从天顶看向海表面。

现在考虑一个大气温度曲线$T=210+90p$，式中，将压强p再次归一化到(0，1)。此外，设辐亮度和温度线性相关，构成$L=\alpha T+\beta$，范围为$210\leqslant T\leqslant 300$。这就会有2种情况下的完整解析法：第1种情况，从天底朝上的辐射计，$p=0$；第2种情况，从天顶朝下的辐射计，$p=1$。

第1种情况——上行辐射：

$$L_{\uparrow}(p=0) = \int_{\tau}^{1} L\mathrm{d}\tau_{\uparrow}$$

代入温度和辐亮度的表达式，得

$$\alpha T_{\uparrow} + \beta = \int_{1}^{0} [\alpha(210+90p)+\beta](-e^{-p})\mathrm{d}p$$

解积分得

$$\alpha T_{\uparrow} + \beta = (300\alpha+\beta)(1-e^{-1}) - 90\alpha e^{-1}$$

重排各项得

$$T_{\uparrow} = 300 - (390 + \beta/\alpha)e^{-1}$$

当波长为10 μm时，β/α的值约为-197，而在$p=0$处测量的大气等效黑体温度为$T_{\uparrow}=229$ K。

第2种情况——下行辐射：

$$L_{\downarrow}(p=1) = \int_{\tau}^{1} L\mathrm{d}\tau_{\downarrow}$$

代入仰视情况下辐亮度和温度的表达式，得

$$\alpha T_{\downarrow} + \beta = \int_0^1 [\alpha(210 + 90p) + \beta] e^{p-1} dp$$

解积分得

$$\alpha T_{\downarrow} + \beta = (210\alpha + \beta)(1 - e^{-1}) + 90\alpha e^{-1}$$

重排各项，解 $T_{\downarrow}$，即从表面朝上看时同一个大气下的等效黑体温度，得

$$T_{\downarrow} = 210 - e^{-1}(\beta/\alpha + 120)$$

最终，代入 β/α 的相同值，得

$$T_{\downarrow} = 238 \text{ K}$$

比较第 1 种和第 2 种情况的结果，可看出，当从表面朝上看时，大气温度较高。这个结果很合理，因为越靠近地面辐射计，温度越高，并且光子到达辐射计的概率 τ 也比相反情况下的概率高。根据 LOWTRAN－4 辐射传输模型进行计算可得到 10.2～12.3 μm 波段的精确结果，见表 3－6。图 3－21 的示例表明，式 3－26 和 3－27 并不是等价的，除非在最简单的情况下，即 $L_{em}(\tau,\kappa)$ 是常数(一个等温大气)。

表 3－6　GOES 和 NOAA 卫星上 10～12 μm 的波段范围的上行($T_{\uparrow}$)和下行($T_{\downarrow}$)天空温度

大气	τ_a	$T_{\uparrow}(\kappa)$	$T_{\downarrow}(\kappa)$
热带	0.502 7	144.1	254.5
中纬度夏季	0.657 9	97.5	235.8
中纬度冬季	0.902 4	25.4	203.5
亚极地夏季	0.769 0	63.7	220.0
亚极地冬季	0.940 2	14.9	200.7
美国标准大气	0.853 2	40.1	210.9
解析 e^{-1} =	0.368 0	229.0	238.0

我们发现了一种有趣的改写式 3－27 的方法。采用这种方法，不用重新建积分计算，便可计算 $L_{em_{\downarrow}}(s,\kappa)$。为推导出这一新式，改写式 3－26 和 3－27，如下：

$$\begin{aligned}[1 - \tau(s,\kappa)]\overline{L}_{em}(\kappa) &= \int_{\tau(s,\kappa)}^1 L_{em}(\tau,\kappa)d\tau \\ &= -\int_0^{p_s} L_{em}(p,\kappa)\frac{\partial}{\partial p}(e^{-\int_0^p a dp dp})dp\end{aligned} \quad (式 3－28)$$

和

$$\begin{aligned}L_{em_{\downarrow}}(\kappa) &= \int_{\tau(0,\kappa)}^1 L_{em}(\tau,\kappa)d\tau \\ &= -\int_{p_s}^0 L_{em}(p,\kappa)\frac{\partial}{\partial p}(e^{\int_{p_s}^p a dp})dp\end{aligned} \quad (式 3－29)$$

在式 3－28 和 3－29 中，将相关项用括号括起来，可得

$$e^{\int_{p_s}^p a dp} = e^{\gamma} e^{-\int_0^p a dp}$$

式中，γ 是待确定的函数。取上述式两边的自然对数，重排各项，得

$$\gamma = \int_{p_s}^p a dp + \int_0^p a dp$$

此式可写作

$$\gamma = -\int_{p}^{p_s} a\mathrm{d}p + \int_{0}^{p} a\mathrm{d}p + \left(\int_{0}^{p} a\mathrm{d}p - \int_{0}^{p} a\mathrm{d}p\right)$$

把积分 $-\int_{P}^{P_s}$ 与 $-\int_{0}^{p}$ 合并，得

$$\gamma = -\int_{0}^{p_s} a\mathrm{d}p + 2\int_{0}^{p} a\mathrm{d}p$$

代回式 3－29，得

$$L_{\mathrm{em}_\downarrow}(\kappa) = -\int_{p_s}^{0} L_{\mathrm{em}}(p,\kappa)\frac{\partial}{\partial p}\left(\mathrm{e}^{-\int_0^{p_s} a\mathrm{d}p}\mathrm{e}^{\int_0^{p} 2a\mathrm{d}p}\mathrm{e}^{-\int_0^{p} a\mathrm{d}p}\right)\mathrm{d}p$$

括号中的第一项就是 $\tau(s,\kappa)$，它是一个常数，可提到积分符号外。第二项是 $\tau^{-2}(p,\kappa)$，第三项是将式 3－29 按照式 3－28 表示时所需形式。$L_{\mathrm{em}_\downarrow}(\kappa)$现可写作

$$L_{\mathrm{em}_\downarrow}(\kappa) = -\tau(s,\kappa)\int_{p_s}^{0}\frac{L_{\mathrm{em}}(p,\kappa)}{\tau^2(p,\kappa)}\frac{\partial}{\partial p}\left(-\mathrm{e}^{-\int_0^{p} a\mathrm{d}p}\right)\mathrm{d}p$$

式中，括号中的负号代表原项减小到 $\mathrm{e}^{-\int_0^{p} a\mathrm{d}p}$，该项仍和在式 3－29 中一样，为正数。上述式中的积分可写为以 τ 为变量的积分，即

$$L_{\mathrm{em}_\downarrow}(\kappa) = \tau(s,\kappa)\int_{\tau(s,\kappa)}^{1}\frac{L_{\mathrm{em}}(p,\kappa)}{\tau^2(p,\kappa)}\mathrm{d}\tau \qquad \text{（式 3－30）}$$

值得注意的是，因为分母中的项 $\tau^2(p,\kappa)$，式 3－30 和式 3－26 并不相同。若在辐射传输模型中采用大气压强、温度和湿度的剖面对遥感表面温度进行校正，如果考虑了大气辐亮度和反射，则必须解出式 3－20 和 3－30。另一方面，多光谱传感系统的利用可以避免计算辐射传输方程。在式 3－25 中，发射率 $\varepsilon(s,\kappa)$ 可通过非涅尔反射比函数建模，因此一次线性方程中剩下四个未知数：$L(s,\kappa)$、$\tau(s,\kappa)$、$L_{\mathrm{em}_\downarrow}(s,\kappa)$ 和 $\overline{L}_{\mathrm{em}}(0,\kappa)$。不幸的是，式 3－25 中的项 $L(s,\kappa)\cdot\tau(s,\kappa)\cdot\varepsilon(s,\kappa)$ 包括两个未知数，因此不可能解出解。通过建模可以得出各变量之前的关系式，因此可采用第 3.6 节所述的多光谱方法。

3.6 表面温度和垂直热量的红外测量

红外技术在海洋中首次定量应用的一个方面是：采用机载辐射温度计测量墨西哥湾流边缘的海面温度和位置。采用 NIMBUS 2 和后来的航天器搭载的中等、高分辨率红外辐射计，人们尝试量化表面温度场。但在首次尝试中，出现的一个问题是如何采用单通道红外测量实现无云表面温度估算。

3.6.1 单通道大气校正

在云量少的区域，比如加利福尼亚半岛或干旱的非洲西部，已成功运用了一种高度日平均（HDA）的方法。假定无云扫描光点的等效黑体温度高于云污染扫描光点的等效黑体温度。通过多次观测同一个地理光点，将系列观测值的最大值鉴定为无云观测值。若系列观测的时间足够长（比如一周左右）并且航天器的亚轨道随机定位在研究

区内，则天底角的影响往往会被忽略，只需要采用天底视场情况的大气校正。HDA 方法也有缺点，它没有考虑大气湿度的变化，并且还保留了高噪声值代替较低（可能无云）大气海洋表面温度值。HDA 在多云区域或时间变化很大的研究区域无法持续有效地工作。

还有一种量化程度更高的统计方法，即在一个指定的卫星过境区域，综合所有的在经纬度 1°×1°范围内或更大范围区域内的卫星观测结果。在综合各项数据前，必须明确考虑天底角对测量结果的影响。对于早期 NIBMUS 卫星上的 3.8 μm 波道，下述式

$$T_s - T_c = [C_4 + C_5(\theta/60^\circ)^{C_6}]\ln(100^\circ/310^\circ - T_c)$$

用于计算温度距平 $T_s - T_c$，其中 $C_4 = 1.13$，$C_5 = 0.82$，$C_6 = 2.48$。这种式适用于全球普遍大气情况的海表面温度分布。$\ln(100^\circ/310^\circ - T_c)$ 中包含的项表明，温度距平 $T_s - T_c$ 是卫星观测温度 T_c 的函数。这也反映在表 3-5 中，这观测结果表明，温暖的 T 值和潮湿大气有关。$C_4 + C_5(\theta/60^\circ)^{C_6}$ 是 3.8 μm 窗口的天底角曲线的拟合，该曲线与图 3-17 相似。

在经纬度 1°×1°区域或更大区域内，晴空卫星温度的频率分布在根据天底角和“普通”大气进行校正后，具有一个正态（或高斯）概率密度函数。如果数据点被云污染，则频率分布左右不对称，或具有负偏斜性。图 3-22 举例说明了一种假定情况，假定只有辐射计测量产生的随机噪声，无云频率分布是正态曲线，而因为有某些扫描光点出现了云层加上随机噪声影响，导致出现负偏斜频率分布。如果通过校准仪表的校准，得出了估计的标准偏差，则可通过假设每条曲线暖的一侧的边缘具有正态概率分布，继而算出无云平均 $\overline{T}$。设

$$Y = e^{-(T-\overline{T})^2/2s^2}$$

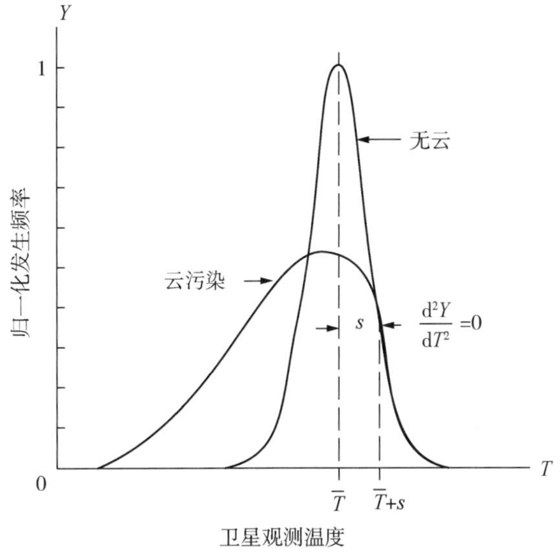

图 3-22　无云和被云污染区（如 100 km×100 km）各个像素点的假设概率分布

无云概率密度函数是高斯函数，理想化状态下仅受随机噪声的影响。

为归一化概率密度函数，其中，T 是单次测量的温度。设导数为 0，则

$$\frac{\mathrm{d}Y}{\mathrm{d}T}=0=-\frac{(T-\overline{T})}{s^2}\mathrm{e}^{-(T-\overline{T})^2/2s^2}$$

对于现实中的海洋，上述情况仅在 $T=\overline{T}$时发生。当二阶导数设为 0 时，有

$$\frac{\mathrm{d}^2Y}{\mathrm{d}T^2}=0=\frac{(T-\overline{T})^2}{s^4}\mathrm{e}^{-(T-\overline{T})^2/2s^2}-\frac{\mathrm{e}^{-(T-\overline{T})^2/2s^2}}{s^2}$$

上述情况仅在 $T-\overline{T}=\pm s$ 时发生。因此，若观测到的分布图最大斜率上的温度在较暖一侧，则从中减去已知的测量标准误差值，便可计算出真正的表面温度$\overline{T}$。

在图 3-22 的示例中，云污染数据中的平均温度小于无云数据中的平均温度。但是，每种情况下频率分布图较暖一侧是正态曲线，因此计算出相同的$\overline{T}$值。一些 3.8 μm波段数据的实际频率分布示例见图 3-23；NIMBUS 2 辐射计的标准偏差为 $s=\pm1.5$ K。因为此方法是客观的，所以适应于全球范围内自动计算机处理，航测数据和卫星估算的均方根差异为 ±1.7 K。这种方法的局限性在于局部分辨率较粗糙（1°×1°或更大范围），并且采用的是"全球"大气。包括纬向平均大气校正、10.5～12.5 μm 辐射计和海洋表面温度分布的改善措施并未从实质上改善航测和卫星数据的均方根。

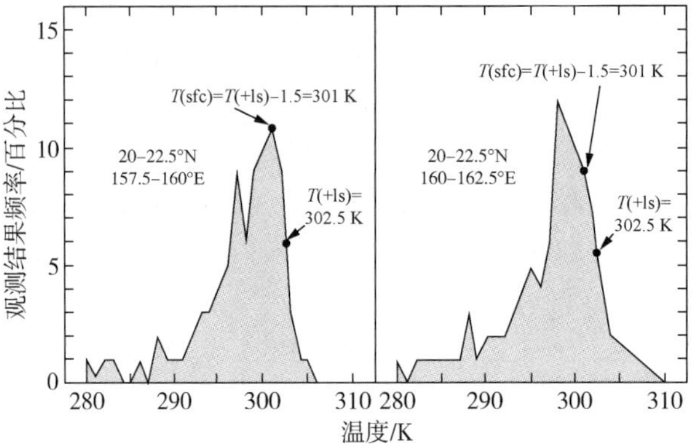

图 3-23　NIMBUS 2 HRIR 上的 3.8 μm 波段获取数据的实际频率分布示例

左半部分 2.5°×2.5°区域大部分是无云的；右半部分区域（面积相同）部分是有云的。根据 Smith 等人的研究（1970 年）重绘。

3.6.2　可见红外双通道技术

为了获得多通道（一个以上）的信息，目前已有人设计出了适用于云层探测和大气校正的多光谱技术。当扫描器只有两个通道时，通常可改善可见光（0.5～0.7 μm）和红外光（10.5～12.5 μm）的云层探测，但是必须通过辐射传输方程（式 3-13）的解进行大气校正。通常通过较低红外温度和较高可见光辐亮度区分云层。无云海洋区的特点为红外温度较高，而可见光辐亮度较低（没有来自太阳的镜面反射）。通过地球同步卫星获取信息建立了墨西哥湾上空可见光和红外光辐亮度的曲线图，见图 3-24。如果选择了无云训练区并且确定了可见光和红外光辐亮度范围，则可通过求每个区域的温度范围和可见光辐亮度范围来确定其他无云区。

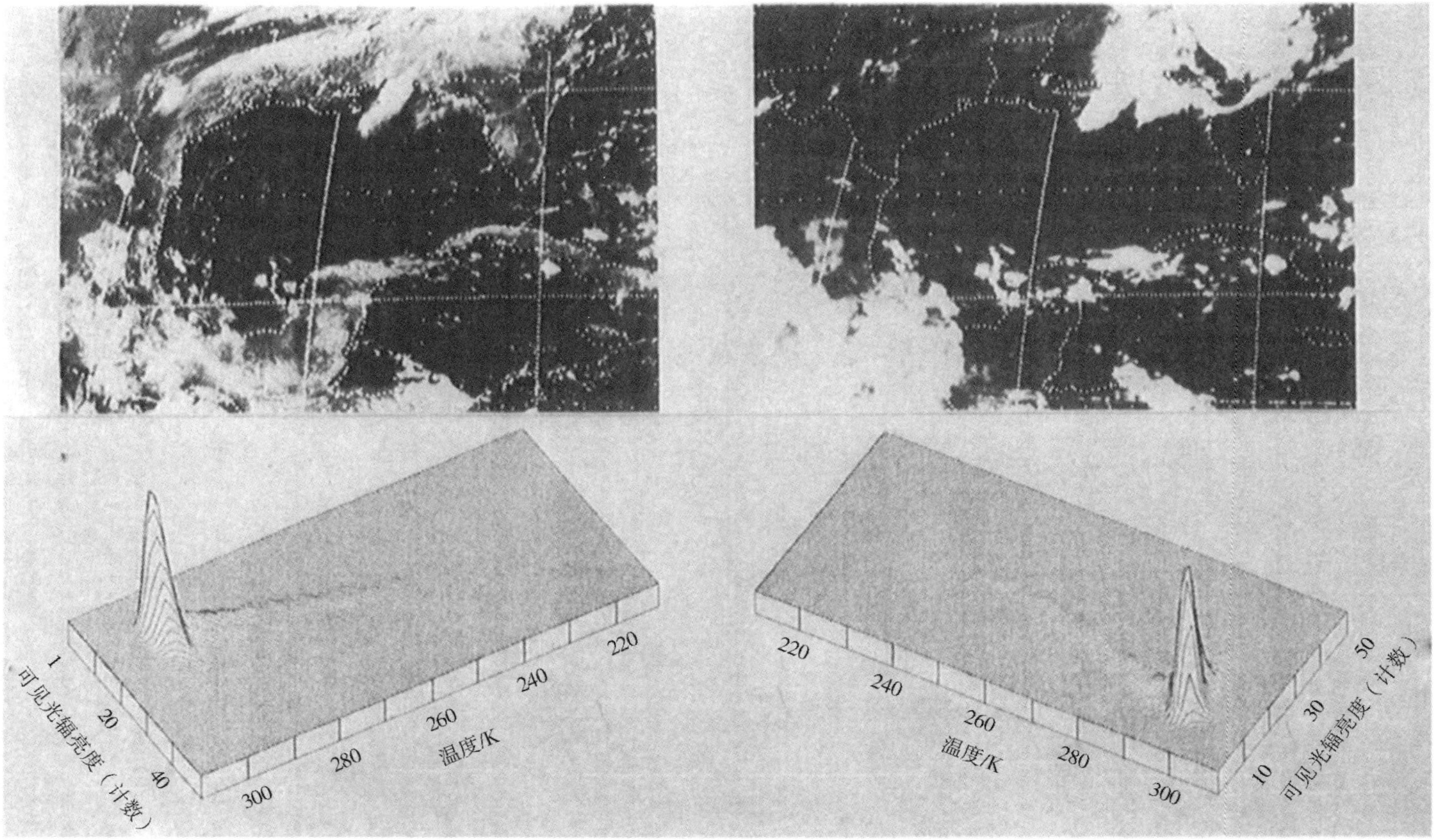

图3–24 GOES获取的墨西哥湾低云量覆盖图像

可见光数据为1 km分辨率；红外光辐射数据为8 km分辨率。曲线图和10 km分辨率数字数据的处理方式相同，只是视角不同。来自Maul（1981年）。

对比图 3－24 中的曲线在低云量和高云量的示例，发现主要的峰值位于曲线图的低可见光反射比－高温度段。目前已经确定，这种差异并不是空间分辨率的函数(图 3－24 的数字数据的分辨率为 10 km)。由此可以得出云量大时的可见光通道反射比不大于海面的反射比范围，并且温度也不低于无云大气下观测到的海洋温度。因此，利用两种波长范围的云层探测也可能存在不确定性，通过逐个像素点比较可以估算出误差值大于等于 0.5 K。比较图 3－24 的曲线，以及图 3－23 的一维曲线，在识别个别无云像素点时评估多光谱分析值。

下一步是校正每个无云扫描光点的大气衰减。在局部地区，以墨西哥湾流为例，无云大气剖面用于求解辐射传输方程。为 T_s 选取一个表面温度范围，并计算每个天底角 θ(对于低空极地轨道卫星；式 3－20)或每个天顶角 ζ(对于地球同步卫星；式 3－23 和式 3－24)的数值积分。图 3－25 显示了北纬 30°处 7 月美国标准大气下的校正结果。在每个观测角，表面温度 T_s 和通过式 3－16 计算的温度 T_c 之间存在密切的线性相关性。这是因为下面公式中只有 L_s 项发生变化：

$$L(0) = \int_0^{\infty} \zeta L_s \tau \mathrm{d}\kappa + \int_0^{\infty} \zeta \int_{\tau}^{1} L_{em} \mathrm{d}\tau \mathrm{d}\kappa$$

在给定视角和大气条件下，图 3－25 所示的 $L(0)$ 与 10.5～12.5 μm 波段范围内的 L_s 存在较强的线性相关。对于给定的 θ，T_s 与 T_c 的线性关系意味着，必须解出 T_s 中两个值来建立校正矩阵。

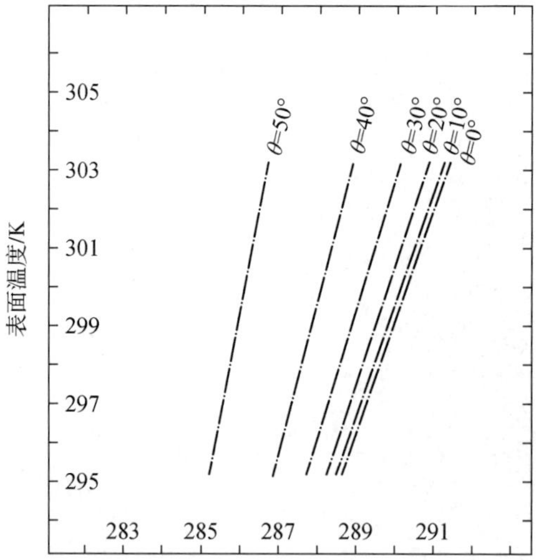

图 3－25　海面温度和配有红外滤光器的 ITOS 航天器计算得出的温度(见图 3－12)之间的关系，是天底角 θ 的函数

潮湿温暖大气会导致出现较大的温度距平。根据 Maul 和 Sidran 的研究(1973 年)重绘。

该方法的最后一步是，组合校正的无云观测结果来填充受云影响的空白区域。在中纬度需要大约 7～21 天的数据，这就限制了海洋特征的频率研究。比较卫星观测数据与同步的船测数据的均方根，这种方法比之前讨论的单通道方法好 2 倍。

3.6.3　多光谱红外通道技术

红外辐射传输理论中最重要的进展之一是发现对于给定的表面温度，一个特定波数的辐亮度线性地依赖于另一个波数的辐亮度，与大气类型无关，无论是极地、中纬度还是热带大气。这一发现打开了海洋表面温度多光谱红外遥感的大门，实现了在逐个像素的基础上解释大气。图 3－26 总结了各种大气条件和天顶角情况下，κ = 1 117.3 cm^{-1}(8.95 μm)与 κ = 840.3 cm^{-1}(11.9 μm)的相关性；图 3－10 和图 3－11，可用于解释这种相关的物理原因。以 1 117.3 cm^{-1}和 840.3 cm^{-1}为中心的窄带的透射率主要受水蒸气变化的影响，并且在较低波数处的影响较大。因此，对于大部分来说，两个波数处的吸收系数是彼此的常数倍。这本身不足以预测图 3－26 所示的结果，因为这结果也取决于辐射计视线内与平均大气温度相关的海面温度。注意，κ_c = 1 117.3 cm^{-1}和 κ_c = 840.3 cm^{-1}处的辐亮度的相关性不完全独立于天顶角(图 3－16 中的 ζ)。细微差异的中心波数的选择将改善天顶角效应。首先，必须导出多光谱辐亮度式。

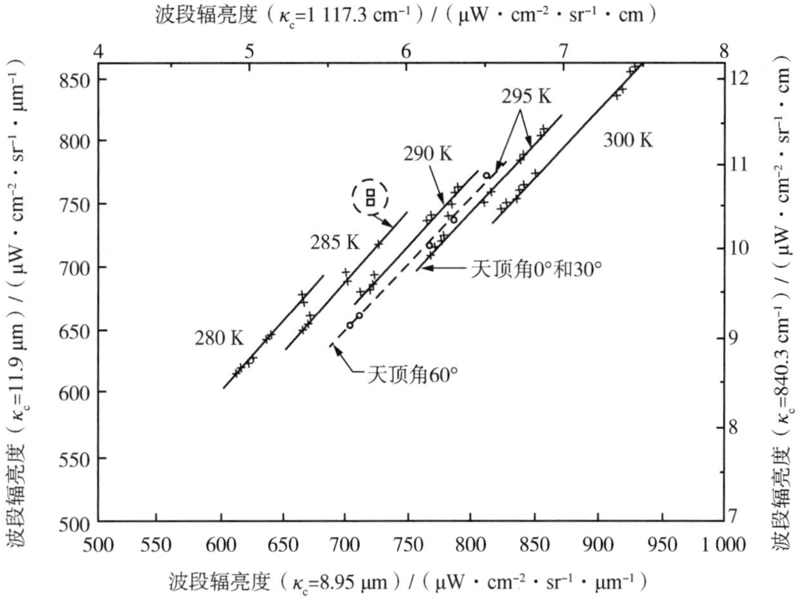

图 3－26　9 μm 和 12 μm 通道大气顶计算的海面温度间的相关性

注意大的天顶角的非线性特征。图 3－26 根据 Anding 和 Kauth 的研究(1972 年)重绘。

确定红外温度校正的多光谱方法来自式 3－21，可以写成

$$L_i = L_s \tau_i + (1 - \tau_i) \overline{L}_{em_i}$$

式中，下标 i = 1，2，…，表示测量通道或中心波数。如果测量透射率被定义为

$$\tau_i \equiv \int_0^{\infty} \xi(\kappa) \tau(\kappa) d\kappa$$

式中，归一化 $\xi(\kappa)$，使得上式 $\int_0^{\infty} \xi(\kappa) d\kappa = 1$，回顾普朗克定律(式 2－6)，则红外

辐射传输方程式可以写成

$$\int_0^\infty \frac{\zeta \cdot 2v_0^2 h\kappa^3}{e^{v_0 h\kappa/kT_i}-1}d\kappa = \tau_i \frac{\int_0^\infty \frac{\tau\zeta \cdot 2v_0^2 h\kappa^3}{e^{v_0 h\kappa/kT_s}-1}d\kappa}{\int_0^\infty \tau\zeta d\kappa} + (1-\tau_i)\frac{\int_0^\infty \frac{(1-\tau)\zeta \cdot 2v_0^2 h\kappa^3}{e^{v_0 h\kappa/kT_{em}}-1}d\kappa}{\int_0^\infty (1-\tau)\zeta d\kappa}$$

上述式中的因变量是 T_i，对于图 3－25 所示的情况，T_s是唯一的因变量。因此，T_i的变化线性地依赖于T_s的变化，这就使得红外温度式写成

$$T_i = \tau_i T_s + (1-\tau_i)\overline{T}_{em_i} \qquad (式 3-31)$$

式中，温度 T_i、T_s和$\overline{T}_{em_i}$是由上述积分定义的等效黑体温度。注意，简单地替换式 3－31 中的开尔文温度是不正确的。

在两个波数 $i=1$、2 时，可以写出一对以温度表示的辐射传输方程式

$$\begin{cases} T_1 = T_s\tau_1 + (1-\tau_1)\overline{T}_{em_1} \\ T_2 = T_s\tau_2 + (1-\tau_2)\overline{T}_{em_2} \end{cases}$$

求解 $\overline{T}_{em}$，得

$$\frac{T_1 - T_s\tau_1}{1-\tau_1} - \frac{T_2 - T_s\tau_2}{1-\tau_2} = \overline{T}_{em_1} - \overline{T}_{em_2}$$

求解 T_s，得

$$T_s = \frac{T_1(1-\tau_2)}{\tau_2-\tau_1} - \frac{T_1(1-\tau_2)}{\tau_2-\tau_1} + (\overline{T}_{em_1} - \overline{T}_{em_2}) \cdot \frac{(1-\tau_1)(1-\tau_2)}{\tau_2-\tau_1}$$

添加项$(T_1\tau_1 - T_1\tau_1)/(\tau_1-\tau_2)$，使表面温度的多光谱辐亮度方程式写为

$$T_s = T_1 + (T_1 - T_2)\Gamma - (\overline{T}_{em_1} - \overline{T}_{em_2})(1-\tau_2)\Gamma \qquad (式 3-32)$$

其中，

$$\Gamma \equiv \frac{1-\tau_1}{\tau_1-\tau_2}$$

式 3－32 被解释为测量方程式，其中校正的表面温度 T_s可以从两个波数处的等效黑体温度 T_1和 T_2、斜率 Γ 和截距 $(\overline{T}_{em_2} - \overline{T}_{em_1})(1-\tau_2)\Gamma$ 的线性组合来计算。

选择两个波数使得透射率 τ_1和 τ_2接近 1 并且它们的变化由相同的吸收气体(在这种情况下为水蒸气)引起，或者是常数。为了显示这个规律，采用公式

$$\tau_i = e^{-a_i r} \approx 1 - a_i r$$

式中，a_i是波数 i 处的吸收系数，r 是穿透大气的斜距距离，则

$$\Gamma = \frac{1-(1-a_1 r)}{(1-a_1 r)-(1-a_2 r)}$$

或

$$\Gamma = \frac{a(\kappa_1)}{a(\kappa_2)-a(\kappa_1)} \qquad (式 3-33)$$

在以上限制条件下为常数。

式 3－33 表明当 $\tau > 0.9$ 时，Γ 是常数，当 $\tau_i \approx 1 - a_i r$ 时，是一个有效近似值。图 3－15 或表 3－6 的综述显示，对于大多数 $\zeta = 0°$ 的天顶角，τ 的值小于 0.9。此

外，Γ 将取决于 τ_1 和 τ_2 的波数间隔。对于 TIROS－n/NOAA 卫星搭载的 AVHRR 上的11 μm和 12 μm 通道，Γ 随大气类型和天顶角变化，如图 3－27 所示。因此，式 3－33 的近似解适用于航空观测，而不适用于航天观测。图 3－11 表明，Γ 值取决于使用的通道对。例如，如果使用 AVHRR 上 3.8 μm 通道和 11 μm 通道，则可能出现 Γ 为负值的情况，因为有一些模拟的大气条件，例如美国标准或亚极地冬季，表明 3.8 μm 比 11 μm 上的透明度更低。

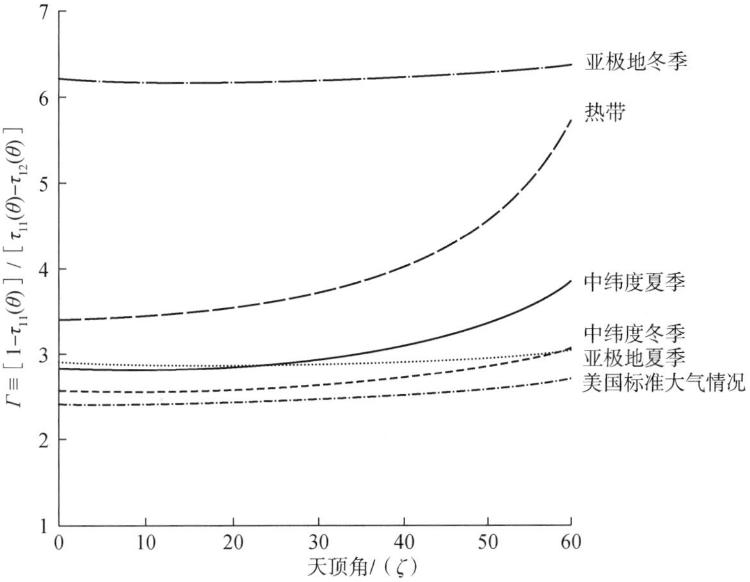

图 3－27　LOWTRAN－4 辐射传输代码中不同模拟大气条件的海面温度校正因子 Γ(式 3－32)和天顶角的变化

从 AVHRR 通道 4 和 5 中选择波长为 11 μm 和 12 μm。来自 Maul(1983 年)。

图 3－27 并不意味着式 3－32 的形式不是一个线性方程，因子 Γ 依赖于 T_1 和 T_2。这可以通过绘制 $T_s - T_{11}$ 与 $T_{11} - T_{12}$ 来看出，其中下标 11 和 12 指的是 AVHRR(见表 3－1)上通道 4 和 5 中的中心波长，如图 3－28 所示。使用的表面温度范围为 270～300 K；所使用的两个天顶角为 6.6°和 53.8°；所使用的模式大气范围为热带中纬度夏季和冬季、亚极地夏季和冬季以及美国标准，以确保图 3－28 中的线性关系是全球都适用的。

注意，截距 $(\overline{T}_{\mathrm{em}_{11}} - \overline{T}_{\mathrm{em}_{12}})(1-\tau_{12})\Gamma = 0.3$ K，表明大气在 11 μm 和 12 μm 处发射的平均等效黑体温度不相等。图 3－28 中曲线的最小二乘方程是

$$T_s = T_{11} + 3.35(T_{11} - T_{12}) + 0.32 \qquad (式 3-34)$$

即 AVHRR 3.8 μm /11 μm 的斜率和截距分别为 1.42 K 和 1.28 K。因此，与 3.8 μm/11 μm 通道对相比，11 μm /12 μm 通道对 NETD 更敏感，因为斜率乘以两次独立测量的等效黑体温度差。例如，令 AVHRR 上的 3.8 μm 和 11 μm 每个通道的 NETD＝±0.1 K，无云图像的单像素仪器噪声误差为[(±0.1)－(±0.1)]•1.42＝±0.3(K)，而对于 AVHRR/2(式 3－34)上的 11 μm /12 μm 对，值为[(±0.1)－

(±0.1)]·3.35=±0.7(K)，对于3.8 μm /11 μm 波段对，式3-34已经应用于全球红外海表面温度反演算法，在"无云"区域中误差接近0.6 K。

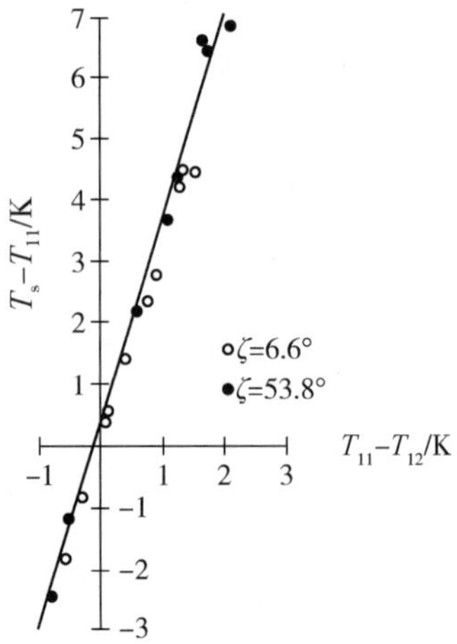

图3-28 AVHRR上的海面温度与11 μm通道中观测到的温度差(T_s-T_{11})与11 μm和12 μm通道($T_{11}-T_{12}$)温差的相关性

数值是针对6种模式大气，天顶角为ζ=6.6°和53.8°，以及对于270 K≤T_s≤300 K的范围计算的。线性相关系数为r=0.99。根据Maul的研究(1983年)重绘。

3.6.4 双角单通道技术

式3-32给出了机载辐射温度计(ART)测量的校正方法。假设T_1和T_2是相同地点的等效黑体温度测量值，但是在通过相同波数滤波器的两个天底角θ_1、θ_2处[与在相同天底角处的两个滤光器$\xi(\kappa_1)$,$\xi(\kappa_2)$的卫星应用相反]，函数Γ(式3-33)变成

$$\Gamma=\frac{1-\tau_1}{\tau_1-\tau_2}$$

式中，下标是指在两个天底角的透射率。再假设$\tau_i\approx 1-a(\kappa)r_i$,则

$$\Gamma=\frac{1-1+a(\kappa)r_1}{1-a(\kappa)r_1-1+a(\kappa)r_2}=\frac{r_1}{r_2-r_1}$$

如果ART是天底观测仪器并且航空器周期性倾斜，使得θ_2=60°，或者如果存在第二个ART在天底点60°观测海洋，则$\sec\theta_2=2$，$r_2=2r_1$，$\Gamma=1$代入式3-26后，就产生下列式

$$T_s=2T_1-T_2 \qquad (式3-35)$$

式3-35为大气提供了一个修正式，与飞行器下方空气柱中水分和温度的分布无关。这最适用于低空(h)飞行器，因为假设$\overline{T}_{em_1}=\overline{T}_{em_2}$，如果在飞行器的$h\sec\theta$前方位角上的海面温度(两个辐射计应用)有明显变化，那么校正是无效的。

以此类推，在两个角度观察海洋的飞行器技术是通过两个卫星从两个不同的天底角同时观察相同的海洋像素。对于适用于双卫星方法的式3-32，两个辐射计光谱响应$\xi(\kappa)$应相似；理论上它们必须相同。例如采用GOES VISSR和NOAA-5

VHRR，并且 $T_s - T_{\theta_1}$ 与 $T_{\theta_1} - T_{\theta_2}$（式中，下标 θ 分别表示从卫星 1 和 2 观测到的视角）的图与图 3 - 28 所示十分相似。对于 $|\theta_1 - \theta_2| < 50^\circ$，多卫星方法线性最小二乘方程的截距小于 0.02 K，这表明单一窄通道中的 $\overline{T}_{em}$ 与大气路径长度无关。

3.6.5　垂向海洋的热通量

多通道红外飞行器测量的一个有趣的应用是直接测量垂向海洋的热通量。如图 2 - 10 所示，水的吸收系数是分散的。在可见波长处，变化的吸收系数（恒定散射）意味着在海中可以看到的物体深度取决于观察到该物体的波长。在红外波长处，变化的吸收系数意味着特定等效黑体温度所在深度似乎取决于测量它的滤波器的波长。例如，在 6 μm（1 700 cm^{-1}）的大气中，H_2O 吸收无法实现表面温度测量（见图 3 - 10），而卫星分光辐射计可以测量该波长处的等效黑体温度。6 μm 处测量的有效深度是吸收系数的函数。

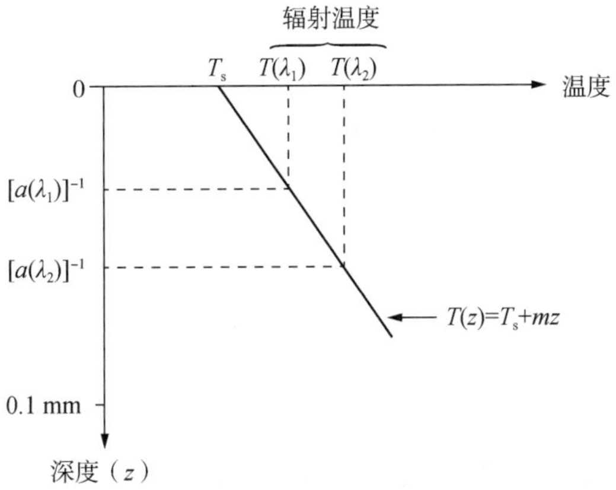

图 3 - 29　海洋上表层 100 μm 深度的线性温度曲线

采用两个波长处海水中有效深度辐射的发射实现了热通量 dT/dz（参见式 3 - 37）的观测。

考虑海表层流，其中温度曲线是深度的线性函数，如图 3 - 29 所示，式是

$$T(z) = T_s + mz$$

式中，m 表示直线的斜率。水中辐射传输方程（参见式 3 - 31）可以写成

$$T_{meas} = T(z)\tau(z) + [1 - \tau(z)]\overline{T} \qquad \text{（式 3 - 36）}$$

式中，T_{meas} 是刚好在海表面上方测量的温度，以避免大气影响，$T(z)$ 是在某一深度 z 处的透射率，其中平均温度 $\overline{T}$ 由下式给出：

$$\overline{T} = \frac{1}{1-\tau}\int_{\tau}^{1} T(\tau)\mathrm{d}\tau$$

需要找到与线性曲线的 $T(z)$ 相等的 T_{meas} 所在的深度，即 $T(z_e)$ 产生的有效深度 z_e 是多少。在式 3 - 36 中，令 $T_{meas} = T(z_e)$，则

$$T(z_e) - T(z_e)\tau(z) = [1 - \tau(z)]\overline{T}$$

或

$$T(z_e)=\overline{T}$$

辐射平均温度$\overline{T}$由$T(\tau)$的平均值定理定义，而非简单的 $T_s+1/2\cdot mz$。由于$\tau=e^{-az_e}$，即 $\ln\tau=-az_e$，故有效测量 $T(z_e)$的深度是 $z_e=(-\ln\tau)/a$。线性温度与深度式

$$T(z_e)=T_s+mz_e$$

可以通过将透射率代入深度来变换为以 τ 为变量：

$$T(\tau)=T_s-\frac{m}{a}\ln\tau$$

将其代入均值方程式，得

$$\overline{T}=\frac{1}{1-\tau}\int_{\tau}^{1}\left(T_s-\frac{m}{a}\ln\tau\right)d\tau$$

计算积分，得

$$\overline{T}=\frac{1}{1-\tau}\left[T_s\tau-\frac{m}{a}(\tau\ln\tau-\tau)\right]\Bigg|_{\tau}^{1}$$

低积分限为 $\tau=0$，因为产生$\overline{T}$的辐射来自流体内较深的区域（在光学上）。回顾$T(z_e)=\overline{T}$，并在 $\tau=0$ 至 $\tau=1$ 上作积分，得

$$T_s+mz_e=T(z_e)=\overline{T}=T_s+\frac{m}{a}$$

或

$$z_e=1/a \qquad \text{（式 3 − 37）}$$

式 3 − 37 表明，对于线性温度与深度曲线，发射辐射的有效深度 z_e仅为$[a(\lambda)]^{-1}$。由于吸收系数取决于测量波长，双波长测量定义 dT/dz，因此分子热通量（式 3 − 2，图 3 − 6）为

$$\frac{\mathrm{d\,heat}}{\mathrm{d}t}=-\zeta_w\frac{\mathrm{d}T}{\mathrm{d}z}$$

式中，如前所述，ζ_w是层流区的热导率。

因为两个大气窗口中的海洋吸收系数显著不同，为了实现机载热通量测量，必须通过两个大气窗口观察海洋。在图 3 − 30a 中，在显示水的吸收系数和光学厚度的曲线上识别出三个大气窗口（见图 3 − 10）。对于在 2.0 μm 和 2.4 μm 之间的窗口，吸收系数为大约 20 cm^{-1}，对应于 0.5 mm 的光学厚度。类似地，在 3.5 μm $\leqslant\lambda\leqslant$ 4.1 μm 处，光学厚度为 0.075 mm，在 4.5 μm $\leqslant\lambda\leqslant$5.1 μm 处，光学厚度为 0.025 mm。图 3 − 30a 中的插图是两个红外滤光器的相对响应曲线，它们与 3.8 μm 和 4.7 μm 处的窗口相匹配，并且已被应用于机载红外热通量测量中。

诸如这种热通量测量系统的机载系统（图 3 − 30b）需要非常精确的校准。如在所有红外测量中，通过与参考黑体辐射源比较来达到该精度。测量是在夜间进行，以消除太阳反射，并且考虑到大气影响，需要在几个高度进行大气影响。表面正上方夜间的海洋辐亮度 L_0 由下式给出

$$L_0 = L_s(1-\rho) + L_{em_{\downarrow}}\rho$$

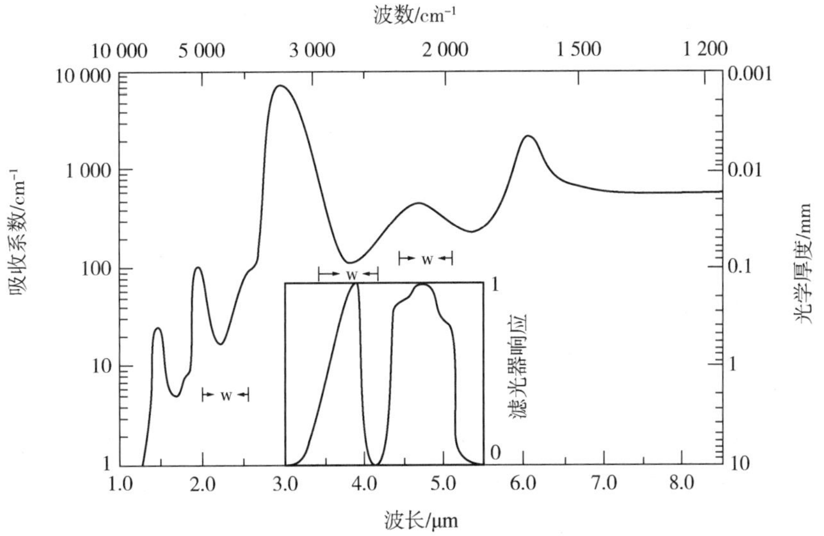

图 3-30a　使用由 McAlister 和 McLeish(1970 年)使用的双通道滤光器的纯水红外吸收光谱

标记有←w→的窗口指的是随着波长增加，光学厚度为 0. 5 mm、0. 075 mm 和 0. 025 mm。

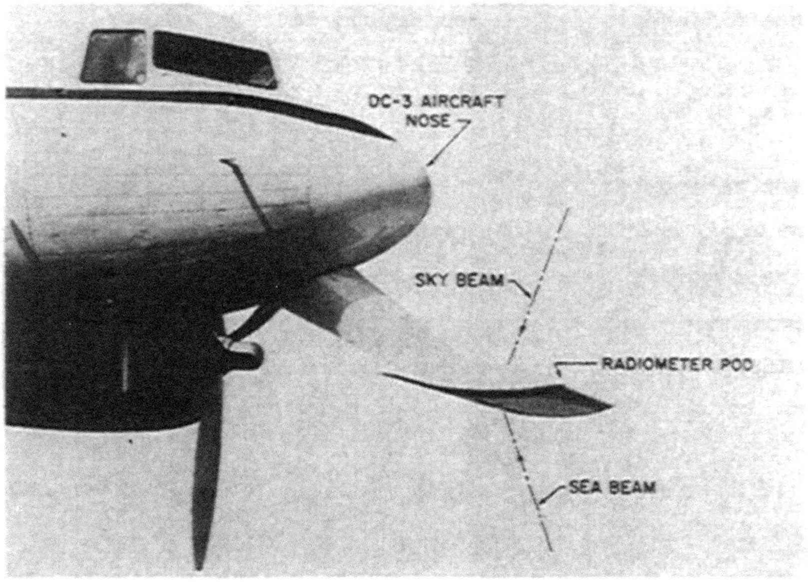

图 3-30b　安装在斯克里普斯海洋学研究所 DC-3 飞机上的海洋热通量辐射计

叠加在照片上的是向上和向下观察方向的中心光线；辐射计波束宽度为 30°。

与参考黑体 L_{bb} 比较，测量式为

$$L_0 - L_{bb} = (L_s - L_{bb})\varepsilon + (L_{em\downarrow} - L_{bb})\rho$$

式中，发射率 $\varepsilon = 1 - \rho$。在通道 1 中，深度 $z_1 = [a(\lambda)]^{-1}$ 的辐亮度为

$$L_{s_1} - L_{bb} = \frac{L_{0_1} - L_{bb} - (L_{em_1\downarrow} - L_{bb})\rho_1}{1} \equiv \chi_1$$

同样，在通道 2 中，有

$$L_{s_2} - L_{bb} \equiv \chi_2$$

两个深度的辐亮度差是

$$L_{s_1} - L_{s_2} = \chi_1 - \chi_2 \qquad (式 3-38)$$

飞行器辐射计设计用于扫描海洋和大气，分别测量 $L_{0_{1,2}}$ 和 $L_{em_{1,2}\downarrow}$。因此 χ_1 和 χ_2 在飞行器飞行高度处测定。因为透射率外插到单位“1”，因此可以通过在几个高度飞行，将 $L_{0_1} - L_{0_2}$ 外推到表面来消除大气的影响(图 3-31)，即

$$\lim_{\tau \to 1}[\varepsilon L_s \tau + (1-\rho) L_{em\downarrow} + (1-\tau)\overline{L}_{em}] = \varepsilon L_s + (1-\rho) L_{em\downarrow}$$

将式 3-38 转化为等效黑体温度差 $T(z_1) - T(z_2)$，可以通过式 3-2 计算热通量。图 3-31 中的数据给出了 0.025 ~ 0.075 mm 处的热量流量为 0.45 cal · cm^{-2} · min^{-1}，这与通过常规体积公式进行的其他测量结果非常一致。

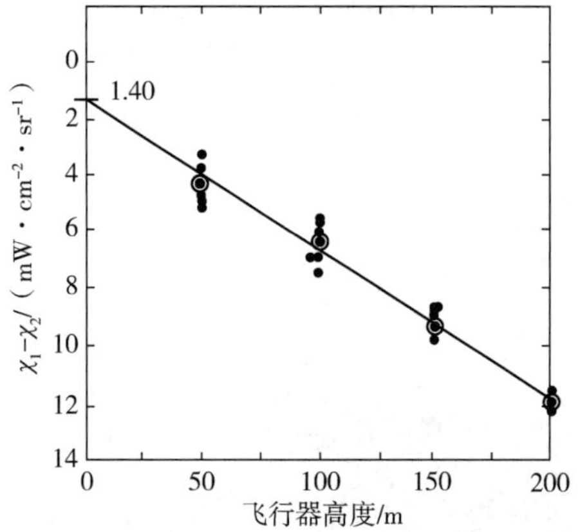

图 3-31 应用双通道热通量辐射计测定海洋表面温度

根据 McAlister 和 McLeish 的研究(1970 年)重绘。

3.7 应用

海洋的红外观测提供了各种产品，包括主要流结构的近实时位置，例如：墨西哥湾流；利用低云作为天然示踪物获取夜间表面风速；海冰和冰山的性质和范围的信息，以及海面温度图，如第 3.6 节所述。已证明红外数据在研究中是有价值的。遥感红外图像(如西班牙政府使用的，参见图 1-19)有助于对来自发电厂、污水处理排放口和近岸环流过程的热排放的研究。图 3-32 和图 3-33 的讨论给出了飞机红外图像

的研究应用。

3.7.1　机载成像

20 世纪 60 年代初，遥感红外成像系统从美国的军事用途中销密，并测试其海洋应用，主要是在斯克里普斯海洋研究所进行。早期认为红外图像在船测海表数据的推算中是有价值的，并且如第 3.6 节所讨论的，在量化垂向热通量和表面温度方面也是有价值的。也许机载成像最有趣的应用之一就是研究海面上的小尺度现象和过程。如图3－4 所示，海面的边界非常复杂，在其上可交换机械能、传导能和辐射能。图 3－32 和图 3－33 举例说明了可用红外波段测量的两种交换过程。

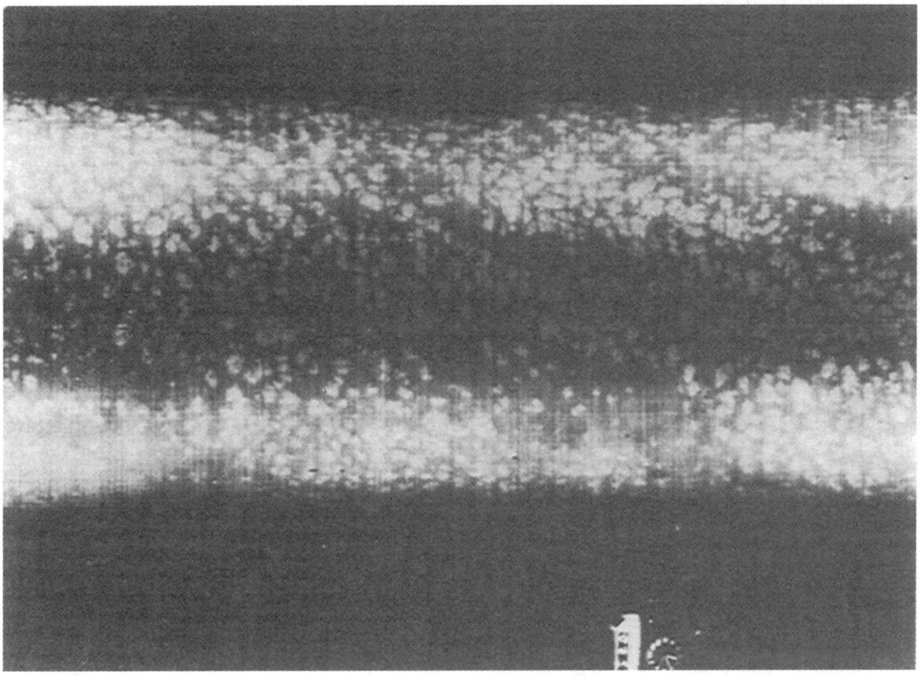

图 3－32　温暖(浅灰色)上涌水斑块在原本冷的(深灰色)海洋中的机载红外图像

上涌水斑块具有贝纳德窝特征。图片由斯克里普斯海洋学研究所提供。

图 3－32 是 C－3 飞机在清澈平静的夜晚从斯克里普斯拍摄的图像。在这个温度图中，冷水比温水更暗，温水斑块的直径大约为 10 m。冷水和温水斑块之间的温度差估计为十分之几摄氏度。在图像中，中心下方的暗带是由反射的表观天空温度变化引起的：对于 0°或 45°天顶角，反射率百分比(式 2－77 和式 2－78 以及图2－19)大约相等，但天空在 45°温暖得多，因为反射的大气比从天顶反射的大气多。图 3－30 中的温水斑块可能是贝纳德窝，而且暖水斑块是由垂向环流引起的，这个过程破坏了冷的表层温度，这与 Ewing 和 McAlister 在图 3－5 中描绘的实验一样。在更广的范围内，在一个清澈、平静、酷热的白天观测到类似猫爪的斑块分布，因为强日照的稳定性，猫爪之间的海面带斑区域的温度要高 2 ℃。猫爪斑块和贝纳德窝的机制当然是完

全不同的，但是斑块分布似乎反映了海洋表面和内部的重要物理过程。

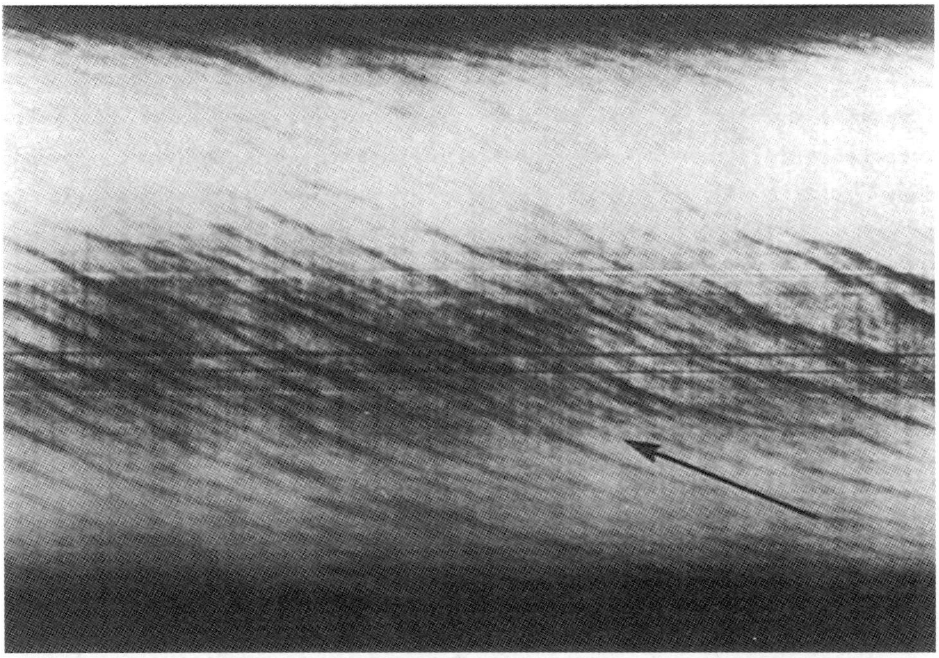

图 3-33　当 4 m/s 的风沿箭头方向吹动时海面的红外遥感图像

横向测量结果约为 750 m，并且海面带斑的宽度通常为 10 m 或更小。图片由斯克里普斯海洋学研究所提供。

图 3-33 中的图像与图 3-32 截然不同，表明了 4 m/s 的风吹过海洋时的海洋红外结构。在轻空气下，近表面环流模式是细长条纹，称之为朗缪尔环流。朗缪尔环流可以被视为平行于风向的螺旋管，其中相邻流的旋转具有相反的符号。图 3-33 中的黑条纹是表面辐聚线，由蒸发冷却引起的皮温效应使表层变得更冷(深灰色)。相反，较暖的区域(浅灰色)是辐散区域。同步的可见光图片显示冷却带与海洋溢油的海面带斑重合，这抑制了毛细波并且调节来自表面的太阳和天空反射比。在较高的风速下，当产生重力波或表面破碎和出现泡沫时，未观察到朗缪尔环流。

朗缪尔环流是否在海洋中存在，仍然是一个悬而未决的问题，虽然几乎肯定朗缪尔环流存在于大气中。图 3-33 中的条纹随风而延长，但是结构非常不规则，并且不符合典型的朗缪尔分布。海洋和实验室实验均表明，水中的湍流拉长了色素和灰尘。因此，认为条纹是由海洋或大气中的湍流引起的，并且认识到遥感在研究该问题中的价值和局限性，这可能是更科学的。

在 20 世纪 60 年代，斯克里普斯积极参与机载红外图像研究，获得了许多不寻常的数据集。他对涡状环流分布进行拍照和成像，从而显示了千米级海洋环流特征在可见光和红外图像中的对应关系。高风速的图像显示出复杂的分布图，这可能与波破碎和泡沫有关，而其他图像显示出与溢油相关的一些分布特征。在一次飞行期间，成像仪在一群海豚上空飞过，由于动物引起湍流，使得图像获取了一些海表特征，也可以看到离开群体的单个动物的踪迹。

渔业科学家用卫星红外图片实现一些其他应用。卫星传感器的分辨率比机载成像仪的低几个数量级，这迫使生物学家将生物体与一些可遥感测定的环境参数相关联。北美西海岸的渔民通过绝对海表面温度确定捕鱼期，然后根据海表温度确定目标渔种的饲养位置。在北美东海岸，在所谓的新英格兰的陆架区域（大陆架和墨西哥湾边缘之间的区域）中，渔民用温度梯度定位锋面位置，认为锋面位置是首选栖息地，并避免在墨西哥湾流或其环流的迅猛水流中设置船具。

3.7.2　西边界流

卫星红外数据最早应用于海洋是在墨西哥湾流，因为此处的信噪比最大。单个图像的解译是特别困难的，因为大气特征易被误读为海洋的特征，特别是当每天只有 1 个或 2 个图像可用时，如泰罗斯 - n 卫星的情况。另外，作为多时间测量的示例，地球静止扫描辐射计（VISSR）能够观测大多数大气变化，其频率比许多海洋变化高出 2 个数量级。如果在 1 天左右的时间内进行多时间分析，则可以认为海洋是稳定的信号源。这种用于定位墨西哥湾流的陆架边缘的技术是一个可用的卫星产品。图 3 - 34 表明在 1976 年 3 月的 9 小时期间的美国第一代地球静止轨道气象卫星系列（GOES）的多时间变化特征。注意，在这个例子中主要的海洋特征是相当稳定的，在读者的想象中，每小时图像的动画将明确区分大气和海洋。采用常规分析过程来获取 24 小时的图像，该图像经过数据增强、融合、排序、投影等处理，并画出海洋锋的边界，用于海洋预报和科学分析。

对卫星图像海洋信息的分析需要了解海洋知识。基于许多船舶和卫星实验，海洋学家已经学会采用表面温度梯度最大值来确定墨西哥湾流海洋锋。使用该定义，在 200 m 深处，海洋锋与 15 ℃等温线的陆向距离为 15 km ± 12 km，这是传统的观测到的流速最大值区域。SMS/GOES 为墨西哥湾流的长期监测提供了数据基础，其中 9 个月的数据如图 3 - 35 所示。

图 3 - 35 中的插图是哈特拉斯角海表面温度与深度断面。等温线在 1420 GMT 刻度线附近的海平面终止，该位置为上一段中定义的最大温度梯度。墨西哥湾流表层流基本上是在该横截面中高于 25 ℃的水，并且 200 m 深度处的 15 ℃等温线大约在 1240 GMT 时间线。从图 3 - 35 等值线图可以很容易地看出为什么表层和次表层海洋锋平均距离的标准偏差为 ± 12 km。当洋流蜿蜒、加速或减速时，温水和冷水之间的界面的坡度会随着地转和向心力而变化。± 12 km 的另一个原因是局部风导致的表层混合和平流。在图 3 - 35 的尺度上，卫星得出的洋流边界可以被认为是（在线宽内）墨西哥湾流的大陆边缘，并且可以进行中尺度变化分析。

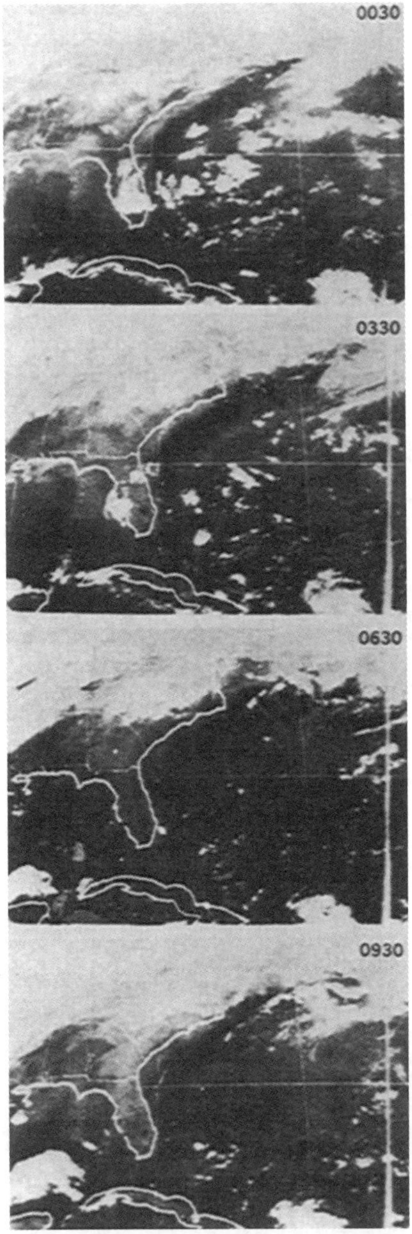

图 3-34 北美墨西哥湾流的多时相分析示例

图像时间序列分析超越了单图像分析，不仅增加了无云图像的概率，而且将低对比度大气和正常海洋现象的混淆最小化。

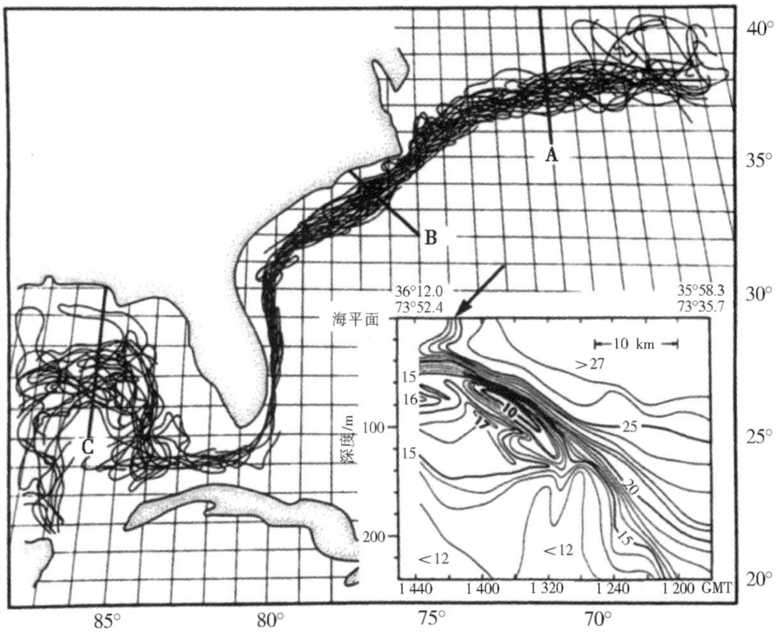

图 3－35　在 GOES 的红外图像中观察到的 9 个月的墨西哥湾流每周合成图像

插图显示了标记为 A、B 和 C 的典型温度与深度分布。卫星检测到的海洋锋由箭头标记。根据 Maul 等人的研究(1978 年)重绘。

一个采用了标记为 A、B 和 C 的三条线作为波断面的分析，以研究墨西哥湾流的统计特性。沿断面 A 和 B 的海洋波的洋流边界的直方图是单峰的，并且具有准高斯分布，但是沿着断面 C，湾流是双峰的。墨西哥湾流的双峰描述可能与准周期涡流脱落过程有关，其中边界在约 25°N 的地方，直到脱落涡流向西移动；然后边界迅速向北移动到约 28°N 并形成下一个涡流的北部边缘。从红外数据对洋流湾流的研究比普通时间序列分析更复杂。由于间歇性的云或夏季表面信号的损失，数据在时间上随机分布。采用最小二乘光谱分析技术研究断面 A、B 和 C 的表明了与船舶数据基本一致的周期。此外，还确定了经理论证实的新周期。

从红外卫星数据推导出的关于墨西哥湾流的信息可用于多种应用，并定期向海洋学家发布，它们为墨西哥湾或美国东海岸的商船提供洋流边界信息，以尽量减少其航程时间。商业渔民和游钓者都利用墨西哥湾流信息来增加捕捞量。游艇员发现这些信息在路线设置和为恶劣天气做准备时有用。波涛汹涌的海洋是需要海上救援的一个常见原因。因此，政府慈善机构或运输石油等物资的机构也需要利用墨西哥湾流位置信息。

3.7.3　海冰

通过卫星可观测海冰及其范围、海冰年龄和动力学信息，用于航行安全和诸如气候的研究。冰在可见光、红外和微波数据中是可观测的，但是，不同波长的探测机理是不同的。红外图像用于海冰研究，因为当可见辐射计无法获取反射光时，红外图像能在极地冬季期间提供高分辨率图像。纯冰的反射率可以使用式 2－76 按照复折射率进行计算：

$$\rho_{\substack{h\\v}} = \frac{(n-1)^2}{(n+1)^2} \quad \text{（式 3－39）}$$

在上述表达式中，$\rho_{\substack{h\\v}}$ 是垂直入射时的反射率。代入复折射率 $n_R + in_I$ 及其复共轭 $n_R - in_I$，通过以下公式进行计算：

$$\rho_{\substack{h\\v}} = \frac{[(n_R-1)+in_I][(n_R-1)-in_I]}{[(n_R+1)+in_I][(n_R+1)-in_I]} = \frac{(n_R-1)^2+n_I^2}{(n_R+1)^2+n_I^2} \quad \text{（式 3－40）}$$

图 3－36 显示了在 EMR 光谱的红外区域中将实验确定的 n_R 和 n_I 值代入式 3－40 的结果。

从图 3－36 可以看出，除了波长大于 15 μm 外，纯冰的反射率与水没有明显不同。这种相似性也出现在可见光谱中，这种情况似乎与经验相反。纯冰很少存在于自然界中，因为纯冰中几乎总有空气存在，并且这将可见反射率提高到 0.6 或更大。然而，海冰的红外反射率不受其内部空气或盐的显著影响，并且根据图 3－36 中的曲线图，海冰的红外反射率在 10～12 μm 窗口区域中几乎为黑体。因此，根据基尔霍夫定律，发射率使冰的热力学温度变化在其辐射温度变化的 1%范围内。海冰的卫星红外图像解译与 11 μm 的海水非常相似。

海冰红外图像的一个例子如图 3－37 所示。右边卫星数据与左图的比较显示出纽芬兰和巴芬岛的海岸，被通往拉布拉多海的浮冰拥塞的哈得孙海峡分隔开。冰雪覆盖的土地比开阔水面更冷，在灰度图中呈现白色至浅灰色。开阔水面也被称为冰水，相比之下，开阔水面看起来几乎是黑色的，大气湿度低使整体对比度高（回顾式 3－22，其中大气透射率反映观测卫星的梯度和表面温度：$\partial T_0/\partial T_s = \tau_a$）。

在可见光或红外图像中，很容易识别大的冰山和冰流（第 4.7 节）。作为拉布拉多洋流的示踪，自然目标是非常有用，历史上已知其沿着此海岸向南以 15～20 cm/s的速度流动。通过跟踪几个星期的卫星图像自然目标，海洋学家已经能够估算在图 3－37 中被标记为 A 到 E 的区域中的洋流速度。图上报告的数值约为 20 km/d，而 1 km/d 近似 1 cm/s，由此可以看出，用冰作示踪剂确定的速度与历史数据非常相似。图像可用于北美大湖区以及开阔海的冰测量，主要用于导航和海上安全。

卫星图像在极地海洋学中的另一个重要应用是研究无冰区。图 3－37 中的深色调是开阔水面或融水区域。通过冰的垂向热通量与通过水的热通量相比非常小，图像中的热对比度可以证明这一发现。由于几乎所有（大于 90%）到达极地大气的热通量都来自开阔水面，因此气象学家和气候学家必须知道哪些极地海域是无冰的，这是很重要的。显然，卫星图像是实现这一目标的宝贵工具。

3.7.4 赤道海洋学

与海冰覆盖的区域相反，赤道区域是大气的散热器，低纬度海洋环流的动力学对于局地和全球的理解都很重要。例如，北美冬季的长程天气预报部分基于赤道太平洋

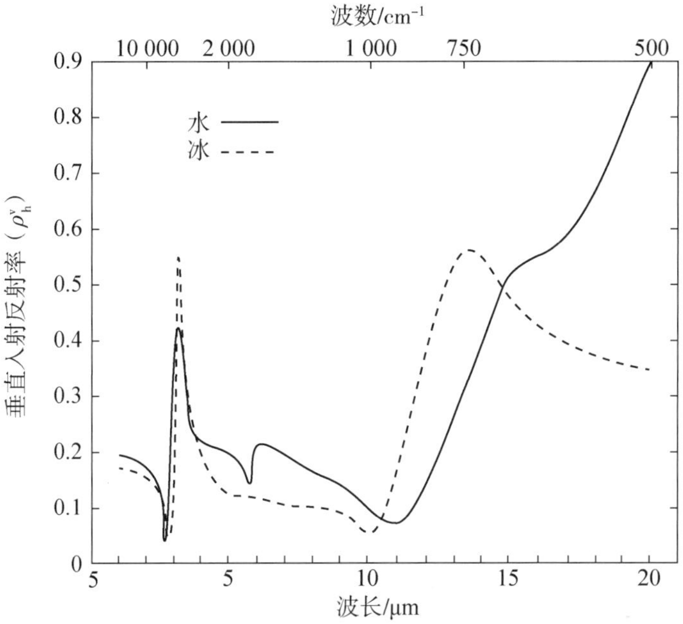

图 3－36　由式 3－40 计算的纯冰和纯水的红外反射率和复折射率

冰中夹杂的气泡不会显著影响红外反射率，但是会将可见光反射率增加 30 倍。

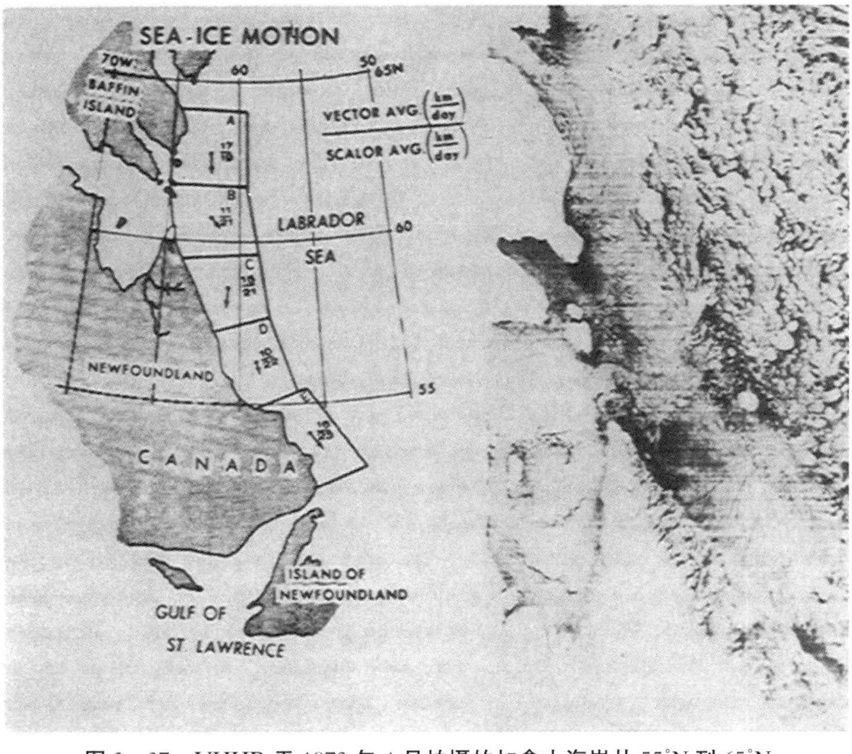

图 3－37　VHHR 于 1973 年 4 月拍摄的加拿大海岸从 55°N 到 65°N 的红外(10.5～12.7 μm)图像(右侧)

左边是在此期间观察到的海冰的分析。由美国国家海洋和大气管理局(NOAA)E. P. McClain 提供。

的表面温度。当然，赤道附近的卫星的海面温度涉及潮湿的热带大气。与具有 0.9 或更大的 τ_a 的极地大气相比，热带大气可以具有低于 0.4 的 τ_a，并且卫星和温度对比明显降低。因此，赤道海洋温度梯度更难以检测，需要更复杂的大气校正。然而，已证明红外卫星观测对于应用研究是有价值的，特别是当与辅助数据结合时。

图 3－38 是东部热带太平洋的 GOES 红外图像。图像上的插图是表面浮标的轨迹，其位置由泰罗斯－n 卫星 ARGOS 信息确定。最近 4 天浮标的轨迹是用一条粗线表示，而其余数据则是用一条较浅的线表示。浮标的运动似乎与作为赤道陷波的波形热梯度特征的解释一致。虽然图 3－38 是单个图像，但是根据图像序列或多时分析，波浪边界被确定为是海洋的，而不是大气的。如果只有单个热图像可用，则不可能判断波形特征是否由热带大气逆温层厚度的空间变化引起，因为该层以下多为水汽。采用多输入分析法，即使用浮标轨迹和红外图像，不仅减少了红外特征是海洋还是大气的问题，还提供了其他方式无法获取的大尺度图像。

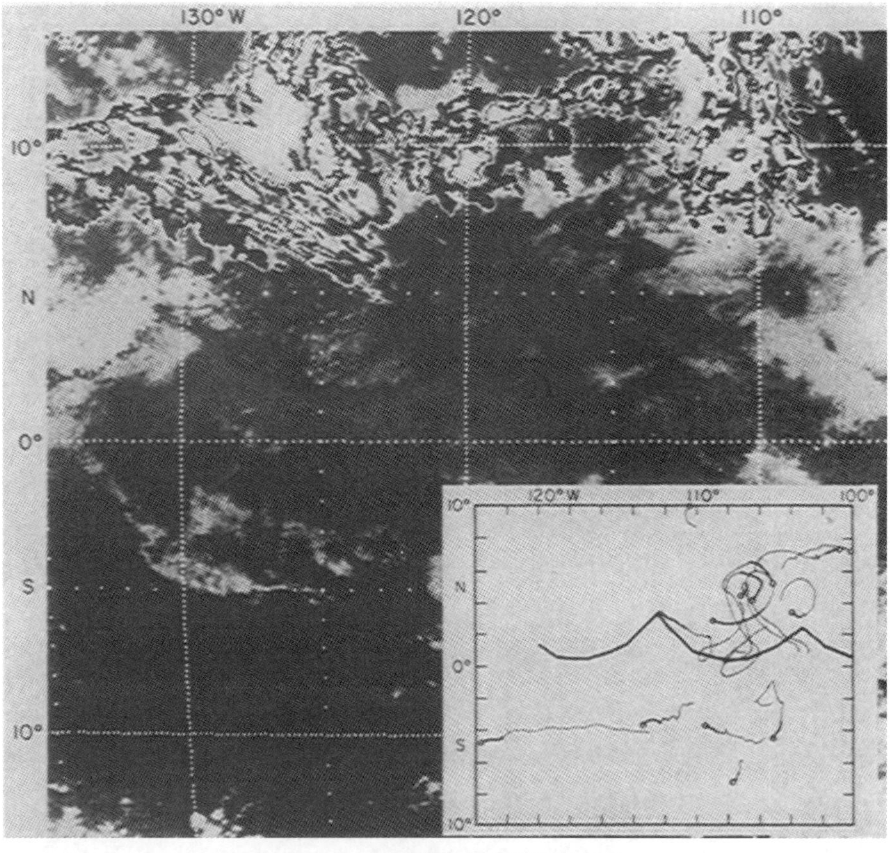

图 3－38　卫星追踪的表面浮标轨迹

图像（1975 年 11 月 19 日）由 NOAA/NESS 的 R. Legeckis 提供；流网渔船数据（1979 年 7 月 8 日）由 NOAA/AOML 的 D. V. Hansen 提供。

文献中给出了许多应用红外图像和辐射测量的例子，这里给出的例子只是一小部分。将红外数据与来自其他波长的数据结合起来，是多光谱分析的一个不断发展的领域，可能衍生自动模式分类，例如在研究农业和城市规划中的模式分类。在多光谱分析中使用红外和可见光数据的例子最好留待下一章结束，在已经实现了可见光遥感的定量评价之后。

图 3－39 彩图 1

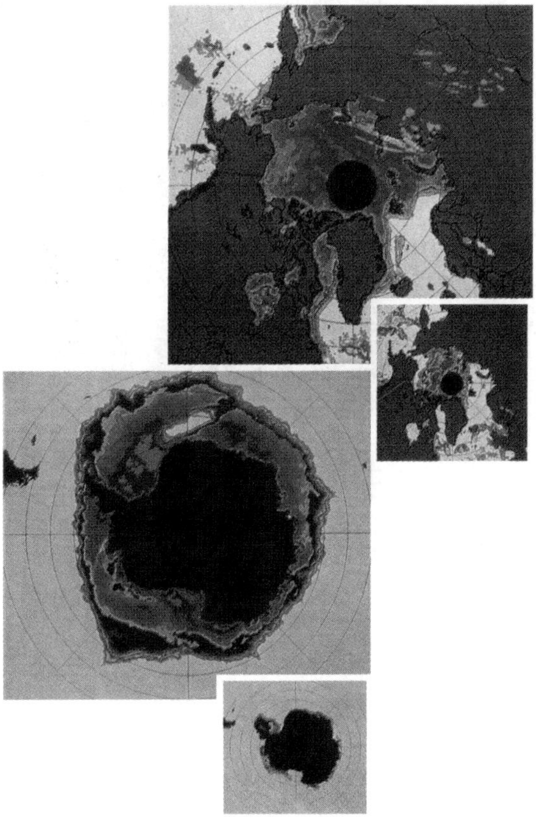

图 3－40 彩图 2

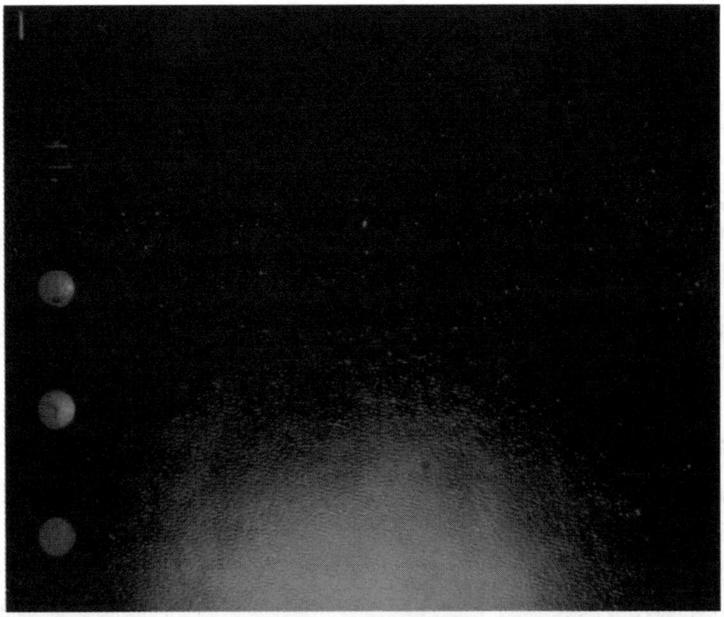

图 3－41 彩图 3

图 3－42 彩图 4

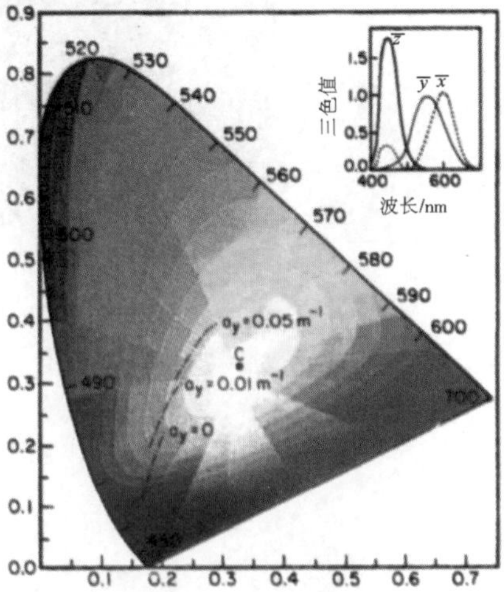

图 3－43 彩图 5

图 3－44　彩图 6

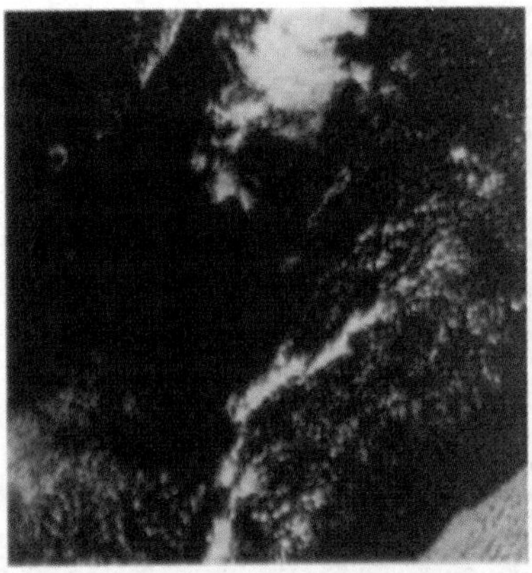

1：700~800 nm

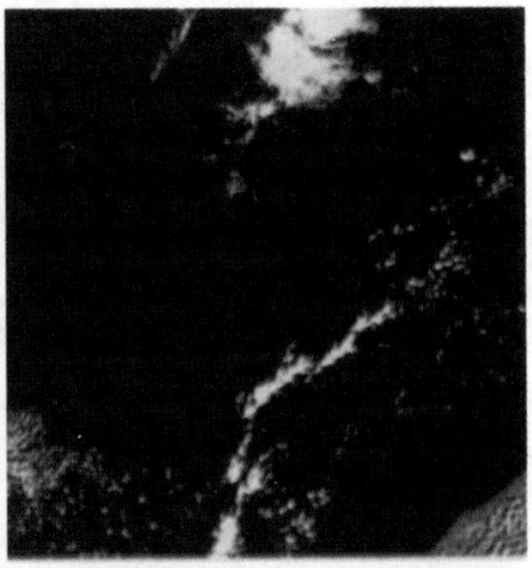

2：800~600 nm

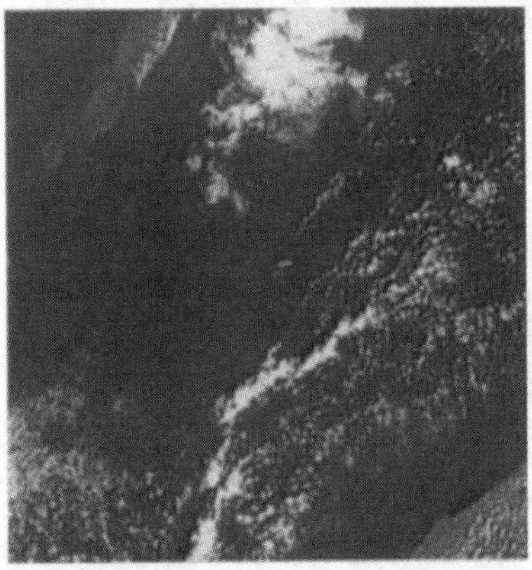

3：彩色红外

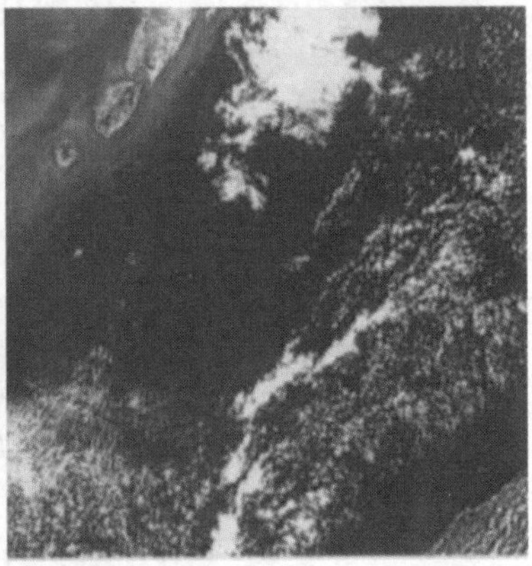

4：彩色

5：600~700 nm

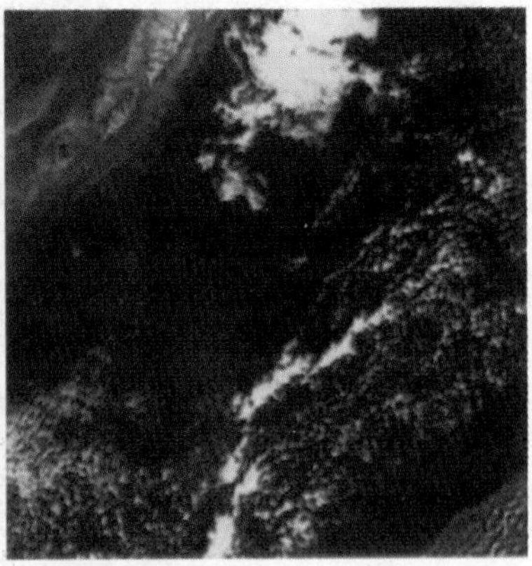

6：500~600 nm

图 3－45　彩图 7

图3-46　彩图8

研究问题

(1)计算 ITOS-1 和 SEASAT 的轨道周期。为使红外辐射计在赤道处提供连续的空间覆盖，这些航天器需要的最大天底角是多少?(见第 1.4 和第 3.1 节)

(2)计算风速为 1～14 m/s 的皮温-体积温度差，以及海气温差分别为 0 ℃、2 ℃ 和 4 ℃时的皮温-体积温度差。块体空气动力公式参见斯维尔德鲁普(Sverdrup)、Johnson 和 Fleming 的《海洋》。(见第 3.2 节)

(3)工业化正在增加大气中的 CO_2 水平，增加的 CO_2 对红外辐射通量和海面温度的遥感有什么影响?(见第 3.3 和第 3.4 节)

(4)在柱状图中总结表面反射、大气透射率和大气发射率在红外海表面温度辐射传输式的影响范围。(见第 3.4 和第 3.5 节)

(5)根据第 3.6 节中讨论的 5 种方法估算海面温度的总均方根误差。在分析中，包括有云的像素引起的误差是多少?

(6)中太平洋的海表温度被认为与北美的年气候差异相关。使用红外技术在 ±0.5 K 精度水平下确定太平洋海表温度有什么优点和缺点?

第 4 章　可见光遥感

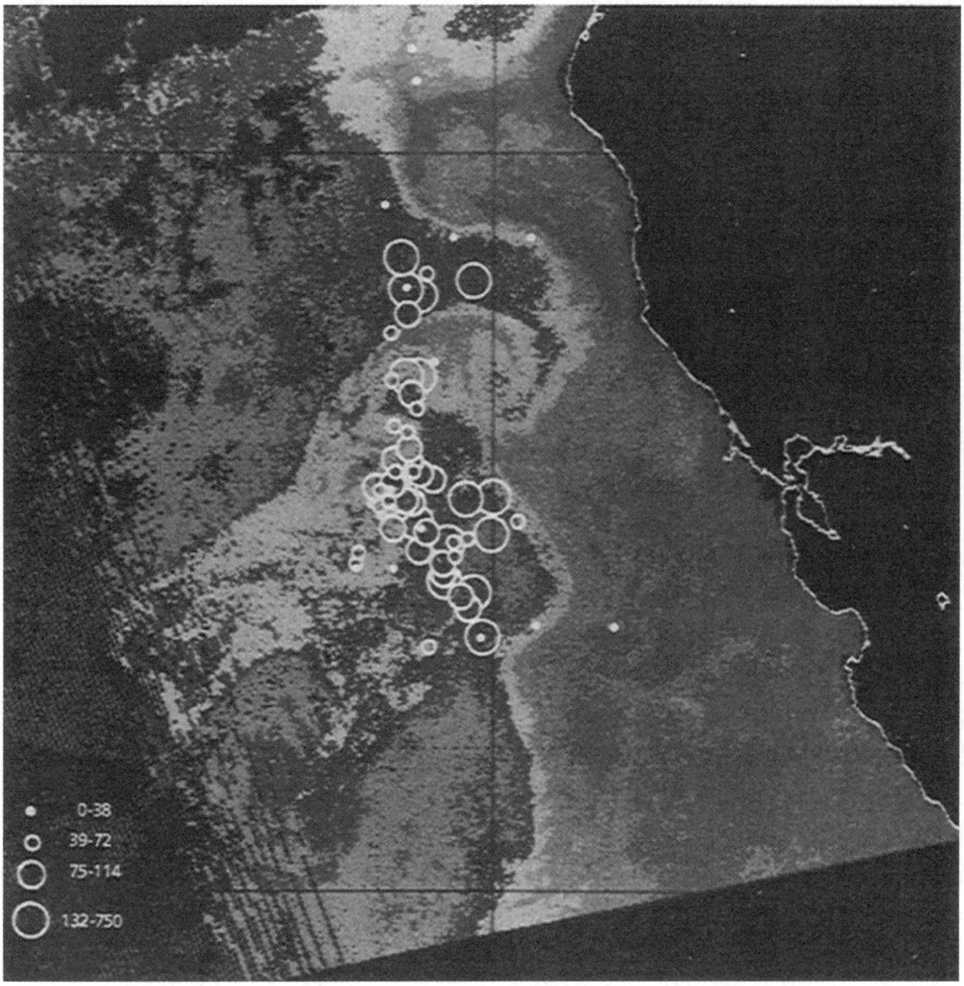

NIMBUS－7 上的海岸带彩色扫描仪测量的几个窄波段海洋可见光辐亮度

数据被处理成图像，显示与浮游植物丰度相关的海洋水色变化。原始图像使用红色和橙色来表示较高生产力区域，而蓝色用于表示较低生产力区域。在加利福尼亚中部沿岸具有较高丰度，而在离岸具有较低的丰度，被海洋锋(南北走向浅灰色图案)隔开。圆圈表示金枪鱼产量的位置和丰度，这表明了这些图像的一个应用。图片由美国宇航局喷气推进实验室提供，原图为彩色。

4.1 可见光遥感和仪器

摄影是可见光遥感的始祖，如第1.2节所述，许多聪明(和幽默)的想法已经付诸实践。定量应用是从机载观测发展而来，最初是精密测绘摄像机的产物，以及用来满足制图师的需要。在美国，海岸和大地测量局完善并制定了定量航空摄影的世界质量标准。虽然无人航天器拍摄的一些军事照片用于定量应用，但大量的地球图片来自载人飞行任务，并且是早前飞行的低优先级产品。

H. L. Cameron(见图1-3)的飞行工作是依赖精确的摄影测量技术来测定表面流场，但不需要精确控制胶片曝光。在R. L. Swanson等摄影测量师采用彩色航空胶片后，远程水深测绘得到了改进，海洋水色和环流特征也成为了量化的主题。量化来自于对已拍摄特征的尺度测量以及根据胶片密度研究实现的EMR光谱测定。与胶片生产时间同步，J. D. H. Strickland、G. L. Clarke、G. C. Ewing和C. J. Lorenzen等海洋学家进行了机载海洋可见光谱测量实验，并结合S. R. Baig和C. S. Yentsch的摄影作品，开始海洋色素浓度的遥感观测。S. Q. Duntley和斯克里普斯光学实验室的工作人员以及N. G. Jerlov同时展开了现场工作，为可见光上行辐亮度的理论量化奠定了现代基础。

4.1.1 搭载可见光传感器的航天器

最早的可见光航天观测来自TIROS的研究和开发任务。在1960—1969年期间的TIROS系列有19颗卫星，并利用电视技术返回宽带可见光图像，用于气象预报。运行的ESSA卫星系列使用高级光导摄像管系统(AVCS)来传送有关冰山和冰/水边界的重要信息，用于例行海上安全预报。虽然有价值的照片由阿波罗9号在1969年获得，半定量分析由D. S. Ross和R. E. Stevenson等调查人员完成，但是应用于海洋学的可见光卫星成像在1972年真正开始于地球资源技术卫星(ERTS)。在1973—1974年，美国天空实验室(SKYLAB)任务期间，提供了三种类型的可见光数据：摄影(彩色、彩色红外和多光谱全色)、光学-机械多光谱扫描(从0.4～13 μm的13个波段)和可见/红外光谱辐射计。从1970年开始，NOAA 1-5、泰罗斯-n卫星和GOES 1-4观测的可见光图像尚未广泛用于海洋学，但雨云七号(NIMBUS-7)上的海岸带彩色扫描(CZCS)是为海洋辐射设计的，因此在讨论中它作为海洋的可见光辐射测量的例子。表4-1总结了20世纪60年代至80年代对EMR可见光波段仪器、传感器特性和航天器的描述。

在讨论CZCS(这是一个良好的多谱段扫描仪数据的例子)之前，我们将给出一个数据缺乏的例子。美国天空实验室S192 MSS是一个有趣的设计，但是在海洋上没有发挥好，这是由于信噪比不良。图4-1显示了S192在其13个通道中的8个通道的输出。表4-1中列出了美国天空实验室S192的前6个通道的光谱响应，通道8处于0.98～1.09 μm，通道13处于10.0～12.0 μm的发射红外波段。图4-1中的区域是基韦斯特南佛罗里达海峡，每个通道的最左上角为陆地。S192是锥形扫描机电装置，其扫描宽度为75 km的刈幅，其中每个像素具有相同的分辨率单元，并且通过相同的大气路径长度观察。锥形扫描设计的非线性在图4-1中显而易见(线性交叉轨迹扫描仪参见图1-20或图3-1)。

表 4-1　搭载有可见光传感器的主要美国民用卫星

卫星 系列	发射 日期	传感器	空间 分辨率	光谱* 响应	轨道
ESSA-3、 5、7、9	1966— 1973	高级光导摄影机系 统(AVCS)	1.0 km	0.45～0.65 μm	1 430 km 太阳同步
Apolb-9	1969	S065 摄影机	50～125 m	赖顿滤光器 15、58 89B、25A	197～508 km 91.5 分钟
TIROS (NOAA 1-5)	1970— 1976	VHRR	1.0 km	0.5～0.7 μm 0.75～1.0 μm	1 438～1 511 km 太阳同步
ERTS (LANDSAT)	1972 1975 1978	MSS	80 m	0.5～0.6 μm 0.6～0.7 μm 0.7～0.8 μm 0.8～1.1 μm	890 km 太阳同步
SKYLAB	1973	S190A 多光谱带照相机	20 m 20 m 110 m 110 m 95 m 30 m	0.5～0.6 μm 0.6～0.7 μm 0.7～0.8 μm 0.8～0.9 μm 0.5～0.9 μm 0.4～0.7 μm	435 km $i=50^\circ$
		S191 分光辐射计	0.5 km	0.4～2.35 μm	
		S192 多光谱 扫描仪	80 m	0.41～0.46 μm 0.46～0.51 μm 0.52～0.56 μm 0.56～0.61 μm 0.62～0.67 μm 0.68～0.76 μm 0.78～0.88 μm	
GMS1、2 GOES 1-4	1974，1975 1975—1980	VISSR	1.0 km	0.55～0.75 μm	35 700 km 地球同步
NIMBUS-7	1978	CZCS	0.8 km	0.43～0.45 μm 0.51～0.53 μm 0.54～0.56 μm 0.66～0.68 μm 0.70～0.80 μm	1 100 km 太阳同步
TIROS-*n* NOAA 6、7	1978 1980—1981	AVHRR	1.1 km	0.4～1.0 μm 0.75～1.0 μm	854 km 太阳同步

注：仅指可见光通道；几个传感器也有红外线通道。

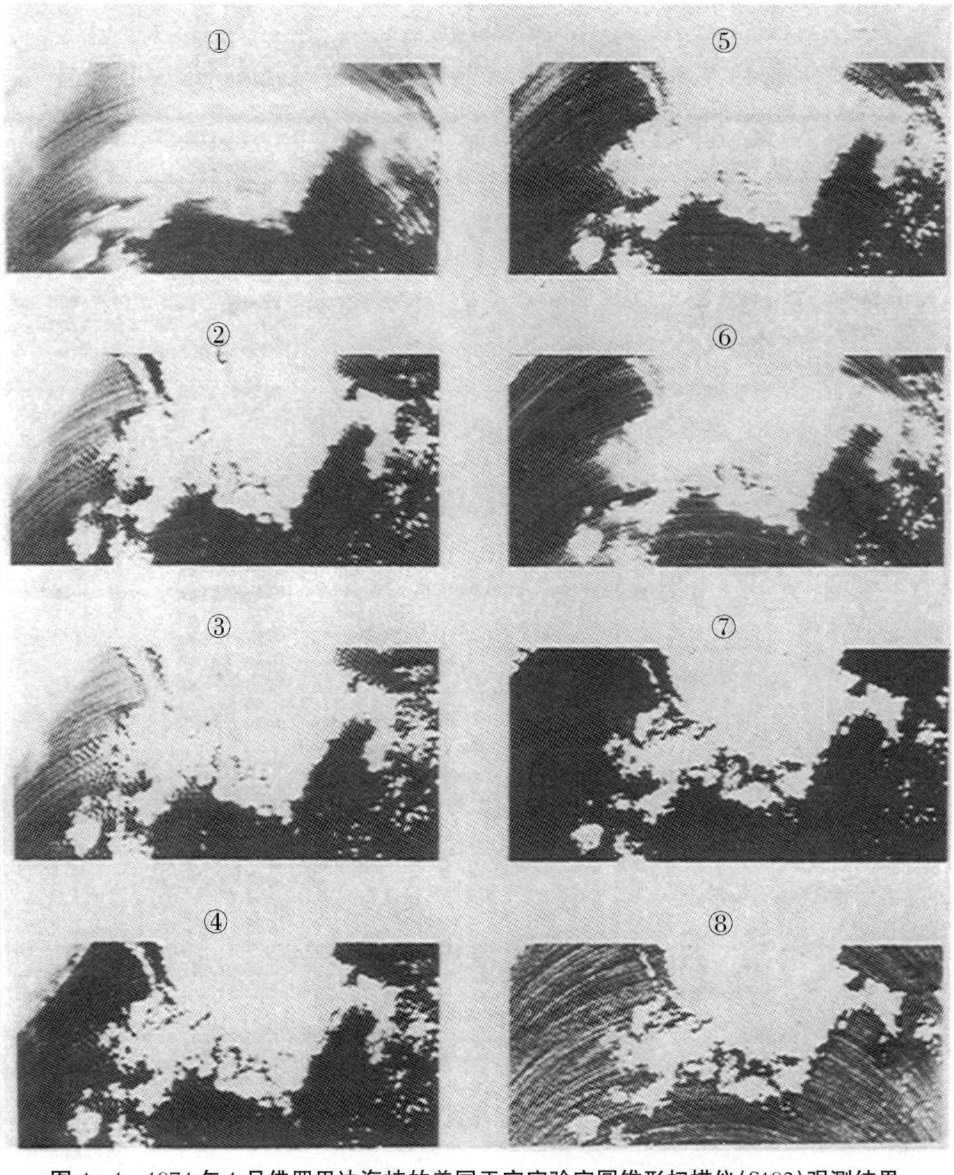

图 4－1　1974 年 1 月佛罗里达海峡的美国天空实验室圆锥形扫描仪(S192)观测结果

圆圈数字表示通道输出。①0. 41～0. 46 μm；②0. 46～0. 51 μm；③0. 52～0. 56 μm；④0. 56～0. 61 μm；⑤0. 62～0. 67 μm；⑥0. 68～0. 76 μm；⑦0. 98～1. 09 μm；⑧10. 0～12. 0 μm。通道 8 的最左上角的陆地在佛罗里达基韦斯特附近。

每个图像中心的大白色形状是墨西哥湾流上的云团。即使海洋锋上有 4 ℃/km 的表面温度梯度，在通道 13 中也看不到海流边界。通道 1～4 的左上象限中的白色形状在底部，可以看到随着波长增加(通道 5 和 6)，白色形状会消失。通道 8 被处理为二元掩模，即任何高于阈值辐亮度的值被赋值为 1，而所有其他值为 0。二元掩模是准客观地识别不同于水的陆地和云的一种方式，其在 EMR 谱的 1. 0 μm 区域中具有低得多的辐亮度。图 4－1 与图 2－29 中纯水的吸收系数的比较定性地解释了随着波长增加底部的消失。

从工程角度来看，图 4－1 最突出的特性是数据中的噪声以及差的传感器响应。S192 逆时针扫描。当从云到海洋扫描时，可见光波段辐亮度变化大约为一个数量级。云左侧的波状图案是由传感器无法响应该动态范围引起的，这种现象被称为鸣震。在传感器设计中，响应时间总是一个考虑因素，和要测量的动态范围一样。

4.1.2 信噪比和 NEΔρ

对于海洋，不仅可探测辐亮度范围小，而且辐亮度本身也低。海洋传感器的信噪比必须高于地球资源传感器[例如地球资源卫星(LANDSAT)]的信噪比，但其操作的范围必须较小。与红外成像仪(第 3.1 节)一样，信噪比的倒数是等效于 NETD 的术语，被称为噪声等效反射率差 NEΔρ。NEΔρ 可以写为信噪比的倒数，即

$$\mathrm{NE}\Delta\rho = \frac{(A_{\mathrm{d}}\Delta\nu)^{1/2}}{\tau_0 \Omega A_{\mathrm{c}} D_\lambda^* (\Delta L_0/\Delta\rho)} \qquad (式\ 4-1)$$

式中，光谱功率 $P(\lambda) = \Omega A_{\mathrm{c}} L_0$，$\Omega$ 是探测器在立体角的视场，A_{c}是有效的聚光镜光学孔径面积，L_0是孔径处的辐亮度，τ_0是光学透射率，并且 $(A_{\mathrm{d}}\Delta\nu)^{1/2}/D_\lambda^*$ 是光谱噪声等效功率 NEP_λ，如针对红外扫描仪所讨论的。CZCS 是专门为海洋学设计的第一个可见扫描仪，在给出 CZCS 的 NEΔρ 值之前，先对搭载 CZCS 飞行的 NIMBUS 卫星进行说明。

4.1.3 海岸带彩色扫描仪

NIMBUS－7 是 NASA 研究卫星系列的最后一个卫星，如图 4－2 所示。同样的基础设计运载体也被用于 7 个航天器以及 LANDSAT(从 ERTS 改名)系列。NIMBUS－7 于 1978 年从美国加利福尼亚州范登堡空军基地的美国西部测试中心发射到一个 955 km 高的太阳同步轨道，在地方时正午(上升)和午夜(下降)跨过赤道。每个赤道轨迹之间的经度间隔约为 26.1°，周期约为 104 分钟。航天器的质量为 965 kg，高 3.0 m，传感器支撑结构的直径为 1.5 m，当太阳能电池帆板完全伸展时，宽度为 4.0 m。姿态控制系统使航天器与局部垂线保持在俯仰轴的 0.7°内，以及滚转轴和偏航轴的 1°内。所有航天器操作需要约 300 W 的功率，40%用于航天器子系统(例如高度控制)，60%用于 8 个仪器。

NIMBUS－7 不同于诸如泰罗斯－n 等可操控卫星，因为并非所有传感器都在同一时间上工作。仪器及其工作周期如下：

- 海岸带彩色扫描，30%
- 地球辐射收支，80%
- 平流层临边红外监测，80%
- 平流层气溶胶测定装置Ⅱ，8%
- 平流层和中间层探测器，80%

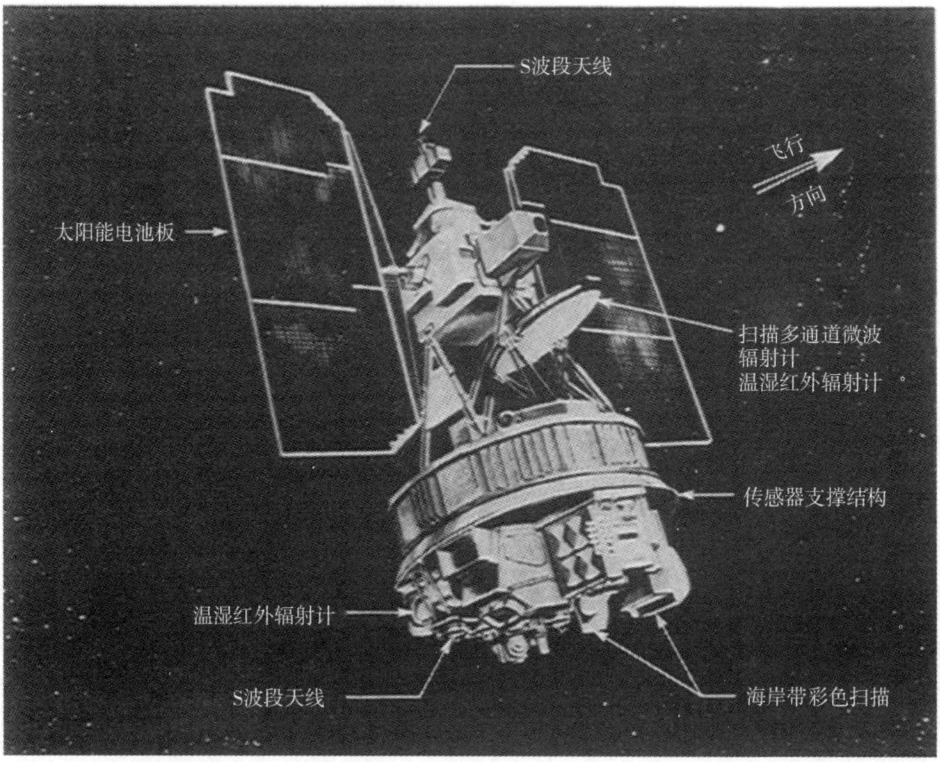

图 4-2　由 NASA 提供的 NIMBUS-7 航天器的透视图

仅给出在海洋学上重要的仪器和系统。

- 太阳后向散射紫外辐射测量仪/总臭氧绘图仪，80%
- 扫描多通道微波辐射计，50%
- 温湿红外辐射计，100%

通信和数据处理系统由 S 波段命令和遥测子系统及处理所有航天器信息流的磁带记录器子系统组成。除了 CZCS，在沿轨飞行中所有传感器都开启，数据存储在航天器上，以供以后传送到地面站。存储和传输都以数字形式完成。

CZCS 具有 6 个通道的辐射测量数据。处理器的数字辐射数据处理包括多路复用、去除非传感器数据、选通校准和同步数据以及将输出压缩成与航天器磁带录音机和 S 波段传输系统兼容的速率。CZCS 的规格在表 4-2 中给出，并且光学设计在图 4-3 中给出。

CZCS 的 6 个观测波段的选择是基于实测海洋水色辐照度研究和海洋主要水色分子的吸收光谱特征：叶绿素 a、叶绿素 b 和叶绿素 c，黄色物质以及脱镁叶绿素。通道 5(0.7～0.8 μm)与光谱响应中 LANDSAT 上的 MSS 通道 6(表 4-1)相同；然而，CZCS 通道 5 中的饱和实际辐亮度较高，因为 NIMBUS-7 在地方时正午穿过赤道，LANDSAT 在当地太阳时 0930 穿过赤道。除了通道 6 的带宽约为 2 倍宽，红外传感器与泰罗斯-n 卫星上的 AVHRR 非常相似，并且 NETD 更高。红外大气影响与第

3 章中对 NOAA 1-5 上的 SR 和 VHRR 的描述相同，但是 CZCS 的表面分辨率比这些扫描仪高 20%至 30%。

表 4-2 CZCS 传感器规格

通道	中心波长	带宽	辐射输入的信噪比/($mW \cdot cm^{-2} \cdot sr^{-1} \cdot \mu m^{-1}$)	用途
1	443 nm（蓝色）	±10 nm	在 5.41 处大于 150	叶绿素吸收
2	520 nm（绿色）	±10 nm	在 3.50 处大于 140	叶绿素相关
3	550 nm（黄色）	±10 nm	在 2.86 处大于 125	黄色物质
4	670 nm（橙色）	±10 nm	在 1.34 处大于 100	叶绿素荧光
5	750 nm（红色）	±50 nm	在 10.8 处大于 100	海面植被
6	11.5 μm（红外线）	±1 μm	在 270 K 处，NETD = 0.22 K	海面温度
天底瞬时视场角 IFOV			0.865 m Rad.（0.05°）	
天底像素大小			825 m	
天底配准			小于 0.15 m Rad	
刈幅宽度			1 566 km	
有用天底角度			±39.3°	
沿轨倾斜			±20°	
功率需求			11.4 W	
数据速率			800 kbs	
最大磁带记录时间			9.5 min	

CZCS 的光学机械设计与 AVHRR（参见图 3-3）的不同之处在于，使用光栅将可见光分散到放置在多色仪的焦平面中的五个硅二极管检测器。多色仪的入射孔是二色分束器，其使可见光通过并将红外波长能量反射到辐射冷却的碲镉汞晶体检测器。在飞行中，通道 6 的校准与 AVHRR 上的通道 4 和 5 相同，但是 CZCS 上的可见通道通过使用内置的白炽光源来进行校准。校准数据通过次级源与国家标准局的参考相关，次级源是 NASA 戈达德航天飞行中心的 76 cm 直径的积分球。

还有一个必须提到的 CZCS 的独特特征。据悉，参与发展可见光多波段扫描仪的飞行器在飞行期间，通过直接朝向或远离太阳飞行，可以避免（或至少最小化）图像中的太阳耀斑。由于 CZCS 设计在地方时正午飞行，所以可以通过倾斜扫描镜以在航天器的飞行线前方或后方观看的方式来避免太阳耀斑。镜子可以以 2°为增量倾斜

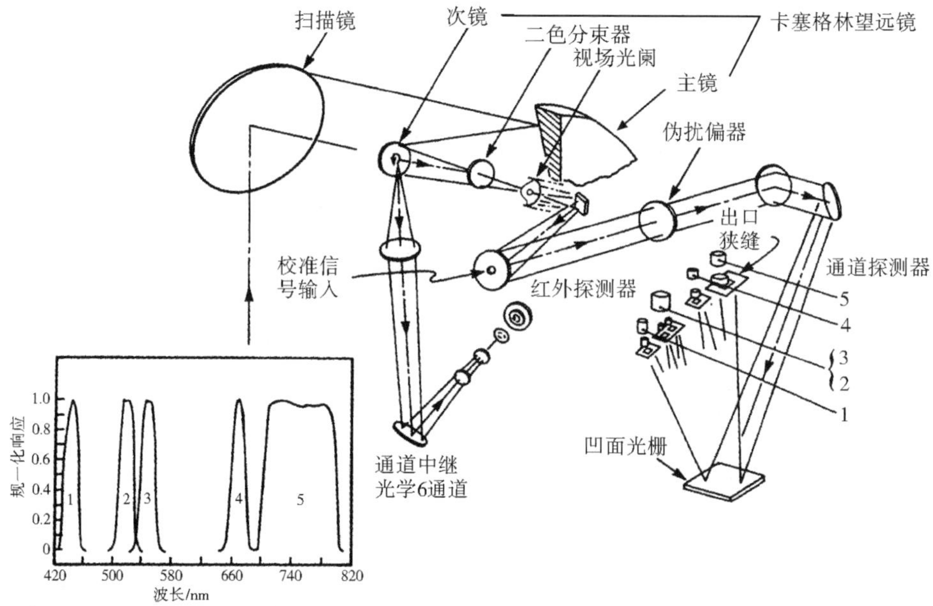

图 4-3　搭载在 NIMBUS-7 上的用于探测海洋水色的六通道多光谱扫描仪的光学设计示意(海岸带彩色扫描 CZCS)

插图：CZCS 可见通道光谱响应曲线。根据 NASA 的研究(1978 年)重绘。

±20°，并通常被设置用来避免太阳耀斑。此外，前四个光谱波段具有单独的增益，可以通过命令进行改变，以适应在整个轨道期间和在一年中在特定纬度处观察到的太阳角的范围。

从上面的讨论可以看出，除了 CZCS 是专门设计用于测量海洋辐亮度的第一个仪器，CZCS 与 3.1 节中讨论的 AVHRR 不同，与表 4-1 中的任何其他传感器也不同。CZCS 数据的例子将在第 4.7 节中给出，并与美国天空实验室(图 4-1)、VHRR(图 1-20)和飞行器(图 4-27)的可见扫描仪数据进行比较。

为了量化适用于海洋学的可见辐射计数据，第 2 章中提出的简单解释和理论必须得到扩展，就像第 3 章中的红外波段测定一样。可见光波段的海水辐射测量比红外波段更复杂，并且菲涅尔的平面反射和透射理论必须进行修改，以考虑到表面波。空气(或水)分子和粒子中的散射在大气中(和在海洋中)占主导地位，并且海水中的吸收发生在溶解或悬浮物质以及水本身。在小于 50 m 左右的浅水中，经常存在底部反射，且人为或天然来源的表面膜改变了辐射信号。解决方案是复杂的，但问题具有足够的挑战性，使海洋学家在未来数年绞尽脑汁。

4.2　水和空气的可见光学特性

几个世纪以来，科学家们推测光的性质，想知道为什么云是白色的，海是蓝色的。在麦克斯韦统一了电和磁的理论之后，定量研究便开始了。1881 年，瑞利勋爵从考虑 EMR 波与偶极大气分子的相互作用入手，解释了为什么天空是蓝色的。1908 年德国物理学家古斯塔夫·米从 EMR 波与非吸收的球状粒子的相互作用入手，解释了在流体中观测到的显著的前向散射。瑞利、德国物理学家米和其他人，如鲁霍夫斯基、爱因斯坦、拉曼和布林里，为光散射奠定了理论和观测基础。但散射只是问题的一半。在空气中，散射是主要的作用形式，而当考虑水时，吸收是同等重要的。吸收的理论解释是量子力学的一部分，而对于遥感中的问题，文献中频频出现的是测量而不是理论。本节中的讨论首先集中于观测到的水的散射和吸收数据，并总结了大气中的散射原理(主要)。

4.2.1　纯水特性

纯水的许多光学特性在第 2 章中用于说明反射、吸收和散射的物理概念。在图 4-4 中，针对纯水绘制了垂直入射反射率 $\rho(\lambda)$、光吸收系数 $a(\lambda)$和光散射系数 $b(\lambda)$的波长依赖性。注意，光散射系数的单位为每米，而光吸收系数的单位为每厘米。因此，光衰减系数 $c = a + b$ 由吸收决定(两个数量级)。纯水吸收紫外线和近红外线，优先透射蓝光，因此在 475 nm，可充当带通滤波器或窄宽度单色仪。

由人工制备的或通过仔细过滤获得的纯海水在其吸收性能方面显示出非常小的差别，除了在紫外波段的轻微增加。纯海水中的散射比纯水中的散射稍大，如表 4-3 所示。列表的数据有各种来源，不仅反映测量误差，而且反映了配制样品的差异。1963 年测量的衰减系数略高于 1939 年观测的衰减系数。还要注意，使用 $a = 4\pi\ n_I/\lambda$ (式 2-48)从折射率的复数部分计算的吸收系数，如图 4-4 所示，与表 4-3 中的数据十分一致。

表 4-3　纯水和海水的可见光学特性

波长/nm	c_{pw} /10^{-3}m^{-1}	c_{sw} /10^{-3}m^{-1}	c_{pw}或 c_{sw} /10^{-3}m^{-1}	b_{pw} /10^{-3}m^{-1}		b_{sw} /10^{-3}m^{-1}
350	—	—	—	—	10.4	13.4
375	—	—	45	6.6	7.7	10.0
400	58	—	43	5.0	5.8	7.6
425	46	—	33	3.9	4.5	5.8
450	33	—	19	3.0	3.5	4.5
475	—	—	18	2.4	2.8	3.6
500	—	—	36	2.0	2.2	2.9
525	—	—	41	1.6	1.8	2.3
550	—	—	69	1.3	1.5	1.9
575	—	—	91	1.1	1.2	1.6
600	272	265	186	0.9	1.1	1.4
625	305	317	228	0.8	—	—
650	351	357	288	0.7	—	—
675	438	432	367	0.6	—	—

续表 4－3

波长/nm	c_{pw} /10^{-3}m^{-1}	c_{sw} /10^{-3}m^{-1}	c_{pw}或 c_{sw} /10^{-3}m^{-1}	b_{pw} /10^{-3}m^{-1}		b_{sw} /10^{-3}m^{-1}
700	648	647	500	0. 5	—	—
725	1 756	1 759	1 240	0. 4	—	—
750	2 683	2 698	2 400	0. 4	—	—
775	—	—	2 400	0. 3	—	—
800	—	—	2 050	0. 3	—	—

数据有各种来源：c_{pw}和 c_{sw}来自沙利文(1963 年)，c_{pw}或 c_{sw}来自克拉克和詹姆斯(1939 年)。b_{pw}(左栏)来自罗格朗(1939 年)，b_{pw}(右栏)和 b_{sw}来自莫雷尔(1974 年)。同时也参考了史密斯和贝克的数据(1981 年)。

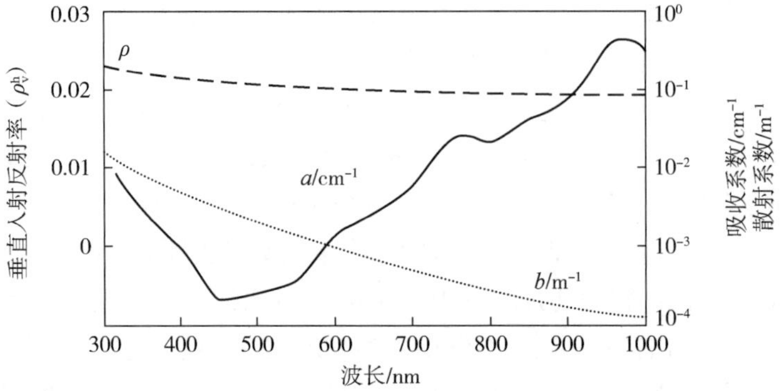

图 4－4　纯水垂直入射反射率 $\rho(\lambda)$、光吸收系数(a)和光散射系数(b)

反射率和吸收由图 2－9 中的数据计算；吸收来自克拉克和詹姆斯的数据(1939 年)。

纯水和海水的所有光学特性略微取决于温度和盐度。折射率随着盐度增加和温度降低而增加，即随着密度增加而增加。在 0 ℃$\leqslant T \leqslant$30 ℃的水中，在 589. 3 nm 处的 n_R 的范围小于 10^{-2}，并且 0‰$\leqslant S$‰ $\leqslant$4‰。该范围在用于测定盐度的折射计中非常有用，但对于遥感，值 $n_R = 4/3$ 对于可见光波段中的许多应用是可接受的值。

因为流体介质的漫射性质，角散射依赖性在光学海洋学和大气光学中是非常重要的。在 475 nm 的纯水中，体散射函数 $\beta(\theta)$非常接近于瑞利预测的 $1 + \cos^2\theta$。表 4－4 列出了根据莫雷尔的波动理论对 $\beta_{pw}(\theta)_{475}$(参见图 2－32)的测定。基于这些理论的 $b/\beta(90)$的比非常接近 16. 0，因此，在纯水和纯海水的 350～600 nm 的范围内，$\beta(90)$可以由表 4－3 中的 $b(\lambda)$确定。表 4－4 中还列出了罗格朗早期的一些计算。理论和观测值非常吻合，该表和表 4－3 中的数据可用于大多数遥感应用。

表 4－4　475 nm 和 460 nm 处的纯水的理论体散射函数(10^{-4} m^{-1} · sr^{-1})

角度(θ)	$\beta_{PW}(\theta)_{475}$	$\beta_{PW}(\theta)_{460}$
0°，180°	3. 15	3. 17
10°，170°	3. 11	3. 13
20°，160°	2. 98	3. 00

续表 4－4

角度(θ)	$\beta_{PW}(\theta)_{475}$	$\beta_{PW}(\theta)_{460}$
30°，150°	2.78	2.80
45°，135°	2.43	2.45
60°，120°	2.09	2.11
75°，105°	1.85	1，86
90°	1.73	1.74

由杰洛夫(1968 年)使用莫雷尔式计算的 475 nm 处和从罗格朗(1939 年)用 Vessot-King 式计算的 460 nm 处的理论值。

4.2.2　自然水体特性

由于溶解或悬浮物质和生物体的光学性质，自然水体的体散射函数和吸收系数与纯水或纯海水显著不同。改变海洋光学性质的主要化合物是叶绿素、脱镁叶绿素和黄色物质，最后一个是腐殖质化合物。这些化合物是在各种浮游植物中发现的复杂有机分子。图 4－5 显示了叶绿素 a 分子的示意图和一些自由漂浮的海洋植物的实例，其形成了通过光合作用将阳光转化为化学能的生物群落。叶绿素分子的直径约为 10 Å (10^{-7} mm)，而图 4－5 中的浮游植物直径约为 0.1mm。

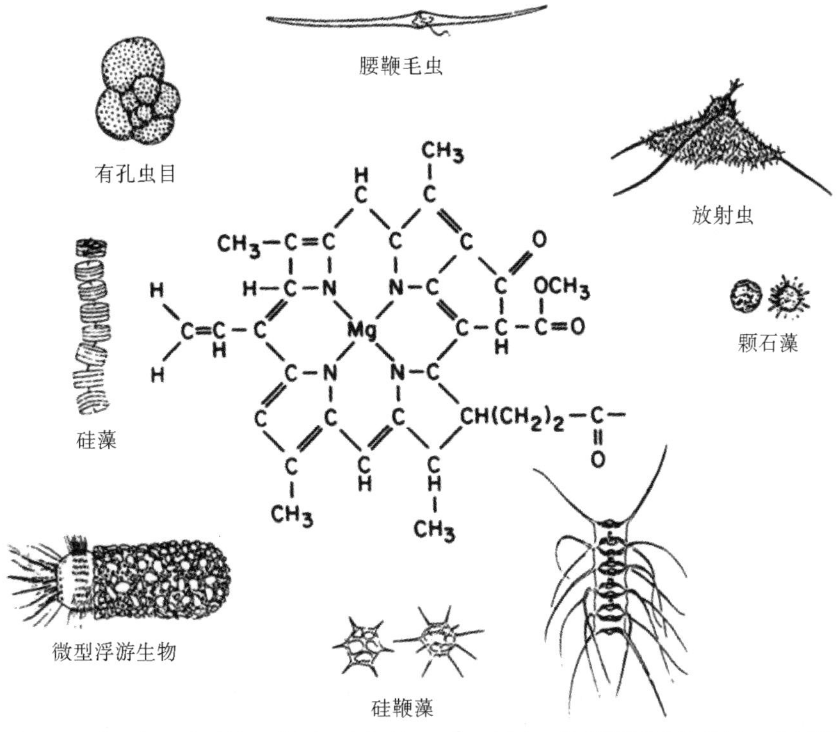

图 4－5　中心：叶绿素 a 分子的示意图，直径约 10 Å；周边：海洋浮游植物的图，直径约 100 μm
可见光波段约 500 nm。

叶绿素分子与光的波长相比较小。它们的散射在物理学中用瑞利或波动理论来描述。在实践中，散射由分子所在的生物体进行，并且从图 4－5 可以看出，米氏散射理论的球形粒子未考虑海洋浮游植物的形状。当生物体死亡，并且叶绿素分子悬浮在海水中时，叶绿素降解为另一种被称为脱镁叶绿酸的复杂的有机化学类。叶绿素、脱镁叶绿酸和黄色物质散射的光被认为是很少的，它们在遥感方面的重要性是它们吸收辐射。

图 4－6 显示了叶绿素 a 和脱镁叶绿素 a 的体内样品的吸收光谱，也显示了黄色物质的吸收曲线。还有几种其他叶绿素和脱镁叶绿素类型，但在海里，类型“a”似乎是最重要的。每种叶绿素/脱镁叶绿素类型的吸收光谱与图 4－6 所示的略有不同，但一般来说，主要吸收峰是在 400～500 nm 区域，次要峰存在于 600～700 nm 之间。另外，黄色物质具有简单的对数吸收曲线，其吸收系数比海水本身大三个数量级。自然阳光在 475 nm 处具有光谱峰(参见图 2－2)，因此叶绿素/脱镁叶绿素分子优先吸收蓝光；红光的二次吸收使绿光被反射，这说明了高生产力水体以及大多数其他植物

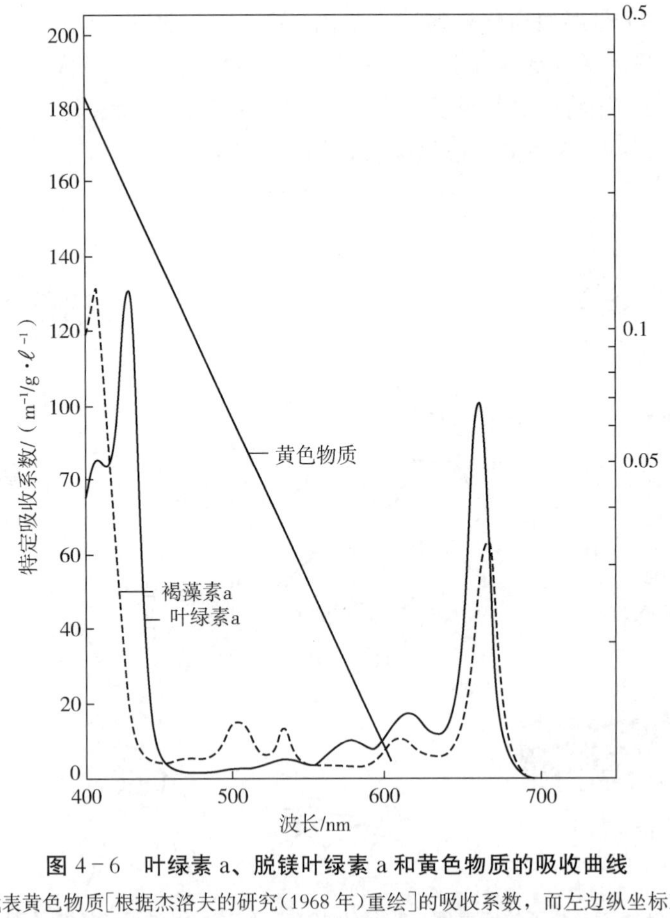

图 4－6　叶绿素 a、脱镁叶绿素 a 和黄色物质的吸收曲线

右侧纵坐标代表黄色物质[根据杰洛夫的研究(1968 年)重绘]的吸收系数，而左边纵坐标对浓度进行了归一化；特定吸收系数定义为光密度($\log_{10}\tau^{-1}$)除以浓度($g \cdot \ell^{-1}$)除以吸收细胞的内部长度。

的叶子的颜色。另外，黄色物质在 500 nm 和 600 nm 之间没有吸收最小值；对绿光的吸收要高于叶绿素/脱镁叶绿素的吸收，因此呈现特有的黄色。仅存在黄色物质的水体，吸收主要来自于黄色物质和纯水，而散射仅仅来自于纯水。在海水中，颗粒总是悬浮的，必须考虑悬浮颗粒的影响。

虽然在自然水体中存在颗粒粒子，但它们具有不同的粒度分布、形状和光学性质。像色素分子吸收一样，粒子在可见光遥感中的重要性在于，其改变了海水中上行光场的光谱特征。海洋粒子有两个主要类型：无机颗粒（由河流径流、冰川融化、风带来）和有机颗粒。后者可能来自陆地，也可能来自海洋，主要由溶解物质组成。较小量级的颗粒主要由粒子碎屑组成，例如浮游植物的碎屑或浮游动物的外骨骼。许多海洋粒子的折射率在 1.05 至 1.15 之间，并且直径似乎在 2～15 μm 的范围内；开阔海洋表层水中的粒子浓度范围为 0.04～0.15 mg・ℓ$^{-1}$，其中 20%至 60%是有机的。

海水中的粒子通过散射和吸收来衰减光。图 4－7 是海水仅由粒子 c_p引起的光衰减随波长变化图和米氏后向散射 b_p随波长变化图。从总（测量的）光衰减中减去由溶解物质和水引起的衰减来获得粒子的衰减曲线。粒子 b_p的理论散射曲线假定样品粒径为 4 μm，浓度为 0.1 mg・ℓ$^{-1}$，粒子折射率为 1.10。这种简化的米氏散射理论证实了 b_p在海中比 c_p小 10 倍。大于 2 μm 或 2 μm 左右的较大粒子的散射不是强烈分散的，因此大多数波长对衰减的依赖性来自粒子的吸收。粒子的吸收和散射随着来源和粒度分布而发生很大的变化。图 4－6 可以用来解释遥感数据和由这些粒子引起的水下光场的离散。

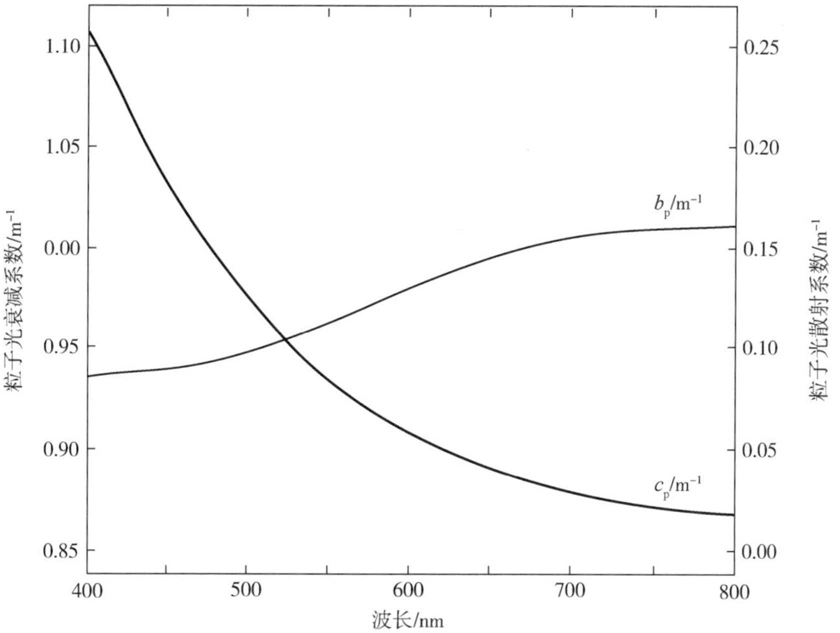

图 4－7　观测到的粒子衰减系数 c_p随波长的变化，表示为粗线

浅色的线是基于非吸收球体米氏散射理论获取的理论上的颗粒散射 b_p。根据 Burt 的研究（1958 年）重绘。

粒子散射的另一个重要方面是角度依赖性，特别是米氏散射的估算，其前向散射是最重要的。海洋中 $\beta(45^\circ)$和 $\beta(135^\circ)$之间的不对称非常明显。在许多情况下，在海洋中 50%的散射光在 $0^\circ \leqslant \theta \leqslant 5^\circ$的范围内，而纯水和纯海水的 $\beta(45^\circ)/\beta(135^\circ)$是一致的。这解释了海洋的水下光场或上行光场通常仅为入射辐射的 5%：光子会被后向散射的概率接近 0.05，即多数前向散射的光子会被吸收。由于遥感探测的是离开海水的光，因此在一定程度上考虑体散射函数 $\beta(\lambda)$是有价值的。

图 4－8 详细描述了三种自然水体和纯海水在绿光波段（$\lambda = 530$ nm）的体散射函数。对于自然水体，$\beta(\theta,\lambda)$在接近 $\theta = 100^\circ$处的最小值和在 $\theta = 0^\circ$处的最大值间存在七个数量级的变化，而对于纯海水，β 的变化小于两倍。巴哈马海舌（巴哈马安德罗斯岛东部）的水通常被作为清澈海洋水的一个例子，但是散射明显是前向的。事实上，一半的散射能量包含在以下角度：

圣地亚哥海港：$0^\circ \sim 4.7^\circ$；

加州离岸海区：$0^\circ \sim 2.5^\circ$；

巴哈马海舌：$0^\circ \sim 6.3^\circ$；

纯海水：$0^\circ \sim 90^\circ$。

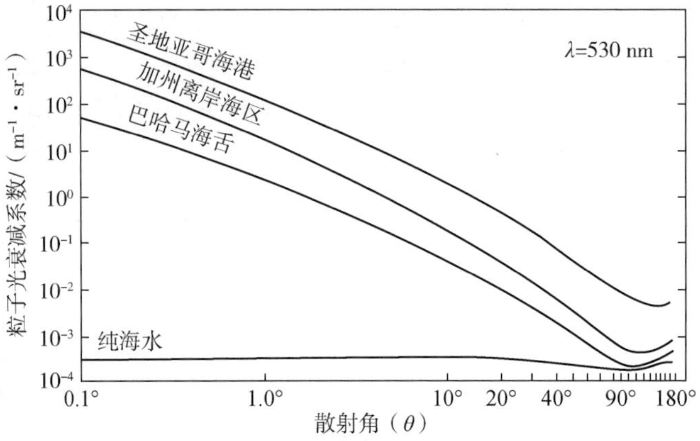

图 4－8　四种水体类型的体散射函数与散射角的关系

入射辐照度来自 $\theta = 180^\circ$，波长 $\lambda = 530$ nm；自然水体数据来自 Petzold(1972 年)；纯水数据来自 Morel(1974 年)。

后向散射光的百分比 $B(\lambda)$可按下式计算：

$$B(\lambda) = \frac{2\pi}{b(\lambda)}\int_{\pi/2}^{\pi}\beta(\theta,\lambda)\sin\theta \mathrm{d}\theta \qquad (式 4-2)$$

表 4－5 给出了后向散射光百分比 $B(\lambda)$与光散射系数 $b(\lambda)$和光吸收系数 $a(\lambda)$。每个变量都对海洋可见光遥感非常重要，因为它们包含了关于海洋生物光学状态的信息。

图 4－8 给出了体散射函数图，与图 2－32 中的米氏散射示意图相比，其在前向方向的散射更强。事实上，在许多实际情况中，前向散射可以被认为是三角函数，并且一旦光被前向散射，这些光子被散射回（从而给出信息）的概率非常小。后向散射光的百分比不随着光吸收的增加而单调减少（参见巴哈马海舌水、圣地亚哥港水、加州离岸水）。当水中的悬浮颗粒增加时，后向散射光子后向散射的概率开始增加。当与

粒子相互作用时，光子后向散射的概率仅为 Bb/c。一些计算表明，加州离岸水在 530 nm 处的后向散射概率最低。

表 4-5 波长为 530 nm 处水样的可见光学特性

［摘自 Petzold(1972 年)和 Morel(1974 年)］

地点	$a(\lambda)$	$b(\lambda)$	$B(\lambda)$
圣地亚哥海港	0.366 m^{-1}	1.82 m^{-1}	0.020
加州离岸海区	0.180 m^{-1}	0.22 m^{-1}	0.013
巴哈马海舌	0.114 m^{-1}	0.037 m^{-1}	0.044
纯海水	0.045 m^{-1}	0.023 m^{-1}	0.500

体散射函数不仅与水体类型有关，更依赖于辐射的波长。图 4-9 显示了超出散射角范围($30^\circ < \theta < 135^\circ$)的示例。一共三个示例：取自迈阿密港、墨西哥湾开阔海域(24°59′N，88°58′W)的水样，以及 Morel 的纯海水值。选定的波长对应 CZCS 上的波长。如图 4-8 中数据所示，散射的主要特征是明显的前向散射，与波长无关。将观测结果减去图 4-9 中的纯水曲线，结果表明散射主要由颗粒产生的，颗粒引起的吸收和散射比图 4-7 中显示的例子要更加复杂。

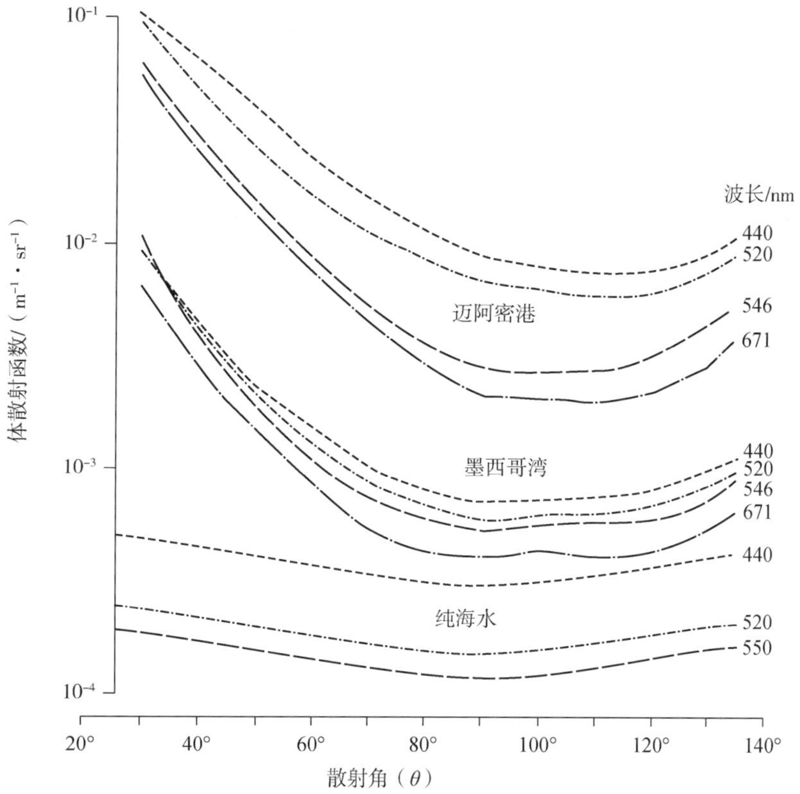

图 4-9 CZCS 四个可见光波段处的体散射函数与散射角的关系

自然水样为地表水样，纯海水水样来自 Morel(1974 年)。偏振因素未列入考虑。

理论研究表明，如果单独测量粒子的粒度分布，即便自然粒子没有达到米氏散射理论要求的球状结构，计算和观察到的体散射函数也具有良好的一致性。至于如何通过遥感技术来确定自然水的几种光学性质，其理论解释尚处于初步阶段。该问题最难之处在于，被动传感器的能量来源依赖于太阳光，这意味着必须充分考虑大气影响。正如本节第二部分的讨论，现场观测证实了理论，但就遥感而言，仍有许多需要关注的难题。

4.2.3 大气特征

大气的可见光学性质主要考虑散射，这与海水不同，海水考虑吸收和散射。在可见光波段，大气吸收确实发生在某一气溶胶中，但粒子与 EMR 波的相互作用消除了波中的能量，所述能量被再辐射成 4π 球面度的辐射信号。当然，这时也存在一系列的光学效应，如彩虹和光环(有其他的成因解释)。但是，对于我们目前所了解到的遥感而言，散射是最重要的。

产生散射的粒子尺寸范围在 10^{-4} μm (如空气分子)到 10^{4} μm (如雨滴)之间。表 4－6 对产生散射的大气层中粒子尺寸范围和浓度进行了总结。任何粒子形成的散都射被称作点源散射。介质中各种粒子是非均质的。这种非均质性产生了不同的折射率。由于只有真空具有光学均匀性，因此散射可以发生在任何介质中。由于大多数散射来自一个点源，故可采用辐射术语强度 dJ，而点源散射的实际测量值被定义为体散射函数。图 4－10 显示了三种大小的粒子的散射强度分布。因为没有新的定量信息(参见图2－32 和图 4－8)，该图只是示意图。

表 4－6　海平面大气粒子范围

名称	半径/μm	浓度/cm^{-3}
空气分子	10^{-4}	10^{19}
爱根核	$10^{-3}\sim10^{-2}$	$10^{4}\sim10^{2}$
霾粒子	$10^{-2}\sim10^{0}$	$10^{3}\sim10$
雾滴	1～10	100～10
云滴	1～10	300～10
雨滴	$10^{2}\sim10^{4}$	$10^{-2}\sim10^{-5}$

数据来源于 McCartney，1976 年。

大气中所有散射都可以被想象为是 ERM 波进行颗粒电荷简谐运动的结果。表 4－6 中列出的粒子可以被认为具有构成电偶极子的振荡电荷，这些电偶极子与激发的 EMR 是同步的。因此，散射波与入射辐射具有相同的频率和相位。但是，由于它们在球体中的散射是不对称的，其振幅($I \propto E^2$；式 2－34b)有所降低。与吸收不同，散射意味着粒子的内部能量没有变化，而且过程在时间上是连续的。即使入射辐照度被随机偏振，但是散射光还是表现出一定程度的极化，这个极化特征依赖于粒子的光学特性以及颗粒体散射函数测定的角度。如同所有电磁过程一样，偏振与波长相关。

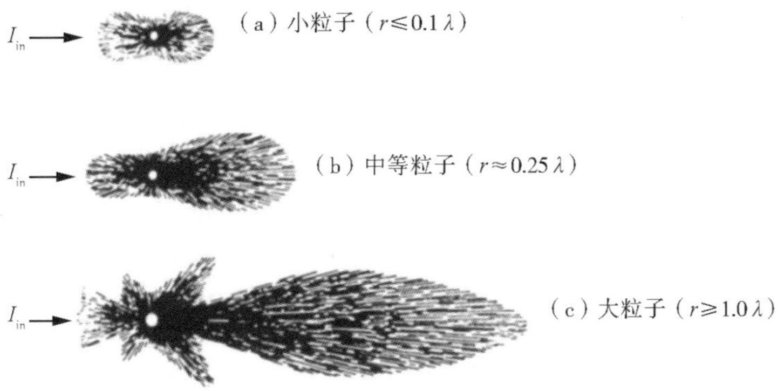

图 4－10　三种粒子的体散射函数模型

(a)小于 $\lambda_{in}/10$ 的粒子；(b)近似 $\lambda_{in}/4$ 的粒子；(c)大于 λ_{in}的粒子。式中，λ_{in}是入射辐照度 I_{in}的波长（在 Brumberger 等人之后，1968 年）。

散射理论(如瑞利和米氏散射理论)依赖于平均粒子间隔，粒子间隔是粒子半径的三倍多。这在大气层中很常见，可以采用独立散射近似。独立散射意味着在理论上，每个粒子都可以被视为唯一存在的散射。由于大气粒子也可以随机移动和排列，散射辐射在相位上也是随机的。因此，散射的 EMR 不会干扰，而辐射被认为是非相干散射。另外，相干散射(如布拉格散射)发生在晶体固体中，因为原子并不像在液体中一样随机排列。

大气层中体散射系数的值稍微低于海水中的值。例如，当 $\lambda = 550$ nm，温度为 0 ℃时，干燥空气的分子散射 $\beta(180^\circ)$为 1.36×10^{-6} $m^{-1} \cdot sr^{-1}$；而在同一波长的积云中，$\beta(180^\circ) = 10^{-3}$ $m^{-1} \cdot sr^{-1}$。这意味着加州离岸海区水(图 4－8)在 180°时的体散射函数与积云的体散射函数基本相同。当 $\lambda = 550$ nm 时，纯的干燥空气的分子散射产生的总散射系数为 0.012 km^{-1}；而同样在 $\lambda = 550$ nm 的情况下，晴空条件下的值为$b \approx 0.17$ km^{-1}，浓雾条件下 $b \approx 40$ km^{-1}。在大致相同的波段上，海水的典型值大了两到三个数量级。这些值符合共同的经验，即一个人能“看见”几十公里以外大气层中的物质，但只能“看见”几十米深海水中的物质。

在可见光海洋遥感中，通常可以认为大气存在两种散射：空气分子的瑞利散射以及烟雾和其他气溶胶的米氏散射。当气溶胶尺寸为 0.1λ 或更小时，米氏散射理论和瑞利散射同时存在。原因在于大气气溶胶在所有波长上的散射强度几乎都相同，而空气分子则遵从瑞利散射理论中的 λ^{-4}限制。对随机偏振入射光，大气中的瑞利体散射系数可以表示为

$$\beta(\theta) = \frac{\pi^2(n^2-1)^2}{2N\lambda^4}(1+\cos^2\theta) \qquad (式 4－3)$$

式中，N 为单位体积中空气分子的数量，n 为取决于N 的复折射率($n_R + in_I$)。几何形状如图 2－32 所示。对于 288.15 K、1 013.25 mb 且 $\lambda = 550$ nm 情况下的纯干空

气，$\beta(90^\circ)=0.7053\times10^{-6}\ m^{-1}\cdot sr^{-1}$，该数值是通过一个比式 4 - 3 更精确的运算式算出，它考虑到各向异性的分子引起的去偏振作用。

由于分子各向异性，瑞利散射的相函数(式 2 - 98)也会受到校正的影响(若分子为各向同性，则当 $\theta=90^\circ$时，散射只会存在一个偏振垂直分量)。根据相函数的定义

$$\hat{P}(\theta,\phi) = \frac{4\pi\ \beta(\theta,\phi)}{b}$$

结合第 2. 10. 1 节中有关瑞利散射的探讨

$$b = \frac{16}{3}\pi\beta(90^\circ)$$

各向同性气体的 $\hat{P}$ 理论值为 $\hat{P}(90^\circ)=3/4$。McCartney 根据钱德拉塞卡的公式计算了更准确的值，为

$$\hat{P}(\theta) = 0.7629(1 + 0.9324\cos^2\theta) \qquad (式 4 - 4)$$

式 4 - 4 表示经过分子各项异性校正的归一化瑞利散射相函数。E. J. McCartney 所著《大气光学》中列有关于校正后的瑞利体散射函数和相函数的详细表格。另外，第 4. 4 节就天空光偏振对 $\hat{P}(\theta)$的影响做了进一步探讨。

若大气层中仅含气体分子，那么可见光海洋遥感的问题就会大大简化。海洋大气中含有许多其他粒子(通常被称为气溶胶)，其尺寸范围(r)如表 4 - 6 所示。由于只有能够获取海洋表面信息的可见光卫星观测才有意义，本讨论仅限于尺寸更小的形成烟雾气溶胶的粒子以及与它们相关的角散射。气溶胶的米氏散射在很大程度上取决于粒子大小和粒度分布。在探讨粒度分布后，应考虑角散射。

有关气溶胶(按尺寸分类)统计学分布的研究得出了一个非高斯直方图。图 4 - 11 通过以下幂指数形式，显示了一些在 r_1 到 r_2 范围内的典型分布：

$$\frac{dN}{d\log_{10} r} = Cr^{-\nu^*} \quad 或 \quad \frac{dN}{dr} = 0.434Cr^{-(\nu^*+1)} \qquad (式 4 - 5)$$

式中，dN 是半径为 r 和 $r+dr$ 之间的粒子的数量，C 和 ν^* 是被调整到最适合式 4 - 5 的函数的常数。图 4 - 11 显示，大陆性气溶胶通常小于海洋气溶胶，但前者浓度更高。海洋气溶胶是风速的函数。如图 4 - 11 所示，当超出 r_1 到 r_2 范围时，适用于式 4 - 5的 $\nu^*\approx3$。在大陆和海洋大气混合的沿海地区，可同时观察到两种分布的特征。

大多数烟雾气溶胶的典型值 N 在 $10^2\ cm^{-3}$ 到 $10^3\ cm^{-3}$ 之间，而 ν^* 的值在 2. 5 到 4 之间。N 是空气分子在海平面上的值，约为 $2.7\times10^{13}\ cm^{-3}$。如表 4 - 6 所示，这些半径比烟雾粒子小四到五个数量级。在散射中，气溶胶的大小至关重要。图 4 - 11 顶部的光波长表明，大多数海洋气溶胶的粒子尺寸和 $\lambda_{可见}$ 的比值大于 1。在这些情况下，简单的瑞利偶极子理论不适用，必须采用米氏散射理论。

有关米氏散射理论的问题不在本书探讨范围内。Milton Kerker 所著的《光散射和其他电磁辐射》详细描述相关内容。米氏体散射函数为

$$\beta(\theta) = 0.434C\left(\frac{2\pi}{\lambda}\right)^{\nu^*-2} \cdot \int_{\hat{\alpha}_1}^{\hat{\alpha}_2} \frac{1/2\cdot(i_1+i_2)}{\hat{\alpha}^{\nu^*+1}}d\hat{\alpha} \qquad (式 4 - 6)$$

式中 $\hat{\alpha}\equiv2\pi r/\lambda$，被称为粒度参数，其他项的定义见式 4 - 5，但 i_1 和 i_2 除外，它们

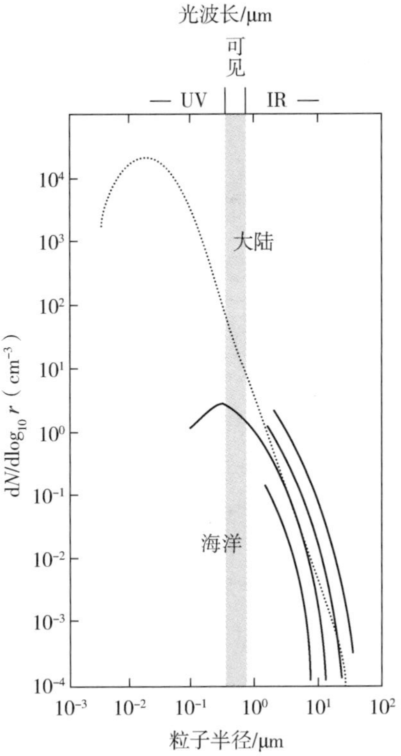

图 4－11　典型大陆(虚线)和海洋(实线)气溶胶粒度分布

海洋气溶胶作为风速函数显示，单位为 m/s(参考自 Junge，1960 年)。横坐标上部显示可见光波长，与下部显示的粒子半径进行对比。

是米氏散射理论中的垂直和水平强度分布函数。对于半径范围为 $0.04\ \mu m \leqslant r \leqslant 10\ \mu m$ 和 $2.5 \leqslant \nu^* \leqslant 4.0$ 的烟雾气溶胶，式 4－6 中的积分项几乎不受波长影响。图 4－12a对其进行了解释。该图是有关以上范围 r 的相函数 $\hat{P}(\theta=30^\circ)$ 以及根据米氏散射理论计算出的 ν^* 的图示。当 $\nu^* \neq 2$ 时，体散射函数在很大程度上取决于波长，但相函数并不。对于海洋遥感，这是一个很重要的大气光学发现。这一表述适用于除最小角($\theta \leqslant 3^\circ$)以外的所有角度。另外，还应注意相函数与浓度参数 C(参见式 4－5)是不相关的。这并不是说可见波长的辐射传输与气溶胶浓度无关，因为传输式(图 2－36)中的散射反照率 ω_0 需要乘以 $\hat{P}(\theta)$项。

另外，图 4－12a 显示了标准大气压下的瑞利散射相函数。若大气层表现为一个单次散射体，则可分别处理瑞利($\hat{P}_R$)和气溶胶($\hat{P}_A$)相函数，而总散射相函数($\hat{P}_T$)为 $\hat{P}_T = \hat{P}_R + \hat{P}_A$。由于地球大气层太厚，单次散射单次散射理论无法成立，但如将在第 4.7 节所述的那样，对这种简单的加和的修改可以得到有效的水色遥感第一近似值。

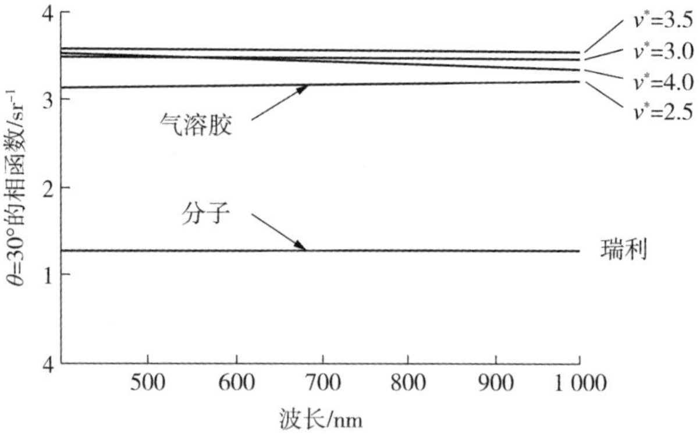

图 4－12a　粒度幂指数范围为 2.5 ≤ν* ≤ 4.0 时，大气烟雾气溶胶的相函数，以及尺寸范围为 0.04 μm ≤ r ≤ 10 μm时，1 013.25 mb 和 288.15 K 时瑞利分子的相函数

根据 Bullrich（1964 年）表格计算的气溶胶；McCartney（1976 年）表格中计算瑞利散射特征。

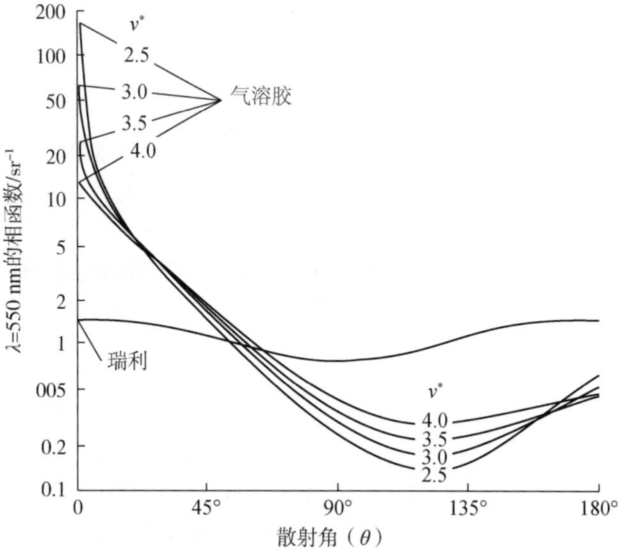

图 4－12b　550 nm 瑞利和气溶胶相函数，参数 $\hat{a}$ 和 ν* 与图 4－12a 中相同

为了与气溶胶角变化进行比较，图 4－12b 中显示了式 4－4 表示的大气分子角散射。采用相同范围的粒子半径和图 4－12a 中用的幂函数指数来计算气溶胶相函数，如图 4－12b 所示。气溶胶的前向散射比分子的前向散射大几个数量级，但在 0.04 μm ≤ r ≤ 10 μm 和 2.5 ≤ ν^* ≤ 4.0 的范围内，瑞利后向散射占主导。图 4－12b 选择的波长为 550 nm。但如图 4－12a 所示，曲线适用于所有可见光波段，$\theta \leqslant 3^\circ$ 的情况除外。在约小于 3°的散射角处，$\hat{P}_A$会随着 ν^* 的降低而升高，但 $\nu^* = 4.0$ 时的效果远远低于 $\nu^* = 2.5$ 时的效果。

气象视距通常用于定性描述观察者在背景天空中检测黑色目标的能力。由于人眼在亮视觉下的响应峰值在 550 nm 处，考虑到黑色目标的固有对比，人们认为气象视距等于 3.912－$b(\lambda = 550\ \text{nm})$。但是，总散射系数 $b(\lambda)$因波长、气象视距和气溶胶属性不同而存在差异。表 4 - 7 中显示了非常晴朗的天空在一天中(气象视距为 20～50 km)的气溶胶光谱总散射系数 b_A 的计算值、粒度幂指数 $\nu^* = 3$，半径范围为 $0.04\ \mu m \leqslant r \leqslant 10.0\ \mu m$。另外还给出了瑞利系数 b_R 进行比较。从表中可以看出，在本例中气溶胶散射占主导地位。即便是在天空异常晴朗的一天(气象视距 > 50 km)，波长在 550 nm 处的 b_A 仍是 b_R 的 5 倍。(在“国际能见距码”中，“非常晴朗”和“异常晴朗”都是水平路径上的标准用语。)

表 4 - 7　计算的“非常晴朗”大气层中气溶胶总散射系数 b_A 和相应的瑞利总散射系数 b_R

λ/nm	b_A/km^{-1}	b_R/km^{-1}
400	0.108 2	0.043 0
650	0.066 8	0.005 89
850	0.051 0	0.001 99
1 200	0.035 9	0.000 498
	$\nu^* = 3.0$	$P = 1\ 013.25$ mb
	$0.04 \leqslant r(\mu m) \leqslant 10.0$	$T = 288.15$ K

在比较表 4 - 7 中数据和相函数时，需要注意到气溶胶($\hat{u}_A$)和瑞利($\hat{u}_R$)光学厚度(式 4 - 7)随波长变化。$\hat{u}_R$ 遵从 λ^{-4} 规律，因此当用于($\nu^* - 2$)时，$\nu^* = 6$。观测表明，ν^* 的范围在大约 3(轻度烟雾，气象视距 4～10 km)到 2.5(异常晴朗大气)之间。然后，浓度被弱耦合为幂分布指数。

对于海洋遥感，无云斜程上大气的影响是变化的。在大气光学文献中，光深通常被称为光学厚度，在表 2 - 6 中被定义为 $u = \int c(z)\mathrm{d}z$。在可见波长段，$b(z) \approx c(z)$，光学厚度 $\hat{u}$ 被定义为

$$\hat{u}_{R,A} \equiv \int_0^z b_{R,A}(z)\sec\zeta \mathrm{d}z \qquad \text{(式 4 - 7)}$$

式中，下标表示散射组分或总散射，z 为天顶角(ζ)修正的斜程。$\hat{u}_{总}$ 范围在 1.5(烟雾中，气象视距约为 3 km)到稍微低于 0.1(波长为 550 nm 时的非常清晰空气中)之间。表 4 - 8 显示了非常晴朗天气条件下(水平气象视距为 25 km)，美国标准大气的总光学厚度随光谱的变化，垂向光程为 50 km。注意，在波长为 550 nm 处的大气透射率(即从海表面发射的光子在 50 km 处的检测概率)$e^{-\hat{u}}$ 的范围为 0.2(阴霾天气)到 0.9(非常晴朗天气)。

表 4 - 8　美国标准大气(1962 年)垂直路径(50 km)的光学厚度、气象视距(25 km)，以及透射率 $\tau = e^{-\hat{u}}$

λ/nm	$\hat{u}_R$	$\hat{u}_{总}$	$\tau_{总}$
360	0.564 8	0.872	0.42
400	0.363 8	0.619	0.54
450	0.223 6	0.454	0.64

续表 4-8

λ/nm	$\hat{u}_R$	$\hat{u}_{总}$	$\tau_{总}$
500	0.145 1	0.370	0.69
550	0.098 3	0.331	0.72
600	0.069 0	0.305	0.74
650	0.049 8	0.252	0.78
700	0.036 9	0.217	0.80
800	0.021 5	0.187	0.83
900	0.013 4	0.166	0.85
1 060	0.007 2	0.151	0.86

表 4-7 和表 4-8 不能用于表示 $\hat{u}_{总} = \hat{u}_R + \hat{u}_A$ 或 $b_{总} = b_R + b_A$。只有当大气层在光学角度上薄到只能发生单次散射时，才存在这些关系。地球的大气厚度主要引起依赖于波长的多次散射。多次散射表明散射出光束的光子可以被散射回光束中。比如，海表面不存在于光束中的光子也可能被散射到光束中。图 4-13 较为有趣，它显示了计算所得的单、双或三次大气散射的概率和瑞利光学厚度的关系。由于默认光学厚度具有波长依赖性，因此可同时通过图 4-13 和表 4-8 来检验大气分离成气溶胶和分子散射的有效性。除了在反射红外波长(大于 800 nm)情况下，有 2%或更大的概率发生多次散射，例如，在气象视距为 25 km 时 1962 年的美国标准大气的情况。随着气溶胶烟雾浓度的增加或波长的减少，大气散射变成一个更为复杂的变量。如将在第 4.7 节中进行的探讨，当研究海洋水色时，考虑到可见光辐射，研究人员已提出了某些简化设想，产生了一些好的结果。

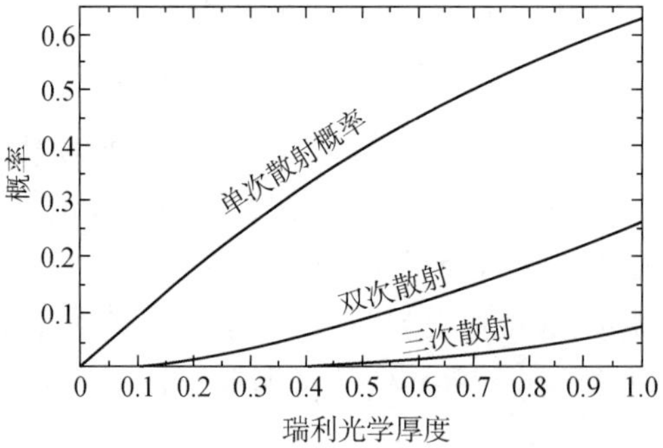

图 4-13 作为瑞利光学厚度函数 $\hat{u}_R$ 的单、双或三次大气散射概率

参考自 Bugnolo(1960 年)。

4.2.4 与红外特征比较

图 4-14 综合了上述材料，并对第 3 章探讨的对可见光遥感和红外材料的整体影响进行了对比。根据能量的地球物理分配，0.55 μm $\leqslant \xi(\lambda) \leqslant$ 0.70 μm 的可见光传

感器与 10.5 μm $\leqslant \xi(\lambda) \leqslant$12.5 μm 红外辐射计测量的能量记录进行对比。所述的值针对 GOES VISSR 计算得出，但也同样适用于 ITOS 上的多光谱辐射计和极轨道航天器的泰罗斯 - *n* 卫星系列。图 4 - 14 的上图显示了从海洋表面反射(无太阳耀斑)、海洋内部散射(发射)的可见光能量以及大气中的光束散射。

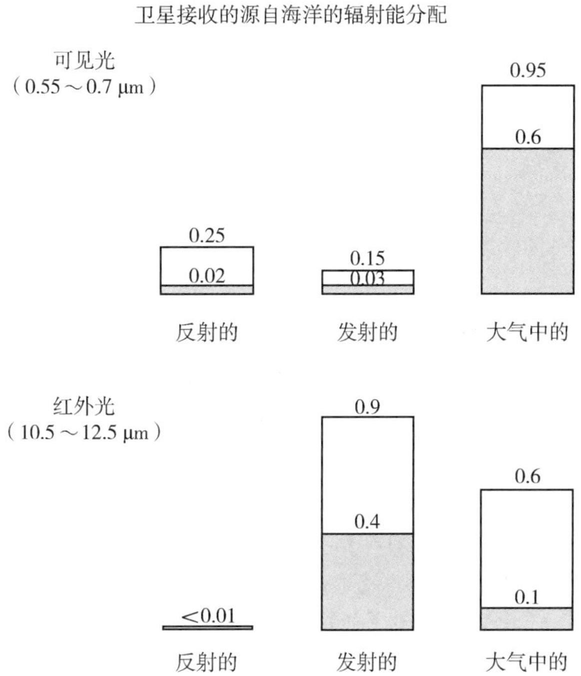

图 4 - 14　从海面反射，海水中发射以及从大气层散射或发射的可见光能量(上图)和红外能量(下图)

低值用点来表示，且在所有情况的值有利于海洋遥感的定量。来自 Maul(1981 年)。

图 4 - 14 的下图显示了从海洋反射和发射的红外能量的范围，以及大气层的再辐射量。海面反射的可见光辐射信号远远多于红外的辐射，它也是 CZCS 镜子须倾斜 ± 20°以避免太阳耀斑的原因。有关海洋光学属性或温度的信息包含在中间的柱状图中。这些图形表明，包含所述信息的红外信号部分远远大于可见光信号部分。相反，可见光部分的大气影响(右侧柱状图)远远强于红外部分。因此，研究人员认为去除表面反射和大气影响的技术对可见光遥感的作用比对红外遥感的作用更关键。在某种意义上说，可见光辐射存在约 0.1 的地球物理信噪比，而红外辐射约为 0.5。不过，海洋定量信息还是需要考虑可见光和红外测量中的上述三部分。研究人员需要记住哪些能量部分最有可能在最终分析中出现差错。

定量可见光遥感的大气校正取决于上文探讨的变量获取的精度。人们对可见光波段的辐射传输式进行了修改以说明这些观察到的海洋和大气属性。下一节将探讨这些简化近似法，以及它们用来解释可见光图像和海洋水色定量观测的用途。

4.3 可见光辐射传输方程式

在有关普朗克定律和黑体光谱出射度的讨论中，如图 2 - 2 所示，当波长为 500 nm 时，6 000 K 太阳的辐射能比来自 300 K 海洋的辐射能大十多个数量级。因此，可以忽略广义辐射传输方程式(式 2 - 112)中的发射的辐亮度 L_{em}，而可见光遥感可写为

$$\cos\theta\frac{\mathrm{d}L}{\mathrm{d}u}=L_{df}-\frac{\omega_0}{4\pi}\int_0^{2\pi}\int_{\pi}^{0}L_{df}\hat{P}\mathrm{d}(\cos\theta)\mathrm{d}\phi-\frac{\omega_0}{4\pi}I_0\hat{P}\mathrm{e}^{-u\sec\theta} \qquad (式 4-8)$$

式中，光学变量 L、L_{df}、ω_0、$\hat{P}$、I 和 u 汇总见表 4 - 9。式 4 - 8 由平行于介质、z 轴正向地球中心的平面推导出来；右侧的前两项为漫射辐亮度，最后一项表示太阳光束直照部分的贡献。

表 4 - 9 可见光辐射传输方程式各项

项	符号	定义	单位
辐亮度 漫射辐亮度	L L_{df}	单位立体角 dΩ 单位投射面 dA · cosθ 的功率 P：$L \equiv \mathrm{d}^2P/(\mathrm{d}A\cdot\cos\theta\mathrm{d}\Omega)$	W · m^{-2} · sr^{-1}
散射反照率	ω_0	光线单次散射系数 b 和光衰减系数 c 之比：$\omega_0\equiv b/c\equiv b/(a+b)$	无量纲
相函数	$\hat{P}$	体散射项函数 β 与光单次散射系数 b 之比，在球体中归一化：$\hat{P}\equiv 4\pi\beta/b$	sr^{-1}
辐照度	I	从 2π 球面度入射到单位面积 dA 的总功率 dP：$I\equiv \mathrm{d}P/\mathrm{d}A, I=\int L\cos\theta\mathrm{d}\Omega=\iint L\cos\theta\sin\theta\mathrm{d}\theta\mathrm{d}\phi$	W · m^{-2}
光学厚度	u	深度 z 上的光衰减系数积分：$u=\int c(z)\mathrm{d}z$	无量纲

从物理角度来说，式 4 - 8 描述当通过一个板时，可见光辐亮度随光学厚度的变化 $\mathrm{d}L/\mathrm{d}u$，包括三个项。L_{df} 是入射到板的光束的漫射辐亮度，其光学厚度为 du。积分项表示在 4π 球面度的各个方向，而非光束($\boldsymbol{u}_z\cos\theta$)中，入射到板的漫射辐亮度，乘以 ω_0，它表示散射到光束中的辐射再次散射出 du 的概率。式 4 - 8 中的最后一项 $I_0\mathrm{e}^{-u\sec\theta}\hat{P}\omega_0/4\pi$ 表示在光学厚度 u 上衰减的入射太阳辐照度，其中，$\hat{P}\omega_0/4\pi=\beta/c$ 是衰减的入射太阳辐照度散射到光束 $\boldsymbol{u}_z\cos\theta$ 中的概率。在通过对整个光学厚度积分来求解 L 时，右侧的三项为正值，且从左至右分别代表光束衰减漫射辐亮度、从光束外散射到光束内的漫射辐亮度，以及当 $\hat{P}(\theta)=\hat{P}(0^\circ)$ 时散射到光束中或直接测量的太阳辐照度。

在这个时候，总结这个可见光辐射过程和回顾一些第 2 章推导出的重要关系是很有价值的。图 4 - 15 显示了可见光辐射传输式并确定了斯涅尔定律、基尔霍夫定律和菲涅尔反射比，用于随机偏振辐射、跨界面辐射、瑞利和米氏体散射，以及从远程位

置进行辐射计观测。来自太阳的四条平行光线代表四个光子以及它们可能出现的结果。下面分别对每个光子进行探讨。

图 4－15 中最左侧平行光线是一个被大气分子散射的光子，因此具有对称的体散射函数。L^* 是大气辐亮度(程辐射)，是瑞利散射到辐射计的时间平均光子量。图中显示了分子散射，但也显示了气溶胶散射，它包含在 L^* 内。如图 4－14 所示，多次散射几乎总是地球大气层的一种属性，但是为了简化，并未在图 4－15 中显示。

第二条平行的光线大致表示吸收。在特定波长的前提下，吸收过程消除了入射光束中的辐射能量。在热平衡中，不同频率的光子将释放出 $E_R = h\nu$ 的能量。能量平衡是通过改变分子旋转、震动或电子跃迁(参见第 3.3 节)实现的。当然，海洋也会发生吸收，但由于空间有限，不在图 4－15 中显示。

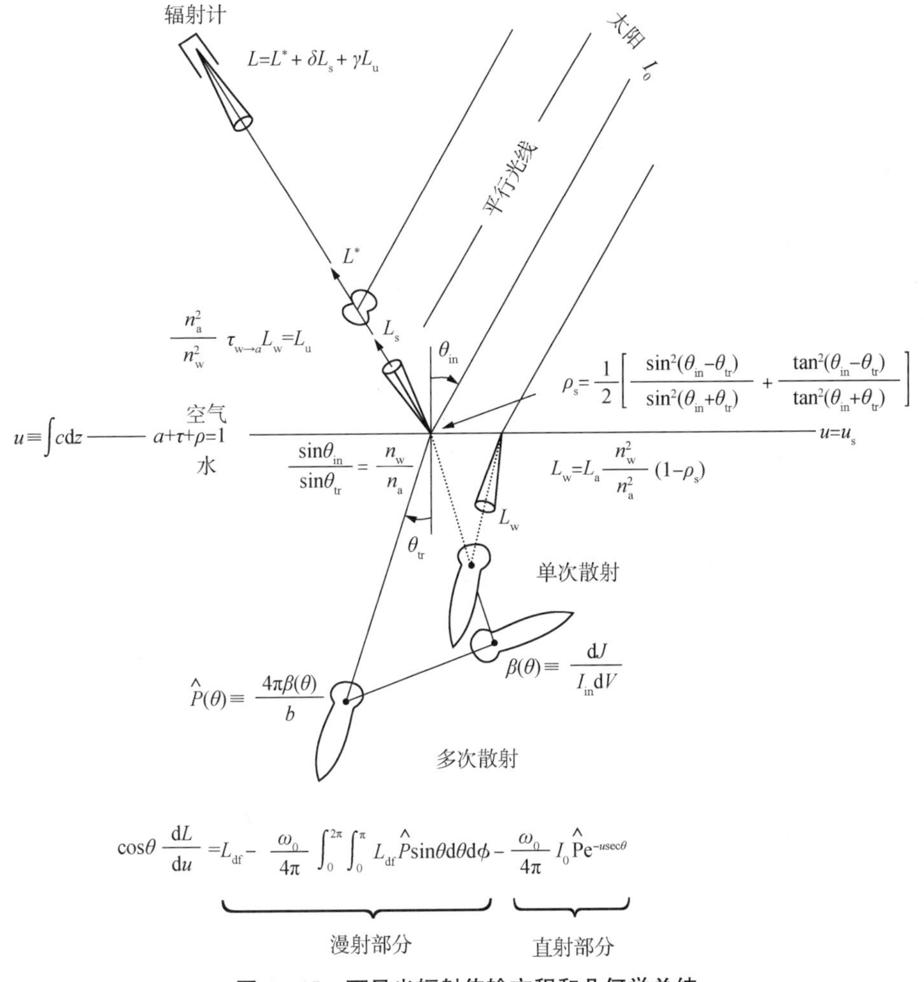

图 4－15　可见光辐射传输方程和几何学总结

为了方便起见，假设海面平坦且忽略天空光线。

第三条平行光线有两个作用，即代表反射辐射和增加的散射辐射，辐射从平坦的海面中反射(还是为了简单起见)，如菲涅尔方程式(式 2－74)：

$$\rho_s = \frac{1}{2}\left[\frac{\sin^2(\theta_{in} - \theta_{tr})}{\sin^2(\theta_{in} + \theta_{tr})} + \frac{\tan^2(\theta_{in} - \theta_{tr})}{\tan^2(\theta_{in} + \theta_{tr})}\right]$$

估算了一个光子被反射的概率，是入射角 θ_{in}和投射角 θ_{tr}的函数。斯涅尔定律(式 2-55b)可估算投射角：

$$\frac{\sin\theta_{in}}{\sin\theta_{tr}} = \frac{n_w}{n_a}$$

式中，n_w和 n_a分别表示水和空气的折射率。表面形成的反射能量的辐亮度表示为 L_s，然后以 δL_s的量叠加到辐射计的信号中，这里，δ 是大气吸收或散射的表面反射的光子的校正因子。

根据斯涅尔定律，第三条平行光线的光子在穿透海面时发生折射，伴随着产生离水辐亮度 L_w，如式 2-90(界面辐射式)：

$$L_w = L_a \frac{n_w^2}{n_a^2}(1 - \rho_s)$$

其中，L_a是大气传输到界面的辐亮度。按照图示，第三条光线代表了水中多次散射，它由以下相函数(式 2-98)量化：

$$\hat{P}(\theta, \phi) = 4\pi\beta(\theta, \phi)/b$$

可将其并入辐射传输方程(式 2-112)。多次散射的光子必须以小于临界内反射角的角度接近海气界面(图 2-17)，不得被反射(根据以比值 n_a/n_w适当修改的菲涅尔式)，必须以正确的角度保证折射光束进入辐射计。该漫射水下辐亮度 L_u为

$$L_u = \frac{n_a^2}{n_w^2}\tau_{\omega\to a} L_w$$

它将有助于 γL_u辐射计信号的获取，其中 γ 是上行海洋辐射传输方程穿透大气的校正因子。

最后，第四条平行光线表示穿透海表面、被折射和单次后向散射的光子，并以恰当的角度投射，被辐射计接收，由体散射函数(式 2-95)后向散射估算。图 4-15 中的单次散射和多次散射均显示后向散射引起水下辐亮度上行至辐射计。也正是因此，所有 L_u都是漫射辐亮度。大气单次和多次散射的漫射辐射以及上述描述的海洋的辐亮度都需要在辐射传输方程中予以考虑。

图 4-15 中辐射计右侧所写的代数方程式表明，检测到的辐射能量可以划分为三个来源：L^*、L_s和 L_u。由于大气层中存在多次散射，这也属于一种极端简化，但也显示了遥感中的一个重要观念：辐射计是一种带通仪器。为了弄清其结果，将传输方程(参见式 2-109)写为

$$L(\lambda) = L(z_s, \lambda)\tau_a(\lambda) + \int_{z_s}^{0} \hat{S}(z, \lambda)\frac{\partial\tau_a(\lambda)}{\partial z}dz$$

式中，$L(z_s, \lambda) = L_s(\lambda) + L_u(\lambda)$，积分项为 $L^*(A)$，即大气源项。如图 4-3 所示，在 λ_1到 λ_2的区间中辐射计的每个通道都有一个光谱响应 $\xi(\lambda)$，测量到的辐亮度为

$$L = \int_{\lambda_1}^{\lambda_2}\xi(\lambda)L(\lambda)d\lambda = \int_{\lambda_1}^{\lambda_2}\xi(\lambda)\{L_a(\lambda) + [L_s(\lambda) + L_u(\lambda)]\tau_a(\lambda)\}d\lambda$$

若现在给出以下定义：

$$\delta \equiv \frac{\int_{\lambda_1}^{\lambda_2} \xi(\lambda) L_s(\lambda) \tau_a(\lambda) d\lambda}{\int_{\lambda_1}^{\lambda_2} \xi(\lambda) L_s(\lambda) d\lambda} \qquad \text{(式 4 - 9a)}$$

和

$$\gamma \equiv \frac{\int_{\lambda_1}^{\lambda_2} \xi(\lambda) L_u(\lambda) \tau_a(\lambda) d\lambda}{\int_{\lambda_1}^{\lambda_2} \xi(\lambda) L_u(\lambda) d\lambda} \qquad \text{(式 4 - 9b)}$$

则根据图 4 - 15，测量的辐亮度式可写为

$$L = L^* + \delta L_s + \gamma L_u \qquad \text{(式 4 - 10)}$$

注意，一般来讲，由于 $L_s(\lambda)$和 $L_u(\lambda)$各自的波长分布不同，δ 与 γ 并不一定相等。

可见光海洋遥感的主要目的是将式 4 - 10 中的项量化，这也是一个热点研究领域。在下一节中，将简要回顾太阳辐射穿透大气入射到海面上 I_{in}的光谱辐照度特征。随后，将详细描述项 L_u，并求出水下辐射传输方程式的特殊解。第 4. 6 节将讨论风作用的粗糙海面的可见光辐射的反射，强调 L_s的量化。在第 4. 7 节中，将描述海洋水色信息的测定。在某种意义上，确定的大气层对可见光遥感的影响与第 3. 5 节中对红外遥感的影响是相似的。感兴趣的读者可再次参考钱德拉塞卡的《辐射传输》，了解有关传输式的数学运算和除海洋遥感以外的许多问题的应用。

4. 4　海面可见光太阳辐照度

4. 4. 1　太阳

地质和古生物学证据表明，太阳目前已至少出射光线 10^9 年。辐射不是绝对不变，也不代表完美黑体的出射度。太阳到地球的平均距离为 1.5×10^8 km，质量为 1.99×10^{30} kg(约为地球质量的 333 000 倍)。其旋转周期约为 27 天，它是日面纬度的函数。另外，太阳的旋转轴向着地球的公转面倾斜了约 7°。光球层是我们所看到的太阳表面，它具有非常明显的可在普通白光中观察到的边缘。光球层直径约为 1.4×10^6 km。光球层的压力约为 10^5 dyn/cm^2 或为地球在海平面水平压力的 1/10。太阳的密度为 3.3×10^{-7} g/cm^3，相比之下，干燥空气的密度为 1.3×10^{-3} g/cm^3，水的密度为 1 g/cm^3。

光学边界正下方区域中少量浓度的负氢离子导致光球层下太阳的不透明性。这些粒子在很大波长范围内是连续吸收体。因此光球层上由此累积的热能形成了一个对流系统，在氢离子中传输多余的能量。能量对流传输生成了光球可见表面的辐射过程。由于光球层吸收体组成的不透明气体可以像黑体一样吸收和再辐射，故光球层会发出可见波长下温度约 6 000 K 的几乎连续的光谱。

1802 年，威廉·渥拉斯顿在太阳光谱中观察到了狭窄的黑色线条。夫琅和费(1787—1826 年)独立观察了这些线条，并通过使用衍射光栅确定了线条的第一个波长，从而极大地延展了该课题的相关知识。光球层内部和上部各种原子的选择吸收产生了这些狭窄的吸收线。在太阳连续发射光谱中，它们被称为夫琅和费线。线吸收的主要区域是可见表面上方约 350 km 厚的一个层面。太阳高分辨率光谱(如图 4－16 所示)显示，线宽并不是 δ 函数，但具有式 3－5 所给的诸如劳仑兹线形的形状。这些线条的宽度和形状是由太阳内质量运动引起的多普勒频移形成的。

色球层是包围在光球层之外的透明发光气体层，厚度为 10 000 km。它的连续光谱是极其微弱的。色球层的温度在 10 000 K 到 60 000 K 的范围内，会随着高度升高而增加；密度在 5×10^{-13}～5×10^{-15} g/cm^3 的范围内，会随着高度降低而降低(星际空间的密度约为 10^{-24} g/cm^3)。色球层外围是一层名为日冕的光环状区域。日冕是阳光因星际尘埃粒子散射以及太阳大气的物理延伸而形成的。在日全食期间，可观察到日冕，它会延伸到大小约为一个太阳直径的空间中。

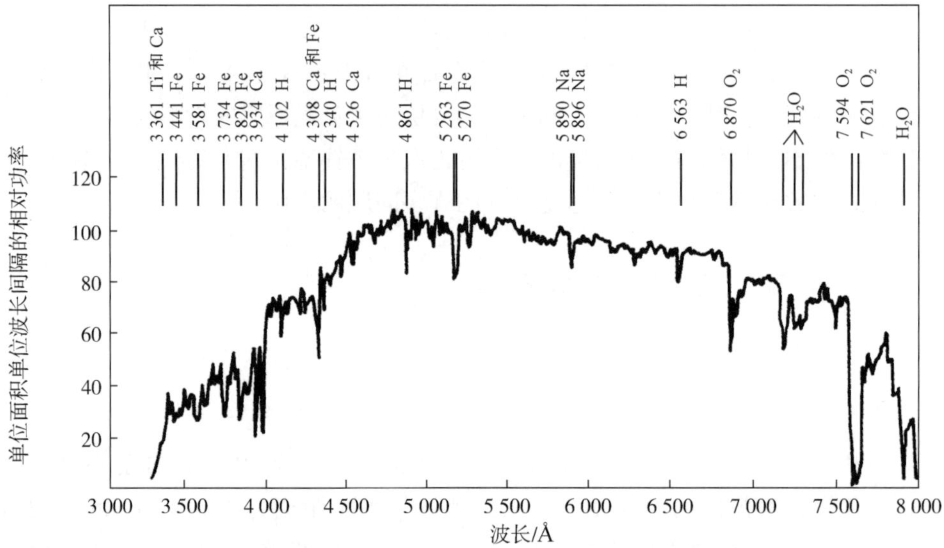

图 4－16　太阳能辐照度曲线，以及吸收分子和波长识别的光的主要夫琅和费线

根据 Henderson 的研究(1970 年)重绘。

能量会以电磁辐射和微粒辐射(如高速质子和其他带电粒子)的形式离开太阳。电磁辐射的百分比变化远远小于微粒辐射。由于在不同波长下观察到了不同深度的层，所以太阳并不是一个真正的黑体。在紫外波长(约 200 nm)的条件下，等效黑体温度(T_{bb})约为 4 500 K；在波长为 560 nm 的可见区域中，T_{bb}约为 5 900 K；在 11.1 μm 的红外线中，等效 T_{bb}约为 5 040 K。在微波波长下，太阳的等效温度约为 10^6 K，完全不是一个黑体。大约 99%的太阳常数都包含在 0.2～11 μm 的区间中。

4.4.2　地球上的太阳能

源于太阳的电磁辐射功率约为 3.8×10^{23} kW，由每秒约 4.2×10^{6} 吨氢气转换为氦气的过程产生。地球接收的总辐照度具有季节变化，远日点为 −3.27%，近日点为 +3.42%。当平均等效黑体温度为 5 750 K 时，太阳常数的范围在 1 345 $W\cdot m^{-2}$ 到 1 435 $W\cdot m^{-2}$ 之间变化，平均值为 1 390 $W\cdot m^{-2}$。在地球表面，太阳辐照度的以上数值明显降低。另外，由于地球轨道为椭圆形，太阳辐照度具有明显的约为 ±3.3% 的季节变化。图 4−17 总结了地球大气层外以及海平面上的太阳辐照度。图中还包括了太阳大小的黑体辐照度和距地球的距离以作对比。该黑体的曲线图是根据地球和太阳几何学绘制而成。例如，韦恩定律(式 2−13)发现，温度为 5 900 K 的黑体的最大辐亮度为 0.49 μm。普朗克定律(式 2−5)认为出射度为 9.2×10^{7} $W\cdot m^{-2}\cdot \mu m^{-1}$。根据 $4\pi r^2$(球体表面积)求出的太阳总出射度为

$$9.2\times10^{7}\times4\pi\times(7\times10^{8})^{2}=5.7\times10^{26}(W\cdot\mu m^{-1})$$

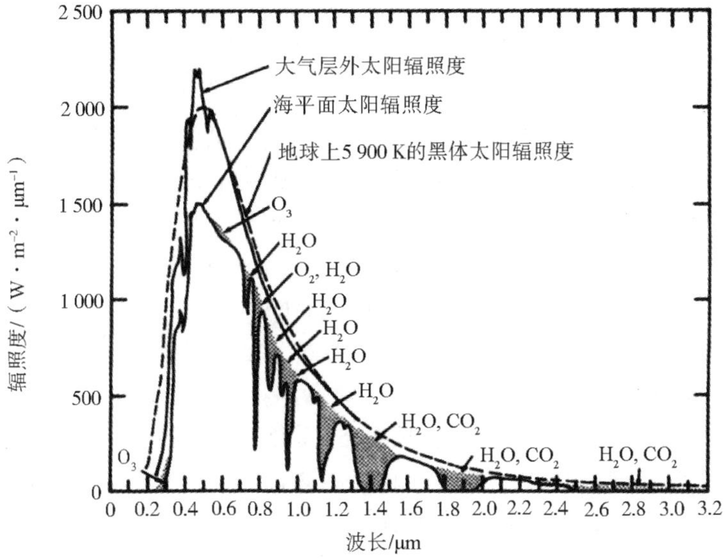

图 4−17　大气层上及海平面的太阳辐照度曲线；点状区域表示主要的大气吸收气体

根据 Valley 的研究(1965 年)重绘。

单位波长间隔的总功率辐射到半径为平均日地距离的球体中。在该段距离的光谱辐照度中，单位波长间隔的单位功率为

$$\frac{5.7\times10^{26}}{4\pi(1.5\times10^{11})^{2}}\ \frac{W\cdot\mu m^{-1}}{m^{2}}=2\ 000\ W\cdot m^{-2}\cdot\mu m^{-1}$$

若对出射度在所有波长积分，即通过斯忒蕃−玻耳兹曼定律(式 2−16)计算，则可确定出太阳常数(参见第 2.2 节和第 2.8 节中的讨论部分)。

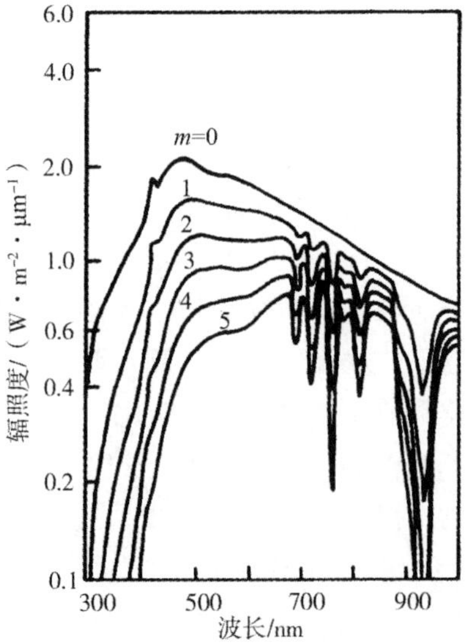

图 4-18　在海平面地球大气质量(m)对太阳辐照度的影响

当 $m=0$ 时，太阳辐照度在大气层上方；垂直入射的大气质量 m 为 1、2、3、4、5 时的太阳辐照度。根据 Valley 的研究(1965 年)重绘。

当太阳光穿透地球大气时，吸收和散射会引起光谱特征的变化。1，2，3，4，5 的大气质量(m)影响总结见图 4-18。图 4-18 中每条曲线都表示在收集器与太阳光方向正交的平面上计算出的辐照度，并在一定程度上表现了日落的视觉效果特征。随着 m 的增加，光谱峰值向着更长的波段移动，而太阳表现为红色(实际日落的颜色需要通过折射来解释，它是图 4-18 计算中所忽略的效果)。

正如第 4.2 节中所提到的，大气散射的数量和方向取决于散射粒子半径与散射光波长的比值。对于空气分子和可见光辐射而言，若该比值较小，那么散射就与 λ^{-4}(瑞利散射)成正比。因为与较长波长光相比，较短波长光可更有效地实现散射。因此，一束太阳光(白光)中的黄红光多于蓝光。这就解释了为什么天空是蓝色，而地平线附近的太阳是红色的。与辐射波长相比，若散射粒子不小于它，那么情况就会变得很复杂(米氏散射)。随着粒子半径与波长比值的增大，散射不再与 λ^{-4} 成正比。λ 指数的大小会逐步减小，也就是说，散射对波长的依赖性会变少，直到足够大的粒子对波长的依赖性完全消失，这时的散射被称为中性散射。对于水滴，当其半径约等于光的波长时，其散射也变为中性。这对云滴和可见辐射而言是完全真实的，所以云朵会呈现出白色。一个好的法则是，远大于穿透辐射波长的粒子对功率的衰减与横断面成正比，而与波长无关。

当粒子半径小于入射波长时，散射辐射往往会发生偏振。在入射光束的某一个角度，散射的辐射极化最大。偏振的方向垂直于视场方向与入射方向组成的平面。在该平面对日一侧的中性点上，大气偏振接近于 0，而在偏离该平面约 90°的位置上，大气偏振超过 90%。如第 2.5 节讨论过的，来自太阳的直接能量被随机偏振，而云对散射的辐射具有较强的消偏振作用。

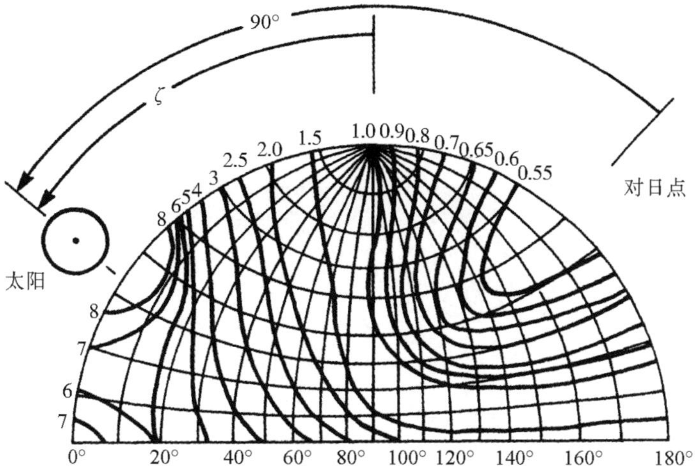

图 4－19　归一化到天顶值的晴空辐亮度分布

该图显示了太阳相对方位角为 0°以及对日点方位角为 180°时的象限修正球。太阳的天顶角约为 55°，而对日点的天顶角约为 35°。根据 Jerlov 的研究(1974 年)重绘。

在图 4－19 的平面中(对日点)，90°的偏振中性点上的辐亮度也是最小值。在晴朗大气和有云的情况下，海平面辐射分布、存在显著差异。若完全为阴天，那么辐亮度分布通常可以通过以下式表示：

$$L(\zeta) = L(0^{\circ})(1 + 2\cos\zeta)$$

式中，ζ 表示天顶角[参见图 4－19，其中 $L(\zeta)$ 被归一化为 $L(0^{\circ})$]。天空辐亮度与天空加太阳辐亮度的比值也取决于云覆盖、太阳高度角和光波长；随着波长的增加以及天顶角的减小，该比值会减小。

4.5　来自海表以下的可见光反射比

在可见光波段，穿透到海中的辐射可以被吸收、前向或后向散射或从海气界面内部反射。观察显示，入射海洋的辐照度中约 5%被反射，约 2%被菲涅尔反射率式量化。来自水面以上的上行辐照度(I_u)与来自水面正上方天空的下行辐照度(I_{in})的比值被称为反射比：

$$R(0, -) \equiv \frac{I_u}{I_{in}} \qquad (式 4-11)$$

式中，当 $z = 0$ 时，负号表示上行辐照度为分子。反射比是包含海水吸收和散射信息的光谱量。

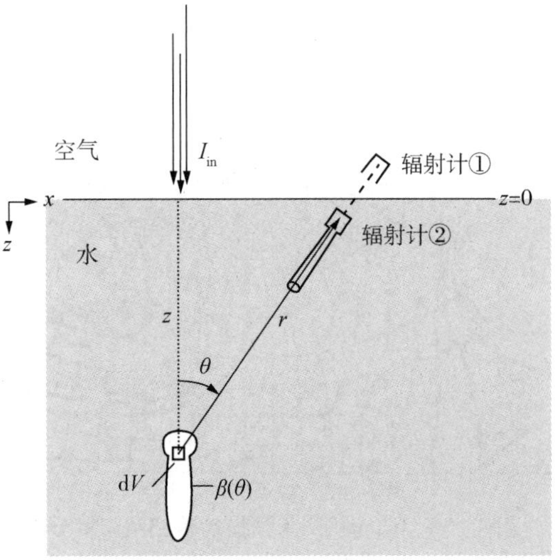

图 4 - 20　海气界面以下海洋反射比的单次散射几何模型

4.5.1　反射比的单次散射模型

现在，我们使用一个简单的海水辐射传输模型来研究海中的反射比。考虑图 4 - 20 中平坦均匀海洋(在天顶被太阳辐照)的几何学。在一定的深度 z，穿透界面的太阳光束辐射体积为 $\mathrm{d}V$。光子的单位立体角向着辐射计在 θ 方向上发生后向散射的概率见 $\mathrm{d}V$ 处的相函数 $\hat{P}(\theta) = 4\pi\beta(\theta)/b$ (式 2 - 98)。对于该模型中的单次散射，辐射传输方程式(式 4 - 8)

$$\cos\theta\,\frac{\mathrm{d}L}{\mathrm{d}u} = L_{\mathrm{df}} - \frac{\omega_0}{4\pi}\int_0^{2\pi}\int_{\pi/2}^{0} L_{\mathrm{df}}\hat{P}\mathrm{d}(\cos)\theta\mathrm{d}\phi - \frac{\omega_0}{4\pi}\,I_{\mathrm{in}}\hat{P}\mathrm{e}^{-u\sec\theta}$$

可被简化。若只考虑直射阳光，则漫射辐亮度为 $L_{\mathrm{df}}\approx 0$。它将控制方程式化简为

$$-\frac{1}{c}\frac{\mathrm{d}L}{\mathrm{d}r} = -\frac{\omega_0}{4\pi}\,I_{\mathrm{in}}\hat{P}\mathrm{e}^{-c|r|}$$

式中，光学厚度定义 $u\equiv\int c\mathrm{d}z$ 和几何关系 $\mathrm{d}z = -\cos\theta\mathrm{d}r$ 被取代。散射体积 $\mathrm{d}V$ 的传输方程式为

$$\frac{1}{c}\frac{\mathrm{d}L_{\mathrm{w}}}{\mathrm{d}r} = \frac{1}{4\pi}\frac{b}{c}\frac{4\pi\beta(\theta)}{b}I_{\mathrm{w}}\mathrm{e}^{-c|r|\cos\theta}$$

或

$$\frac{\mathrm{d}L_{\mathrm{w}}}{\mathrm{d}r} = \beta(\theta)I_{\mathrm{w}}\mathrm{e}^{-c|r|\cos\theta} \qquad (式\ 4-12)$$

式中，I_{w}和 L_{w}分别表示界面以下太阳辐照度和辐亮度。$|r|\cos\theta$ 是体积 $\mathrm{d}V$ 界面正下方的深度，此处 $\mathrm{d}V$ 的体散射函数为$\beta(\theta)$。在散射体积中，式 4 - 12 的 $\mathrm{d}L_{\mathrm{w}}/\mathrm{d}r$ 为正值，它反映了随深度($-r\cdot\cos\theta$)降低，辐亮度增加的物理特征。在距离 $\mathrm{d}V$ 为 r 的水下辐射计，散射辐射的值将进一步降低 $\mathrm{e}^{-c|r|}$，式 4 - 12 变为

$$\frac{dL_w}{dr}=\beta(\theta)I_w e^{-c|r|\cos\theta}e^{-c|r|}$$

或

$$\frac{dL_w}{dr}=\beta(\theta)I_w e^{-c|r|(1+\cos\theta)} \qquad (式 4-13)$$

入射太阳辐射为平行射线辐照度，因此表面正下方的 I_{in} 在水平面上是均匀的。水下辐射计观测的沿射线 r 的所有体积 dV 的贡献是对所有 dr 的积分。假设海洋的光学深度是无限的，下部边界条件消失，则式 4－13 可写为

$$L_w=-\frac{I_w\beta(\theta)}{c(1+\cos\theta)}\int_0^{+\infty}-c(1+\cos\theta)e^{-c(1+\cos\theta)|r|}dr$$

式中，由于模型中的海洋被假设是均匀的，故 $\beta(\theta)$和 c 可以提到积分符号外。积分并求极限，得

$$\frac{L_w}{I_w}=\frac{\beta(\theta)}{c(1+\cos\theta)}=\frac{\omega_0\hat{P}(\theta)}{4\pi(1+\cos\theta)} \qquad (式 4-14)$$

它是钱德拉塞卡的经典单次散射模型。从物理角度来说，式 4－14 很容易解释。在整个可见光波段范围内(图 4－16)，I_{in}为恒定值。因此，L_w/I_w的比值直接随着$\beta(\theta)$发生变化，并与 $c(\lambda)$ 成反比。随着沿射线 r 的体积 dV 的后向散射增加，$\beta(0\leqslant\theta\leqslant\pi/2)$和上行辐亮度也会增加；增加的海洋悬浮颗粒物能够增加后向散射。另外，光吸收分子浓度的增加，也会增加衰减系数，降低 L_w/I_w的值。在开阔的海域中，浮游植物浓度的变化可以增加 $\beta(\theta)$，原因是增加的后向散射，以及由于叶绿素和褐色素对光的吸收而同步降低的衰减系数 $c(\lambda)$。

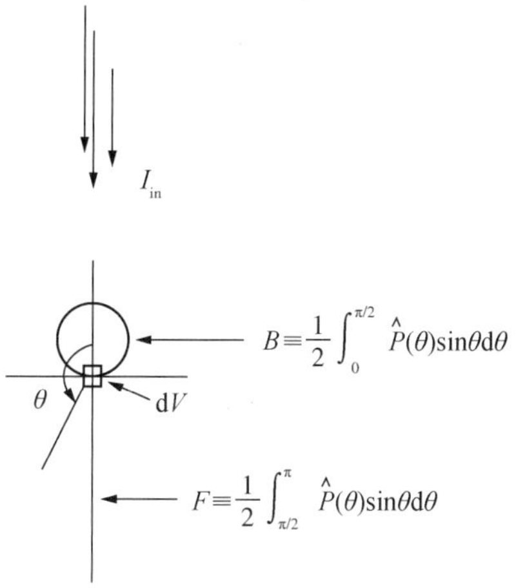

图 4－21　前向散射的 δ 函数近似

用天顶角 θ 定义前向散射 F 和后向散射 B 的百分比。

从定量的角度上，由于后向散射模拟不理想，式 4－14 是一个不充分的辐射分布的表达式。后向散射有一个更好的对实际观测的近似值，可假设后向散射为 δ 函数，前向散射光没有从入射光束中去除。采用这种 δ 函数近似，体散射项函数可以表示

为图 4－21 中的简图。前向散射光的百分比被定义为

$$F \equiv \frac{1}{2}\int_{\pi/2}^{\pi} \hat{P}(\theta)\sin\theta \mathrm{d}\theta \qquad (式 4-15)$$

后向散射的百分比为

$$B \equiv 1 - F \qquad (式 4-16)$$

这些定义来自于可推导出各向同性散射 $\beta \neq \beta(\theta)$ 的相函数的论证，

$$F = \frac{1}{2} \cdot \frac{4\pi\beta}{b}\int_{\pi/2}^{\pi} \sin\theta \mathrm{d}\theta$$

但对于各向同性散射，$b = \beta\int \mathrm{d}\Omega = \beta \cdot 4\pi$，且

$$F = \frac{1}{2} \cdot \frac{4\pi\beta}{4\pi\beta}(-\cos\theta)\Big|_{\pi/2}^{\pi} = \frac{1}{2}$$

是前向散射光的百分比。

由于前向散射光在该 δ 函数近似中没有从光束中剔除，因此在钱德拉塞卡单次散射模型(式 4－14)中使用的衰减系数 c＝a＋b 可以替换为

$$\hat{c} = a + Bb \qquad (式 4-17)$$

从物理角度来说，式 4－17 表明，对从体积 dV 单次散射的上行辐亮度唯一的贡献是由后向散射百分比引起的。假设辐射的其余部分留在光束中，并透射到更深的液体里，则式 4－17 可写为

$$\hat{c} = a + Bb + b - b = a + b - (1 - B)b$$

或

$$\hat{c} = c - Fb = c(1 - \omega_0 F)$$

式中，c 和 ω_0 是测量的固有光学量。将上方表达式中的 $\hat{c}$ 代入式 4－14 后，可得

$$\frac{L_{\mathrm{w}}}{I_{\mathrm{w}}} = \frac{\beta(\theta)}{\hat{c}(1 + \cos\theta)} = \frac{b}{(1 + \cos\theta)(1 - \omega_0 F)c} \cdot \frac{\hat{P}(\theta)}{4\pi}$$

或

$$\frac{L_{\mathrm{w}}}{I_{\mathrm{w}}} = \frac{\omega_0 \hat{P}(\theta)}{4\pi(1 + \cos\theta)(1 - \omega_0 F)} \qquad (式 4-18)$$

它是 *Gordon* 的单次散射式。从物理角度来说，如同我们在推导出的水面以上 L_w/I_w 值的表达式后的讨论，式 4－18 更好地描述了海面的反射比。

根据菲涅尔反射率 ρ，表面正下方的辐照度 I_w 与表面正上方的入射辐照度 I_{in} 相关：

$$I_{\mathrm{w}} = (1 - \rho)I_{\mathrm{in}}$$

因为在该单次散射模型中，只考虑了垂直反射率(式 2－72)，所以，

$$\rho_{\mathrm{v}} = \rho_{\mathrm{h}} = \frac{(n - 1)^2}{(n + 1)^2}$$

将(1－ρ)项重写为

$$1 - \rho = \frac{(n + 1)^2}{(n + 1)^2} - \frac{(n - 1)^2}{(n + 1)^2} = \frac{4n}{(n + 1)^2}$$

故表面正下方的辐照度为

$$I_w = I_{in}\frac{4n}{(n+1)^2} \tag{式 4-19}$$

式中，对于这些波长的水，n = 4/3；因此 $4n/(n+1)^2 = 0.98$，如图 2－19 所示，θ= 0°。相反，气(a)－水(w)界面中的辐亮度显示为(参见式 2－90)

$$L_u = \frac{L_w}{n_w^2}\tau_{w\to a} \tag{式 4-20}$$

在这种情况下，菲涅尔功率透射率用于从水到空气中的辐射传输，即 $\tau_{w\to a} = 1 - \rho_{w\to a}$，其中

$$\tau_{w\to a} = \frac{1}{2}\left\{\left[\frac{\cos\theta_{in} - \sqrt{\left(\frac{1}{n_w}\right)^2 - \sin^2\theta_{in}}}{\cos\theta_{in} + \sqrt{\left(\frac{1}{n_w}\right)^2 - \sin^2\theta_{in}}}\right]^2 + \left[\frac{\frac{1}{n_w^2}\cos\theta_{in} - \sqrt{\left(\frac{1}{n_w}\right)^2 - \sin^2\theta_{in}}}{\frac{1}{n_w^2}\cos\theta_{in} + \sqrt{\left(\frac{1}{n_w}\right)^2 - \sin^2\theta_{in}}}\right]^2\right\}$$

是跨水气界面中辐亮度的漫射菲涅尔功率反射率。结合式 4－18、4－19 和 4－20，可求出与水正上方下行辐照度相关的水正上方上行辐亮度的分布为

$$\frac{L_u}{I_{in}} = \frac{\omega_0\hat{P}(\theta)}{4\pi(1+\cos\theta)(1-\omega_0 F)}\cdot\frac{4}{n(n+1)^2}\tau_{w\to a} \tag{式 4-21}$$

单位下行辐照度 I_{in} 表明正上方反射比为

$$R(0,-) = \frac{2\pi}{I_{in}}\int_0^{\pi/2} L_u\cos\theta\sin\theta d\theta$$

或

$$R(0,-) = \frac{2\omega_0}{n(n+1)^2(1-\omega_0 F)}\int_0^{\pi/2}\frac{\hat{P}(\theta)\tau(\theta)_{w\to a}}{1+\cos\theta}\cos\theta\sin\theta d\theta$$

由于后向散射百分比为

$$B \equiv \frac{1}{2}\int_0^{\pi/2}\hat{P}(\theta)\sin\theta d\theta$$

故单次散射反射比可以写作

$$R(0,-) = \frac{C_n\omega_0 B}{1-\omega_0 F} \tag{式 4-22}$$

式中

$$C_n \equiv \frac{4}{n(n+1)^2}\cdot\frac{\int_0^{\pi/2}\hat{P}(\theta)\sin\theta\frac{\tau(\theta)_{w\to a}\cos\theta}{1+\cos\theta}d\theta}{\int_0^{\pi/2}\hat{P}(\theta)\sin\theta d\theta}$$

当 $\omega_0 \leqslant 0.6$,观测的宽范围为 $\hat{P}(\theta)$ 时，式 4－22 在辐射传输方程的蒙特卡罗解在 0.5% 范围内，而当 $\omega_0 < 0.85$ 时，是在 12% 以内。当钱德拉塞卡单次散射模型(式 4－14)乘以 $(1-\omega_0 F)^{-1}$ 时，就变成了 *Gordon* 单次散射模型(式 4－22)。与相同的蒙特卡罗解相比，当 $\omega_0 = 0.2$ 时，钱德拉塞卡单次散射模型存在 15% 的误差，而当 $\omega_0 = 0.85$ 时，则存在 4 倍的误差。[$B\omega_0(1-\omega_0 F)^{-1}$] 项可用在以下的幂级数展开式中：

$$R(0,-)=0.179\left(\frac{B\omega_0}{1-\omega_0 F}\right)+0.051\left(\frac{B\omega_0}{1-\omega_0 F}\right)^2+0.171\left(\frac{B\omega_0}{1-\omega_0 F}\right)^3$$

以获得该量的近似解析表达式。从物理角度来说，$\beta\omega_0(1-\omega_0 F)^{-1}$可以用简单的项来描述。在特定波长的条件下，若后向散射的百分比增加，则$(1-\omega_0 F)$会降低，由此导致反射比会增加。当海洋中存在无色悬浮颗粒或气泡时，就会出现这种情况。相反，在特定波长的条件下，若散射反照率 ω_0 减少，则$(1-\omega_0 F)$会增加，得到的反射比会降低，一个例子是有机色素形成的诸如叶绿素或黄色物质等分子。本质上，ω_0 和 B 都会发生变化，通常存在反比关系。例如，若海水样本中浮游植物的浓度增加，则 B 会随着后向散射的增加而增加，而 $\omega_0 \equiv b/(a+b)$会因为吸收 a(λ) 和散射 b(λ)的同时增加而降低。

4.5.2 反射比的蒙特卡罗多次散射模型

图 4－15 对可见光波段遥感中的全散射和吸收的问题的复杂性进行了总结。被大气或海洋吸收的光子会间接影响遥感获得的辐亮度，其中的光子代表从光中去除的能量。从水面反射的光子会引起辐亮度 L_s，它仍可以从光中被散射到大气层中。大气层中分子散射会产生辐亮度 L^*，它也是通过辐射计测量得到的。进入海洋且为单次散射的光子可以用 $[B\omega_0(1-\omega_0 F)^{-1}]$表示；多次散射会增加漫射水下光场离开海表之前被吸收的概率 L_u。L^*、L_s和 L_u 中的每一个量都可以通过式 4－10 形成单位波长 L(λ)的辐亮度。

有关水的光学性质的信息包含在漫射项 L_u中。通过分析模型完成 L_u的量化，如钱德拉塞卡单次散射模型（式 4－14）和 *Gordon* 单次散射模型（式 4－22）。或者，可以通过被称为蒙特卡罗模拟的概率法来研究光子的复杂过程（如图 4－15 所示）。若有大量的模拟数据，正如第 2 章中综合考虑颗粒和通量，则可以用同样的方式估算 L_u。

当光子进入海洋时，会出现几种可能的情况：

①光子在与介质相互作用前穿透距离 r。

②当光子与介质相互作用时，光子会被散射或吸收。

③若发生散射，则其方向必须是从 θ'，ϕ' 到 θ,ϕ。

④光子可能会与一个边界相互作用。

在上述的每种情况中，都必须确定以下问题：

①什么是距离 r？

②光子被散射还是被吸收了？

③当发生散射时，角度 θ，ϕ 是多少？

④光子是通过(a)反射还是(b)透射与边界相互作用？

由于存在模拟误差（误差与大量模拟数据的平方根成反比），因此需要进行大量的计算。例如，若两个变量相关的置信度为 1%，那么每个波长的模拟数量必须为 10^4。若一个光子被吸收或离开海洋之前发生了多次散射（上述第 2 项），那么需要对每个模拟都进行大量计算。蒙特卡罗模拟需要用到快速、高效的计算机，以及不重复输出且在区间(0,1)中存在均匀光谱间隔的随机数字生成器。

大量入射到厚度为 r 的衰减材料板上的光子(N_{in})在穿过板时，光子概率发生改变，可通过以下方程式(参见式 2－47a)求出：

$$N = N_{in}e^{-cr}$$

即 e^{-cr} 为在没有相互作用情况下，一个光子传输到距离 r 的概率。将 $Y(r)$ 设为一个光子在 r 和 $r+dr$ 之间相互作用的概率密度，然后在(0,1)进行归一化，即要求

$$\int_0^{+\infty} Y(r)dr = 1$$

e^{-cr} 的概率密度函数的积分为

$$Y(r) = ce^{-cr}$$

仅表示

$$Y(r) = \text{穿透 } r \text{ 的光子数量} \div \text{光子总数量} \div \text{穿透深度}$$

因此，光子穿透到距离 r 的概率¶为

$$\P(r \text{ 中的相互作用}) = \int_0^r ce^{-cr}dr = 1 - e^{-cr}$$

如果要求出相互作用间的距离，需在区间 (0,1) 之间选择一个服从均匀分配的随机数 $\psi(0,1)$，并明确

$$\P(r \text{ 中的相互作用}) = \psi(0,1)$$

求解距离得出

$$1 - e^{-cr} = \psi(0,1)$$

或

$$-cr = \ln[1 - \psi(0,1)]$$

由于 $\psi(0,1)$ 均匀分布在区间(0,1)，故平均来讲，$1-\psi(0,1)=\psi(0,1)$，且相互作用之间的距离为

$$r = -\frac{1}{c}\cdot\ln\psi(0,1) \qquad \text{(式 4－23)}$$

图 4－22 显示了式 4－23 的曲线图。在图 4－22 中，光子穿透光学厚度 $cr=1$ 的概率为 0.37。当 $\lambda=450$ nm 时，纯水的穿透深度 r 约为 56 m；当 $\lambda=700$ nm 且 $cr=1$ 时，其穿透深度仅约 2 m。

式 4－23 提供了相互作用之间的距离。第二步是确定所述相互作用是散射还是吸收。光散射系数 $b\cdot dr \equiv -dP_{sc}/P$ 仅是散射光子与板上总入射光子量的比值。与之类似，吸收系数 $a\cdot dr \equiv -dP_{ab}/P$ 仅是吸收光子与总入射光子量的比值。因为 $b(\lambda)$ 和 $a(\lambda)$ 表示单位长度中散射或吸收的概率，所以散射反照率 ω_0 只表示光子被散射的概率，而 $1-\omega_0$ 表示光子被吸收的概率。若在光学厚度 cr(由式 4－23 求出)产生了另一个随机数字 $\psi(0,1)$，那么光子可能出现的结果可由以下确定：

$$\begin{cases}\psi(0,1) < \omega_0 \rightarrow \text{散射}\\ \psi(0,1) \geqslant \omega_0 \rightarrow \text{吸收}\end{cases} \qquad \text{(式 4－24)}$$

若 $\psi(0,1) \geqslant \omega_0$，则光子被吸收，开始新的模拟。若光子被散射，则必须确定能

量传输的角度 θ，ϕ。

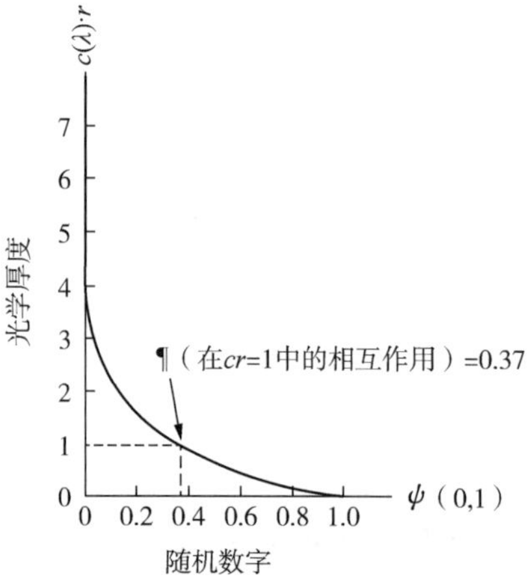

图 4－22　光子的相互作用曲线

当光学厚度 为 cr 时，光子的相互作用概率依赖于光波长，即 $c = c(\lambda)$。

在图 2－31 和随后的讨论中，方位角 ϕ 被证明是独立于极角 θ 的。在三维空间中，体散射函数如图 4－23 所示。由于散射到任何方位角(图 4－23 中的环形)的概率相等，因此

$$\int_0^{2\pi} Y(\phi)\mathrm{d}\phi = 1$$

式中，概率密度函数 $Y(\phi)=1/2\pi$。由于散射到某特定方向 ϕ 的概率为

$$¶(\phi) = \int_0^{\phi} Y(\phi)\mathrm{d}\phi = \psi(0,1)$$

因此，由上述表达式积分可求出角 ϕ 为

$$\phi = 2\pi\psi(0,1) \qquad \text{（式 4 － 25）}$$

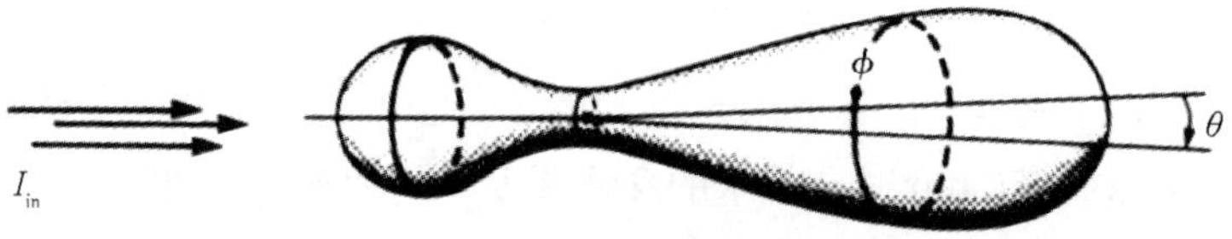

图 4－23　三维空间体散射函数分布

$\psi(0,1)$ 是第三个随机独立数字，现在生成第四个来确定 θ。根据相函数 $\hat{P}(\theta)\equiv\beta(\theta)/b$ 的定义，概率密度函数 $Y(\theta)$ 必须为

$$Y(\theta) = \frac{1}{2}\hat{P}(\theta)\sin\theta$$

其中

$$\int_0^{\pi} Y(\theta)\mathrm{d}\theta = 1$$

因此，散射到角 θ 的概率为

$$¶(\theta) = \frac{1}{2}\int_0^{\theta}\hat{P}(\theta)\sin\theta d\theta = \psi(0,1) \tag{式 4 - 26}$$

在这种情况下，由于自然水中体散射函数的本质，无法简单地推导出一种解析形式。图 4 - 24 显示了假设的相函数的图以及式 4 - 26 的解。由于 $\psi(0,1) \leqslant 0.5$ 的概率为 0.5，如图 4 - 24 所示，$\hat{P}(\theta)$ 和 $0^{\circ} \leqslant \theta \leqslant 54^{\circ}$ 的散射概率为 0.5。Gordon 单次散射模型中的前向散射光 F（式 4 - 15）的百分比在本例中的概率近似为 0.7，其中 $0^{\circ} \leqslant \theta \leqslant 90^{\circ}$。

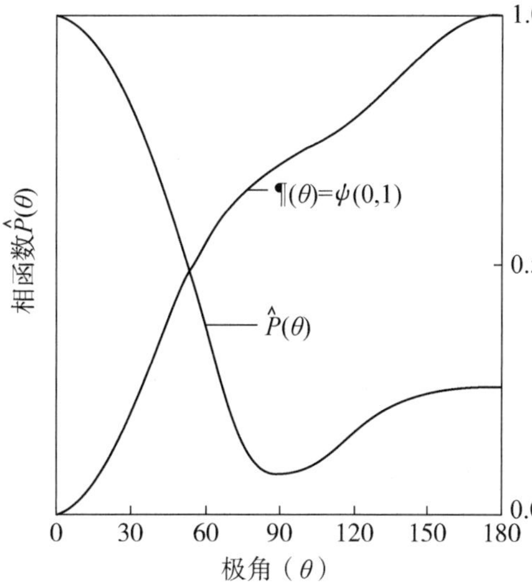

图 4 - 24　假设观测的相函数 $P(\theta)$ 和确定极散射角 θ 的累积概率¶(θ) 之间的关系

第四步是确定当光子穿过边界时会发生什么相互作用。为了对样本进行计算，海洋被认为具有无限光学厚度，因此仅需考虑海气界面。菲涅尔式就光子透射或反射提供了相关信息。上述第三步可求出光子与界面所成的角度。若 角 θ 超过临界角 θ_c（参见图 2 - 17），则光子被反射。若 $\theta < \theta_c$，则可根据随机数字 $\psi(0,1)$ 的情况确定反射或透射的概率：

$$\begin{cases} \tau(\theta < \theta_c) < \psi(0,1) \rightarrow \text{透射} \\ \rho(\theta < \theta_c) \geqslant \psi(0,1) \rightarrow \text{反射} \end{cases} \tag{式 4 - 27}$$

若光子被反射，则会为新方向 θ_{re} 确定一个新的穿透深度 r（式 4 - 23）。对于式 4 - 27的物理解释，可考虑当 $\theta = 0^{\circ}$ 时的水气界面。设 $\rho_s = 0.02$（式 2 - 74，$n_a/n_w = 3/4$）。由于 $\psi(0,1)$ 在(0,1) 是均匀分布的，故 $\rho_s = 0.02$ 将在 98% 的时候都小于 $\psi(0,1)$，而光子会穿过边界，有助于测量反射比 $R(0,-)$。表 4 - 10 对式和结果进行了汇总。

作为蒙特卡罗模拟应用的一个例子，可考虑第 4.2 节中探讨的可见光学性质。假设与海洋发生相互作用的辐射能可以被水本身(w)、悬浮颗粒(p)和溶解有机物(通常被称为黄色物质)(y)吸收或散射，则衰减系数可写作

$$c = c_w + c_p + c_y$$

式中，$c_w = a_w + b_w$，$c_p = a_p + b_p$，$c_y = a_y$，即黄色物质导致的散射似乎可以忽略不计。后向散射光的百分比 B 为

$$B = \frac{1}{2}\int_{\pi/2}^{\pi}\hat{P}(\theta)\sin\theta \mathrm{d}\theta$$

但相函数可写作

$$\frac{b\hat{P}}{b} = \frac{b_w\hat{P}_w + b_p\hat{P}_p}{b_w + b_p}$$

后向散射百分比为

$$B = \frac{b_w B_w + b_p B_p}{b_w + b_p}$$

或除以 b_w

$$B = \frac{B_w + (b_p/b_w)B_p}{1 + b_p/b_w} \qquad (式 4-28a)$$

同样，散射反照率可写作

$$\omega_0 = \frac{1 + b_p/b_w}{1 + a_w/b_w + a_p/b_w + a_y/b_w + b_p/b_w} \qquad (式 4-28b)$$

式 4-28a 和式 4-28b 可用来检验一个非常简单的问题，即粒子和黄色物质对上行光谱的影响。

蒙特卡罗方程式总结见表 4-10。

表 4 − 10　有关 $\psi(0,1)$（具有白噪声光谱的随机数）的蒙特卡罗方程式总结（公式重写）

序号	说明	公式	方程式编号
1.	穿透深度（r）	$r = -\frac{1}{c}\ln\psi(0,1)$	4 − 23
2.	与液体的相互作用：		
	a）吸收（a）	$\psi(0,1) \geqslant \omega_o$	4 − 24
	b）散射（b）	$\psi(0,1) < \omega_o$	
3.	散射角：		
	a）方位角（ϕ）	$\phi = 2\pi\psi(0,1)$	4 − 25
	b）极角（θ）	$\P(\theta) = \frac{1}{2}\int_0^\theta \hat{P}\sin\theta d\theta = \psi(0,1)$	4 − 26
4.	与边界的相互作用：		
	a）反射（ρ）	$\rho(\theta < \theta_c) \geqslant \psi(0,1)$	4 − 27
	b）透射（τ）	$\tau(\theta < \theta_c) < \psi(0,1)$	

4.5.3 粒子和色素对反射比的影响

研究人员假设粒子的尺寸已大到可以使其散射系数 b_p不依赖于波长，且 $a_p=0$。这些设想意味着得出的计算结果并不适用于含有吸收色素的粒子的情况，因为色素吸收带附近的粒子散射会随着波长发生巨大变化。对于纯水，$B_w=0.5$。b_w可根据图 4-4 近似表达为具有 $b_w=1.54\times10^{-3}(530/\lambda)^4$的形式。同样，$a_y$可根据图 4-6 近似表达为 $a_y=a_{y_{530}}\cdot\exp[0.0145(530-\lambda)]$的形式，式中的 $a_{y_{530}}$是黄色物质在 530 nm 波长时的吸收系数。在开阔海洋，它的值为 $5\times10^{-3}\,\mathrm{m}^{-1}$。最后，由图 4-4，再通过从衰减系数 c_w减去散射系数 b_w求得 a_w。

现在，b_p/b_w比值可用来研究粒子浓度变化对上行光谱辐照度比值 $R(0,-)$的影响。设 $B_p=0.025$，$a_y=0$，且 b_p/b_w在 0～64 之间变化，粒子浓度变化的影响见图 4-25 中的左图。当 b_p/b_w比值较小时，$R(0,-)$ 代表非常清澈的深海区域的光谱。随着 b_p/b_w的增加，反射光谱的红波段方向增长速度快于蓝波段方向，表明450～700 nm 时的反射比对粒子浓度敏感。但是，反射比的峰值波长并不会随着 b_p/b_w的增加发生变化，也就是说主色保持不变，但纯度会改变。最后，随着 b_p/b_w趋于无穷，$R(0,-)$ 会在所有波长接近 100%这个常数，可能来自一种“白色”物质。b_p/b_w的增加也可以解释为海面波浪运动导致海中气泡数量的增加，或海面上泡沫和白浪数量的增加。反射光谱将显示类似的随波长的变化，并同时保持相同的峰值波长。

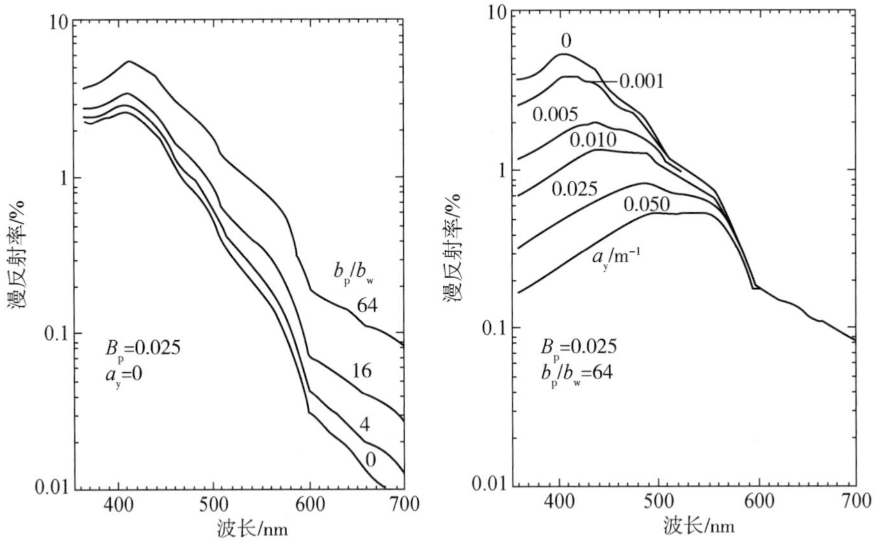

图 4-25 漫射光谱反射比的蒙特卡罗模拟

左图显示了当 a_y和 B_y作为常数时，在 0～64 之间变化的 b_p/b_w比值。右图显示了当 B_p和 b_p/b_w作为常数时，在 0～0.5 m^{-1}之间变化的 a_y。根据 Maul 和 Gordon 的研究(1975 年)重绘。

相反，设 $B_p=0.025$，$b_p/b_w=64$，黄色物质引起的吸收变化会改变反射的峰值波长。如图 4-25 中的右图所示，这个过程也会改变波长之间的反射比。增加 a_y的影响是减少蓝光波段的反射光谱，但不改变红端。因此，大海的颜色似乎更接近绿色到黄绿色。当纯吸收体(如黄色物质)浓度变大时，亮度会降低。从本质上讲，粒子和吸收体的浓度都会改变，而光谱将会呈现出无限的形状和振幅。

图 4－26 显示了海上 3 m 处上行光谱辐照度的变化的例子。这些光谱包括来自海面的反射，不应仅仅只与图 4－25 计算的理论反射光谱 $R(0,-)=I_u/I_{in}$ 作比较。研究人员选择了观测数据并提供类似于 I_{in}、海面状况、太阳天顶角和无底部反射的条件。标记为“墨西哥湾流”的曲线在 475 nm 波段处有一个狭窄的光谱峰值，这也就解释了水流呈现深蓝色的原因。墨西哥湾流中水的特点是叶绿素 a 浓度低，且在 45°，β_{45} 时的体散射函数小。另外，沿岸海水中叶绿素 a 浓度是墨西哥湾流水的 2 倍，而在 45°时的体散射为 4 倍。沿岸海水的光谱具有比墨西哥湾流水更宽的峰值，略微向绿光波段偏移，且整体辐照度更高。从物理角度来说，β_{45} 增大，散射也会增加。在式 4－22 中，ω_0 越大，反射比越大(见图 4－25)。除此之外，当水华中叶绿素 a 的浓度出现如图 4－26 所示的急剧增加情况时，峰值会明显向着更长波长移动。就式 4－22 中的 $[B\omega_0/(1-\omega_0 F)]$ 而言，短波长的 ω_0 出现下降，这是由叶绿素分子吸收蓝光引起的。在波长超过 550 nm 的波段，光谱被提高，这可能是由 $B(\lambda)$ 主导 ω_0 所致。从表面上看来，水色在淡黄色到橘红色之间。

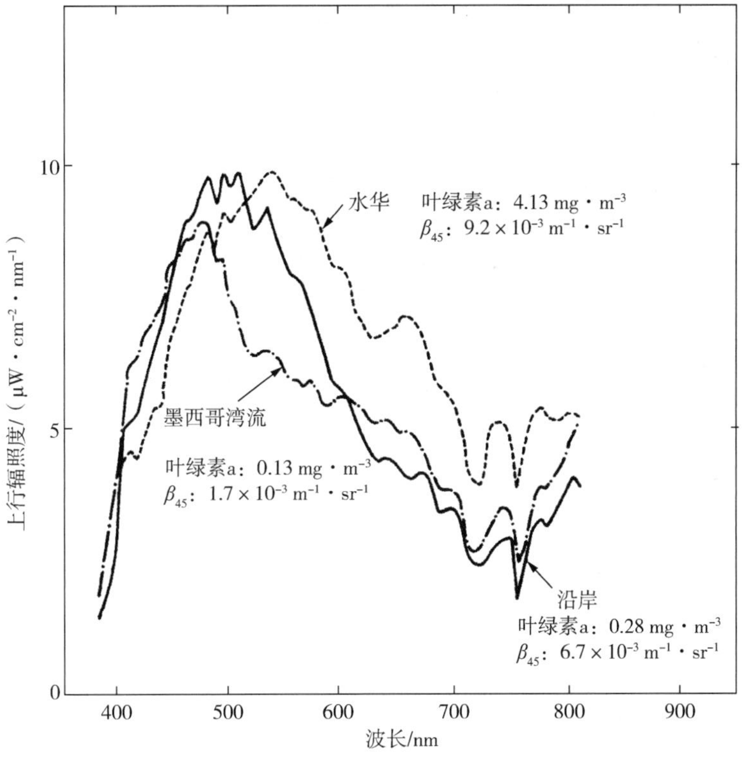

图 4－26　海面上方 3 m 处的上行光谱辐照度

在每种情况下，水深都超过 100 m。在大约相同的 I_{in} 条件下可以观察到光谱。根据 Maul 和 Gordon(1975 年)绘制。

研究人员在 3 200 m 海拔处拍摄了一张航空照片，并在图 4－26 中将船测结果标记为“墨西哥湾流”和“沿岸”。图 4－27 复制了该航空照片，并显示了水流和明显的沿岸海水边界。在墨西哥湾流处，海面状况更佳，但图 4－26 的光谱中不包括白浪。在沿岸海水中，水流会出现颜色不连续的情况，即淡绿色到蓝色。照片中未显示海底反射。照片底部中心的明亮半圆区域是来自太阳的镜面反射。随着太阳耀斑区域的接近，来自海底的上行辐亮度和泡沫及白浪的指数都会在镜面返回中丢失。由于这个原因，若需要海面下的信息，则可见光波段的辐射测量必须避免太阳耀斑区域。

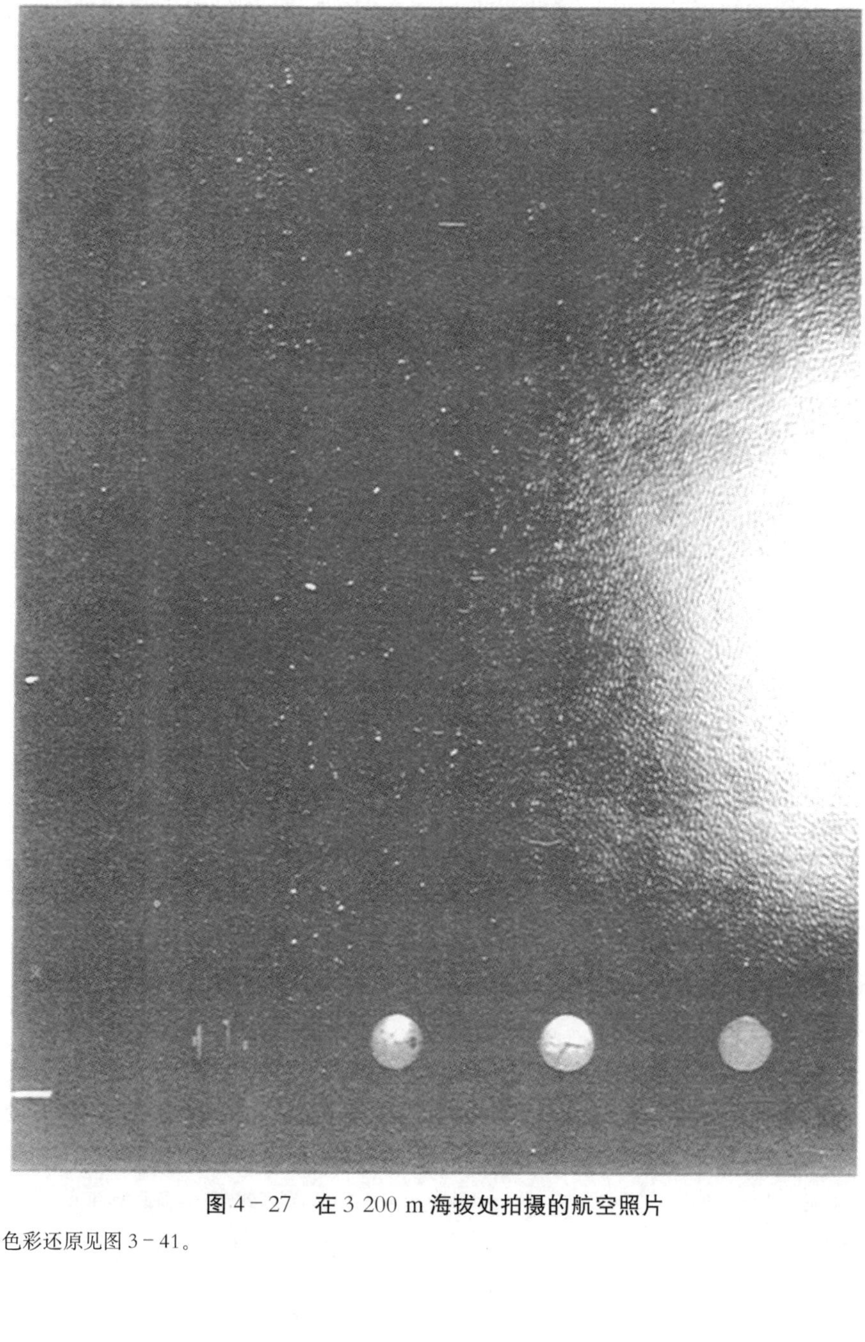

图 4－27　在 3 200 m 海拔处拍摄的航空照片

色彩还原见图 3－41。

4.6　海表反射率

第 2.6 节中列出了电磁波与平静水表面相互作用的方程式（式 2 - 69 和式 2 - 70）。第 2.7 节解释了该平静水表面的菲涅尔式，相关的参数包括偏振、复折射率、布儒斯特角和临界内部反射。回顾图 2 - 20，可见光波段的垂直入射反射率是非分散性的，也就是说，所有用于实际用途的 ρ_s都是常数 0.02。

在可见波长上，$\lambda \leqslant 100$ μm 或在 100 μm 左右。与真实水面上的波相比，电磁辐射波较短。在处理风影响的粗糙海面时，相关人员可以通过这个至关重要的观测结果将可见辐射和红外辐射处理为射线。这种假设不能用于毫米或更长波长的 EMR。对于可见光遥感，漫射和直接反射的辐亮度都是很重要的，具体见下文所述的例子。

来自 2π 球面度的辐亮度从海面被反射（ρ_{ss}），总量通过下式求出：

$$\rho_{ss} = \frac{\int_0^{2\pi}\int_0^{\pi/2} \rho(\theta) L_a(\theta,\phi)\cos\theta\sin\theta \mathrm{d}\theta \mathrm{d}\phi}{\int_0^{2\pi}\int_0^{\pi/2} L_a(\theta,\phi)\cos\theta\sin\theta \mathrm{d}\theta \mathrm{d}\phi} \quad \text{（式 4 - 29）}$$

式中，$\rho(\theta)$ 是反射率，$L_a(\theta,\phi)$ 是天空光的辐亮度。为简单起见，可忽略 θ,ϕ（图 4 - 19）天空光的非均匀性，且假设 $L_a \neq L_a(\theta,\phi)$。因此，式4 - 29 中的分母就变为

$$2\pi L_a\int_0^{\pi/2}\cos\theta\sin\theta \mathrm{d}\theta = 2\pi L_a \cdot \frac{1}{2} \cdot \sin^2\theta\Big|_0^{\pi/2} = \pi L_a$$

利用三角恒等式 $2\cos\theta\sin\theta = \sin 2\theta$，现在的式 4 - 29 可写作

$$\rho_{df} = \int_0^{\pi/2} \rho_s(\theta)\sin 2\theta \mathrm{d}\theta \quad \text{（式 4 - 30）}$$

式中，ρ_{df}是在平静海面上随机偏振的天空光（ρ_s；式 2 - 74）的漫射反射率。求式 4 - 30 的数值解，并在上述限制条件下得出了 0.066 的值。ρ_{df}的值被用于计算天空光辐亮度，$L_a = (1 + 2\cos\theta) \cdot L(\theta)$，在阴天时近似为 0.052，再次用于计算平静海面上的菲涅尔反射率。一般来说，平静水面会反射约 6%的天空光。

如图 1 - 20 中的右图所示，海洋的表面几乎从不是一个平面。如果用于研究能量通量，那么那些刚刚进行的计算会出现错误，因为 $\rho_s(\theta)$ 不足以描述风引起的粗糙海面的反射率。图 4 - 28 显示了平静海面（菲涅尔式）和蒲福风 4 级（5～8 m/s）时入射角与反射率对数的关系。与平静海面相比，在风大浪急的海面上，当入射角大于 65°时，粗糙表面的辐射信号不能有效地反射，而上方计算所得的 6%应该改为 5%。在全球能量通量计算中，这 1%的差距也是很重要的考虑内容。

4.6.1　粗糙海面反射

要说明粗糙海表面的反射，有必要进行统计。考虑图 4 - 29 所示的在点 A 上与瞬时海面相切的波面。y 轴可随机指向太阳在地球上的投影，z 轴垂直于平均海平

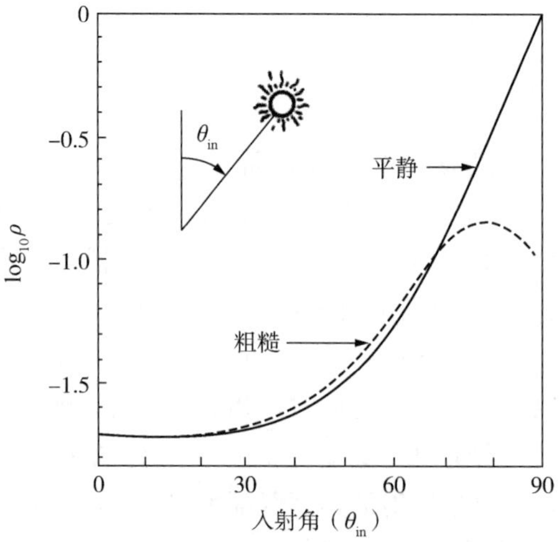

图 4－28　平静水面和 5～8 m/s 引起的粗糙表面的情况下，入射角（θ_{in}）与太阳辐射的反射率对数的关系

根据 Cox 和 Munk（1956 年）的研究绘制。

面，而 x 轴为正交。该面具有一定的斜率（$\tan\beta$），其在 xz 平面和 yz 平面上的投影 $\partial z/\partial x$ 和 $\partial z/\partial y$ 可以在图 4－29 中观察到，为

$$\frac{\partial z}{\partial x} = -\tan\beta\sin\alpha$$
$$\frac{\partial z}{\partial y} = \tan\beta\cos\alpha \qquad (式\ 4-31)$$

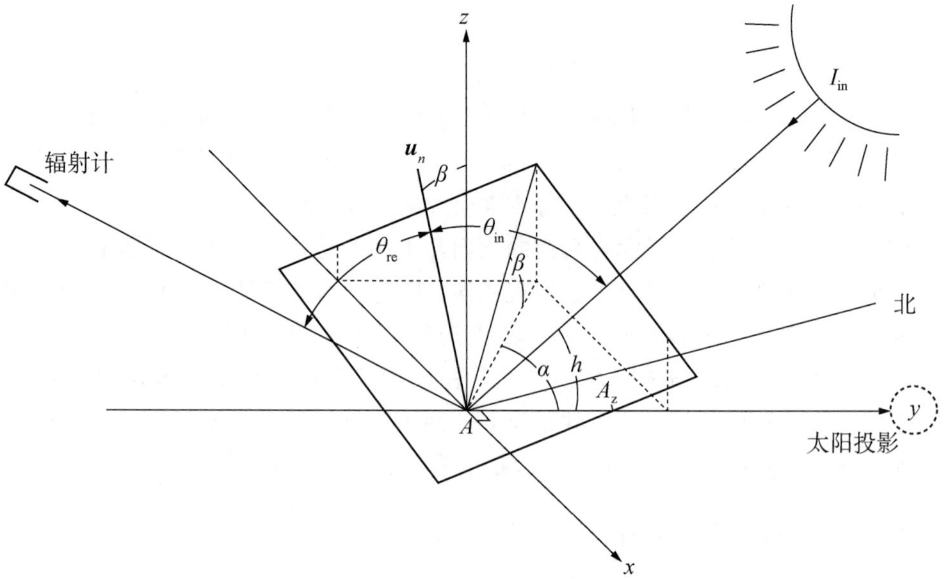

图 4－29　在点 A 与瞬时海面相切的波面反射的几何图

入射辐照度 I_{in}在 yz 平面上；面法线矢量为 $\boldsymbol{u}_n$；α 是 yz 平面和正交于面斜平面（角度 β）的平面之间的方位角。

这些斜率的统计描述大致上是一个椭圆高斯函数。观测表明，逆风－顺风斜率大于侧风斜率，而逆风/顺风分布是倾斜的。

双变量高斯概率密度函数的一般形式为

$$Y(x_1,x_2) \equiv \frac{1}{\pi\left|\sum_{\sim i}\right|^{1/2}} e^{-\left[(x-\mu_i)^{\mathrm{T}}\sum_{\sim i}^{-1}(x-\mu_i)\right]}$$

式中，x_i 是自变量，μ_i 是 x 的平均数，$(\boldsymbol{x}-\mu_i)^{\mathrm{T}}$ 是矢量 $(\boldsymbol{x}-\mu_i)$ 的转置，$\left|\sum_{\sim i}\right|$ 是协方差阵 $\sum_{\sim i}$ 的行列式。此处协方差矩阵的方差 σ_{ij}^2 分量为

$$\begin{vmatrix} \sigma_{11}^2 & \sigma_{12}^2 \\ \sigma_{21}^2 & \sigma_{22}^2 \end{vmatrix}$$

对于空间飞行器，其视场角远大于最长海洋表面波的波长，在该像素下的平均海面斜率为 0，即 $\mu_i=0$。此外，观测还显示，并不存在不对称的侧风，即 $\sigma_{12}^2=\sigma_{21}^2$。最后，如果坐标系被旋转以使 $\partial z/\partial x=z_x$ 和 $\partial z/\partial y=z_y$ 成为侧风 (z'_x) 和逆风 (z'_y) 分量，那么协方差项会变为 0，而波面倾斜概率密度函数可写为

$$Y(z'_x,z'_y)=(\pi s_{\mathrm{c}} s_{\mathrm{u}})^{-1} e^{-\left[(z'_x/s_{\mathrm{c}})^2+(z'_y/s_{\mathrm{u}})^2\right]} \qquad (式 4-32)$$

式中，s_{c}^2 是在侧风方向上的方差 σ_{c}^2，s_{u}^2 是在逆风方向上的方差。在 1954 年，C. Cox 和 W. Munk 将 s_{c}^2、s_{u}^2 和 $s^2 \equiv s_{\mathrm{c}}^2+s_{\mathrm{u}}^2$（不考虑风向的均方斜率）的值确定为

$$\begin{cases} s_{\mathrm{c}}^2 = 0.003+1.92\times10^{-3}v_{\mathrm{a}} \pm 0.002 \\ s_{\mathrm{u}}^2 = 0.000+3.16\times10^{-3}v_{\mathrm{a}} \pm 0.004 \\ s^2 = 0.003+5.12\times10^{-3}v_{\mathrm{a}} \pm 0.004 \end{cases} \qquad (式 4-33)$$

式中，v_{a} 是风速，范围为 $1\leqslant v_{\mathrm{a}}\leqslant14$（米每秒）。Cox 和 Munk 的实际概率分布函数使用了革兰－沙利叶级数来展开式 4－32，进而计算实际观测到的偏斜度和峭度。但对于这里的目的，式 4－32 和 4－33 将被认为足以说明波斜率统计。当计算波面反射光或天空光的概率时，需要式 4－32 对一系列角度 β 积分。根据图 4－29 所示，β 的均方斜率等于 $\tan^2\beta$。这涉及就 β 而言的入射角和反射角（θ_{in} 和 θ_{re}）的推导，如下所示。

入射光线的单位矢量投影具有如下三个分量：

$$\boldsymbol{x}_{\mathrm{in}} = 0$$
$$\boldsymbol{y}_{\mathrm{in}} = -\cos h$$
$$\boldsymbol{z}_{\mathrm{in}} = -\sin h$$

其中，负号表示辐射在向着 y 轴和 z 轴的负值方向传输。虽然入射光没有 x 分量，但反射光（一般而言）有 x、y 和 z 分量。与之类似，在 x 轴、y 轴和 z 轴上 $\boldsymbol{u}_n$ 的投影分量为

$$\boldsymbol{x}_n = \sin\beta\sin\alpha$$
$$\boldsymbol{y}_n = -\sin\beta\cos\alpha$$
$$\boldsymbol{z}_n = \cos\beta$$

为了将入射光和反射光联系起来，需回顾阿尔哈曾有关入射角、反射角以及角度所在平面的观测结果，并注意这要求入射光和反射光之间的矢量差必须沿着表面法线

$\boldsymbol{u}_n$。也就是说，如果$\boldsymbol{n}_{re}$（$=\cos\theta_{re}$）和$\boldsymbol{n}_{in}$（$=-\cos\theta_{re}$）分别是投影在单位法矢量$\boldsymbol{u}_n$上的反射光和入射光的分量，

$$\boldsymbol{n}_{re} - \boldsymbol{n}_{in} = 2\cos\theta$$

若 $2\cos\theta$ 作为比例常数，则相关的光线的通解可写作

$$\boldsymbol{x}_{re} - \boldsymbol{x}_{in} = 2\boldsymbol{x}_n\cos\theta$$

$$\boldsymbol{y}_{re} - \boldsymbol{y}_{in} = 2\boldsymbol{y}_n\cos\theta$$

$$\boldsymbol{z}_{re} - \boldsymbol{z}_{in} = 2\boldsymbol{z}_n\cos\theta$$

重写及平方，得

$$\begin{cases} \boldsymbol{x}_{re}^2 = 4\boldsymbol{x}_n^2\cos^2\theta; \ \boldsymbol{x}_{in}^2 = 0 \\ \boldsymbol{y}_{re}^2 = 4\boldsymbol{y}_n^2\cos^2\theta + 4\boldsymbol{y}_n \cdot \boldsymbol{y}_{in}\cos\theta + \boldsymbol{y}_{in}^2 \\ \boldsymbol{z}_{re}^2 = 4\boldsymbol{z}_n^2\cos^2\theta + 4\boldsymbol{z}_n \cdot \boldsymbol{z}_{in}\cos\theta + \boldsymbol{z}_{in}^2 \end{cases}$$

由于使用了单位矢量，因此

$$\boldsymbol{x}_{re}^2 + \boldsymbol{y}_{re}^2 + \boldsymbol{z}_{re}^2 = 1$$

上述三个平方式相加，得

$$1 = 4\cos^2\theta + 4\cos\theta\boldsymbol{y}_n \cdot \boldsymbol{y}_{in} + 4\cos\theta\boldsymbol{z}_n \cdot \boldsymbol{z}_{in} + 1$$

或

$$0 = \cos\theta + (-\sin\beta\cos\alpha)(-\cos h) + \cos\beta(-\sin h)$$

最终为

$$\cos\theta = \cos\beta\sin h - \sin\beta\cos\alpha\cos h \qquad (式 4-34)$$

要采用方程 4－34，需要知道入射辐射的高度（h）和方位角（A_z）。对于海洋可见光遥感的大多数应用，需要具备定位太阳相对于波面位置的能力，还需要使用辐射计（图 4－29）。

4.6.2 太阳的方向

在球面三角学中，如何确定太阳的高度和方位角是一个问题。对于图 4－29 所示的情况，太阳位于点 A 小平面处的东北方向，球面三角形和时间矢量图如图 4－30 所示。小平面的纬度（ϕ）以及经度（λ）说明了小平面在东北太平洋中的位置。通过北极（P_N）以及小平面的天顶 $Z(\phi,\lambda)$ 的大圆弧，其角度值为 $90^\circ-\phi$，被称为余纬。通过小平面的天顶以及太阳的大圆弧（$90^\circ-h$）被称为天顶距、天顶角，有时候也被称为天顶距离。余纬和天顶角大圆弧之间的角度是方位角（A_z），也如图 4－29 所示。在北极和太阳之间的另一个大圆弧具有一条线段，被称为余赤纬（$90^\circ-\delta$），其中赤纬（δ）是北部或南部的太阳纬度（小于等于 23.5°）。在图 4－30 的右下图所示的时间矢量图中，视图来自北极，所有大圆弧均显示为径向线。G 代表格林威治（英格兰）0°子午线，而 M 代表通过小平面经线的子午线。太阳的格林威治时角（GHA）是对格林威治时间的角度的表达；在图 4－30 中，其表示为格林威治时间午后约 4 个小时以及中午前约 3 个小时。子午线角（m）表示用度来计量太阳的行程，时间为 3 小时；在图中向东约 45°。

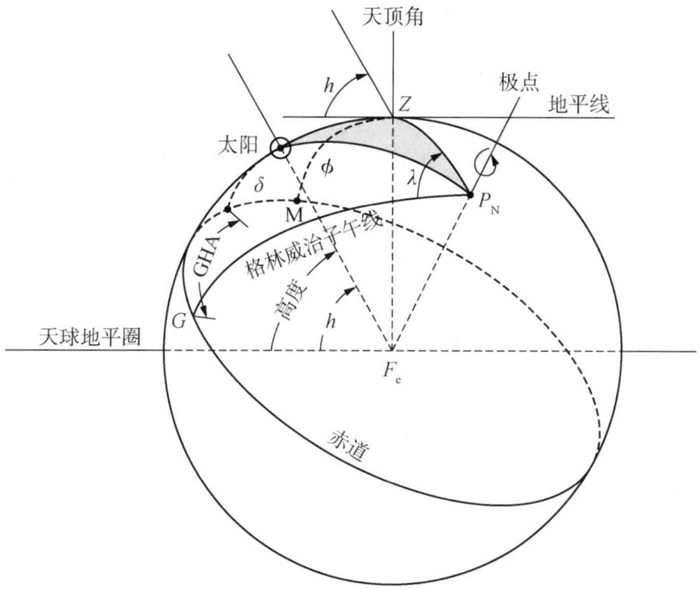

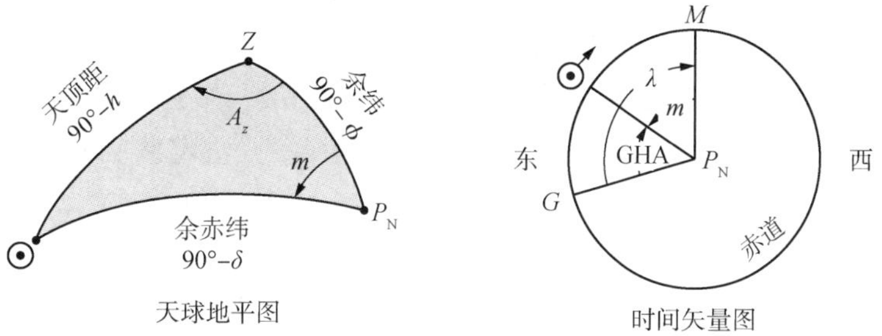

图 4-30　对位于 $Z(\phi,\lambda)$ 的波面，用于解太阳方位角 A_z 和高度 h 的球面三角形

P_N 是指北极，P_S 是南极，δ 是太阳的赤纬，GHA 是格林威治时角，ϕ 是平面纬度，λ 是平面经度，m 是太阳子午线角；太阳角被称为视差角，计算时，不需要此角度。除了赤道为圆形外，大圆弧在左下图中显示为弧形，在右下图中则显示为直线。

求球面三角形的解要求知道观测时间（t）和小平面的位置。航海天文历或星历表将太阳赤纬和格林威治时角（或赤经；$RA \equiv 360^\circ - GHA$）作为格林威治日期 t 的函数。航海家设计了许多巧妙的方法来求解此三角形，也存在大量有关于此的书籍，感兴趣的读者可以参考由 Nathaniel Bowditch 在 1802 年首次编写、美国海军海洋局出版的《美国实践航海学》。计算机和手动计算器的实用性使直接求解球形三角形变得简单，并且采用了图 4-29 和 4-30 中讨论的示例。

一旦从星历表中确定了子午线角和余赤纬，则求三角形的解是对球面三角形余弦定律和正弦定理的简单应用：

$$\cos(90-h)=\cos(90-\phi)\cos(90-\delta)+\sin(90-\phi)\sin(90-\delta)\cos m \tag{式 4-35a}$$

以及

$$\frac{\sin m}{\sin(90-h)}=\frac{\sin A_z}{\sin(90-\delta)} \quad (式4-35b)$$

航海家的问题在于同时从几个天体的高度 h 的六分仪测量的时间记录中确定其纬度和子午线角度。如果在所使用的图中，日期为 6 月 21 日，$\delta=23.5^{\circ}$N 并且允许小平面上的赤道上经度为 105°W(格林威治标准时间 16：00)，则太阳的高度和方位角为

$$\cos(90-h)=\cos 90^{\circ}\cdot\cos 66.5^{\circ}+\sin 90^{\circ}\cdot\sin 66.5^{\circ}\cdot\cos 45^{\circ}$$
$$h=40.4^{\circ}$$
$$\sin A_z=\sin 45^{\circ}\cdot\sin 66.5^{\circ}\div\sin 49.6^{\circ}$$
$$A_z=\mathrm{N}\ 58.4^{\circ}\mathrm{E}$$

从北赤纬 $\delta=23.5^{\circ}$N 和东经子午线角度 $m=45^{\circ}$E 获取了 N 58.4°E 的东北象限。对式 4－35(a,b)进行计算机编程时需要仔细注意正确的象限。

4.6.3 来自海洋的太阳耀斑

为了进一步讨论太阳耀斑对可见光卫星摄影或图像的影响，考虑图 4－31 中所示的几何结构。卫星天顶角(ζ)由已知的卫星星下点和正在成像的区域的位置计算，如角度为 ζ 的平面三角形所示，也如地球中心($\boldsymbol{F}_e$)所示。太阳天顶角($90^{\circ}-h$)由图 4－30 的导航三角形计算。如前所述，角 θ_{in}、θ_{re} 和 β(如图 4－29 所示)分别为入射/反射角以及小平面的均方根斜率(或斜面正常的天顶角 $\boldsymbol{u}_n$)。给定风 v_a的概率，产生了斜率 $z_x=-\tan\beta\sin\alpha$ 以及 $z_y=\tan\beta\cos\alpha$(式 4－31)，其均方值 s^2(式 4－33)可用于估算给定区域 A 的反射。

对于图 4－31 中所能观察到的几何结构，唯一能反射到卫星的波面是斜率为 $\beta\pm 1/2\cdot\Delta\tan\beta$ 的波面，其中 $\pm 1/2\cdot\Delta\tan\beta$ 是围绕太阳边缘的反射所需的斜率范围。在 z_x，z_y图上，太阳的边缘是一个被称为公差椭圆的椭圆，为了表示从海面点(x，y)的反射，其定义了波面的 z_x和 z_y的可能范围(或公差)。

图 4－32 是 z_x，z_y图上的公差椭圆图，其中 z 轴与太阳的镜面反射点(太阳反射到传感器上为 $\tan\beta=z_x=z_y=0$ 的点)对应。概率密度函数 $Y(z_x, z_y)$可以被假设为在 $z_x=z_y=0$ 处具有最大值，即与波形斜率空间中的 z 轴一致，并且形成以 $\beta=0$ 为中心的遍历容量。公差椭圆 $\mathrm{d}A_t$的面积为

$$\mathrm{d}A_t=\frac{\Omega_{sun}}{4}\sec^3\beta\cdot\sec\theta \quad (式4-36)$$

其中 Ω_{sun}是太阳朝向地球的立体角 $\Delta\Omega$(约为 6×10^{-5} sr；见第 2.8.4 节)；β 和 θ 如图 4－31 所示；$\cos\theta$ 由方程式 4－34 给出。在 C. Cox 和 W. Hunk 所著的《太阳耀斑获取海表斜率》中详细地解释了 $\mathrm{d}A_t$的推导过程。

找到反射太阳光束的小平面的概率¶为

$$¶=\iint Y(z_x, z_y)\mathrm{d}z_x\mathrm{d}z_y \quad (式4-37a)$$

其中，范围为 $z_{x_0}\pm 1/2\cdot\Delta z_x$和 $z_{y_0}\pm 1/2\cdot\Delta z_y$(图 4－32)。但是 Δz_x和 Δz_y是非常小

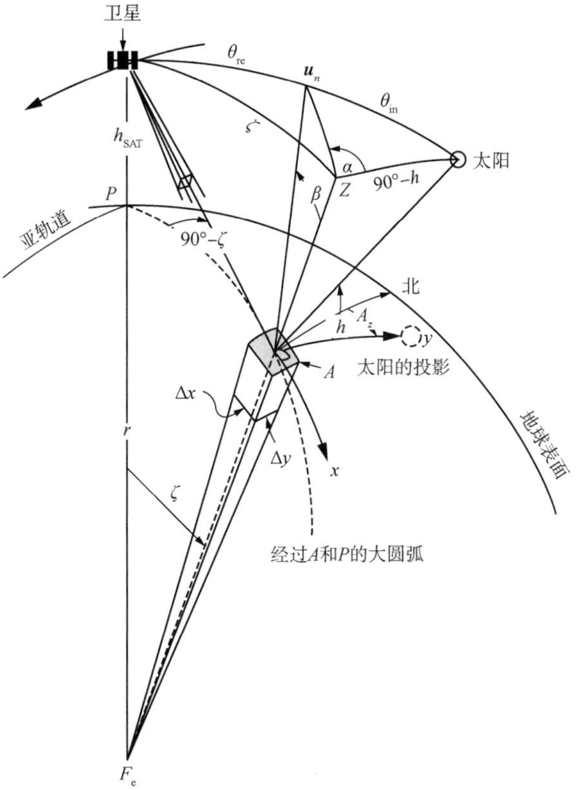

图 4－31　太阳耀斑反射的几何结构

该结构是一个球面三角形，标记的面如图 4－29 和图 4－30 所示。角度 β 是点 A 处波面的平均斜率（s）的天顶角，其中 $\tan^2\beta = s^2$，并且角度 ζ 是点 A 处小平面的卫星的天顶角。

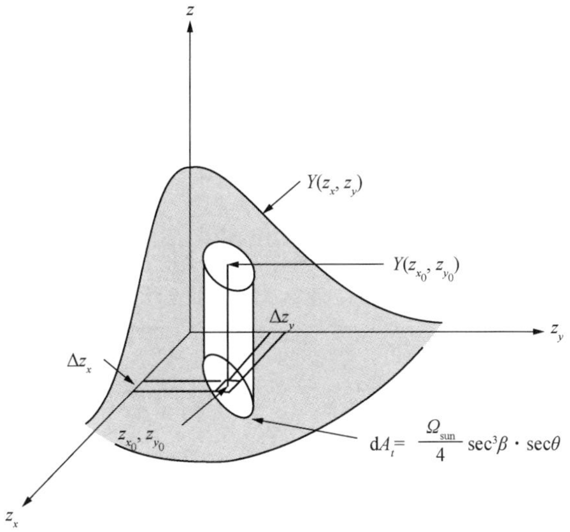

图 4－32　双变量高斯概率密度函数 $Y(z_x, z_y)$ 的几何结构

该结构显示了面积为 dA_t 的公差椭圆。遍历容量下的圆柱体容积 YdA_t 耀斑描述了可以反射太阳光束的太阳耀斑小平面的概率。

的区域，故 $Y(z_{x_0}, z_{y_0})$被认为是常数。也就是说，对于任意函数 $f(x)$，有

$$\int_x^{x+\mathrm{d}x} f(x)\mathrm{d}x \approx f(x)\mathrm{d}x$$

故反射太阳光的小平面存在于以 z_{x_0}, z_{y_0} 为中心的区域$\Delta z_x, \Delta z_y$中的概率是

$$\P = Y(z_{x_0}, z_{y_0})\mathrm{d}A_t \qquad \text{（式 4－37b）}$$

由于方差中的逆风/侧风差经常被忽略，所以令 $s^2 \approx s_c^2 \approx s_u^2$（式 4－33）为式 4－32 中的参数，并根据式 4－31 的 $z_x^2 + z_y^2 = \tan^2\beta$，可以得到反射的概率

$$\P = \frac{\Omega_{\text{sun}}}{4\pi s^2}\sec^3\beta \cdot \sec\theta \cdot \mathrm{e}^{-\tan^2\beta/s^2} \qquad \text{（式 4－38）}$$

表 4－11 中列出了 s^2 适用的 4 种风力范围的概率值以及类似于图 4－31 中所示卫星几何学的概率值。表 4－12 中还包括用于计算的相关式。

表 4－11　清洁(无油)海面的波面概率

v_a/(m/s)	倾斜角 β			
	0°	5°	10°	15°
0	2.5×10^{-3}	1.9×10^{-4}	8.3×10^{-8}	1.2×10^{-13}
5	2.6×10^{-4}	2.1×10^{-4}	9.3×10^{-5}	2.4×10^{-5}
10	1.4×10^{-4}	1.2×10^{-4}	8.7×10^{-5}	4.1×10^{-5}
15	9.3×10^{-5}	8.6×10^{-5}	6.7×10^{-5}	5.6×10^{-5}

能够将阳光反射至观察者，采用图 4－31 所示的几何学，使 $h = 40°$，$\alpha = 90°$。

表 4－12　式汇总

入射角	$\cos\theta = \cos\beta\sin h - \sin\beta\cos\alpha\cos h$
观测天顶角	$\sin\zeta = 2\cos\beta\cos\theta - \sin h$
均方波斜率	$s^2 = 0.003 + 0.00512 v_a$
发生概率	$\P = (\Omega_{\text{sun}}/4\pi s^2)\sec^3\beta\sec\theta\exp(-\tan^2\beta/s^2)$

乍看之下，0.1%或更低的概率可能显得太低。然而，考虑到入射/反射平面中的简单的正弦曲线海面，就并非如此了。开阔海洋风暴产生的重力波的特征表示为以下经验式：

$$\begin{cases} h_{1/3} = 0.022 v_a^2 \\ \dfrac{\nu v_a}{g} = 0.13 \\ \lambda = g/2\pi\nu^2 \end{cases} \qquad \text{（式 4－39）}$$

其中与表 2－3 一致的是：ν 为波频率，λ 为波长。常见的海洋学用法有 $h_{1/3}$，被称为有效波高；g 和 v_a则是前述的重力加速度和风速。比率 $h_{1/3}/\lambda$，被称为波陡度，与这些波的 v_a无关，等于 0.023，这意味着海洋的重力波振幅$(1/2 \cdot h_{1/3})$约为波长的

1%。$z=0.01\lambda\cos\frac{2\pi y}{\lambda}$表明叠加在辐射/反射平面的海表面，要求 $\partial z/\partial y(=\tan\beta)=-0.01\times2\pi\sin\frac{2\pi y}{\lambda}$。对于太阳，$\beta=\pm0.125^\circ$，出现在波峰和波谷，因此可以反射太阳光束的表面百分比($\theta/2\pi$)为

$$\frac{\theta}{2\pi}=4\sin^{-1}\left(\frac{\tan0.125^\circ}{0.01\times2\pi}\right)=0.02$$

对于界面波，其陡度的最大理论值为 0.73，对于海洋重力波，$(h_{1/3}/\lambda)_{max}=1/7$，很容易证明其与反射概率的数量级相同，与 Cox 和 Munk 统计以及正弦曲线所描述的海面一样。

为了计算从海面反射的辐亮度，考虑区域 dA_h 投影至水平表面上的小平面，实际面积为 $dA_h\sec\beta$(图 4－29)。入射到这个面上的功率 dP 为

$$dP=I_{in}dA_h\sec\beta\cos\theta$$

其中 $\cos\theta$ 将区域 $dA_h\sec\beta$ 投影至垂直于辐照度为 I_{in} 的入射光线的平面上。从此面反射的辐亮度[$L_{re}\equiv dP/(dA_h\cos\zeta d\Omega)$]为

$$L_{re}\equiv\rho_s(\theta)\frac{I_{in}\sec\beta\cos\theta}{\Omega_{sun}\cos\zeta}$$

式中 $\rho_s(\theta)$为随机偏振太阳光的菲涅尔反射率，$\cos\zeta$ 是反射角(天顶角)(图 2－23 和图 4－31)，而 Ω_{sun}则如前所述。在上述表达式中，$I_{in}/\Omega_{sun}=L_{in}$，太阳辐亮度入射在小平面上；或从无穷小的面上反射的强度 $dJ(\equiv dP/d\Omega$；见式 2－81)为 $\rho_s(\theta)dA_h\cdot\sec\beta\cos\theta(\Omega_{sun})^{-1}$。最后，对于从海面的有限面积反射的辐亮度，必须考虑小平面发生的概率(¶)，以及

$$L_{re}\equiv L_{in}\rho_s(\theta)\P(\beta,\theta,v_a)\sec\beta\cos\theta\sec\zeta \qquad (式 4-40)$$

对于完全平静的海面($s^2\to0$)，¶→1，$\sec\beta=1$，$\zeta=\theta$(因此，$\cos\theta\sec\zeta=1$)，正如第 2 章所述，$L_{re}=L_{in}\rho_s(\theta)$。请注意：关于 s^2(式 4－33)的 ±0.004 的标准偏差，允许 $s^2\to0$，但 $v_a=0$ 在自然界中出现的频率大约为 10%，这本身是不常见的。

均方斜率已在海面带斑中确定，并且与式 4－33 中的值互补：

$$\begin{cases}s_c^2=0.003+0.84\times10^{-3}v_a\pm0.002\\ s_u^2=0.005+0.78\times10^{-3}v_a\pm0.002\\ s^2\equiv s_c^2+s_u^2=0.008+1.56\times10^{-3}v_a\pm0.004\end{cases} \qquad (式 4-41)$$

除了式 4－41 中使用的 s^2，表 4－13 中的计算结果与表 4－11 类似。比较表 4－11 和 4－13，注意到当 $v_a=0$ m/s 时，从带斑海面反射太阳耀斑的概率高于从干净海面反射太阳耀斑的概率，除了 $\beta=0$(这个很特殊，很可能与外推至 $v_a=0$ 的不确定性有关)。当风速增加到 5 m/s 时，太阳反射的概率在带斑海面更大($\beta<10^\circ$)，但当 $\beta\geqslant10^\circ$时，太阳反射的概率在干净海面更大。在恒定的倾斜角度(例如 10°)和较低风速下，从带斑海面反射的概率比从干净海面反射高，对于风速 $v_a>10$ m/s，则相反。

表 4－13　海面带斑的波面概率

v_a/(m/s)	倾斜角 β			
	0°	5°	10°	15°
0	9.2×10^{-4}	3.6×10^{-4}	2.0×10^{-5}	1.3×10^{-7}
5	4.7×10^{-4}	2.9×10^{-4}	6.9×10^{-5}	5.7×10^{-6}
10	3.1×10^{-4}	2.3×10^{-4}	8.9×10^{-5}	1.7×10^{-5}
15	2.4×10^{-4}	1.9×10^{-4}	9.5×10^{-5}	2.8×10^{-5}

能够将阳光反射至观测者，采用图 4－31 所示的几何学：令 $h=40°$，$\alpha=90°$，$s^2=0.008+0.00156\ v_a$。

飞行器在 10 000 米高空飞越海洋区域时，拍摄的照片(图 4－33)说明了上述计算。在照片的中心，海面带斑比周围的海面更亮。换句话说，波面直接反射太阳光线的概率更大。接近太阳耀斑图案区域的边缘，海面带斑变暗，这说明了反射概率较低。此外，图 4－33 中的一般亮度图案从中心沿径向呈现指数衰减，表明了以太阳的镜面反射点为中心的圆形高斯概率密度函数(遍历容量)。

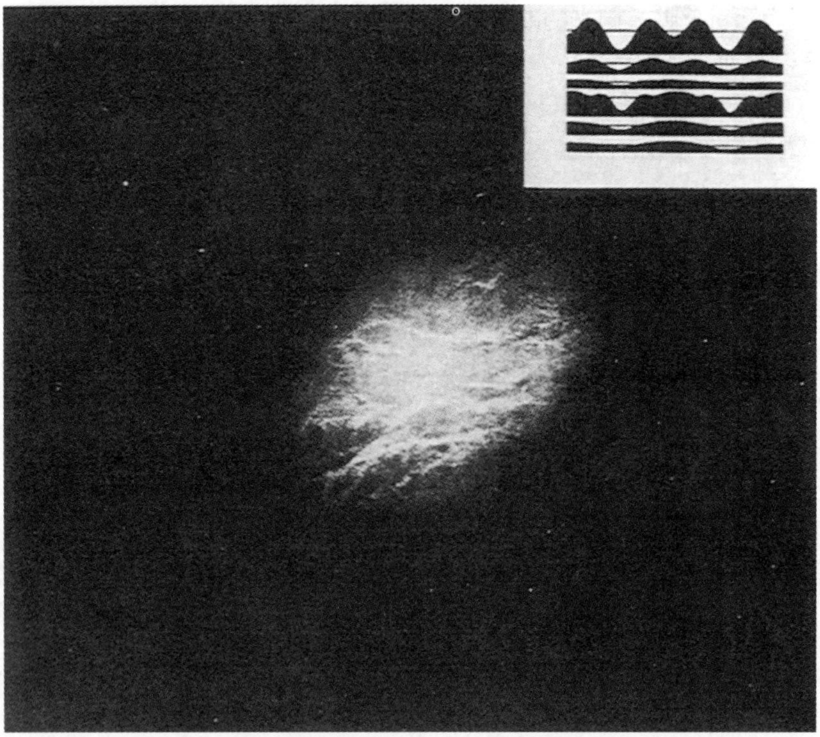

图 4－33　1967 年 6 月 5 日格林威治标准时间 18：38，NASA 的 Convair 990 飞机在 10 000 米高空飞越墨西哥湾南部时所拍摄的照片

根据 McClain 和 Strong 修改(1969 年)。插图(右上)：长度为 2. 24 cm 的界面波的理论剖面，由 Pierson 和 Fife 绘制(1961 年)。

4.6.4　风速对卫星可见光辐射测量的影响

从风力较大的海面上反射的太阳辐亮度可以通过式 2－10、式 2－84、式 4－33、式 4－38 和式 4－40 进行计算。对于宽波段辐射计(为了方便而采用式 2－16)，来自太阳的辐亮度大约为 $2.3 \times 10^7\ \mathrm{W \cdot m^{-2} \cdot sr^{-1}}$(第 2.8.4 节)。假设 $\rho_s = 0.02$ 且 $\P = 0.0002$，则近似地，有

$$L_{re} \approx L_{in} \cdot \rho \cdot \P = (2.3 \times 10^7) \times (0.02) \times (0.0002)$$
$$\approx 9.6 \times 10 (\ \mathrm{W \cdot m^{-2} \cdot sr^{-1}})$$

或作为数量级估计，$L_{re} \approx 10^2\ \mathrm{W \cdot m^{-2} \cdot sr^{-1}}$或 $10\ \mathrm{mW \cdot cm^{-2} \cdot sr^{-1}}$。图 4－34 说明了对于各种风速，海洋的辐亮度归一化为 $10^2\ \mathrm{W \cdot m^{-2} \cdot sr^{-1}}$。在零风速的条件下，太阳的反射辐亮度集中在以镜面反射点为中心的狭窄区域中。随着风速增加，图案逐渐展开，并且在镜面反射点处的辐亮度峰值减小。最后，在相对较高的风速下，图案扩散至相当大的区域。

图 4－34a 用于 ESSA 系列卫星上的电视型传感器。摄像机传感器具有摄像机的几何形状；扫描器的几何学结果如图 4－34b 所示。在扫描器中，只有天底角与轨道垂直的分量随所观测的区域的差异而呈现出差异，而在照片中，天底角具有沿航天器的翻滚轴以及偏航轴的分量。来自扫描辐射计的耀斑图案通常会沿着平行于航天器的亚轨道方向拉长。如图 1－20 右侧图所示，可能是耀斑图案的变化使得墨西哥湾流在图片中显得突出。

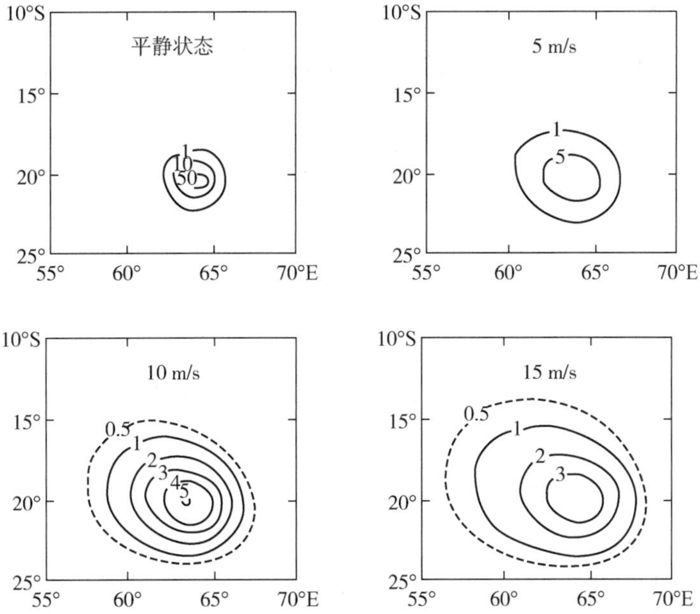

图 4－34a　摄像机传感器在给定风速时太阳耀斑分布

镜面反射点归一化为 $10^2\ \mathrm{W \cdot m^{-2} \cdot sr^{-1}}$。星下点 21.5°S、65.5°E；日下点 5.8°S、35.6°E；卫星高度 722 km。在地球同步卫星上，自旋扫描辐射计的耀斑图案与摄像机具有几何一致性(高度为 35 600 km 除外)。根据 Strong 和 Ruff 的研究(1970 年)重绘。

来自海洋表面的反射对海洋遥感可能有益，也可能有害。在图 4－34 所示的分析中，很容易设想出采用有关太阳镜面反射点的反射图案作为推断风速的手段。虽然这是一个有趣的学术问题，但是对于风力信息已确定的海洋，其面积如此之小，以至于其操作实用性必然受到质疑。同样地，如图 1－20 所示，确定墨西哥湾流的边界也在某种程度上局限于与想要识别的信息结合的亚轨道、太阳角、风速、晴朗等信息的时间。相反地，这能更好地理解从遥感中获取的有关海－空气相互作用的资料，有利于全球辐射能量平衡的研究。

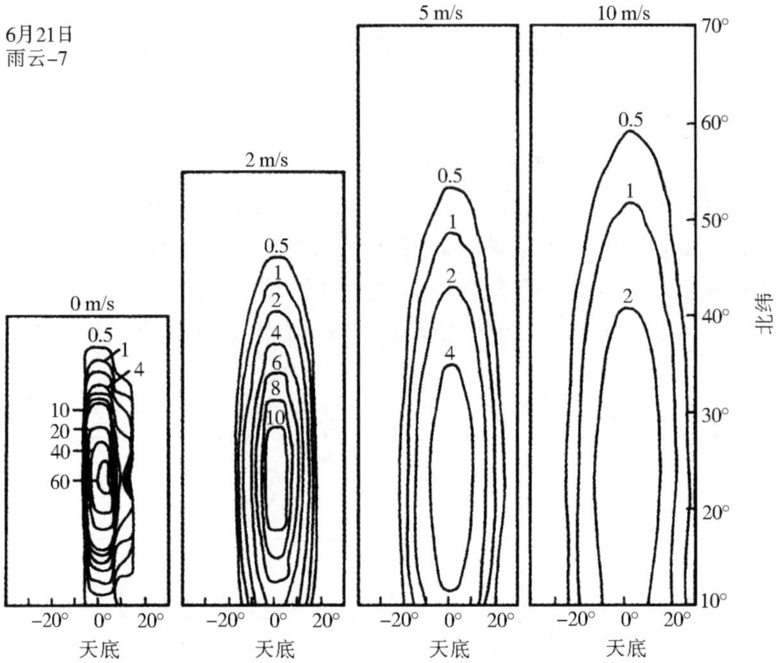

图 4－34b　夏至时，CZCS 多谱段扫描仪的太阳耀斑分布图

镜面反射点归一化为 10^2 W・m^{-2}・sr^{-1}。每个矩形均表示具有针对给定风速的天底角的刈幅；纵坐标单位是沿赤道以北的亚轨道的度数(由美国国家海洋和大气局 A. Strong 提供)。

海表反射的天空光也是海洋水色遥感问题的主要关注点。为了计算从海洋反射的天空辐亮度，除了 L_{in} 目前是来自天空的下行辐亮度，考虑采用式 4－40。由于天空覆盖了 2π 球面度，故概率(采用式 4－37a 计算)是基于所有斜率的积分，而不是公差椭圆的面积。结合式 4－37a 和式 4－40，反射的天空辐亮度(L'_{re})为

$$L'_{re} = \iint L_a \sec\beta \cdot \rho_s \cdot \sec\beta\cos\theta \cdot Y(z_x, z_y)\mathrm{d}z_x\mathrm{d}z_y \qquad (式 4-42)$$

基于式 4－42 生成图 4－28 中的虚线曲线，其中对于假定为常数的天空辐亮度 L_a，$\log_{10}\rho$ 为 $\log_{10}(L'_{re}/L_a)$。如图 4－19 所示，考虑到天空的辐亮度分布，宜假设 $L_a \neq L_a(\theta,\phi)$，但由于是近似值，故粗糙海表面在大反射角时反射比会降低。

在总结本节内容之前，必须注意数学上的严谨性。高斯概率(式 4 - 37a)

$$¶ = \iint (\pi s^2)^{-1} \mathrm{e}^{-(z_x^2+z_y^2)/s^2} \mathrm{d}z_x \mathrm{d}z_y$$

有时将笛卡尔坐标转换至圆柱坐标 (r,θ)，即

$$¶ = \frac{1}{\pi s^2}\iint \mathrm{e}^{-r^2/s^2} r\mathrm{d}r\mathrm{d}\theta$$

其中，$r^2 = \tan^2\beta = z_x^2 + z_y^2, \theta = \tan^{-1}(z_y/z_x)$。在这种形式中，误差函数 $\exp(-r^2/s^2)$ 具有不定积分，并且概率可以写作

$$¶ = \frac{1}{2\pi}\int_\theta \mathrm{e}^{-r^2/s^2} \Big|_{r_1}^{r_2} \mathrm{d}\theta \qquad \text{(式 4 - 43)}$$

一个关键错误是忽略 r_1 和 r_2 是 θ 的函数。例如，如果要确定图 4 - 32 中的框 Δz_x，Δz_y 的面积，则应考虑四个角中的每一个角的半径；由于 $z_x = r\cos\theta$ 且 $z_y = r\sin\theta$，所以半径 r_1 和 r_2 取决于 θ。在圆柱坐标中一个正方形区域积分是一个杂乱的代数问题，没有解析解法(不定积分)。只有 $\mathrm{d}z_x$、$\mathrm{d}z_y$ 在空间 $-\infty \sim +\infty$ 的定积分，或在圆柱坐标中 $0 \leqslant r \leqslant +\infty$ 且 $0 < \theta \leqslant 2\pi$ 的定积分是已知的；要将概率归一化到(0, 1)，需令定积分¶ = 1。

4.7　水色遥感

几个世纪前，海员对各种水域进行了命名，反映了眼睛对所接收辐射的反应，海洋水色已经成为许多研究的热点问题。1815—1818 年，O. E. Kotsebu 在极地海域进行了透明度测量。1865 年，由于注意到白盘从视野消失的深度，P. A. Secchi 对光透射度的粗略估计进行标准化，如今海水透明度盘以他的名字命名。1889 年，引入了电子光学仪器，但是水色仍然是主观变量，F. A. Fortl 以及 W. Ule(于 19 世纪 90 年代发明了海洋水色刻度尺)定量了水色信息。1938 年，K. Kalle 总结并深入进行了许多关于水色的早期工作，随后，分别在 20 世纪 30 年代、20 世纪 40 年代和 20 世纪 50 年代，由 H. Petersson 和 Y. LeGrand、S. Q. Duntley 以及 N. G. Jerlov 完成了其他工作。

这些海洋学家试图对水色量化，因此发展了深海的福莱尔水色刻度尺，以及为测定河流、河口以及沿岸海水的水色而设计的乌勒水色刻度尺。在船的阴暗面采用直径为 30 cm 的白色海水透明度盘，将降低 1 m 时的水色和标准海水水色进行对比，采用福莱尔/乌勒水色刻度尺进行观测(图 4 - 35)。使用孟塞尔色度芯片的类似设备是由 R. W. 奥斯汀于 20 世纪 70 年代在斯克利普斯可见光实验室开发的。这些测量最多根据经验进行，但对海水颜色的描述比名字更好(如黑海、红海或黄海)。

基于第二次世界大战前的数据，海洋水色的分布如图 4 - 36 中的左图所示。图 4 - 35 中的福莱尔/乌勒水色刻度尺一览表证实了众所周知的概念，“深蓝海域 ”(福莱尔水色刻度尺为 0)是科学的、准确的，也是通俗的说法。在福莱尔/乌勒水色刻度尺上，沿海地区呈现较高的值(代表了近岸海区高的生产力水平)。图 4 - 36 中的右图

是相同年份的衰减系数（作者称之为总垂直消光系数），单位是每百米（10^2 m = 1 hm），参见图4－4。图 4－36 中两图存在明显的相似性，证明了颜色和衰减之间的密切关系。通过溶解和悬浮物质的蓝光吸收，有助于人类对绿色和淡黄色海水的视觉感知。同样地，对该蓝光的吸收降低了光学厚度的感知。

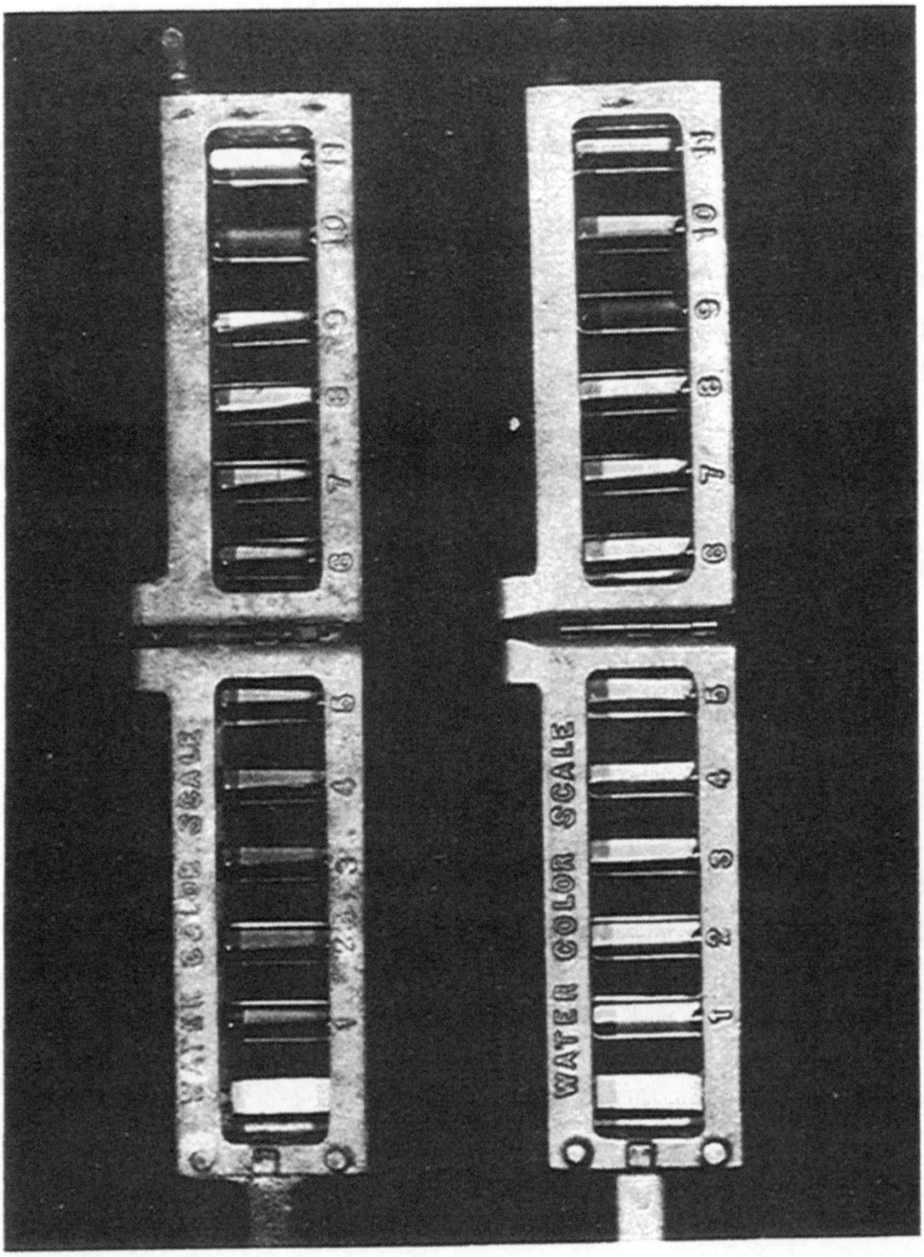

图4–35　福莱尔水色刻度尺（上仪器）和乌勒水色刻度尺（下仪器）的照片

色彩还原见图3–42。

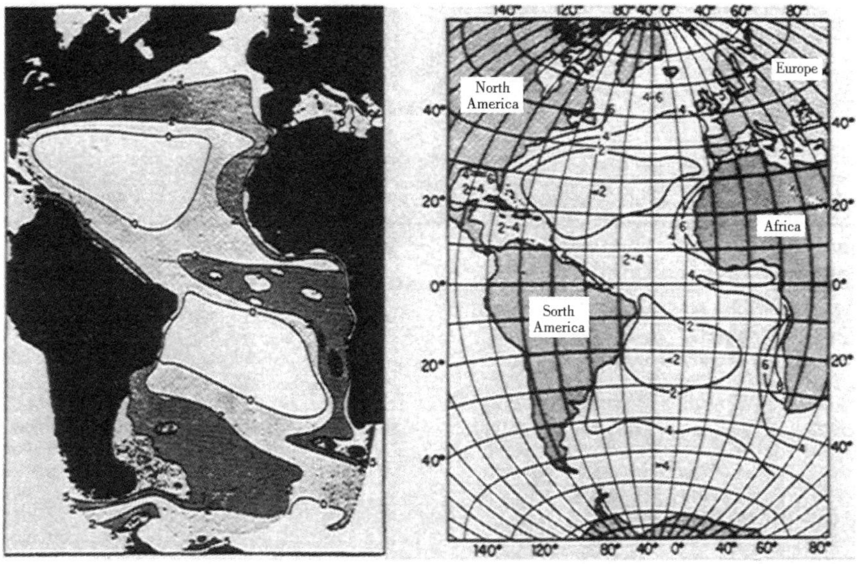

图 4-36　左图：根据 G. Schott 于 1935 年采用福莱尔水色刻度尺所确定的海的颜色（图 4-35 中的上图的仪器）；右图：根据 J. Joseph 和 H. Wattenberg 在 1944 年进行的总垂直消光系数分布（以 hm^{-1} 为单位）

两幅图均由 Neuman 和 Pierson 完成（1966 年）。

4.7.1　色度

人类对颜色的感知是对可见光的光谱的生理反应。在视网膜中，眼睛包含神经末梢，称之为视杆和视锥细胞。视锥细胞构成了视网膜的中心部分，形成了最重要的颜色反应。视杆位于视网膜的边缘，主要响应低水平的辐亮度（暗视觉），因此眼睛对低光水平的光谱响应不同于高水平的响应（明视觉）。19 世纪，制定了 Young-Helmholtz 三色视觉理论，任何颜色均可以与三种独立颜色的混合物相匹配。1931 年，由国际照明委员会（C. I. E.）建立了明视觉的标准比色系统，表 4-14 是 C. I. E. 的光谱三色值。$\bar{y}$列是指波长峰值在 555 nm 的曲线，反映了“标准”人眼的光谱响应。555 nm 处的淡黄色色调在一定程度上说明了为什么正在用传统的“国际橙”重新喷涂现代航海救生设备和安全设备。

表 4-14　光谱的三色值（1963 年，美国光学学会，《色彩的科学》）

波长/nm	$\bar{x}(\lambda)$	$\bar{y}(\lambda)$	$\bar{z}(\lambda)$	波长/nm	$\bar{x}(\lambda)$	$\bar{y}(\lambda)$	$\bar{z}(\lambda)$
380	0.001 4	0.000 0	0.006 5	580	0.916 3	0.870 0	0.001 7
385	0.002 2	0.000 1	0.010 5	585	0.978 6	0.816 3	0.001 4
390	0.004 2	0.000 1	0.020 1	590	1.026 3	0.757 0	0.001 1
395	0.007 6	0.000 2	0.036 2	595	1.056 7	0.694 9	0.001 0

续表 4-14

波长/nm	$\bar{x}(\lambda)$	$\bar{y}(\lambda)$	$\bar{z}(\lambda)$	波长/nm	$\bar{x}(\lambda)$	$\bar{y}(\lambda)$	$\bar{z}(\lambda)$
400	0.014 3	0.000 4	0.067 9	600	1.062 2	0.631 0	0.000 8
405	0.023 2	0.000 6	0.110 2	605	1.045 6	0.566 8	0.000 6
410	0.043 5	0.001 2	0.207 4	610	1.002 6	0.503 0	0.000 3
415	0.077 6	0.002 2	0.371 3	615	0.938 4	0.441 2	0.000 2
420	0.134 4	0.004 0	0.645 6	620	0.854 4	0.381 0	0.000 2
425	0.214 8	0.007 3	1.039 1	625	0.751 4	0.321 0	0.000 1
430	0.283 9	0.011 6	1.385 6	630	0.642 4	0.265 0	0.000 0
435	0.328 5	0.016 8	1.623 0	635	0.541 0	0.217 0	0.000 0
440	0.348 3	0.023 0	1.747 1	640	0.447 9	0.175 0	0.000 0
445	0.348 1	0.029 8	1.782 6	645	0.360 8	0.138 2	0.000 0
450	0.336 2	0.038 0	1.772 1	650	0.283 5	0.107 0	0.000 0
455	0.318 7	0.048 0	1.744 1	655	0.218 7	0.081 6	0.000 0
460	0.290 8	0.060 0	1.669 2	660	0.164 9	0.061 0	0.000 0
465	0.251 1	0.073 9	1.528 1	665	1.121 2	0.044 6	0.000 0
470	0.195 4	0.091 0	1.287 6	670	0.087 4	0.032 0	0.000 0
475	0.142 1	0.112 6	1.041 9	675	0.063 6	0.023 2	0.000 0
480	0.095 6	0.139 0	0.813 0	680	0.046 8	0.017 0	0.000 0
485	0.058 0	0.169 3	0.616 2	685	0.032 9	0.011 9	0.000 0
490	0.032 0	0.208 0	0.465 2	690	0.022 7	0.008 2	0.000 0
495	0.014 7	0.258 6	0.353 3	695	0.015 8	0.005 7	0.000 0
500	0.004 9	0.323 0	0.272 0	700	0.011 4	0.004 1	0.000 0
505	0.002 4	0.407 3	0.212 3	705	0.008 1	0.002 9	0.000 0
510	0.009 3	0.503 0	0.158 2	710	0.005 8	0.002 1	0.000 0
515	0.029 1	0.608 2	0.111 7	715	0.004 1	0.001 5	0.000 0
520	0.063 3	0.710 0	0.078 2	720	0.002 9	0.001 0	0.000 0
525	0.109 6	0.792 3	0.057 3	725	0.002 0	0.000 7	0.000 0
530	0.165 5	0.862 0	0.042 2	730	0.001 4	0.000 5	0.000 0
535	0.225 7	0.914 9	0.029 8	735	0.001 0	0.000 4	0.000 0
540	0.290 4	0.954 0	0.020 3	740	0.000 7	0.000 3	0.000 0
545	0.359 7	0.980 3	0.013 4	745	0.000 5	0.000 2	0.000 0
550	0.433 4	0.995 0	0.008 7	750	0.000 3	0.000 1	0.000 0
555	0.512 1	1.000 2	0.005 7	755	0.000 2	0.000 1	0.000 0
560	0.594 5	0.995 0	0.003 9	760	0.000 2	0.000 1	0.000 0
565	0.678 4	0.978 6	0.002 7	765	0.000 1	0.000 0	0.000 0
570	0.762 1	0.952 0	0.002 1	770	0.000 1	0.000 0	0.000 0
575	0.842 5	0.915 4	0.001 8	775	0.000 0	0.000 0	0.000 0
580	0.916 3	0.870 0	0.001 7	780	0.000 0	0.000 0	0.000 0
				总计：	21.371 3	21.371 4	21.371 5

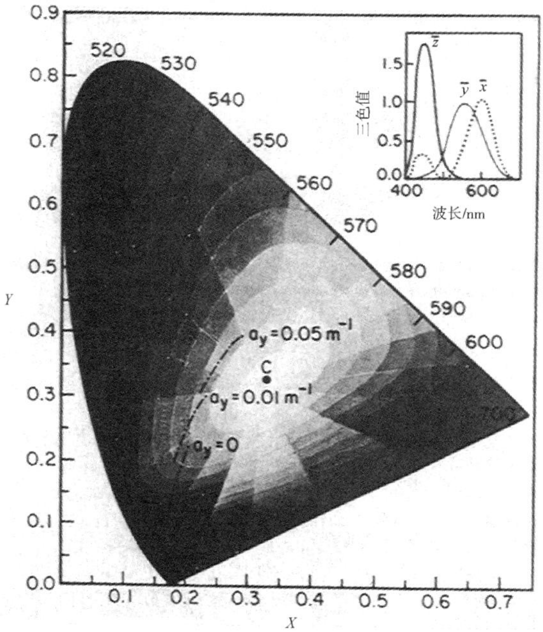

图 4 - 37　C. I. E. **坐标**

叠加在由 L. Condax 绘制的油画上的色度图(经美国光学学会许可进行了复制)。如图 4 - 25 所示，九个点的三个系列代表了海洋反射比的色度坐标；使用了黄色物质的吸收系数的三个值，并且对于每个 a_y，使用 Maul 和 Gordon(1975 年)的粒子与纯水的 9 个散射比率 b_p/b_w。右上方的插图是表 4 - 13 的光谱的三色值。色彩还原见图 3 - 43。

使用表 4 - 14 中的三色值对颜色进行的定量描述是通过构造色度图完成的。图 4 - 37 即为如此，方法如下：考虑入射光谱辐照度 $I(\lambda)$，并将三色值 X、Y 和 Z 定义为

$$
\begin{aligned}
X &\equiv \int_0^{+\infty} I(\lambda)\,\bar{x}(\lambda)\mathrm{d}\lambda \\
Y &\equiv \int_0^{+\infty} I(\lambda)\,\bar{y}(\lambda)\mathrm{d}\lambda \\
Z &\equiv \int_0^{+\infty} I(\lambda)\,\bar{z}(\lambda)\mathrm{d}\lambda
\end{aligned}
\qquad (式\ 4-44)
$$

其中，$\bar{x}(\lambda)$、$\bar{y}(\lambda)$以及$\bar{z}(\lambda)$均已列入表 4 - 14 中。在色度图中，x、y 的坐标由以下定义确定：

$$
\begin{aligned}
x &\equiv \frac{X}{X+Y+Z} \\
y &\equiv \frac{Y}{X+Y+Z} \\
z &\equiv \frac{Z}{X+Y+Z}
\end{aligned}
\qquad (式\ 4-45)
$$

其中，由于 $x+y+z=1$，因此在图 4 - 37 中不需要第三个笛卡尔坐标系分量(z)。式 4 - 44 和式 4 - 45 表明，由于眼睛对光照的感应，辐射能 $I(\lambda)$至光度能量(即照明

度)间未进行简单转换。$\bar{y}(\lambda)$类似于多光谱传感器的光谱响应 $\xi(\lambda)$，如图 4-3 的插图所示。

图 4-37 上绘制的点 C 是指相同值位置 $x=y=z=0.333$，并且表示“白”光。从点 C 向 a 绘制一条线，详细规定 $I(\lambda)$的三色坐标，表示颜色的纯度。沿着曲线的边缘绘制所述 $I(\lambda)$的主波长，以纳米为单位。色度说明中的主波长和纯度对应于针对颜色的色调和饱和度。L. Condax 所作的油画用作图 4-37 的背景，说明了对色度图的心理感觉。

为了对不同浓度的海洋悬浮颗粒和黄色物质产生的视觉效应进行客观测量，三种黄色物质吸收系数 $a_y=0$、$a_y=0.01$ 和 $a_y=0.05$ 的 $R(\lambda)$ 色度坐标(式 4-11)叠加在图 4-37 上。使用后向散射光 B_p(式 4-16) = 0.025 的百分比以及散射比(仅针对水的粒子) b_p/b_w 分别为 4、8、16、32、64、128、256、512 和 1 024，基于图4-25 中所示的结果进行计算。在每条线的点中，$b_p/b_w=4$ 的值位于左下方，$b_p/b_w=1\,024$ 位于右上方。当 b_p/b_w 或 $a_y(\lambda)$ 增加时，海洋中的主波长也增加，而光谱纯度降低。增加散射光与波长无关的粒子浓度[白色散射；在这些计算中 $b_p/b_w \neq f(\lambda)$]，不会将色度坐标直接移向白点 C，而是将主波长向更长的波长(绿色波长)移动并降低纯度。在光学海洋学中，尽管色度图的价值有限，但光谱、色度以及海洋的实测光学性质之间的确存在定量关系，其中遥感就是一项有益的应用。

4.7.2 海洋反射光谱的变化

图 4-25 以及图 4-37 中的点是基于海水蒙特卡罗模拟的结果，海水仅包含黄色物质。如第 4.2 节所述，在开阔海域，叶绿素 a 及其降解产物(脱镁叶绿素 a)是最常见的生物光学化学物质。遥感的目的不在于解释什么是福莱尔/乌勒水色刻度尺或蒙赛尔色卡，而是对海洋做出定量估算(例如色素浓度)，然后加深我们对水生过程的了解。为此，在图 4-38 中提到了从 81 个光学站观察到的反射光谱，表明光学变化范围。每个反射比均可绘制在色度图上，但更应考虑光谱性质的变化。

在图 4-38 中，反射率是恰好位于海面以下的上行辐照度除以恰好位于海面上的下行光。针对恰好位于海面上的上行辐照度对式 4-11 得出的反射率进行了定义。由于全内反射发生在平坦的海洋上，其中入射角超过了 48.8°($n_w=1.328\,9$；见图 2-18)，恰好位于海面上的辐照度小于恰好位于海面下的辐照度。为了将图 4-38 中绘制的值与恰好位于海面之上的辐照度 (I_u) 进行比较，需要比率 I_u/I_w，其中 I_w 是上行的水下漫射辐照度。回顾(式 2-90)

$$L_u = \frac{L_w \tau(\theta)}{n_w^2}$$

完全漫射[即 $L_w \neq L_w(\theta,\phi)$] 的水下光的辐照度比率 I_u/I_w 为

$$\frac{I_u}{I_w} = \frac{2\pi L_w \int_0^{\pi/2} \tau(\theta)\sin\theta\cos\theta \mathrm{d}\theta}{n_w^2 \pi L_w}$$

或类似式 4-30 的形式：

$$\frac{I_u}{I_w} = \frac{1}{n_w^2}\int_0^{\pi/2}\tau(\theta)\sin 2\theta \mathrm{d}\theta \qquad (式 4-46)$$

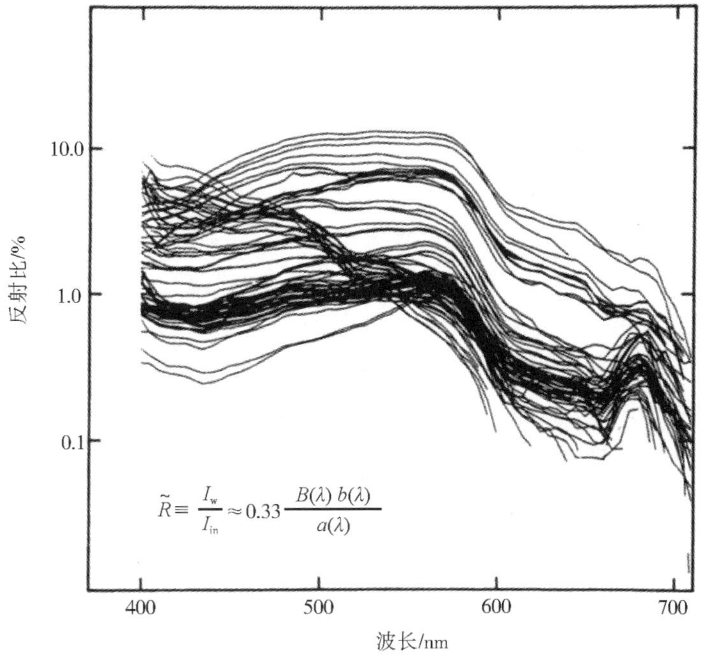

图 4-38　恰好位于海面以下的上行光谱辐照度与恰好位于海面以上的下行光谱辐照度的比率

采用 Morel 和 Prieur 从 81 个光学站观察到的百分比(1977 年)进行表示，获得许可后可重新绘制。

根据 $\tau = 1 - \rho_s$ 得出的 $\tau(\theta)_{w\to\alpha}$ 进行数值求解积分，其中，使用 $\varepsilon/\varepsilon_0 = n_w^{-2} = (4/3)^{-2}$，根据式 2-69 和式 2-70 计算 ρ_s，结果为

$$\frac{I_u}{I_w} = 0.29$$

换句话说，不到 30%的恰好位于海面下的上行辐照度透射通过界面(假设海面平坦，水下辐射场完全漫射)！在了解全球辐射热收支时，这是很重要的结果，并在可见光海洋遥感中具有重要意义。

如图 4-38 所示，辐照度反射曲线与海洋吸收和后向散射的变化有关。为了获得更高的准确度，可以根据这些反射率曲线的变化进行建模

$$\widetilde{R}(\lambda) \equiv \frac{I_w}{I_{in}} = \frac{0.33B(\lambda)b(\lambda)}{a(\lambda)} \qquad (式 4-47)$$

式中，$B(\lambda)b(\lambda)$是后向散射系数，$a(\lambda)$是吸收系数。对于最清洁的水域，其曲线在蓝色(400 nm)处最高，并且以近似单调的方式朝红色(700 nm)减小两个数量级。图4-38 中显示的一个重要特征，在第 4.5 节(参见图 4-25)中并未建模，但是通过遥感光谱仪(图 4-26)观察到的是 685 nm 处反射率增加。685 nm 处的峰值与海水中的高浓度叶绿素+脱镁叶绿素相关，最佳的解释是由荧光而造成。回顾图 4-6 中这些化合物的吸收光谱，在 685 nm 处有一个吸收峰值。Bb/a 的比值在该波长处会降低，除非考虑荧光，否则式 4-47 无法解释该特征。叶绿素和脱镁叶绿素的吸收在

440 nm 处很强烈，因而降低了该波长区域的反射率$\widetilde{R}$，并且在 685 nm 处，荧光造成了色度向红移。荧光并不能完整地解释赤潮，但它有助于人眼中的心理物理色彩反应。

如将在第 4. 8 节所述，尝试对数据集（如图 4 - 38 所示）进行分析可能最好通过特征矢量分析来实现。较简单的方法包括通过两个波长的反射率（例如 443 nm 和 550 nm），以估算色素浓度。两个波长的比例或更加复杂的统计方法（如模式识别）通常非常有用，可以应用于诸如 CZCS（参见表 4 - 2）等仪器，以获取多光谱数据。比值算法中使用的波长不是任意选择的：比值和波长与叶绿素和脱镁叶绿素吸收光谱中的最大值和最小值相关，并且对浓度变化很敏感。

根据两个波长的光谱确定色素浓度意味着光谱中的其他变化被处理为波长的函数。在式 4 - 47 中，如果散射 Bb 无色散，即 $Bb \neq Bb(\lambda)$（参见图 4 - 7），则不能如此处理比率 Bb/a。也就是说，如果颗粒导致后向散射从 $Bb_p(\lambda)$ 增加至 $Bb_p(\lambda)+\Delta Bb_p(\lambda)$，则比率 $\dfrac{Bb_p(\lambda_1)/a(\lambda_1)}{Bb_p(\lambda_2)/a(\lambda_2)}$ 和 $\dfrac{[Bb_p(\lambda_1)+\Delta Bb_p(\lambda_1)]/a(\lambda_1)}{[Bb_p(\lambda_2)+\Delta Bb_p(\lambda_2)]/a(\lambda_2)}$ 不相等。因此，一些误差伴随着波段比值，问题仍然存在。误差是否在可接受范围呢？在海洋中，如果 $Bb(\lambda)$ 增加至 $Bb(\lambda)+\Delta Bb(\lambda)$，那么 $a(\lambda)$ 通常会发生变化，可以将叶绿素 + 脱镁叶绿素的浓度估计在 2 倍误差或以下。

4. 7. 3　定量可见光辐射计的变化

在色素浓度遥感中的 2 倍误差需要考虑辐亮度的所有方面，以便充分确定水下辐亮度。图 4 - 39 总结了以下分量：

$$\left.\begin{array}{ll}\text{海底透射的辐亮度} & -L_u \\ \left.\begin{array}{l}\text{反射的太阳辐亮度}\\ \text{反射的天空辐亮度}\end{array}\right\} & -L_s \\ \text{直接来自天空的辐亮度} & -L^*\end{array}\right\}$$

符号请参见式 4 - 10。注意，图 4 - 39 中的纵坐标是上行辐亮度除以入射的大气顶太阳辐照度（I_{in}），因此，单位为每球面度。图 4 - 39 中的下图的几何结构类似于第 4. 6 节（图4 - 31 和表 4 - 11）中使用的几何结构。计算太阳耀斑的贡献对于检查单位很有价值。图 4 - 39 适用于计算观察者和太阳的平面，因此在镜面反射点处，角 $\beta = 0°$，其中 $\theta_{in} = 57°$。根据表 4 - 12、式 4 - 32 和式 4 - 40，由于 $I_{in} = L_{in}\Omega_{sun}$，从而可以看出，归一化的海面辐亮度方程为

$$\frac{L}{I_{in}} = \frac{Y(z_x, z_y)\sec^4\beta \cdot \rho_s(\theta_{in})}{4\cos\zeta} \qquad \text{（式 4 - 48）}$$

如图 4 - 39 所示，$v_a = 10$ m/s，$\beta = 0°$，$\theta_{in} = 57°$ 以及 $\zeta = 57°$，$L/I_{in} = 1.3 \times 10^{-1}\text{sr}^{-1}$。注意，460 nm 处的太阳（5 900 K），根据普朗克定律算出 $L_{in} = M/\pi = 2.9 \times 10^6\ \text{mW} \cdot \text{cm}^{-2} \cdot \mu\text{m}^{-1} \cdot \text{sr}^{-1}$，以及 $I_{in} = L_{in}\Omega_{sun} = (2.9 \times 10^6) \times (6.0 \times 10^{-5}) = 173.1\ (\text{mW} \cdot \text{cm}^{-2} \cdot \mu\text{m}^{-1})$。因此，在 460 nm 处，从海洋反射的辐亮度为（1. 3 ×

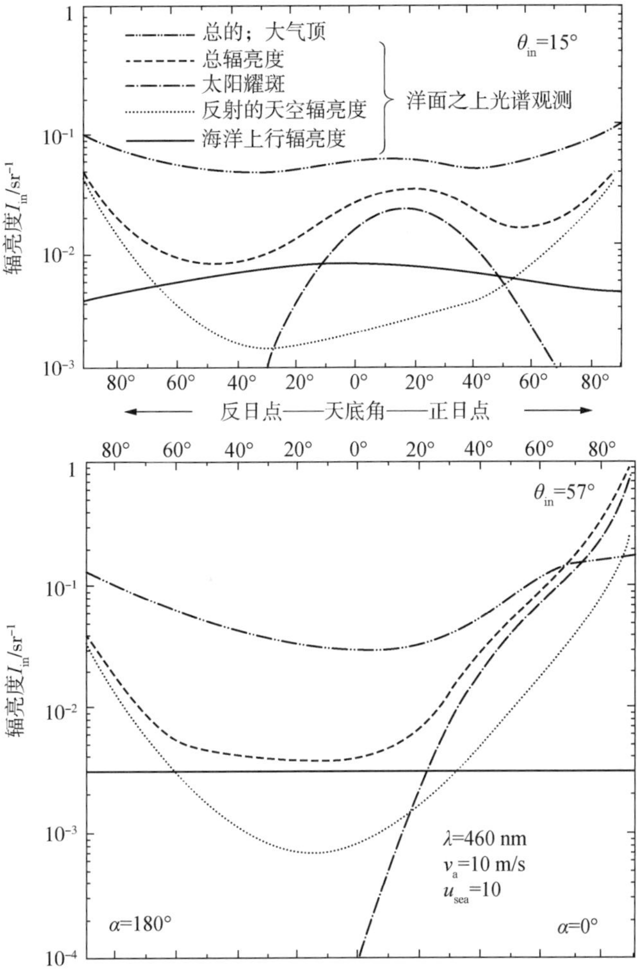

图 4－39　两个太阳天顶角 $\theta_{in}=15^{\circ}$(上图)和 $\theta_{in}=57^{\circ}$(下图)海洋在 460 nm 处上行辐亮度的蒙特卡罗模拟，是天底角的函数(参见图 4－31)

Plass、Kattawar 以及 Grim 之后(1976 年)。

10^{-1})×173.1≈23(mW·cm^{-2}·μm^{-1})。当大约 10 mW·cm^{-2}·μm^{-1}时，通道 1(443 nm)中的 CZCS 传感器饱和，并且从 NIMBUS－7 不能精确测量太阳耀斑。

图 4－39 所示的蒙特卡罗计算比上述例子中的计算更全面，因为 I_{in}在海表面上计算。然而，关键问题是当一个人看太阳耀斑区域时，大气顶辐亮度主要受反射的太阳光影响。通过倾斜扫描镜可以避免 CZCS 上的太阳耀斑问题(图 4－3)。即使在天底角，可避免的太阳耀斑的数量级仍然比海底信号的数量级小，反射的天空光占海面以上归一化辐亮度很大一部分。显然，任何获得水下辐亮度的方法都必须考虑消除反射天空光以及大气程辐射。

测量和理论均证实了单次散射近似不能充分表示大气程辐射 L^*，但是对于水色遥感，单次散射模型仍然有用。考虑图 4－40 中的几何结构，直接散射的大气辐射的

单次散射公式(参见式 4－12)为

$$\frac{1}{c}\frac{\mathrm{d}L}{\mathrm{d}r}=\frac{\omega_0 I_0}{4\pi}\hat{P}\mathrm{e}^{-c|r|} \quad (式 4-49)$$

式中，I_0 是大气顶部的太阳辐照度，$I_0\ \mathrm{e}^{-c|r|}$ 是散射体上由臭氧衰减引起的辐照度，散射体的光学特征为 $\omega_0\hat{P}(\theta)/4\pi$。在该模型中，假定大气散射发生在一块恰好位于海面上方极小的薄板上，因此$I_0\ \mathrm{e}^{-\hat{u}\sec\theta_{\mathrm{in}}}$中列出了散射体 d$V$ 上的入射辐照度 I_{in}(式2－95)，其中臭氧光学厚度 $\hat{u}\equiv cz$ 以及 $z=+r\cos\theta$。用这些符号，式4－49 可写为

$$\cos\theta_{\mathrm{in}}\frac{\mathrm{d}L}{\mathrm{d}\hat{u}}=\frac{\omega_0 I_0}{4\pi}\hat{P}(\theta)\tau(\theta_{\mathrm{in}})=\frac{\omega_0 I_{\mathrm{in}}}{4\pi}\hat{P}(\theta)$$

其中 $\tau(\theta_{\mathrm{in}})\equiv\mathrm{e}^{-\hat{u}\sec\theta_{\mathrm{in}}}$是太阳光子通过臭氧层达到散射体积的概率。该模型中有三个上行辐亮度(图 4－40)。

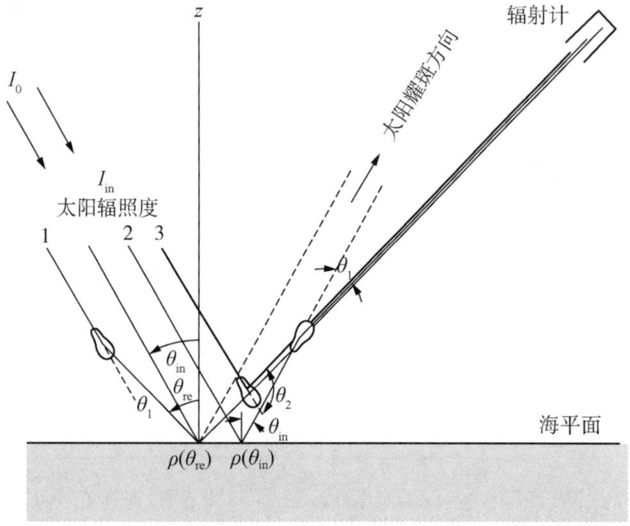

图 4－40　大气的单次散射模型组分(除了来自海底的光子)

光线 1、2 和 3 是指反射前的散射产生的辐亮度 L_1，L_2反射后的散射产生的辐亮度，以及由直接散射产生的辐亮度 L_3。

(1)在被海面反射前先被大气散射的辐亮度：

$$L_1=\frac{\omega_0 I_{\mathrm{in}}}{4\pi\cos\theta_{\mathrm{in}}}\hat{u}\rho(\theta_{\mathrm{re}})\hat{P}(\theta_1) \quad (式 4-50a)$$

(2)海面反射辐亮度，然后被散射至辐射计：

$$L_2=\frac{\omega_0 I_{\mathrm{in}}}{4\pi\cos\theta_{\mathrm{in}}}\hat{u}\rho(\theta_{\mathrm{in}})\hat{P}(\theta_1) \quad (式 4-50b)$$

(3)未被海面反射，直接被大气散射的辐亮度：

$$L_3=\frac{\omega_0 I_{\mathrm{in}}}{4\pi\cos\theta_{\mathrm{in}}}\hat{u}\hat{P}(\theta_2) \quad (式 4-50c)$$

注意，对于极小的 dΩ 辐射计，情况 1 和情况 2 的散射角相同；根据图 4－31 的

命名法，一些几何结构表明了

$$\theta_1 = (h + \zeta - 90^\circ)\cos\alpha$$
$$\theta_2 = (h - \zeta + 90^\circ)\cos\alpha \quad (式 4-51)$$

恰好位于海面上的大气单次散射辐亮度 $L_{sc} = L_1 + L_2 + L_3$ 被光学厚度等于 $\tau(\theta_{re}) = e^{-\hat{u}\sec\theta_{re}}$ 衰减，这样辐射计上的归一化的单次散射辐亮度为

$$N(\lambda) \equiv L_{sc}/[I_0\tau(\theta_{re})\tau(\theta_{in})] = \frac{\omega_0\hat{u}}{4\pi\cos\theta_{in}}\{\hat{P}(\theta_2) + [\rho(\theta_{re}) + \rho(\theta_{in})]\hat{P}(\theta_1)\} \quad (式 4-52)$$

不存在太阳耀斑。在这些表达式中，按将式 4－37a 转化为式 4－37b 的方法，将 $\int e^{-\hat{u}}d\hat{u}$ 写成 $\tau\hat{u}$ 。

对于该单次散射模型，进行大气校正方案的下一阶段为令归一化瑞利和气溶胶辐亮度 $N_R(\lambda)$ 和 $N_A(\lambda)$ 不相关，换言之，即

$$N(\lambda) = N_R(\lambda) + N_A(\lambda) \quad (式 4-53)$$

在第 4.2 节（图 4－12）中，气溶胶相函数是一个与波长无关的近似值，即

$$\hat{p}_A(\theta,\lambda_1) = \hat{p}_A(\theta,\lambda_2)$$

这意味着归一化气溶胶辐亮度 $N_A(\lambda)$ 在波长 λ_1 上对总辐亮度的贡献与其在 λ_2 上对总辐亮度的贡献相关，因此从式 4－52 得

$$N_A(\lambda_2) = N_A(\lambda_1)\cdot\frac{\omega_{0_A}(\lambda_2)}{\omega_{0_A}(\lambda_1)}\cdot\frac{\hat{u}_A(\lambda_2)}{\hat{u}_A(\lambda_1)} \equiv N_A(\lambda_1)\cdot\eta(\lambda_2\lambda_1) \quad (式 4-54)$$

如果式 4－53 是波长 λ_2 的总信号的精确表达，则式 4－54 是将一个波长处（仅有）的大气分量与另一波长的大气和海洋分量（即 λ_1）相关联的关键。换句话说（参见式 4－10），当 CZCS 上 $\lambda_2 = 750$ nm 时，$L_u(\lambda_2) = 0$，联立求解为

$$\begin{cases} N(\lambda_1) = N_R(\lambda_1) + N_A(\lambda_1) + \tau(\theta_{re},\lambda_1)N_u(\lambda_1) \\ N(\lambda_2) = N_R(\lambda_2) + N_A(\lambda_2) \end{cases} \quad (式 4-55)$$

其中，$\lambda_1 = 443$ nm，即提供了一种确定 $N_u(\lambda)$ 的方法，其为恰好位于海面上方的归一化辐亮度。

对于 λ_1 和 λ_2，合并式 4－53 以及式 4－54，能得出基本的 CZCS 大气校正公式：

$$N(\lambda_2) = N_R(\lambda_2) + \eta(\lambda_2\lambda_1)[N(\lambda_1) - N_R(\lambda_1)] \quad (式 4-56)$$

式 4－56 对于单次散射模型是完全正确的，但不适用于大气。瑞利分量 $N_R(\lambda_1)$ 和 $N_R(\lambda_2)$ 可以通过蒙特卡罗方法精确计算，气溶胶组分 $N_A(\lambda_1)$ 和 $N_A(\lambda_2)$ 也是如此。那么式 4－56 的形式有用、准确吗？在表 4－15 中，考虑所有的散射量级，采用式 4－56以及蒙特卡罗法对计算的百分比误差进行了比较。当太阳处于天顶（$\theta_{in} = 0^\circ$），或航天器近天底角（$\theta_{re} = 7.4^\circ$）时会出现最大的误差，因为处于太阳耀斑区域（参见图 4－39），那么应避免从这些角度进行观察。表 4－15 中的虚线是指通过倾斜 CZCS 镜（几乎 ±20°）可以避开太阳耀斑，继而可以避免的误差。可以看出，使用式 4－56 的

误差小于5%。因此，就为了取得准确的近似值而言，单次散射公式为有用的大气校正技术。

将式4-55与式4-54结合起来，有

$$\tau_a(\theta_{re},\lambda_1)N_u(\lambda_1) = N(\lambda_1) - N_R(\lambda_1) - \frac{N(\lambda_2) - N_R(\lambda_2)}{\eta(\lambda_2\lambda_1)}$$

式中，τ_a是通过大气的上行海洋辐亮度的透射率。上述表达式可以用乘以臭氧衰减因子 $I_0(\lambda_1)\tau(\theta_{re},\lambda_1)\tau(\theta_{in},\lambda_1)$后的实际辐亮度来表示：

$$w_a(\theta_{re},\lambda_1)L_u(\lambda_1) = L(\lambda_1) - L_R(\lambda_1) - \frac{\hat{K}(\lambda_1\lambda_2)}{\eta(\lambda_2\lambda_1)}[L(\lambda_2) - L_R(\lambda_2)]$$

（式4－57）

式中，$\hat{K}(\lambda_1\lambda_2) \equiv [I_0(\lambda_1)\tau(\theta_{re},\lambda_1)\tau(\theta_{in},\lambda_1)]/[I_0(\lambda_2)\tau(\theta_{re},\lambda_2)\tau(\theta_{in},\lambda_2)]$。请注意，$\hat{K}(\lambda_1\lambda_2)$以及对瑞利辐亮度$L_R(\lambda)$的任何计算均取决于$I_0(\lambda)$，因此在这些计算中有关太阳常数的知识很重要。

表4－15　使用式4－56产生的百分比误差

$\hat{u}_{A_1}(\lambda_1 = 443)$	η(443，750)	θ_{re}	θ_{in}		
			0°	21°	46°
0.2	1	7.4	8.85	3.00	–0.10
0.2	1	17.1	4.18	1.80	–0.28
0.2	1	26.8	1.92	0.63	–0.50
0.4	2	7.4	20.60	5.90	–1.63
0.4	2	17.1	10.50	3.00	–2.03
0.4	2	26.8	3.20	0.04	–2.41
0.6	3	7.4	33.40	9.20	–2.51
0.6	3	17.1	16.80	4.40	–2.94
0.6	3	26.8	4.90	–0.13	–3.36

其中，$\hat{u}_R$(750 nm) = 0.2，采用了图4－40中的几何结构（由Gordon、Mueller和Wrigley于1980年得出）。

4.7.4　大气校正的CZCS图像

去除可见光波段处的大气信号比红外波长更复杂，同时测量大气的光学性质需要确定$\eta(\lambda_2\lambda_1)$以及$\tau_a(\theta_{re},\lambda_1)$。这些测量不能用于每个像素，所以剩下的问题是可以对整个图像使用一个或几个测量值吗？或者，能否在图像中将$\eta(\lambda_2\lambda_1)$设置成常数或至少为有用的常数？$\eta(\lambda_2\lambda_1)$是气溶胶散射反射率ω_{0_A}以及气溶胶光学厚度$\hat{u}_A$的比率。由于气溶胶相函数$\hat{P}_A$与波长无关，所以较为合理的是在图像中，估计$\eta(\lambda_2\lambda_1)$中的比率几乎是常数。虽然ω_{0_A}和$\hat{u}_A$在图像上不同，但两个波长（即λ_1 = 443 nm，λ_2 = 750 nm）的比例的期望值不会变化。

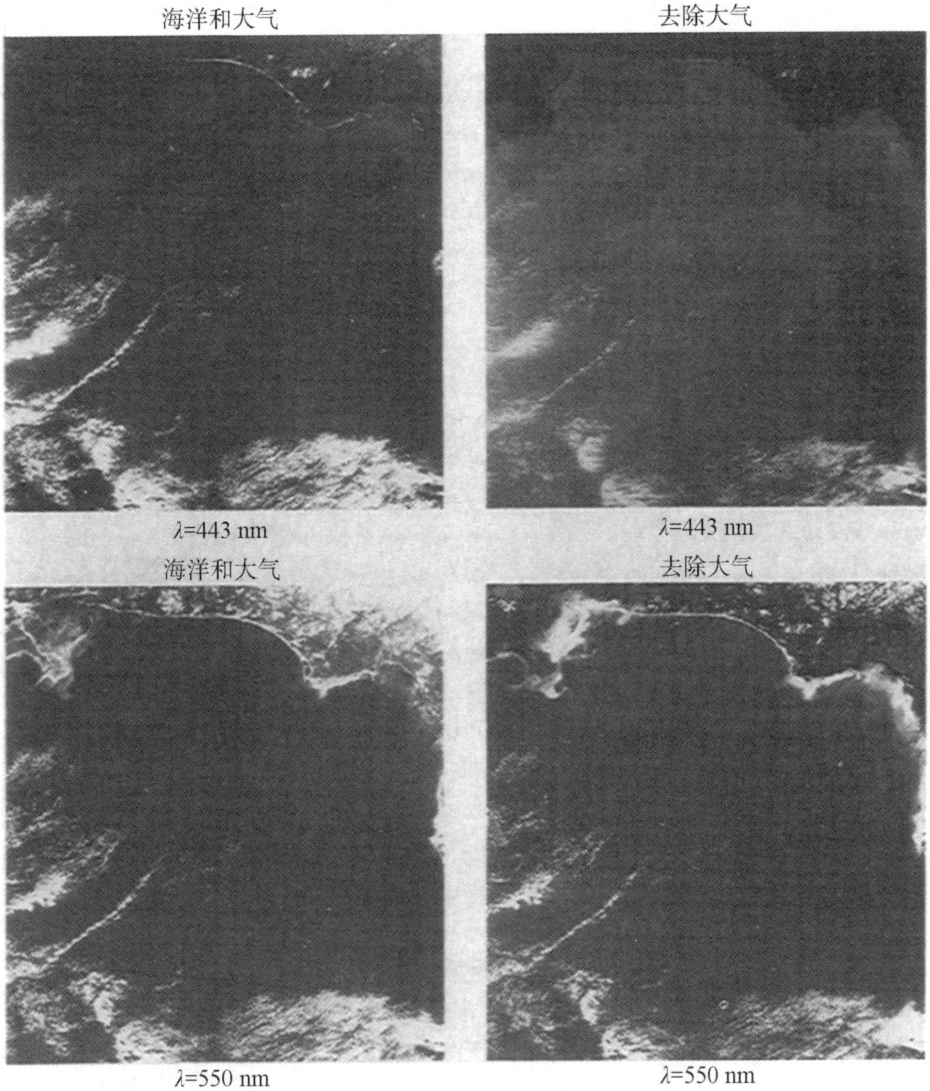

图 4－41　对于通道 1($\lambda=443$ nm)和通道 3($\lambda=550$ nm)的未校正和已校正的 CZCS 图像

使用式 4－57 可以消除左图所示的大气影响，如右图所示。显示的区域如图 4－42 所示(由 Gordon、Mueller 以及 Wrigley 进行；1980 年)。

除去大气影响前后的 CZCS 图像的图示如图 4－41 所示。对于图 4－41 所示的图像，项 $\eta(\lambda_2\lambda_1)$ 保持不变；还可以看出，去除左图中的大气影响后的效果。η 为常数是一个好的近似值。因为辐射敏感度较低，所以未使用通道 5($\lambda=750$ nm)，而使用了 CZCS 通道 4($\lambda=670$ nm)。虽然 750 nm 是比 670 nm 更理想的波长(因为 L_w更接近于 0)，但 670 nm 是一种可行的替代方案，除了近海区域，这是因为悬浮沉积物的后向散射导致 $L_w(670)\neq0$。显而易见的是，图中所示的图像处理需要专门的计算机和显示终端来进行节省成本的数据分析。

校正通道 1 与校正通道 3 的比值 $[\tau_a(443)L_u(443)]/[\tau_a(550)L_u(550)]$ 应与图

4-41 所示场景中的叶绿素+脱镁叶绿素变化成比例。位于左上角的密西西比河三角洲的沿海地区，以及右下方的佛罗里达群岛附近区域均以黑色显示。云彩为典型的积云带，主要存在底部和左侧边缘。对图像进行处理，使得该比率的较低值为灰色的较深色调，因此黑色表示较高的福莱尔值或较绿的海水。参照图 4-38，$\widetilde{R}(443)/\widetilde{R}(550)$的比值越低，叶绿素+脱镁叶绿素的浓度则越高。如图 4-36 所示，当野外采样不足时，在研究图 4-42 时，结果受到海水非均匀光学性质的影响。沿海地区的高分辨率红外图像也显示出与图 4-42 相似的复杂图案，尽管进行详细比较时不完全一致。不幸的是，由于实测数据不足，因此不能解释所有细节，但某些结论是正确的。

图 4-42 图 4-41 右侧两图的比值，显示的是 1978 年 11 月 2 日墨西哥湾东部较深的色调与叶绿素+脱镁叶绿素的较高值成比例

由 Gordon、Mueller 以及 Wrigley 得出(1980 年)。

在图 4-42 底部，弧形特征与海湾洋流所处的大致位置相同，通过 GOES 红外图像进行同步定位(参见图 3-33)。在调查船上，对连续的流量荧光计进行了观察，这证实了通常体外荧光增加意味着沿墨西哥湾流的大陆边缘叶绿素+脱镁叶绿素也增加。黑暗的弧形带被合理地解释为此区域中叶绿素+脱镁叶绿素已增加，与环流本身的贫营养水(淡色调)共同存在。根据船舶 XBT 观测的其他数据表明，直径为几百公里的反气旋涡流与图 4－42 成像前 2 个月的主要洋流分离，并在密西西比河三角洲以西漂移。其在环流以北的水域出现，随后成为非均匀的混合水，形式为较小的剥离涡流以及剩下的墨西哥湾水域海水。

在图 4－42 中，另一个显著特征为叶绿素＋脱镁叶绿素沿着与大陆架边缘(佛罗里达州外，等深线约 100 米深)线急剧增加(较暗的色调)。众所周知，大陆架区域比大多数深水区生产力高。沿着大陆架边缘的水域交换如图 4－42 所示，为小型的涡流、射流以及其他形式的湍流扩散的过程。卫星图像(如此类显示)的流场分布几乎不会支持线性动力学的观点。

必须认真观察密西西比河三角洲附近的悬浮泥沙分布以及佛罗里达州圣布拉斯角以东的沉积物。如前所述，式 4－57 意味着两个波长之中的任意一个波长处，海底的辐亮度可以忽略不计。这个在非常接近海岸的区域以及接近源头的漂浮羽状流不成立。在图 4－42 中，其他重要的问题涉及云层和陆地附近出现大气散射的概率增加。特别是陆地反射比高度依赖于波长，并且在白沙滩附近变化很大，例如盐沼区域就与发达城市不同。即使在另一台仪器上使用波长较长的 λ_2 通道，对于解译者而言，仍然存在一个重要的问题：在解译中忽略了哪些光谱依赖因子?

考虑到这一点，将不会进行有关水色遥感的讨论。对于在间距较大的地点进行采样的生物海洋学家来说，图 4－42 所示的变化可用于外插数据并解释某些物种混合物。物理学家将叶绿素＋脱镁叶绿素图像与流体动力实验控制模型的图像进行比较，为海洋环流的真实性质提供新的见解。对于每个艺术家，壮观的变化图像证明了我们所居住的星球的奇妙和复杂性。

4.8　摄影

在海洋遥感中，摄影很大程度上被电光学扫描仪的多光谱图像所取代。这种变革并不是强调摄影的用处，而是反映了在轨数据的实时传送以及计算机数据处理技术在海洋学和气象学中的优势。D. S. Ross、H. C. Cameron 以及 F. C. Polcyn 等科学家在早期调查中详细记录了摄影的优缺点，并且进一步强调了成像仪。航空摄影通常用于绘制海岸图、进行侦察和监视，并在将来继续使用；民用航天器摄影似乎主要限于监视特定目标，如图 1－22 所示。

胶片响应限于可见光和近(反射)红外波长，在 300 nm 至 1 μm 范围。对于较短的波长，例如 X 射线，辐射可以穿透摄像机机身并曝光。相反，若是更长的 IR 波长，摄像机机身和胶片本身就是辐射源，并且感光乳液会自动曝光。摄像机能够工作是因为它们占据了“辐射位置”，并在不断发展。但不应该延伸这些功能：与任何仪器技术一样，摄影能够成功是因为它被应用在特定的范围内。

4.8.1　用于航天器的摄像机和胶片

用于遥感的摄像机各不相同，每个摄像机都用于特定的目的。在载人航天飞行中使用的是手持摄像机，如阿波罗、双子座和水星，均与任何商业用 35 mm 或 70 mm 摄像机不存在太大差别，只是这些摄像机需要手动操作。同样地，美国天空实验室所用的测绘摄像机与 23 mm 或 18 mm 航空测量摄影机并非完全不同。也许在海洋遥感中讨论摄影的最佳方法是考虑增加一个多光谱直立式摄像机，如图 4－43 所示。CZCS(图 4－3)使用分束器和衍射光栅将辐射分散至期望的波长；图 4－43 中的摄像机使用了 6 个透镜、滤镜以及胶片来得到波谱带。

图 4－43 是 1973 年和 1974 年搭载在美国天空实验室上的 S190A 多光谱摄像机的照片，摄像机重达 57 kg。该设备实际上是 6 个 70 mm 摄影制图质量摄像机，使用了 152 mm 焦距和 f：2.8 透镜，快门同步至 0.4 毫秒。每侧垂直拍摄的区域均距 435 km 长的美国天空实验室轨道 150 km，地面分辨率为 20～110 m 不等，取决于所使用的胶片/滤光片组合(参见表 4－1)。透镜相互对准在 1 弧分以内，所有的光谱波段宽度均记录为小于 12 μm。由于其快门的精确性和精密度、图像平面辐照度的均匀性以及滤波带通形状，S190A 提供了可复制的相对光谱辐射数据。这项功能与以前的多光谱摄像机相比大有改进。

S190A 已就旋转进行了编程，以补偿航天器在曝光期间的前向运动。摄像机的旋转速度为 10～30 mrad/s，可以单独或连续地拍摄照片，以进行立体观测。立体观测是指同时观看多维照片，从中可以收集三维信息。从美国天空实验室的直立式观测中，实现了照片间多达 60%的跟踪重叠。

表 4－1 还列出了 S190A 的某些分辨率估算。照片说明中的分辨率由被称为调制传输函数(MTF)的变量确定，其是空间频率或波数(κ)的函数。考虑存在正弦目标的场景，其中可以将辐亮度 $L(x)$描述为

$$L(x) = L_B + L_0\cos(2\pi\kappa x)$$

式中，L_B是指恒定背景辐亮度，L_0 为物体辐亮度变化的幅度，而 x 是指 $\boldsymbol{u}_x$ 方向上的水平量纲。物体的调幅度 $M_0(\kappa)$由下式给出：

$$M_0(\kappa) \equiv \frac{L_0}{L_B} \qquad (式 4-58)$$

现在，如果测量曝光胶片上透镜/滤光器/膜的物体照片调幅度 $M_p(\kappa)$，则调制传递函数被定义为

$$\mathrm{MTF}(\kappa) \equiv \frac{M_p(\kappa)}{M_0(\kappa)} \qquad (式 4-59)$$

通过 κ 值的变化，特定系统的调制传递函数可能会从小波数(长波长)目标的 1 变化到大波数目标的 0。要确定每毫米超过 100 个周期的空间频率的 MTF，其主要困难是准备良好的正弦目标。

图像中的分辨率可以定义为以乳剂记录精细细节的能力，并且通常表示为照片中可识别出的每毫米最大线数。如果拍摄的对象是正弦曲线，则可以使用调制传递函数来确定分辨率；正弦曲线 MTF 的截止频率是特定透镜/滤光器/胶片组合的分辨能力。当 MTF 用于其他物体时，必须分成各种波数，然后将分振幅乘以每个对应波数

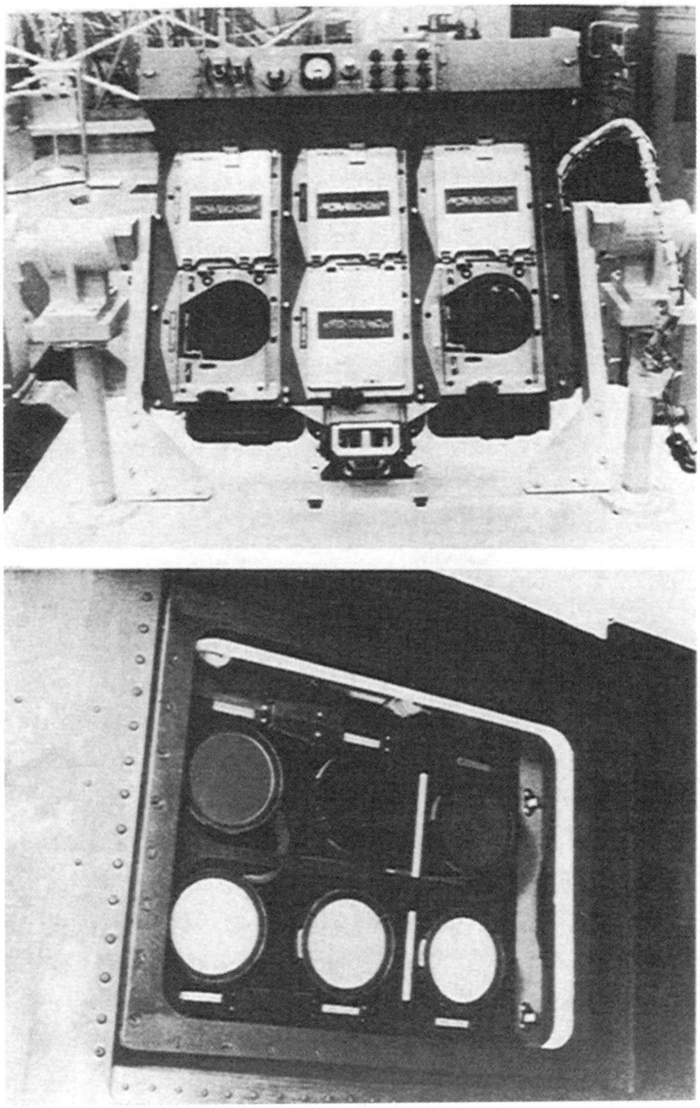

图 4－43　搭载在美国天空实验室上的六波段相机(实验用 S190A)

4 个全色波段每个以 ± 50 nm 带宽运行，并且以 550 nm、650 nm、750 nm 和 850 nm 为中心，彩色红外(500～900 nm)和彩色胶片(400～700 nm)是一种补充。图片由美国航空航天局提供。色彩还原见图 3－44。

的 MTF，并且变换修改的空间频谱以获得所摄对象的图像。另一种说法是物体的傅里叶变换与 MTF 进行卷积，并检查逆变换以确定物体是否已被解析。表 4-1 列出的分辨率是采用以上过程估算的。需注意的是，胶片类型是 S190A 中改变分辨率的主要变量。

目前已开发了许多胶片乳剂，美国天空实验室 S190A 设备使用其中 4 种以实现表 4-1 中规定的光谱分辨率；这类详情列在表 4-16 中。EK-2424 和 SO-022 与滤光器共同使用以达到所需中心波长处 100 nm 光谱分辨率。图 4-44 显示了如何组合胶片/滤光器响应以实现 0.6～0.7 μm 窗口的示例。图 4-44 中的纵坐标为变量，被称作照相灵敏度（S_p），定义是产生高于灰雾底片黑度 $D_p = 1.0$ 所需的摄影曝光 E_p 的倒数，其中

$$E_p \equiv I \cdot t \qquad \text{（式 4-60）}$$

和

$$D_p \equiv -\log_{10} \tau \qquad \text{（式 4-61）}$$

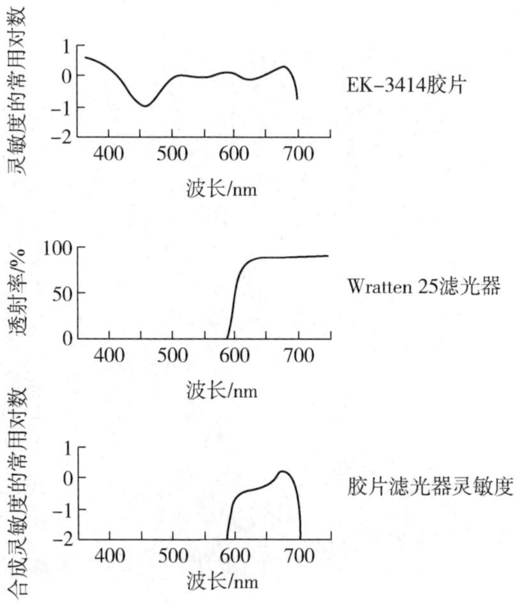

图 4-44　胶片/滤波器组合的效果示例

使用 EK-3414 胶片和 Wratten 25 滤波器导致入射辐亮度产生窄频带（600～700 nm）光谱响应。EK-3414 用于美国天空实验室的 S190R 地形测绘相机。

表 4 - 16　美国天空实验室 S190A 的胶片规格

站号	类型	说明	波长
1 和 2	EK - 2424	黑白红外	0.7～0.9 μm
3	EK - 2443	彩色红外	0.5～0.9 μm
4	SO - 256	彩色	0.4～0.7 μm
5 和 6	SO - 022	黑白可见	0.5～0.7 μm

I 是以 erg/cm^2(10^7erg = 1 W)为单位的辐照度，t 是以 s 为单位的时间，τ 代表透射率。灵敏度属于入射辐射能量必须考虑的，用以将膜透射率从(本质上)0 改变为 0.1。从图中可看出 EK - 3414 胶片(图 4 - 44 的上图)的灵敏度相当均匀，直到 700 nm 出现急剧减少的情况，这属于许多黑白可见胶片拥有的特征。Wratten 25 滤波器(中间面板)在约 600 nm 处产生切口，并且在 750 nm 之外的某处截止。将EK - 3414 和 Wratten 25 组合使用产生以 650 nm 为中心的 100 nm 宽的带通；从数学方面而言，在底部面板中显示的结果是两个上部光谱响应的乘积。

式 4 - 60 和式 4 - 61 定义了胶片的重要特性。摄影师通常在纵坐标上绘制密度，在横坐标上绘制曝光的常用对数，并确定一条被称为“$D - \log_{10} E$”的曲线(图 4 - 45)。通常，密度随着曝光量的增加而递增，并且在特定范围内斜率呈线性递增。$D_p - \log_{10} E_p$曲线的线性部分被称为胶片 γ 值，并定义为

$$\gamma_p \equiv \frac{dD_p}{d\log_{10} E_p} \qquad (式 4 - 62)$$

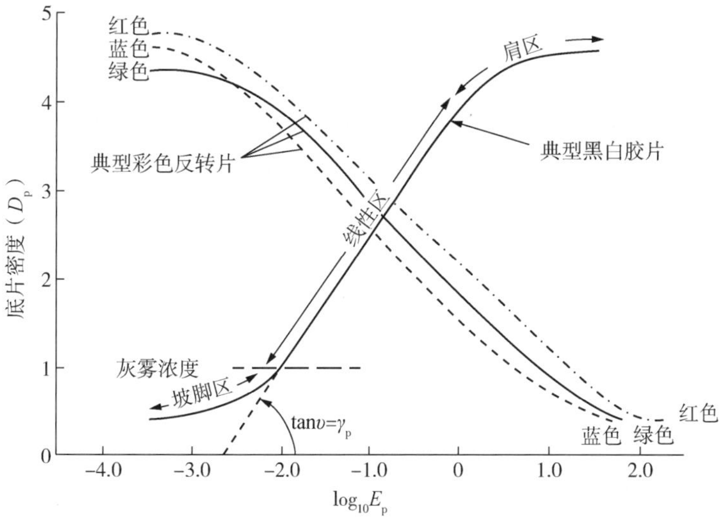

图 4 - 45　彩色反转和黑白胶片“$D - \log_{10} E$”特征曲线

式 4 - 60 和式 4 - 61 定义曝光和密度；式 4 - 62 定义 γ 值。灰雾水平由显影剂未曝光颗粒化学还原决定。

大多数航空摄影胶片的 γ 值都位于数值 2 左右。胶片响应的线性部分举足轻重，因为它处于 $D_P - \log_{10} E_p$ 范围内，密度测量值与绝对能量单位相关系数为 γ_p。这种关系的存在对于遥感中多光谱摄影的定量使用是十分必要的。

黑白胶片在聚酯基底上具有单一胶片乳剂并对应单一 γ 值。彩色胶片有三种乳剂，称之为 tripact 乳剂，每种都有对应的 $D_p - \log_{10} E_p$ 曲线以及 γ 值。用于正透明胶片的可见彩色胶片具有一个蓝色感光层，一个绿色感光层和一个红色感光层，可分别形成黄色、品红色(深紫红色)和青色(绿蓝色)染料。这些感光层吸收它们各自的颜色，与 1861 年麦克斯韦和萨顿在皇家学会(第 1.2 节)中使用的加色法经典演示相比，这些胶片由减色法制成。用于负型成形黑白胶片的 $D_p - \log_{10} E_p$ 曲线具有典型正 γ 值，彩色反转片(正透明片)具有负 γ 值，即增加曝光导致色密度的降低。

彩色胶片定义了两种重要类型的密度：积分谱密度和分析谱密度。积分谱密度通过实际胶片乳剂在对应三种染料的最大吸收波长透明度进行测量而确定，通过使用窄带干扰滤光器和光密度计完成测量；分析谱密度是每种染料在最大吸收波长下染料层产生的密度，通常由胶片制造商进行直接测量。将积分谱密度转换为分析谱密度的方法是可用的，但是许多海洋遥感应用会使用积分谱密度，因为它可以通过低成本的光密度计进行直接测量。

S190A 胶片类型的短清单(表 4－16)表明有几十种航空胶片可用。红外片 EK－2424 和 EK－2443 对约 900 nm 内的物体敏感并响应太阳能反射出的红外辐射。反射红外的重要性可以通过同时对 300 K 地球和 6 000 K 太阳解普朗克定律来说明：

$$(5.98 \times 10^{-5})(e^{c_2/300\lambda} - 1) = e^{c_2/6\,000\lambda} - 1$$

由此产生波长 $\lambda \approx 5.2\ \mu m$。

当 $\lambda < 5.2\ \mu m$ 时，反射的太阳红外辐射超过发射的地表辐射，因此红外航空胶片只对阳光有响应。

彩色红外胶片非常类似于可见彩色胶片的 tripack 乳剂，除了“蓝色”感光层可响应 500～600 nm 的光照，“绿色”感光层可响应 600～700 nm 的光照，“红色”感光层可响应 700～900 nm 的光照外。强烈反射 700～900 nm 辐射的物体在彩色红外胶片上呈现红色。健康的绿色植被呈现出红色，而假的健康的绿色植被(如军事设备)的物体呈现蓝绿色(因此最早使用红外胶片)。对健康绿色植被的响应在土地和农业遥感中有明显应用，但在海洋学中，只有在水面上或位于水面上方的植物才能反射出足够能量，使红外胶片在 700～900 nm 处仍能检测到。此外，最大水体穿透深度在小于 500 nm 的波长处，因此红外胶片具有比可见彩色胶片更少的底部反射信息；相反，它们较少受大气瑞利散射的影响，尤其对于陆－海边界而言，经常能提供更好的对比度。

4.8.2 多光谱摄影

为了举例说明上述讨论，以 6 个 S190A 空中摄影站拍摄的佛罗里达海峡的图片为例，其中北部的基韦斯特和南部古巴海岸的一部分，如图 4－46 所示。图 4－46 的讨论最好从④的可见彩色照片开始。佛罗里达群岛的浅水域显示在左上角；最西端的

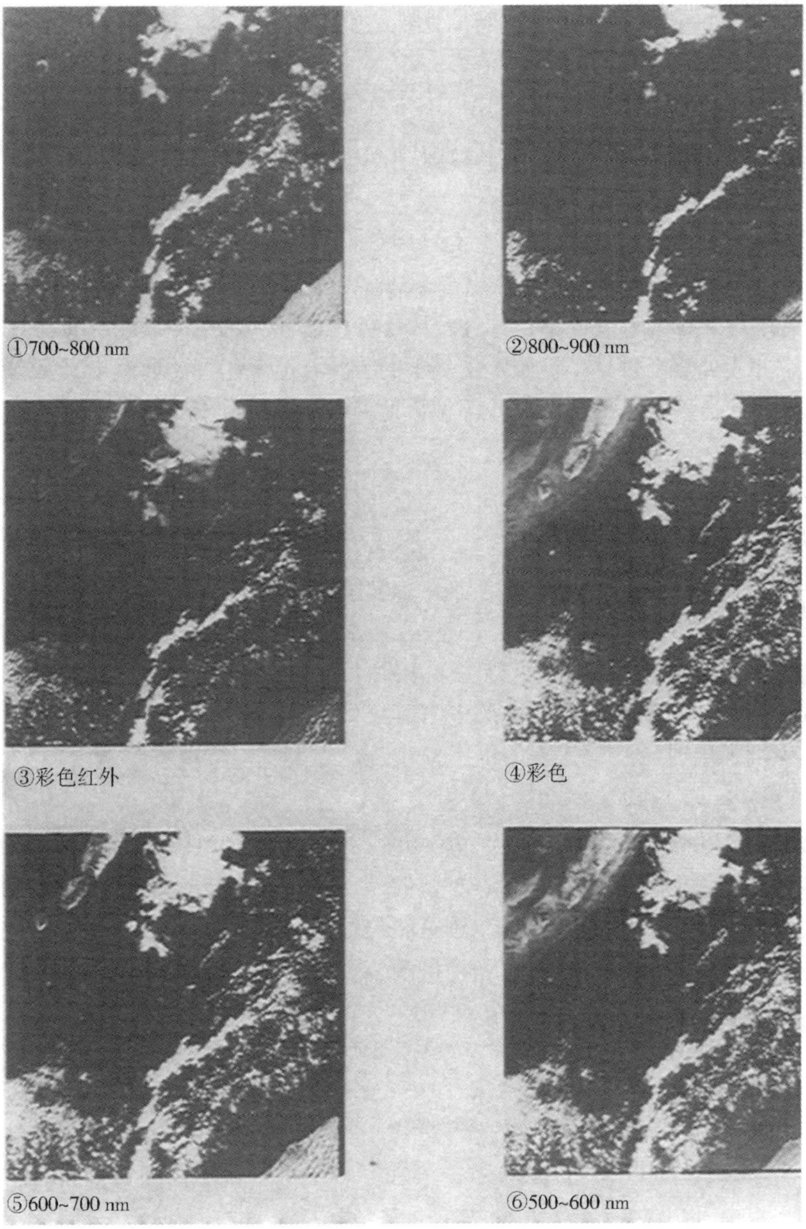

图 4－46　天空实验室摄影设备拍摄的佛罗里达海峡同步照片

每张图下面给出了摄影站号和胶片/滤光器光谱响应或名字。1974 年 1 月 8 日观察情况。色彩还原见图 3－45。

岛屿是马贵斯群岛，其在 17 世纪和 18 世纪时是臭名昭著的海盗避风港。右下角是古巴哈瓦那附近的海滩。与佛罗里达当前大陆边缘的照片位置一致的研究船只轨迹线位于基韦斯特和哈瓦那之间的中点，恰好在覆盖海峡南半部的积云带下面。古巴海岸近海的海水比主要的海流更加明亮，几乎不可辨别的分界线可能是水流的反气旋水平剪切边缘。在海峡的佛罗里达州一侧，从海峡到古巴海岸途中，赤潮明显已蔓延超过了 20%。东西向末端可看见外部礁石线，一直延伸到赤潮下方。人们认为通过群岛的净流量为向南流，且赤潮里可能充满了来自佛罗里达湾的 $CaCO_3$ 悬浮沉积物。

图 4－46 中的③是拍摄的同步彩色红外照片。由于近红外区健康植被的反射比比可见光波段处的反射比大 2 或 3 倍，因此古巴部分地区和马贵斯群岛的东北新月地带呈粉红色。云层外表类似于可见彩色照片中呈现的状况，但海洋特征显然未见突出。佛罗里达湾的赤潮羽状流不太明显，古巴北部初步发现的赤潮水也不明显。彩色红外照片中底地形的变化也不如可见彩色照片明显，这是由海洋在更长波长处吸收了更多太阳光而导致的(见图 4－4)。一般来说，除了在水域上没有红色表明海表面缺乏含叶绿素的生物体，这种彩色红外摄影的例子在海洋遥感中的使用日益减少。

图 4－46 上的①和②分别给出了波长 700～800 nm 和 800～900 nm 处的黑白红外照片示例。除了较好的定义了海陆边界以外，这些照片很难提供海洋信息。然而需注意的是，云层特征与大海在 800～900 nm 处波段形成强烈对比，云层与陆地的对比也十分鲜明。②中的数据在海洋遥感中有突出价值，因为它们可以用作掩模来识别海洋区域。识别云层或无陆地像素的能力对于任何定量工作[如海面温度(第 3.6 节)或海洋水色(第 4.7 节)的遥感应用]至关重要。

同反射红外相比，⑤(600～700 nm)和⑥(500～600 nm)的可见光照片显示了更多有关水体和水深的信息。古巴沿岸水域的亮带在橙红色波长处比在黄绿色波长处更明显，而来自佛罗里达湾的羽状流在较短波长处更容易辨别。大多数底地形信息来自较短波长，并且⑤拍摄到的陆地比⑥拍摄的辐亮度更高。另外，由于⑤的瑞利大气散射比⑥小，因此能提供更好的对比度 C，将其定义为

$$C \equiv \frac{L_0 - L_B}{L_0 + L_B} \qquad (式 4-63)$$

使用式 4－58 中的符号，则佛罗里达湾羽状流(L_0)和佛罗里达海峡小域(L_B)的对比度在⑥中大于 0 且小于⑤中的数值，在①和②中为 0。同样，随着胶片/滤光器组合的波长增加，$L_B \to 0$，云(L_0)和水(L_B)之间的对比度接近单一最大值。完全黑色的目标($L_0 = 0$)呈负对比，并且无法与和背景难以区分的物体进行对比。

4.8.3 特征矢量分析

正如人们所指出的，摄影在海洋遥感中的地位不如光电扫描技术重要。甚至 H. L. 卡梅伦提出的通过摄影测量手段(见图 1－3)测量表面流的想法都能通过微波技术更准确有效地完成。但当人们对低技术、低成本的考虑超过其他因素时，摄影仍然有一定的优势。这类示例被选择用以说明摄影的定量应用，它使用彩色胶片作为简化的

光谱辐射计。

光谱仪测量的辐射能量是波长的函数，如图 4－26 和图 4－38 所示。彩色胶片仅含三个染料层，因此，只能用光密度计测量三个积分谱密度。事实上，如果使用光密度计来确定海洋藻类彩色照片的光谱，且与相同藻类的吸收光谱进行比较，则曲线差异较大。图 4－47 中给出了该类示例，其将胶片图像的光谱密度与吸收光谱进行比较；后者是化学海洋学家确定的叶绿素和脱镁叶绿素浓度产生的吸收光谱。现在的任务是将三个积分谱密度与吸收光谱的特征矢量建立关联。

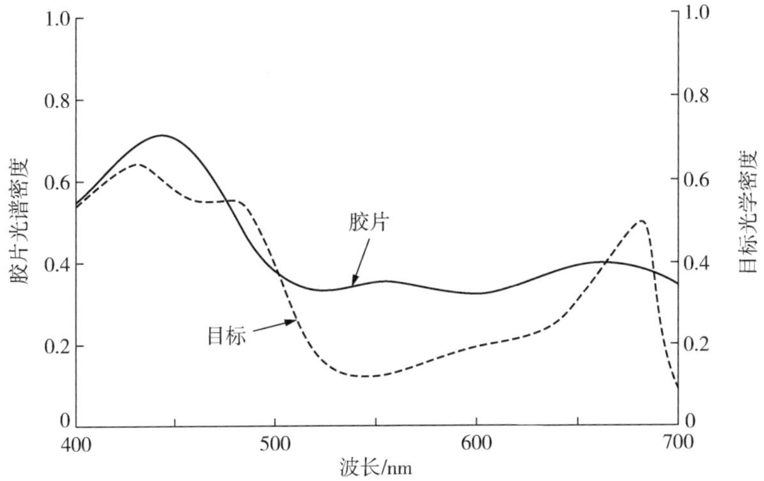

图 4－47　将吸收光谱与同一目标光谱的颜色透明度进行比较

该胶片响应在曝光期间形成的黄色、品红色和青色染料的分析密度。改编自 L. E. DeMarsh（1969 年）。

特征值分析（或特征矢量分析，也称为主成分分析）属于一种数值技术，能够将大数据集减少为包含大部分原始数据信息的较小参数量。如果只有三个参数充分包含该信息，且参数与三个积分谱密度相关，则彩色胶片本身可以用于原始数据集重建。这类操作允许将彩色图片、多光谱图片、多光谱扫描仪用作简化的光谱仪，在此过程中，需要将测量结果与图片光谱相关联。例如，如果已经观测了各种海洋藻类的许多吸收光谱并同时拍摄彩色照片，则特征矢量问题是将光谱和积分谱密度相关联；如果能够发现这样的联系，则摄影可以用于识别藻类物种。

考虑 r 个波长（λ）的光谱响应数据 $z(\lambda)$ 和观测的 n 组光谱。数据集形成光谱 $z_i(\lambda)$ 的 $n\times r$ 矩阵 $\underset{\sim}{P}$。如果已确定 r 个波长每个波长的平均值，则能够测定 r 元素平均响应行矢量 $\bar{z}(\lambda)$（一维阵列被称为矢量，二维阵列是矩阵，三维阵列是张量）。协方差矩阵 Σ 由 $n\times r$ 矩阵 $\underset{\sim}{P}$ 和其转置 $\underset{\sim}{P}^{\mathrm{T}}$ 相乘得

$$(n-1)\Sigma = \underset{\sim}{P}^{\mathrm{T}}\underset{\sim}{P}$$

其中 $\underset{\sim}{P}$ 被称为平均校正数据矩阵，可从通过原始矩阵减去每行的均值 $\bar{z}(\lambda)$ 得到。由行列式的特征根可得相对应的协方差矩阵的特征矢量：

$$\left|\Sigma - \underset{\sim}{L}\underset{\sim}{I}\right| = 0$$

其中$\underset{\sim}{I}$为$r\times r$单位矩阵，同时$\underset{\sim}{L}$为特征根的$r\times r$对角矩阵。特征矢量$V_1(\lambda)$与矩阵$\underset{\sim}{P}^{\mathrm{T}}\underset{\sim}{P}$最大根$\underset{\sim}{L}_1$相对应，这是发生变化的主要原因。在确定三个特征矢量(该彩色胶片示例)V_1，V_2和V_3之后，可从特征矢量式里重建初始响应矢量$z_i(\lambda)$，其中α_{ji}是将每个特征矢量在最小二乘意义上与初始响应矢量相关联的标量倍数：

$$\bar{z}_i(\lambda)=\bar{z}(\lambda)+\alpha_{1i}V_1(\lambda)+\alpha_{2i}V_2(\lambda)+\alpha_{3i}V_3(\lambda) \qquad (式 4-64)$$

通过式4-64，构成初始数据的n个响应矢量已经被简化为平均响应矢量$\bar{z}(\lambda)$加上与所有n个响应矢量相关的三个特征矢量$V_j(\lambda)$与三个标量乘积。

图4-48列举了一个平均响应曲线$\bar{z}(\lambda)$和一组海洋藻类拥有的三个特征矢量$V_j(\lambda)$的例子。在该示例中，式4-64在n个初始响应矢量中引起超过98%的方差。因此，如果发现α_{ji}和从彩色胶片中测量的积分谱密度之间存在良好的相关性，则式4-64在遥感应用中可用。也就是说，是否存在这样的转换过程：

$$\begin{bmatrix}\alpha_{1i}\\ \alpha_{2i}\\ \alpha_{3i}\end{bmatrix}=f\begin{bmatrix}R_i\\ G_i\\ B_i\end{bmatrix} \qquad (式 4-65)$$

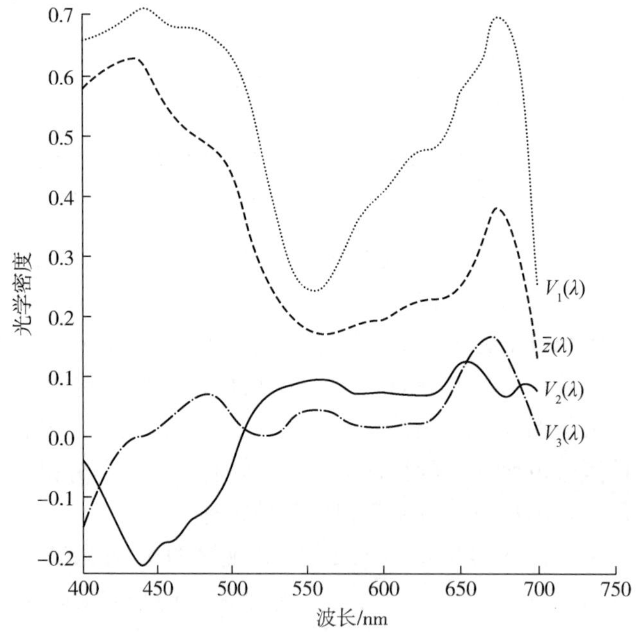

图4-48 海洋藻类样品的n个吸收光谱的平均响应矢量$\bar{z}(\lambda)$和三个特征矢量图示

n个单独的响应矢量中每个矢量$z_i(\lambda)$是$\bar{z}(\lambda)$和三个(正交)矢量$V_j(\lambda)$中各自倍数的线性组合。根据Baig和Yentsch的数据(1969年)绘制。

使得其中R_i，G_i和B_i代表红色(R)，绿色(G)和蓝色(B)层的胶片曝光？式4-65的实现存在一定的困难，最普遍的是两个样本具有不同的响应矢量，但是具有相同的胶片曝光的情况。如果存在这类情况，则式4-65无效。

式 4 - 65 中的变换是最小二乘法多元回归，与图 4 - 48 和图 4 - 49 相关的结果示例如下：

$$\alpha_{1i} = 0.799\log_{10}R_i + 0.133\log_{10}G_i + 0.832\log_{10}B_i - 0.679$$
$$\alpha_{2i} = 3.010\log_{10}R_i + 1.887\log_{10}G_i - 3.192\log_{10}B_i + 0.596$$
$$\alpha_{3i} = 3.625\log_{10}R_i + 0.550\log_{10}G_i - 2.683\log_{10}B_i + 0.650 \quad (式 4 - 66)$$

就统计方面而言，上述式胶片曝光(或通过 $D_p - \log_{10}E_p$ 曲线的密度)与特征矢量乘积相关联，并且当其应用于式 4 - 64 中时，可重建图片的吸收光谱。如图 4 - 49 所示。实线属测量光谱，虚线部分数据为计算$[\overline{z}_i(\lambda)]$得出的光谱。大多数藻类都适用于测量的光谱，因为叶绿素 a 决定平均响应过程(例如图 4 - 6 所示)。在色素、类胡萝卜素和色蛋白吸收部分，三者响应有所差异。与前面部分描述的 CZCS 技术的比较表明，使用多谱段扫描仪作为简化光谱仪潜在地获取了比胶片更好的一致性。然而经常发生只有两个特征矢量决定变化的情况。

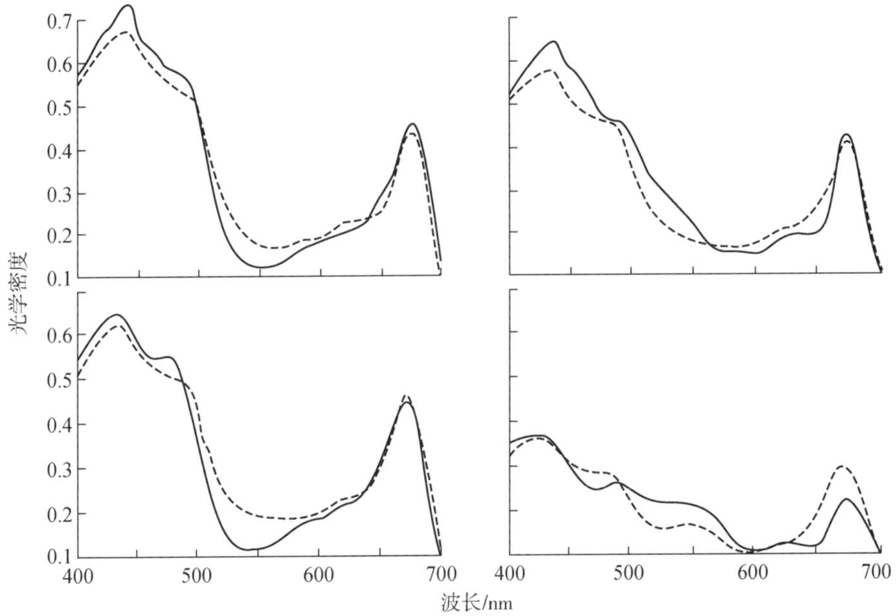

图 4 - 49　四种海洋藻类的吸收光谱

左上：绿藻；右上角：三角褐指藻；左下：水华束丝藻；右下：紫球藻。实线代表测量的吸收光谱，虚线代表使用式 4 - 64 和式 4 - 66，并用图 4 - 48 中所示的特征矢量重建的光谱。根据 Baig 和 Yentsch 的研究(1969 年)重绘。

在以这种方式进行摄影时必须强调几个预防措施且必须仔细分析出现的每个问题。四个需满足的主要要求分别为：

- 特征矢量不用于推断样本总体 ($i = 1,2,\cdots,n$) 以外的部分。
- 对于彩色胶片，三个特征矢量必须以足够的精度描述总体样本，如以 95% 的准确率进行描述。
- 曲线总体不包含胶片光谱灵敏度。

· 在特征矢量乘积和胶片曝光之间有足够精确的变换。

海洋遥感的定量摄影应用已经相对比较成功，但该技术还未进行广泛测试。多谱段扫描仪和模式识别或判别函数的出现掩盖了环境问题中运用的定量模拟方法。虽然本文中的特征矢量分析使用摄影作为示例，但是特征矢量正应用于多谱段扫描仪，且逐渐成为卫星海洋学中的常用工具。

4.9 应用

也许最明显的可见光卫星数据应用不是用于检测无云区域(参见图 3 - 24)，而是用于云量统计。统计云量(统计学上)在规划使用可见光或红外探测器探测海洋实验中很有价值。有关云量变化也适用于海气相互作用研究和气候研究，并用于确定某些明显的斜压海洋环流特征。使用卫星可见光数据来研究云量的示例如图4 - 50 所示。

4.9.1 云量

使用高级光导摄影机系统(AVCS)的数据(表 4 - 1)处理得到 4 年(1967—1970 年)的可见光图像。在 1400 和 1600 当地太阳时观察到的全球日融合观测结果用作数据集，其空间分辨率通过计算减少到 30 km×30 km。对于每个 900 km^2 的区域，反射比被转换为相对云量，根据研究发现其覆盖约天空的八分之一面积，研究结果将由地面观测机构报告。基于气象的经验权重函数将卫星观测到的反射比转换为晴朗度，更多详情在 D. B. Miller 的《1967—1970 年全球相对云量图》中有所涉及。9 个灰度级用于表示“云量”的 0 - 8 等级：白色表示 $8/8^{ths}$覆盖，黑色表示 $0/8^{ths}$覆盖。术语“云量”置于引号中，因为由不同背景辐亮度(海、沙漠、森林等)引起的不均匀对比度(参见式4 - 63)使得该术语仅在海洋领域中才有意义。

图 4 - 50a 是 1967—1970 年 12 月至 2 月的“平均相对云量”，图 4 - 50b 是基于卫星可见 AVCS 数据合成的 1967—1970 年 6 月至 8 月的平均相对云量。还有月、半年和年度数据。这里出于说明目的给出了 2 个季度的数据以供参考。海洋上空的云量特点是南北呈对称分布格局，无迹象表明印度洋出现热带辐合带(ITCZ)。在北半球，云的变化似乎与季节变化同步，但这在南半球并不那么明显。亚洲和非洲的季风是由云量增加而导致的，明显的 ITCZ 变化也值得注意。

图 4 - 50 为海洋遥感提供了宝贵指导。例如，地中海区域的卫星试验在夏天的成功概率大于冬天。诸如用于温度遥感的高日均(第 3.6 节)消云技术在非洲西北部或加利福尼亚半岛的应用比在菲律宾或在秘鲁以外的厄尔尼诺地区更有可能取得成功。也许更重要的是如图 4 - 50 将可见光数据应用于年代际气候变化的长期研究。目前的计算机设备能够调查这种性质问题，可见光图像可能拥有大量的新信息。

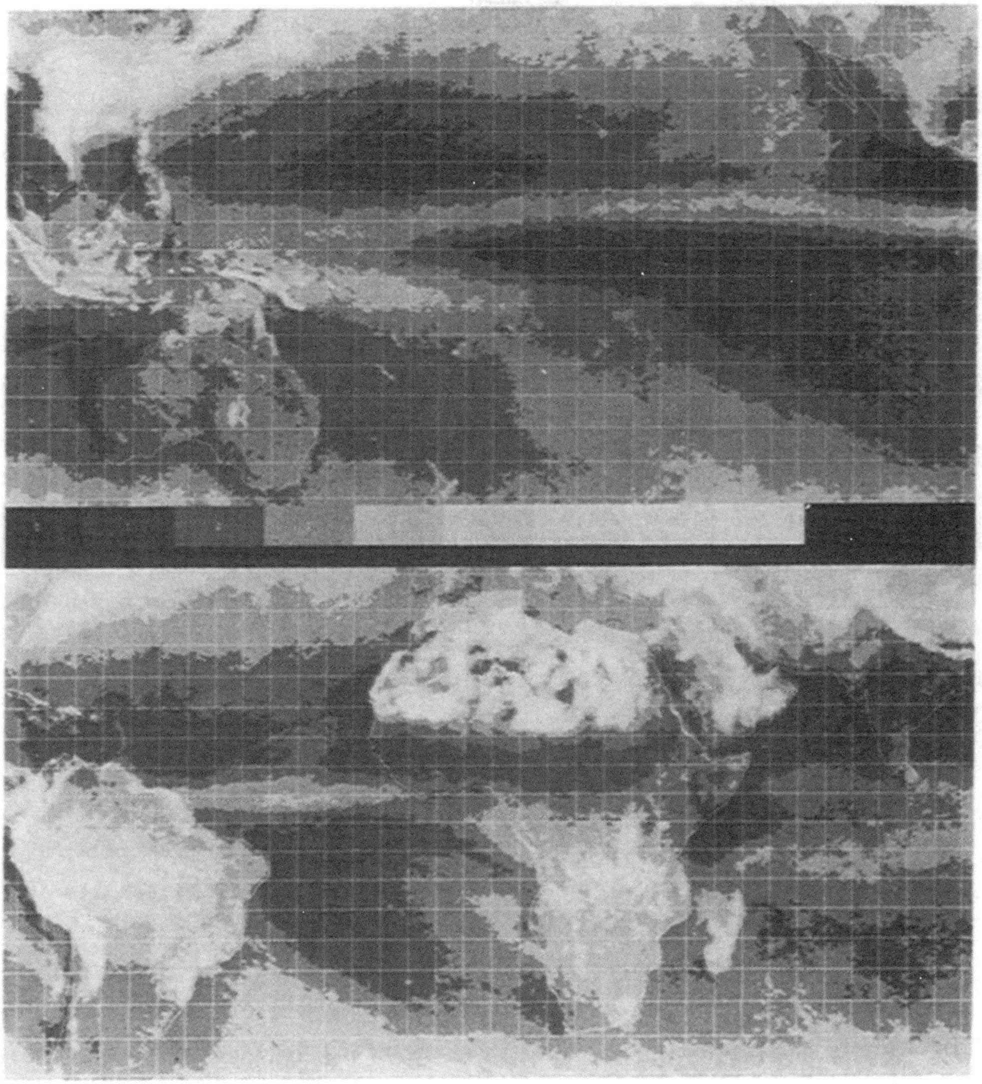

图 4－50a　从 1967—1970 年 12 月到 2 月的可见光 AVCS 观测估算的相对云量

灰度标从 0/8ths（黑色）覆盖到 8/8ths（白色）覆盖。仅针对海洋区域来解译相对云量（来自 Miller 的研究成果，1971 年）。

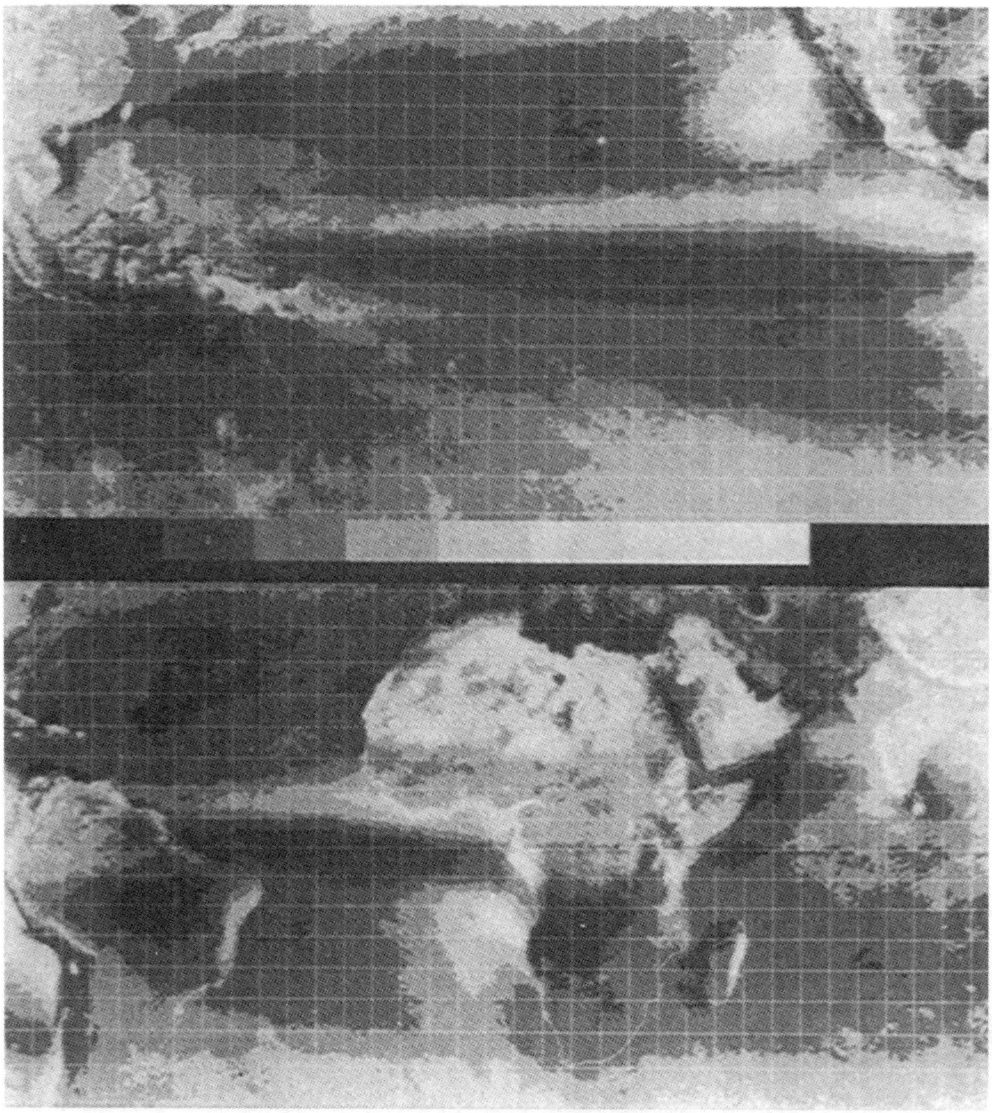

图 4－50b AVCS 可见光观测估算的相对云量

与图 4－50a 相同，但时间段为 1967—1970 年 6 月至 8 月。

4.9.2 底地形

可见光遥感的第二个应用实例涉及浅水中海底地形或水深测量。这项研究最早正式应用于二战期间的太平洋战场，以进行两栖作战。将图像的技术应用于浅滩礁石定位测量，以及复杂的摄影测量，用立体绘图仪进行底地形绘制。密歇根大学科学家已经尝试利用多谱段扫描仪使水深测量自动化。

用式 2－109 的辐射传输方程考虑导出式 4－10 的参数。在浅水 $L(\lambda)$ 中观测的辐亮度是程辐射 $L^*(\lambda)$、因大气透射率 $\tau_a(\lambda)$ 而衰减的海面辐亮度 $L_s(\lambda)$、来自水的辐亮度$L_u(\lambda)\ \tau_a(\lambda)$和从底部反射的辐亮度$L_b(\lambda)\ \tau_a(\lambda)$的总和，即

$$L = L^* + \tau_a(L_s + L_u + L_b) \quad \text{（式 4-67）}$$

L_b的测定，需确定底部是否为漫反射体，底部辐亮度为$\rho_{df}I_{in}/\pi$。例如，从屋顶观看混凝土停车场(漫反射体)的辐亮度在一阶上独立于太阳位置，即在没有阴影的情况下，当俯视停车场时，太阳的方向是不可辨别的。

测定L_b的第一步是计算表面下方的辐照度。根据式 2-83b 和式 2-90，刚好在表面下的辐照度I_w是

$$I_w = \int_0^{2\pi}\int_0^{\pi/2} n_w^2\ \tau_{a\to\omega} L_a \cos\theta\sin\theta \mathrm{d}\theta \mathrm{d}\phi$$

其中n_w^2是水的折射率的平方，$\tau_{a\to w}$是空气到水的菲涅尔透射率，L_a是空气(太阳和天空)的辐亮度。在底部，I_w被$e^{-c_{df}z}$削减，其中$c_{df}(\lambda)$是漫射(辐照度)衰减系数，z是深度。在底部正上方，辐亮度为$\rho_{df}(\pi^{-1})I_w e^{-c_{df}z}$，在表面正下方，反射辐射被$e^{-c\sec\theta_{re}z}$进一步削减，其中$c$是(束)辐亮度衰减，$\theta_{re}$为与光束天顶形成的角度。再次使用式 2-90，表面正上方底部的辐亮度为

$$L_b = \frac{\tau_{w\to a} I_w \rho_{df}}{\pi n_w^2} e^{(-c_{df}+c\sec\theta_{re})z} \quad \text{（式 4-68）}$$

根据式 4-68 确定z，需要将L^*、$\tau_a L_s$和$\tau_a L_u$从信号中去除。

考虑陆地卫星图像(陆地卫星图像面积为 185 km×185 km)中的小区域。航天器的天底角度为±5°，所以$\sec\theta_{re}\approx 1$。若一条线穿过拟绘制的底部且延伸至$L_b=0$的深水区，并且沿线大气和水的光学性质均匀，那么L^*和τL_s(无太阳耀斑情况下)也是均匀的。此外，如果L_u在有利(即清水)条件下较小，沿假想的线以浅水辐亮度减去深水辐亮度的可消除背景辐亮度，消除的背景辐亮度为

$$\Delta L(\lambda) = \tau_a(\lambda)L_b(\lambda) \quad \text{（式 4-69）}$$

必须在多光谱扫描仪滤波函数的光谱响应(式 4-9)上对式 4-69 进行积分。更复杂的大气和表面反射比去除方案(例如在第 4.7 节中讨论的)将改善ΔL的确定，但是上述减法技术在用于面积较小的陆地卫星区域时成功率更高。

根据式 4-69，有几种确定水深z的方法。如果只有单通道可用，则解可以写为

$$z = \frac{\ln[\tau_a(\lambda)(\tau_{w\to a} I_w \rho_{df}/\pi n_w^2)] - \ln\Delta L}{c_{df} + c\sec\theta_{re}} \quad \text{（式 4-70）}$$

分子中的第一项可以解释为在零深度处的底部反射信号，并且可视为等于$z=0$处的ΔL，其可以在水的边缘处确定。在实践中，需要确定几个地方的深度，然后使用式 4-70 来处理水深测量的图像。使用式 4-70 的最明显的缺点是ρ_{df}、c_{df}和c会随空间而变化。为了避免这种情况，应确定两个通道的比值，可以使用代数计算水深：

$$z = \frac{\ln\{[\Delta L(\lambda_2)\ \tau_a(\lambda_1)f(\lambda_1)]/[\Delta L(\lambda_1)\ \tau_a(\lambda_2)f(\lambda_2)]\}}{[c_{df}(\lambda_1) - c_{df}(\lambda_2)] + \sec\theta_{re}[c(\lambda_1) - c(\lambda_2)]}$$

（式 4-71）

多光谱水深方程为

$$f(\lambda_i) \equiv \frac{\tau_{w\to a}(\lambda_i)\ I_w(\lambda_i)\rho_{df}(\lambda_i)}{n_w^2(\lambda_i)}$$

该式的优点在于，尽管式 4－71 中所有水中变量可能发生改变，但是如果选择使用两个适当波长，变量的比率和差异改变不大。使用这种方法时系统误差较小，但是同时不规则噪声的灵敏度也会大大增加。研究应用于这个问题的式 4－70 和式 4－71 的形式对选择最佳波长和带宽方面很有帮助。相比于混浊的水，清澈水对短波的散射能力强。

远程水深测量的结果与现代声学技术有 2%～3%的误差，但是已经报道了在深达 10 m 的情况下测量结果约为 10%。然而，许多航海图是在 19 世纪是使用手锤测深绘制的，遥感可以填补这一空白。可能最佳用处是用于确认被商船报告了大概位置的新浅滩，或者在自然灾害(例如飓风或海啸)之后视野侦察的最好位置。

4.9.3 石油泄漏

图 4－51 举例说明如何使用 GOES 上的可见光通道来观察两个海洋特征：漏油(IXTOC－1)和风引起的上升流。该图像是 1979 年 6 月 21 日格林威治时间 20 时 30 分(当地时间 15 时 30 分)拍摄的，位于墨西哥湾西南部。积状云覆盖东部尤卡坦半岛和特万特佩克湾北部的中央山脉。注意墨西哥附近大西洋和太平洋海岸的网格；海岸位移是气象业务的重要产品，反映了卫星位置和指向的不确定性。还要注意海洋上方云层。这些热带积云带常出现在低纬度地区，使得卫星或飞机上的可见光或红外辐射计难以获取晴空辐亮度，特别是在能见度低于 1 km 的情况下。

1979 年初，近海石油平台 IXTOC－1 突然在海底附近发生灾难性泄漏，数百万桶原油流入海洋环境。图 4－51 显示了该事件的影响。朝西南方向的明亮的新月形的“巧克力慕斯”，是由重油与海水严重混合并经局部海水平流输送而形成的。围绕月牙形“慕斯”的是一个海面区域，在图像中较暗。如第 4.6 节所述，因为原油较轻，部分扩散和表面张力波衰减造成该区域颜色较暗。如将在第 5.6.3 节所述，本示例中可见光遥感在绘制局部漏油边界方面十分有用，但在确定油厚度和薄油层方面不起作用；微波技术可用于测定油厚度。红外图像没有显示漏油；显然，这是由于热带大气中未检测到明显热梯度，温度和发射率都接近水。

4.9.4 风速变化

图 4－51 中第二个特征是特万特佩克湾的半圆形暗区。阵阵西北冷空气通过山口吹向特万特佩克湾北部，引起突然的局部海洋上升流和涡流。冷水冷却大气，增加其稳定性，并且常常产生图 4－51 所示的形态。同时红外图像和船舶数据证实这些事件确实定期发生，并有助于当地渔业发展。通过延时或多次分析从图像上绘制出这种局部风事件(称之为“特旺特佩克风”)的强度和速度图像，其表现为快速前进的半球形锋，类似于由特大雷暴下部气流形成的半球形锋。

已经观察到，在小安的列斯群岛背风处出现与强风效应相反的效应并对海面造

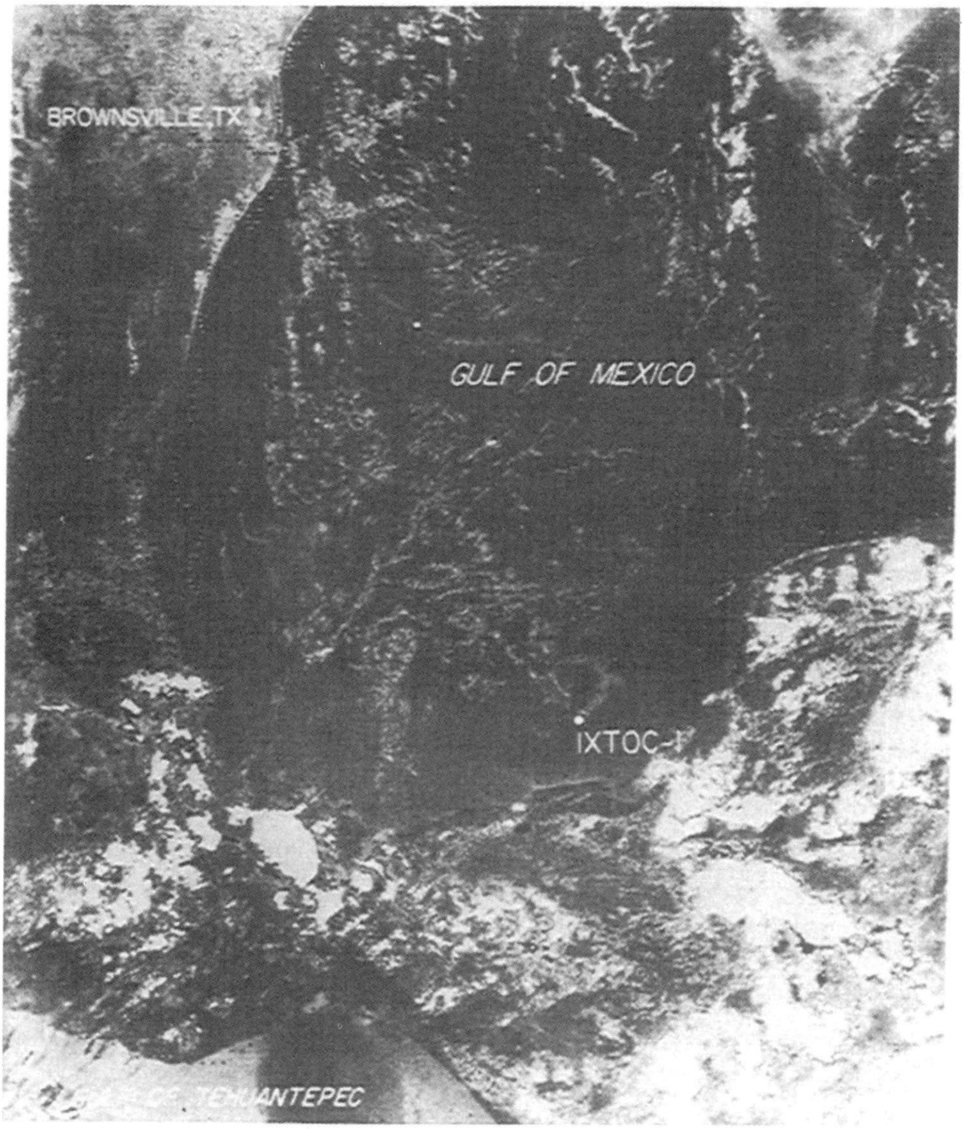

图 4-51　墨西哥湾西南部和特万特佩克湾的地球同步卫星可见光图像

IXTOC-1 海上石油泄漏的位置显示在中心，靠近墨西哥特万特佩克湾的风引起的上升流在左下方显示为暗圆形区域。

成影响，如图 4-52 所示。在左侧，合成了一系列 MSS-5[LANDSAT MSS 通道 5 600 nm $\leqslant \xi(\lambda) \leqslant$ 700 nm]图像，显示了岛屿以西的亮度区。这些图像是负片，上面显示了黑色图案(云)和白色图案(可见辐亮度较小的区域)。图 4-52 右侧给出地理位置以及辐亮度降低的区域。大约 10 m/s 的东信风影响气象，这些岛屿似乎掩盖了风的影响。几何形状表明图像中存在显著的太阳耀斑，因此式 4-40 的公式可用作物理解释：与 $v_a = 10$ m/s(表 4-11)相比，$v_a = 0$ m/s 的表面张力波面斜率 $\beta \approx 15^\circ$ 的概率 ¶(式 4-38)要小 8 个数量级。注意，在沿着下风向的好几个岛都观察到了对风的屏蔽作用，并且此种作用一定会造成局部风应力旋度。风应力图像，例如这些已知与海洋循环，尤其是与深水上升流相关的图像，在生物生产力方面极为重要。

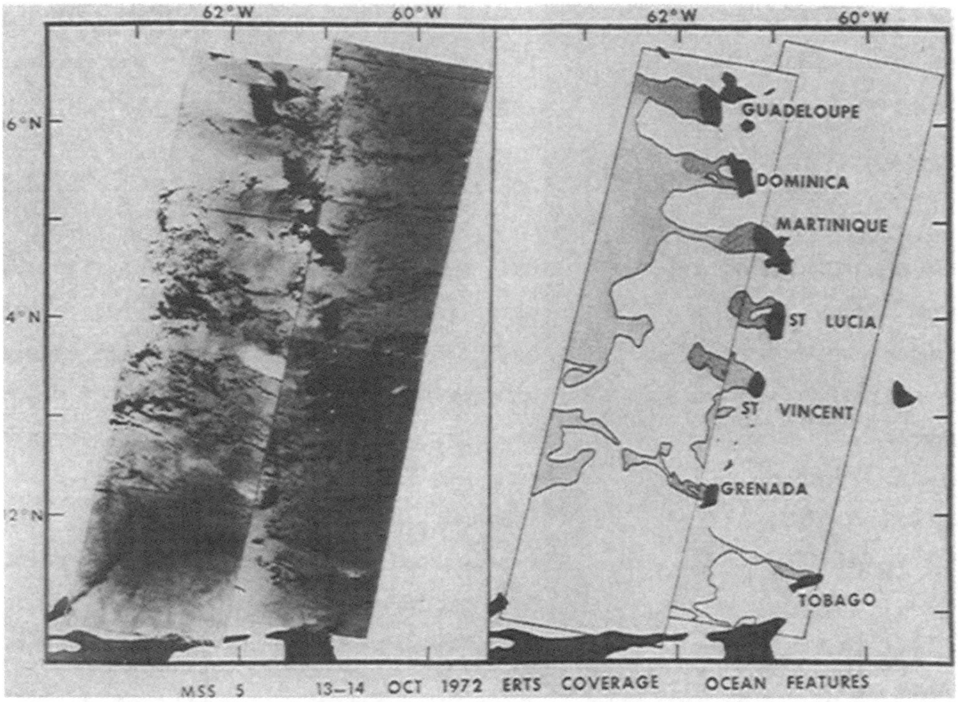

图 4-52　0.6～0.7 μm 通道(MSS-5)中的小安的列斯群岛的陆地卫星图像

刈幅相隔一天，并且没有经过特别加工，如图 1-4 所示。据 Cram 和 Hanson(1974 年)的研究重绘。

4.9.5　叶绿素+褐色素浓度

如第 4.7 节所述，去除大气影响后的 CZCS 图像显示了海洋生物光学分布特征。这是早期工作者的意图，例如，伍兹霍尔海洋研究所的 G. L. Clarke，G. C. Ewing 和 C. J. Lorenzen 尝试利用 1970 年前的机载海洋可见光辐亮度估算叶绿素浓度。后来在斯克里普斯研究所可见光实验室的 R. W. Austin 和 R. C. Smith 帮助下定义了 CZCS 上的 5 个可见光通道。早期的计算表明，对于某些浮游植物，在水中辐亮度光谱中约 520 nm 处有一个“节点”。据推测，在 520 nm 处的变化不是由浮游生物引起的，而是由悬浮颗粒和其他分子引起的。

如图 4-6 所示，脱镁叶绿素 a 的光谱与叶绿素 a 十分类似，因此在 CZCS 光谱分辨率下，叶绿素+脱镁叶绿素总数($C+P$)应与 L(443 nm)，L(520 nm)，L(550 nm)和 L(670 nm)的某些组合相关。经验式 $C+P=C_1[L_w(\lambda_1)/L_w(\lambda_1)^{C_2}]$由一些工作者提出。通常的表达式之一为

$$\log_{10}(C+P)=\log_{10}C_1+C_2\log_{10}\frac{L_w(\lambda_1)}{L_w(\lambda_2)} \qquad (式 4-72)$$

式 4-72 是叶绿素辐亮度式。根据经验方程发现在海水低叶绿素浓度下，L_w

(443)/L_w(520)能够给出较精确的海水叶绿素 + 脱美叶绿素浓度分布，在海水高叶绿素浓度下，L_w(443)/L_w(550)估算结果更精确。当使用式 4 − 72 对观测数据进行最小二乘法拟合时，算法可以解释 95% 叶绿素 + 脱镁叶绿素变化。对于L_w(443)/L_w(520)来说，$\log_{10} C_1$和 $\log_{10} C_2$的典型值为 − 0.38 和 − 1.80，对L_w(443)/L_w(550)来说，典型值为 $\log_{10} C_1 = -0.30$，$\log_{10} C_2 = -1.27$。其他研究人员建议使用不同的$L_w(\lambda_1) - L_w(\lambda_2)$作为自变量，还有$[L_w(\lambda_1) - L_w(\lambda_2)]/L_w(\lambda_3)$。式 4 − 72 的正确形式仍需要继续研究。

4.9.6　内波

图 4 − 53 显示了如何在卫星海洋学中使用手持摄影和卫星图像。如第 1 章所讨论的，多源遥感使研究者可以从不同角度观测同一种现象。图 4 − 53 的上部是手持摄影获取的黑白全色内波照片，它是另一种观测近表面辐聚和辐散的方法。海洋上的辐聚通常是存在于油引起的表面张力波降低区域，因此在太阳耀斑区域外反射比较低(参见图 4 − 33)。图 4 − 53 下半部分所示的陆地卫星遥感影像表明，当观察更大区域时，内波的图案复杂得多。已在全世界范围内对多种陆地卫星图像进行研究，并且在每个大陆架斜坡附近都观察到近海表内波。这些波在大陆架坡折处产生，然后向近岸传播，它们是陆架环流和混合过程中的重要方面。在 1972 年高分辨率可见光传感器进入轨道之前，并未发现内波的普遍存在。

航天器、手持照片已经显示出关于海洋表面的大量信息，感兴趣的读者可分别参考来自 NASA 的特别出版物 SP − 129 和 SP − 171、SP − 250、SP − 380 和 SP − 412 中的 GEMINI、APOLLO 和美国天空实验室任务的照片。在从飞行器上拍摄的斜视图(图 4 − 53 上图)中，如果有足够的记录，对内波的定位并不困难。然而，从卫星拍摄斜视手持照片往往更加难找到其位置，特别是在没有地标的开阔海上。相应的解决方案是将照片中的云图案与从地球同步卫星观测到的云图案进行比较。地球同步卫星的成像周期通常为 30 分钟，因此，手持照片时长低于 ± 15 分钟的图像可删除。该技术用于在开阔海上手持照片定位。通过比较同步观测的目标表明，照片中的特征分辨精度优于 ± 10 km。一旦确定了观测几何形状和位置，就可以对太阳耀斑、颜色以及大气和海洋图案的手持照片进行定量分析。

4.9.7　垃圾倾倒

可见光遥感应用的最后一个例子，考虑纽约—新泽西沿海地区的机载成像，如图 4 − 54 所示。长岛海岸在左上角，新泽西海岸在左边缘。可以看出，积云和其阴影在长岛南部，海洋地区是无云的。这个区域被称为纽约湾，在 20 世纪 70 年代被集中研究。从现场观察已知，哈德逊河羽状流通常沿新泽西海岸南部平流。与这条海岸平行的混浊的宽带状径流可能是羽状流。注意，羽状流与清澈径流之间的分界在南部变得不那么明显。可以用此观测来尝试估计侧向混合系数。

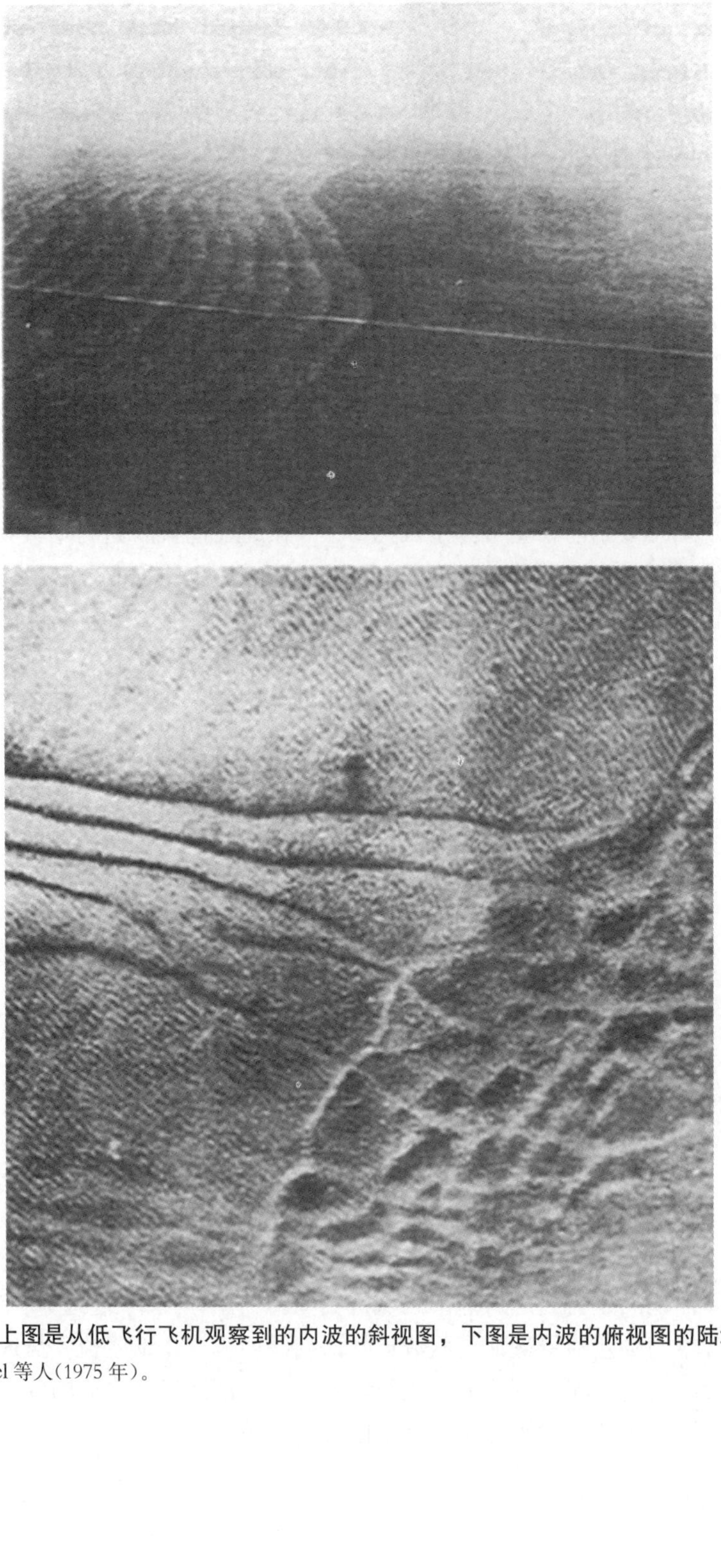

图 4－53　上图是从低飞行飞机观察到的内波的斜视图，下图是内波的俯视图的陆地卫星图像
来源于 Apel 等人(1975 年)。

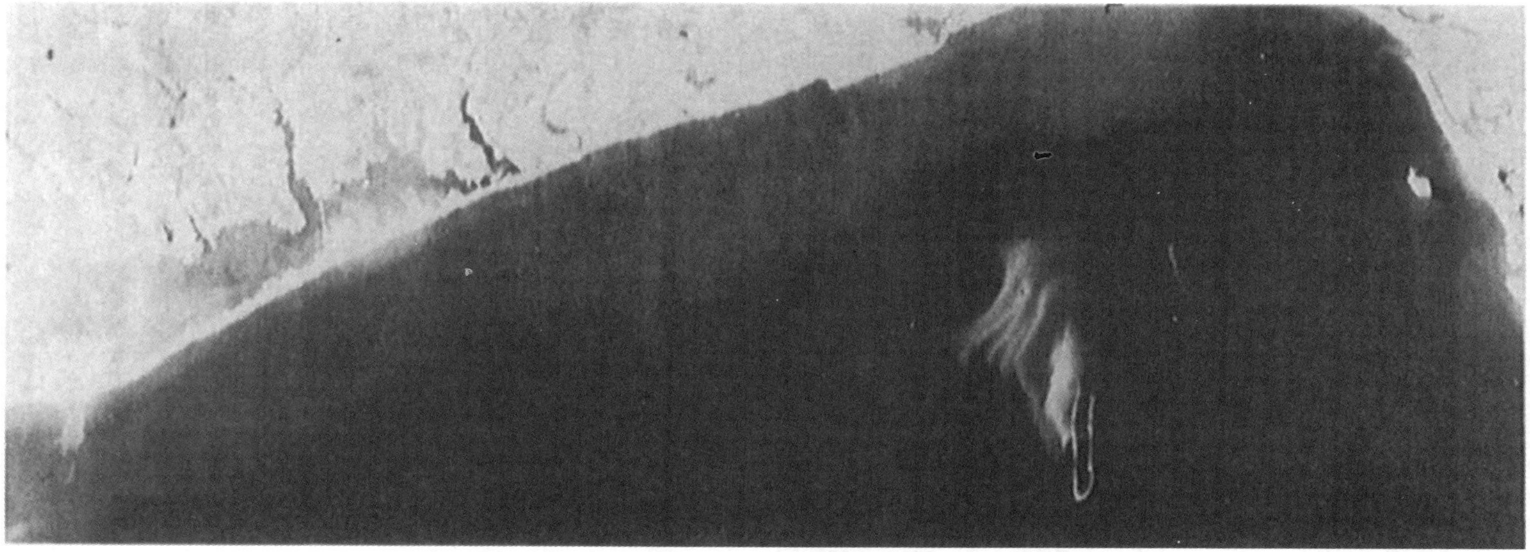

图4-54　在U-2飞机上使用CZCS传感器的对纽约湾进行观测

哈德逊河的入口在左上角，可合法倾倒酸性废物分布在浑浊的离岸海水和羽状流。由美国国家海洋和大气局W.Hovis提供。色彩还原见图3-46。

图 4-54 中最引人关注的(环境)数据可能是河口东南部的浑浊区域。在这个高度工业化的港口，化学工厂在这一地区进行合法的海洋倾倒作业。通常，液体废物被装运在驳船中，然后被运送到海上，当驳船到达倾卸场所时启动泵。驳船在泵送时被牵引，当卸载一半载荷时，船舶调转 180°并在完成泵送时向后驶回。该操作在水中留下“U”形图案。随着时间推移，图案逐渐扩散并且原点变得不太明显。该图展示了两个最近建立的(不超过几个小时)废物场和南部倾倒场(大概从前一天开始建立)。

如图 4-54 所示的图像已被用于结合声波遥感勘测，来测定物质的三维扩散。在科学方面，这些数据被用来确保倾倒的合法性，因为船舶运营者很可能把驳船拖到近海区域。海洋倾倒在全球范围内都是常见的，在许多陆地卫星图像中已观测到如图 4-54 和图 1-4 所示的分布。

表 1-1 列出了一份应用于海洋学的长清单，本节进行了进一步的说明。应特别注意一些新的激光技术，这些技术可以利用布里渊和拉曼散射推测盐度、声速、底部深度，识别色素和某些化学物质，从而提供与深度相关的信息。尚未评估可见光遥感对渔业、运输、海上矿物和能源开发、海上安全和无数其他应用的经济影响。

研究问题

(1) b_p和b_w比值以及因子B_p是模拟海洋反射比的重要参数，如第 4.5 节所述。使用第 4.2 节中的数据，计算表 4－5 中列出的水体类型参数，并与图 4－25 中光谱的值进行比较。

(2) 以 $mW \cdot cm^{-2} \cdot sr^{-1} \cdot \mu m^{-1}$为单位，计算在 500 nm 处的以下位置的海平面光谱辐亮度：恰好在表面上方向上看；在表面正上方向上看；正下方向上看；正下方向下看；正上方向下看；在卫星高度。假设条件为：太阳在天顶，天底角为 10°，美国标准大气，纯海水。与图 1－21 中所示的测量值进行比较（见第 4.2 节和第 4.3 节）。

(3) 用 $\psi(0,1)=0.5$，计算穿透深度、光子是否被吸收或散射、散射的散射角，以及使用第 4.6 节推导的蒙特卡罗式判断表 4－5 中列出的水类型在 $\sin\theta_{in}=30^{\circ}$时是被反射还是透射。

(4) 为位于赤道及国际日界线的传感器计算并绘制 3 月 21 日太阳的高度和方位角（见第 4.6 节）。

(5) 观测位于西经 180 度，且在与地球旋转同步的卫星中观测海平面以记录问题(4)中 3 月 21 日风速（1 m/s、7 m/s、14 m/s），请根据L_{re}/L_{in}计算辐亮度反射率。根据可见光图像，要使估计风速达到 ±1 m/s，需要什么 NE$\Delta\rho$（见第 4.1 节和第 4.6 节）？

(6) 设计用于测量海洋叶绿素＋脱镁叶绿素的二代 CZCS。你认为怎样的波长、带宽、信噪比、辐射范围和轨道才是必要的（见第 4.4 节、第 4.6 节和第 4.8 节）？

(7) 已经开发了用于确定水深的便宜彩色胶片，用在使用两种感光乳剂的飞行器上，现在您需要负责评估制造商的要求。需要测量哪些变量，以确定在光学厚度$u=2$，小于 25% 的情况下，胶片累积光谱密度可用于确定深度 z（见第 4.7 节和第 4.8 节）？

第 5 章　微波遥感

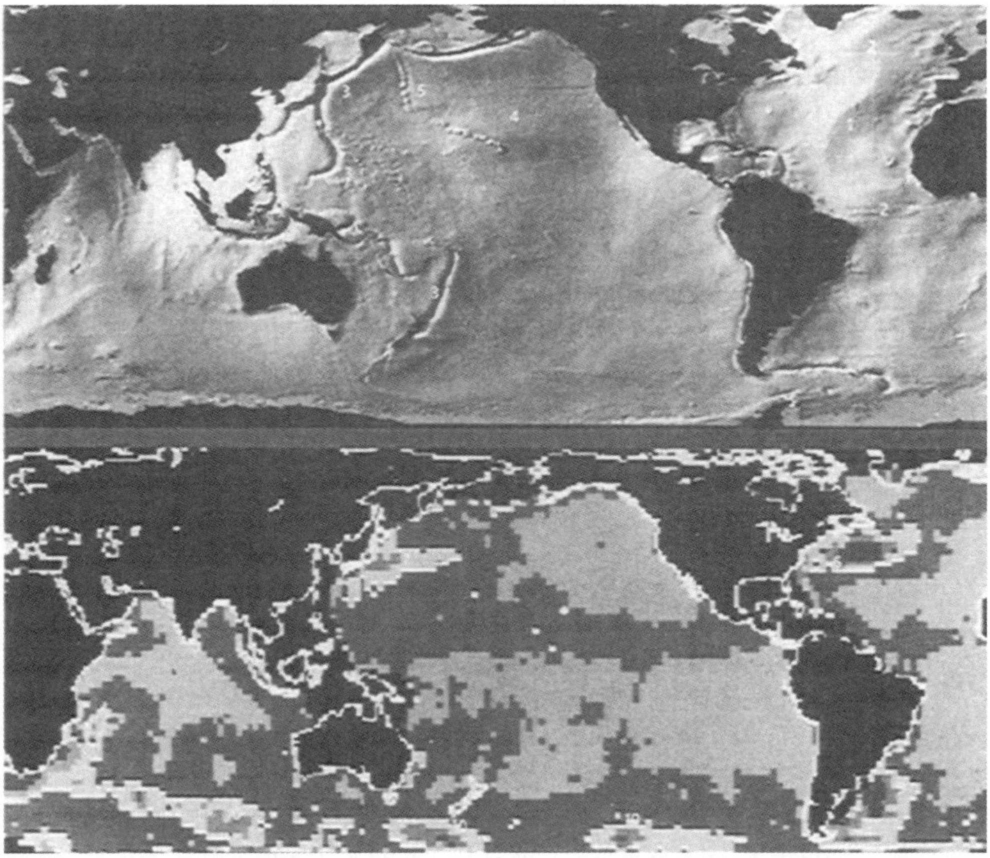

全球海面地形取决于地球重力场的变化，以及海洋表面洋流的变化

重力带来的变化通常百倍于洋流带来的变化。上图显示了 SEASAT 高度计绘制的平均海面地形，该图经过计算机处理，从西北描述变化特征。数字标识主要特征，如沟槽、断裂带、海底脊和岛弧。平均海面地形的变化由洋流变化造成。下图灰色阴影显示了该变化，原图用蓝色表示低变化区域，用红色表示高变化区域。在复制中，高度变化的墨西哥湾流、黑潮、阿古拉斯海流和南极绕极流用浅灰色表示，中部环流和赤道区域的变化以较暗的阴影表示。图片由美国宇航局喷气推进实验室提供，原图为彩色。

5.1 微波遥感和仪表

在 1～40 GHz(分别为 30～0.75 cm)的频率下对海洋进行的观测通常被称为微波遥感。若频率高于 40 GHz，在毫米波长区域，大气的吸收和散射使得辐射测量更适用于气象；低于 1 GHz 或 1 GHz 左右，低空间分辨率、人为电磁波频率干扰和银河背景噪声的问题将使得测量无法进行。此外，该频率间隔，海水的某些微波性质适宜对海面温度、盐度、风应力、地形、波形高度和海面粗糙度的其他形式进行测定。与红外和可见波长一样，0.75～30 cm 波长占据了“辐射位”，这是由地球物理学以及实际考虑确定的。

在实际操作中，将微波遥感细分为被动和主动类别。被动微波遥感是对来自海洋表面的自然发射辐射进行的常规观测，其类似于对发射的红外或可见光辐亮度进行被动光学测量。主动微波遥感是对飞机或卫星无线发出的电波进行的常规接收，使用可见激光测量距离的激光雷达是一种雷达光频模拟器。第 1.5 节讨论了大量的微波装置，其中海洋卫星为典型卫星的示例。被动和主动微波传感器在设计上有些不同。下面将分别举例说明同样安装在海洋卫星上的 NIMBUS－7 扫描多通道微波辐射计(SMMR)和海洋卫星高度计(ALT)。

表 5－1 列出了装有用于海洋学的微波传感器的美国主要航天器。NIMBUS－5 上的电子扫描微波辐射计(ESMR)是在民用卫星上安装的第一个被动微波辐射计。在 19.4 GHz(1.55 cm)处，天底处海平面分辨率约为 25 km×25 km(在 50°天底角下降至 45 km×160 km)，它提供了有价值的极地数据(图 1－24)，并增加了对冰动力学的新理解。NIMBUS－5 ESMR 扫描呈交叉轨迹状，而 NIMBUS－5 仪器扫描范围呈圆锥形，因此保持天底角恒定在 45°，同时恒定扫描光点大约为 120 km×42 km。美国天空实验室进行了两次微波实验(S－193 和 S－194)，一次试验中用 13.9 GHz 的扫描抛物面天线的辐射计/散射计/高度计，另一次用具有固定天线的 L 波段(1.412 5 GHz)被动辐射计。当用作辐射计时，S－193 是被动仪器；但当用作高度计时，S－193 测量来自天底的直接返回信号；当用作散射计时，S－193 测量来自海平面的后向散射回波。S－194 设计目的在于在 $\lambda = 21$ cm 处(受气象条件影响最小)为海洋的热发射提供天底高精度(± 1 K)测量。GEOS－3 是第三个大地测量卫星，也是第一个装有专用高度计的大地测量卫星。它返回了大量有关大地水准面和海洋平均等势面动态起伏的信息。表 5－1 中列出的 SEASAT 仪器在第 1 章中进行了讨论，NIMBUS－7 上相同的 SMMR 是一个解释被动辐射计的很好例子。

表 5－1　主要美国民用卫星与微波仪器

卫星系列	发射	传感器	空间* 分辨率	频率	轨道
NIMBUS 5，6	1972	扫描微波辐射计	25 km	19.4 GHz	1 100 km
	1975	扫描微波辐射计	35 km	37.0 GHz	太阳同步
美国天空实验室	1973	S－193	11 km	13.9 GHz	435 km
		S－194	110 km	1.4 GHz	$i=50^{\circ}$
GEOS－3	1975	ALT	10 km	13.9 GHz	900 km
					$i=115^{\circ}$
SEASAT－A	1978	ALT	2～12 km	13.5 GHz	790 km
		SASS	小于 50 km	14.6 GHz	$i=108^{\circ}$
		SMMR	150～27 km	6.6～37 GHz	
		SAR	25 m	1.3 GHz	
NIMBUS－7	1978	SMMR	150 km	6.6 GHz	1 100 km
			90 km	10.7 GHz	太阳同步
			55 km	18.0 GHz	
			46 km	21.0 GHz	
			27 km	37.0 GHz	

* 天底。

5.1.1　SMMR——被动辐射计

NIMBUS－7 SMMR 测量表 5－1 中列出的五种频率的正交极化天线温度。根据本章中的相关解释，可以从测量中得出以下海洋相关变量：

- 海面温度；
- 海面风应力大小；
- 海冰覆盖范围和时间；
- 降雨率；
- 大气液态水含量；
- 大气水蒸气含量。

SMMR 还有其他水文和地球资源装置。在 NIMBUS－7 上，SMMR 扫描模式是直视而不是侧视，这一点和海洋卫星扫描模式一样，使得刈幅以亚轨道为中心。图 5－1 是 SMMR 及其扫描几何形状的示意图。请再次参阅图 4－2 了解如何将其安装在 NIMBUS－7 上。

SMMR 有五个硬件组件：天线组件、扫描部件、射频（RF）模块、电子模块、电源模块。天线、扫描部件、RF 模块和天空喇叭组安装在图 5－1 所示的结构上，其作为对准和校准单元安装在 NIMBUS 上。电子模块、电源模块和 RF 模块安装在航天器本身的滑环组件内，并且用电缆连接到航天器的感测单元和其他部件。扫描是通过震荡天线反射器实现的，震荡方向与喇叭天线轴线一致。喇叭天线轴线与航天器的垂直轴线平行，这导致扫描图案以天底轨道为中心呈圆锥形，地球上的固定天顶角为 $\zeta = 50.3^{\circ}$。SMMR 的质量为 52 kg，在正常操作中消耗的功率为 60 W，但由于航天器功率的限制，其占空比被限制在 50%。

50%的占空比不会显著降低常规测量的 SMMR 值；每 6 天能够覆盖绘制地球全景，不带任何重复。编程器单元提供操作仪器所需的定时、排序、多路复用和同步信号。编程器包括多路复用器、模拟－数字转换器、移位寄存器和定时电路；寄存器输出信号发送到 NIMBUS 数据流。数据采样率在具有较高频率通道(较高空间分辨率通道)的通道之间变化较频繁。较高的采样率会导致温度分辨率较低，如表 5－2 所示。

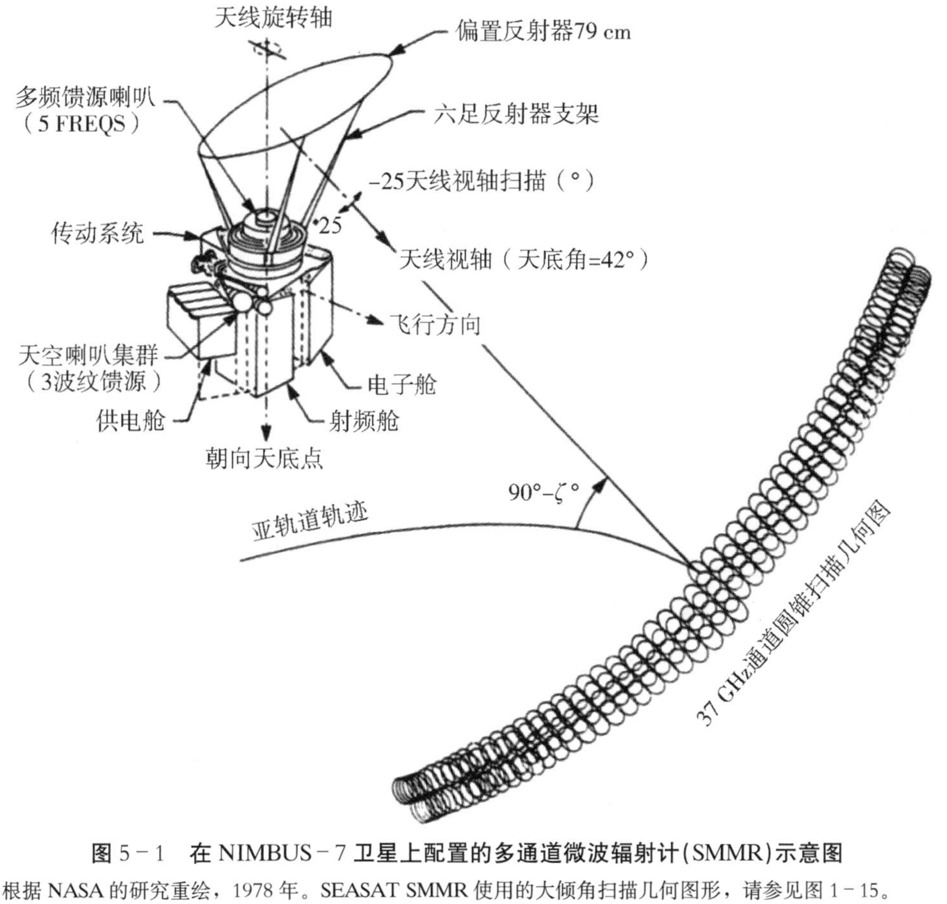

图 5－1　在 NIMBUS－7 卫星上配置的多通道微波辐射计(SMMR)示意图

根据 NASA 的研究重绘，1978 年。SEASAT SMMR 使用的大倾角扫描几何图形，请参见图 1－15。

在研究表 5－2 时应回顾表 3－2 和 4－2，以强调光学被动辐射计和微波被动辐射计之间的技术差异。与 IR 辐射计相比，微波辐射计具有更大的瞬时视场(IFOV)，更低的温度分辨率和更低的温度精度，但其旨在提供两种偏振模式并降低数据率。视场是频率和天线尺寸的函数，在微波使用中，分辨率通常是测量系统的半功率响应宽度(图 2－27)。衍射是分辨率的主要限制因素，近似为

$$\Delta\phi \approx \frac{\lambda}{D} \qquad (式 5-1)$$

其中，$\Delta\phi$ 为以弧度表示的波束宽度，λ 为波长，D 为孔径。NIMBUS－7 SMMR 反射器(孔)为 $D = 79$ cm(图 5－1)，并且在 $\lambda = 0.81$ cm 处，$\Delta\phi \approx 10^{-2}$ rad。从高度 1 100 km处，如果 SMMR 为天底观测，则分辨单元是 $1\ 100 \times 10^{-2} = 11$(km)；若观测角度为$\zeta = 50.3^{\circ}$，则分辨率为 11 km × sec50. 3°≈17 km。表 5－1 中的值考虑了地球的曲率和在式 5－1 中未表示的其他因素，即光学研究者在讨论衍射时使用的比率 λ/D，从这个意义上来说，天线受衍射限制。

表 5－2　NIMBUS－7 SMMR **特点**

动态范围	10～330 K
绝对精度	小于 2 K
扫描周期	4. 096 s
双边带噪声	5 dB(最大)
探测器	RF 二极管－迪克－超外差接收器
质量	52 kg
功率要求	60 W
数据速率	2 kbs
偏振	垂直及水平

通道	中心频率 /GHz	波长/cm	积分时间 /ms	温度* 分辨率 /K 每 IFOV	天线波束 宽度/°
1	6. 6	4. 55	126	0. 9	4. 2
2	10. 7	2. 80	62	0. 9	2. 6
3	18. 0	1. 67	62	1. 2	1. 6
4	21. 0	1. 43	62	1. 5	1. 4
5	37. 0	0. 81	30	1. 5	0. 8

* 目标 300 K。

SMMR 的功耗是 CZCS 的 5 倍，这点也是操作中的主要考虑因素。然而，由于 SMMR 数据速率低得多，故其机载记录运行时间更长，能够覆盖全球。2 个偏振均被观测，10 个通道的被动微波数据也被记录、处理和转到 CDA 站用于地面分布。飞行校准包括交替切换适当的天线喇叭(其在约 2. 7 K 处观测外太空)和在每个扫描的 ±25° 极值处的定标负载，其为两点系统提供较高点的校准值。

校准还包括天线方向图校正计算，这是一个复杂的过程。因为微波天线具有旁瓣，所以也要对来自主波束外部的能量进行测量。微波的亮度温度对应红外术语的等效黑体温度，而天线温度是通过天线增益加权的入射辐亮度积分(第 2.8 节)。在解释 SMMR 温度时，杂散能量会造成严重的困难，因此虽然微波技术可以探测到最微小的大气问题，但是像可见光和红外技术一样，必须对其进行充分探索以确定测量的有效性。

5.1.2　ALT——主动传感器

ALT，一种主动微波仪器，安装于 SEASAT 上的雷达高度计，其天底观测抛物形天线的草图如图 1-14 所示。如表 5-1 所示，SEASAT 高度计是第三个在民用航天器上安装的设备，第一个美国天空实验室的 S-193，另一个是安装于 GEOS-3 上；每种情况下均选择接近 14 GHz 的频率。《威廉斯敦报告》(第 1.2 节)中规定，高度计的精度为 ±10 cm。±10 cm 意味着能够确定从大地水准面到海平面发生 ±10 cm 均方根的偏离，对海洋学家来说，这一现象是显而易见的；对无线电工程师来说，这意味着高度计的噪声级为数据点的 ±1 标准偏差在平均 ±10 cm 范围内！由于高度计在 20 世纪 70 年代开始应用，人们对其在动力海洋学中的用途有相当的了解，而 SEASAT 上的装置在这一进步中扮演了重要角色。

表 5-3　SEASAT 卫星高度计特点

传输频率	13.5 GHz ± 160 MHz
传输信号类型	啁啾脉冲
脉冲重复率	1 020 次脉冲每秒
脉冲持续时间	3.2 μs
最大传输功率	2.5 kW
天线增益	41 dB
天线波束宽度	1.6°(3 dB 以下)
天线效率	55%～60%
质量	93.8 kg
平均功率要求	165 W
数据速率	800 b/s
天线直径	1.048 m

表 5-3 列出了 SEASAT 高度计的最重要的特性。电子器件包产生 13.5 GHz 方波脉冲的时间为 3.2 μs，线性频率从 13.5 GHz + 160 MHz 变化到 13.5 GHz - 160 MHz。这种具有线性降低的频率信号被称为啁啾脉冲，其优点在于可以播送强大的雷达信号，在发生反

射时，只要其持续时间为 1 000 倍或更短，该信号就可以通过脉冲压缩进行分析。SEASAT 高度计上的有效脉冲宽度为 3.125 ns，使得 ℓ 的脉冲长度 $\ell = v_0 t = 3 \times 10^8\ \mathrm{m \cdot s^{-1}} \times 3.125 \times 10^{-9}\ \mathrm{s^{-1}} \approx 1\ \mathrm{m}$；分辨率为该值的一半，因此海洋表面波高分辨率为 0.5 m。

ALT 的脉冲重复率超过每秒 1 000 个脉冲。在 800 km 的航天器高度处，脉冲的往返行程时间为 $2 \times 800 \times 10^3\ \mathrm{m} \div (3 \times 10^8\ \mathrm{m \cdot s^{-1}}) = 5.3\ \mathrm{ms}$，使得给定的发射脉冲将在第五(4.9 ms)和第六(5.9 ms)个脉冲之间返回。对于海洋来说，这种高度的不确定性不算什么难题，因为海面地形梯度非常小；可以在机载平均方案中使用较高的脉冲重复率以提高精度。对 50 个连续脉冲回波进行求平均，使得自动增益控制(AGC)环路以 20 次每秒的速率进行更新；在遥测单元中更新 2 个连续的 AGC 命令字符，每秒记录 10 个高度并将其传送至地面站。

当绘制信号强度(纵坐标)与时间(横坐标)关系图时，来自平静海面的矩形脉冲的雷达回波为线性渐变状。当接收到压缩脉冲反射的前缘时开始渐变，并且当检测到后缘时渐变达到最大稳定值。渐变的斜率通过回波信号进行门控(定时)来确定；斜率值随着海洋表面波高度的增加而减小。使用被称为自适应跟踪器单元的装置处理 50 个连续脉冲返回以形成选通脉冲、估计波高和计算高度误差。通过计算不同选通脉冲宽度的平均值以及定量 2 对选通脉冲宽度以处理回波渐变，避免在波高估计中对信噪比的依赖。

雷达系统中的信噪比(S/N)由下式给出：

$$\mathrm{S/N} = \frac{P_{\mathrm{tr}} G_{\mathrm{tr}} A_{\mathrm{e}} \sigma}{(4\pi)^2 r^4 k T_{\mathrm{e}} \Delta\nu} \qquad (式\ 5-2)$$

其中(参见表 2-4)，P_{tr} 是发射功率，G_{tr} 是发射机增益，A_{e} 是接收天线的有效(孔径)面积，σ(不要与斯忒蕃-玻耳兹曼常数相混淆)是目标的有效后向散射截面或雷达截面，r 是从发射器到目标的范围，k 是玻耳兹曼常数，T_{e} 是有效输入温度(包括天线温度 T_{A} 和接收器贡献)，$\Delta\nu$ 是发射机带宽。一旦设计了系统，只有 σ 和 r^4 这两种地球物理变量可以改变信噪比；由 SEASAT 高度计的信噪比可确定 σ 等于 $\pm 1.0\ \mathrm{dB \cdot m^2}$，其中分贝定义为 $\mathrm{dB} \equiv 10\log_{10}(P_{测量值}/P_{理论值})$。在式 5-2 中给出的信噪比是处理之前的在接收器的孔径处检测到的功率(后向散射)。如果处理之后的输出信噪比与根据式 5-2 算出的输出信噪比相比，得到改进，则可以放宽规格限制。电气工程师已经开发了许多精妙的处理方案，并且信噪比规格必须将整个系统包含在内。

5.1.3 天线辐射

天线基本上是振荡偶极子的输出，并且因为源电荷和电流的存在，难以从数学上精确定义天线。麦克斯韦方程组(式 2-19)用于从振荡偶极子导出辐射，但是要想解出电磁场的矢量性质，需要做出准确定义。物理海洋学家熟悉这些精准定义，例如用于求旋转流体运动方程的解的流函数或速度势；在电力和磁力中也使用类似的概念，并且矢势 $\boldsymbol{A}$ 被定义为

$$\vec{\nabla} \times \boldsymbol{A} \equiv \boldsymbol{H} \qquad (式\ 5-3a)$$

和

$$\vec{\nabla} \cdot \boldsymbol{A} \equiv \mathrm{i}\omega\varepsilon_0 \psi \qquad \text{（式 5 - 3b）}$$

其中 ψ 是任意标量。因为高斯磁定律（式 2 - 19 中的第二个式子）$\vec{\nabla} \cdot \mu \boldsymbol{H} = 0$，以及对于任意矢量 $\vec{\nabla} \cdot (\vec{\nabla} \times \boldsymbol{A}) = 0$，所以式 5 - 3a 是一个自然的定义。在以下的讨论中，显然使用了式 5 - 3b。假设调和解为 $e^{-\mathrm{i}\omega t}$，则允许将自由空间中的麦克斯韦方程组中的第三和第四方程写为

$$\vec{\nabla} \times \boldsymbol{E} = \mathrm{i}\omega\mu_0 \boldsymbol{H} = \mathrm{i}\omega\mu_0 \vec{\nabla} \times \boldsymbol{A}$$

$$\vec{\nabla} \times \boldsymbol{H} = -\mathrm{i}\omega\varepsilon_0 \boldsymbol{E} + \hat{\sigma}\boldsymbol{E}$$

由于对于任意标量 ψ，有 $\vec{\nabla} \times \vec{\nabla}\psi = \boldsymbol{0}$，故由上述第一个式子可得

$$\boldsymbol{E} - \mathrm{i}\omega\mu_0 \boldsymbol{A} = -\vec{\nabla}\psi$$

因此，通过使用式 5 - 3a，并将任意标量 ψ 的结果代入到麦克斯韦方程组第四个方程，得

$$\vec{\nabla} \times (\vec{\nabla} \times \boldsymbol{A}) = -\mathrm{i}\omega\varepsilon_0(\mathrm{i}\omega\mu_0 \boldsymbol{A} - \vec{\nabla}\psi) + \hat{\sigma}\boldsymbol{E}$$

回顾矢量恒等式 $\vec{\nabla} \times (\vec{\nabla} \times \boldsymbol{A}) = \vec{\nabla}(\vec{\nabla} \cdot \boldsymbol{A}) - \nabla^2 \boldsymbol{A}$ 并使用式 5 - 3b，上述表达式可写为

$$\nabla^2 \boldsymbol{A} + \omega^2 \varepsilon_0 \mu_0 \boldsymbol{A} = -\hat{\sigma}\boldsymbol{E} \qquad \text{（式 5 - 4）}$$

此控制方程式仅作为矢势 $\boldsymbol{A}$ 而不是电荷和电流的函数，表示矢量电流密度 $\hat{\sigma}\boldsymbol{E}$ 。

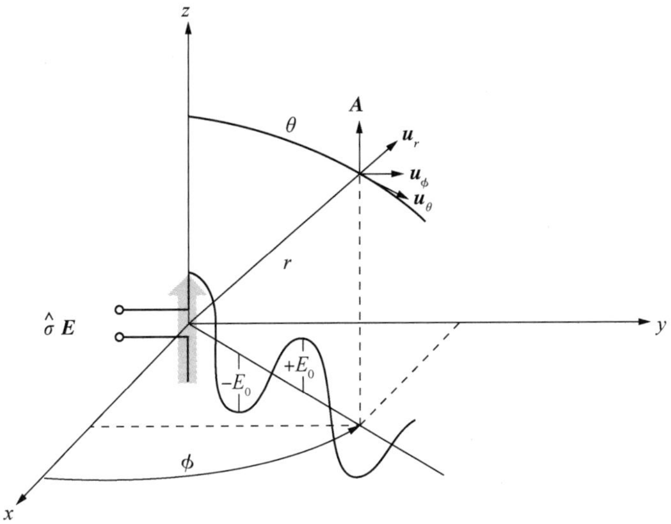

图 5 - 2　用于描述电流密度 $\hat{\sigma}\boldsymbol{E}$ 和矢势 $\boldsymbol{A}$ 之间关系的球坐标系

为了简单起见，几何形状图 5 - 2 描述了由振荡偶极子在原点处产生的隔离电流 $\hat{\sigma}\boldsymbol{E} = \hat{\sigma}E_z\boldsymbol{u}_z$ 。如果将偶极子视为点源，则矢势 $\boldsymbol{A} = A_z\boldsymbol{u}_z$，也平行于 z 轴（式5 - 4）并呈球面对称。在球面坐标中，$\nabla^2 A_z = r^{-2}\mathrm{d}/\mathrm{d}r(r^2\mathrm{d}A_z/\mathrm{d}r)$，且在距原点有一定距离 r 处，$\hat{\sigma}\boldsymbol{E} = \boldsymbol{0}$，式 5 - 4 可写为

$$\frac{\mathrm{d}^2}{\mathrm{d}r^2}(A_z r) + \omega^2 \varepsilon_0 \mu_0 (A_z r) = 0 (r \neq 0)$$

其波解为

$$A_z = \frac{C}{r} \mathrm{e}^{\mathrm{i}\omega \sqrt{\varepsilon_0 \mu_0} r} \qquad (式 5-5)$$

该解可以通过替换来验证，其中 C 是任意常数，ω 是角频率。式 5-5 描述了源头在 $r=0$处的向外传播波；回顾(式 2-25 和式 2-27) $\omega\sqrt{\varepsilon_0 \mu_0} = \omega / v_0 = k$（传播数），因此指数项为 $\exp(\mathrm{i}kr)$。

下一步是从振荡偶极子空间中确定能量通量分布。式 5-3a，球面坐标中的矢量旋度，等于

$$\vec{\nabla} \times \boldsymbol{A} = \frac{1}{r^2 \sin\theta} \begin{vmatrix} \boldsymbol{u}_r & r\boldsymbol{u}_\theta & r\sin\theta \boldsymbol{u}_\phi \\ \frac{\partial}{\partial r} & \frac{\partial}{\partial \theta} & \frac{\partial}{\partial \phi} \\ A_r & rA_\theta & r\sin\theta \cdot A_\phi \end{vmatrix}$$

从图 5-2 可以看出，$A_r = A_z\cos\theta, A_\theta = -A_z\sin\theta, A_\phi = 0, \partial/\partial\phi = 0$。利用代入结果求解行列式，得

$$\vec{\nabla} \times \boldsymbol{A} = \frac{1}{r}\left[\frac{\partial}{\partial r}(rA_\theta) - \frac{\partial}{\partial \theta}A_r\right]\boldsymbol{u}_\phi$$

或

$$\boldsymbol{H} = \frac{1}{r}\left[\frac{\partial}{\partial r}(-C\sin\theta \cdot \mathrm{e}^{\mathrm{i}kr}) - \frac{\partial}{\partial \theta}\left(\frac{C}{r}\cos\theta \cdot \mathrm{e}^{\mathrm{i}kr}\right)\right]\boldsymbol{u}_\phi$$

或

$$H_\phi = C\mathrm{e}^{\mathrm{i}kr}\sin\theta\left(\frac{1}{r^2} - \frac{\mathrm{i}k}{r}\right) \qquad (式 5-6)$$

式 5-6 可以用于确定电场，因为在远离偶极子的自由空间中，$\hat{\sigma}\boldsymbol{E} = \boldsymbol{0}$。麦克斯韦式表明 $\vec{\nabla} \times \boldsymbol{H} = \varepsilon_0 \partial \boldsymbol{E}/\partial t = -\mathrm{i}\omega\varepsilon_0 \boldsymbol{E}$，与 $H_r = rH_\theta = 0$ 进行相似的行列估算，得

$$E_r = 2C\left(\frac{k}{\omega\varepsilon_0 r^2} - \frac{1}{\mathrm{i}\omega\varepsilon_0 r^3}\right)\mathrm{e}^{\mathrm{i}kr}\cos\theta$$

和

$$E_\theta = C\left(\frac{k}{\omega\varepsilon_0 r^2} - \frac{1}{\mathrm{i}\omega\varepsilon_0 r^3} - \frac{\mathrm{i}\omega\mu_0}{r}\right)\mathrm{e}^{\mathrm{i}kr}\sin\theta \qquad (式 5-7)$$

若 r 值较大，则可以忽略式 5-6 和 5-7 中的 r^{-2} 和 r^{-3} 项，并且可由以下式算出：

$$\begin{cases} H_\phi = \dfrac{-C\mathrm{i}k}{r}\mathrm{e}^{\mathrm{i}kr}\sin\theta \\ E_\theta = \dfrac{-C\mathrm{i}\omega\mu_0}{r}\mathrm{e}^{\mathrm{i}kr}\sin\theta \end{cases} (r \gg 1) \qquad (式 5-8)$$

最后，根据坡印亭矢量 $\boldsymbol{S} = \boldsymbol{E}\times\boldsymbol{H}$，$S$ 的单位矢量必须是 $\boldsymbol{u}_\theta \times \boldsymbol{u}_\phi = \boldsymbol{u}_r$，因为 $\boldsymbol{E} = E\boldsymbol{u}_\theta$ 以及 $\boldsymbol{H} = H\boldsymbol{u}_\phi$。为了算出 S 的实部的大小，用 E 乘以磁矢量分量的复共轭 H^*，以

得出

$$S_r = \frac{-Ci\omega\mu_0}{r} \cdot \frac{-Ci\omega\varepsilon_0\mu_0}{r} \cdot e^{ikr}e^{-ikr}\sin^2\theta$$

或

$$S_r = \frac{\hat{C}\omega^2}{r^2}\sin^2\theta \qquad \text{（式 5－9）}$$

式 5－9 为天线坡印亭方程，其中 $\hat{C}$ 是包含 $\boldsymbol{E} \times \boldsymbol{H}$ 中的乘积项的自由空间常数。式 5－9不仅在天线能量通量研究中具有重要地位，而且还可以采用偶极子大气分子来描述瑞利散射（如式 4－3）。

式 5－9 描述了按 $1/r^2$ 衰减的能量通量场，此种衰减计量方法是考虑到了辐射按球面一直扩展到表面积达 $4\pi r^2$ 这一过程的自然结果。磁通量与角频率 ω 成正比，并且其径向上的分量仅取决于角度 θ，即对于给定的 θ，方位角 ϕ 上的辐射是恒定的。最后，式 5－9 表明偶极子辐射不是各向同性的，而是环形的，其结果可以通过在距点源恒定距离处绘制 S_r 来确定；在 xz 平面中的分布绘制如图 5－3a 所示。垂直天线，例如商业无线电台，水平地投射其通量，在直接发送至太空的过程中能量消耗极少。飞行员利用这一点返回基地，且当信号达到最小值时，他们便知道飞行器已经在已知点正上空了。

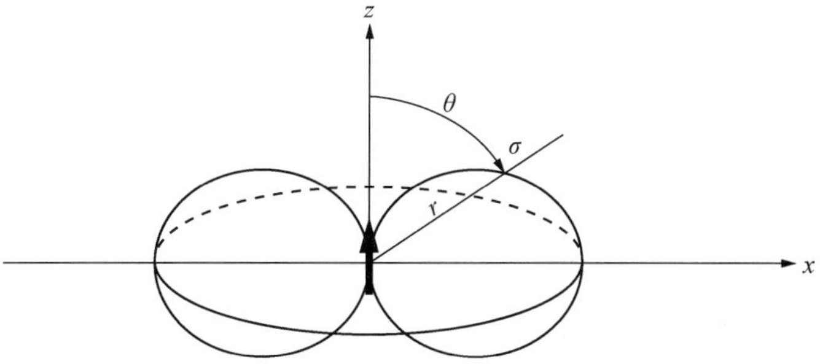

图 5－3a　距源恒定间隔（r）处的简单单偶极子天线的辐射图

该图被称为偶极子辐射。

海洋遥感需要定向天线。用于 SEASAT 高度计的抛物面天线可以引导波束并产生具有类似于图 5－3b 所示的主瓣的窄天线方向（参见图 2－28）。其他改善天线方向性的设计包括偶极子阵列，其数量和相位布置可以产生期望的结果；或者波导末端处的喇叭天线，以引导雷达波束。可以看出，投影 EMR 波束的天线方向图与接收波束的方向图相同。在第 2.8 节中讨论了其他基本天线参数，包括光接收器（辐射计）的天线。

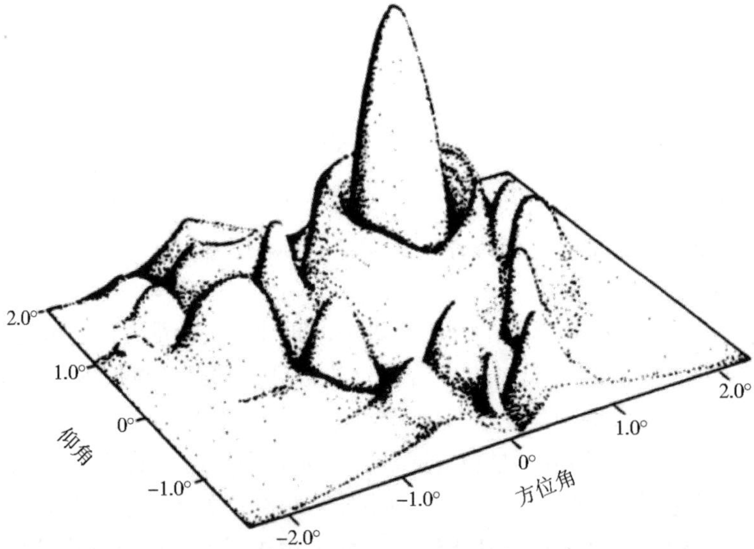

图 5-3b　美国海军研究实验室使用的 AN/FPQ-6 雷达的天线方向图

此图展示了非常窄的波束宽度增益。根据 Skolnik 的研究(1970 年)重绘。

如果，如图 5-3a 所示，在离天线一定距离 r 的某点处存在 EMR 的反射物或散射体，则在遥感中基本上能够量化在天线孔径处接收的功率。在距离 r 处的单位面积 P_r 的功率为

$$P_r = \frac{P_{tr} G(\theta, \phi)}{4\pi r^2}$$

其中，$4\pi r^2$ 是球面度归一化。假设 σ 是散射体在 r 处的有效面积，则 P_r 散射回的数量是 $P_r \sigma$，并且单位面积的后向散射功率是 $P_r \sigma / 4\pi r^2$。接收的总功率取决于有效孔径面积(式 2-86) $A_e = G(\theta, \phi)\lambda_L^2/4\pi$；将有效面积乘以单位面积的功率得到天线的入射功率 P_{in}：

$$P_{in} = \frac{P_{tr} G^2(\theta, \phi)\sigma\lambda_L^2}{(4\pi)^3 r^4} \quad \text{(式 5-10)}$$

式 5-10 是极为重要的，被称为雷达测距方程，其中 σ 以面积单位来测量。注意，接收功率取决于增益的平方，并且与到目标的距离 r 的四次方成反比。式5-10 忽略了可能由于吸收或散射而导致回波信号损失的任何大气影响。

表 5-4　用于射电天文学的微波波段

频带/GHz	中心波长/cm
1. 40～1. 427	21. 2
1. 66～1. 69	17. 9
2. 69～2. 70	11. 1

续表 5－4

频带/GHz	中心波长/cm
3.165～3.195	9.4
4.80～4.81	6.2
4.99～5.00	6.0
5.80～5.815	5.1
8.68～8.70	3.4
10.68～10.70	2.8
15.35～15.40	1.9
19.30～19.40	1.5
31.30～31.50	1.0
33.00～33.40	0.9
33.40～34.00	0.9
36.50～37.50	0.8

由于雷达中使用的人为辐射会干扰被动辐射测量，所以为科学目的特意划出了某些特定频率。这种远见归功于那些早在 1931 年便开始探测地球外的热辐射的射电天文学家们的努力。表 5－4 列出了 1964 年为射电天文学划出的频率和波长。通过天文学家对大气微波性质的本质的辅助研究，微波海洋遥感科学也成型了。注意，SMMR(表 5－2)使用了几个射电天文学频率，但没有一个主动微波仪器(参见表 1－8)使用上述频率。无线电海洋学家要感谢天文学家在被动辐射测量方面做出的许多进步：天线和接收器的设计、大气辐射传输的进步，以及为了科学保留这些频率的政治勇气。在由吉福德·尤因主持的伍兹霍尔海洋研究所会议(图 1－2)结束后(1964 年)，促进该领域发展的最强推动力当属是否将仪器转向海洋观测的严肃讨论了。

5.2 水和空气的微波性质

在第二次世界大战期间，科学家们对微波技术进行了广泛的研究，其中大部分研究是在麻省理工学院的辐射实验室进行的。通过这些研究，29 卷雷达工程相关书籍得以出版。第 1 卷，由 L. N. Ridenour 编辑，题为《雷达系统工程》，总结了到 1947 年的技术。在 20 世纪中叶之前，基本上所有在 SEASAT 运用得登峰造极的技术就已经处于开发状态了。1970 年，M. I. Skolnik 编辑了雷达手册，其中更新了一些技术。1978 年，关于无线电海洋学的专刊《边界层气象学》(第 13 卷，1～4 期)收集了大量海洋微波遥感方面的 SEASAT 发射前知识。第 5 章主要讲述地球物理学方面的微波遥感知识，感兴趣的读者应该充分意识到，是国际冲突期间的雷达工程才使得测量发展到今天的水平。

5.2.1 微波与平静水表面的相互作用

EMR与水相互作用的物理学原理是波长的函数。在本节中，只需要对长波辐射的结果进行详细说明，例如瑞利－金斯式(式2－15)

$$M(\lambda_L,T)\mathrm{d}\lambda = \frac{2\pi v_0 k}{\lambda_L^4}T\mathrm{d}\lambda$$

回顾表2－3，$v_0 = \lambda\nu$ 和 $|\mathrm{d}\nu| = v_0\lambda^{-2}\mathrm{d}\lambda$，对于每个偏振，偏振微波温度 T_P 为

$$T_P \equiv \frac{Mv_0{}^2}{2\pi k\nu^2} = \frac{M\lambda_L^2}{2\pi k} \qquad (式5-11)$$

微波偏振辐亮度，$M/2\pi$，正是前面使用的辐亮度，只是在微波中的单位是 $W\cdot m^{-2}\cdot Hz^{-1}\cdot sr^{-1}$，即每带宽 $\Delta\nu$ 赫兹的每球面度的通量。如果 $\nu/T\leqslant3.9\times10^8\ Hz\cdot K^{-1}$，式5－11与普朗克定律的偏差范围小于1%。对于300 K的海洋，当式5－11引入小于1%的误差时，上述表达式显示 $\nu<117$ GHz(或 $\lambda>0.26$ cm)。

相较于光波，海水与纯水的差异对微波频率有更重要的影响。在微波中，折射率的平方被称为介电常数，并且在某些频率下是温度和盐度的复杂函数。类似地，反射率和平面的发射率是温度和盐度的函数，并且如下所述，海面状况和泡沫覆盖率也是如此。此外，冷冻会使微波发生显著变化，比可见光或红外光变化更明显。上述问题将在以下段落中连同其他问题一起讨论。

介电常数 K 被定义为物质的介电常数 ε 与自由空间的介电常数 ε_0 的比值

$$K \equiv \frac{\varepsilon}{\varepsilon_0} \qquad (式5-12)$$

从式2－55b可以看出介电常数是折射率的平方，即 $K = n^2$。就简单的平行板电容器而言，介电常数是有电介质的电容与不具有电介质的电容的比值，因此其值总是大于1(值被定义为1的自由空间除外)。跟折射率一样，介电常数是一个复数，并且被写为

$$K = K_R + \mathrm{i}K_I$$

可以根据复折射率的平方推导出折射率和介电常数之间的关系为

$$K_R = n_R^2 - n_I^2,\ K_I = 2n_R n_I$$

物理化学家已经广泛地研究了纯水的介电性能。经过不懈努力，他们终于推导出一个被称为德拜公式的近似式，该式以物理学家和化学家彼得·德拜(1884—1966年)，也是1936年诺贝尔奖得主的名字命名，因为彼得·德拜首次提出了该方程。通过对纯水进行实验，得到大量实验数据，对这些数据进行经验拟合，得出了以下的德拜式：

$$K_R + \mathrm{i}K_I = K_\infty + \frac{K_s - K_\infty}{1-\mathrm{i}\omega t_K} \qquad (式5-13)$$

当角频率 $\omega(=2\pi\nu)\rightarrow\infty$ 时，K_∞ 为介电常数，K_s 是静电介电常数，t_K 被称为弛豫时间，并且基本上等于可极化材料中的电摩擦力的量度。纯水的静电介电常数和弛豫时间都是温度 T 的函数，根据下式计算：

$$K_s = 87.74 - 0.40008T(℃) + 9.398 \times 10^{-4}T(℃)^2 + 1.410 \times 10^{-6}T(℃)^3 \quad (式 5-14a)$$

$$t_K = 1.7681 \times 10^{-11} - 6.0861 \times 10^{-13}T(℃) + 1.1042 \times 10^{-14}T(℃)^2 - 8.1105 \times 10^{-17}T(℃)^3 \quad (式 5-14b)$$

其中，T(℃) 表示以摄氏度为单位。项 K_∞ 不受温度影响，在液体纯水环境下等于 4.9。式 5－14a 和式 5－14b 表明，K_s 和 t_K 随温度的增加而递减。

物理化学相关文章和关于水的专著在物理学方面对式 5－13 和式 5－14 的详细细节和发展做出了详细解释。有兴趣的读者可参阅 Felix Francks 编辑的《水：综述》。在微波遥感中，介电常数的重要性在于可以使用第 2 章介绍的理论计算反射比和吸收系数。图 2－9、图 2－10 和图 2－20 中的曲线表示的是 T＝25 ℃的情形。在可见光和红外光频率下，介电常数(折射率的平方)并不强烈依赖于温度，但当靠近亚厘米波时，温度却是重要的，特别是在海水结冰发生相变时，温度的重要性便凸显出来。

海洋遥感中使用介电常数，可根据菲涅耳式和德拜公式计算 25 ℃和 0 ℃的水的发射率，以及 0 ℃的冰的发射率。首先，回顾基尔霍夫定律，不透明材料($\tau \approx 0$)的发射率 $\varepsilon(\lambda)$ 仅为 $1-\rho$，其中，$\rho(\lambda)$ 为反射率。在垂直入射(式 2－72)时，反射率为

$$\rho_{\substack{h\\v}} = \frac{(\sqrt{K}-1)^2}{(\sqrt{K}+1)^2}$$

使用与第 2.7 节中讨论的复数的平方根相同的参数，得出

$$\sqrt{K} = \sqrt[4]{K_R^2 + K_I^2}\left(\cos\frac{\phi}{2} + i \cdot \sin\frac{\phi}{2}\right)$$

其中，$\phi = \tan^{-1}(K_I/K_R)$。接着，在 $\rho_{\substack{h\\v}}$ 的平方中选择复共轭，则垂直入射反射率是

$$\rho_{\substack{h\\v}} = \frac{1 + r - 2\sqrt{r}\cos\frac{\phi}{2}}{1 + r + 2\sqrt{r}\cos\frac{\phi}{2}} \equiv 1 - \varepsilon_{\substack{h\\v}} \quad (式 5-15)$$

其中，$r \equiv \sqrt{K_R^2 + K_I^2}$，$\varepsilon_{\substack{h\\v}}$ 是偏振垂直入射的发射率。当波长为 1 cm 时，根据式 5－13 和式 5－14，在 T＝0 ℃处，$K_R = 11.8$，$K_I = 22.8$。而在 T＝25 ℃处，$K_R = 27.0$，$K_I = 33.7$。因此，根据式 5－15 计算，30 GHz (1 cm)处的发射率为 $\varepsilon_{\substack{h\\v}}(0℃) = 0.49$，$\varepsilon_{\substack{h\\v}}(25℃) = 0.42$。回顾一下瑞利－金斯方程式(式 5－11)，黑体辐射率与温度成正比。0 ℃(273.16 K)和 25 ℃(298.16 K)下的 $\varepsilon_{\substack{h\\v}}T$ 乘积分别为 133.8 和 125.2，因此在 1 cm (30 GHz)处，海洋表面辐射率不仅随着温度的增加而降低，并且与绝对黑体百分比变化(＋9%)相比，其百分比变化仅为－6%。这表明 30 GHz 并不适合对表面温度进行微波遥感。

另一方面，对于冰来说，式 5－13 中的 K_∞ 没有明显变化，但是由于状态的变化，弛豫时间 t_K 变得相当大。冰的典型值如下：

$$K_\infty \approx 3.2$$

$$K_s - K_\infty \approx 2.7 \times 10^4 (T - 36K)^{-1}$$

$$t_K \approx 5.3 \times 10^{-16}\exp(0.57/kT)$$

其中，k 是玻耳兹曼常数，详细内容参见彼得·霍布斯的《冰物理学》。当 $T=273.16$ K 时，使用德拜式中的值，根据式 5－15，发射率 $1-\rho_{\frac{h}{v}}$ 等于 0.92，并且 εT 为 251.3。在辐射方面，30 GHz 下的冰比 25 ℃下的纯水“亮”一倍！这是将被动微波辐射测量用于极地海洋学研究的基本优点，极地海洋学研究可以描绘海冰边界。

对于海水或天然淡水，必须修改式 5－13，因为电导率 $\hat{\sigma}$（参见麦克斯韦方程组，即式 2－19）不为 0。在第 2 章关于导电介质的讨论中，$i\hat{\sigma}/\omega\varepsilon_0$ 代表 $\boldsymbol{E}$ 的衰减。每一名海洋学家都知道，海水可以导电，将这一事实与介电常数结合起来考虑，海水的德拜式可被写为

$$K_R + iK_I = K_\infty + \frac{K_s(T,S) - K_\infty}{1 - i\omega t_K(T,S)} + \frac{i\hat{\sigma}(T,S)}{\omega\varepsilon_0} \qquad （式 5－16）$$

在式 5－16 中，$\hat{\sigma}(T,S)$ 为海水的直流电导率，表示为

$$\hat{\sigma}(T,S) = \hat{\sigma}(25\ ℃,S)e^{-\Delta\Pi} \qquad （式 5－17a）$$

式中

$$\begin{aligned}\Pi \equiv\ & 2.033 \times 10^{-2} + 1.266 \times 10^{-4}\Delta \\ & + 2.464 \times 10^{-6}\Delta^2 - S(1.849 \times 10^{-5} \\ & - 2.55 \times 10^{-7}\Delta + 2.551 \times 10^{-8}\Delta^2)\end{aligned}$$

和

$$\Delta \equiv 25\ ℃ - T\ (℃)$$

且

$$\begin{aligned}\hat{\sigma}(25\ ℃,S) = S(& 0.182\,521 - 1.461\,92 \times 10^{-3}S \\ & + 2.093\,4 \times 10^{-5}S^2 - 1.282\,05 \times 10^{-7}S^3)\end{aligned}$$

电导率单位为欧姆每米，盐度 S 以千分数（‰）表示，温度为摄氏度。与纯水一样，$K_\infty = 4.9$，但在盐水中，静电介电常数 $K_s(T,S)$ 和弛豫时间 t_K 如下：

$$\begin{aligned}K_s(T,S) = [& 87.134 - 1.949 \times 10^{-1}T(℃) - 1.276 \times 10^{-2}T(℃)^2 \\ & + 2.491 \times 10^{-4}T(℃)^3][1 + 1.63 \times 10^{-5}S \cdot T(℃) \\ & - 3.656 \times 10^{-3}S + 3.210 \times 10^{-5}S^2 - 4.232 \times 10^{-7}S^3]\end{aligned} \qquad （式 5－17b）$$

和

$$\begin{aligned}t_K(T,S) = t_K(& 1 + 2.282 \times 10^{-5}ST - 7.638 \times 10^{-4}S \\ & - 7.760 \times 10^{-6}S^2 + 1.105 \times 10^{-8}S^3)\end{aligned} \qquad （式 5－17c）$$

其中，t_K 是纯水的式 5－14b 中给出的温度的函数。注意，$S=0$‰，因为天然淡水含有杂质，所以对于纯水，式 5－17b 不能简化为式 5－14a。还要注意的是，天然淡水（如河流和湖泊）的电导率不为 0，因为它们的盐度值是 0.1‰。

图 5－4 是在微波遥感频率上物质的介电常数实部和虚部的曲线图。随着频率的增加，$i\hat{\sigma}/\omega t_K$ 重要性降低，因此在绘制纯水曲线时不必再将海水和淡水分开。当低于 5 GHz 时，K_I 的主导因素为盐度，但在所有频率下，K_R 中温度和盐度同为主导因素。

回顾介电常数和折射率(式 5 - 12)之间的关系，由图 2 - 9 可以看出，德拜式不能外推到光学频率，因为在某些频率，水分子会与 EMR 产生共振。尽管温度和盐度影响越接近光学频率越低，但是由于使用折射计来粗略地确定密度，以测量可见波长处的折射率的差异，故该影响仍是不可忽视的。

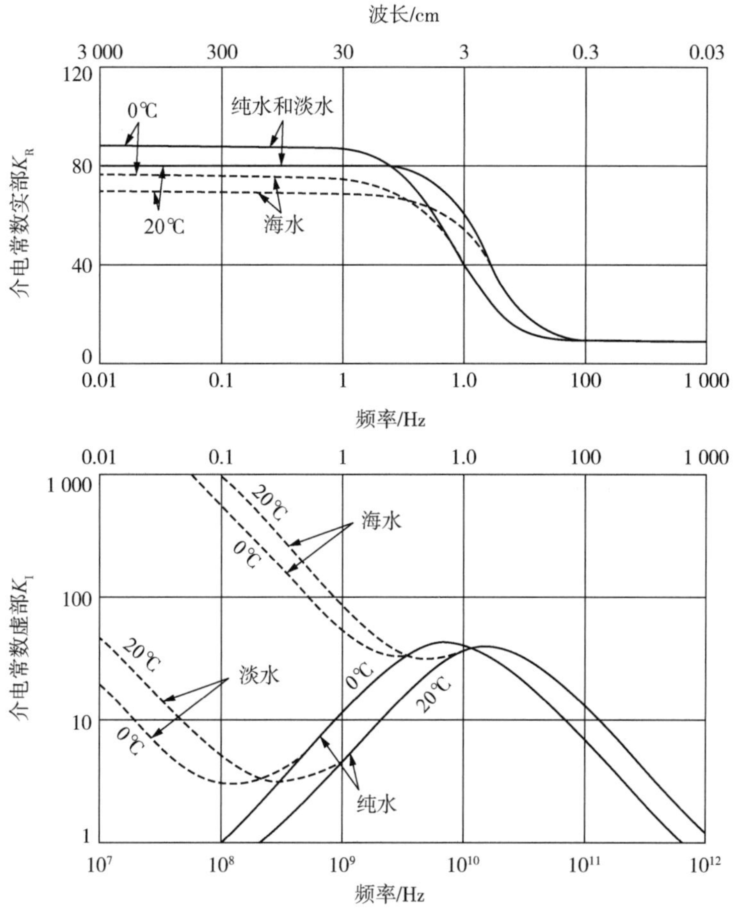

图 5 - 4　复介电常数曲线图

上图为介电常数的实部，下图为其虚部。“海水”的盐度为 36‰；“淡水”的电导率为 0.01 mhos · m^{-1}；“纯水”的电导率接近 0。根据 Paris 的研究(1969 年)重绘。

微波辐射穿透海洋的深度被称为趋肤深度，由下式给出(参见式 3 - 37)：

$$Z_{SD} \equiv a(\lambda)^{-1} \qquad (\text{式 } 5-18)$$

其中，$a(\lambda)$是光吸收系数。式 2 - 48 表示 $a(\lambda) = 2k_0 n_I$，在微波波段，$n_I = \mathrm{Im}\sqrt{K}$；$\mathrm{Im}\sqrt{K}$ 是介电常数的平方根的虚部。图 5 - 4 显示了 K_R 和K_I 作为温度、盐度和频率的函数，均会对 $\mathrm{Im}\sqrt{K}$ 的值造成影响。在 1.43 GHz 下，纯水环境中的 Z_{SD} 约为 9 cm，在 35‰的盐度中该值变为约 1 cm。对于温度为 20 ℃，盐度为 36‰的海水，1 GHz处的 Z_{SD} 为约 1 cm，20 GHz 处该值变为约 1 mm。请注意，在 Z_{SD} 处，EMR

波 $S = \varepsilon \nu E^2$（式 2 - 32）的能量通量降低到原值的 e^{-1}，但是电矢量幅度也降低到其的 e^{-2}。地球物理学研究的一个重点即是能量通量，与第 3.6.5 节中讨论的机载红外热通量技术类似，不同频率下 Z_{SD} 的差异有助于微波热通量辐射计的设计。

由于介电常数是温度和盐度的函数，因此发射率、发射或亮度温度

$$T_B(\lambda) = \varepsilon(\lambda) T_p(\lambda) \quad (式 5-19)$$

也取决于盐度和温度。图 5 - 5 显示了 1～40 GHz 范围内天底观测辐射计观测信号随温盐的变化。在 1 GHz 下，盐度始终为 35‰，持续增加的热力学温度导致发射率迅速降低，因而发射的微波温度也降低。在约 2 GHz 和 20 GHz 处，热力学温度的变化不会对微波辐射计检测结果造成影响。在大约 6 GHz 处，$\Delta T_B / \Delta T$ 达到最大值（约 0.42），并且在该频率处，被动辐射计与海洋温度呈线性正相关。图 5 - 5 所示的最大温度灵敏度为 40 GHz。

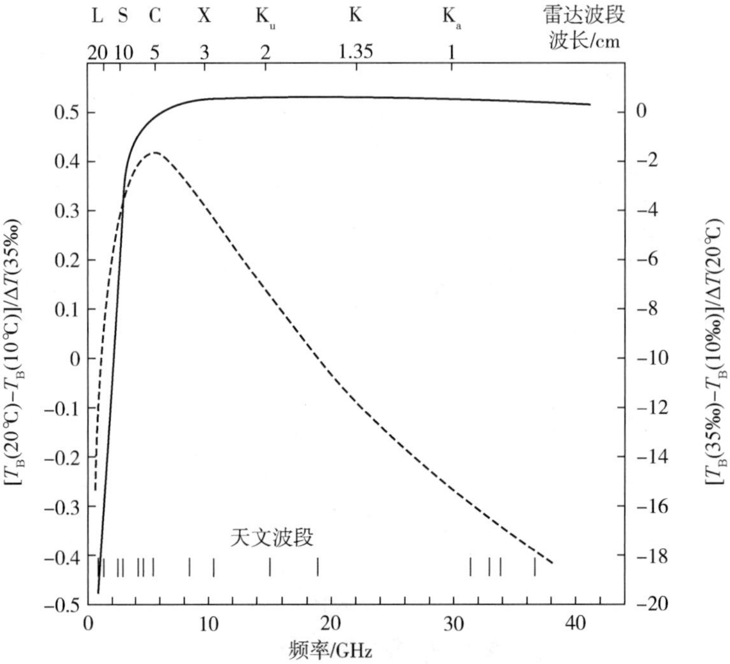

图 5 - 5 海水亮度、温度随温盐变化示意

虚线表示 20 ℃和 10 ℃海水亮度温度差相对于频率的变化；两种温度均为 35‰盐度下测量。实线表示 35‰和 10‰盐度海水亮度温度差随频率变化；两种盐度均在 20 ℃下测量。垂直条表示表 5 - 4 中列出的天文频带。天底角 = 0°。根据 Wilheit 等人的研究（1980 年）重绘。

盐度影响亮度温度，但不会对热力学温度造成影响，如图 5 - 5 所示。1 GHz 环境下微波辐射对盐度变化最敏感，在 6 GHz 微波辐射不受盐度变化影响，在 10 GHz 以上盐度变化仅对微波辐射产生轻微影响。设计用于检测盐度的辐射计将在 L 波段工作以优化信噪比。这些设备已安装到飞机上，但如表 5 - 1 所示，只有美国天空实验室的 S - 194 辐射计在 1.4 GHz 对卫星进行测量。

图 5 - 5 显示了仅在天底观测时的温度和盐度影响。由于发射率仅为 $1 - \rho(\lambda, \theta)$，

故图 2 - 18 和图 2 - 19 可以用来估算 θ 与水平和垂直偏振的关系。对于给定的频率，发射率的水平分量从约为 0.4 的典型值（当 $\theta = 0^\circ$ 时）减少到 0（当 $\theta = 90^\circ$ 时）。然而，在微波频率处，垂直分量在接近主入射角（布儒斯特角）处增加到最大值，在微波频率下 $\theta = 80^\circ$，在临界入射时迅速降低到 $\varepsilon(\lambda,\theta) = 0$。在 $\theta = 50^\circ$ 处，例如在 NIMBUS - 7 SMMR 上，如果辐射计呈水平极化，则图 5 - 5 中的虚线曲线将降低约 1/3；如果探测的是垂直极化则该虚线曲线抬高约 1.5 倍，如果探测的是垂直极化，则该虚线曲线抬高约 1.5 倍。在垂直极化的主入射角处，发射率对亮度温度影响最小（但不可忽略），但是对于实际应用中这个角度又太大。类似地，对于垂直偏振，盐度敏感曲线（图 5 - 5 中的实线）将更高，而对于水平偏振该曲线更低。

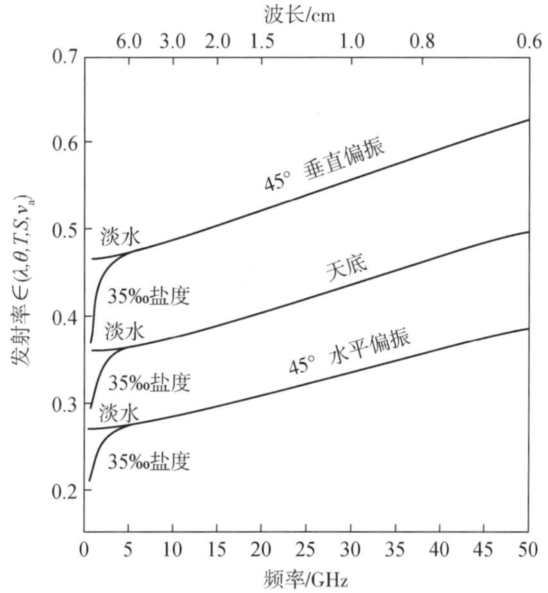

图 5 - 6　当温度 $T_P = 293.16$ K 时，平静水面发射率，是波长和频率的函数

与海水相同盐度的氯化钠（NaCl）溶液与海水的辐射特征近似相同。根据 Wilheit 的研究（1978 年）重绘。

在光谱上，微波发射率随着频率的增加而增加，如图 5 - 6 所示。式 5 - 13 和式 5 - 15 接近线性，其中 $\varepsilon(\lambda,\theta) = 1 - \rho(\lambda,\theta)$。与图 5 - 5 中所示的盐度灵敏度曲线一样，在高于 6 GHz 的频率下，35‰的氯化钠溶液不会造成什么影响。当观察垂直偏振辐射时，发射率和亮度温度显著增大。从物理角度来看，这是由折射平面无法反射垂直偏振横波而造成的。在遥感方面，液态水的低发射率使得其与附近的固体物质，如冰或土（$\varepsilon_{land} \approx 0.9$）产生强烈对比度（式 4 - 63），并为大气中的液态水提供了良好的辐射背景。在海洋学方面，低辐射率意味着必须得了解大气和银河辐射的反射状况，以量化表面盐度或温度。

5.2.2　微波与粗糙水面相互作用

风引起的海水粗糙表面的微波发射依赖于风速，这使得微波与粗糙水面相互作用的讨论变得更加复杂。威廉·诺德伯格和他的同事在 1969 年观测到，在 19.35 GHz 处，在风速变化范围为 7 m/s $\leqslant v_a \leqslant$ 25 m/s 之间，亮度温度呈线性增加。增加的微波亮度温度与表面粗糙度和泡沫覆盖率相关。表面粗糙度是指在没有破碎波的情况下的表面张力波/重力波粗糙度比值；泡沫覆盖率是指破碎波和风吹波纹的共同效应。在接下来的章节中，将讨论单独或共同效应产生的影响。

在计算粗糙水面发射时必须考虑到以下所有因素。考虑具有入射辐亮度 L_{in} 的粗糙水面，则式 4－40 可算出反射的太阳辐亮度 L_{re}

$$L_{re} = L_{in}\rho_s \P \sec\beta\cos\theta\sec\zeta$$

图 4－31 上标出了角度 β、θ 和 ζ，其中 $\rho_s(\theta)$ 是菲涅尔反射率(式2－74)，¶是式 4－38 算出的波斜率的概率。2π 球面度反射的辐亮度是 L_{in} 在半球上的总和，即

$$L_{re} = \int_\Omega L_{in}\rho_s \P \sec\beta\cos\theta\sec\zeta \mathrm{d}\Omega \qquad (式 5-20)$$

发射辐亮度是 εL，但是根据式 5－11，辐亮度和温度呈线性相关，因此亮度温度是 $T_B = \varepsilon T_P + T_{re}$，或

$$T_B = \varepsilon T_P + \int_\Omega T_{in}\rho_s \P \sec\beta\cos\theta\sec\zeta \mathrm{d}\Omega \qquad (式 5-21)$$

其中，$T_{in} = T_{in}(\theta,\varphi)$ 是空间和大气的微波温度(具有极化特征)。式 5－21 是风引起的粗糙海面亮度温度的表面边界条件。

通常用单位面积的后向散射截面或归一化雷达截面(NRCS)σ，来表示来自粗糙水面的微波散射。为了导出表达式，首先要定义双站散射系数 γ，为

$$\gamma(\theta_{in},\phi_{in};\theta_{sc},\phi_{sc}) \equiv \frac{P_{sc}(\theta_{sc},\phi_{sc})}{P_{in}(\theta_{in},\phi_{in})} \qquad (式 5-22)$$

其中，角度 θ、φ 分别描述入射和散射功率的球面坐标方向，如图 5－7 所示。散射辐亮度和在任一偏振处的入射辐亮度为

$$L_{sc} = P_{sc}/(A_{sc}\Omega_{sc}),\ L_{in} = P_{in}/(A_{in}\Omega_{in})$$

考虑到 $\Omega_{sc} = \Omega_{in}$，表明散射区域呈球面分布(即 $A_{sc} = 4\pi r^2$)，以及 $A_{in} = A\cos\theta_{in}$(其中 A_{in} 是表面 A 的投影)，式 5－22 可写作

$$\gamma = \frac{L_{sc} \cdot 4\pi r^2}{L_{in} A\cos\theta}$$

散射辐射的反射率最好为定向反照率，即以特定偏振和频率从粗糙表面反射到方向 θ_{sc}，ϕ_{sc} 的功率除以入射在该区域上的总功率的值，即

$$\widetilde{A}(\theta,\phi) \equiv \frac{1}{4\pi}\int \frac{P_{sc}}{P_{in}}\mathrm{d}\Omega \qquad (式 5-23)$$

其中，$(4\pi)^{-1}$ 将定向反照率归一化到 $0 \leqslant \widetilde{A}(\theta,\phi) \leqslant 1$。使用式 5－22 和 γ 导出的表达式，得

$$\widetilde{A}(\theta,\phi) = \int \frac{L_{sc} r^2}{L_{in}\cos\theta \cdot A}\mathrm{d}\Omega \qquad (式 5-24)$$

双站散射系数与后向散射系数有关，根据

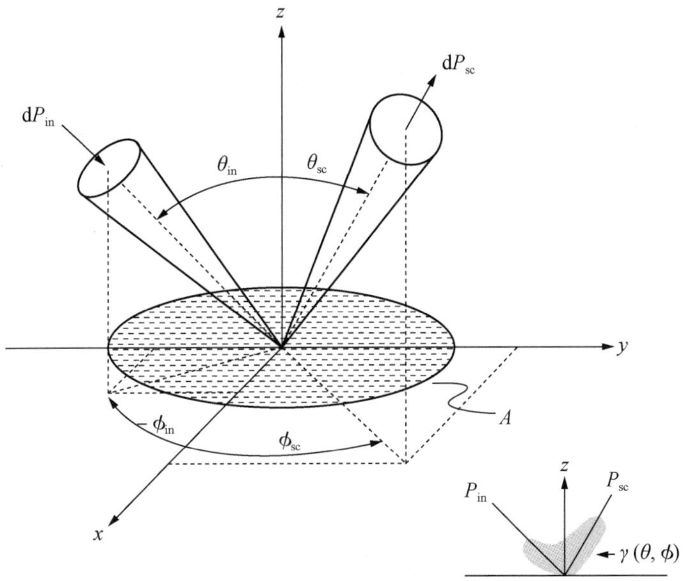

图 5－7 粗糙表面散射几何结构

插图为双站散射系数 $\gamma(\theta_{in},\phi_{in};\theta_{sc},\phi_{sc})$ 的散射辐射分布图。

$$\sigma_{ij} \equiv \gamma_{ij}\cos\theta_{in} \quad \text{（式 5－25）}$$

其中，下标 i 和 j 分别表示入射和散射辐射的极化状态(h 表示水平，v 表示垂直)。

结合式 5－25 和式 5－23，可以将定向反照率写为

$$\widetilde{A}(\theta,\phi)_i = \frac{\sec\theta_{in}}{4\pi}\int\sigma_{ij}\,d\Omega \quad \text{（式 5－26a）}$$

如果要充分考虑偏振，则

$$\widetilde{A}(\theta,\phi)_i = \frac{1}{4\pi}\int(\gamma_{ii}+\gamma_{ij})\,d\Omega \quad \text{（式 5－26b）}$$

在式 5－26a 和式 5－26b 中，$\widetilde{A}(\theta,\phi)_i$ 定义了所考虑的偏振，并且表明对于水平偏振辐射反射和垂直偏振辐射反射来说，双站散射系数是不同的。换句话说，如果一种偏振辐射在粗糙的大海上入射，则散射的辐射既有垂直分量又有水平分量。

根据式 5－26，粗糙表面边界条件(式 5－21)为

$$T_B = \varepsilon_i T_p + \begin{cases} \dfrac{\sec\theta_{in}}{4\pi}\displaystyle\int T_{in_i}\sigma_{ij}\,d\Omega \\ \text{或} \\ \dfrac{1}{4\pi}\displaystyle\int(T_{in_i}\gamma_{ii}+T_{in_j}\gamma_{ij})\,d\Omega \end{cases} \quad \text{（式 5－27）}$$

在式 5－27 中，σ_{ij} 应用于随机偏振遥感中，从而由 σ 可得出 Cox 和 Munk 波斜率统计量与后向散射系数之间的关系，即

$$\sigma = \rho_s ¶ \sec\beta\cos\theta\sec\zeta \quad \text{（式 5－28）}$$

注意，由于黑体辐射，瑞利－金斯表达式具有线性关系，故可将温度视为具有偏

振。根据透视[几何光学、谐振(布拉格)散射或随机模型]，已经获取了 σ 的许多其他表达式，这些表达式将在适当的章节中根据需要进行详细说明。

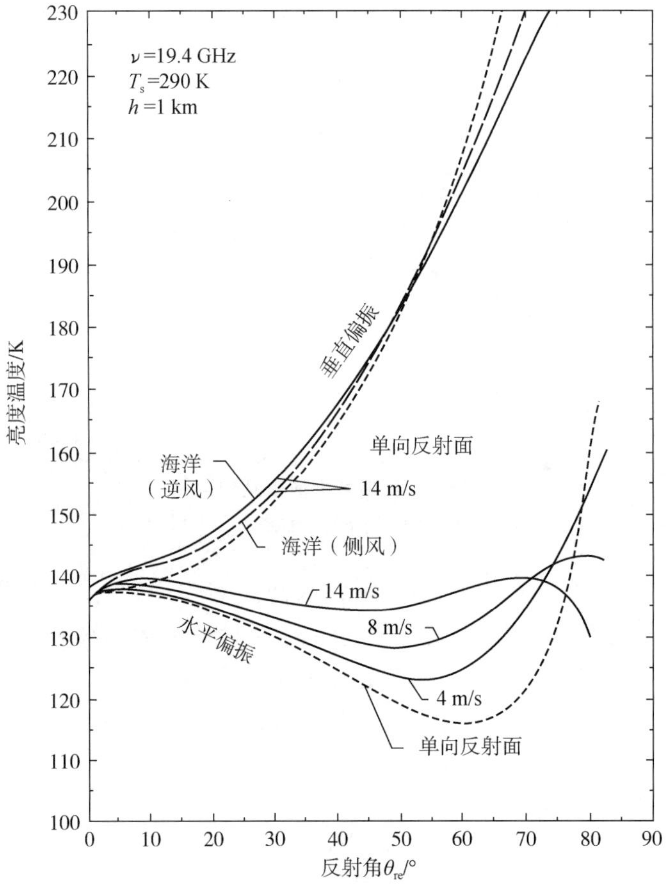

图 5－8　海洋的亮度温度

针对 19.4 GHz 的微波辐射计与反射角 θ_{re}，偏振温度 T_P = 290 K。根据 Stogryn 的研究(1967 年)重绘，其中计算采用的是海上 1 km 的数据，未考虑泡沫的影响。

海洋的粗糙度取决于风速（v_a），如用式 5－28 中的¶(参见式 4－37b)表示。然后，随机偏振入射辐射的亮度温度(式 5－27)也是 v_a 的函数。图 5－8 给出了在 19.4 GHz 处风速粗糙度(仅)对偏振 T_B 的影响，可以用上文讨论中给出的方程计算。注意，对于垂直偏振，在 θ_{re} = 50° 附近的三条曲线中有一个交叉点，当低于该值时，v_a = 14 m/s 的风速导致 T_B 略微增加，当高于该值时，粗糙度会降低亮度温度。由于 θ_{re} = 50° 对风速不够敏感，所以 SMMR 的扫描形状被设计为圆锥形，使得每个观测单元的局部天顶角约为 50°。

图 5－8 中下方曲线显示了 3 个风速下计算的亮度温度随粗糙度的变化，以及平静海水是 θ_{re} 的函数。水平偏振辐射对于风速引起的粗糙度变化更敏感，并且同样不

受泡沫的影响。从图 5－5 可以看出，该频率(19.4 GHz)的辐射基本上与温度变化无关，因此 SMMR 在 18 GHz 和 21 GHz 处对水平偏振亮度温度进行的测量应该对风速敏感。还要注意，在图 5－8 中，$\theta_{re}=60^{\circ}$以外的其他计算显示了水平偏振辐射的复杂性，因为在接近掠射视角时大气辐射主要为散射，所以造成了此种复杂性。

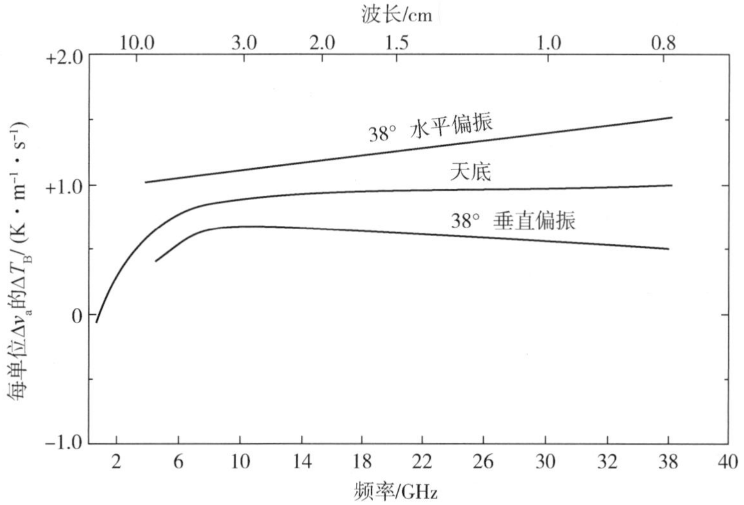

图 5－9　单位风速（v_a）的亮度温度（T_B）随波长(或频率）的变化

偏振的角度为 $\theta=38^{\circ}$。根据 Webster 等人的研究(1976 年)重绘。

当速度低于约 7 m/s 时，风不会产生泡沫，但是高于该阈值时，风速和泡沫覆盖率之间存在线性关系。在辐射测量中，泡沫表现出黑体的特征，并且随着表面覆盖率的增加，亮度温度也会增加。图 5－9 显示了一旦超过该阈值，泡沫覆盖率和风速之间的这种线性关系会叠加在粗糙度上。图 5－9 中的纵坐标是单位风速（Δv_a）的亮度温度（ΔT_B）变化，单位为开尔文每米秒。首先注意，3 条曲线［$\theta=38^{\circ}$时的垂直偏振，天底观测（$\theta=0^{\circ}$），$\theta=38^{\circ}$时的水平偏振］近似于＋1 。这意味着在亮度温度的变化和泡沫覆盖率存在接近 1∶1 的相关性，即在给定频率处高于 7 m/s 的 $\Delta T_B/\Delta v_a$ 都接近 1。第二个需要注意的是，水平偏振比天底观测或垂直偏振观测情况下的 $\Delta T_B/\Delta v_a$ 更大。因为 $\theta=38^{\circ}$处的水平偏振比天底观测或垂直偏振的(图 5－6)发射率更低，所以斜率更大，并且由于粗糙度而随 v_a 增加(图 5－8)。准黑体(泡沫等)的覆盖率加上粗糙度的影响导致受到和不受风影响的表面的对比度更大，因此 $\Delta T_B/\Delta v_a$ 更大。最后，请注意，图 5－9 仅显示泡沫覆盖率对光谱的微弱影响。

5.2.3　微波大气影响

图 5－9 中的曲线是大气和海洋的辐射温度的函数。表 5－5 列出了大气的天顶辐射亮度温度(频率的函数)的特征值，还列出了平静海面温度为 20 ℃，盐度为 35‰的反射比；注意在 9.3 GHz 处的最小反射天顶贡献为 2.2 K。与可见光和红外遥感一

样，在微波遥感中必须仔细考虑地球大气的影响。

表 5－5 所示的下沉大气温度的明显差异，可由以下式计算：

$$T_{a_{\downarrow}} = \int_{\tau_a}^{1} T_a \mathrm{d}\tau = \int_{0}^{h_{sat}} T_a a \mathrm{e}^{-az} \mathrm{d}z$$

参见式 3－27。差异仅由 τ_a 引起。通常，大气中的微波透射率仅是吸收系数 $a(\lambda)$ 的函数；根据基尔霍夫定律，如果 $a(\lambda)$ 改变，波长处的辐射也会跟着改变。注意表 5－5 中 22. 235 GHz 处大气辐射温度的增加。这种增加是由以 22. 235 GHz 为中心的转动吸收线造成的，而该吸收线又是由大气中的水分子造成的。只有 2 种大气气体在微波频率具有重要的吸收线：22. 235 GHz（1. 35 cm）水汽线和由分子氧造成的以 60 GHz（0. 5 cm）为中心的一系列线。图 5－10 描述了这些气体的波长依赖性。

表 5－5　各频率天空温度* 和平静海表面反射率

频率/GHz	极化天空温度/K	海洋反射比（T = 20 ℃，S = 35‰）
1	12	0. 717
3	7	0. 647
4	6	0. 640
6	4	0. 632
9. 3	3. 5	0. 624
15. 8	10	0. 605
19. 35	27	0. 594
22. 235	56	0. 585
34. 0	26	0. 548

* 天空温度包括来自太阳、银河系和宇宙背景等地球外来源的辐射，以及来自大气层的辐射。

表中，若频率低于 10 GHz，则天空温度的增加是由这些地球外源引起的；若频率低于 6 GHz，则大气层造成的增温始终小于 3 K。摘自 Paris（1969 年）。

微波波段的吸收率用分贝/千米表示：

$$\frac{\mathrm{dB}}{\mathrm{km}} \equiv -10\log_{10}\frac{P_{tr}}{P_{in}} \qquad （式 5－29）$$

其中，对于 $r = 1$ km 厚度的板，P_{in} 是板的入射功率，P_{tr} 是通过板的透射功率（图 2－30a）。回顾比尔定律，得出 $P_{tr}/P_{in} = \mathrm{e}^{-ar}$，dB($\mathrm{km}^{-1}$)和 a(km^{-1})之间的关系是

$$\frac{\mathrm{dB}}{\mathrm{km}} = -10\log_{10}\mathrm{e}^{-ar} = 4.3a(\mathrm{km}^{-1}) \qquad （式 5－30）$$

图 5－10 中的双纵坐标便于比较这些单位。注意，根据吸收系数的一般定义（式 2－92），$-\mathrm{d}P = P_{ab}$，式中使用负号，是因为 $\mathrm{d}P$ 表示离开板的功率减去板上的入射功率，即 $\mathrm{d}P \equiv P_{tr} - P_{in}$。

在 1. 35 cm 处，水汽吸收量小于氧气吸收量（除了在吸收线本身附近）。对于海洋遥感来说，应避免在 22. 235 GHz 进行探测，但对于大气遥感来说，1. 35 cm 吸收线

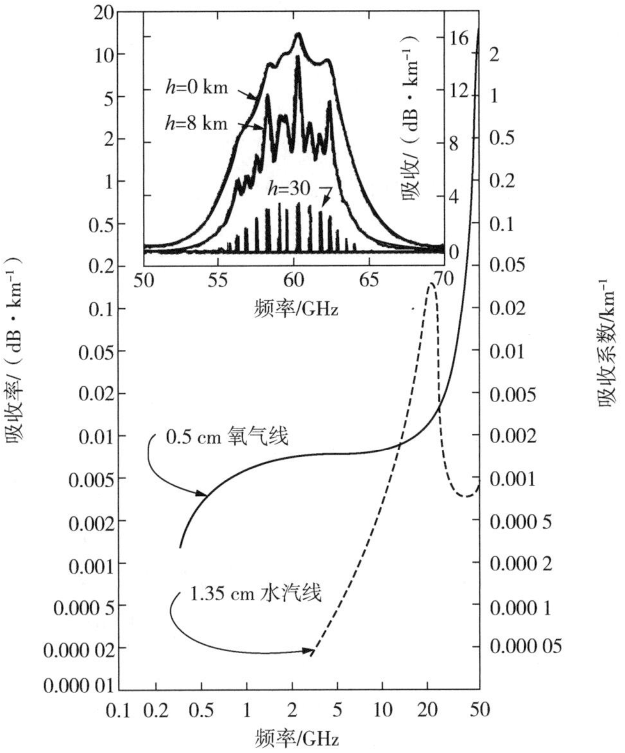

图 5－10 在密度为 7.75 gm·m^{-3}和分子氧环境下，每千米水蒸气的吸收率(以分贝为单位)

插图是 O_2 详细吸收光谱，显示高度对压力增宽的影响。根据 Bean 和 Dutton(1966 年)以及 Meeks 和 Lilley(1963 年)的数据重绘。

提供了研究大气水汽变化的机会。这也是为什么 SMMR 具有 18 GHz 和 21 GHz 通道的原因。图 5－10 中绘制的氧气线显示在约 60 GHz 处存在最大值；插图是以60 GHz 为中心的高分辨率图，表明 O_2 在多个频率的吸收。在低压（h 为地球表面以上 30 km)处，可以看到各个线。随着O_2的分压的增加，线条混合在一起(见图 5－10 的 $h=8$ km)，直到最后，在海平面上，吸收量呈现为宽带状。与氧气的情况相反，H_2O 吸收量来自单一吸收线。

在 1947 年，J. H. Van Vleck 制订了氧气和水蒸气线在 0.1 GHz$\leqslant\nu\leqslant$50 GHz 的吸收表达式。该表达式以 EMR 场对偶极分子的影响的理论分析为基础；该分析被称为振荡模型，并且使得吸收线形状略微类似于在第 3.3.1 节中讨论的劳仑兹线形。O_2 和 H_2O 的光吸收系数 a(km^{-1}）由下式给出：

$$a_{O_2}(\mathrm{km}^{-1}) = \frac{D_1}{\lambda^2}\left[\frac{\Delta\nu_1}{\frac{1}{\lambda^2}+\Delta\nu_1^2}+\frac{\Delta\nu_2}{\left(2+\frac{1}{\lambda}\right)^2+\Delta\nu_2^2}+\frac{\Delta\nu_2}{\left(2-\frac{1}{\lambda}\right)^2+\Delta\nu_2^2}\right]$$

（式 5－31）

和

$$a_{H_2O}(km^{-1}) = \frac{D_2}{\lambda^2}\left[\frac{\Delta\nu_3}{\left(\frac{1}{\lambda}-\frac{1}{1.35}\right)^2+\Delta\nu_3^2}+\frac{\Delta\nu_3}{\left(\frac{1}{\lambda}+\frac{1}{1.35}\right)^2+\Delta\nu_3^2}\right]+\frac{D_3\Delta\nu_3}{\lambda^2}$$

（式 5 - 32）

表 5 - 6 列出了式 5 - 31 和式 5 - 32 的强度因子 $D_{1,2,3}$ 和宽度因子 $\Delta\nu_{1,2,3}$；λ 是以厘米为单位的波长。注意，a_{O_2} 的中心在 $\lambda = 0.5$ cm(60 GHz)处，如 $(2 \pm \lambda^{-1})^2$ 所反映的那样；而 a_{H_2O} 以 $\lambda = 1.35$ cm(22.235 GHz)为中心，这点可以从 $(\lambda^{-1} \pm 1/1.35)^2$ 推导出来。式 5 - 32 中的 $D_3\Delta\nu_3/\lambda^2$ 项是由小于 22.235 GHz 的频率的水汽吸收谱带的吸收量引起的。对无线电波衰减的全面研究属于量子物理学的领域，但 B. R. Bhu 和 E. J. Dutton 的《无线电气象学》中涉及良好的遥感方面的知识。

微波吸收系数的变化具有频率依赖性，也具有一定的地理依赖性。由于在夏天，绝对湿度(每立方米空气的水汽克数)增加，总气压降低，所以在H_2O 和O_2之间对总微波吸收系数$a_{O_2} + a_{H_2O}$有补偿关系。图 5 - 11 显示了 2 月和 8 月海表面平均绝对湿度，给出了湿度的季节和空间变化。在冬天，当空气密度因低温增加时，每立方米的氧分子数量增加，但是水汽减少；这种 H_2O 和 O_2 之间的平衡倾向于保持微波系数不变。然而，无论是在夏季还是冬季，热带海洋大于 20 g/m³ 的水汽变化使得a_{O_2} 和 a_{H_2O}的任何季节性补偿失效。近极地和中纬度海洋的最大季节变化高达 10 g/m³。在解释季节性和地理性湿度变化时，必须考虑天气情况，例如锋面或风暴的通过，这样变化将会增大。若卫星测量需穿过大气，即使在微波频率下也必须考虑所传输的辐射的变化；对于主动传感器，必须考虑双向路径长度。

表 5 - 6　用于微波大气吸收的参数

吸收体	强度	线宽
O_2	$D_1 = 0.0783\left(\frac{P}{P_0}\right)\left(\frac{293}{T}\right)^2$	$\Delta\nu_1 = 0.018\left(\frac{P}{P_0}\right)\left(\frac{293}{T}\right)^{3/4}$
		$\Delta\nu_2 = 0.049\left(\frac{P}{P_0}\right)\left(\frac{300}{T}\right)^{3/4}$
H_2O	$D_2 = 0.00732\left(\frac{293}{T}\right)^{5/2} \cdot e^{-(644/T)}$	$\Delta\nu_3 = 0.087\left(\frac{P}{P_0}\right)\left(\frac{318}{T}\right)^{\frac{1}{2}} \cdot (1 + 10046\,\rho_{wv})$
	$D_3 = 0.0115\left(\frac{293}{T}\right)$	

定义：

P：大气压强，单位为毫巴(mb)；

P_0：1013.25 mb；

T：开尔文温度；

ρ_{wv}：水蒸气密度，单位为 g/m³；

λ：波长，单位为 cm。

表 5－7　穿过整个大气层的垂直路径的微波相关大气吸收和透射率(随频率变化)

频率/GHz	中纬度，冬季		亚热带，夏季	
	吸收率/dB	$\tau_a(\nu)$	吸收率/dB	$\tau_a(\nu)$
3	0. 030	0. 993	0. 029	0. 993
10	0. 036	0. 992	0. 045	0. 990
22. 2	0. 197	0. 956	0. 792	0. 833
32. 5	0. 179	0. 960	0. 278	0. 938
50	2. 258	0. 595	2. 334	0. 584

微波遥感大气透射率样本值见表 5－7。标有“中纬度，冬季”的一栏表示表面绝对湿度 $\rho_{wv}=2\ g/m^3$ 的干冷大气；标有“亚热带，夏季”的一栏表示表面绝对湿度为 $\rho_{wv}=16\ g/m^3$ 的潮湿温暖大气。大气变化的最大影响出现于 1. 35 cm 水汽吸收带处。在其他频率下，总吸收量或透射率保持相当恒定。在 SMMR 的通道 2(10 GHz)处，直接大气影响约为 1%，而对于通道 3 (21 GHz)，大气则可直接贡献 20%的总亮度温度。较 37 GHz 下的 NIMBUS－6 ESMR 而言，频率达 19. 35 GHz 的 NIMBUS－5 ESMR 对大气湿度更为敏感。

云层衰减可见表 5－8。若将水云与冰云在这些频率下的值进行比较，则可以发现冰云显然没有水云那么重要。冰云中的液态水含量很少超过 0. 5 g/m^3，通常为 0. 1 g/m^3或更低。而水云中的液态水含量则处于从 1 g/m^3到 4 g/m^3不等；但对于浓积云，其液态水含量则很少超出 2. 5 g/m^3这一值。每公里云层的衰减分贝数等于表 5－8中的值与绝对湿度相乘得出的数值。值得注意的是，在频率为 10 GHz (图 5－10)的情况下，水云(293 K，$\rho_{wv}=1\ g/m^3$) 会比气态水 ($\rho_{wv}=7.75\ g/m^3$) 多出一个数量级的辐射衰减；而在频率为 24 GHz 的情况下，二者的衰减则大致相同。就厚度为 1 km 的 293 K 云对透射率的影响作用而言，需考虑两种情况：一是在频率为9. 3 GHz 的时候，可通过系数 0. 983 对无云 τ_a 进行折减；二是当频率为 33. 2 GHz 的时候，折减系数应变更为 0. 797。根据表 5－8 外推得出的 SEASAT SAR 频率(1. 275 GHz)结果表明，辐射基本可顺利通过普通云层，但是在被动 SMMR 频率下，则不可完全忽略云层对辐射的衰减作用。另外，降水比较活跃的云层的衰减程度会更大。

表 5－8　云的比衰减系数[单位：dB・km^{-1}/(g・m^{-3})]

频率/GHz	温度/K						
	水云				冰云		
	293	283	273	265	273	263	253
9. 3	0. 048	0. 063	0. 086	0. 112	0. 002 5	0. 008 2	0. 005 6
16. 6	0. 128	0. 179	0. 267	0. 340	0. 004 4	0. 001 5	0. 001 0
24. 1	0. 311	0. 406	0. 532	0. 684	0. 006 4	0. 002 1	0. 001 4
33. 2	0. 647	0. 681	0. 990	1. 250	0. 008 7	0. 002 9	0. 002 0

图 5－11 给出了由降雨引起的微波衰减。降雨衰减会随着频率的降低和降水率的降低而降低。图 5－11 所示的曲线适用于 18 ℃下的大气温度。温度以稍复杂的方式影响着降雨衰减，需将系数 ± 2 应用于该曲线。一般来说，温度下降会增强衰减程度，这有点类似于表 5－8 所示的云滴影响。例如，在频率为 10 GHz 的情况下，由 293 K 云引发的衰减比 0. 25 mm/hr 降雨引起的衰减大一个数量级；但对于 2. 5 mm/hr 的降雨，二者引发的衰减则几乎相等；若高出 2. 5 mm/hr，则降雨衰减应视为主要原因。

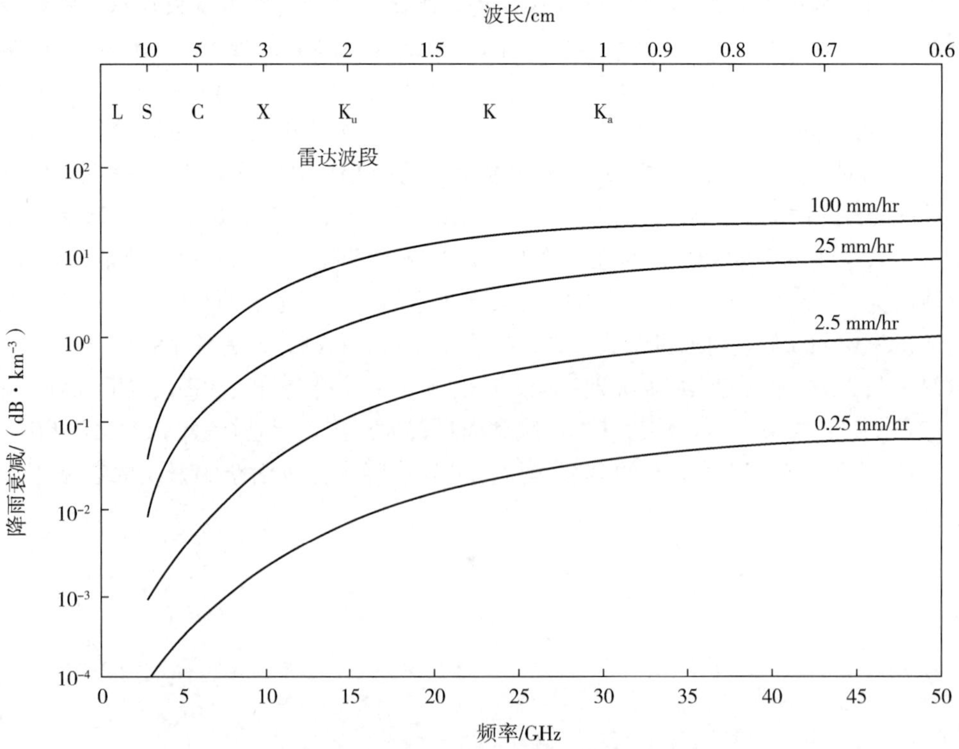

图 5－11　在 T_P = 291 K 下，不同频率的降雨衰减

主要雷达波段的字母标识见相应中心波长下方(参见表 1－3)。

气象学家已通过卫星、飞机和地面雷达对降雨率的微波测量进行了研究，且成功研究出了几种降水估测方法。对于海洋遥感，云层和降雨可视为海洋信号的一种地球物理学噪声成分。图 5 - 11 所示的曲线和表 5 - 8 中的值可以解释为影响亮度温度的一种情形。NIMBUS - 5 ESMR 的观测结果清楚地显示了与大气锋相关的主要降水带。在频率为 19. 35 GHz 的情况下，若降雨量从 1 mm/hr 增至 10 mm/hr，则亮度温度会增加约 75 K。在通过 NIMBUS - 7 或 SEASAT SMMR 等装置遥感海洋温度或风速的情况下，需考虑这一大因素。

5. 3　微波辐射传输方程式

如第 5. 2 节所示，在微波频率下大气层几乎透明这一常见误解只有在无云或降雨的情况下才可能为真。根据表 4 - 6 还可以得出的是，云滴和雾滴通常不大于 10^{-3} cm，因此瑞利散射应是主要因素；考虑到瑞利散射对 λ^{-4} 依赖性(参见式4 -3)，由液滴发出的散射几乎可忽略不计。只有雨滴足够大 (10^{-2} cm 到10^{0} cm)，才能对微波产生米氏散射，因此辐射传输方程式中的源项 $\hat{S}$(式 2 - 106)通常近似为 $(1 - \omega_0) L_P = (a/c) L_P$。其中，如前所述，$a(\lambda)$ 是光吸收系数，$c(\lambda)$ 是光衰减系数，而 $L_P = M/2\pi$ 是偏振辐亮度。微波辐射计总是仅对辐射场的一个偏振分量敏感，并且不宜使用出射度或辐亮度来给出黑体总辐射(参见式 5 - 11)。

在没有液态水滴、薄雾或雪花的情况下，式 2 - 108 形式下的微波辐射传输式为

$$L_P(0) = L_P(r_s)\tau_a + \int_0^{r_s} aL_P(T, r)\mathrm{e}^{-\int_0^r c\mathrm{d}r}\mathrm{d}r \qquad (\text{式 } 5 - 33)$$

在式 5 - 33 中，假设范围 r 可整合到表面r_s中，这始终都是海洋遥感所追求的目标。但就所有波长(可见光波长、红外线波长或微波波长)而言，上述式有可能存在不适用的情形(在海洋中或大气中)，因此通常需采用

$$L_P(0) = L_P(r)\mathrm{e}^{-\int_0^r c(r')\mathrm{d}r'} + \int_0^r a(r')L_P(r')\mathrm{e}^{-\int_0^{r'} c(r'')\mathrm{d}r''}\mathrm{d}r' \qquad (\text{式 } 5 - 34)$$

其中，r'和 r''被称为哑变量。哑变量只是一种用来跟踪自变量 r 及其积分极限的简便方法。例如，如果星载微波辐射计穿过雷暴对海洋进行观察，则衰减程度可能比较大，致使 r 远远小于表面范围 r_s，如此一来，$L_P(r)$ 则应是来自大气某层的偏振辐亮度。

式 5 - 34 说明了在无液态水且范围 $r = 0$ 的情况下，辐射计 $L_P(0)$ 的偏振辐亮度。右边的第一项是在距离 r 处的表面偏振辐亮度，即 $L_P(r)$，在通过大气层的时候，按照比尔定律 $\mathrm{e}^{-\int_0^r c(r')\mathrm{d}r'}$ 进行衰减；通过哑变量 r' 对 $c(r')$ 进行区分,其中 r' 从 $r' = 0$ 到 $r' = r$ 不等。右侧的第二项表明，在通过大气层的时候，$a(r')$ 和 $L_P(r')$ 都沿着斜程变化，并且每个乘积 $a(r') L_P(r')$ 都应按照 $\mathrm{e}^{-\int_0^{r'} c(r'')\mathrm{d}r''}$ 衰减，在 $r = 0$ 到$r = r'$这一范围进行衰减，其总和为积分 $\int_0^r \exp\left[-\int_0^{r'} c(r'')\mathrm{d}r''\right]\mathrm{d}r'$。需注意的是，积分

$\int_0^{r'} c(r'')\mathrm{d}r''$ 可以写为两个积分之间的差值：

$$\int_0^{r'} c(r'')\mathrm{d}r'' = \int_0^{r} c(r')\mathrm{d}r' - \int_{r'}^{r} c(r'')\mathrm{d}r'' \equiv \hat{u} - \hat{u}'$$

式中，$\hat{u}$ 或 $\hat{u}'$ 指大气光学厚度。根据上述定义，可将式 5－34 写为

$$L_{\mathrm{P}}(0) = L_{\mathrm{P}}(r)\mathrm{e}^{-\hat{u}} + \int_0^{r} a(r')L_{\mathrm{P}}(r')\mathrm{e}^{-(\hat{u}-\hat{u}')}\mathrm{d}r' \qquad (式 5-35)$$

文献中有时会见到式 5－35，但因为存在 $\mathrm{e}^{-(\hat{u}-\hat{u}')}$ 这一项，式 5－35 比式 5－34 更难解释。需注意的是，若 $\mathrm{e}^{-\hat{u}}$ 是一个常数，则可提到积分外。因此，整个右侧都可以乘上系数 $\tau_{\mathrm{a}} \equiv \mathrm{e}^{-\hat{u}}$（大气透射率）来进行计算。

在第 5.1 节中，微波辐射计的信噪比方程式（式 5－2）和雷达测距方程式（式 5－10）都可用功率表示。微波辐射传输方程式也可以用功率表示。回顾式 2－82，辐亮度表示的是单位面积、单位立体角上的辐射通量；对于微波天线，单位面积表示的是有效面积（式 2－86），

$$A_{\mathrm{e}}(\theta,\phi) \equiv \frac{\lambda_{\mathrm{L}}^2}{4\pi}G(\theta,\phi)$$

其中，$G(\theta,\phi)$ 表示的是根据式 2－85 得出的天线增益。从方向 (θ,ϕ) 入射到天线的偏振功率的定义为

$$\mathrm{d}P(\theta,\phi)_{\mathrm{in}} \equiv A_{\mathrm{e}}(\theta,\phi)L_{\mathrm{P}}(r=0;\theta,\phi)\mathrm{d}\Omega$$

式中，$L_{\mathrm{P}}(r=0;\theta,\phi)$ 表示当 $r=0$ 时测量出的辐亮度；$L_{\mathrm{P}}(0)$ 应通过式5－34 计算得出。如图 2－28 所示，由于增益场可允许来自 4π 球面度的一些微波功率，因此天线处的入射功率或接收功率必须是

$$P(\theta,\phi)_{\mathrm{in}} = \int_0^{4\pi} L_{\mathrm{P}}(r=0;\theta,\phi)A_{\mathrm{e}}(\theta,\phi)\mathrm{d}\Omega \qquad (式 5-36)$$

式 5－36 是偏振微波功率传递式。值得注意的是，入射到接收天线上的功率大多来自天线所指向的方向 (θ,ϕ)，而另外一些则源自其他方向。例如，来自这些特征的旁瓣能量可能会对靠近海岸线或靠近雨云边缘的 SMMR 像素造成显著影响。

微波传输方程式通常需用天线温度 T_{A} 表示，通过式 2－87，可得出 $T_{\mathrm{A}} = P(\theta,\phi)_{\mathrm{in}}/(k\Delta\nu)$，并根据式 5－11，得出 $L_{\mathrm{P}} \equiv M/2\pi = kT_{\mathrm{P}}\Delta\nu/\lambda_{\mathrm{L}}^2$。然后，将这两个式与式 5－36 和式 2－86 结合起来，可得出

$$T_{\mathrm{A}} = \frac{1}{4\pi}\int_{\Omega} T_{\mathrm{P}}G(\theta,\phi)\mathrm{d}\Omega \qquad (式 5-37)$$

这是在没有散射的情况下，用于给定偏振的天线温度传输方程式。实际上，较为简便的方法是假设 $G(\theta,\phi)$ 达到峰值，以致 $G/4\pi$ 近似于 δ 函数 $\delta(\Omega)$。由于

$$\int_{\Omega}\delta(\Omega)\mathrm{d}\Omega = 1$$

所以无限窄光束辐射计（即所谓的笔形射束）的天线温度近似于

$$T_{\mathrm{A}} = T_{\mathrm{P}}(\tau)\tau_{\mathrm{a}} + \int_{\tau}^{1} T_{\mathrm{P}}(\tau')\mathrm{d}\tau' \qquad (式 5-38)$$

式 5－38 采用式 5－34 的符号意义，除了透射率出现了改动，参见式3－16 的特定频率间隔 $\Delta\nu$ 参数。在 T_A 的所有公式中，隐含的是特定频率。但需要注意的是，笔形波束假设意味着装配有具有非常窄的主波瓣增益函数的大孔径或喇叭天线，并且在其使用过程中必须多加小心。

第 5. 2. 1 节论述了微波频率下海水发射率的显著范围，将发射和反射作为天线温度辐射传输方程式中的边界条件是比较简便的做法。对对式 3－30 进行重写，进而得出来源于天空的反射偏振辐亮度 $(1-\varepsilon)T_{a_\downarrow}$ 为

$$(1-\varepsilon_a)T_{a_\downarrow} = (1-\varepsilon_a)\tau_a\int_{\tau_a}^{1}\frac{T_a(\tau)}{\tau^2}\,d\tau \qquad (式 5-39)$$

回顾一下，式 3－30（或式 5－39）可通过对源自天空的同方向上行偏振温度进行积分，来计算出源自天空的下行偏振辐亮度(或温度)。另外，值得注意的是，如果大气是等温的，那么

$$T_{a_\downarrow} = \tau_a T_a[-\tau^{-1}]_{\tau_a}^{1} = T_a(1-\tau_a) \qquad (式 5-40)$$

对于这种特殊情况，$T_{a_\downarrow} = T_{a_\uparrow}$，可通过求解式 5－38 右侧的积分来验证 $T_P \neq T_P(\tau')$。但如第 3. 5. 6 节所述，通常为 $T_{a_\downarrow} \neq T_{a_\uparrow}$。

实际微波工作时，应考虑其他 3 种下行辐射源：来自 2. 7 K 宇宙背景的辐射、来自银河系中心的辐射以及来自太阳的辐射。对于被动海洋遥感，源自 2. 7 K 宇宙背景的辐射被认为是恒定的，但银河辐射和太阳辐射则取决于波长和观测方向。图 5－12 显示的是，在频率为 0. 96 GHz 的情况下，源自银河系的银河辐射图的一部分；插图显示的是用于描述太阳辐射的出射度－波长曲线。这些曲线将在下一段落进行论述。最大银河辐射来自赤经（RA）18^h 和赤纬（δ）30°S（参见图 4－30 天体坐标几何学）附近。在频率为 0. 081 GHz 的情况下，位于 RA＝18^h，δ ＝ 30°S 处的其他天线温度大于 10 000 K；在 0. 25 GHz 的频率下，该处的其他天线温度大于 1 000 K；而在 0. 40 GHz 的频率下，该处的其他天线温度则大于 500 K。另外，还需注意的是，图 5－12给出了源自 3 个非热离散源的无线电辐射；非热无线电辐射源无需遵守瑞利－金斯定律，即出射度会随着频率的增加而增加。

太阳射电辐射强烈依赖于太阳活动(如太阳黑子、耀斑、爆发等)和用以观测的波长。辐射应分为宁静太阳辐射或受扰动太阳辐射。宁静太阳表示的是太阳圆面上连续几个月未出现太阳黑子并且辐射处于最低值的那一段时期。图 5－12 中的插图给出了出射度，这表明宁静太阳和最大扰动太阳的太阳射电辐射黑体存在一定偏离。毫米波长下的太阳辐射来自光球层，厘米波长下的太阳辐射主要来自色球层，而分米及以上波长下的太阳辐射则来自电晕(参见第 4. 4. 1 节)。在 λ ＝ 1 cm 的情况下，可观察到 5%～10%的宁静太阳辐射变化，但若低于 λ ＝ 8 mm 这一范围，则几乎变化不大。扰动太阳通量既具有缓慢变化的组分(数日至数月不等)，又具有快速变化的组分(其中，太阳爆发会持续数秒至数小时不等)。自 1947 年以来，加拿大国家研究委员会一直坚持每天对 10. 7 cm(2. 8 GHz)下的太阳活动进行观察。

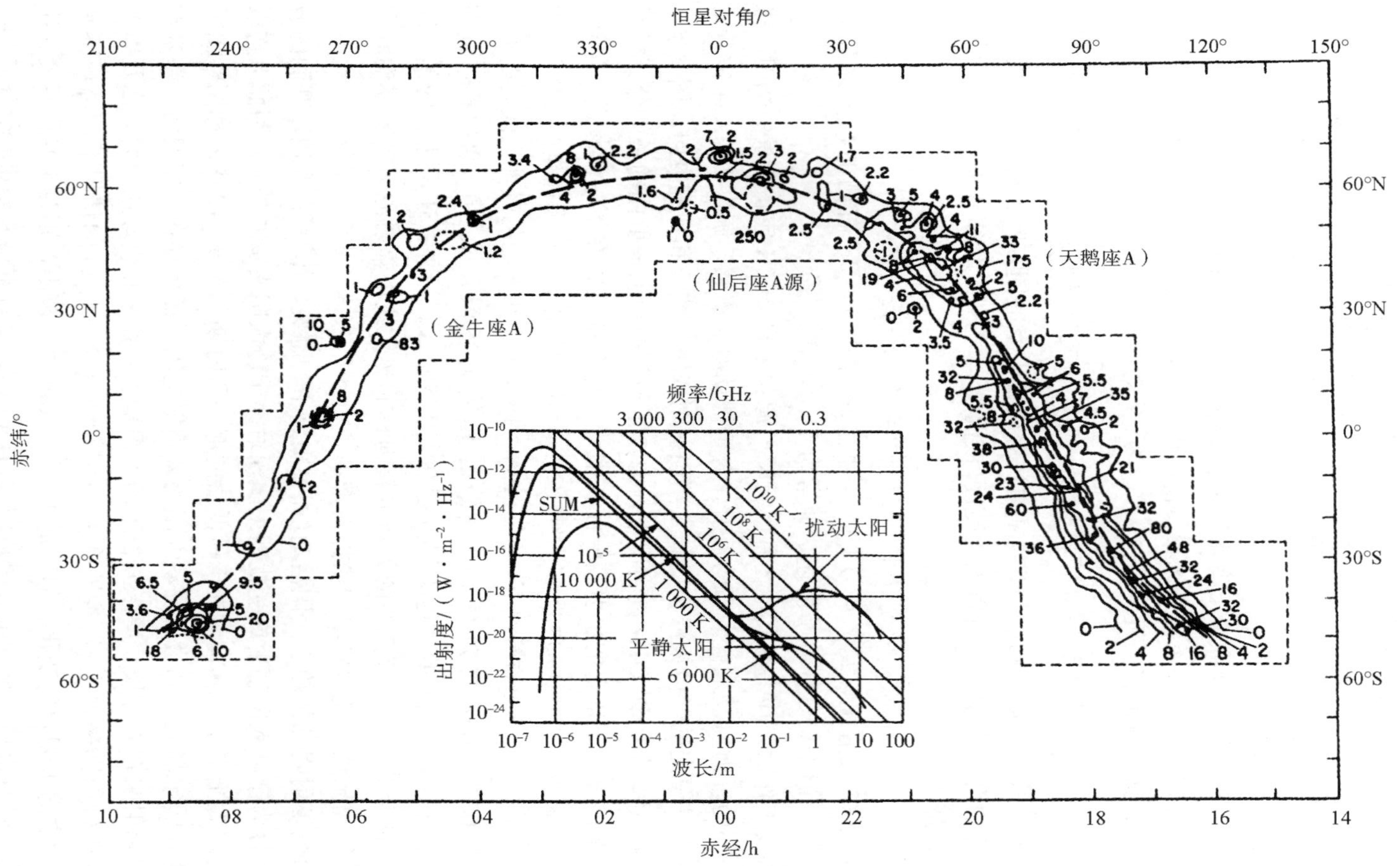

图5–12　频率为0.96 GHz且宇宙背景T_c = 2.7 K时的银河系背景温度T_g（单位：K）

两种太阳活动条件下，太阳与黑体之间的偏离；以W · m^{-2} · Hz^{-1}为单位的出射度有时被无线电工程师称为功率通量密度（单位：央斯基）。根据Valley的研究（1965年）整合并重绘。

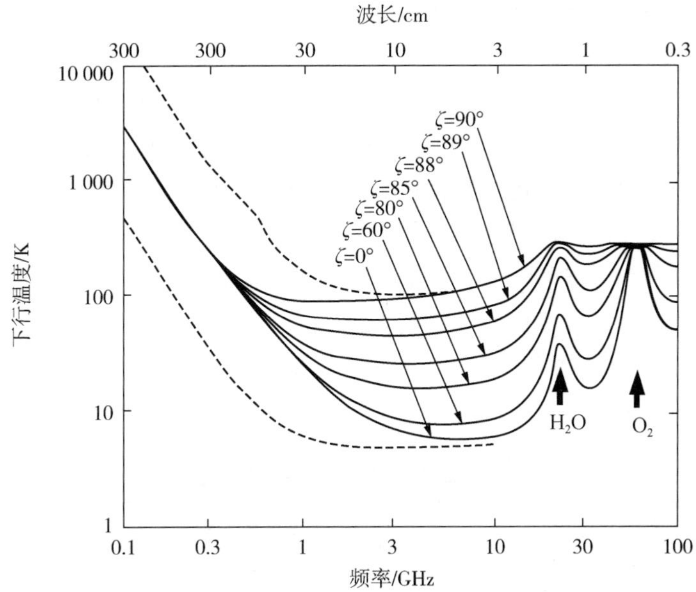

图 5－13　七个天顶角 (ζ) 以及两个太阳噪声和银河系方向条件下，源自大气层、银河系、太阳和宇宙背景的下行微波温度 (为频率和波长的函数)

计算结果适用于寒温带大气层。根据 Blake 的研究(1970 年)重绘。

图 5－13 针对理想的(无损)地面天线，对这些来自地球外的影响和大气本身的辐射影响进行了概述(如表 5－5 和图 5－10 所述)。图 5－13 所示的实线曲线描述了依赖于频率变化的温度 T_{in}，可作为温带大气层的天顶角函数；图 5－10 中显示的H_2O和O_2吸收线分别由 1.35 cm 和 0.5 cm 处的箭头表示。上部虚线假定银河噪声为最大值，且太阳噪声为宁静水平的 100 倍，用于 $\zeta = 90^{\circ}$ 的情形；下部虚线则假定银河噪声为最小值，且无太阳噪声，用于 $\zeta = 0^{\circ}$ 的情形。图 5－13 所示实线曲线是在假设银河噪声为平均值，太阳噪声温度是单位增益旁瓣宁静太阳水平的 10 倍且 $T_c = 2.7$ K的情况下计算出来的。作为参考，回顾 6.6 GHz、10.7 GHz、18.0 GHz、21.0 GHz 和 37.0 GHz 的 SMMR 频率；并需注意，对于该示例，两个最低频率均具有 T_{in} 的下限值。来自太阳的无线电辐射有 5 种不同的分类形式，通常在太阳爆发呈现不同长度和强度的情况下发生。太阳射电爆发可比图 5－13 中上部虚线所使用宁静太阳值的 100 倍还大。因此，实际上仅仅使用了银河系、宇宙和大气成分。

在实际应用中，根据 3 个反射辐射源的辐射总和，可得出海洋表面微波边界条件为

$$(1-\varepsilon)[(T_c+T_g)\tau_a(r)+T_{a\downarrow}] \qquad (式 5-41)$$

其中，$T_c = 2.7$ K，并且只有在银河系的天体坐标处于反射到天线所需的入射角时，T_c 才具有实际利用价值。对于粗糙表面，该表达式必须对半球积分，如式5－27所示[其中，$T_{in} \equiv (T_c + T_g)\tau_a + T_{a\downarrow}$]。式 5－41 必须乘以 $\tau_a(r)$，以通过大气层将反射辐射传输出去。表 5－9 总结了微波温度辐射传输方程式的上述项和其他项：

$$T_P(0) = \varepsilon T_s\tau_a + (1-\varepsilon)[(T_c + T_g)\tau_a + T_{a_\downarrow}]\tau_a + (1-\tau_a)\overline{T}_a$$

（式 5 - 42）

其中，所有 T 均是位于航天器接收（$r = 0$）处的 T_P 的指定极化，无雨水散射。式 5 - 42 对从太阳反射来的任何辐射直接忽略不计，但这可包括在（$T_c + T_g$）项中。虽然从天线所指方向反射阳光的可能性比较小，但旁瓣可能会导致相当大的能量输入。此外，来自平台本身的微波能量也可能促使 T_P 形成。

如表 5 - 7 所示，τ_a 通常大于 0.95。基于这种差异，可对传输方程式进行一定程度的简化。例如，对于较小的光学厚度，$e^{-\hat{u}} \approx 1 - \hat{u}$。因此，项（$1 - \tau_a$）可以写为 $\hat{u}$。（$1 - \tau_a$）有时被称为“不透明度”，但这仅是一种较为狭隘的用法；物理学家、化学家和摄影学家长期以来一直将不透明度定义为透射率的倒数（τ^{-1}）。

表 5 - 9　微波温度辐射传输方程式各项

项	符号	定义	单位
极化温度 表面温度 大气温度	T_p T_s T_a	在特定偏振条件下，通过瑞利 - 金斯方程式 $T_P \equiv M\lambda^2/2\pi k$，将黑体随波长变化的出射度转化为温度	K
宇宙背景温度	T_c	根据宇宙大爆炸论推测出来的普遍存在背景辐射的残差；在任何位置，$T_c = 2.7$ K	K
银河温度	T_g	来自银河系的随频率和位置的变化辐射	K
发射率	ε	在相同物理温度下，实际物体表面的出射度与黑体的出射度之比	无量纲
透射率	τ_a	有限厚度为 r 的介质透射的辐亮度与入射辐亮度的比值，其中 $\tau_a = \exp\left[-\int_0^r a(r')dr'\right]$	无量纲
反射率	$1-\varepsilon$	针对菲涅尔方程式得出的平滑表面和由定向反照率得出的实际表面	无量纲
“不透明度”	$1-\tau_a$	微波中与光物理学中的标准定义不一致，微波中不透明度被定义为透射率的倒数	无量纲

需注意的是，对于低空飞行的飞行器，式 5 - 42 第二项中括号内的 τ_a 值和括号外的 τ_a 值不同。当在括号内的时候，$\tau_a(T_c + T_g)$ 是宇宙和银河辐射到达海面的概率；当在括号外（以及位于式 5 - 42 右侧的第一和第三项）的时候，τ_a 是海面至辐射计的透射率。因此，对飞行器而言，其被动传输方程式应为

$$T_P = \varepsilon T_s\tau_\uparrow + (1-\varepsilon)[(T_c + T_g)\tau_a + T_{a_\downarrow}]\tau_\uparrow + \hat{u}\overline{T}_{a_\uparrow}$$（式 5 - 43）

其中，下标的箭头表示从地面到飞行器的路径，其小于整个大气层。对于海面（$\tau_\uparrow = 1$），式 5 - 42 或式 5 - 43 右侧的前两项通常被称为海洋亮度温度，但这种命名法往往令人

困惑(参见式 5－19)。对于式 5－42 或式 5－43，必须记住的是发射率是风速的函数(图 5－7)；随着海洋表面泡沫覆盖率的增加，发射率愈加趋于统一，导致反射的地球外辐亮度和下行大气辐亮度的影响作用减弱。

对于主动式微波传感器，大气影响可谓是当前正在研究的需要精确测量的重要变量。如第 5.1 节所述，雷达测距方程式(式 5－10)明确排除了其间大气层的非几何效应。对于雷达散射目标，球面扩展发射功率 P_{tr} 通过 $e^{-\hat{u}}$ 衰减并通过 $e^{-2\hat{u}}$ 返回接收器。对于许多应用来说，由式 5－42 得出的自然发射辐射和反射辐射可直接忽略不计或者视为噪声(参见式 5－2)，雷达测距方程式可写为

$$P_{in} = \frac{P_{tr} G^2(\theta,\phi)\sigma\lambda_L^2}{64\pi^3 r^4}\exp\left[-2\int_0^r c(r')\mathrm{d}r'\right] \qquad (式 5-44)$$

在式 5－44 中，如前所述，$G(\theta,\phi)$ 表示的是天线增益，P_{in} 代表入射到天线上的功率，σ 是雷达目标截面积，而 λ_L 则是微波波长。有相关文献涉及了以奈培每千米为单位的衰减系数 $c(r')$。奈培每千米类似于分贝每公里，仅有一处不同，即使用的是 $-1/2 \cdot \log_e e^{-cr}$ 而并非 $-10\log_{10} e^{-cr}$（式 5－30)；1 neper = 8.686 dB。neper 是因错误拼写(约翰)纳皮尔而得出的一个名称。约翰 · 纳皮尔是一位数学家和神学家，在 1614 年的时候发明了对数。

式 5－44 必须严谨正确，其右侧的附加项类似于式 5－43，除了幂单位有所不同外。但在实际工作中完全没必要这么做，因为自然辐射远小于 P_{tr}。对此，唯一合理的例外是，如果项（$T_c + T_g$）包含 T_{sun}，并且除了发生强烈太阳活动的时候外，反射的太阳辐射可视为噪声，或者不采用那些可能被影响的数据，从而直接规避反射的太阳辐射。在许多方面，主动微波辐射传输问题处理起来都比被动微波辐射传输问题简单得多。下一节将对被动微波的应用进行论述，着重探讨地球大气层的全部影响；但在第 5.5 节中，探讨的则主要是主动系统。在测定海面风场压力的时候，大气吸收对 σ 的散射仪测量尤为重要。此外，在通过精密高度计进行测量的情况下，需考虑到折射率变化，这对光速测量十分重要。

5.4　被动微波辐射计

诸如用于测量海面温度和盐度的精密辐射计，经专门设计，可用以解决天线和接收器之间存有损耗的问题以及系统的内部噪声问题。1946 年，R. H. Dicke 引入了开关输入型接收器的概念，这也是现代被动辐射计设计的理论基础。无迪克开关的辐射计被称为全功率辐射计，而具有迪克开关的辐射计则被称为比较辐射计。迪克开关可对天线温度 T_A 和参考温度 T_0 进行比较，从而消除输出过程中的接收器噪声温度。在 20 世纪70 年代，来自 NASA 的科学家，尤其是 C. T. Swift 和 H－J. C. Blume，改进了零反馈狄基辐射计，进而成功消除了辐射计输出过程中的接收器增益变化。最后，将恒温箱(温度需维持在 T_0）中迪克开关的路径封闭，便可成功解决天线和接收器之间的损耗问题。设计组件如图 5－14 所示。

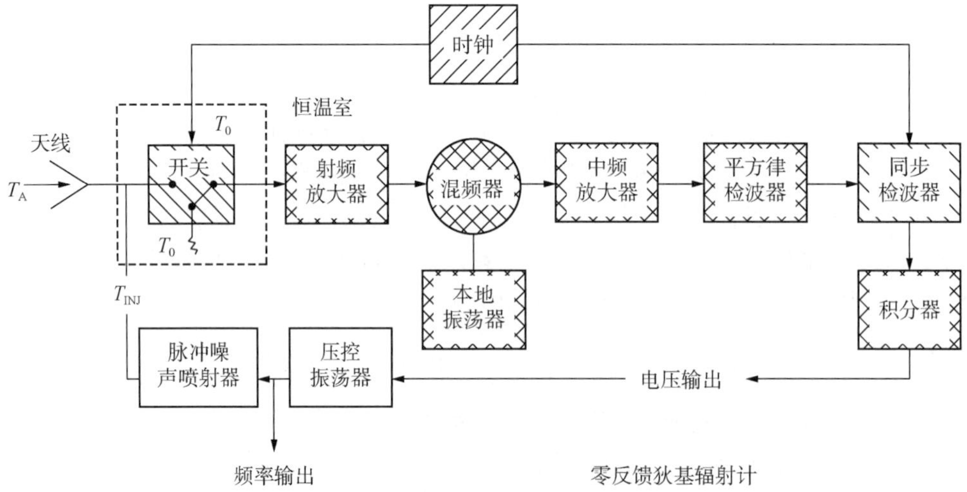

图 5－14　微波辐射计示意图

交叉影线部件均是全功率辐射计的部件。将对角线阴影部件添加到交叉影线部件，用以标识狄基比较辐射计。将非阴影部件添加到阴影线部件，用以表示零反馈狄基辐射计。

图 5－14 中的交叉影线部件代表的是全功率辐射计的一部分。按照图示，在全功率辐射计天线处接收的功率通过射频放大器得以放大，并与本地振荡器所生成的近旁频率进行了混合；混频器的低频输出被放大并且通过了平方律检波器和积分器，进而产生与 T_A 成比例的电压。全功率辐射计的输出电压是检测器常数、玻耳兹曼常数、接收器检波前频宽、接收器增益以及 T_A+T_{RN} 的乘积，其中 T_{RN} 是接收器噪声温度。这种设计较为紧凑，但却因接收器增益和 T_{RN} 的漂移(或误差)而在精度方面存在一定的局限性。

通过将交叉影线部件添加至全功率辐射计，即可成功制造出迪克式比较辐射计：开关、时钟和同步检波器。在天线温度 T_A 和稳定参考温度 T_0 之间来回切换，可产生积分器输出，该积分器输出应是同一检测器常数、波尔兹曼常数、接收器检波前频宽、接收器增益以及 T_0-T_A 的乘积。因此，迪克式比较辐射计与 T_{RN} 无关，但是温度分辨率却需借助系数 2 进行折减，因为辐射计停留在 T_0 的状态持续的时间只有一半。

在零反馈狄基辐射计的设计过程中，虽采用了比较辐射计的组件，但同时还增添了压控振荡器(VCO)和脉冲噪声源这 2 个新部件。使用压控振荡器和脉冲噪声注入 T_{INJ} 将积分器输出调零，仅仅可得出 $T_A=T_0-T_{INJ}$，可通过监测注入噪声脉冲的频率来测量 T_A 所发生的变化。因此，零反馈辐射计与接收器增益和接收器噪声所发生的漂移完全无关了。最后，可将恒温箱(温度需维持在 T_0) 中迪克开关的路径封闭。这样一来，辐射计也就与前端损耗无关。在完成上述所有操作后，就可成功制造出一个温度分辨率小于 ± 0.1 K 且经适度校准后精度优于 ± 0.2 K 的辐射计。

5.4.1　表面温度和盐度

欲使用此类稳定精确的仪器，需考虑通过低空飞行的飞行器来测量海面盐度和温度。为了简化问题，可考虑配置天底观测辐射计。首先如表 5－4 和图 5－5 所示，天文波段覆盖了整个波长区域，其中海洋亮度温度受到由盐度变化而引起的发射率变化的影响，并且热力学温度对 T_B 和盐度产生了不同的影响。如图 5－10 所示，较低的微波频率受大气水汽变化的影响较小。此外，人们更愿意选择对风速变化最不敏感的频率，如图 5－7 所示，在天底观测，L 波段不依赖于 v_a，S 波段对 v_a 的依赖性也很小。最后，图 5－7 显示天底观测将表面粗糙度对 T_B 的影响降到了最低程度，且仪器偏振对最终分析不那么重要。总之，选择 L 波段和 S 波段用于该航空应用。这主要出于以下几项原因：

- 无人为射频干扰；
- S‰和 T ℃效应不同；
- 大气影响最低；
- 表面粗糙度效应最低。

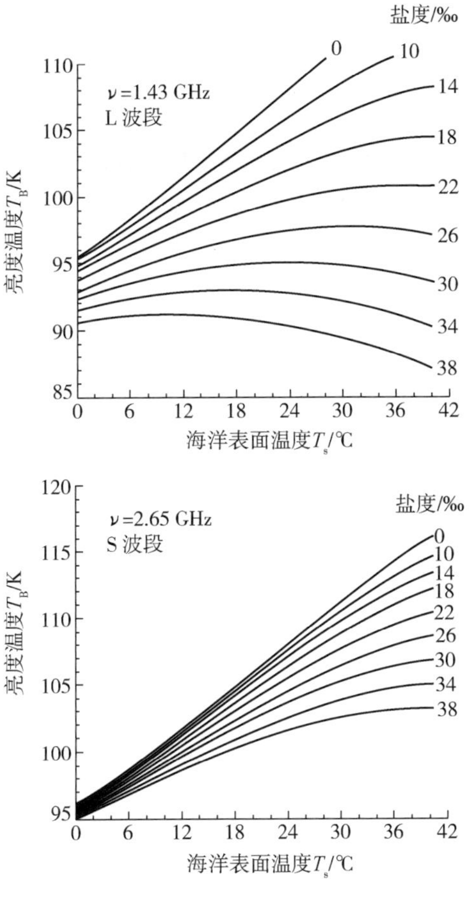

图 5－15　机载天底观测辐射计观测的亮度温度，其在 L 波段(21 cm)和 S 波段(11. 3 cm)是表面热动力温度与盐度的函数

根据 Blumee 等人的研究(1978 年)重绘。

图 5 - 15 给出了温度和盐度对 L 波段和 S 波段亮度温度的影响。发射率对 L 波段的盐度变化比对 S 波段的盐度变化更为敏感。对于 34‰的典型海洋盐度，L 波段的 T_B 仅微弱地依赖于表面热力学温度 T_s。然而，在 S 波段，对于相同的 34‰的典型海洋盐度，T_B 和 T_s 之间的关系在正常的海面温度海洋范围内基本上呈线性变化。正是基于两个频率的不同响应，才使得温度和盐度的测量成为可能。

式 5 - 43 给出了该问题下的辐射传输方程式：

$$T_{Lb,Sb} = \varepsilon T_s \tau_{\uparrow} + (1-\varepsilon)[(T_c + T_g)\tau_a + T_{a_\downarrow}]\tau_{\uparrow} + (1-\tau_{\uparrow})\bar{T}_{a_\uparrow} \quad (式 5-45)$$

在上述表达式中，$T_{Lb,Sb}$ 表示的是在无太阳耀斑的情况下，由 L 波段或 S 波段辐射计所显示的偏振微波温度。在这个问题中，银河辐射来自 $6^h \sim 9^h$ 赤经和 27°N～47°N 赤纬附近的区域(图 5 - 12)，由下式计算：

$$T_g = 2.34\nu^{-2.53} \quad (式 5-46)$$

式中，ν 表示的是以 GHz 为单位的频率。在实际应用中，必须添加两个项：一个校准项，用以考虑非理想天线（ΔT_A）的情形；如果 ε 的值选定为平静海面的固定值，则需增添第二项，用以考虑风速（ΔT_{ν_a}）。表 5 - 10 对相关项及其大小进行了汇总。

表 5 - 10 通过航空器测定海面温度和盐度所需的 L 波段/S 波段多通道辐射传输式的项汇总

项	定义	强度	
		L 波段	S 波段
T_B	亮度温度（T_s）	见图 5 - 15	见图 5 - 15
τ_a	总透射率	0.992	0.991
T_c	宇宙背景	2.7 K	2.7 K
T_g	银河背景	1.0 K	0.2 K
$T_{a_\downarrow}$	下行空气温度	2.1 K	2.2 K
$1-\tau_{\uparrow}$	低层大气“不透明度”(飞机高度 h，单位：km)	$0.00136h$	$0.00154h$
ΔT_A	天线校正	0.1 K	0.4 K
ΔT_{ν_a}	风速校正（ν_a，单位：m/s）	0 K	$0.56\nu_a^{0.53}$
	频率	1.43 GHz	2.65 GHz

根据表 5 - 10 所示的数据可得出，对于低空飞行(＜2.5 km)的飞行器而言，被动微波辐射测量需采用 4～5 K 的校正值。通过这些数据，可推导出下述校正方程式：

$$T_B^{Lb} \equiv T_s\varepsilon_{Lb} = T_{Lb} - 3.9 - 0.25h$$
$$T_B^{Sb} \equiv T_s\varepsilon_{Sb} = T_{Sb} - 3.7 - 0.27h - 0.56\nu_a^{0.53} \quad (式 5-47)$$

在式 5 - 47 中，下标/上标的 Lb 或 Sb 分别表示的是 1.43 GHz 或 2.65 GHz 的频率测量。此类亮度温度校正方程式的使用有一定的限制条件：无太阳耀斑存在；对于特定的圆偏振零反馈狄基辐射计，观测面向地球法线；飞行器下方无降水，并且飞行高度低于 2.5 km。还需解决的问题就是，通过图 5 - 15 中绘制的相互关系，将由式 5 - 47 计算出的经校正的亮度温度转换为表面温度和盐度。

复杂相关性反演，如将亮度温度 T_B 转换为表面温度 T_s 和表面盐度 S_s，通常通过多项式的最小二乘拟合来完成。物理和化学海洋学家熟悉这种方法，因为这种方法是通过温度、盐度和压力来计算海水密度，即所谓的状态方程式问题。对于温度和盐度的微波测定，应采用下述多项式：

$$T_s = \sum_i C_i^T (T_B^{Lb})^m (T_B^{Sb})^n$$
$$S_s = \sum_i C_i^S (T_B^{Lb})^m (T_B^{Sb})^n \qquad \text{(式 5 - 48)}$$

式中，m 和 n 表示的是区间 $0 \leqslant m, n \leqslant 3$ 的整数，而常数 C_i^T 和 C_i^S 的上标则表示的是测量出来的温度或盐度值。式 5 - 48 中含有交叉项 $(T_B^{Lb})^m (T_B^{Sb})^n$，因为从物理角度，对温度和盐度来说，发射率是温度和盐度的频率依赖函数。对于反演过程中的 0.1 K 或更小的误差，仅需要 9 个项，即得出下述方程式：

$$\begin{aligned} T_s = {} & 16.9074T_B^{Sb} - 21.8806T_B^{Lb} + 0.4926T_B^{Lb}T_B^{Sb} - 0.3647(T_B^{Sb})^2 \\ & - 0.0476(T_B^{Lb})^2 + 0.0052(T_B^{Sb})^3 - 0.0122(T_B^{Sb})^2 \\ & + 0.0099T_B^{Sb}(T_B^{Lb})^2 - 0.0032(T_B^{Lb})^3 \end{aligned}$$

和

$$\begin{aligned} S_s = {} & 138.2130T_B^{Sb} - 137.4749T_B^{Lb} + 7.0377T_B^{Lb}T_B^{Sb} - 4.6052(T_B^{Sb})^2 \\ & - 2.4460(T_B^{Lb})^2 + 0.0403(T_B^{Sb})^3 - 0.0844(T_B^{Sb})^2T_B^{Lb} \\ & + 0.0566T_B^{Sb}(T_B^{Lb})^2 - 0.0124(T_B^{Lb})^3 \end{aligned}$$

上述方程式是一种专门针对 NASA L 波段和 S 波段辐射计的特定求解方程式，不能随意使用。该飞行器计划的结果达到 $S_s < 1‰$ 且 $T_s < 0.6$ K 的精确度，这表明上述方程式可应用于河口和沿岸海洋学。尽管未来的研究可能主要集中在地表水激光激发而并非被动微波辐射测量，但只要继续努力，定能大大改进这些结果。目前，焦点主要集中在被动辐射测量的另一个应用方面，即极地海洋学。

5.4.2　冰覆盖

1968 年，威廉·诺德伯格提出将被动微波辐射测量用作解决极地海洋遥感中密云和黑暗问题的一种手段。通过在 NASA Convair 990 飞行器上同时进行地面观测和辐射计飞行测量，人们逐步了解到了北极冰原和水的复杂程度。如第 5.2 节所述，通过德拜式和菲涅尔式可得出，冰和海水的亮度温度（εT）明显不同，因此人们就会猜想，如果水和冰之间的接触温度约为 271 K，则辐射计可映射出水和冰的百分比覆盖率。这一点不仅在 20 世纪 70 年代初被飞行器观测到，而且人们还发现了一年冰的发射率与多年冰不同。此外，对于有积雪的一年冰和无积雪的一年冰，其发射率也不同。通过 W. J. Campbell、P. Gloersen 和 R. O. Ramseier 等人的研究，极地地区的被动微波遥感已成为航天器海洋学最成功的成就之一。

为了量化由海水（SW）覆盖的极地区域的百分比（f）、有积雪的一年海冰（FY）

的冰量、较薄(但厚度大于 λ_L) 的无积雪一年海冰(FT)的冰百分比以及多年冰(MY)的冰百分比，该微波辐射传输式必须重新进行制定。作为该问题控制方程的式 5－42 必须加以修改，以便计算 SW，FY，FT 和 MY 范畴的发射率和温度。其定义如下：

$$f_{ice} \equiv 1 - f_{SW}$$

和 （式 5－49）

$$f_{FY} + f_{FT} + f_{MY} = 1$$

式 5－42 中的表面亮度温度项 εT_s 可以写为

$$\varepsilon_{SW_i} T_{SW} f_{SW} + \varepsilon_{FY_i} T_{FY}(1 - f_{SW}) f_{FY} + \varepsilon_{FT_i} T_{FT}(1 - f_{SW}) f_{FT} + \varepsilon_{MY_i} T_{MY}(1 - f_{SW}) f_{MY}$$

其中，下标 i 表示的是被动微波辐射计通道的频率和偏振。观测表明，一年冰的感温 T_{FY} 和多年冰的感温 T_{MY} 实际上是相等的，定义为 T_{ice}。此外，垂直偏振下的 ε_{MY_i} 和 ε_{FY_i} 通常相等，因此可直接将 εT_s 作为多年冰发射率和覆有冰雪的一年冰的发射率之间的差值。因此，极地纬度表面的亮度温度可写为

$$\begin{aligned} \varepsilon T_{S_i} = {} & \varepsilon_{SW_i} T_{SW} f_{SW} + \varepsilon_{FY_i} T_{ice}(1 - f_{SW}) \\ & - (\varepsilon_{FY_i} - \varepsilon_{MY_i}) T_{ice}(1 - f_{SW}) f_{MY} \\ & - (\varepsilon_{FY_i} - \varepsilon_{FT_i}) T_{ice}(1 - f_{SW}) f_{FT} \\ & + \varepsilon_{FT_i}(T_{FT} - T_{ice})(1 - f_{SW}) f_{FT} \end{aligned} \qquad \text{（式 5 － 50）}$$

上式可通过将右侧的第二项乘以 $f_{FY} + f_{MY} + f_{FT}$ 来加以验证，根据式 5－49 中的第二个式子，其和为 1。如果辐射率可通过菲涅尔理论和观测得出，则式 5－50 有 6 个未知数：$T_{SW}, f_{SW}, T_{ice}, f_{MY}, f_{FT}$ 和 T_{FT} 。由于极地遥感的主要目的是得出各种冰类型的百分比和开阔水面的百分比，所以 $T_{SW} \approx 271$ K 是一个比较恰当的近似值，可将式 5－50中的 6 个未知数减少到 5 个。

表 5－11　天底观测、$\zeta = 50^\circ$ 及偏振条件下的一年冰发射率(FY)、多年冰发射率(MY) 和一年薄冰发射率(FT)

ν/GHz	λ/cm	偏振	ε_{FY}	ε_{MY}	ε_{FT}
6. 5	4. 6	天底	0. 92	0. 92	—
6. 5	4. 6	h	0. 84	0. 84	0. 78
6. 5	4. 6	v	0. 97	0. 97	0. 96
10. 7	2. 8	天底	0. 92	0. 90	—
10. 7	2. 8	h	0. 84	0. 81	0. 78
10. 7	2. 8	v	0. 97	0. 94	0. 96
18. 8	1. 6	天底	0. 92	0. 84	—
18. 8	1. 6	h	0. 84	0. 73	0. 78
18. 8	1. 6	v	0. 97	0. 86	0. 96

续表 5-11

ν/GHz	λ/cm	偏振	ε_{FY}	ε_{MY}	ε_{FT}
37.5	0.8	天底	0.95	0.75	—
37.5	0.8	h	0.95	0.64	0.87
37.5	0.8	v	0.97	0.69	0.96

摘自 Gloersen 等人研究成果（1978 年）。

根据飞行器观测结果估算出天底处 SMMR 频率的冰辐射率，可用于式5-50。通过菲涅尔方程式，可估算出在两种偏振情况下，当 $\theta = 50°$时的经验值。表 5-11 汇总了 4.6 cm、2.8 cm、1.6 cm 和 0.8 cm 厚度下一年冰、多年冰以及一年薄冰的发射率。对于借助 NIMBUS-5 ESMR（19.4 GHz 或 1.55 cm）、NIMBUS-6 ESMR（37 GHz 或 0.81 cm）、NIMBUS-7 及 SEASAT SMMP 而得出的测量值，列表值具有十分重要的意义。

接下来，对于极地环境，必须考虑式 5-42 中的大气校正项。如式 5-43 所示，τ_a 可以近似处理为 $1-\hat{u}$，其中 $\hat{u}$ 表示的是微波大气光学厚度（参见表 5-7）。将 $\hat{u}(T_c + T_g)$ 阶项忽略不计，则大气项可表述为

$$(1-\varepsilon_i)(T_c+T_g)+(1-\varepsilon_i)T_{a_\downarrow}(1-\hat{u})+\hat{u}\overline{T}_a$$

上述表达式中间一项包含下行大气温度 $T_{a_\downarrow}$，在极地大气条件下可近似处理为下式（式 5-39 和 5-40）：

$$T_{a_\downarrow} \approx C\overline{T}_a \cdot \tau_a \int_{\tau_a}^{1} \tau^{-2}\mathrm{d}\tau = C\overline{T}_a(1-\tau_a) \approx C\overline{T}_a\hat{u}$$

式中，C 是一个假定为常数的系数，可将由表面辐射计测量的平均大气温度与由星载辐射计测量的平均空气温度联系起来。忽略二阶 $\hat{u}^2$ 项，大气项可表述为

$$(1-\varepsilon_i)(T_c+T_g)+\hat{u}[(1+C)\overline{T}_a-\varepsilon_i C\overline{T}_a] \qquad (式 5-51)$$

式 5-50 和式 5-51 与辐射传输方程式中的 $\varepsilon_i T_s \tau_a \approx \varepsilon_i T_s - \varepsilon_i T_s \hat{u}$ 结合在一起。对 $\hat{u}$ 和ε_i 合并同类项，即可得出下式：

$$T_i-(T_c+T_g)=\varepsilon_i[T_s-(T_c+T_g)]+\hat{u}[(1+C)\overline{T}_a-\varepsilon_i(C\overline{T}_a+T_s)]$$

式中，T_i 表示的是通道 i 中经校正的偏振天线温度。右边的第一项表明 $T_c + T_g \approx 3$ K，式 5-50 中的每个温度项减去这一项，即 T_{ice} 应等于（$T_{ice}-3$），以此类推。右边的第二项可近似处理为 $\lambda_i^{-2\widetilde{U}}$，其中 $\hat{u}$ 可根据式 5-31 和式 5-32 近似处理为 λ^{-2}，而$\widetilde{U}$ 代表的则是准常数。严格来说，$\widetilde{U}$ 会随波长变化而发生变化，但正因为变化足够小（因为对于极地大气，$\hat{u} \approx 0.002$），所以足以规避影响重大的误差。根据上述定义，微波海冰方程式可表述为

$$\begin{aligned} T_i - 3 = &\ \varepsilon_{SW_i}(T_s-3)f_{SW}+\varepsilon_{FY_i}(T_{ice}-3)(1-f_{SW}) \\ &-(\varepsilon_{FY_i}-\varepsilon_{MY_i})(T_{ice}-3)(1-f_{SW})f_{MY} \\ &-(\varepsilon_{FY_i}-\varepsilon_{FT_i})(T_{ice}-3)(1-f_{SW})f_{FT} \end{aligned}$$

$$+ \varepsilon_{FY_i}(T_{FT} - T_{ice})(1 - f_{SW})f_{FT} + \lambda_i^{-2\widetilde{U}} \quad (式 5-52)$$

式 5 - 52 和式 5 - 50 之所以可这样进行处理，是因为在某些情况下，其中的某些项可直接忽略不计。例如，当 $\varepsilon_{MY_i} \approx \varepsilon_{FY_i}$ 时，SMMR 频率下的垂直偏振就适用于上述情况。

式 5 - 52 可视为 10 个一次方程式。原则上，可以用测得的 10 个独立变量来求解，例如在被动辐射计 SMMR，10 个复合变量为：f_{SW}、$T_{ice} - 3$、$f_{SW}(T_{ice} - 3)$、$f_{MY}(T_{ice} - 3)$、$f_{FT}(T_{ice} - 3)$、$f_{FT}(T_{FT} - T_{ice})$、$f_{MY}f_{SW}(T_{ice} - 3)$、$f_{FT}f_{SW}(T_{ice} - 3)$、$f_{FT}f_{SW}(T_{FT} - T_{ice})$ 以及 $\widetilde{U}$。然而，辐射计噪声可能使得这种一次方程式系统的求解过程变得非常复杂。噪声误差取决于每个通道中的噪声，可概述如下：如果 Q_j（温度或冰/水覆盖百分比）可按下式进行计算：

$$Q_j = C_0 + \sum_{i=1}^{n} C_i T_i \quad (式 5-53)$$

其中 $\sum_{i=1}^{n} C_i = 1$，则 Q_j 中的辐射计噪声等效差 NEΔQ_j 可通过以下方程式计算：

$$(\mathrm{NE}\Delta Q_j)^2 = \sum_{i=1}^{n} (|C_i| \mathrm{NETD}_i)^2 \quad (式 5-54)$$

从式 5 - 54 可以看出，用以计算量 Q_j 所需的通道（独立测量 T_i）越多，则辐射计噪声的影响就越大。此外，如果已经考虑了 ε、T_{sea} 和 $T_c + T_g$ 的误差，则 Q_j 的总误差，即误差平方和的平方根对于遥感是用来说有点太大了。降低噪声和误差的技术是遥感研究的一个重要方面。

采用被动微波遥感对冰动力学研究表明，冰的变化比已知的要大。早些时候，图 1 - 24 引起了大家对微波观测复杂性的兴趣。此外，由上述讨论可看出，有必要对其进行再次考虑。其中关于北极冰的重大的发现之一是，在海冰群的内部有几百公里的区域，其 f_{ice} 值连续几个星期都只有 0.5。这些区域对极地热交换十分重要，并且可能与北半球的天气气候现象有关。

5.4.3 风速和表面粗糙度

对海洋来说，表面风应力是其重要的驱动机制之一，并且如第 5.2 节所示，风可导致微波亮度温度发生变化。弗朗西斯 · 博福特爵士于 1806 年，将海面风场效应的经典描述编纂在了一起，并在 1836 年，对其进行了改编。蒲福风级是从 0(平静)至 12(飓风)的 13 个整数。目前，海员和世界气象组织所采用的描述器均将表 5 - 12 作为估算风速以及风对海洋和局地生成波场所产生影响的量度。需注意的是，对于蒲福风级 4(5.5～7.9 m/s)，白浪会变得越来越多；而对于蒲福风级 5(8.0～10.7 m/s)，以泡沫条纹形式出现的水雾会变得比较明显。在图 5 - 9 的讨论中，阐明了一点，即覆盖率逐渐上升的白浪和泡沫会导致微波辐射率增加。因为对于大多数微波频率来说，较厚的泡沫和白浪都可表示为黑体；而以风吹泡沫条纹形式出现的较薄的泡沫可表示为灰体。

图5-16是从低空飞行飞行器上拍摄的海面垂向航测照片。在拍摄照片的过程中，在飞行器上观察到了蒲福风级10级的风(约25 m/s)；飞行高度层的风力通过大气边界层模型降低到了20米风速计高度层的风力，这一点将在后文进行论述。薄泡沫条纹，应看作灰色线性特征，这不同于较厚的泡沫和飞溅的白浪，因为较厚的泡沫和飞溅的白浪应分别视为白斑和新月形特征。在10 m/s$\leqslant v_a \leqslant$25 m/s范围内，已经观察到由薄泡沫条纹覆盖的面积与被白浪和较厚泡沫覆盖的面积之间的比率线性地依赖于风速。薄泡沫和白浪的辐射率并不相同，这对于模拟风速对被动微波亮度温度影响具有十分重要的意义。被动辐射计观测没有风向依赖性。因此，较风应力(矢量)而言，此处仅对风速(标量)进行论述。

对于海洋物理学来说，表面风(或优选表面风应力)是一项比较重要的变量。表面应力的大小$|\Upsilon_a|$通常可通过下述形式的方程式进行计算

$$|\Upsilon_a| = C_D \rho_a |v_a|^2 \qquad (式5-55)$$

式中，C_D表示的是拖曳系数，ρ_a是空气密度，而v_a代表风速。由于海洋大气边界层的风切变较大，所以需要明确是在海上多少高度对v_a进行测量的，这一点十分关键(参见图3-4)。通常，C_D用于地面上方10米风速计高度处的v_a，但是船载风速计通常位于海面上方20米处，并且如需通过飞行器来测量v_a，则飞行器飞行高度几乎不会低于100米。当然，海洋对海平面风、持续时间和吹程均有影响。有证据表明，微波辐射计更偏向于直接测量出风应力，尽管需采用某些高度处的测量风速来关联辐射效应。

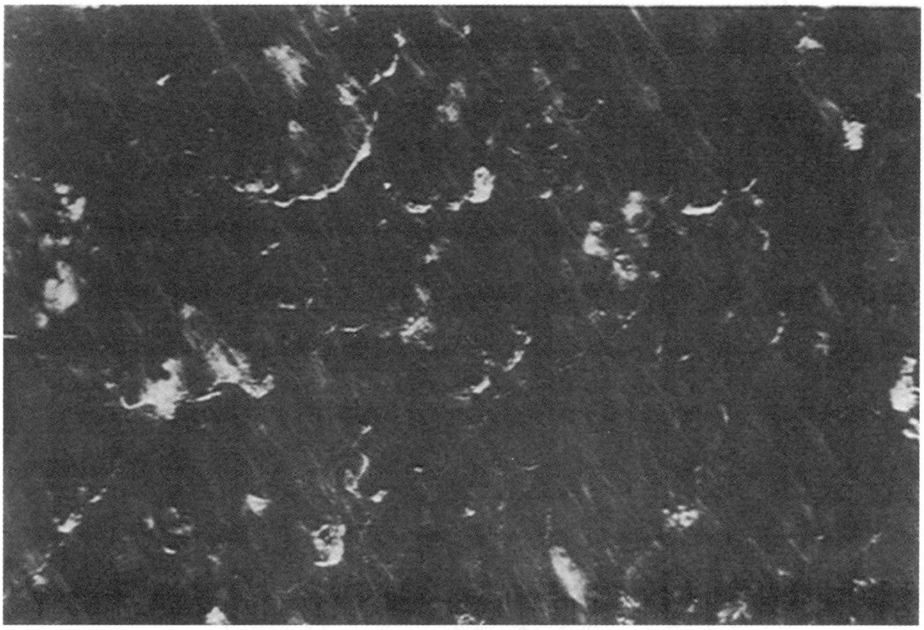

图5-16 飓风金格期间，自100米高度处拍摄的海洋表面(摄于1971年)

破裂的白浪通常呈月牙形，而较薄的泡沫条纹呈线性形状并且平行于风向。照片由美国国家海洋和大气局/大西洋海洋学和气象学实验室的D. Ross提供。

表 5－12　风速蒲福风级说明及相应的海面状况代码

<table>
<tr><th rowspan="2">蒲福风级</th><th colspan="4">风速</th><th rowspan="2">海员用语</th><th rowspan="2">世界气象组织(1964)</th><th colspan="2">估算风速</th><th colspan="2">水文局</th><th colspan="2">世界气象组织</th></tr>
<tr><th>节</th><th>英里每小时</th><th>米每秒</th><th>千米每小时</th><th>在海洋上观察到的影响</th><th>在陆地上观察到的影响</th><th>术语和波浪高度(单位：英尺)</th><th>代码</th><th>术语和波浪高度(单位：英尺)</th><th>代码</th></tr>
<tr><td>0</td><td>小于 1</td><td>小于 1</td><td>0. 0～0. 2</td><td>小于 1</td><td>平静</td><td>平静</td><td>平静如镜</td><td>平静；烟垂直上升</td><td>平静；0</td><td>0</td><td rowspan="2">像玻璃般平静；0</td><td rowspan="2">0</td></tr>
<tr><td>1</td><td>1～3</td><td>1～3</td><td>0. 3～1. 5</td><td>1～5</td><td>一级风</td><td>一级风</td><td>波纹像鱼鳞一样分布；无泡沫飞溅</td><td>烟漂移指示风向；风向标不移动</td><td>平稳；小于 1</td><td>1</td></tr>
<tr><td>2</td><td>4～6</td><td>4～7</td><td>1. 6～3. 3</td><td>6～11</td><td>二级风</td><td>二级风</td><td>小波浪；波峰呈玻璃状，未破碎</td><td>脸部可感觉到风；叶子沙沙作响；风向标开始移动</td><td>轻风；1～3</td><td>2</td><td>平静，有波纹；0～1/3</td><td>1</td></tr>
<tr><td>3</td><td>7～10</td><td>8～12</td><td>3. 4～5. 4</td><td>12～19</td><td>蒲福三级风</td><td>蒲福三级风</td><td>大波浪；波峰开始破碎；散有白浪</td><td>叶子和小树枝在不断地运动，旗子迎风招展</td><td>和风；3～5</td><td>3</td><td>平稳、小波；1/3～5/3</td><td>2</td></tr>
<tr><td>4</td><td>11～16</td><td>13～18</td><td>5. 5～7. 9</td><td>20～28</td><td>四级风</td><td>四级风</td><td>小波浪开始变长；出现无数的白浪</td><td>灰尘、树叶、纸片飞扬；小树枝开始晃动</td><td rowspan="3">轻劲风；5～8</td><td rowspan="3">4</td><td>轻风；2～4</td><td>3</td></tr>
<tr><td>5</td><td>17～21</td><td>19～24</td><td>8. 0～10. 7</td><td>29～38</td><td>五级风</td><td>五级风</td><td>长时间出现中波浪；许多白浪；伴有一些海雾</td><td>长有树叶的小树开始摇动</td><td>和风；4～8</td><td>4</td></tr>
<tr><td>6</td><td>22～27</td><td>25～31</td><td>10. 8～13. 8</td><td>39～49</td><td>六级风</td><td>六级风</td><td>大波浪形成；白浪无处不在；出现了更多的海雾</td><td>较大的树枝在晃动；撑伞变得困难</td><td>疾风；8～13</td><td>5</td></tr>
</table>

续表5-12

蒲福风级	风速				海员用语	世界气象组织（1964）	估算风速		水文局		世界气象组织	
	节	英里每小时	米每秒	千米每小时			在海洋上观察到的影响	在陆地上观察到的影响	术语和波浪高度（单位：英尺）	代码	术语和波浪高度（单位：英尺）	代码
7	28～33	32～38	13.9～17.1	50～61	中等狂风	七级风（疾风）	海浪翻滚；破碎波开始出现白沫	整棵树都处于晃动状态；逆风行走可感觉到明显的阻力	轻劲风；8～12	5	轻劲风；13～20	6
8	34～40	39～46	17.2～20.7	62～74	强风（八级风）	狂风	较长的中高波浪；波峰边缘开始破碎成浪花；泡沫以明显的条纹形式出现	细枝和小树枝被风吹断；几乎很难前行				
9	41～47	47～54	20.8～24.4	75～88	烈风（九级风）	烈风（九级风）	高浪；海水开始滚动；出现密集的泡沫条纹；由于海雾过大，可见度降低	出现轻微的结构损坏；屋面石板瓦被风吹掉	高；12～20	6		
10	48～55	55～63	24.5～28.4	89～102	狂风（十级风）	风暴	非常高的波浪，且伴有悬垂波峰；海变成白色，泡沫以非常密集的条纹形式流动；滚动明显，可见度降低	陆上很少出现；树木断裂或连根拔起；出现相当大的结构性损坏	很高；20～40	7	高；20～30	7

续表 5－12

蒲福风级	风速				海员用语	世界气象组织（1964）	估算风速		水文局		世界气象组织	
	节	英里每小时	米每秒	千米每小时			在海洋上观察到的影响	在陆地上观察到的影响	术语和波浪高度（单位：英尺）	代码	术语和波浪高度（单位：英尺）	代码
11	56～63	64～72	28.5～32.6	103～117	风暴	暴风（十一级风）	怒涛；海面上覆有泡沫块；可见度进一步下降	陆上几乎不会出现；通常伴有大面积的损坏	巨大的；40及以上	8	很高；30～45	8
12	64～71	73～82	32.7～36.9	118～133	飓风	飓风	空气总弥漫着泡沫；海面完全变成白色，且出现盘式喷雾；可见度大大降低		非定常风	9	异常；大于45	9
13	72～80	83～92	37.0～41.4	134～149								
14	81～89	93～103	41.5～46.1	150～166								
15	90～99	104～114	46.2～50.9	167～183								
16	100～108	115～125	51.0～56.0	184～201								
17	109～118	126～136	56.1～61.2	202～220								

摘自《美国实践航海学》（1962年）的附录R。

海洋大气边界层主要是湍流过程，并且最好通过对数流速切变曲线来建模。如第 3.2.2 节所述，对数层具有摩擦速度

$$u_* = \hat{k}z\frac{\partial \bar{v}_a}{\partial z} \quad （式 5-56）$$

式中，$\hat{k}$ 表示的是冯卡曼常数（$\hat{k} = 0.4 \pm 0.02$），$u_*^2 \equiv \Upsilon_a / \rho_a$，并且 z 以向上为正。当对数层只有机械能是有效能，即所谓的中性稳定性条件时，式 5-56 的解为

$$\bar{v}_a = \frac{u_*}{\hat{k}}\ln\frac{z}{z_0} \quad （式 5-57）$$

其中，粗糙度参数 z_0 是根据 $\ln(z) - \bar{v}_a$ 曲线中线性部分外推为 $u_* = 0$ 得到的。当式 5-57 仅在通过大气-海洋界面的垂直热通量为 0，即当海气温度差为 0 的时候，才适用。当热通量不等于 0 的时候，必须考虑机械和热动能产生量，并且使用

$$\bar{v}_a = \frac{u_*}{\hat{k}}\left[\ln\frac{z}{z_0} - \psi\left(\frac{z}{\ell_*}\right)\right] \quad （式 5-58）$$

在式 5-58 中，ℓ_* 表示的是稳定性长度，可作为海气温度差和给定高度处风速的函数；ψ 表示风切变曲线对数偏离的一个函数。$\bar{v}_a$ 与中性稳定性偏离的曲线被称为 KEYPS 曲线（研究人员名字的首字母缩写）；式 5-58 源自 V. Cardone 模型（见图 5-17）。

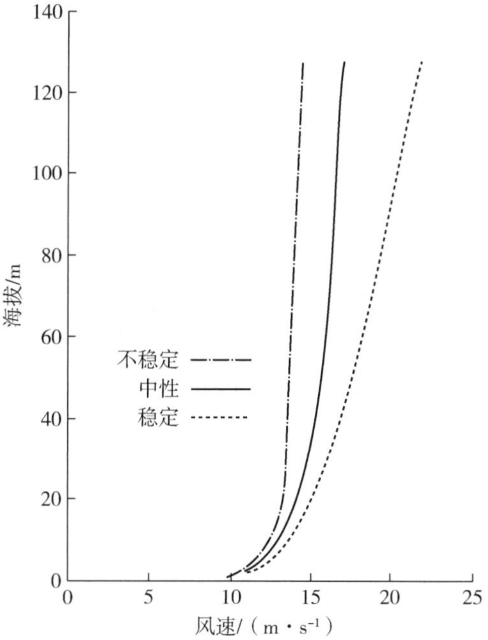

图 5-17　不稳定条件下（$T_a - T_s = -10$ ℃；虚线）、中性条件下（$T_a - T_s = 0$ ℃；实线）以及稳定条件下（$T_a - T_s = +2$ ℃；短划线）的海洋大气边界层的风切变曲线

D. Ross 根据 Cardone 模型得出的计算结果（1969 年）；当 $z = 0$ m 时，$\bar{v}_a$ 可被设置为 10 m/s。

图 5-17 所示的海洋边界层风描述了不稳定大气条件、中性大气条件和稳定大气条件下各风廓线间的差异。在每种情况下，由辐射测量直接推断出表面风速是

10 m/s；但对于 20 m 典型风速计高度处，不稳定条件下、中性条件下和稳定条件下的风速分别为 13 m/s、14 m/s 和 15 m/s。由风速计高度外推而来的一个 2 m/s 误差将使得 Υ_a 出现 25%的误差(由式 5 − 55 中的 $|v_a|^2$ 项造成)。若通过 100 m 飞行高度层的风力来获取表面校准数据，则必须了解当下情况的稳定性条件。不言而喻，这一点十分关键。如上所述，在边界层气象学研究中仍有许多具有挑战性的问题，感兴趣的读者可阅读 E. B. Kraus 的《大气和海洋的相互作用》。

欲采用卫星通过被动微波辐射测量 $|v_a|$，则需汇总海洋和大气效应对辐射所产生影响的有关知识。对于 NIMBUS − 7 或 SEASAT SMMR，下述影响作用是已知的：

· 当频率为 6. 6 GHz、10. 7 GHz 和 37 GHz 的时候，海面温度影响最为重要；但海面盐度影响却在任何 SMMR 频率下都不重要(图 5 − 5)。

· 对于所有的 SMMR 频率，海水在垂直偏振时的发射率均比在水平偏振时的发射率高(图 5 − 6)。

· 当 SMMR 天顶角为 $\zeta = 50°$的时候，19. 4 GHz 下的垂直偏振辐射与风引起的海表粗糙度无关，但水平偏振辐射将受到准线性影响(图 5 − 8)。

· 对于所有 SMMR 频率下的水平偏振，泡沫和粗糙度的联合效应将与大于 7 m/s 的风速呈线性关系(图 5 − 9)。

· 反射的下行天空温度，在 SMMR 频率等于 6. 6 GHz 和 10. 7 GHz 的时候最低，而在频率等于 18 GHz 和 21 GHz 的时候最大(表 5 − 5；图 5 − 13)。

· 由分子氧引起的大气吸收在频率等于 37 GHz 的时候最大，而由水汽引起的大气吸收则在频率等于 21 GHz 的时候最大(图 5 − 10)。水汽影响在热带地区最为显著，而氧气(O_2)影响则是普遍存在的。

· 云致衰减会随着频率的增加而增加(表 5 − 8)，并且 37 GHz 的 SMMR 频率对降雨最为敏感(图 5 − 11)。

· 银河射电源对较低 SMMR 频率的影响大于其对较高 SMMR 频率的影响，并且除37 GHz的通道外，所有的通道都将受到太阳耀斑的影响(图 5 − 12)。

· 土地或冰引发的微波发射率是海水所引发微波发射率的 2 倍，因此必须避免含冰或土地的像素(表 5 − 11)。

从上述总结可以清楚地看到，欲通过 SMMR 来获取海面风速，就得考虑海面温度、通过的云量和类型、降水率、陆地或冰区界线、大气水汽含量和地球外强射频源强度和方向。与第 4. 8. 3 节所述应用于彩色照片处理的特征矢量方法不同的是，此类问题的解决方案是：需要统计地获取函数使得 SMMR 天线温度集合简化为代表相关地球物理变量的线性函数。

该问题的具体解决方案可见多元线性回归专著，这一方面的探讨不在本书的探讨范围内。此处的重点在于解决方案的物理学应用方面。但值得一提的是，至少有两种方法可以计算出一次式：(1)根据地球物理变量的范围，对天线温度进行建模；(2)直接将测量出的天线温度与广泛的实际同步现场观测联系起来。既有支持这两种方法的，也有反对这两种方法的。实际上，该式的最终形式取决于已知的物理学、相关式以及用来比较结果的现场资料。

5. 4. 4　SMMR 多变量分析

图 5 - 18 是一个流程图，显示了通过 SMMR 计算海洋和气象变量的一个逻辑顺序。通过航天器得到的数据被网格化为 4 种分辨率，其大小根据式 5 - 1 进行变化，可作为所使用的最低频率的函数。通过辐射校正将测量出的电压转换为经校正的天线温度。这是红外测量或可见光辐射测量中校准辐亮度的方法，并且对于有用的数据分析至关重要。

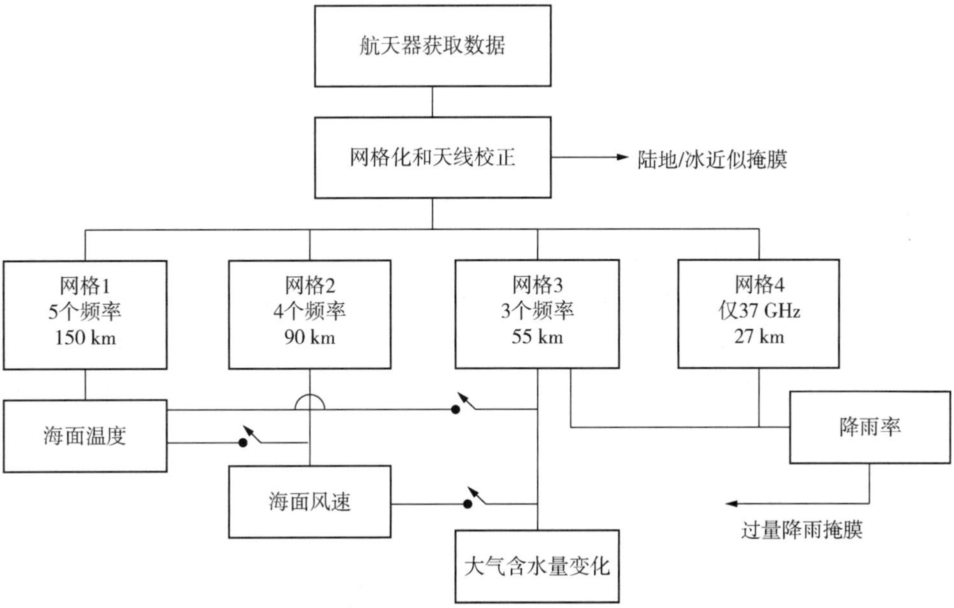

图 5 - 18　从多通道微波扫描辐射计中获取海面风速、海面温度、云液态水含量、大气水汽含量、降雨率以及高度计湿路径长度的数据处理方案

根据 Wilheit 和 Chang 的研究(1980 年)重绘。

当降雨率超过约 0. 1 mm/hr 的时候，用于返回海面温度或风速的地球物理学算法将存在较大误差。因此，第一步是标记出平均降雨量超过此降雨率的所有区域。降雨将增加天线温度，可通过 SMMR 近似处理为

$$R_R = 0.1(T_{37h} - 190) \qquad (式 5 - 59)$$

其中，当水平偏振 37 GHz 通道中的天线温度低于 190 K 的时候，降雨率(R_R)应假定为 0。

图 5 - 18 中的网格 3 仅使用 37 GHz、21 GHz 和 18 GHz 通道来测量云液态水含量、综合水汽含量(参见式 3 - 9)和高度计湿路径长度校正值。网格 1 中的海面温度和网格 2 中的海表面风速可用于大气水变量计算，但不作强制性要求。网格 1 使用 6. 6 GHz(150 km 分辨率)的通道，因此可以使用 5 个频率，而不会损失空间分辨率；类似地，对于网格 2 中的 10. 7 GHz 通道，其 90 km 的分辨率可使用 4 个频率。

图 5－18 突出显示的地球物理反演方案的一个版本如下：如果在一个地区的平均 R_R 小于 0.1 mm/h，在网格 2 进行计算以确定风速是小于 7 m/s 还是大于 7 m/s。第二次迭代时，使用两种网格 2 分辨率算法中的一种，完善海面风速度估计。接下来，根据 v_a 是小于 7 m/s 还是大于 7 m/s，选择其他两种算法中的一种进行海面温度的网格 1 计算。最后，大气水变量的计算与风速或表面温度无关。可以选择海面温度来计算表面风速，风速和温度用以计算大气变量。可以进一步完善所有海洋和气象反演，但除了在研究项目中的特殊应用之外，处理成本可能过高。

线性多元回归分析中的一个问题是，在进行回归之前，函数必须线性化。例如，如果在某个通道存在非线性相关关系，项[如 $\ln(280-T_B)$]可使之线性化。对于图 5－18 给出的例子，使用以下形式的方程式：

$$GV_i = A_i + B_i\theta_{in} + \sum_{j=1}^{10}[C_{ij}T_j + D_{ij}\ln(280 - T_j)] \qquad (式 5-60)$$

在式 5－60 中，GV_i 是要求的第 i 个地球物理变量(例如，$i=1$ 可以为风速)，A_i 是变量 i 的常数，B_i 是入射天空温度像素角常数乘积(在式 5－41 下，宇宙、银河、太阳、大气项的总和)，C_{ij} 是 $j=1$，…，10 的 SMMR 天线温度常数，并且 D_{ij} 是 $\ln(280-T_j)$ 项中 $j=1,\cdots,10$ 天线温度的常数。表 5－13 通过 SMMR 性能的理论模拟，总结了在海洋多光谱微波遥感发展的早期阶段的参数 A_i、B_i、C_{ij} 和 D_{ij} 。

使用表 5－13 的参数(或使用其修改方法)对式 5－60 求解，得到 ±2 m/s 海面风速全球地图和 ±1.5 ℃ 的全球海面温度。根据 SMMR 天线方向图，人们发现在 0～600 km 内的陆地反演是不可靠的。影像中存在一个大于 10 km² 的岛屿，同样具有不可靠性。许多较小的水体，如地中海，不适宜应用 NIMBUS 被动微波辐射测量。由于我们对开阔海洋地区知之甚少，在这些领域低空间分辨率和中等精度是可接受的。远离主要贸易线路的海洋地区，如南太平洋，其表面数据库资料很少，因此每 6 天左右在 150 km 分辨率的情况下 ±2 m/s 和在 90 km 分辨率的情况下 ±1.5 ℃(根据纬度和辐射计的占空比)的数据十分有助于了解海洋的变化和海洋对气候的作用。

本节集中讨论被动辐射测量和基本物理原理。在下一节中，将对主动微波传感器进行类似的讨论：高度计、散射计和成像雷达。由于对高度计路径长度校正的要求，被动辐射测量在主动传感器中起着重要的作用。因为 13.5 GHz 时，大多数雷达高度计光在穿越在大气层时速度发生改变，所以必须进行校正。人们(主要是 NASA)正在积极探索被动微波研究，并且新辐射计的成功设计(如步进频率辐射计)是振奋人心的发展。正如快速发展领域所做的任何努力，研究的成功要求我们持续地阅读新文献。

表 5－13　用于构建方程式 5－60 的 SMMR 被动微波地球物理变量参数

地球物理变量(单位)；参数	总风速(m/s)；$i=1$	海表面风速($v_a<7$ m/s)(m/s)；$i=2$	海表面风速($v_a>7$ m/s)(m/s)；$i=3$	海表面温度($v_a<7$ m/s)(K)；$i=4$	海表面温度($v_a>7$ m/s)(K)；$i=5$	云中液态水含量($mg\cdot cm^{-1}$)；$i=6$	综合水汽含量($g\cdot cm^{-1}$)；$i=7$	高度计湿程长度校正(cm)；$i=8$	输入变量
A_i	－465.3	－523.9	－338.4	－149.1	188.9	246.1	－9.784	－51.95	常量
B_i	2.357	2.999	1.432	－0.585 0	－4.735	－3.391	0.039	－0.18	θ_{in}
C_{i1}	0	0	0	1.677	3.040	0	0	0	$T_{6.6v}$
C_{i2}	0	0	0	1.666	－1.188	0	0	0	$T_{6.6h}$
C_{i3}	0.621 6	0.222 9	0.311 5	－0.276 7	－0.709	0	0	0	$T_{10.7v}$
C_{i4}	0.287 3	0.605 6	0.450 9	－0.559 0	0.240 5	0	0	0	$T_{10.7h}$
C_{i5}	0	0	0	0	0	0	0	0	T_{18v}
C_{i6}	0	0	0	0	0	0	0	0	T_{18h}
C_{i7}	0	0	0	0	0	0	0	0	T_{21v}
C_{i8}	0	0	0	0	0	0	0	0	T_{21h}
C_{i9}	0	0	0	0	0	0	0	0	T_{37v}
C_{i10}	0	0	0	0	0	0	0	0	T_{37h}
D_{i1}	0	0	0	0	0	0	0	0	$T_{6.6v}$
D_{i2}	0	0	0	0	0	0	0	0	$T_{6.6h}$
D_{i3}	0	0	0	0	0	0	0	0	$T_{10.7v}$
D_{i4}	0	0	0	0	0	0	0	0	$T_{10.7h}$
D_{i5}	168.7	130.3	151.8	46.17	－6.114	－51.72	6.927	34.37	T_{18v}
D_{i6}	－86.31	－39.19	－91.12	3.097	20.37	134.4	5.361	37.15	T_{18h}
D_{i7}	15.84	10.24	－26.66	－0.916 2	－4.003	46.14	－4.518	－22.64	T_{21v}
D_{i8}	－37.18	32.75	12.89	－12.54	0.986	24.95	－6.081	－39.70	T_{21h}
D_{i9}	0	0	0	0	0	－155.5	0	0	T_{37v}
D_{i10}	0	0	0	0	0	－36.63	0	0	T_{37h}

摘自 Wilheit 和 Chang，1980 年。

5.5 主动微波遥感

在19世纪初，奥古斯丁·菲涅尔解释了光从平面反射，并表明反射与波长有关。因此，菲涅尔式(参见第2.6节)“预测”，在一定程度上，海面反射所有EMR，并且粗糙非平静的海面加剧了这种反射。这种反射正是主动微波遥感的基础。

本节重点介绍三种SEASAT主动微波雷达式设备：高度计(ALT)、散射计(SASS)和雷达成像仪(SAR)。每个仪器代表一类测量来自海洋表面的反射或后向散射信号的收发机；每个仪器以特殊方式处理该信号，ALT、SASS和SAR分别测量距离、σ或谐振后向散射。这些仪器属于无线电海洋学装置类型，它们的研究和操作提供了有价值的海面数据。

5.5.1 卫星高度计

SEASAT高度计的简要说明请参见第5.1.2节。为了在有效波高范围$1\ \text{m} \leqslant h_{1/3} \leqslant 20\ \text{m}$内满足以下规格，做出了以下的设计：

- 68%的高度测量的噪声水平在拟合均值的±10 cm内。
- 有效波高($h_{1/3}$)的测量精度为10%或0.5 m，以较大者为准。
- 垂直入射归一化雷达截面(σ)的测量与绝对精度的差别范围为±1.0 dB。

这些设计规格是经过许多次会议后制作的(参见《威廉斯敦报告》)，并且根据美国天空实验室S-193和GEOS-3高度计所获得的经验以及高级应用飞行实验(AAFE)飞机程序的结果而得出的。请注意，高度计会响应不同的有效波高以及从航天器到海洋表面的径向距离变化。关于海面状况的海洋流域信息本身具有重要的应用；对于海洋环流应用，通过高度测量对海面地形测定进行校正。

海洋卫星高度计测量几何图如图5-19所示。GEOS-3是一架346 kg的航天器，与SEASAT(参见图1-14和图1-15)相比，专门用于高度测量，其上搭载了4个其他的传感器。h_{sat}是椭球体上方卫星的高度。椭球体是一个与地球表面非常吻合的数学表面，它由常数U_0表示，即

$$U_0 = \frac{GM_{\text{e}}}{r}\left[1 - \frac{J_2}{2}\left(\frac{r_{\text{e}}{}^2}{r}\right)(3\cos^2\theta - 1) + \frac{\omega_{\text{e}}^2 r^2}{2GM_{\text{e}}}\sin^2\theta\right] \qquad (\text{式} 5-61)$$

除了在式1-7中的卫星重力势能(Φ)方程，式5-61中的项在第1.4.2节中均有定义，排除由于地球旋转引起的项$(\omega^2\ r^2\sin^2\theta)/2GM_{\text{e}}$。$GM_{\text{e}}$，$r_{\text{e}}$，$J_2$和$\omega_{\text{e}}$在1980年I. U. G. G.的大地测量参考系统常数见表1-6。椭球体是恒定重力势U_0的表面，但它不是像大地水准面/表面那样的等势面，大地水准面是满足$g \cdot h_{\text{geo}}$为常数的一个表面。

重力势是一个标量，其梯度是重力矢量：

$$\boldsymbol{g} = \vec{\nabla} U \equiv \frac{\partial U}{\partial r}\boldsymbol{u}_r + \frac{1}{r}\frac{\partial U}{\partial \theta}\boldsymbol{u}_\theta + \frac{1}{r\sin\theta}\frac{\partial U}{\partial \phi}\boldsymbol{u}_\phi \qquad (\text{式} 5-62)$$

式中，右边的最后一项在椭球体上为 0，但在大地水准面上不为 0。如果 U 表示一个真正的等势面，例如大地水准面（U_S），则式 5－62 表示静止海面上的表面重力矢量。

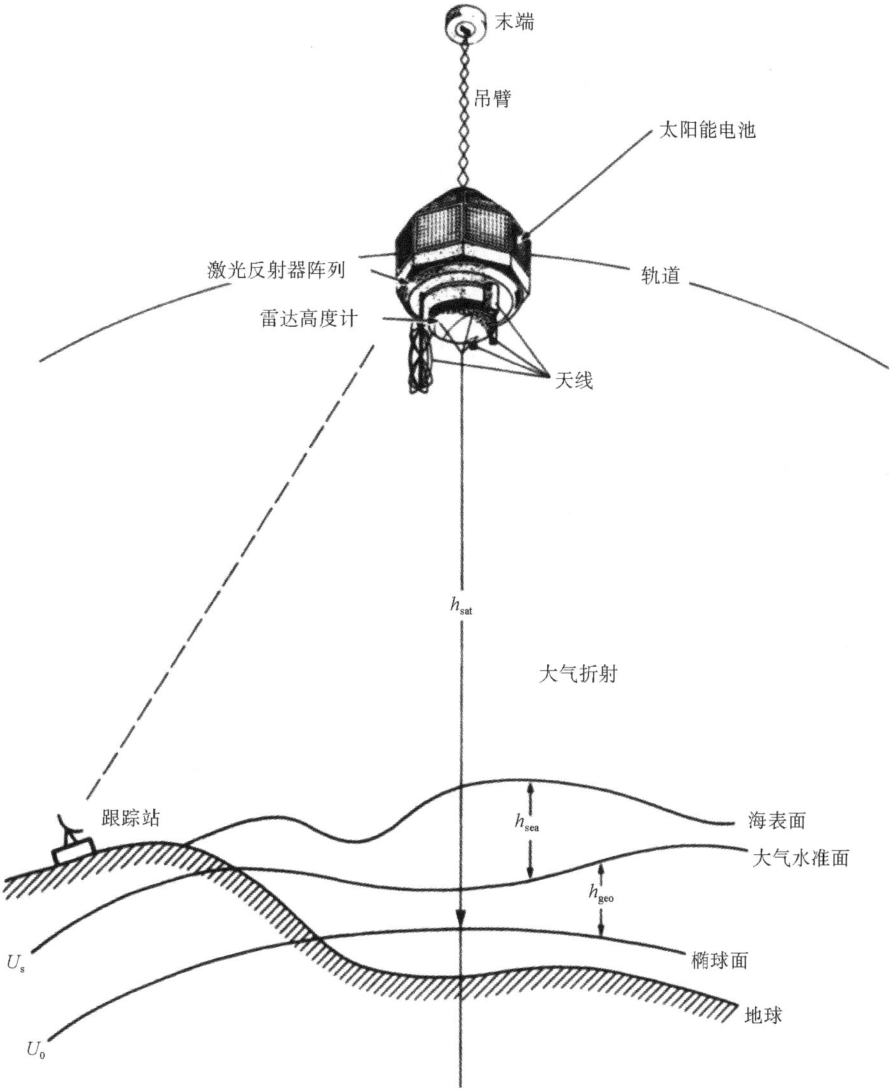

图 5－19　GEOS－3 高度计的海面地形测量几何图

根据 Stanley 的研究（1979 年）重绘 GEOS－3 透视图。注意尺度不一致：GEOS－3 高 1.3 m（不包括吊臂），直径 1.2 m；轨道高度为 843 km；海洋表面离开大地水准面约 ±1 m；大地水准面与椭球体的距平约 ±100 m。SEASAT 高度计配置请参见图 1－14。GEOS－3 的大多数科学成果发表于 1979 年《地球物理研究期刊》特刊的第 84 卷 B8 期。

地质测量师正在努力通过球面谐波展开来说明等势面，即用

$$\sum_{n=2}^{\infty} J_n (r_e/r)^n P_n(\cos\theta)$$

替换式 5－61 的中间项（参见式 1－5 和式 1－6），而卫星高度计是工作的基本工具。

研究海洋环流的海洋学家对大地水准面到平静波浪海面的距平感兴趣。然而，通过比较图 5－20 中的两个图来看，大地水准面是高度计的主要信号。在图 5－20 的上图中，将 GEOS－3 和 SEASAT 的测高数据组合在一起，绘制了海表面与椭球体的距平。具体位置在印度次大陆以南，大地水准面在椭球表面以下 100 m 处；而在斯堪的纳维亚西南部，大地水准面在椭球面以上 60 m。海洋壕沟形成凹陷的海面地形，岛弧和大陆附近大地水准面高于椭球面。海底地形的许多特征在平均高度的海面地形中是显而易见的。

图 5－20 中的下图是从海洋上层 2 000 m 的海洋温度和盐度计算出的海表面动力地形。动力地形表示了海水密度场与均匀 0 ℃和 35‰海洋的距平，动力高度（h_{dyn}）的经典定义为

$$h_{dyn} = \int \left(\frac{1}{\rho_{SW}} - \frac{1}{\rho_0} \right) dp \qquad (式 5-63)$$

其中，p 是压力，$\rho_{SW} - \rho_0$ 是实际密度场（ρ_{SW}）与 0 ℃ 和 35‰ 情况下密度场（ρ_0）之间的距平。由于ρ_0 只是压力函数，所以它是已知常数，如果$\rho_{SW} = \rho_0$，则可以将海洋大地水准面定义为时间平均海表面。如图 5－20 所示，h_{dyn} 的变化约为h_{geo} 变化的 1%，但所有表层洋流信息都包含在这个 h_{sea} 的变化中。

h_{sea} 和h_{dyn} 之间必须加以区分：h_{sea} 是大地水准面与平静波浪海面的物理距平，h_{dyn} 是势的测量值，单位为 cm^2/s^2。流体静力学式 $dp = \rho g dz$，动力高度$\int dp/\rho$ 被看作是$\int g dz$，当然其单位也为 cm^2/s^2。与海洋大地水准面（$g \cdot h_{geo}$ 为常数）相比，海面的动力高度是关于海洋深度为多少时能得到式 5－63 中积分的函数；图 5－20 指定 2 000 db 的积分法。当在动力米（m^2/s^2）中指定 h_{dyn} 时，实际海面（相对于某些深基准水平）的换算为

$$h_{sea}(m) \approx \frac{10}{g} \cdot h_{dyn}(m^2/s^2) \qquad (式 5-64)$$

式 5－64 中的约等号起提醒的作用，即 h_{dyn} 取决于积分深度，并且最好的表现是海表面与海洋大地水准面的距平。

环流的计算通常涉及地转假设：科里奥利力（单位质量）与压力梯度力（单位质量）平衡，即

$$f v_w = \frac{1}{\rho} \frac{dp}{dx} \qquad (式 5-65)$$

式中，科里奥利参数 $f \equiv 2\omega_e \sin\phi$，$v_w$ 是水速，x 是与 v_w 方向正交的水平（水平面）方向，dp/ρ 为从式 5－63 得出的动力高度。压力梯度项可以根据莱布尼兹规则计算为

$$\frac{dp}{dx} = \frac{d}{dx}\int_{h_{sea}}^{z_{deep}} \rho g dz = \int_{h_{sea}}^{z_{deep}} g \frac{dp}{dx} dz + \rho g \frac{dh_{sea}}{dx} \qquad (式 5-66)$$

在式 5－66 中，z_{deep} 是一些深压面的深度（如图 5－20 中所用的 2 000 db），g 被认为是常数。对于卫星高度计的应用，x 是大地水准面上的沿轨距离，并且表层地转流（参见式 5－65）由下式给出：

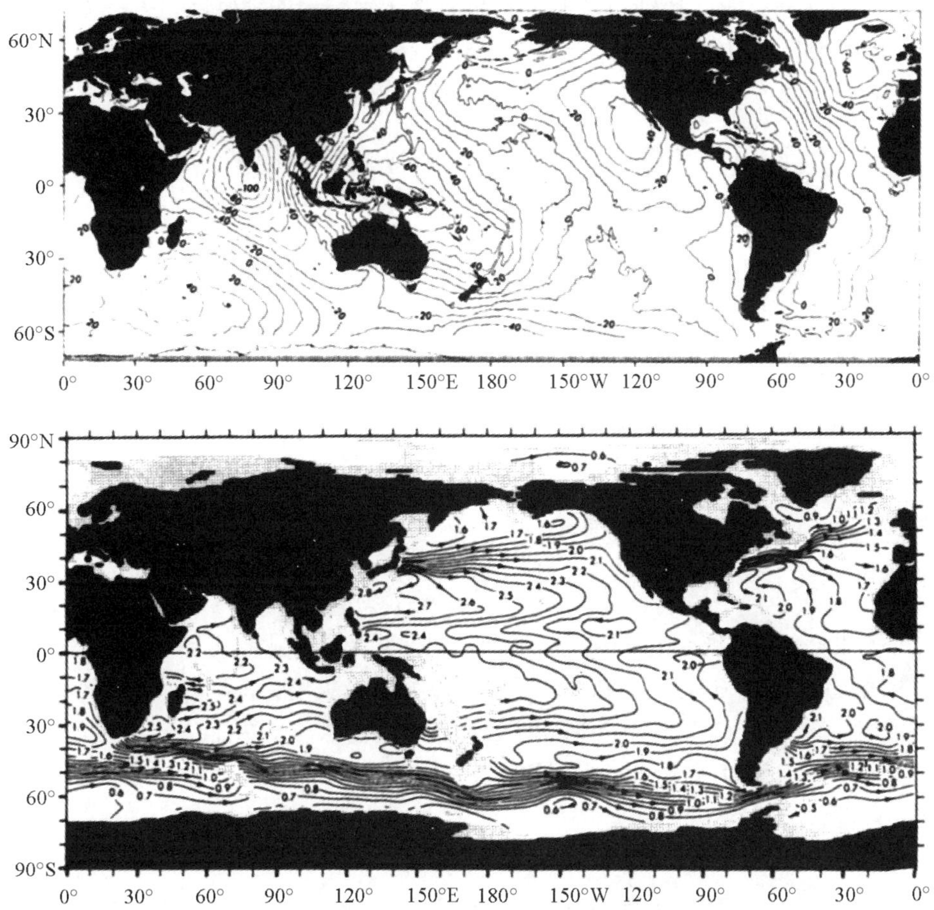

图 5－20　上图：基于 SEASAT 和 GEOS－3 高度计测量的平均海面地形（图 5－19 中的 $h_{geo} = h_{sea}$）；下图：基于水文数据的平均动力地形（图 5－20 中的 $\approx h_{sea}$）

上图根据 Marsh 等人的研究（1982 年）重绘；下图根据 Levitus 的研究（1982 年）重绘。

$$v_w = \frac{g}{f}\frac{dh_{sea}}{dx} \qquad (式 5-67)$$

在物理海洋学的经典问题中，dh_{sea}/dx 是未知的，表面速度是通过从一些 z_{deep} 到表面求 $g \cdot d\rho/dx$ 积分来计算的，因此，表面的 v_w 是相对于 z_{deep} 处的 v_w。因此，存在未知的积分常数，但是如有不受密度场约束的压力速度的测量，则可以确定该常数。

使用式 5－67，可以根据 dh_{sea}/dx 中的误差以及接近于赤道时 $f \to 0$ 的纬度，从高度计确定表面 v_w。如果希望海面 v_w 在距离 dx 为 100 km 处是 1 cm/s，则要求 dh_{sea}/dx 的斜率约为 10^{-8} 到 10^{-7}。表 5－14 总结了在 100 km 范围内 $v_w = \pm 1$ cm/s 条件下，等势面与海平面的距平，以及（dh_{sea}/dx）的斜率。对于大型缓慢洋流（例如 10 cm/s），在 $\phi = 10^\circ$ 纬度，海平面与等势面的距平约为 2.5 cm，在 $\phi = 60^\circ$ 纬度，约为 13 cm。对于深水海洋学中的许多问题，式 5－66 积分的常数 $\rho g \cdot dh_{sea}/dx$ 要求

达到 1 cm/s 水平；令人怀疑的是卫星测高能否达到毫米的精确度。另一方面，中尺度涡旋和其他相似的海洋动力过程要求获取厘米和分米级的海面地形信号。TOPEX、地形实验和其他计划空间飞行器可以探测这些信号。

表 5－14　要想在每 100 km (dx)，测定 ±1 cm/s 的正压流所需要的海平面与等势面的距平

纬度	海平面距平	斜率 (dh_{sea}/dx)
10°	2.5 mm	2.5×10^{-8}
20°	5.0 mm	5.0×10^{-8}
30°	7.4 mm	7.4×10^{-8}
40°	9.5 mm	9.5×10^{-8}
50°	11.4 mm	1.1×10^{-7}
60°	12.8 mm	1.3×10^{-7}

来自 Maul，1980 年。

为了测定厘米尺度距离，卫星高度计使用被称为有限脉冲几何的技术，即相对较大的天线波束宽度和非常短的脉冲。图 5－21 显示了从光滑表面反射的宽光束，短脉冲(本例中为 3 ns)的雷达波形。当球形发射脉冲的前缘撞击海面时，入射功率开始增加。当 $t=3$ ns 时，发射脉冲的后缘以 $v_0\approx3\times10^{10}$ cm/s 速度到达海面，辐射面积线性增加，直到像素半径 r 为

$$r\approx\sqrt{2v_0 th_{sat}} \qquad (式 5-68)$$

在式 5－68 中使用约等号是因为在将勾股定理应用到图 5－21 的几何体时忽略了 $(v_0 t)^2=0.9$ m 的项。在该理想高度计发射脉冲的后缘到达平坦的海面后，辐照表面是面积不变的扩散环。这个特征说明了在图中，在 $t>3$ ns 之后，入射功率恒定。在非理想雷达高度计中，由于天线增益模式(参见图 5－3b)，入射功率在到达高地后下降。

图 5－21 中的几何是基于发射脉冲的一个完美的矩形脉冲，在到达(平面)表面前以 t' ($t'=h_{sat}/v_0$) 秒发送。请注意，如果海面是完全平坦的，并且前进的脉冲具有完美的球形形状，则根据阿尔哈曾定律和弗雷斯勒定律，只有高度计正下方的能量被反射。入射到天线的功率将遵循雷达测距式(参见式 5－10)，为一个短形波，其振幅由 P_{tr} 和 σ 控制。事实上，高度计上接收的功率有一个类似于图 5－21 右下角所示的形似斜坡的前缘。因此，海面对于雷达是“粗糙的”，该属性允许通过检查返回脉冲的形状来估计风应力和海面状况。

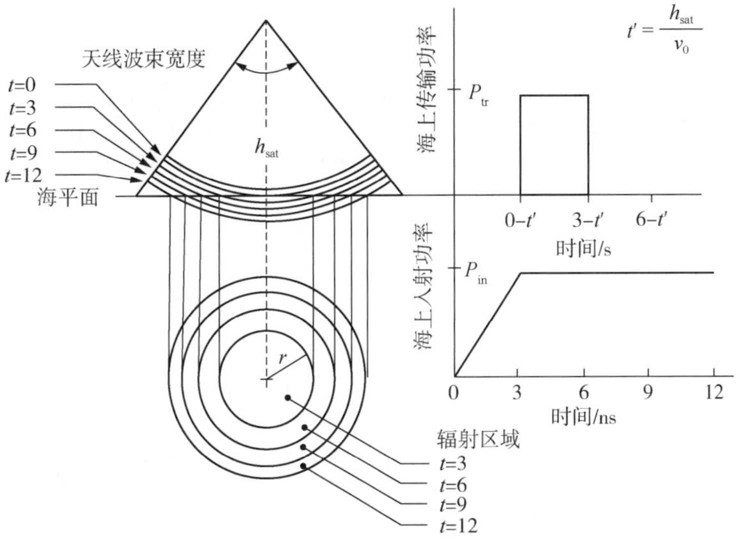

图 5－21　从平静海面反射的短脉冲雷达高度计的几何图

该图使用 SEASAT 上的 3 ns 脉冲，其脉冲长度为 $v_0 \times t \approx 90$ cm。部分根据 Walsh 等人的研究（1978 年）重绘。

海洋表面波对短脉冲雷达高度计的影响如图 5－22 所示。该图显示的是 1973 年北海波浪研究联合计划（其参与者称其为 JONSWAP）期间由美国海军研究实验室搭载的1 ns 的 X 波段飞机高度计的观测。该图的上半部分说明当海洋粗糙时，球面扩散入射脉冲波在较大的区域被反射。这是因为除了天底以外，这个位置有合适角度的波面进行反射，对于平静海面，这是唯一的反射区域。当 $h_{1/3}$ 大于脉冲宽度的 3 倍时，由波高直方图的半功率宽度确定的脉冲限制圈（如图 5－22 所示）的半径为 $1.085 \cdot \sqrt{h_{1/3} \cdot h_{sat}}$。这就是表 1－8 中规定 SEASAT 高度计空间分辨率范围为 2～12 km 的原因。

图 5－22 的下半部分展示了有效波高的两个值：$h_{1/3} = 1.94$ m 和 $h_{1/3} = 0.56$ m。当 1 ns 脉冲到达海洋时，它首先从最高的波峰反射，然后从最低的波谷反射。返回脉冲梯度（图 5－21）对于较高的有效波高来说并不是那么陡，因为较高波峰先反射脉冲。因此，返回脉冲梯度斜率与海面状况相关。还需要注意，在图5－22 中，平均海面由渐变斜率而不是最大功率点确定。

在雷达高度计中，瞬时功率的波动等于平均接收功率的标准偏差。为了获得有用的信息，许多脉冲为非均匀平均分配，并且对数据进行最大似然拟合。图 5－22 下图中的每个数据点平均为 800 脉冲；回顾 SEASAT 上的 ALT，脉冲重复率为每秒 1 020 次（表 5－3）。正是这种星载数据处理导致了海洋和大地测量存在 ± 10 cm 的误差。

高度计误差的来源在表 5－15 中进行了总结，包括造成这些误差的大地水准面、轨道、坐标系、电离层折射、气团、水汽、EM 偏差，以及四个仪器来源：噪声、跟踪、校准和定时。上文讨论了大地水准面误差，并且通过将卫星放置在具有重复轨迹

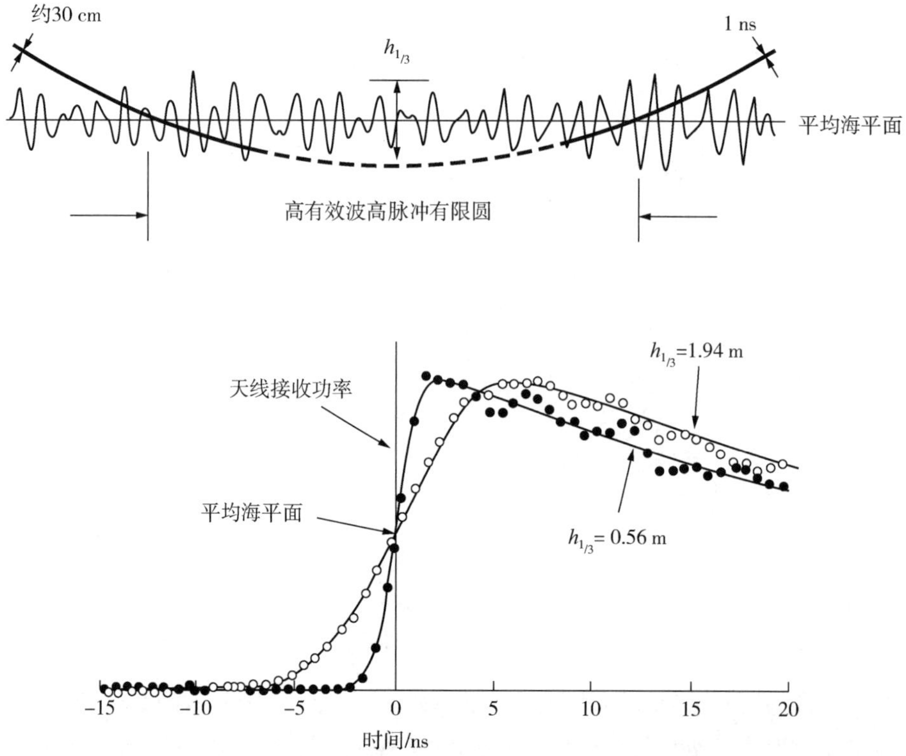

图 5－22　上图说明了与 $h_{1/3} \approx 3$ m 有效波高海相互作用的 1 ns 方波脉冲的几何形状，下图显示了两个有效波高的数据和最大似然解曲线

上图波的纵比例尺放大约为 175：1。根据 Walsh 等人的研究(1978 年)重绘。

的轨道中，研究两者围地球绕行的差异，大大避免了大地水准面误差；由于大地水准面在物理海洋学时间尺度上是固定的，高程值之间的差异主要是由动力高度的变化引起的。然而，使用相同轨道的有效性取决于是否能够校正表 5－15 中列出的其他误差。

轨道误差往往相当于卫星绕地球转一圈的波长，从图 1－6 可以看出，地球周长明显大于剥离涡流、地转涡流、墨西哥湾流弯曲和罗斯贝波。出于多个目的，短弧(小于几千公里长)的轨道误差可以被认为是“倾斜和偏差”校正，类似于深海压力表中的“蠕变和偏移”。构建精确的轨道星历是一项重大任务，关于这一主题已经出版了几本书，有兴趣的读者可参考 G. Bomford 的《大地测量学》的最新版本和 W. M. Kaula 的《卫星大地测量学理论》等著作。在大地测量原文中，还可找到所使用的各种坐标系的处理方法。卫星大地测量系统涉及四个坐标系，表 5－15 所示的不确定度为 1～2 m；预计这将通过先进的跟踪网络减少 2 个数量级。

表 5－15 典型的 SEASAT 高度计误差

误差原因	未校正	已校正/cm	波长/km
1. 大地水准面	100 m	100～200	200～40 000
2. 轨道	5 km	100～200	10 000
3. 坐标系	100～200 cm	100～200	10 000
4. 电离层	0.2～20 cm	0.2～5	50～10 000
5. 空气质量	230 cm	0.7	1 000
6. 水汽	6～30 cm	2.0	50～1 000
7. 电磁偏置*	4 cm	2	100～1 000
8. 高度计(噪声)	5 cm	5	6～20
9. 高度计(跟踪器)*	10 cm	4	100～1 000
10. 高度计(校准)	50 cm	5～10	∞
11. 高度计(定时)	—	5	20 000

* 假设波高为 2 m。摘自 Stewart，1982 年。

表 5－15 列出了根据地球物理原因进行的测高校正，主要是第四个到第七个误差源。距离误差 $\Delta r \equiv h_{sat} - h_{geo} - h_{sea}$（图 5－19）根据大气折射率（$n_{atm}$）计算。回顾(式 2－41) $n_{atm} \equiv v_0 / v_{atm}$ 和 $dr = v_{atm} \cdot dt$，距离误差可以按下式计算：

$$\Delta r = \int (v_0 - v_{atm}) dt = \int_{h_{sat}}^{h_{sea}} (n_{atm} - 1) dr \qquad (式 5-69)$$

式中，r 是从卫星(或飞机)到海面的垂直坐标。n_{atm} 的变化可分别由电离层吸收、总大气质量和电离层水汽变化引起，且 n_{atm} 的变化可以单独确定。

大气影响可以归纳如下：

$$\Delta r = \frac{C_I \langle N \rangle h_{sat}}{\nu^2} + C_{atm} p_s + \frac{C_{wv} w_p}{T_a} \qquad (式 5-70)$$

式 5－70 右边第一个乘积是电离层校正；第二个乘积是“干燥”大气校正；第三个乘积是“湿”对流层或水汽校正。各项如下：

C_I 为电离层常数，约为 40.2 m^3/s^2；

$\langle N \rangle$ 为大气中的平均自由电子通量密度，约 10^{10}～10^{12}个电子每平方米；

h_{sat} 为卫星高度，约为 10^6 m；

ν 为高度计频率，约为 1.3×10^{10} Hz(海洋卫星)；

C_{atm} 为“干燥”大气常数，约为 2.27×10^{-3} m/mb；

p_s 为表面大气压力，约为 10^3 mb；

C_{wv} 为水汽校正常数，约为 1.723 $m^2 \cdot kg^{-1} \cdot K$；

w_p 为柱状可降水量，范围为 1～5 kg/m^2；

$\bar{T}_a$ 为折射率加权平均气温，约为 290 K。

采用典型值代替这些地球物理变量会导致表 5－15 中列出的误差。最大的大气不确定性是由电离层的电子密度的变化引起的；由于 ν^{-2} 进入该项，双通道高度计可以校正⟨N⟩中的日变化和季节变化。

电磁偏置是在有波浪的情况下反射脉冲质心相对于平均海平面的位移，它总是朝向波谷。海浪往往是摆动的，EMR 脉冲从波谷反射比波峰更好。10 GHz 时的 EM 偏移约为 $h_{1/3}$ 的 3.2%±0.3%，偏移随着频率的增加而减小。海浪被雨水阻挡，这会大大减弱雷达信号。通常避免大于 5 mm/hr 的降雨率，以便更好地估计 EMR 偏移并避免不必要的信号减弱。因此，高精度的高度计值取决于被动微波测量，如第 5.4 节中讨论的降雨率。

表 5－15 中高度计仪器本身的误差是很显而易见的(参见第 5.1.2 节)。这些仪器误差是可以通过留意预启动校准、姿态控制和飞行内部管理最小化的工程细节。然而，对于海洋动力学的有效应用来说，对细节关注是强制性的，因为如图 5－20 的综述所示，地转/大地测量变化的信噪比在全球约为 0.01。

5.5.2 风速和应力

散射计是第二次世界大战以来兴起的另一类雷达装置。海军和商船雷达受到来自海上的返回脉冲的困扰，因其掩盖了小型船只或低空飞行器。这种“噪声”被称为海面杂波，并且已经开发出专门的雷达电路来减少它。另外，海面杂波已经被发现与风速和风向有统计相关性，并且已经开发设计出用于优化后向散射信号的无线电收发器(称之为散射计)。

20 世纪 60 年代初，美国海军研究实验室对海面杂波雷达检测进行了广泛的调查。1966 年，J. W. Wright 表明，从理论上看，是表面张力波导致的后向散射，而且表面张力波是由于布拉格散射引起的。布拉格散射是无线电波与 1～3 cm 表面张力波的共振相互作用(参见图 4－33)。布拉格条件满足下列方程式：

$$\lambda_S \cdot \sin\zeta = \frac{n}{2}\lambda_L \qquad (式 5-71)$$

式中，λ_S 是表面张力波长，与前文所述相同，ζ 是天顶角，λ_L 是微波雷达波长，n 是整数。同样在 1966 年，R. K. Moore 和 W. J. Pierson 提出了一种星载散射计，作为获得全球海面风的一种方式。因此，NASA 开始在其高级应用飞行实验的基础上开发风速散射计。有飞机搭载的 AAFE RADSCAT 和美国天空实验室搭载的 S－193 散射计/辐射计/高度计。1977 年，L. W. Jones、L. C. Schroeder 和 J. L. Mitchell 发表了一篇论文，用于量化风速与风向之间的相关性与 σ[归一化雷达截面(NRCS)]的散射计测量。这些研究人员和 D. Ross、V. J. Cardone、F. J. Wentz、A. K. Fung、D. E. Barrick 等人的工作使得 1978 年推出了 SEASAT 散射计 SASS(参见表 5－1)，并在接下来 5 年取得相当大的进展。

图 1 - 15 显示了海面上 SASS 天线方向图的配置，以及预期的刈幅宽度和覆盖范围。四个天线将 14. 6 GHz(2. 05 cm)扇形天线图以 45°向前和 45°垂直方向发射到航天器两侧地面轨迹。这产生了两条刈幅，每条刈幅从天底的 ± 200 km 开始，宽约 475 km。双极化天线方向图具有 0. 5°×25°的波束，其与海洋相交，与刈幅内边缘成 25°的天顶角，在刈幅外边缘处达到 55°。此外，还记录了近天底刈幅(仅提供风速大小 $|\boldsymbol{v}_a|$)。

通过使用 12 个多普勒滤光器，沿着约 70 km 的光束，把 X 形扇束分成大约 18 km的分辨率单元。用前向射束观察海洋 1～3 分钟后，再用后向射束对同一区域进行观察；卫星沿着轨道行进的时间会导致每条刈幅的内沿(约 1 分钟)或外沿(约 3 分钟)观看时间的差异。由于地球的旋转，这些多普勒单元在前后天线之间大小不均匀，在赤道附近(最坏的情况)，只有 7 个后视天线单元与 12 个前视天线单元重叠。单元畸变随着纬度的增加而减小，并在最大纬度(在 SEASAT 中，$\phi = 72°$)消失。

SASS 天线方向图的原因如图 5 - 23 所示。人们已经观测到，σ 随微波频率、入射角、偏振、风速和风向变化；图 5 - 23 显示当入射角为 30°时比较理想化的曲线。当侧风后向散射时，90°和 270°曲线的最小值是 σ_{vv}，当逆风(0°和 360°)和顺风(180°)方向时，最大值是 σ_{vv} 。在 SEASAT，SASS 天线在同一分辨单元对 σ 进行两次正交测量，但有四个可以拟合曲线的风矢量。辅助技术可帮助对四个可能的解中哪一个是真正的风矢量进行选择。

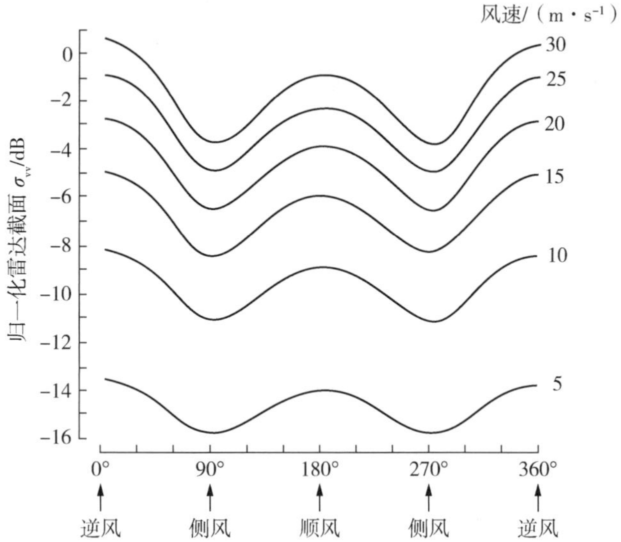

图 5 - 23　入射角为 $\zeta = 30°$，归一化雷达截面按分贝表示，发射和接收信号的垂直偏振 (σ_{vv})是风速和风向的函数

根据 Offiler 的研究(1983 年)重绘。

可视化四种可能的解，想象一下在图 5 - 23 中有透明覆盖板，具有相距 90°的两个 σ_{vv} 值。由于覆盖物平行于横坐标来回滑动，很容易发现这些覆盖物拟合曲线的地方(风速和方向)数量仅限于 4。解决这个问题的数学方法是应用最小二乘法准则的曲线拟合。

请注意，在给定风向下，图 5 - 23 中的风速（v_a）曲线沿纵坐标为不等间距。这表明 v_a 与 σ 有以下形式的指数关系：

$$\sigma = C_1 v_a^{C_2} \qquad (式 5-72)$$

式中，C_1 和 C_2 是给定入射(或天顶)角、相对水平方位角(θ；天线方位角减去风向)和偏振(h 或 v)的常数。回顾图 5 - 17，v_a 随大气稳定度和表面以上高度而变化。散射计本身就是测量风应力对表面的影响，所以 $\boldsymbol{v}_a$ 必须明确指出，通常对中性稳定大气，$\boldsymbol{v}_a$ 指定为海面上 19.5 m 高度。

为计算速度和方向，采用最小二乘方法，最小化下式的平方和(S_0S)：

$$S_0S = \sum_{i=1}^{n}[(\log_{10}\sigma_i - \log_{10}C_i - C_2\log_{10}v_a)^2)]/s_i^2 \qquad (式 5-73)$$

式中，s_i^2 是用于 σ_i 与方均根测量误差，建模误差和标准偏差(SEASAT 搭载的散射计约为 0.7 dB)的计算。SASS 中的 $n=2$，因为每个多普勒分辨单元(45°天线 $i=1$ 和 135°天线 $i=2$)构成了 2 个 σ_i 测量值。

由于模型函数(参见图 5 - 23 中的曲线)有一个近似 cos2θ 的自变量，σ_i 单次测量式 5 - 72 的解有 2 个最小值。针对 SEASAT 的 2 个正交天线，图 5 - 24 给出了模型函数 C_1 和 C_2 的解的范围的一个例子。这 2 条曲线的交点是 4 个可能的风测量数据，且与 S_0S 的 4 个最小值相同，将由式 5 - 73 对前视和后视 SASS 天线进行计算。

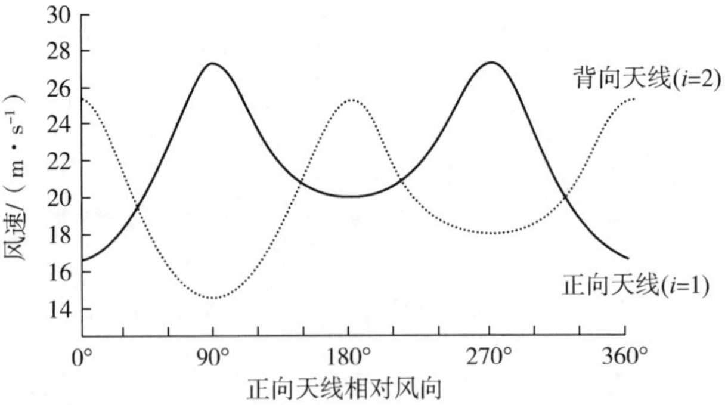

图 5 - 24　$i=1$，前视(45°)SASS 天线和 $i=2$，后视(135°)SASS 天线的 σ_i 单次测量式 5 - 72 的解

这两条曲线的交点是 S_0S(式 5 - 73)的解。根据 Jones 等人的研究(1982 年)重绘。

如图 5 - 24 所示，交叉点数量通常为 2 到 4(很少超过 4)，这取决于风速和观察几何学。散射计无法在近天底观测风向信息，但是可观测风速。因此，模型函数系数

C_1 和 C_2 对于天底观测（$\zeta=0^\circ$）和约为 $25^\circ\leqslant\zeta\leqslant55^\circ$ 的天顶角最为有效。SASS 垂直偏振模型系数的选定值列于表 5－16。这些值是用来说明问题，并正在完善。

与高度计类似，散射计对 σ 的精确测量需要知道大气对 EMR 的影响。重写式 5－44，可得归一化雷达截面依赖于大气透射率（τ_a）：

$$\sigma=\frac{P_{in}(4\pi)^3r^4}{P_{tr}G^2\lambda_L^2\tau_a^2} \tag{式 5－74}$$

如第 5.2 节讨论，τ_a 随地理和季节、云量和降水率而改变。在 SASS 频率为 14.6 GHz 时，地理和季节产生的 τ_a 的变化是 $0.93\leqslant\tau_a\leqslant0.99$；而与云有关的过程产生的 τ_a 变化可以大得多(参见表 5－1、表 5－8 和图 5－11)。

根据散射计频率获得 τ_a 需要几个过程，所有这些都需要用被动辐射计进行单独的测量。理想情况下，在几个频率下，相同散射计多普勒单元的被动测量可以估算 τ_a 。在 SEASAT，由于 SMMR 和 SASS 的配置，这种情况是不可能的，并且被动和主动遥感像素的近似叠加需要大量的数据处理。从大量的模拟研究发现，14.6 GHz 的衰减系数(c)与 10.7 GHz 和 18.0 GHz 的超温（T_{ex}）相关，其中

$$T_{ex}(\nu,p)\equiv T_p(\nu,p)-T_B(\nu,p) \tag{式 5－75}$$

在给定偏振和频率，并且不受大气影响的条件下，可获得式 5－75 的亮度温度。通过二次或三次最小二乘方程式，10.7 GHz 和 18.0 GHz 的 T_{ex} 与 c（ν =14.6 GHz）经验相关。

表 5－16　SASS－建模的风速和垂直偏振散射计方向函数

（这些系数返回的是中等大气稳定度 19.5 m 处的风速）

方位角 θ	天顶(入射)角 ζ							参数
	0°	10°	20°	30°	40°	50°	60°	
0°	1.710	0.731	−1.049	−2.367	−3.057	−3.392	−3.539	$\log_{10}C_1$
	−0.576	0.004	0.985	1.536	1.708	1.724	1.724	C_2
10°	1.710	0.740	−1.054	−2.385	−3.075	−3.408	−3.552	$\log_{10}C_1$
	−0.576	−0.009	0.981	1.545	1.719	1.735	1.734	C_2
20°	1.710	0.760	−1.073	−2.440	−3.133	−3.459	−3.593	$\log_{10}C_1$
	−0.576	−0.037	0.974	1.570	1.755	1.770	1.764	C_2
30°	1.710	0.777	−1.108	−2.530	−3.239	−3.556	−3.667	$\log_{10}C_1$
	−0.576	−0.066	0.971	1.611	1.816	1.833	1.816	C_2
40°	1.710	0.785	−1.156	−2.652	−3.398	−3.713	−3.792	$\log_{10}C_1$
	−0.576	−0.086	0.975	1.664	1.904	1.931	1.899	C_2
50°	1.710	0.783	−1.215	−2.796	−3.609	−3.942	−3.996	$\log_{10}C_1$
	−0.576	−0.092	0.984	1.725	2.016	2.066	2.024	C_2

续表 5 - 16

方位角 θ	天顶(入射)角 ζ							参数
	0°	10°	20°	30°	40°	50°	60°	
60°	1. 710	0. 777	−1. 272	−2. 943	−3. 848	−4. 235	−4. 290	$\log_{10}C_1$
	−0. 576	−0. 092	0. 997	1. 785	2. 139	2. 233	2. 198	C_2
70°	1. 710	0. 772	−1. 319	−3. 071	−4. 075	−4. 543	−4. 636	$\log_{10}C_1$
	−0. 576	−0. 092	1. 006	1. 835	2. 252	2. 405	2. 397	C_2
80°	1. 710	0. 770	−1. 348	−3. 157	−4. 234	−4. 780	−4. 924	$\log_{10}C_1$
	−0. 576	−0. 096	1. 010	1. 867	2. 329	2. 534	2. 561	C_2
90°	1. 710	0. 770	−1. 359	−3. 186	−4. 290	−4. 865	−5. 033	$\log_{10}C_1$
	−0. 576	−0. 099	1. 010	1. 878	2. 356	2. 580	2. 622	C_2
100°	1. 710	0. 769	−1. 350	−3. 159	−4. 241	−4. 792	−4. 941	$\log_{10}C_1$
	−0. 576	−0. 096	1. 010	1. 869	2. 334	2. 542	2. 571	C_2
110°	1. 710	0. 770	−1. 322	−3. 087	−4. 122	−4. 624	−4. 740	$\log_{10}C_1$
	−0. 576	−0. 091	1. 009	1. 846	2. 282	2. 456	2. 463	C_2
120°	1. 710	0. 772	−1. 278	−2. 987	−3. 976	−4. 437	−4. 534	$\log_{10}C_1$
	−0. 576	−0. 087	1. 004	1. 816	2. 223	2. 366	2. 356	C_2
130°	1. 710	0. 775	−1. 226	−2. 879	−3. 837	−4. 280	−4. 374	$\log_{10}C_1$
	−0. 576	−0. 084	1. 002	1. 787	2. 172	2. 296	2. 279	C_2
140°	1. 710	0. 771	−1. 177	−2. 776	−3. 725	−4. 168	−4. 271	$\log_{10}C_1$
	−0. 576	−0. 071	1. 003	1. 762	2. 137	2. 253	2. 237	C_2
150°	1. 710	0. 753	−1. 136	−2. 687	−3. 642	−4. 099	−4. 214	$\log_{10}C_1$
	−0. 576	−0. 041	1. 013	1. 743	2. 118	2. 236	2. 223	C_2
160°	1. 710	0. 725	−1. 114	−2. 620	−3. 588	−4. 064	−4. 193	$\log_{10}C_1$
	−0. 576	0. 000	1. 033	1. 731	2. 110	2. 234	2. 227	C_2
170°	1. 710	0. 695	−1. 102	−2. 578	−3. 558	−4. 050	−4. 191	$\log_{10}C_1$
	−0. 576	0. 037	1. 051	1. 723	2. 108	2. 239	2. 237	C_2
180°	1. 710	0. 682	−1. 099	−2. 564	−3. 548	−4. 046	−4. 192	$\log_{10}C_1$
	−0. 576	0. 053	1. 058	1. 721	2. 108	2. 241	2. 241	C_2

摘自 Schroeder 等人，1982 年。

校正过程考虑了观测的几何形状(式 5 - 74 中的 r^4 项)，并使用与 T_s 和 ν_a 的 SMMR 确定值不同的序列算法。利用 T_{ex} 和 $c(\nu, p)$之间的相关性，首先将37 GHz的被动 SMMR 测量用作"雨掩膜"；如果 c(37 GHz)具有小于 0.4 dB 的单向衰减，则对于适当的几何，使用 c(14.6 GHz)和 T_{ex} (37 GHz)之间的 37 GHz 相关性将 SASS 校正为 τ_a 。如果 c(37 GHz)≥0.4 dB，则计算 c(18 GHz)，并检查小于 3.0 dB 单向衰减；如果 c(18 GHz)>3.0 dB，则丢弃此观测结果；如果c(18 GHz)≤3.0 dB，则使用 c(14.6 GHz)和 T_{ex} (18 GHz)之间的 18 GHz 信道相关性校正 SASS 观测值。

上述步骤基于使用微波辐射传输式的建模(参见式 5 - 42 和表 5 - 9)，但其不是解决问题的唯一方法。这是一个好的研究领域，将影响未来的卫星散射计设计。散射过程本身的物理学以及仪器开发和大气研究需要进行许多研究，因此，从微观到全球尺度对海洋动力学的了解，所得到的精确的风应力信息将是无价的。

5.5.3　微波图像

要考虑的第三类用于海洋遥感的主动微波设备被称为成像雷达。原理上，成像雷达会像任何扫描辐射计一样逐行生成图像(参见图 3 - 3 和图 4 - 3)，不同之处在于感测到的能量是由雷达产生的，而不是红外发射或如光电扫描器的太阳反射。成像雷达有两种类型：真实孔径雷达(RAR)和合成孔径雷达(SAR)。由于 SEASAT 上的 SAR 已经被用于卫星成像仪的典型(参见表 1 - 8)，故先讨论另一种类型的成像仪，即真实孔径侧视机载雷达(SLAR)。

SLAR 是一种机载成像雷达，可以是 RAR 或 SAR。已安装在 NOAA P - 3 飞行器上飞行的 SLAR(图 5 - 25)是被美国海军称为 AN/APD - 7u 的 RAR 装置。自 20 世纪 60 年代以来，它已被用于民用海洋学研究，并为海气相互作用研究[如阿拉斯加海湾地区实验(GOASEX)]提供了大量有价值的数据。

图 5 - 25 说明了 P - 3 研究飞行器上 RAR SLAR 的安装和操作原理。天线罩(外壳)长约 6 米，可以看作是以飞行器底面为中心的天线罩后方的黑色纵向结构。安装 CRT 显示器操作控制台，与导航和气象数据采集系统互连。在讨论 RAR 几何之后将给出 SLAR 图像的一个例子。

RAR SLAR 的天线方向图是扇形波束，其在飞行方向上狭窄，在横向方向上宽，如图 5 - 25 所示。不同于如光电扫描辐射计的交轨切割扫描，通过后向散射能量形成跨轨像素。通过以与 $v_{a/c}$ (飞行器的速度)成比例的速率的脉冲形成图像，形成的每行像素没有重叠。通过调制与接收信号成比例的光源(图 5 - 25 中的插图)，和(或)通过在图像处理设备中在另一时间形成的图像的数字记录，可以直接在移动胶片上进行记录。

RAR 图像中的像素尺寸由沿轨道方向的波束宽度 ($\Delta\phi$)、跨轨道方向的脉冲长度 ($v_0\Delta t$) 和飞行器高度 ($h_{a/c}$)来确定。在主动微波设备的天线处接收到的有效波束宽度是 $\Delta\phi$ 的一半(参见式 5 - 1)，因为目标也用作有限大小的辐射体，所以所得到的沿轨道像素大小 (Δr_{a-t})为

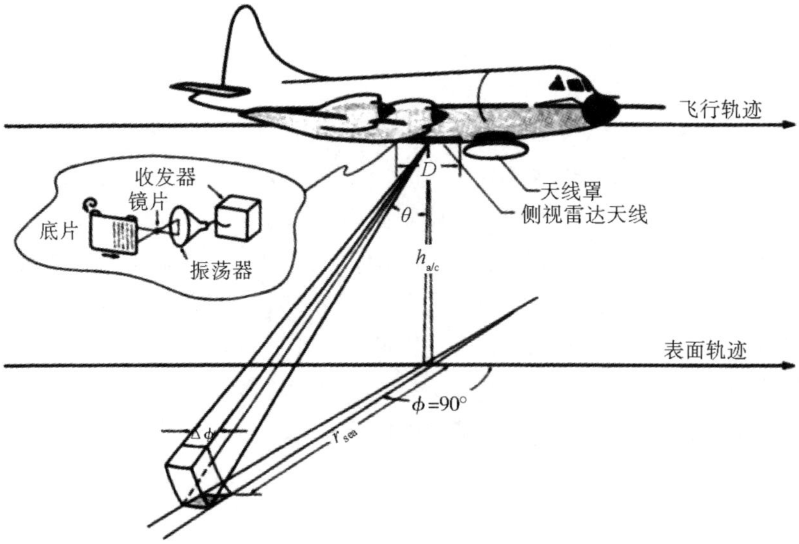

图 5－25 在 NOAA P－3 飞行器上飞行的侧视机载雷达的几何形状

该真实孔径 SLAR 具有 1 825 脉冲每秒的脉冲重复频率，以 34. 8 GHz 工作，脉冲持续时间为 40 ns，峰值功率输出的最小值为 100 kW。

$$\Delta r_{a-t} = \frac{r\lambda}{2D} \qquad (式 5－76)$$

式中，r 是向海面倾斜的距离(斜距)，λ 为微波波长，D 为天线直径。从图 5－25 的几何形状可以看出，交轨分辨率（Δr_{c-t}）是由一半的脉冲长度决定的：

$$\Delta r_{c-t} = \frac{v_0 \Delta t}{2\cos\theta} \qquad (式 5－77)$$

其中，v_0 是光速，Δt 是脉冲长度，θ 是天底角。由于斜距 $r = h_{a/c} \div \cos\theta$，故对固定 D、λ 和 Δt 的系统的沿轨道分辨率与飞行高度和天底角成反比，并且交轨分辨率与天底角成反比。

真实孔径 SLAR 图像的一个例子如图 5－26 所示。图像是哥伦比亚河口，北面是页面的顶端。沿着图像中心线的刻度标记(P－3 的曲面轨迹)编码，以提供日期或时间信息。右边的明亮地区是北部的华盛顿的失望角，南部的俄勒冈州的阿斯托里亚。强度与该图像中的白度成正比，陆地是明显比水更好的后向散射体。用暗区域强调的北码头和南码头是雷达阴影区，表明与同在每个码头同一侧的太阳阴影相比，能量来源沿着中心线。图像极右边的较黑的水是随着飞机移向左边的海洋而变化的增加设置引起的。

水中的分布表现出表面波的折射和反射、内波表面信号、河流边界和海洋锋的复杂状态。图 5－26 左侧的西北—东南趋势线是热边界以及 σ 边界；在飞行器中运行的天底观测机载辐射温度计(ART)显示向西部突然升高 2 ℃的温度。请注意，海洋锋在表面轨迹上是不连续的，并且与表面轨迹正交有大约 10°的噪声条纹。这些是模拟处理装置的伪影。

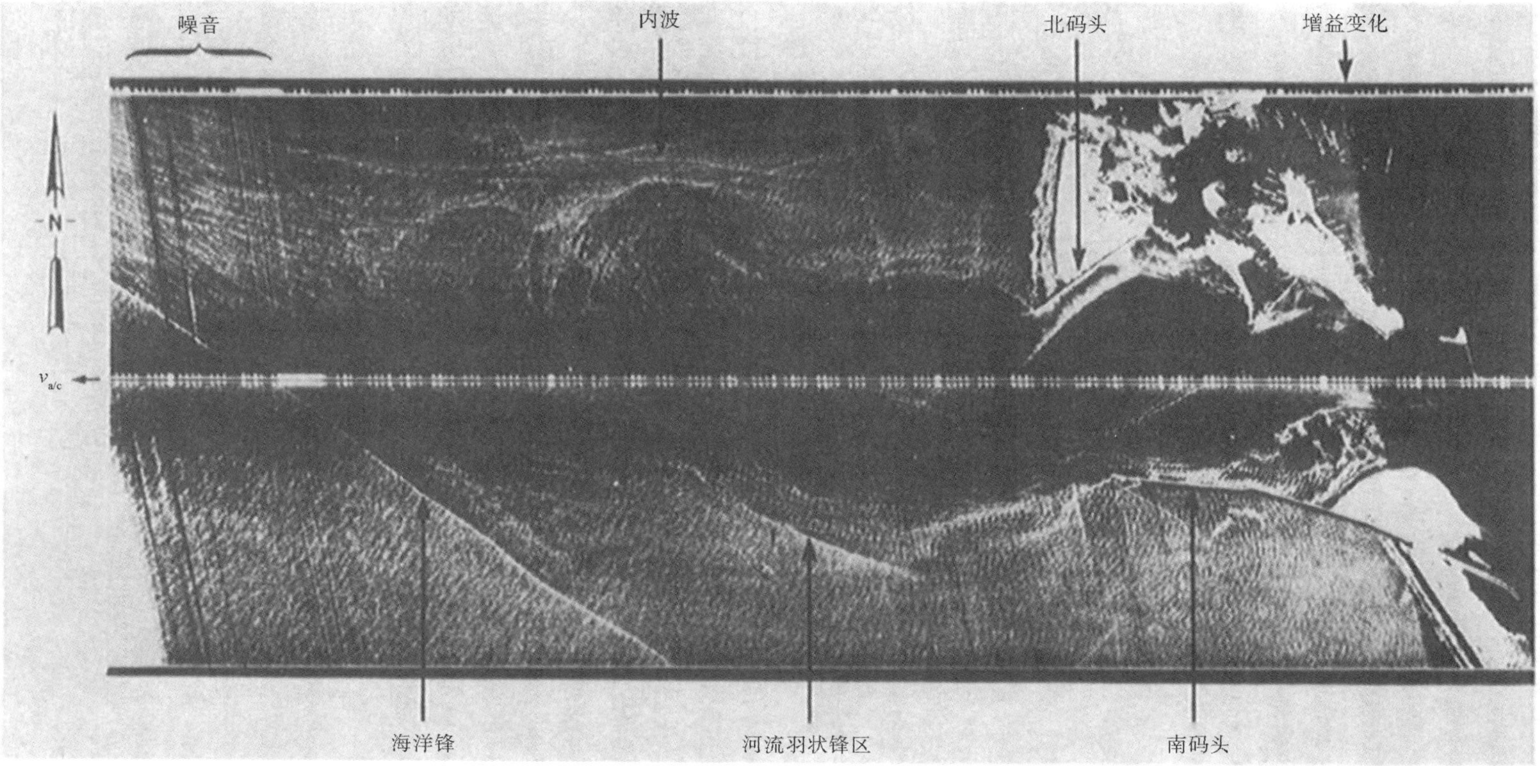

图5–26　真实孔径SLAR图像的实例

数据测量条件为：1979年11月23日格林威治标准时间2005，哥伦比亚河口，$h_{a/c}$= 300 m。每个条带距飞行器两侧$\theta\approx 87°$的表面轨迹（中心）为5.5 km宽。像素分辨率在交轨方向上约为9 m，在沿轨道方向上为4.5 m。图片由美国国家海洋和大气局的D. Ross提供。

图 5 - 26 是通过将穿过示波器表面胶片直接曝光而产生的(见图 5 - 25 中插图)。当形成图像时，自动进行两个预处理校正。第一，由于后向散射的强度随着天底角度的增加而减小，故示波器亮度随着天底角度的增加而增加，使得纯漫射的表面(例如，平坦的砂)在图像中亮度均匀分布。第二，由于距离随着 $\sec\theta$ 的增加而增加，故示波器光束穿过胶片时不均匀地移动，产生在交轨方向 r_{sea} (图 5 - 25)均匀的图像。这两个过程生成几何和辐射校正后的图像，但是海洋学家几乎没有校正图像的能力。数字记录和飞行后的处理有助于更好地控制图像质量，也有利于数据的数学处理；缺点是设备和过程更为复杂。

雷达图像的解译需要考虑大气衰减，特别是由于降水造成的大气衰减。在 AN/APD - 7u SLAR 的 34. 8 GHz (K_a 波段)的工作频率下，由大降雨(大于 25 mm/hr)引起的衰减超过 5 dB/km(参见图 5 - 11)；由非降雨的云(参见表 5 - 8)引起的衰减比它小。但在任一情况下都明显大于无云的热带大气(参见表 5 - 7)。较低的工作频率，如 SEASAT SAR(1. 275 GHz)，将大大降低大气影响，但也会降低 SLAR 空间分辨率。由于大气在 35 GHz SLAR 图像中是如此重要，故大多数观测结果是在 $h_{a/c}$ = 300 m 处进行的，并且同步获取垂向照片用于协助数据解译。

RAR 图像采用低空观测的另一个原因是沿轨道像素分辨率 Δr_{a-t} (式 5 - 76)取决于从天线到目标的斜距 r。诸如 SEASAT 的低空飞行卫星 (h_{sat} = 800 km)，斜距约 10^6 m。要实现 Δr_{a-t} = 25 m，对于 1. 275 GHz(λ = 0. 235 m)的 RAR，天线孔径 D 必须大约为 4 690 m 长。将频率提高到 AN/APD - 7u(35 GHz)，将 D 降低到大约 171 m，大大增加了大气干扰。在任何一种情况下，工程考虑导致真实孔径雷达图像不能从卫星获取。

在 20 世纪 50 年代初期，C. Wiley、C. W. Shewin、L. J. Croprona 等人考虑将聚焦线阵合成为一个大的天线孔径 D。合成孔径雷达是相干的收发器，可以聚焦也可以不聚焦。其他相关信息可以在雷达和无线电工程教科书和手册中找到，例如 M. I. Skolnik 的《雷达手册》。线性天线阵列可以被设想为等间距相同的辐射元件的物理系列，每个辐射元件具有式 5 - 9 给出的单独辐射图，并且如图 5 - 3a 所示。这种线性阵列的半功率波束宽度由下式给出：

$$\Delta\phi = \frac{\lambda}{\ell} \qquad (式 5 - 78)$$

式中，ℓ 是阵列的物理长度，其他项与式 5 - 1 相同。与 RAR 一样，因为同一个天线既用作发射器也用作接收器，所以有效波束宽度 $\Delta\phi_{SAR} = \lambda/2\ell$ 。

如果通过均匀移动传送等效脉冲的单个物理辐射元件，形成等距的相同的辐射元件的线性阵列，则只要目标在光束中，有效天线长度 ℓ 就可以非常大。因此，通过对后向散射信号的振幅和相位进行取样，便可以合成聚焦的大天线孔径。这个合成孔径天线的长度是

$$\ell = r\frac{\lambda}{D} \qquad (式 5 - 79)$$

也就是说，ℓ 是海面上的沿轨距离，其中目标被保存在微波波长 λ 处的真实孔径为D的天线的波束中。SAR 的沿轨像素大小(参见式 5－76)是

$$\Delta r_{a-t}|_{SAR} = \frac{r\lambda}{2\ell}$$

将式 5－79 代入上述表达式，得

$$\Delta r_{a-t}|_{SAR} = \frac{r\lambda}{2} \cdot \frac{D}{r\lambda} = \frac{D}{2} \qquad (式 5-80)$$

这个结果显著地表明，SAR 的沿轨分辨率与波长和距离无关，可以通过减小辐射计的物理孔径获得更精细的分辨率。

表 5－17 SEASAT 合成孔径雷达的特征

雷达频率	1. 275 GHz
雷电波长	23. 5 cm
系统带宽	19 MHz
表面分辨率	25 m×25 m
视数	4
刈幅宽度	100 km
天线	10. 7 m×2. 2 m
天底角	20°
表面入射角度	23°±3°
偏振	hh
脉冲长度	33. 4 μs
脉冲重复频率	1 463～1 640 pps
峰值功率	1 kW
地面记录器比特率	110 Mb/s

摘自 Fu and Holt，1982 年。

表 5－17 列出了 SEASAT SAR 的特点。为了实现 25 m 的沿轨表面分辨率，所需的合成孔径 ℓ 约为 4. 7 km。SEASAT 在 h_{sat} ＝800 km，轨道速度(参见表 1－7)为 7. 5 km/s。因此，当 Δr_{a-t} ＝25 m 时，实际上需要 4. 7÷7. 5≈0. 6(s)。式 5－80 预测 SEASAT SAR 分辨率约为 5～6 m，但这是理论上的限制，排除了减少噪声的影响。SAR 通过在数据处理中使用四个“视”来实现这种降噪。每个视都是一个独立的图像，其中四个是平均的，以减少椒盐噪声，这是雷达波长上海面粗糙度引起的随机干涉分布。

SAR 中的交轨分辨率由式 5－77 与 RAR 控制；在 SEASAT 上，采用一个 19 MHz 的带宽步进跳频 33. 4 μs 的脉冲。脉冲压缩技术用于获取 Δr_{a-t} ＝25 m(参见第 5. 1. 2 节和表 5－3 关于 SEASAT 高度计上脉冲压缩的讨论)。最后，请参见表 5－17，记录 SAR 数据需要 1. 1×10^8 b/s 的地面记录器比特率。因为这个高比特率(参见

表 4 - 2、表 5 - 2 和表 5 - 3)，只有当航天器是在 CDA 站的时候，才能获得 SEASAT SAR 数据。

在上述讨论中，假设图像中的目标在数据采集期间是静止的。由于四个视被用于构建一个 25 m 的空间分辨率 SAR 图像，故孔径合成大约需要 2.3 s。地球表面的许多特征在 2.3 s 内表现出相当大的运动，这种运动引起了误差。例如，移动卫星与其轨道发生与 SAR 图像中其速度成比例的距离偏移。来自海洋的成像雷达的后向散射源于布拉格谐振波(参见式 5 - 71)；对于 AN/APD - 7u，后向散射源于厘米的毛细管波，而对于 SEASAT SAR，它是来自分重力波。这些波浪在海洋表面上的变化会改变雷达图像中看到的信号。

Nantucket Sound 的 SAR 图像如图 1 - 23 所示，这是一个数字化数据的例子。也可以使用被称为全息术的相干光源(激光)，在光学上产生 SAR 图像。在任一情况下，由于斜距/表面距离不同，SAR 图像(以及 RAR 图像)也会在交轨方向上出现几何失真。这导致在近距离的表面物体的压缩，例如使表面上的圆在图像中将呈现为扭曲的椭圆。这种扭曲和图像的地理位置误差，在处理中可能会也可能不会被消除。若想谨慎的使用图像判读仪，必须在尝试详细的图像分析之前确定处理误差。

本节中描述的许多主动微波遥感装置处于开发的各个阶段。对这些设备、先进的步进频率辐射计和卫星应用多普勒表面流测量方案的研究(沿海动力学应用雷达—— CODAR 的空间模拟)将为海洋学家提供海洋流域和全球的信息，这是前所未有的。在下一节中，将介绍微波辐射计获得的地球物理学知识。在使用红外和可见光测量的应用后，人们也看到了海洋学中微波遥感的潜力。

5.6 应用

在 1.6 节中给出了微波 SAR 图像的例子，获取 ESMR 和 SMMR 的冰和水区域的辐射测量。如图 1 - 23 显示底地形对表面重力波的影响，图 1 - 24 显示极地区域的影像。这些图像的物理现象分别在第 5.5 节和第 5.4 节进行讨论。为了阐明被动微波技术在海洋中的应用，第 5.4 节中选择的实例包括使用 SMMR 数据研究海面温度和盐度的机载测绘；极地区域开阔水面覆盖百分比，有雪覆盖的一年冰，无雪覆盖一年冰，多年冰；以及采用多通道被动微波辐射测量风速，海面温度，云含水量，大气水汽，高度计湿程校正。第 5.5 节中讨论的主动微波技术的应用，如使用卫星高度计绘制椭球面与大地水准面的差值，大地水准面与海表面的差值的例子；机载散射计的风速风向测量需要必要的大气校正；真实孔径雷达图像；以及卫星的合成孔径雷达图像。

卫星微波技术的地球物理应用的大部分详细研究来自 SEASAT 的经验。《地球物理研究期刊》(87 卷 C5 期，1982 年；88 卷 C3 期，1983 年)的两个特别问题总结了此类许多结果。考虑到读者应该能够理解关于遥感的期刊文章，本节重点介绍微波应用在几个领域的细节。首先是使用高频陆基雷达用 CODAR 绘制海表面流场。

5.6.1　陆基微波遥感

在 20 世纪 50 年代初，D. D. Crombie 使用岸基雷达，观测到来自海洋的雷达回波发生频移。D. B. Brick 于 1972 年，在理论上证实了 Crombie 的假设，即频移是由波长 $\lambda/2$ 的海洋表面波的相速度引起的多普勒效应，其中 λ 是雷达的传输波长和表面重力波的波长。因此，后向散射是一阶布拉格效应，如式 5 - 71 中所述，对于临界入射角（$\zeta \approx 90^\circ$）和 $n = 1$。只有长度为 $\lambda/2$ 的海洋波列朝着或远离雷达才会产生这样的一阶效应。起初，这似乎是一个非常严格的要求，但在实践中，海洋是非常复杂的介电表面，允许这样的一阶假设。

雷达回波多普勒频移（$\Delta\nu_{dop}$）是运动物体的 2 倍，因为雷达收发了往返信号。因此，波长 $\lambda/2$ 和相速度 v_{ph} 的波浪的多普勒频移为

$$\Delta\nu_{dop} = 2v_{ph}/\lambda \qquad \text{（式 5 - 81）}$$

无限小水波的相速度有如下众所周知的关系：

$$v_{ph} = \sqrt{\frac{g}{k_0}\tanh(k_0 z)} \qquad \text{（式 5 - 82）}$$

其中海浪传播数量级(参考表 2 - 3)为 $k_0 = 2\pi/\lambda_s$，g 为重力，z 为水深。CODAR 在约 25 MHz 或 $\lambda \approx 12$ m 的 HF 范围内工作。对于约半波长的水深，即 $z \approx 3$ m“深水”波，$\tanh(k_0 z) \to 1$，使用式 5 - 82 的波速近似值为 $v_{ph} = \sqrt{g\lambda/4\pi}$。由此，雷达多普勒频移就是

$$\Delta\nu_{dop} = \frac{2\sqrt{g\lambda/4\pi}}{\lambda} = \sqrt{g/\lambda\pi} \qquad \text{（式 5 - 83）}$$

其中，与式 5 - 81 相似，λ 是雷达波长。式 5 - 83 预测了后向散射的雷达多普勒频移近似值为 $\Delta\nu_{dop} = 0.26\ s^{-1}$，这种散射是由 $v_{ph} = 3$ m/s 布拉格散射体引起的。

海面上的重力波不仅具有固有的相位速度，而且还受到表面流的影响。具有速度 v_s 的表面流在径向方向（$\Delta\nu_s$）产生额外的多普勒频移分量为

$$\Delta\nu_s = 2v_s/\lambda \qquad \text{（式 5 - 84）}$$

大部分海流的速度为 0 m/s＜ $|v_s|$ ＜1 m/s，通常会发生额外的 0 s^{-1}＜ $|\Delta\nu_s|$＜ 0.17 s^{-1} 径向雷达多普勒频移，正是此 $\Delta\nu_s$ 吸引了海洋学家的兴趣。

CODAR 使用两个分开数十公里的天线阵列。每个阵列每毫秒传输一个 20 μs 的脉冲。通过选择方向散射信号，海面上的一系列同心圆环提供关于 $\Delta\nu_s$ 的范围信息。根据每个天线阵列记录的复相计算方位信息。然后，在选通的相位的后向散射信号形成的每个像素处，每个天线阵列提供径向海流速度分量。在与两个天线阵列的基线重叠的像素中，可以从几何考虑来确定表面海流速度 $\boldsymbol{v}_s$ 。

CODAR 的数据处理涉及数字滤波，快速傅里叶变换(FFT)的光谱处理和平均值计算提高信噪比的比率。使用小型数字计算机在天线位置进行处理，但是地图需要额外的数据处理，包括使用运动和连续性的流体力学方程。在 HF 频段，无线电波具有地面波分量，为 CODAR 提供了 50～70 km 的有效范围，精度在 10～30 cm/s 范围

内，空间分辨率为 7 km×7 km。一个 CODAR 应用的结果如图 5－27 的美国西北太平洋所示。

美国和加拿大之间的胡安·德·富卡海峡是连接太平洋的主要航道。根据 CODAR 对海峡两岸表层海流的详细观测，可知主要昼夜潮汐流的振幅和相位在整个水道内达到百分之几。图 5－27 的结果显示了在一天内约 3 km×3 km 空间分辨率的低频流分布。这种分布是通过矢量平均小时速度测定的，每次计算花费大约 36 min 的 CODAR 观测时间。复杂的环流模式揭示了微波技术在海洋学研究中的潜在应用。

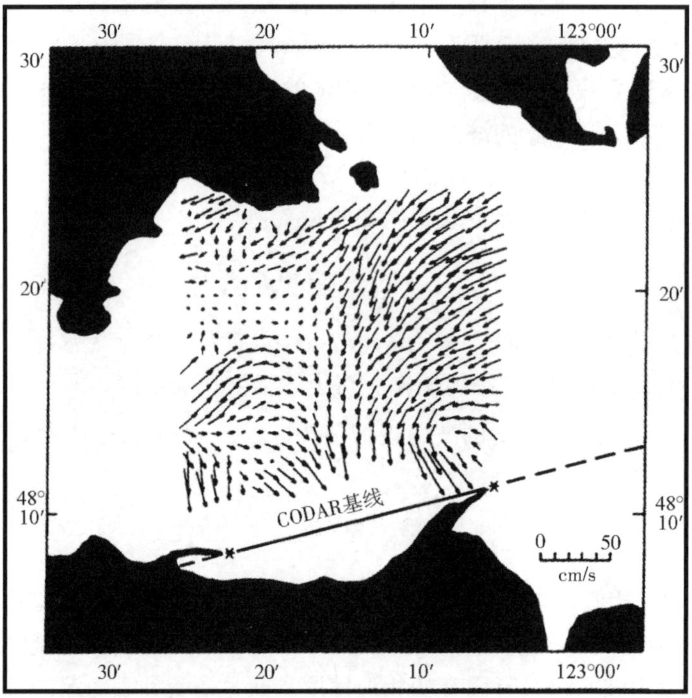

图 5－27　空间分辨的低频流分布示意

胡安·德·富卡海峡的表面流场由 CODAR 确定；华盛顿州位于南部，北部是加拿大的温哥华岛。根据 Frisch、Holbrook 和 Ages 的研究（1981 年）重绘。

CODAR 数据的另一个有用的海洋计算是通过整合速度来计算“粒子”的轨迹，因为“粒子”通过变化的海流场进行输送。因此，CODAR 流场地图的时间序列可以解释为准拉格朗日（由 18 世纪的数学家 J. L. 拉格朗日在制定了质点运动方程之后命名）示踪的轨迹，如图 3－38 中的插图所示。卫星用于直接跟踪这种拉格朗日示踪，这是根据泰罗斯－*n* 卫星系列操作气象航天器而常规完成的。下面将说明这种主动微波技术的应用。

5.6.2　拉格朗日示踪

在 20 世纪 50 年代末和 20 世纪 60 年代初期，测量技师和太空科学家，特别是 W. H. Guier、G. C. Weiffenbach，F. T. McClure、R. B. Kershner 和 R. J. Anderle，

提出了一个概念：通过测量人造地球卫星的多普勒频移无线电信号，可以准确定位地球上的点，或者相反地，通过在卫星处测量来自地球站的多普勒频移信号。在 1971 年，EOLE 系统启动，其次是 RAMS 的 NIMBUS－6 在 1975 年启动和 ARGOS 的泰罗斯－n 卫星在 1978 年启动。为了推导出 EOLE，RAMS 或 ARGOS 使用的多普勒方程，考虑一个自由漂移的海洋浮标，为了简单起见，假设其为静止，并且按以下频率传输 UHF 信号：

$$\nu_{buoy} = \frac{\bar{v}_0}{\lambda} \qquad \text{（式 5－85）}$$

式中，$\bar{v}_0$ 是浮标和卫星之间的平均光速。卫星向浮标靠近（＋）或远离（－）的多普勒频率 ν_{dop} 为

$$\nu_{dop} = \frac{\bar{v}_0 \pm v_{sat} \cdot \cos\theta}{\lambda} \qquad \text{（式 5－86）}$$

式中，$v_{sat} \cdot \cos\theta$ 是靠近或远离浮标的卫星速度的组分。式 5－86 表明，多普勒频移 $\Delta\nu_{dop}$ 被定义为

$$\Delta\nu_{dop} \equiv \nu_{buoy} - \nu_{dop} \qquad \text{（式 5－87）}$$

当卫星正对着（$\theta = 90°$）浮标时，$\Delta\nu_{dop}$ 为 0。以运动的火车和固定的铃为例，铃的真正音调在火车穿过铃的瞬间被听到。将式 5－85 和式 5－86 代入式 5－87 中并将分子和分母同时乘以 $\bar{v}_0$，得

$$\Delta\nu_{dop} = \frac{\pm v_{sat} \cdot \cos\theta}{\bar{v}_0} \cdot \frac{\bar{v}_0}{\lambda}$$

再使用式 5－85 并重新排列项后，人们可以得到多普勒位置式：

$$\cos\theta = \pm \frac{\bar{v}_0}{v_{sat}} \cdot \frac{\Delta\nu_{dop}}{\nu_{buoy}} \qquad \text{（式 5－88）}$$

式 5－88 描述了一个定位锥体，其顶点是卫星，v_{sat} 作为对称轴，具有顶点半角 θ，两个不明确的浮标位置位于与海面和其他锥形交点的轨迹上。使用式5－88描绘定位位置的几何形状，如图 5－28 的插图所示。

图 5－28 绘制的位置几何图形显示了顶点半角 θ 的三个确定值（式 5－88）。每个确定的 θ 值发生在不同卫星位置处，并且定位浮标的准确性取决于精确的卫星定位。当测量多于两个位置锥体时，浮标位置在理论上是冗余的，但如图所示，浮标位置模糊；在实践中至少需要测量 5 次 θ 值来减少误差。在自由流动的大气气球的情况下，气球的高度可能是未知的，并且需要测量超过 3 次 θ 值以给出冗余的（但仍然是轴向对称模糊的）位置。浮标位置模糊度通常可以从后续轨道上的位置和（或）从浮标本身的历史速度来解决。

泰罗斯－n 卫星系列航天器上的定位系统被称为 ARGOS 数据采集和定位系统。每个数据平台（例如，拉格朗日浮标）每隔 40～60 s，以 ν_{buoy} ＝401.65 MHz 的频率精确发送右旋圆偏振（参见图 2－13）信号，时间持续低于 1 s。卫星不会像 EOLE 系统那样查询浮标，每个浮标完全独立于其他浮标。当浮标位于卫星地平线之上时，在天底以地球为中心的大约 5 000 km 直径圆中，浮标信号通过 UHF 天线

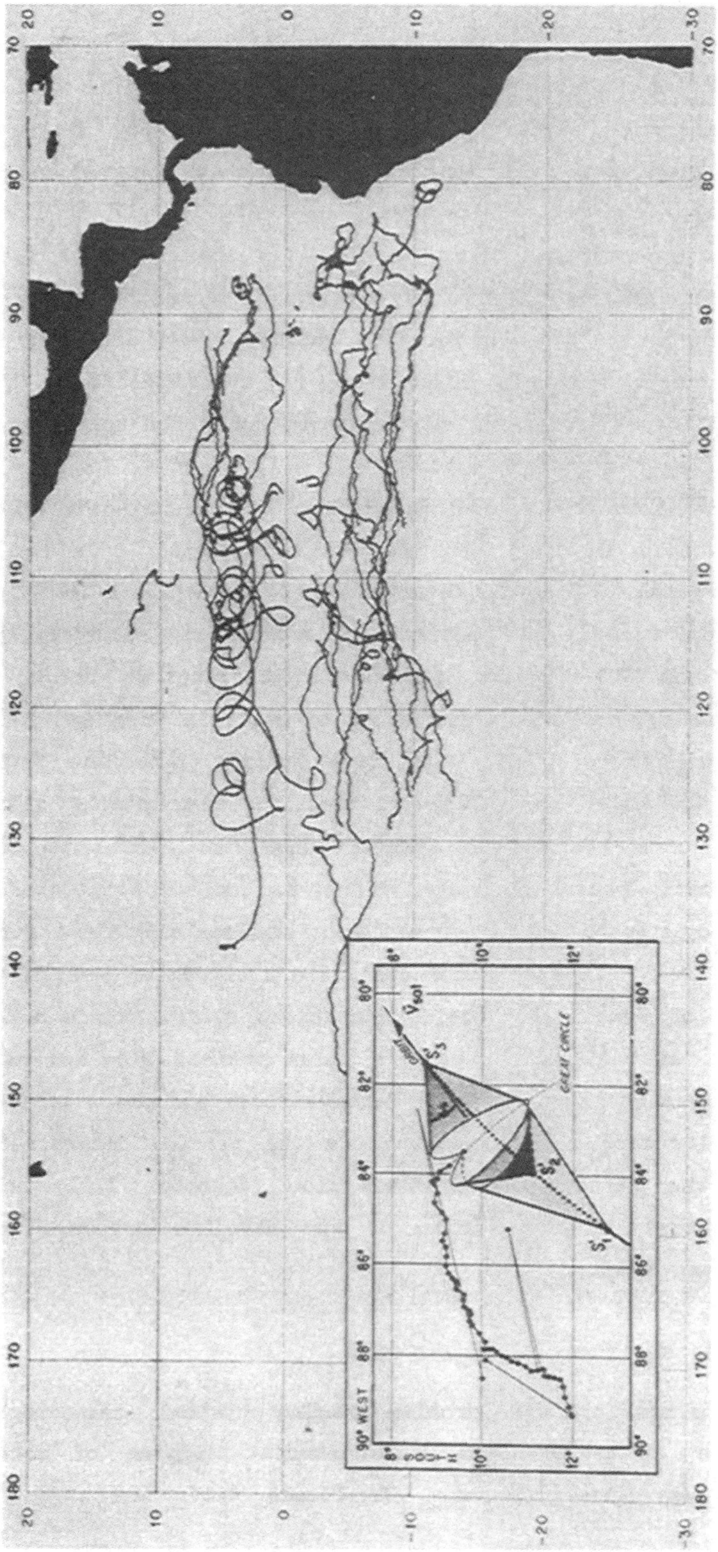

图5-28　1979年合成的东太平洋气候研究(EPOCS；由D. V. Hansen提供)的卫星追踪浮标轨迹

大约25个EPOCS浮标被同时跟踪。插图为ARGOS服务使用的多普勒频移位置方案的几何形状，从泰罗斯-*n*卫星叠加在1982—1983年厄尔尼诺期间供应浮标的原始位置数据。

接收(参见图 3－2)。由于每个浮标的重复率可以在 40～60 s 之间设置不同值，信号持续时间根据测量和上行的表面变量的数量而在各浮标之间变化，所以信息以随机的方式出现在卫星上。这种设计被称为随机接入系统，只要它们在频率上分离，ARGOS 可以获得多达 4 个同时接收的浮标消息。

ARGOS 随机接入系统通常能够定位 4 000 个全球均匀分布的平台。当它们以 32 位字输入时，每个平台最多可携带 8 个传感器。用于获得图 5－28 中的位置数据的浮标(参见图 3－38)通常用于海面温度、风速、大气压力、电池电压以及浮标传感器开关。数据采集频率是纬度的函数，其在热带地区每个 ARGOS 装备的卫星大约为每天 2 次。典型的位置精度为 ± 2 km，但计算机数据处理方案通常涉及曲线拟合算法，将整体精度提高到 ± 0. 5 km，相关速度误差为 ± 1 cm/s。数据通过卫星的 VHF 实时系统连续向下传输(参见图 3－2)，或者当 CDA 在航天器的地平线上方时存储在飞行器上用于遥测。

多普勒导航系统在其他交通工具，如船舶和飞机上的应用也很发达。在全球定位系统(GPS)中，24 颗卫星群将以厘米精度提供连续定位。GPS 等高精度系统需要对 $\bar{\nu}_0$ 进行大气校正。通过对卫星发射机使用多个频率来实现这种校正。美国海军子午仪卫星导航系统使用 400 MHz 和 150 MHz 的频率来校正电离层折射(电离层校正与 ν^2 成比例)；对流层的折射主要是因为水汽，并不强烈地依赖于射频(当 $\zeta_{sat} < 80^\circ$时，对流层校正明显较小)。同样在厘米精度方面，定位点的高度是重要的，必须考虑大地水准面起伏(参见图 5－20)，以及地球的极坐标运动、卫星上的阻力和辐射压力、大地测量基准误差和时钟误差。海洋学的一个潜在应用是地转近似(式5－67)精确确定 $\mathrm{d}h_{sea}/\mathrm{d}x$ 的值，从而获得驱动海洋流场的绝对压力梯度。

5. 6. 3　溢油厚度和归宿

物理海洋学家面临的最紧迫的问题之一是洋流对意外倾倒材料，特别是石油产品的影响。在图 4－51 中，IXTOC－1 油井泄漏的一个阶段反映了可见光遥感的应用。可见光的辐射测量或摄影是评估泄漏面积的重要手段，但是也需要有关油厚度的信息，以更充分地预测事故的发展和环境影响。

在微波频率下，油可以看作海水上有限厚度的另一种介电材料。由于两种材料的复介电常数(式 2－55b 和式 5－13)不同，油层可以改变菲涅尔反射系数(式2－77 和式 2－78)。对于理论的细节，感兴趣的读者请参见 L. M. Brekhovskikh 的《层状介质中的波浪》。净辐射效应是油改变海水的微波亮度温度，此温度是关于油的厚度的函数。

图 5－29 是当以 45°天顶角观察不同厚度的油时，被动微波辐射计在 $\nu = 38$ GHz 的亮度温度曲线图。垂直偏振对油厚变化的敏感性要低得多，因为$\theta_{in} = 45^\circ$接近布儒斯特角(主入射角；参见图 2－20)，其中垂直偏振辐射的反射最小。另外，水平偏振辐射显示由油引起的大约 100 K 的信号。两条曲线对于相同的最大值是对称的，因此

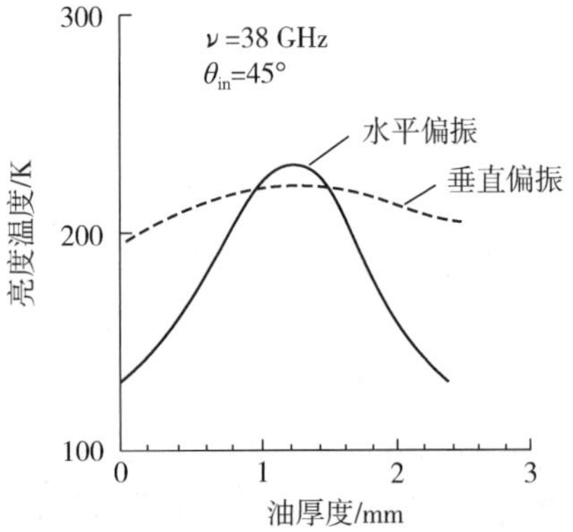

图 5－29　38 GHz **时的微波亮度温度作为水平(实线)和垂直(虚线)偏振油厚度的函数**

根据 Jean、Richerson 和 Rouse 的研究(1971 年)重绘；入射角为 45°。

单个频率的测量导致厚度模糊。如果图 5－29 中的曲线代表更大的油厚度，则由于海面的驻波，将观察到在 λ/2 处的连续最大值(λ 为辐射计的波长，当 ν＝38 GHz 时为 0. 8 cm)。因此，单通道微波辐射计给出了不确定的结果。

油厚度模糊的实际解决方案是使用多光谱技术。1973 年，J. P. Hollinger 和 R. A. Mennella 发现，两个频率，特别是 31. 0 GHz 和 19. 4 GHz，在低空飞行的飞行器上($h_{a/c}$≈120 m)获得了良好的效果。他们表示，溢油中的大部分(约 90%)油被包含在厚度小于 1 mm 的小区域中，溢油的大部分区域非常薄，通常厚度低于 0. 1 mm。油的类型似乎对结果并没有影响，薄油层区域毛细管波的衰减可能导致天线温度在增加之前略有下降(图 5－29 和图 5－8)。垂直航空彩色摄影和多通道被动微波辐射测量的结合，已被证明是定量反映漏油表层水平的有效手段。

5. 6. 4　海洋表面流

表层主要洋流如黑潮或墨西哥湾流的遥感是最早的卫星海洋学应用。在第 3 章中，给出了墨西哥湾流的表面热特征的例子(图 1－20、图 3－1、图 3－34 和图 3－35)。在第 4 章中，显示了海流颜色或耀斑分布特征的类似例子(图 1－20、图 4－27、图 4－42 和图 4－46)。由于缺乏热、颜色或耀斑分布的对比度，或者由于大的浊度，因此可见光或红外探测技术无法定位洋流边界并不稀奇。最佳的洋流边界探测方案应该是将如高度测量、散射和雷达图像等微波测量与可见光和红外成像融合的多专题方法。

使用 SAR 图像定位墨西哥湾流边界的例子如图 5－30 所示。图像左上角显示了北卡罗来纳州的哈特拉斯角和帕姆利科湾；从上到下等分的 3 条线是图像处理程序的伪影。可以看到波形特征从左下方延伸到右上角，尽管没有同步数据的证实，但是这些特征在可见光、红外和实际观测中具有相同的形状。类似地，右下角的细斜线似乎是墨西哥湾流东部边界的 SAR 表达。

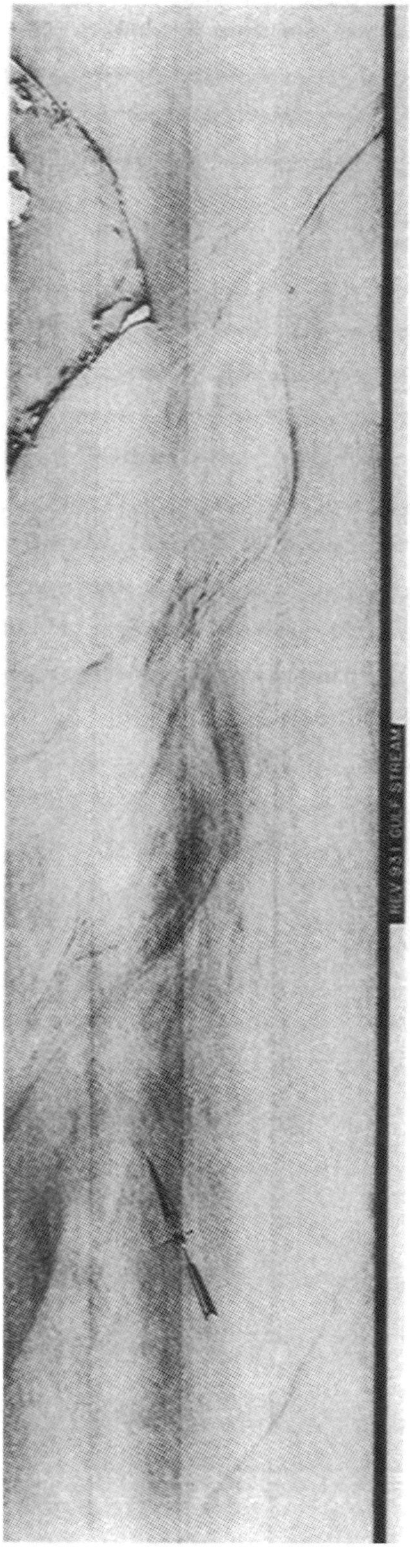

图5-30　北美东海岸的SEASAT SAR图像

哈特拉斯角是突出的地貌。图像于1978年8月31日获得，宽100 km，长350 km。由L.-L. Fu、JPL提供。

与可见光和红外图像一样，在成像雷达数据中并不总是观测到与强烈正压流(图5-26)或斜压流(图5-30)相关的海洋锋。其原因是热点的研究话题，以风和波与表面流的相互作用为核心。在SAR数据中观察到许多复杂的海表面特征，包括降雨对波浪衰减、内波、底地形、湍流、上升流、波浪折射、风力应力、船舶和船只的影响以及一些特别有价值的冰图像。成像雷达几乎全天候应用于海洋学，并将会在未来的研究应用中提供有价值的信息。

研究问题

(1)式5-1是衍射极限角度分辨率的说明，可以从考虑衍射光栅(光学版本)或考虑干涉仪中的两个振荡偶极子(微波版本)得出。查阅教科书关于基础物理学的知识，并通过上述两种情况得出式5-1。

(2)从海洋到大气的热量通量变化是气候变化的主要原因。考虑用于射电天文学的微波波段(表5-4)，以及考虑微波或空气和水的特性(见第5.2节)，选择被动卫星辐射计所需的微波频率来测量垂直热通量。

(3)按照式5-42的形式，写出卫星散射计的微波辐射传输式。确定各项，并使用SASS的电力数据确定每项的大小(见第5.3节)；使用对每项的估计来计算和的平方根误差分配。

(4)如图5-26所示的成像雷达数据清楚地显示了表面波。基于Pierson-Moskowitz光谱，用于完全开发的海洋，该如何使用傅里叶分析来推测雷达图像的风？在你的答案中考虑大气稳定性的影响(见第5.4节)和使用FFT获得方向谱。

(5)围绕织女星运行的行星被怀疑拥有类似于地球的海洋/大气系统。你要组建一个多学科团队来设计无人驾驶的航天器以围绕行星运行，并确定它是否适合一些地球上新兴人口居住。哪些学科将为你的团队作出贡献，你会选择哪种红外线、可见光和微波传感器？在你的答案中，需要指定波长、分辨率和观察值。

参考文献

主要参考文献

U. S. Navy Hydrographic Office, 1962. American Practical Navigator[M]. Washington: U. S. Government Printing Office.

BADGLEY P C, 1969. Oceans from Space[M]. Houston: Gulf Publ.

BARRETT E C, CURTIS L F, 1974. Introduction to Environmental Remote Sensing[M]. New York: Crane, Russak.

BEAL R C, DELEONIBUS P S, Katz I, 1981. Spaceborne Synthetic Aperture Radar fop Oceanography[M]. Baltimore: Johns Hopkins Press.

APEL J R, 1972. Sea Surface Topography from Space: 2 vols[Z]. Miami: National Oceanic and Atmospheric Administration.

BEAN B R, DUTTON E J, 1966. Radio Meteorology[M]. Washington: U. S. Government Printing Office.

BOMFORD G, 1971. Geodesy[M]. 3rd ed. Oxford: Clarendon Press.

BREKHOVSKIKH L M, 1960. Waves in Layered Media[M]. New York: Academic Press.

BROUWER D, CLEMENCE G M, 1961. Methods of Celestial Mechanics [M]. New York: Academic Press.

CHANDRASEKHAR S, 1960. Radiative Transfer[M]. New York: Dover Publ.

COLWELL R N, 1983. Manual of Remote Sensing. 2nd ed. [M]. Falls Church: American Society of Photogrammetry.

CORNILLON P, 1982. A guide to environmental satellite data[M]. Kingston: Univ. of Rhode Island, Graduate School of Oceanography.

CORTRIGHT E M, 1968. Exploring Space with a Camera[M]. Washington: NOAA.

CRACKNELL A P, 1983. Remote Sensing Applications in Marine Science and Technology[M]. Boston: D. Reidel Publ.

DEEPAK A, 1980. Remote Sensing of Atmospheres and Oceans[M]. New York: Academic Press.

DERR V E, 1972. Remote Sensing of the Troposphere[M]. Washington:

NOAA，U. S. Government Printing Office.

DUDA R O，1973. Pattern Classification and Scene Analysis[M]. New York：Wiley.

NOAA，1967. Earth Photographs from Gemini III，IV，and V[M]. Wash-ing-ton：NOAA.

NOAA，1968. Earth Photographs from Gemini VI through XII[M]. Washin-gton：NOAA.

EL-BAZ F，WARNER D M，1979. Apollo-Soyuz Test Project Summary Sci-ence Report[R]. Washington：NOAA.

ESTES J E，SENGER L W，1973. Remote Sensing：Technique for Environ-mental Analysis[M]. Santa Barbara：Hamilton Publ.

EWING G C，1965. Oceanography from Space[J]. J. mater. chem，22（15）：7136－7148.

FETT R W，1977. Navy Tactical Applications Guide：Techniques and appli-cations of image analysis（Volume 1）[M]. Washington：U. S. Naval Air Systems Command.

FETT R W，1979. Navy Tactical Applications Guide：Environmental phe-nomena and effects （Volume 2）[M]. Washington：U. S. Naval Air Systems Command.

FRANKS F，1972. Water：A Comprehensive Treatise[M]. New York：Ple-num Press.

GLASSTONE S，1965. Sourcebook on the Space Sciences[M]. New York：Van Nostrand.

GONZALEZ R，WINTZ P，1977. Digital Image Processing[M]. New Jersey：Addison Wesley.

GOWER J F R，1980. Passive Radiometry of the Ocean[M]. New York：Reidel.

GOWER J F R，1981. Oceanography from Space[M]. New York：Plenum Press.

GREEN W B，1983. Digital Image Processing[M]. New York：Van Nos-trand-Reinhold.

WOLFE W L，1965. Handbook of Military Infrared Technology[M]. Wash-in-gton：Office of Naval Research.

HECHT E，ZAJAC A，1974. Optics[M]. New Jersey：Addison Wesley.

HENDERSON T，1970. Daylight and its Spectrum[M]. New York：Ameri-can Elsevier.

HESS S L，1959. Introduction to Theoretical，Meteorology[M]. New York：

Holt，Rinehart and Winston.

HOBBS P，1974. Ice Physics[M]. Oxford：Clarendon Press.

HOLZ K，1973. The Surveillant Science：Remote Sensing of the Environment [M]. Boston：Houghton Mifflin.

JENKINS F A，WHITE H E，1957. Fundamentals of Optics[M]. New York：McGraw-Hill.

JENSEN N，1968. Optical，and Photographic Reconnaissance Systems[M]. New York：Wiley.

JERLOV N G，1968. Optical，Oceanography[M]. New York：Elsevier.

JERLOV N G，1974a. Mal'ine Optias[M]. New York：Elsevier.

JERLOV N G，NIELSEN E S，1974b. Optical Aspects of Oceanography[M]. New York：Academic Press.

KAULA W M，1966. Theory of Satellite Geodesy[M]. London：Blaisdell Publ.

KERKER M，1969. The Scattering of Light[M]. New York：Academic Press.

KONDRATYEV K Y，1969. Radiation in the Atmosphere[M]. New York：Academic Press.

KRAUS E B，1972. Atmosphel'e-Oaean Intel'action[M]. Oxford：Clarendon Press.

KUDRITSKII D M，POPOV I V，ROMANOVA E A，1966. Hydrographic Interpre-tation of Aerial，Photographs[M]. Translated by Israel Programme for Scientific Translations. London：Oldbourne Press.

LINTZ J，SIMONETT D S，1976. Remote Sensing of Environment[M]. New Jersey：Addison Wesley.

LONG M W，1975. Radar Reflectivity of Land and Sea[M]. Lexington：Heath.

MATHEWS R E，1975. Active Microwave workshop Report[R]. Washing-ton：NOAA.

MCCARTNEY E J，1976. Optics of the Atmosphere[M]. New York：Wiley.

MOIK J G，1980. Digital，Processing of Remotely Sensed Images[M]. Washington：NOAA.

NOAA，1965. NIMBUS-l User's Guide[M]. Greenbelt：Goddard Space Flight Center.

NOAA，1969. The Terrestrial Environment，Solid Earth and Ocean Physics，Applications of Space and Astronomic Techniques[R]. Cambridge：MIT Electron-ics Research Center.

NOAA, 1978. The NIMBUS-7 User's Guide[M]. Greenbelt: Goddard Space Flight Center.

NEBLETTE C B, 1970. Fundamentats of Photography[M]. New York: Van Nostrand.

NEUMAN G PIERSON W J, 1966. Principles of Physical Oceanography[M]. Englewood Cliffs: Prentice-Hall.

NICKS O W, 1970. This Island Earth[M]. Washington: NOAA.

National Oceanic and Atmospheric Administration, 1976. The GOeS/SMS User's Guide[M]. Washington: NOAA, National Environmental Satellite Service.

PREISENDORFER R W, 1976. Hydrotogic Optios[M]. Washington: U. S. Department of Commerce, NOAA.

REEVES R E, 1975. Manual of Remote Sensing[M]. Falls Church: American Society of Photogrammetry.

ROY A E, 1965. The Foundations of Astrodynamics[M]. New York: McMillan. Lyndon B Johnson Space Center, 1977. SKYLAB Explores the Earth[M]. Washington: NOAA.

PIERSON W J, 1978. SKYLAB EREP Investigations Summary[M]. Washington: NOAA.

SKOLNIK M I, 1970. Radar Handbook[M]. New York: McGraw-Hill.

SWAIN P H, DAVIS S M, 1978. Remote Sensing, the Quantitative Approach[M]. New York: McGraw-Hill.

THOMPSON M M, 1966. Manual of Photogrammetry[M]. Falls Church: American Society of Photogrammetry.

TYLER J E, 1970. Measurement of Spectral Irradiance Underwater[M]. New York: Gordon and Breach.

United States Committee on Extension to the Standard Atmosphere, 1966.

U. S. Standard Atmosphere Supplements[M]. Washington: U. S. Government Printing Office.

VALLEY S L, 1965. Handbook of Geophysics and Space Environment[M]. Cambridge: AFCRL.

WENDEROTH S, KALIA R, et al, 1978. Multispectral Photography from Earth Resources[J]. Journal of Biogeography, 5(1).

其他参考文献

ABIODUN A A, 1976. Satellite survey of particulate distribution patterns in Lake Kainji[J]. Remote Sens. of Envir, 5: 109－125.

ACKLEY S F, 1979. Drifting buoy measurements on Weddell Sea pack ice [J]. Antarctic J. U. S., 14(5): 106－108.

ADIKS T G, et al, 1975. Continuum extinction in the 8－13 μm window under conditions of high atmospheric transparency[J]. Atmos. Ocea. Phys., 11(7): 431.

ALMEIDA S P, KIM-TZONG-EU J, 1976. Water pollution monitoring using matched spatial filter[J]. Appl. Optics, 15: 510－515.

ALPERS W R, HASSELMANN K, 1978. The two-frequency microwave technique for measuring ocean-wave spectra from an airplane or satellite [J]. Bound. Layer Met., 13: 215－231.

ALPERS W R, RUFENACH C L, 1979. The effect of orbital motions on synthetic aperture radar imagery of ocean waves[J]. IEEE Trans. Antennas and Propag., AP27(5): 685－690.

ALPERS W R, ROSS P B, RUFENACH C L, 1981. On the detectability of ocean surface waves by real and synthetic aperture radar[J]. J. Geophys. Res., 86: 6481－6498.

ANDERLE R J, 1973. Determination of polar motion from satellite observations[J]. Geophys. Surveys, 1: 147－161.

ANDERLE R J, HOSKIN R L, 1977. Correlated errors in satellite altimetry geoids. Geophys. Res. Ltrs., 4(10): 421－423.

ANDERSON A C, 1978. Remote sensing in sea search and rescue[J]. Remote Sens of Envir., 7: 265－273.

ANDING D, KAUTH R, 1970. Estimation of sea surface temperature from space[J]. Remote Sens of Envir., 1: 217－221.

ANDING D, KAUTH R, 1972. Reply to comment by G. A. Maul and M. Sidran[J]. Remote Sens of Envir., 2: 171－175.

ANDREYEV S D, IVLEV L S, POBEROVSKIY A V, 1974. Aerosol attenuation of radiation in the 8－13 μm atmospheric window[J]. Atmos. Ocea. Phys., 10(10): 682.

ANTYUFEYEV V S, NAZARALIYEV M A, 1973. A new modification of the Monte Carlo method for solution of problems in the theory of light scattering in a spherical atmosphere[J]. Atmos. Ocea. Phys., 9(8): 463.

APEL J R, PRONI J R, et al, 1975. Near simultaneous observations of intermittent internal waves on the Continental Shelf from ship and spacecraft[J]. Geophys. Res. Ltrs., 2(4): 128.

APEL J R, et al, 1975. Observations of oceanic internal and surface waves from the earth resources technology satellite [J]. J. Geophys. Res., 80(6): 865－871.

APEL J R，1976. Ocean science from space[J]. EOS Trans. AGU，57(9)：612－624.

APEL J R，BYRNE H M，et al，1976. A study of oceanic internal waves using satellite imagery and ship data[J]. Remote Sens. of Envir.，5：125－137.

APEL J R，1980. Satellite sensing of ocean surface dynamics[J]. Annual Rev. Earth Planet. Sci.，8：303－342.

APEL J R，1981. Nonlinear features of internal waves as derived from the SEASAT imaging radar[M]//GOWER J F R. In：Oceanography from Space. New York：Plenum Press. 525－534.

ARANUVACHAPUN S，LEBLOND P H，1981. Turbidity of coastal waters determined from LANDSAT[J]. Remote Sens. of Envir.，11(2)：113－132.

ATLAS D，BAUNISTER T T，1980. Dependence of mean spectral extinction coefficient of phytoplankton on depth，water color and species[J]. Lirnnol. Oceanogr.，25(1)：157－159.

AUSTIN A，R. ADAMS，1978. Aerial color and color infrared survey of marine plant resources[J]. Photogramm. Eng. Rem. Sens.，44：469.

AUSTIN R W，1979. Coastal zone color scanner radiometry[J]. Engrs.，Ocean OpticsVI，Monterey，208：170－177.

AUSTIN R W，1980. Gulf of Mexico ocean color surface truth measurements[J]. Bound. Layer Met.，18(3)：269－286.

AUSTIN R W，PETZOLD T J，1981. The determination of the diffuse attenuation coefficient of sea water using the coastal zone color scanner[M]//GOWER J F R. Oceanography from Space. New York：Plenum Press：239－256.

BAIG S R，YENTSCH C S，1969. A photographic means of obtaining monochromatic spectra of marine algae[J]. Appl Optics，8(12)：2566－2568.

BAIG S R，1975. Comments on"Application of synchronous meteorological satellite data to the study of time dependent sea surface temperature changes along the boundary of the Gulf Stream"by R. Legeckis[J]. Geophys. Res. Ltrs.，231.

BAIG S，GABY D，WILDER J，1981. A provisional Gulf Stream system climatology[J]. Mariners Weather Log，25(5)：323－345.

BARNETT T P，PATZERT W C，et al，1979. Climatological usefulness of satellite determined sea-surface temperatures in the tropical Pacific[J]. Butt. Amer. Meteorol. Soc. 60(3)：197－205.

BARRICK D E，1972. First-order theory and analysis of MF/HF/VHF scatter from the seac. Antennas Propag.，AP-20：2－10.

BARRICK D E，1977. The ocean wave height non-directional spectrum from inversion of the HF sea-echo Doppler spectrum[J]. Remote Sens of Envir. 36：201－229.

BARRICK D E, Evans M W, Weber B L, 1977. Ocean surface currents mapped by radar[J]. Science, 198: 138-144.

BARRICK D E, 1978. HF radio oceanography-a review[J]. Bound. Layer Met., 13(2): 23-45.

BARRICK D E, 1979. A coastal radar system for Tsunami warning[J]. Remote Sens of Envir. 38(4): 353-358.

BARRICK D E, SWIFT C T, 1980. SEASAT microwave instruments in historical perspective[J]. IEEE J. Ocean. Engr., OE-5(2): 74-79.

BARRICK D E, Wilkerson J C, et al, 1980. SEASAT Gulf of Alaska Workshop II Report[J]. Jet Propulsion Laboratory Internal Rept., 622-107.

BASHAIINOV A E, SHUTKO A M, 1980. Research into the measurement of sea state, sea temperature and salinity by means of micro-wave radiometry[J]. Bound. Layer Met. 318(1): 55-64.

BASHARINOV A YE, GORODETSKIY A K, et al, 1973. Radiation temperatures of ground cover in the microwave and infrared ranges measured from the COSMOS-384 satellite[J]. Atmos. Ocea. Phys., 9(2): 99.

BEAL R C, 1980. Spaceborne imaging radar: monitoring of ocean waves[J]. Science, 3208: 1373-1375.

BEAL R C, 1981. Spatial evolution of oceanwave spectra[M]//BEAL R C, DELEONIBUS P S, KATZ I. In: Spaceborne Synthetic Aperture Radar for Oceanography. Baltimore: Johns Hopkins Univ. Press.

BEAL R C, DELEONIBUS P S, et al, 198. Spaceborne Synthetic Aperture Radar for Oceanography[M]. Baltimore: Johns Hopkins Univ. Press.

BEER T, 1980. Microwave sensing from satellites[J]. Remote Sens of Envir, 39(1): 65-85.

BELOUSOV YU I, DEMIDOV E F, 1979. Direct solar radiation in the infrared range as reflected from agitated sea surface[J]. Atmos. Ocea. Phys., 15 (21): 135-141.

BEN-SHALOM A, HERMAN J O, SCHECHNER P, 1981. Measured infrared radiances near the sea-horizon and their interpretation, preliminary results[J]. J. Geophys. Res., 8: 772.

BERNSTEIN R L, 1982. Sea surface temperature mapping with the SEASAT microwave radiometer[J]. J. Geophys. Res., 87(C10): 7865-7872.

BERNSTEIN R L, BORN G H, WHRITNER R H, 1982. SEASAT altimeter determina-tion of ocean dynamic height: a Kuroshio verification experiment[J]. J. Geophys. Res., 87(C5): 3261-3268.

BERTRAM C, 1981. Remote bathymetric measurements using a monocycle radar[M]. New York: IEEE.

BIGNELL K, 1970. The water-vapor infrared continuum[J]. Roy. Meteorol. Soc., 96: 390 - 403.

BIRRER I J, BRACALENTE E M, DOME G J, et al, 1982. Signature of the Amazon rain forest obtained from the SEASAT scatterometer[J]. IEEE Trans. Geosci. and Rem. Sens., GE-20(1): 11 - 17.

BLAHA G, 1979. Feasibility of the short arc adjustment model for precise determinations of the oceanic geoid[J]. Bull. Geod., 53(3): 215 - 220.

BLAKE L V, 1970. Prediction of Radar Range[M]//SKOLNIK M I. In: Radar Handbook. New York: McGraw-Hill.

BLANKENSHIP J R, SAVAGE R C, 1974. Electro-optical processing of DAPP meteorological satellite data[J]. Bull. Amer. Meteorol. Soc., 55(1): 9 - 15.

BLIAMPTIS E E, 1970. Nomogram relating true and apparent radio-metric temperatures of graybodies in the presence of an atmosphere[J]. Remote Sens. of Envir., 1: 93 - 95.

BLUME H J C, KENDALL B M, FEDORS J C, 1978. Measurement of ocean temperature and salinity via microwave radiometry[J]. Bound. Layer Met., 13: 295 - 308.

BORN G H, DUNNE J A, LAME D B, 1979. SEASAT mission overview [J]. Science, 204(4400): 1405 - 1406.

BORN G H, LAME D B, WILKERSON J C, et al, 1979. SEASAT Gulf of Alaska Workshop I Report[R]. Pasadena: Panel Reports, Jet Propulsion Laboratory Internal Document.

BRACALENTE E M., BOGGS D H, GRANTHAM W L, et al, 1980. The SASS scattering coefficient algorithm[J]. IEEE J. Ocean. Engr, jOE-5: 145 - 153.

BRAMMER R F, 1979. Estimation of the ocean geoid near the Blake Escarpment using GEOS-3 satellite altimetry data[J]. J. Geophys. Res., 84(38): 3843 - 3851.

BRANDLI H W, REINKE D, IRVINE L E, 1977. Sea surface emission temperatures from defense meteorological satellite[J]. J. Phys. Oceanogr., 7(2): 302 - 304.

BRISCOE M G, JOHANNESSEN O M, VINCENZI S, 1974. The Maltese oceanic front: a surface description by ship and aircraft[J]. Deep-Sea Res., 21: 247 - 262.

BRISTOR C L, RAYNORE W L, 1977. Digital satellite imagery in industrial meteorology[J]. Bull. Amer. Meteorol. Soc., 58(6): 430 - 487.

BRISTOW M, NIELSEN D, BUNDY D, 1981. Use of water Raman emission to correct airborne laser fluorosensor data for effects of water optical attenuation[J]. Appl. Optics, 20(17): 2889 - 2906.

BROOKS D A, LEGECKIS R V, 1982. A ship and satellite view of hydrographic features in the western Gulf of Mexico[J]. J. Geophys. Res., 87(C6): 4195 - 4206.

BROOKS R L, 1979. Monitoring of thickness changes of the continental ice sheets by satellite altimetry[J]. J. Geophys. Res., 84(B8): 3965 - 3968.

BROWN G S, 1979a. Estimation of surface wind speeds using satellite-borne radar measurements at normal incidence[J]. J. Geophys. Res., 84(B8): 3974 - 3978.

BROWN G S, 1979b. Surface roughness slope density estimates for low sea state conditions[J]. J. Geophys. Res., 84(B8): 3987 - 3989.

BROWN G S, STANLEY H R, ROY N A, 1981. The wind-speed measurement capability of spaceborne radar altimeters[J]. IEEE J. Ocean. Engr., OE-6: 59 - 63.

BROWN J W, ELEVEN G C, KLOSE J C, et al, 1979. SEASAT low-rate data system[J]. Science, 3204: 1407 - 1408.

BROWN O B, EVANS R H, 1980. Evidence for zonally trapped propagating waves in the eastern Atlantic from satellite sea surface temperature observations[J]. Bound. Layer Met., 18(2): 145 - 158.

BROWN O B, BRUCE J G, EVANS R H, 1980. Evolution of sea surface temperature in the Somali Basin during the southwest monsoon of 1979[J]. Science, 209: 595 - 597.

BROWN O B, EVANS R H, 1981. Interannual variability of Arabian Sea surface temperatures[M]//GOWER J F R. Oceanography from Space. New York: Plenum Press: 135 - 144.

BROWN O B, CHENEY R E, 1983. Advances in satellite oceanography[J]. Rev. Geophys. Space Phys., 21(5): 1216 - 1230.

BROWN R A, CARDONE V J, GUYMER T, et al, 1982. Surface wind analyses for SEASAT[J]. J. Geophys. Res., 87(C5): 3355 - 3364.

BROWN R D, HUTCHINSON M K, 1981. Ocean tide determination from satellite altimetry[M]//GOWER J F R. Oceanography from Space. New York: Plenum Press: 897 - 906.

BROWN W E, ELACHI C, THOMPSON T W, 1976. Radar imagery of ocean surface patterns[J]. J. Geophys Res., 81(15): 2657 - 2667.

BRUCKS J T, JONES W L, LEMIRY T D, 1980. Comparisons of surface wind stress measurements: airborne radar scatterometer versus sonic anemometer [J]. J. Geophys Res., 85: 4967 - 4976.

BRUMBERGER H, et al, 1968. Light scattering[J]. Sci. Technol.,: 34 - 60.

BUGAEV V A, 1973. Dynamic climatology in the light of satellite information[J]. Butt. Amer. Meteorol. Soc., 54(5): 394 - 418.

BUGNOLO D S, 1960. On the question of multiple scattering in the troposphere[J]. J. Geophys Res., 65(3): 879 - 884.

BUKATA R P, JEROME J H, BRUTON J E, 1980. Nonzero, subsurface irradiance reflectance at 670 run from Lake Ontario water masses[J]. Appt. Optics, 19(15): 2487 - 2488.

BUKATA R P, JEROME J H, BRUTON J E, 1981. Validation of a five-component optical model for estimating chlorophyll-a and suspended mineral concentrations in Lake Ontario[J]. Appt. Optics, 20(20): 3472 - 3474.

UKATA R P, BRUTON J E, et al, 1981. Optical water quality model of Lake Ontario, 2: determination of chlorophyll-a and suspended mineral concentrations of natural waters from submersible and low altitude optical sensors[J]. Appt. Optics, 20(9): 1704 - 1714.

BULLRICH K, 1964. Scattered radiation in the atmosphere[M]. New York: Advances in Geophysics, 10, Academic Press.

BURT W V, 1956. A light scattering diagram[J]. J. Mar. Res., 15(1): 76 - 80.

BURT W V, 1958. Selective transmission of light in tropical Pacific waters [J]. Deep-Sea Res., 5: 51 - 61.

BUSINGER J, STEWART R H, GUYMER T, et al, 1980. SEASAT-Jasin Workshop Report[R]. Pasadena: Jet PropulsionLaboratory Publ: 80 - 62.

BYALKO A V, 1975. Relation of the statistical characteristics of reflected and refracted light to the surface-wave spectrum[J]. Atmos. Ocea. Phys., 11 (6): 407.

BYRNE H M, 1980. Satellite data processing for oceanographic research[J]. Mar. Technol. Soc. J., 14(6): 32 - 40.

BYRNE H M, PULLEN P E, 1981. Western boundary current variability derived from SEASAT altimetry data[M]//GOWER J F R. Oceanography from Space. New York: Plenum Press: 877 - 884.

BYUTNER E K, 1974. Interaction of a turbulent flow with a surface covered with moving obstacles[J]. Atmos. Ocea. Phys., 10(7): 486.

CAMERON H L, 1952. The measurement of water current velocities by parallax methods. Photogram[J]. Engr., 18(1): 99.

CAMPBELL W J, et al, 1976. Beaufort Sea ice zones as delineated by microwave imagery[J]. J. Geophys. Res., 81(6): 1103 - 1110.

CAMPBELL W J, WAYENBERG J, RAMSEYER J B, et al, 1978. Microwave remote sensing of sea ice in the AIDJEX main experiment[J]. Bound Layer

Met., 13: 309-337.

CAMPBELL W J, RAMSEIER R O, 1978. Structure and motion of Bering and Okhotsk Sea ice covers by microwave satellite imagery[J]. Bull. Amer. Assoc, of Petrol. Geol., 62(7): 1211-1211.

CAMPBELL W J, RAMSEIER R O, et al, 1980a. Arctic sea-ice variations from time-lapse passive microwave imagery[J]. Bound. Layer Met., 18(1): 100-106.

CAMPBELL W J, GLOERSEN P, et al, 1980b. Simultaneous passive and active microwave observations of near-shore Beaufort Sea ice[J]. J. Petrol. Technol. y32(6): 1105-1112.

CANE M A, CARDONE V J, et al, 1981. On the sensitivity of numerical weather prediction to remotely sensed marine surface wind data: a simulation study [J]. J. Geophys. Res. 86: 8093-8106.

CARDER K L, 1980. Oceanic Lidar[M]. Washington: NOAA.

CARPENTER D J, JITTS H R, 1973. A remote operating submarine irradiance meter[J]. Deep-Sea Res., 20: 859-866.

CHAHINE M T, 1981a. Remote sensing of the sea surface temperature with the 3. 7 Nm CO_2 band[M]//GOWER J F R. Oceanography from Space. New York: Plenum Press: 87-96.

CHAHINE M T, 1981b. Passive optical and infrared meteorology[M]. New York: IEEE.

CHANG A T C, WILHEIT T T, 1979. Remote sensing of atmospheric water vapor, liquid water, and wind speed at the ocean surface by passive microwave techniques from the NIMBUS-5 satellite[J]. Radio Science, 14(5): 793-802.

CHAPMAN M E, TALWANI M, 1982. Geoid anomalies over deep sea trenches[J]. Geophys. J. Royal Astron. Soc., 68: 349-369.

CHAPMAN R D, 1981. Visibility of RMS variations on the sea surface[J]. Appl. Optics, 20(11): 1959-1966.

CHAPMAN R D, IRANI G B, 1981. Errorsin estimating slopespectra from wave images[J]. Appl. Appl. Optics, 20 (20): 3645-3652.

CHARNELL R L, G A MAUL, 1973. Oceanic observation of New York Bight by ERTS-1[J]. Nature, 242(5398): 451-452.

CHAU H L, FUNG A K, 1977. A theory of sea scatter at large incident angles[J]. J. Geophys. Res., 82(24): 3439.

CHEDIN A, SCOTT N A, et al, 1982. A single-channel, double-viewing angle method for sea surface temperature determination from coincident METEOSAT and TIROS-n radiometric measurements[J]. J. Appl. Meteor, 21(4): 613-618.

CHELTON D B, HUSSEY K J, 1981. Global satellite measurements of water vapor, wind speed, and wave height[J]. Nature, 294: 529-532.

CHENEY R E, 1978. Recent observations of the Alboran Sea frontal system [J]. J. Geophys. Res., 83: 2419-2428.

CHENEY R E, RICHARDSON P L, et al, 1980. Air deployment of satellite-tracked drifters[J]. J. Geophys. Res., 85(C5): 2773-2778.

CHENEY R E, 1981. A search for cold water rings[M]//BEAL R C, DELEONIBUS P S, et al. In: Spaceborne Synthetic Aperture Radar for Oceanography. Baltimore: Johns Hopkins Univ. Press: 161-170.

CHENEY R E, MARSH J G, 1981a. SEASAT altimeter observations of dynamic topography in the Gulf Stream region[J]. J. Geophys. Res., 86(C1): 473-483.

CHENEY R E, MARSH J G, 1981b. Oceanographic evaluation of geoid surfaces in the western north Atlantic[M]//GOWER J F R. Oceanography from Space. New York: Plenum Press: 855-864.

CHENEY R E, 1982. Comparison data for SEASAT altimetry in the western North Atlantic[J]. J. Geophys. Res., 87(C5): 3247-3253.

CHENEY R E, MARSH J G, 1982. Oceancurrent detection by satellite altimetry, Oceans 82[J]. Proc., Mar. Technol. Soc.

CHOVITZ B H, KOCH K R, 1979. Combination solution for gravity field including altimetry[J]. J. Geophys. Res., 84(B8): 4041-4044.

CLARK D K, BAKER E T, et al, 1980. Upwelled spectral radiance distribution in relation to particulate matter in sea water[J]. Bound. Layer Met., 18(3): 287-298.

CLARK D K, 1981. Phytoplankton algorithms for the NIMBUS-7 CZCS[M]// GOWER J F R. Oceanography from Space. New York: Plenum Press: 227-238.

CLARKE G L, JAMES H R, 1939. Laboratory analysis of the selective absorption of light by seawater[J]. J. Opt. Soc. Amer., 29: 43-55.

CLARKE G L, EWING G C, et al, 1970. Spectra of backscattered light from the sea obtained from aircraft as a measure of chlorophyll concentration[J]. Science, 167: 1119-1121.

CLARK J R, LAVIOLETTE P E, 1981. Detecting the movement of oceanic fronts using registered TIROS-N imagery[J]. Geophys. Res. Ltrs., 8(3): 229-232.

COAKLEY J A, BRETHERTON F P, 1982. Cloud cover from high-resolution scanner data: detecting and allowing for partially filled fields of view. [J]. Geophys. Res. Ltrs., 87(C7): 4917-4932.

COLWELL R N, 1973. Remote sensing as an aid to the management of earth resources[J]. Amer. Sci., 61(2): 175-183.

COMISO J C, ZWALLY H J, 1982. Antarctic sea ice concentrations inferred from NIMBUS-5 ESMR and LANDSAT imagery[J]. Geophys. Res. Ltrs., 87 (C8): 5836－5844.

CONRAD J W, 1980. Relationships Between Sea Surface Temperature and Nutrients in Satellite Detected Oceanic Fronts[M]. Monterey: Master's Thesis, Naval Post-Graduate School.

COULSON K L, 1974. Light polarization as an indicator of atmospheric optical properties[J]. Atmos. Ocea. Rhys., 10(3): 143.

COX C, MUNK W, 1956. Slopes of the sea surface deduced from photographs of sunglitter[J]. Bull. Scripps Inst. Oceanogr., 6(9): 401－488.

COX S K, 1976. Observations of cloud infrared effective emissivity[J]. J. Atmos. Sci., 33: 287－289.

CRAM R, HANSON K, 1974. The detection by ERTS-1 of wind-induced ocean surface features in the lee of the Antilles Island[J]. J. Phys. Oceanogr., 4 (4): 594－600.

CROMBIE D D, 1955. Doppler spectrum of sea echo at 13. 56 mc/s[J]. Nature, 175: 681－682.

CROMBIE D D, HASSELMANN K, et al, 1978. High-frequency radar observations of sea waves traveling in opposition to the wind[J]. Bound. Layer Met., 13(2): 45－55.

DALEY J C, 1973. Wind dependence of radar sea return[J]. J. Geophys. Res., 78(33): 7823－7833.

DE MARSH L E, 1969. Color film as an abridged spectral radiometer[M]// THOMPSON W I. The Color of the Ocean. Cambridge: NASA Earth Survey Office.

DE RYCKE R J, 1973. Sea ice motions off Antarctica in the vicinity of the eastern Ross Sea as observed by satellites[J]. J. Geophys. Res., 78(36): 8873－8879.

DESCHAUS P Y, PHULPIN T, 1980. Atmospheric correction of infrared measurements of sea surface temperature using channels at 3. 7, 11 and 12μm[J]. Bound. Layer Met., 18(2): 131－144.

DEUTSCH M, ESTES J E, 1980. LANDSAT detection of oil from natural seeps [J]. Photogramm. Eng. Rem. Sens., 46(10): 1313－1322.

DEY B, 1981. Monitoring winter sea ice dynamics in the Canadian Arctic with NOAA-TIR images[J]. J. Geophys. Res., 86(C4): 3223－3235.

DIAMANTE J M, NEE T S, 1981. Application of satellite radar altimeter data to the determination of regional tidal constituents and the mean sea surface[M]// GOWER J F R. Oceanography from Space. New York: Plenum Press: 907－918.

DICKSON R, GURBUTT P, et al, 1980. Satellite evidence of enhanced upwelling along the European continental slope[J]. J. Phys. Oceanogr., 10: 813-819.

DIESEN B C, REINKE D L, 1978. Soviet meteor satellite imagery[J]. Bull Amer. Meteorol. Soc., 59(7): 804-807.

DOERTHER R, 1980. Applications of a two-flow model for remote sensing of substances in water[J]. Bound. Layer Met., 18(2): 221-232.

DOLLAR R A, CHENEY R E, 1977. Observed formation of a Gulf Stream cold core ring[J]. J. Phys. Oceanogr., 7(6): 944-946.

DOMBROVSKIY L A, 1979. Calculation of the thermal radiation emission of foam on the sea surface[J]. Atmos. Ocea. Phys., 15(3): 193-198.

DOUGLAS B C, GOAD C C, 1978. The role of orbit determination in satellite altimeter data analysis[J]. Bound. Layer Met., 13: 245-253.

DOUGLAS B C, 1979. Comment on mapping ocean tides with satellites: a computer simulation[J]. J. Geophys. Res., 84: 6909-6910.

DOUGLAS B C, GABORSKI P D, 1979. Observation of sea surface topography with GEOS-3 altimeter data[J]. J. Geophys. Res., 84: (B8): 3893-3896.

DOUGLAS B C, CHENEY R E, 1981. Ocean mesoscale variability from repeat tracks of GEOS-3 altimeter data[J]. J. Geophys. Res., 86(C11): 10931-10937.

DOWNING H D, WILLIAMS D, 1975. Optical constants of water in the infrared[J]. J. Geophys. Res., 80(12): 1656-1661.

DOYLE F J, 1978. Ship detection from LANDSAT imagery [J]. Photogramm. Eng. Rem. Sens., 44: 155.

DUBINSKY Z, BERMAN T, 1979. Seasonal changes in the spectral composition of downwelling irradiance in Lake Kinneret (Israel)[J]. Limnol. Oceanogr., 24(4): 652-663.

DUGAN J P, 1980. Characteristics of surface temperature structureand subsurface mesoscale features[J]. Remote Sens. of Envir., 9(2): 109-113.

DUGAN M J, 1981. Intercalibration of LANDSAT 1-3 and NOAA 6-7 scanner data[J]. Appl. Optics, 20(22): 3815-3816.

DUNNE J A, 1978. The experimental oceanographic satellite SEASAT-A[J]. Bound. Layer Met., 13: 393-405.

DUNTLEY S Q, 1963. Light in the sea[J]. J. Opt. Soc. Amer., 53: 214-233.

EGAN W G, HILGEMAN T, et al, 1979. Thermal infraredpolarization produced by roughness variations in the sea surface. Ann Arbor: Environ. Res. Inst. of Michigan: 633-1641.

EITTREIM S, THORNDIKE E M, et al, 1976. Turbidity distribution in the Atlantic Ocean[J]. Deep-Sea Res., 23: 1115-1127.

ELACHI C，1976. Wave patterns across the North Atlantic on September 28，1974 from airborne radar imagery[J]. J. Geophys. Res.，81(15)：2655－2656.

ELACHI C，APEL J R，1976. Internal wave observations made with an airborne synthetic aperture imaging radar[J]. J. Geophys. Res.，3(11)：647－653.

ELACHI C，1978. Radar imaging of the ocean surface[J]. Bound. Layer-Met.，13：165－131.

EMERY W，MYSAK L，1980. Dynamical interpretation of satellite-sensed thermal features off Vancouver Island[J]. J. Phy8. Oceanogr.，10：961－970.

ENDLICH R M，WOLF D E，1981. Automatic cloud teaching applied to GOES and METEOSMAT observations[J]. J. Appl. Meteorol，320：309.

ESAIAS W E，1981. Remote sensing in biological oceanography[J]. Oceanus，24(3)：32－38.

ESTES J E，SENGER L W，1972. The multi spectral concept as applied to marine oil spills[J]. Remote Sens of Envir.，2：141－165.

ESTES R H，1980. A simulation of global ocean tide recovery using altimeter data with systematic orbit error[J]. Mar. Geod.，3：75－140.

EVANS R H，et al，1981. Propagation of thermal fronts in the Somali Current system[J]. Deep-Sea Res.，28(5A)521－527.

EWING G C，MCALISTER E D，I960. On the thermal boundary layer of the ocean[J]. Science，131：1374－1376.

FARROUD T，CAMPELL W，1979. Mapping of sea ice and measurement of its drift using aircraft synthetic aperture radar[J]. J. Geophys. Res.，84：1827－1835.

FEDOR L S，BARRICK D E，1978. Measurement of ocean wave heights with a satellite radar altimeter[J]. EOS Trans. AGU，59(9)：843－847.

FEDOR L S，GODBEY T W，et al，1979a. Satellite altimeter measurements of sea state——an algorithm comparison[J]. J. Geophys. Res.，84(B8)：3991－4002.

FEDOR L S，BROWN G S，1982. Wave height and wind speed measurements from the SEASAT radar altimeter[J]. J. Geophys. Res.，87(C5)：3254－3260.

FELSENTREGER T L，MARSH J G，1979. M2 ocean tide parameters and the deceleration of the moon's mean longitude from satellite orbit data[J]. J. Geophys. Res.，84(39)：4675－4679.

FETT R W，RABE K M，1976. Island barrier effects on sea state as revealed by a numerical model and DMSP satellite data[J]. J. Phys. Oceanogr.，6(3)：324－344.

FETT R W，ISAACS R G，1979. Concerning causes of "anomalous gray shades"in EMSP visible imagery[J]. J. Appl. Meteorol.，18(10)：1340－1351.

FINLEY R J, BAUMGARDNER R W, 1980. Interpretation of surface-water circulation, Aransas Pass, Texas, using LANDSAT imagery[J]. Remote Sens. of 10(1): 3-22.

FLOCK W L, 1977. Monitoring open water and sea ice in the Bering Strait by radar[J]. IEEE Tvans. Geosci. ElectGE, 15(4): 196-202.

FORGAN B W, 1977. Solar constants and radiometer scales[J]. Appl. Optics, 16: 1628-1632.

FRASER R S, Bahethi A H, 1977. The effect of the atmosphere on the classification of satellite observations to identify surface features. [J]. Remote Sens of Envir., 6: 229-251.

FRIEDMAN D, 1969. Infrared characteristics of ocean water(1. 515p)[J]. Appl. Optics., 8(10): 2073-2078.

FRISCH A S, LEISE J, 1981. A note on using continuity to extend HF radar surface current measurements[J]. J. Geophys. Res., j86: 11089-11090.

FRISCH A, HOLBROOK S J, et al, 1981. Observations of a summertime reversal in circulation in the Strait of Juan de Fuca[J]. J. Geophys. Res., 86(C3): 2044-2048.

FU L L, 1981. The general circulation and meridional heat transport of the subtropical South Atlantic determined by inverse methods[J]. J. Phys. Oceanogr., 11(9): 1171-1192.

FU L L, HOLT B, 1982. SEASAT Views Oceans and Sea Ice with Synthetic-Aperture Radar[Z]. NASA/JPL Publ: 81-120.

GALIN Y A, MALKEVICH M S, et al, 1975. The transmission function in the 9. 6μm atmospheric ozone band[J]. Atmos. Ocea. Phys., 11(10): 640.

GALLAGHER J J, PHILIPPE M, et al, 1981. Satellite monitoring of ocean surface temperature variability in the Mediterranean Sea[M]//GOWER J F R. Oceanography from Space. New York: Plenum Press: 175-182.

GARWOOD R W, FELT R W, et al, 1981. Ocean frontal formation due to shallow water cooling effects as observed by satellite and simulated by a numerical model[J]. J. Geophys. Res., 86: 11000-11012.

GASPAROVIC R F, TUBBS L D, et al, 1981. Airborneradiometric measurements of ocean surface temperature[M]. New York: IEEE.

GAUTIER C, 1981. Daily short wave energy budget over the ocean from geostationary satellite measurements[M]//GOWER J F R. Oceanography from Space. New York: Plenum Press: 201-206.

GAVRILOV A S, LAYKHTMAN D L, 1973. Influence of radiative heat transfer on the conditions in the atmospheric surface layer[J]. Atmos. Ocea.

Phys.，9(1)：12.

GAYNOR J E，HALL F F，et al，1977. Measurement of vorticity in the surface layer using an acoustic echo sounder array[J]. Remote Sens. of Envir.，6：27 - 139.

GEHLHAAR U，GUNTHER K P，et al，1981. Compact and highly sensitive fluorescence lidar for oceanographic measurements[J]. Appl. Optics，20(19)：3320 - 3358.

GEORGIYEVSKIY YU S，et al，1974. Effective transmission functions in the scattered light of the daytime sky[J]. Atmos. Ocea. Phys，310(2)：92.

GLOERSEN P，et al，1974. Microwave mass of the polar ice of the earth[J]. Bull. Amer. Meteorol. Sog，955(12)：1442 - 1448.

GLOERSEN P，BARATH F T，1977. A scanning multichannel microwave radiometer for NIMBUS-G and SEASAT-A[J]. IEEE J. Ocean. Engr.，OE-2：172 - 178.

GLOERSEN P，ZWALLY H J，et al，1978. Time-dependence of sea-ice concentration and multi-year ice fraction in the Arctic Basin[J]. Bound. Layer Met.，13：339 - 359.

GLOERSEN P，Nordberg W，et al，1973. Microwave signatures of first year and multiyear sea ice[J]. J. Geophys. Res.，78(18)：3564 - 3572.

GLUSHKO V N，1973. Polarization of the radiation of cloudless daytime sky in the 1.25 - 2.42 pm range[J]. Atmos. Ocea. Phys，9(1)：48.

GOLDHIRSH J，WALSH E J，1982. Rain measurements from space using a modified SEASAT type radar altimeter[J]. IEEE Trans，Antennas and Propag.，AP-30(4).

GOLUBITSKIY B M，TANTASHEV M V，1973. Properly conditioned use of the Monte Carlo method in solving certain optical transfer problems[J]. Atmos. Ocea. Phys，9(11)：693.

GOLUBITSKIY B M，LEVIN I M，1974. Brightness coefficient of a semi-infinite layer of sea water[J]. Atmos. Ocea. Phys，10(11)：766.

GOLUBITSKIY B M，N. V. ZADORINA，et al，1974. Cloud backscattering spectrum at 0.7 - 12 μm[J]. Atmos. Ocea. Phys，10(1)：56.

GONZALEZ F I，BEAL R C，et al，1979. SEASAT synthetic aperture radar：ocean wave detection capabilities[J]. Science，204：1418 - 1421.

GONZALEZ F I，RUFENACH C L，et al，1981. Ocean surface current detection by synthetic aperture radar[M]//GOWER J F R. Oceanography from Space. New York：Plenum Press：511 - 525.

GORCHAKOV G I，ISAKOV A A，et al，1976. Correlations between the extinction coefficient and the directional light-scattering coefficients in the range of small angles[J]. Atmos. Ocea. Phys，12(5)：311.

GORDON A L，BAKER T N，1980. Ocean transient as observed by GEOS-3 coincident orbits[J]. J. Geophys. Res.，85：502－506.

GORDON H R，1973. Simple calculation of the diffuse reflectance of the ocean[J]. Appt. Optics，12：2803－2804.

GORDON H R，BROWN O B，1973. Irradiance reflectivity of a flat ocean as a function of its optical properties[J]. Appt. Optics，12：1549－1551.

GORDON H R，BROWN O B，1975. Diffuse reflectance of the ocean：some effects of vertical structure[J]. Appt. Optics，14：2892－2895.

GORDON H R，Jacobs M M，1977. Albedo of the ocean-atmospheric system，influence of sea foam[J]. Appt. Optics，16：2257－2260.

GORDON H R，1978a. Removal of atmospheric effects from satellite imagery of the oceans[J]. Appt. Optics，17：1631－1636.

GORDON H R，1978b. Remote sensing of optical properties in continuously stratified waters[J]. Appt. Optics，17：1893－1897.

GORDON H R，1979a. Estimation of the depth of sunlight penetration in natural waters for the remote sensing of chlorophylla via in-vivo fluorescence[J]. Appt. Optics，18(12)：1883－1884.

GORDON H R，1979b. Diffuse reflectances of the ocean：the theory of its augmentation by chlorophylla flourescence at 685 nm[J]. Appt. Optics，18(8)：1161－1166.

GORDON H R，1980a. Ocean Remote Sensing Using Lasers[Z]. Washington：NOAA Technical Memo.，ERL-PMEL-18.

GORDON H R，1980b. Irradiance attenuation coefficient in a stratified ocean：a local property of the medium[J]. Appt. Optics，19(13)：2092－2094.

GORDON H R，et al，1980c. Remote sensing optical properties of a stratified ocean：an improved interpretation[J]. Appt. Optics，19 (20)：3428－3430.

GORDON H R，et al，1980d. Atmospheric effects in the remote sensing of phytoplankton pigments[J]. Bound. Layer Met.，18(3)：299－313.

GORDON H R，et al，1980e. Atmospheric correction of NIMBUS-7 coastal zone color scanner imagery[M]//GORDON H R. Remote Sensing of Atmospheres and Oceans. New York：Academic Press：457－483.

GORDON H R，et al，1980f. Phytoplankton pigments from the NIMBUS-7 coastal zone color scanner；comparisons with surface measurements[J]. Science，210(4465)：63－66.

GORDON H R，1981a. A preliminary assessment of the NIMBUS-7 CZCS atmospheric correction algorithm in a horizontally inhomogeneous atmosphere[M]//

GOWER J F R. Oceanography from Space. New York: Plenum Press: 257 - 266.

GORDON H R, 1981b. Reduction of error introduced in the processing of coastal zone color scanner-type imagery resulting from sensor calibration and solar irradiance uncertainty[J]. Appt. Optics, 29(2): 207 - 210.

GORDON H R, et al, 1981c. Clear water radiances for atmospheric correction of coastal zone color scanner imagery[J]. Appt. Optics, 20(4): 4175 - 4180.

GORDON H R, MOREL A, 1982. Remote assessment of ocean color for interpretation of satellite visible imagery: a review[R]. New York: springer-Verlag.

GORDON H R, CLARK D K, et al, 1982. Satellite measurement of the phytoplankton pigment concentration in the surface waters of a warm core Gulf Stream ring[J]. J. Mar. Res., 40: 491 - 502.

GOWER J F R, OLIVER B M, 1978. Observations of coastal water surface currents using an airborne inertial sighting system[J]. J. Geophys. Res., 83: 1941 - 1946.

GOWER J F R, 1979. The computation of ocean wave heights from GEOS-3 satellite radar altimeter data[J]. Remote Sens. of Envir., 8(2): 97 - 114.

GOWER J F R, 1980. Observations of insitu fluorescence of chlorophylla in Saanich Inlet[J]. Bound. Layer Met., 18(3): 247 - 268.

GOWER J F R, 1981. Oceanography from Space[M]. New York: Plenum Press.

GRANTHAM W L, BRACALENTE E M, et al, 1977. The SEASAT-A satellite scatterometer[J]. IEEE J. Ocean. Engr., OE-2: 200 - 206.

GRANTHAM W L, BRACALENTE E M, et al, 1980. The SASS scattering coefficient V_0 algorithm[J]. IEEE J. Ocean. Engr., OE-5(2): 145 - 154.

GREAVES J R, SHERR P E, et al, 1970. Cloud cover statistics and their use in the planning of remote sensing missions[J]. Remote Sens of Envir., 1: 95 - 103.

GREENWOOD J A, NATHAN A, et al, 1970. Radar altimetry from a spacecraft and its potential applications to geodesy[J]. Remote Sens of Envir., 1: 59 - 71.

GREENWOOD J A, et al, 1969. Oceanographic applications of radar altimetry from a spacecraft[J]. Remote Sens of Envir., 1(1): 71 - 80.

GRIFFITH C G, AUGUSTINE J A, et al, 1981. Satellite rain estimation in the U. S. high plains[J]. J. Appt. Meteorol., 20: 53.

GRODY N C, GRUBER A, et al, 1980. Atmospheric water content over the tropical Pacific derived from the NIMBUS-6 scanning microwave spectrometer[J]. J. Appt. Meteorol., 19(8): 986 - 996.

GRUNDLINGH M L，1974. A description of inshore current reversals off Richards Bay based on airborne radiation thermometry[J]. Deep-Sea Res.，21：47－56.

GRUNDLINGH M L，1977. Drift observations from NIMBUS-6 satellite tracked buoys in the southwestern Indian Ocean[J]. Deep-Sea Res.，24：903－914.

GUINN J A，PLASS G N，et al，1979. Sunlight glitter on a wind-ruffled sea：further studies[J]. Appt. Optics，18(8)：1161－1166.

GUREVICH I YA，SHIFRIN K S，1976. Energetics of the lidar in remote detection of oil films on sea water[J]. Atmos. Ocea. Rhys.，12(8)：527.

GUYMER T H，BUSINGER J A，et al，1981. Anomalous wind estimates from the SEASAT scatterometer[J]. Nature，294(5843)：735－737.

HALBERSTAM I，1980. Some considerations in the evaluation of SEASAT-A scatterometer (SASS) measurements[J]. J. Phys. Oceanogr.，10：623－632.

HALBERSTAM I，1981. Verification studies of SEASAT-A satellite scatterometer (SASS) measurements[J]. J. Geophys. Res.，86(07)：6599－6606.

HALL R T，ROTHROCK D A，1981. Sea ice displacement from SEASAT synthetic aperture radar[Z]. Seattle Polar Science Center，Washington Univ.

HALLIWELL G R，MOOERS C N K，1979. The space-time structure and variability of the shelf water-slope water and Gulf Stream surface temperature fronts and associated warm-core eddies[J]. J. Geophys. Res.，84(012)：7707－7725.

HALPERN D，1978. Comparison of low-level cloud motion vectors and moored buoy winds[J]J. Appl. Meteorol.，17(12).

HANCOCK D W，FORSYTHE R G，et al，1980. SEASAT altimeter sensor file algorithms[J]. IEEE J. Ocean. Engr.，OE-5(2)：93－99.

HANSEN D V，MAUL G A，1970. A note on the use of sea surface temperature for observing ocean currents[J]. Remote Sens of Envir.，1：161－165.

HANSEN D V，et al，1978. Near-surface flow of tropical Pacific Ocean observed using satellite-tracked drifting buoy trajectories[J]. EOS Trans. AGU，59 (12).

HANS-JUERGEN C B，KENDALL B M，et al，1978. Measurement of ocean temperature and salinity via microwave radiometry[J]. Bound. Layer Met.，13：295－309.

HANSON K J，1972. Remote sensing of the ocean[M]//DERR V E. Remote Sensing of the Troposphere. Washington：U. S. Washington Government Printing Office：20402.

HANSON K J，1976. A new estimate of solar irradiance at the earth's surface on zonal and global scales[J]. Geophys. Res.，81(24)：4435－4443.

HARGER R 0，LEVINE D M，1978. Microwave scatter and sea state estimation: two-scale ocean wave models[J]. Bound. Layer Met., 13: 107-119.

HARRIS T F W, LEGECKIS R, et al, 1978. Satellite infrared images in the Agulhas Current system[J]. Deep-Sea Res., 25: 543-548.

HASLEN A F, SKILLMAN W C, et al, 1979. Insitu aircraft verification of the quality of satellite cloud winds over oceanic regions[J]. J. Appl. Meteorol., 18: 1481.

HAYES R M, 1981. Detection of the Gulf Stream[M]//BEAL R C, et al. Spaceborne Synthetic Aperture Radar for Oceanography. Baltimore: Johns Hopkins Univ. Press.

HAYNE G S, 1980. Radar altimeter mean return waveforms from near-normal incidence ocean surface scattering[J]. IEEE Trans. Antennas and Propag., AP-28(5).

HEMENGER R P, 1977. Optical properties of turbid media with specularly reflecting boundaries: applications to biological problems[J]. Appl. Optics, 16: 2007-2012.

HICKMAN G G, HOGG J E, 1970. Application of an airborne pulsed laser for nearshore bathymetric measurements[J]. Remote Sens. of Envir., 1: 47-59.

HILL D A, WAIT J R, 1981a. HF radiowave transmission over sea ice and remote sensing possibilities[J]. IEEE Trans. Geosci. and Rem. Sens., GEE-19: 204-209.

HILL D A, WAIT J R, 1981b. HF ground wave propagation over mixed land, sea, and sea-ice paths[J]. IEEE Trans. Geosci. and Rem. Sens., GEE-19: 210-216.

HOFER R, NJOKU E G, 1981a. Regression techniques for oceanographic parameter retrieval using space-borne microwave radiometry[J]. IEEE Trans. Geosci. and Rem. Sens., GEE-19(4): 178-188.

HOFER R, NJOKU E G, et al, 1981b. Microwave radiometric measurements of sea surface temperature from the SEASAT satellite: first results[J]. Science, 212(4501): 1385-1387.

HOGE F E, SWIFT R N, 1980a. Oil film thickness measurement using airborne laser-induced water Raman backscatter[J]. Appl. Optics, 19(19): 3269-3281.

HOGE F E, SWIFT R N, et al, 1980b. Water depth measurement using an airborne pulsed neon laser system[J]. Appl. Optics, 19(6): 871-883.

HOGE F E, SWIFT R N, 1981. Airborne simultaneous spectroscopic detection of laser-induced water Raman backscatter and fluorescence from chlorophylla and other naturally occurring pigments[J]. Appl. Optics, 20(18): 3197-3205.

HOJERSLEV N K, 1975. A spectral light absorption meter for measurements in the sea[J]. Limnol. Oceanogr., 20(6): 1024 - 1034.

HOJERSLEV N K, 1980. Water color and its relation to primary production [J]. Bound. Layer Met., 18(2): 203 - 228.

HOLBROOK J R, FRISCH A S, 1981. A comparison of near-surface CODAR and VACM measurements in the Strait of Juan de Fuca, August 1978[J]. J. Geophys. Res., 86: 10908 - 10912.

HOLLINGER J P, MENNELLA R A, 1973. Oil spills: measurements of their distributions and volumes by multi-frequency microwave radiometry[J]. Science, 181: 54 - 56.

HOLT B, 1981. Availability of SEASAT synthetic aperture radar imagery[J]. Remote Sens. of Envir., 11(5): 413 - 417.

HORVATH R, BRAITHWAITE J G, et al, 1970. Effects of atmospheric path on airborne multispectral sensors[J]. Remote Sens. of Envir., 1: 203 - 217.

HOVIS W A, LEUNG K C, 1977. Remote sensing of ocean color[J]. pt. Engr., 16: 153 - 166.

HOVIS W A, et al, 1980. NIMBUS-7 coastal zone color scanner: system description and initial imagery[J]. Science, 212(4465): 60 - 63.

HOVIS W A, 1981. The NIMBUS-7 coastal zone color scanner (CZCS) program[M]//GOWER J F R. Oceanography from Space. New York: Plenum Press: 213 - 225.

HUANG N E, LEITAO C D, 1978. Large scale Gulf Stream frontal study using GEOS-3 radar altimeter data[J]. J. Geophys. Res., 83: 4673 - 4682.

HUANG N E, 1979. New developmentsin satellite oceanography andcurrent measurements[J]. Rev. Geophys. Space Rhys., 17(7): 1558 - 1568.

HUANG N E, LEITAO C D, et al, 1980. Sea surface topography from SEASAT and GEOS-3[J]. Mar. Technol., 451 - 457.

HUFFORD G L, 1981. Sea ice detection using enhanced infrared satellite data [J]. Mariners Weather Log, 25(1): 1 - 6.

HUH O K, 1976. Detection of oceanic thermal fronts off Korea with the defense meteorological satellites[J]. Remote Sens. of Envir., 5: 191 - 215.

HUH O K, et al, 1978. Winter cycle of sea surface thermal patterns: northeastern Gulf of Mexico[J]. J. Geophys. Res., 83: 4523 - 4529.

HUH O K, et al, 1981a. Analysis and interpretation of TIROS-N AVHRR infrared imagery, western Gulf of Mexico[J]. Remote Sens. of Envir., 11(5): 371 - 382.

HUH O K, et al, 1981b. Intrusion of Loop Current waters onto the west Florida continental shelf[J]. J. Geophys. Res., 86(C5): 4186 - 4192.

HUHNERFUSS H, et al, 1981. The damping of ocean surface waves by a mono and cadon film measured by wave staffs and microwave radars[J]. J. Geophys. Res., 86: 429 - 438.

HUNTER R E, HILL G W, 1980. Nearshore current pattern off south Texas: an interpretation from aerial photographs[J]. Remote Sens. of Envir., 10(2): 115 - 134.

ICEX, 1979. Report of science and applications working group[R]. Greenbelt: Goddard Space Flight Center.

IKEDA Y, STEVENSON M, 1978. Time series analysis of NOAA-4 sea surface temperature(SST)data[J]. Remote Sens. of Envir., 7: 349 - 363.

IRVINE W M, POLLACK J B, 1968. Infrared optical properties of water and ice spheres[J]. Icarus, 8(2): 324 - 360.

IVANOV A I, TASHENOV B T, et all, 1975. Calculation of the daytime sky brightness in the visible and infrared regions of the spectrum[J]. Atmos. Ocea. Phys., 11(3): 189.

IVANOV V M, SAVITSKIY YU A, 1976. Certain possibilities for determination of underlying surface temperatures from satellites in the 8 - 12μm window [J]. Atmos. Ocea. Phys., 12(4): 261.

JACKSON F C, 1981. An analysis of short pulse and dual frequency radar techniques for measuring ocean wave spectra from satellites[J]. Radio Science, 16(6): 1385 - 1400.

JAIN A, 1978. Focusing effects in the synthetic aperture radar imaging of ocean waves[J]. J. Appt. Phys., 15: 323 - 333.

JAIN A, 1981. SAR imaging of ocean waves: theory[J]. IEEE J. Ocean. Engr., OE-6(4): 130 - 139.

JAIN S C, MILLER J R, 1976. Subsurface water parameters: optimization approach to their determination from remotely sensed water color data[J]. Appl. Optics, 15: 886 - 890.

JENSEN J R, ESTES J E, et al, 1980. Remote sensing techniques for kelp surveys[J]. Photogramm. Eng. Rem. Sens., 46: 743.

JOBSON D J, et al, 1980. Remote sensing of benthic microalgal biomass with a tower-mounted multi-spectral scanner[J]. Remote Sens. of Envir., 9(4): 351 - 362.

JOHNSON J W, et al, 1980. SEASAT-A satellite scatterometer instrument evaluation[J]. IEEE J. Ocean. Engr., OE-5(2): 138 - 144.

JOHNSON R W, 1978. Mapping of chlorophyll-a distributions in coastal zones [J]. Photogramm. Eng. Rem. Sens., 44(5): 617 - 624.

JOHNSON R W，1980. Remote sensing and spectral analysis of plumes from ocean dumping in the New York Bight apex[J]. Remote Sens. of Envir.，9(3)：197－209.

JOHNSON R W，et al，1981. Synoptic thermal and oceanographic parameter distributions in the New York Bight apex[J]. Photogramm. Eng. Rem. Sens.，47(11)：1593－1598.

JOHNSON W R，NORRIS D R，1977. A multispectral analysis of the interface between the Brazil and Falkland Currents from Skylab[J]. Remote Sens. of Envir.，6：271－289.

JONES W L，et al，1977. Aircraft measurements of the microwave scattering signature of the ocean[J]. IEEE Trans. Antennas Propag.，AP-25：52－61.

JONES W L，SCHROEDER L C，1978. Radar backscatter from the ocean：dependence on surface friction velocity[J]. Bound. Layer Met.，13：133－151.

JONES W L，et al，1978. Algorithm for inferring wind stress from SEASAT-A[J]. J. Space. Rockets，15：368－374.

JONES W L，et al，1979. SEASAT altimeter calibration：initial results[J]. Science，204(4400)：1410－1415.

JONES W L，et al，1981. The study of mesoscale ocean winds[M]//BEAL JR C. Spaceborne Synthetic Aperture Radar for Oceanography. Baltimore：John Hopkins Univ. Press.

JONES W L，BOGGS D H，et al，1981. Evaluation of the SEASAT wind scattero meter[J]. Nature，294(5843)：704－707.

JONES W L，et al，1982. The SEASAT-A satellite scatterometer：the geophysical evaluation of remotely sensed wind vectors over the ocean. [J]. J. Geophys. Res.，87(5)：3297－3317.

JORDAN R L，1980. The SEASAT-A synthetic aperture radar system[J]. IEEE J. Ocean. Engr.，OE-5(2)：154－164.

JUNGE C E，1960. Aerosols[M]//CAMPEN C F. Handbook of Geophysics. New York：McMillian.

KADYSHEVICH YE A，et al，1976. Light-scattering matrices of Pacific and Atlantic ocean waters. Atmos[J]. Ocea. Phys.，12(2)：106.

KAHN W D，et al，1979a. Mean sea level determination from satellite altimetry[J]. Mar. Geod.，2(2)：127－144.

KAHN W D，et al，1979b. Oceangravity and geoid determination[J]. J. Geophys. Res.，84(B8)：3872－3882.

KAISER J A C，1976. The use of pyranometers for underwater total radiant energy flux measurements[J]. Deep-Sea Res.，23：881－387.

KAISER J A C, HILL R H, 1976. The influence of small cloud covers on the global irradiance at sea[J]. J. Geophys. Res., 81(3): 395-398.

KALLE K, 1938. Zum problem der meereswasserfarbe [J]. Ann. d. Hydrol. usw., 66: 1-13.

KALMYKOV A I, PUSTOVOYTENKO V V, 1976. On polarization features of radio signals scattered from the sea surface at small grazing angles[J]. J. Geophys. Res., 81(12): 1960-1964.

KAO T W, CHENEY R E, 1982. The Gulf Stream front: a comparison between SEASAT altimeter observations and theory [J]. J. Geophys. Res., 87 (C1): 539-545.

KASEVICH R K, 1975. Directional wave spectra from daylight scattering[J]. J. Geophys. Res., 80(33): 4535-4541.

KATSAROS K B, BUSINGER J A, 1973. Comments on the determination of the total heat flux from the sea with a two wavelength radiometer system as developed by McAlister[J]. J. Geophys. Res., 78(12): 1965-1970.

KATSAROS K B, 1980a. Radiative sensing of sea surface temperature[J]. Air-Sea Inter., 293-317.

KATSAROS K B, 1980b. The aqueous thermal boundary layer[J]. Bound. Layer Met., 18(1): 107-126.

KATSEV I L, 1974. The reflection of a narrow light beam from a homogeneous isotropically scattering medium[J]. Atmos. Ocea. Phys., 10(4): 258.

KATTAWAR G W, HUMPHREYS T J, 1976. Remote sensing of chlorophyll in an atmosphere-ocean environment: a theoretical study[J]. Appl. Optics, 15: 273-282.

KATTAWAR G W, VASTANO J C, 1982. Exact 1-D solution to the problem of chlorophyll fluorescence from the ocean [J]. Appl. Optics, 21: 2489-2492.

KAUFMAN Y J, MEKLER Y, 1980. The effect of earth's atmosphere on contrast reduction for a nonuniform surface albedo and "two-halves" field[J]. J. Geophys. Res., 85(C7): 4067-4083.

KAUFMAN Y J, 1982. Solution of the equation of radiative transfer for remote sensing over non uniform surface reflectivity [J]. J. Geophys. Res., 87 (C6): 4137-4147.

KAUFMAN Y J, JOSEPH J H, 1982. Determination of surface albedos and aerosol extinction characteristics from satellite imagery[J]. J. Geophys. Res., 87 (C2): 1278-1299.

KAYE G T, 1979. Acoustic remote sensing of high-frequency internal waves

[J]. J. Geophys. Res., 84: 7017 - 7022.

KENDALL B M, BLANTON J O, 1981. Microwave radiometer measurement of tidally induced salinity changes off the Georgiacoast[J]. J. Geophys. Res., 87 (C7): 6435 - 6441.

KENNEY J E, ULIANA E A, et al, 1979. The surface contour radar, a unique remote sensing instrument[J]. IEEE Trans. Micro. Theory and Tech., MTT-27(12): 1080 - 1092.

KETCHUM R D, 1972. Airborne laser profiling of the Arctic pack ice[J]. Remote Sens. of Envir., 2: 41 - 53.

KETCHUM R D, TOOMA S G, 1973. Analysis and interpretation of airborne multi frequency side-looking radar sea ice imagery[J]. J. Geophys. Res., 78(3): 520 - 538.

KETCHUM R D, et al, 1980. Passive microwave imagery of sea ice at 33 GHz[J]. Remote Sens. of Envir., 211 - 223.

KHAN W D, et al, 1979. Ocean gravity and geoid determination[J]. J. Geophys. Res., 84(38): 3782 - 3872.

KHORRAM S, 1981. Use of ocean color scanner data in water quality mapping[J]. Photogramm Eng. Rem. Sens., 47(5): 667 - 676.

KIDDER S Q, et al, 1977. Seasonal oceanic precipitation frequencies from NIMBUS-5 microwave data[J]. J. Geophys. Res., 82(15): 2083 - 2086.

KIEFER D A, et al, 1979. Reflectance spectroscopy of marine phytoplankton. Part I: optical properties asrelated to age and growth rate[J]. Limnol. Oceanogr., 24(4): 664 - 672.

KIM H H, et al, 1979. Chlorophyll gradient map from high-altitude ocean color scanner data[J]. Appl. Optics, 18(22): 3715 - 3716.

KIM H H, et al, 1980a. A design study for an advanced ocean color scanner system[J]. Bound. Layer Met., 18(3): 315 - 327.

KIM H H, et al, 1980b. Ocean chlorophyll studies from a U-2 aircraft platform[J]. J. Geophys. Res., 85(C7): 3982 - 3990.

KIRKHAM R B, STEVENSON M R, 1976. Computer generated gridding of digital satellite imagery[J]. Remote Sens. of Envir., 5: 215 - 225.

KIRWAN A D, et al, 1976. Gulf Stream kinematics inferred from a satellite tracked drifter[J]. J. Phys. Oceanogr., 6(5): 750 - 755.

KIRWAN A D, et al, 1978. Sea surface temperatures in the North Pacific through the winter 1976 - 1977 from NIMBUS-6[J]. J. Geophys. Res., 83: 5505 - 5506.

KLEMAS V, et al, 1972. Suspended sediment observations from ERTS-1 [J]. Remote Sens. of Envir., 2: 205 - 223.

KLEMAS V, et al, 1977a. A study of density fronts and their effects on coastal pollutants[J]. Remote Sens. of Envir., 6: 95 - 127.

KLEMAS V, et al, 1977b. Satellite, aircraft and drogue studies of coastal currents and pollutants[J]. IEEE Trans. Geosci. Elect., GE-15(2): 97 - 108.

KLEMAS V, et al, 1980. Remote sensing of coastal fronts and their effects on oil dispersion[J]. Int. J. Rem. Sens., 1(1): 11 - 28.

KLEMAS V, et al, 1981. Drift and dispersion studies of ocean-dumped waste using LANDSAT imagery and current drogues [J]. Photogramm. Eng. Rem. Sens., 47(4): 533 - 542.

KLEMAS V, et al, 1983. The use of remote sensing in global biosystem studies[J]. Adv. Space Res., 3(9): 115 - 122.

Knowles S H, 1978. Oceanographic measurements using radio interferometer techniques[J]. Remote Sens. of Envir., 7: 339 - 349.

KOLENKIEWICZ R, MARTIN C F, 1982. SEASAT altimeter height calibration[J]. J. Geophys. Res., 87(C5): 3189 - 3198.

KONDRAT'YEV K YA, SMOKTIN O I, 1973. Influence of aerosols on the spectral albedo of the atmosphere-underlying surface system[J]. Atmos. Ocea. Phys., 9(12): 725.

KOPELEVICH O V, et al, 1975. A universal system of functions for approximation of the light-scattering phase functions of ocean water[J]. Atmos. Ocea. Phys., 11(7): 486.

KOPELEVICH O V, et al, 1980. On the vertical distribution of light scattering properties and suspended particles in the surface waters of the ocean[J]. Atmos. Ocea. Phys., 16(7): 518 - 525.

KOVACS A, MOREY R M, 1979. Anisotropic properties of sea ice in the 50 - 150 MHz range[J]. J. Geophys. Res., 84: 5749 - 5758.

KOZLOV V D, SAMSON N M, 1974. Measurement of the light attenuation factor in water from the backscattered light [J]. Atmos. Ocea. Phys., 10 (10): 671.

KRASNOKUTSKAYA L D, FEYGEL'SON YE M, 1973. Calculation of infrared solar radiation fluxes in a cloudy atmosphere[J]. Atmos. Ocea. Phys., 9 (10): 569.

KRETZBERG C W, 1976. Interactive applications of satellite observations and mesoscale numerical models[J]. Bull. Amer. Meteorol. Soc., 57(6): 679 - 685.

KRIEBEL K T, 1974. On the variability of the reflected radiation field due to differing distributions of the irradiation[J]. Remote Sens. of Envir., 3: 257 - 265.

KRISHEN K, 1973. Detection of oil spills using a 13. 3 GHz radar scatterometer[J]. J. Geophys. Res., 78(12): 1952-1963.

KROPOTKIN M A, et al, 1975. A study of the reflectance of ocean water and certain aqueous solutions at the wavelength 10. 6 pm[J]. Atmos. Ocea. Phys., 11(2): 124.

KUNDE V G, et al, 1974. The NIMBUS-4 infrared spectroscopy experiment 2: comparison of observed and the oreticalradiances from 425 - 1450 cm^{-1}[J]. J. Geophys. Res., 79(6): 777-784.

KUO-NAN LIOU, 1976. On the absorption, reflection and transmission of solar radiation in cloudy atmospheres[J]. Atmos. Sci., 33: 798-805.

KURG R T U, ITZKAN J, 1976. Absolute oil fluorescence conversion efficiency[J]. Appl. Optics, 15: 409-415.

LAME D B, BORN G H, 1982. SEASAT measurement system evaluation: achievements and limitations[J]. J. Geophys. Res., 87(C5): 3175-3178.

LASKER R, ET al, 1981. The use of satellite infrared imagery for describing ocean processes in relation to spawning of the northern anchovy (Engraulis mordase)[J]. Remote Sens. of Envir., 11(6): 439-453.

LAVIOLETTE P E, CHABOT P, 1969. A method of eliminating cloud interference in satellite studies of sea surface temperature[J]. Deep-Sea Res., 16(5): 539-548.

LAVIOLETTE P E, 1974. A satellite aircraft thermal study of upwelled waters off Spanish Sahara[J]. J. Phys. Oceanogr., 4(4): 685-689.

LAVIOLETTE P E, HUBERTZ J M, 1975. Surface currents off the east coast of Greenland as deduced from satellite photographs of ice flows[J]. Geophys. Res. Ltrs., 2(9): 400-402.

LAVIOLETTE P E, et al, 1980. Oceanographic implications of features in NOAA satellite visible imagery[J]. Bound. Layer Met., 18(2): 159-175.

LEGECKIS R, 1975. Application of synchronous meteorological satellite data to the study of the time dependent sea surface temperature change along the boundary of the Gulf Stream[J]. Geophys. Res, 2(10): 435-438.

LEGECKIS R, 1977. Oceanic polar front in the Drake Passage-satellite observations during 1976[J]. Deep-Sea Res., 24: 701-704.

LEGECKIS R, 1978. A survey of worldwide sea surface temperature fronts detected by environmental satellites[J]. Geophys. Res, 83(C9): 4501-4522.

LEGECKIS R, 1979. Satellite observations of the influence of bottom topography on the seaward deflection of the Gulf Stream off Charleston, South Carolina [J]. J. Phys. Oceanogr., 9(3): 483-497.

LEGECKIS R, et al, 1980. Comparison of polarand geostationary satellite infrared observations of sea surface temperatures in the Gulf of Maine. [J]. Remote Sens. of Envir., 99(4): 339-350.

LEGECKIS R, CRESSWELL G, 1981. Satellite observations of sea-surface temperature fronts off the coast of western and southern Australia. [J]. Deep-Sea Res., 28(3A): 297-306.

LEGRAND Y, 1939. La penetration de la lumiere dans la mer[J]. Ann. Inst. Oceanogr., 19: 393-436.

LEITAO C D, et al, 1979. A note on the comparison of radar altimetry with IR and in-situ data for the detection of Gulf Stream surface boundaries. [J]. Geophys. Res, 84(B8): 3969-3973.

LENTZ R R, 1974. A numerical study of electromagnetic scattering from ocean-like surfaces[J]. Radio Science, 39(12): 1139-1146.

LEONARD D A, et al, 1977. Experimental remote sensing of subsurface temperature in natural ocean water[J]. Geophys. Res, Ltrs., 4(7): 279-282.

LEONARD D A, et al, 1979. Remote sensing of subsurface water temperature by Raman scattering[J]. Appt. Optics. 18(11): 1732-1745.

LERNER R M, HOLLINGER J P, 1977. Analysis of 1. 4 GHz radio-metric measurements from Sky lab[J]. Remote Sens. of Envir., 6: 251-271.

LESLIE J P, 1973. Exploratory study of the infrared characteristics of surface studies[J]. Appl. Optics, 12: 2035-2036.

LEVANOV N, 1971. Determination of sea surface slope distribution and wind velocity using sun glitter viewed from a synchronous satellite[J]. J. Rhys. Oceanogr., 1(3): 214-220.

LICHY D E, et al, 1981. Tracking of a warm water ring[M]// BEAL R C, et al. Spaceborne Synthetic Aperture Radar for Oceanography. Baltimore: Johns Hopkins Univ. Press.

LIPA B J, 1977. Derivation of directional ocean wave spectra by integral inversion of second order radar echoes[J]. Radio Science, 12(3): 425-434.

LIPA B J, BARRICK D E, 1981. Ocean surface height-slope probability density function from SEASAT altimeter echo[J]. Geophys. Res, 86(10): 10921-10930.

LIPES R G, et al, 1979. SEASAT scanning multichannel microwave radiometer: results of the Gulf of Alaska workshop[J]. Science, 204(4400): 1415-1417.

LIPES R G, 1982. Description of SEASAT radiometer status and results. [J]. Geophys. Res, 87(C5): 3385-3396.

LISSAUER I M, FARMER L D, 1980. Determining synoptic surface current patterns using aerial photography[J]. Photogramm. Eng. Rem. Sens. 46: 333.

LIU W T, LARGE W G, 1981. Determination of surface stress by SEASAT-SASS:

a case study with JASIN data[J]. J. Phys. Oceanogr., 11(12): 1603-1611.

LIVSHITS G SH, et al, 1973. Determination of the optical thickness of the atmosphere from satellites[J]. Atmos. Ocea. Phys., 9(3): 169.

LUCHININ A G, 1980. On the accuracy of measuring sea surface parameters with optical scatter meters and altimeter[J]. Atmos. Ocea. Phys., 16(3): 201-205.

LYONS W A, PEASE S R, 1973. Detection of particulate air pollution plumes from major point sources using ERTS-1 imagery[J]. Bull. Amer. Meteorol. Soc., 54(11): 1163-1170.

LYZENGA D R, 1978. Passive remote sensing techniques for mapping water depths and bottom features[J]. Appl. Optics, 17: 379-383.

LYZENGA D R, 1981a. Remote sensing of bottom reflectance and water attenuation parameters in shallow water using aircraft and LANDSAT data. [J]. J. Rem. Sens., 2(1): 71-82.

MACARTHUR J L, 1980. Altimeter designs: SEASAT-1 and future missions [J]. Map. Geod., 3: 39-61.

MACINTYRE F, 1974. The top millimeter of the ocean[J]. Sci. Amer., 230(5): 62-77.

MADDOX R A, et al, 1979. Covariance analyses of satellite-derived mesoscale wind fields[J]. J. Appl Meteorol, 18: 1327.

MAHAN A I, et al, 1981. Reflection and transmission of a plane unbounded EM waves at an absorbing-nonabsorbing interface with numerical calculations for an ocean-air interface[J]. Appl. Optics, 20(20): 3345-3359.

MAIRS R L, 1970. Oceanographic interpretation of Apollo photographs[J]. Photogram. Engr., 36: 1045-1058.

MALKEVICH M S, et al, 1973. The transparency of the atmosphere in the infrared[J]. Atmos. Ocea. Phys., 9(12): 718.

MARSH J G, WILLIAMSON R G, 1980. Precision orbit analyses in support of the SEASAT altimeter experiment[J]. J. Astronaut Sci., 28(4): 345-369.

MARSH J G, et al, 1980. Mean sea surface computation using GEOS-3 altimeter data[J]. Map. Geod., 3: 359-378.

MARSH J G, et al, 1981. The gravity field in the central Pacific from satellite-to-satellite tracking[J]. J. Geophys. Res., 86(B5): 3979-3997.

MARSH J G, et al, 1982. The SEASAT altimeter mean sea surface model[J]. J. Geophys. Res., 87(C5): 3239-3269.

MASSMAN W J, 1981. An investigation of gravity waves on a global scale using TWERLE data[J]. J. Geophys. Res., 86: 4072-4082.

MATHER R S, 1979a. The analysis of GEOS-3 altimeter data in the Tasman and Coral Seas[J]. J. Geophys. Res., 84(B8): 3853-3860.

MATHER R S, et, al, 1979b. Remote sensing of surface ocean circulation with satellite altimetry[J]. Science, 205(4401): 11-17.

MATHER R S, et, al, 1980. Temporal variations in regional models of the Sargasso Sea from GEOS-3 altimetry[J]. J. Phys. Oceanogr., 10(2): 171-185.

MATTIE M G, et, al, 1980. SEASAT detection of waves, currents and inlet discharge[J]. Int. J. Rem. Sens., 1(4): 377-398.

MAUL G A, HANSEN D V, 1972. An observation of the Gulf Stream surface front structure by ship, aircraft and satellite[J]. Remote Sens. of Envir., 2: 109-117.

MAUL G A, SIDRAN M, 1972. Comment on"Estimation of sea surface temperature from space"[J]. Remote Sens. of Envir., 2: 165-171.

MAUL G A, SIDRAN M, 1973. Atmospheric effects of ocean surface temperature sensing from the NOAA satellite scanning radiometer[J]. J. Geophys. Res., 78(12): 1909-1916.

MAUL G A, et al, 1974a. Computer enhancement of ERTS-1 images for ocean radiances[J]. Remote Sens. of Envir., 3: 237-255.

MAUL G A, et al, 1974b. Satellite photography of eddies in the Gulf Loop Current[J]. J. Geophys. Res., Ltrs., 1(3): 256-258.

MAUL G A, GORDON H R, 1975. On the use of the earth resources technology satellite (LANDSAT-1) in optical oceanography[J]. Remote Sens. of Envir., 4(2).

MAUL G A, 1978. Locating and interpreting hand-held photographs over the ocean; a Gulf of Mexico example from the Apollo-Soyuz test project. [J]. Remote Sens. of Envir., 7: 249-265.

MAUL G A, DEWITT P W, et al, 1978. Geostationary satellite observations of Gulf Stream meanders: infrared measurements and time series analysis. [J]. J. Geophys. Res., 83(C12): 6123-6135.

MAUL G A, MOURAD A G, et al, 1980. Report on International Symposium on Interaction of Marine Geodesy and Ocean Dynamics[J]. Mar. Geod., 3 (1-4): 3-24.

MAUL G A, 1980. Some marine geodetic needs in ocean current measurement. Mar[J]. Mar. Geod., 4(3): 179-196.

MAUL G A, 1981. Application of GOES visible-infrared data to quantifying mesoscale ocean surface temperatures[J]. J. Geophys. Res., 86(C9): 8007-8021.

MAUL G A, HINDLE P S, 1981. A search for a seamount charted near the historical axis of the Yucatan Current[J]. J. Geophys. Res., 8(1): 47-50.

MAUL G A，1983. Zenith angle effects in multispectral infrared surface remote sensing[J]. Remote Sens. of Environ.，13(5)：439－451.

MAYKUT G A，'GRENFELL T C，1975. The spectral distribution of light beneath first-year sea ice in the Arctic Ocean[J]. Limnol. Oceanogr.，20(4)：554－563.

MCALISTER E D，1964. Infrared-optical techniques applied to oceano-graphy：Measurement of total heat flow from the sea surface[J]. Appl. Optics，3(5)：609－612.

MCALISTER E D，MCLEISH W，1969. Heat transfer in the top millimeter of the ocean[J]. J. Geophys. Res.，74(13)：3408－3414.

MCALISTER E D，MCLEISH W，1970. A radiometric system for airborne measurement of the total heat flow from the sea[J]. Appl. Optics，9(12)：2697－2705.

MCCLAIN C R，et al，1979. Comment on GEOS-3 wave height measurements：an assessment during high sea state conditions in the North Atlantic[J]. J. Geophys. Res.，84(B8)：4027－4028.

MCCLAIN C R，et al，1980. Ocean chlorophyll studies from U-2 aircraft platform[J]. J. Geophys. Res.，85(C7)：3982－3990.

MCCLAIN E P，STRONG A E，1969. On anomalous dark patches in satellite-viewed sunglint areas[J]. Mon. Wea. Rev.，97(12)：875－884.

MCCLAIN E P，MARKS R A，1979. SEASAT visible and infrared radiometer[J]. Science，204：1421－1423.

MCCLAIN E P，1980a. Passive radiometry of the ocean from space：an overview[J]. Bound. Layer Met.，18(1)：7－24.

MCCLAIN E P，1980b. Report of the working group on thermal radiometry and imagery[J]. Bound. Layer Met.，18(1)：335－341.

MCCLAIN E P，MARKS R，et al，1980. Visible and infrared radiometer on SEASAT-1[J]. IEEE J. Ocean. Engr.，OE-5(2)：164－168.

MCCLAIN E P，1981. Multiple atmospheric-window techniques for satellite-derived sea surface temperatures[M]//GOWER J F R. Oceanography from Space. New York：Plenum Press.

MCCLUNEY W R，1976. Remote measurement of water color[J]. Remote Sens. of Envir.，5：3－35.

MCCONAGHY D C，1980. Measuring sea surface temperature from satellites：a ground truth approach[J]. Remote Sens. of Envir.，10(4)：307－310.

MCDONALD A K，et al，1980. Satellite observations of a nutrient upwelling off the coast of California[J]. J. Geophys. Res.，85(C7)：4101－4106.

MCDONNELL M J，LEWIS A J，1978. Ship detection from LANDSAT imagery[J]. Photogramm. Eng. Rem. Sens., 44: 297.

MCGINNIS D F, SCHNEIDER S R, 1978. Monitoring spring ice breakup from space[J]. Photogramm. Eng. Rem. Sens., 44: 57.

MCGRATH J R, OSBORNE F M, 1973. Some problems associated with wind drag and infrared images of the sea surface[J]. J. Phys. Oceanogr., 3(3): 318-327.

MCMILLIN L M, 1975. Estimation of sea surface temperatures from two infrared window measurements with different absorptions[J]. J. Geophys. Res., 80(36): 5113-5117.

MCNALLY G J, 1981. Satellite tracked drift buoy observations of the near surface flow in the eastern mid-latitude North Pacific[J]. J. Geophys. Res., 86: 8022-8030.

MCNEILL D, HOEKSTRA P, 1973. Insitu measurements on the conductivity and surface impedence of sea ice at VLF[J]. Radio Science, 8(1): 23-30.

MEADOWS G A, et al, 1982. Analysis of remotely sensed long-period wave motions[J]. J. Geophys. Res., 87(C8): 5731-5740.

MEEKS M L, et al, 1963. The microwave spectrum of oxygen in the earth's atmosphere[J]. J. Geophys. Res., 68: 1683-1703.

MILLER J R, et al, 1977. Interpretation of airborne spectral reflectance measurements over Georgian Bay[J]. Remote Sens. of Envir., 6: 183-201.

MILLER J R, 1981. Variations in upper ocean heat-storage determined from satellite data[J]. Remote Sens. of Envir., 11(6): 473-482.

MING-DAH CHEW, 1974. An iterative scheme for determining sea surface temperatures, temperature profiles, and humidity profiles from satellite-measured infrared data[J]. J. Geophys. Res., 79(3): 430-434.

MITCHELL O R, et al, 1977. Filtering to remove cloud cover in satellite imagery[J]. IEEE Trans. Geosci. ELect., GE-15(3): 137-141.

MITNIK L M, 1979. Possibilities for remote sensing of temperature in a thin surface layer of the ocean[J]. Atmos. Ocea. Phys., 15(3): 236-239.

MOGNARD N M, et al, 1982. Southern ocean waves and winds derived from SEASAT altimeter measurements[M]//MOGNARD N M, et al. Wave Dynamics and Radio Probing of the Ocean Surface. New York: Plenum Press.

MOLINARI R L, et al, 1981. Surface currents in the Caribbean Sea as deduced fromLagrangian observations[J]. J. Geophys. Res., 86(C7): 6537-6542.

MOLLO-CHRISTENSEN E, 1981. Surface signs of internal ocean dynamics [M]//BEAL R C, et al. Spaceborne Synthetic Aperture Radar for Oceanography. Baltimore: JohnsHopkins Univ. Press.

MOLLO-CHRISTENSEN E，et al，1979. Heat storage in the oceanic upper mixed layer inferred from LANDSAT data[J]. Science. 203(4381)：653－654.

MOLLO-CHRISTENSEN E，et al，1981. Method for estimation of ocean current velocity from satellite images[J]. Science. 212(4495)：661－662.

MONALDO F，KASEVICH R，1981. Daylight imagery of ocean surface waves for spectral wave[J]. J. Phys. Oceanogr.，11：272－283.

MOORE R X，PIERSON W J，1971. Worldwide oceanic wind and wave predictions using a satellite radar radiometer[J]. J. Hydronaut.，5：52－60.

MOORE R K，FUNG A K，1979. Radar determination of winds at sea[J]. Proc. IEEE. 67(112)：1504－1521.

MOREL A，1974. Optical properties of pure water and pure seawater[M]// Jerlar N G，et al. Optical Aspects of Oceanography. New York：Academic Press：1－24.

MOREL A，PRIEUR L，1977. Analysis of variations in ocean color[J]. Limnol. Oceanogr.，22(4)：709－722.

MOREL A，1980. In-water and remote measurements of ocean color[J]. Bound. Layer Met.，18(2)：177－202.

MOREL A，GORDON H R，1980. Report of the working group on watercolor [J]. Bound. Layer Met.，18：343－355.

MOSKALENKO N L，1975. The effect of atmospheric aerosols on the spectral and angular distributions of thermal radiation [J]. Atmos. Ocea. Phys.，11(12)：785.

MUELLER J L，1976. Ocean color spectra measured off the Oregoncoast：characteristic vectors[J]. Appl Optics. 15：394－401.

MUELLER T L，LAVIOLETTE P E，1981. Signatures of ocean fronts observed with the NIMBUS-7 CZCS[M]//GOWER J FR. Oceanography from Space. New York：Plenum Press：295－302.

MUENCH R D，AHLNAS K，1976. Ice movement and distribution inthe Bering Sea from March to June 1974[J]. J. Geophys. Res.，81(24)：4467－4481.

MUNDAY J C，et al，1978. Outfall siting with dye buoy remote sensing of coastal circulation[J]. Photogramm. Eng. Rem. Sens.，44：87.

MUNDAY J C，et al，1979. LANDSAT test of diffuse reflectance models for aquatic suspended solids measurement[J]. Remote Sens. of Enviro.，8(2)：169－183.

MUNDAY J C，et al，1981. Remote sensing of dinoflagellate blooms in a turbid estuary[J]. Photogramm. Eng. Rem. Sens.，44：87.

MUNK W，WUNSCH C，1982. Observing the ocean in the 1990's. Phil[J]. Trans. R. Soc. Lond.，A307：439－464.

MURRAY S P, et, al, 1975. An over-the-horizon radio direction finding system for tracking coastal and shelf currents[J]. Geophys. Res. Ltrs., 2(6): 211-214.

NAUMOV A P, 1973. Interpretation of the atmosphere's radio emission in the 5 mm band[J]. Atmos. Ocea. Phys., 9(7): 394.

NEGRI A J, ADLEN R F, 1981. Relation of satellite base thunderstorm intensity to radar-estimated rainfall[J]. J. Appl. Meteorol., 20: 288.

NESMELOVA L I, et al, 1973a. Calculation of the absorption coefficient of water vapor at 8-13μm[J]. Atmos. Ocea. Phys., 9(11): 687.

NESMELOVA L I, et al, 1973b. The radiation coefficients of atmospheric gases[J]. Atmos. Ocea. Phys., 9(11): 690.

NEVILLE R A, et al, 1977. Passive remote sensing of phytoplankton via chlorophyll to fluorescence[J]. Geophys. Res., 82(24): 3487.

NIEBAUER H J, 1980. Sea ice and temperature variability in the eastern Bering Sea and the relation to atmospheric fluctuations[J]. Geophys. Res., 85: 7507-7515.

NIKITINSKAYA N I, et al, 1973. Variations of the atmosphere's spectral (optical) aerosol thickness under conditions of high transparency[J]. Atmos. Ocea. Phys., 9(4): 242.

NJOKU E G, 1980. Antenna problem correction procedures for the Scanning Multichannel Microwave Radiometer(SMMR)[J]. Bound. LayerMet., 18(1): 79-98.

NJOKU E G, et al, 1980. The SEASAT Scanning Multichannel Microwave Radiometer(SMMR): antenna pattern corrections development and implementation[J]. IEEE J. Ocean. Engr., OE-5(2): 125-137.

NJOKU E G, 1982. Passive microwave remote sensing of the earth from space [J]. Proc. IEEE, 70: 728-750.

NOBLE V E, 1970. Ocean well measurements from satellite photographs[J]. Remote Sense of Envir., 1: 151-155.

NOBLE V E, WILKERSON J C, 1970. Sea surface temperature mapping flights, Norwegian Sea-summer 1968[J]. Remote Sense of Envir., 1: 187-195.

NORTON C C, et al, 1979. An investigation of surface alebedo variations during the recent Sahel drought[J]. J. Appl. Meteorol., 18: 1252.

NORTON C C, et al, 1980. A model for calculating desert aerosol turbidity over the oceans from geostationary satellite data[J]. J. Appl. Meteorol., 19(6): 633-644.

O'BRIEN J J, 1981. The future for satellite-derived surface winds[J]. Oceanus, 24(3): 27-31.

ODELL A P, WERNMAN J A, 1975. The effect of atmospheric hazeon images of the earth's surface[J]. J. Geophys. Res., 80(36): 5035-5040.

OFFILER D, 1983. Surface wind vector measurements from satellites[M]// CRACKNELl A P. Remote Sensing Applications in Marine Science and Technology. Boston: Reidel Publishing Co.: 169-182.

OHLHORST C W, BAHN G S, 1979. Mapping of particulate iron in an ocean dump[J]. Photogramm. Eng. Rem. Sens., 45(8): 1117-1122.

ORLOV A P, et al, 1976. Aircraft studies of vertical infrared extinction profilesin the 10-12μm window[J]. Atmos. Ocea. Phys., 12(7): 433.

OSBORNE A R, BURCH T L, 1980. Internal silitons in the Andaman Sea [J]. Science, 208(4443): 451-460.

OSTROM B, 1974. Fertilization of the Baltic by nitrogen fixation in the blue-green algae[J]. Remote Sense of Envir., 3: 305-311.

OTTERMAN J, 1974. Observations of wind streak lines over the Red Sea from the ERTS-1 imagery[J]. Remote Sense of Envir., 3: 79-96.

OTTERMAN J, et al, 1980. Atmospheric effects on radiometric imaging from satellites under low optical thickness conditons[J]. Remote Sense of Envir., 9: 115-129.

QUENZEL H, KAESTNER M, 1980. Optical properties of the atmosphere: calculated variability and application to satellite remotesensing of phytoplankton [J]. Appl. Optics, 19(8): 1338-1344.

PALM C S, et al, 1977. Laser probe for measuring 2-D wave slope spectra of ocean capillary waves[J]. Appl. Optics, 16: 1074-1081.

PALTRIDGE G W, 1974. Global cloud cover and earth surface temperature [J]. J. Atmos. Sai., 31(6): 1571-1576.

PARKE M E, 1980. Detection of tides from the Patagonian shelf by the SEASAT satellite radar altimeter: an initial comparison[J]. Deep-Sea Res., 27A: 297-300.

PARKE M E, 1981. Tides on the Patagonian shelf from the SEASAT radar altimeter[M]//GOWER J FR. Oceanography from Space. New York: Plenum Press: 919-926.

PARRA C G, et al, 1980. Geoidal and orbital error determination from satellite radar altimetry[J]. Mar. Geod., 3(1-4): 345-357.

PARSONS C L, 1979a. GEOS-3 wave height measurements: an assessment during high sea state conditions in the North Atlantic[J]. J. Geophys. Res., 84 (38): 4001-4010.

PARSONS C L, 1979b. On the remote detection of swell by satellite radar altimeter[J]. Mon. Wea. Rev., 107(9): 1210-1218.

PARSONS C L, et al, 1979. Comment on GEOS-3 wave height measurements: an assessment during high sea state conditions in the North Atlantic[J]. J. Geophys. Res., 84(B8): 4027－4028.

PAULSON C A, SIMPSON J J, 1977. Irradiance measurements in the upper ocean[J]. J. Phys. Oceanogr., 7(6): 952－956.

PAULSON C A, SIMPSON J J, 1981. The temperature difference across the cool skin of the ocean[J]. J. Geophys. Res., 86: 11044－11054.

PEAKE W H, 1959. Interaction of electromagnetic waves with some natural surfaces[J]. IRE Trans. Antennas Propag., AP-7: 325－329.

PEARCY W G, KEENE D F, 1974. Remote sensing of water color and sea surface temperatures off the Oregon coast[J]. Limnol Oceanogr., 19(4): 573－583.

PEASE R W, BOWDEN L W, 1970. Making color infrared film a more effective high-altitude remote sensor[J]. Remote Sense of Envir., 1: 23－31.

PETZOLD T J, 1972. Volume scattering functions for selected oceanwaters [J]. Scripps Institution of Oceanography, S10: 72－28.

PIERSON W J, FIFE P, 1961. Some non-linear properties of longcrested periodic waves with lengths near 2. 44 centimeters[J]. J. Geophys. Res., 66: 163－179.

PIERSON W J, MOSKOWITZ L, 1964. A proposed spectral form for fully developed wind seas based on the similarity theory of S. A. Kitaigorodskii. [J]. J. Geophys. Res., 69(24): 5181－5190.

PIERSON W J, 1979. A brief summary of verification results for the spectral ocean wave model (SOWM) by means of wave height measurements obtained by GEOS-3[J]. J. Geophys. Res., 84(B8): 4029－4040.

PIERSON W J, et al, 1980. Winds of the comparison data set for the SEASAT Gulf of Alaska experiment[J]. IEEEJ. Ocean. Engr., OE-5(2): 169－176.

PIERSON W J, 1981. The variability of winds over the ocean[M]//BEAL R C, et al. Spaceborne Synthetic Aperture Radar for Oceanography. Baltimore: Johns Hopkins Univ. Press.

PINGREE R D, GRIFFITHS D K, 1978. Tidal fronts on the shelf seas around the British Isles[J]. J. Geophys. Res., 83: 4615－4622.

PLANT W J, et al, 1978. Modulation of coherent microwave backscatter by shoaling waves[J]. J. Geophys. Res., 83(C3): 1347－1352.

PLANT W J, SCHULER D L, 1980. Remote sensing of the seasurface using one- and two-frequency microwave techniques[J]. Radio Science, 15(3): 605－615.

PLASS G N, et al, 1969. Radiative transfer in an atmosphere-ocean system [J]. Appl. Optics, 8(2): 455－466.

PLASS G N, et al, 1976. Radiance distribution over a ruffled sea: contributions from glitter, sky, and ocean[J]. Appl. Optics, 15(12): 3161－3165.

PLASS G N, et al, 1978. Color of the ocean[J]. Appl. Optics, 17: 1432 - 1446.

PLASS G N, et al, 1981. Ocean atmosphere interface: its influence on radiation[J]. Appl. Optics, 20(6): 917 - 931.

PLATT C M R, TROUP A J, 1972. A direct comparison of satellite and aircraft infrared(10 - 12μm) remote measurements of Surface temperature[J]. Remote Sens. of Envir., 2: 243 - 249.

POLCYN F C, LYZENGA D R, 1979. LANDSAT bathymetric mapping by multitemporal processing[M]. Michigan: Environ. Res. Inst.: 1269 - 1276.

POOLE L R, et al, 1981. Semi-analytic Monte Carlo radiative transfer model for oceanographic lidar systems[J]. Appl. Optics, 20(20): 3653 - 3656.

PRABHAKARA C, et al, 1974. Estimation of seasurface temperature from remote sensing in the 11 - 13μm window region[J]. J. Geophys. Res., 79(33): 5039 - 5044.

PRABHAKARA C, et al, 1976. Remotesensing of the surface emissivity at 9μm over the globe[J]. J. Geophys. Res., 81(21): 3719 - 3724.

PRABHAKARA C, et al, 1979. Remotesensing of seasonal distribution of precipitable water vapor over the oceans and the inference of boundary-layer structure[J]. Mon. Wea. Rev., 107(10): 1388 - 1401.

PRIESTER R W, MILLER L S, 1979. Estimation of significant wave height and wave height density function using satellite altimeter data[J]. J. Geophys. Res., 84(B8): 4021 - 4026.

PRISHIVALKO A P, NAUMENKO YEO K, 1973. Optical backscattering and extinction coefficients of aqueous aerosol [J]. Atmos. Ocea. Phys., 9 (6): 372.

PRISHIVALKO A P, NAUMENKO YEO K, 1974. Tables of extinction and backscattering coefficients for a water aerosol in the visible and near infrared[J]. Atmos. Ocea. Phys., 10(1): 52.

QUERRY M R, et al, 1977. Relative reflectance and complex refractive index in the infrared from saline environmental water[J]. J. Geophys. Res., 82 (9): 1425 - 1434.

RAO P K, et al, 1971. Gulf Stream meanders and eddies as seen in satellite infrared imagery[J]. J. Phys. Oceanogr., 1(3): 237 - 239.

RASCHKE E, et al, 1973. The annual radiation balance of the earth-atmosphere system during1969 - 1970 from NIMBUS-3 measurements[J]. J. Atmos. Sci., 30(3): 341 - 364.

RAYZER V YU, et al, 1975. Influence of temperature and salinity on the radio emission of a smooth ocean surface in the decimeter and meter bands. Atmos.

Ocea. Phys.，11(6)：404.

RAYZER V YU，et al，1980. On the dispersed structure ofsea foam[J]. J. Atmos. Ocea. Phys.，16(7)：548-550.

RAZUMOVSKIY I T，1973. Reducing the influence of sky radiation inradiation thermometer measurements of water surface temperatures[J]. J. Atmos. Ocea. Phys.，9(12)：755.

REED R K，1975. Variations in oceanic net long wave radiation caused by atmospheric thermal structure[J]. J. Geophys. Res.，80(27)：3819-3820.

REED R K，HALPERN D，1975. Insolation and net long wave radiation off the Oregon coast[J]. J. Geophys. Res.，80(6)：837.

REED R K，1976. On estimation of net long wave radiation from the oceans [J]. J. Geophys. Res.，81(33)：5793-5794.

RICHARDSON P L，et al，1977. Tracking a Gulf Stream ring with a free drifting buoy[J]. J. Phys. Oceanogr.，7(4)：580-590.

RICHARDSON P L，et al，1978. A census of Gulf Stream rings，spring 1975. [J]. J. Geophys. Res.，83：6136-6144.

RICHARDSON P L，1981. Gulf Stream trajectories measured with free drifting buoys[J]. J. Phys. Oceanogr.，11(7)：999-1010.

RING GROUP，1981. Gulf Stream cold-core rings：their physics，chemistry，and biology[J]. Science，212(4499)：1091-1100.

ROBOCK A，1980. The seasonal cycle of snow cover，sea ice，and surface albedo[J]. Mon. Wea. Rev.，108(3)：267-285.

RODEN G I，1980. On the variability of surface temperature fronts in the western Pacific，as detected by satellite[J]. J. Geophys. Res.，85(C5)：2704-2710.

ROEMMICH D，WUNSCH C，1982. On combining satellite altimetry with hydrographic data[J]. J. Mal. Res.，40：605-619.

ROSENKRANZ P W，1982. Inversion of data from diffraction-limited multiwave length remote sensors III Scanning multichannel microwave radiometer data [J]. Radio Science，17(1)：257-267.

ROSS D B，CARDONE V，1974. Observations of oceanic whitecaps and their relation to remote measurements of surface wind speed[J]. J. Geophys. Res.，79(3)：444-452.

ROSS D B，JONES W L，1978. On the relationship of radar backscatter to wind speed and fetch[J]. Bound. Layer Met.，13：133-149.

ROSS D B，1981. The wind speed dependency of ocean microwave backscatter [M]//BEAL R C. Spaceborne Synthetic Aperture Radar for Oceanography. Baltimore：Johns Hopkins Univ. Press.

ROTHSTEIN L M, GROVES G W, 1980. Equatorial waves in the satellite observed cloud velocity field over the Pacific[J]. J. Geophys. Res., 85: 1057-1068.

ROUSE L J, COLEMAN J M, 1976. Circulation observations in the Louisiana Bight using LANDSAT imagery[J]. Remote Sens. of Envir., 5: 55-67.

ROYER T, et al, 1979. Coastal flow in the northern Gulf of Alaskaas observed by dynamic to pography and satellite-tracked drogued drift buoys[J]. J. Phys. Oceanogr., 9: 785-801.

ROZENBERG V I, VOROB'YEV B M, 1975. Extinction of electro magnetic waves in the range 100μm-17 cm in "warm" and super cooled clouds and fogs[J]. Atmos. Ocea. Phys., 11(5): 325.

RUFENACH C L, ALPERS W R, 1978. Measurement of oceanwave heights using the GEOS-3 altimeter[J]. J. Geophys. Res., 83: 5011-5018.

RUFENACH C L, ALPERS W R, 1981. Imaging ocean waves by synthetic aperture radars with long integration times[J]. IEEE Trans. Antennas Propag., AP-29(3): 422-428.

SALOMONSON V V, MARLATT W E, 1972. Airborne measurements of reflected solar radiation[J]. Remote Sens. of Envir., 2: 1-9.

SALZMAN J, et al, 1980. Quantitative interpretation of Great Lakes remote sensing data[J]. J. Geophys. Res., 85(C7): 3991-3996.

SAVAGE R C, WEINMAN J A, 1975. Preliminary calculations of the upwelling radiance from rainclouds at 37. 0 an 19. 35 GHz[J]. Bull. Amer. Meteorol. Soc., 56(12): 1272-1274.

SAUNDERS P M, 1967. The temperature at the ocean-air interface[J]. J. Atmos. Sci., 24: 269-273.

SAUNDERS P M, 1970. Corrections for airborne radiation thermometry[J]. J. Geophys. Res., 75(36): 7596-7601.

SAUNDERS P M, 1973. The skin temperature of the ocean: a review. Memoires Societe Royale des Sciences de Liege, 6(VI): 93-98.

SCHROEDER L C, et al, 1982. The relationship between wind vector and normalized radar cross section used to derive SEASAT-A satellite scatterometer winds[J]. J. Geophys. Res., 87: 3318-3336.

SCHROEDE W W, 1977. Sea truth and environmental characterization studies of Mobile Bay, Alabama[J]. Remote Sense of Envir., 6: 27-45.

SCHULTZ B B, et al, 1980. Precision orbit determination software validation experiment[J]. J. Astronaut. Sci., 28(4): 327-343.

SCHWALB A, 1978. The TIROS-N/NOAA A-G satellite series[M]. Washington: NOAA Technical Memorandum Ness.

SCULLY-POWER P, TWITCHELL P, 1975. Satellite observation of cloud patterns over east Australian Current anticyclonic eddies[J]. Geophys. Res. Ltrs., 2(3): 117.

SHEMDIN O H, et al, 1978. Comparison of in-situ and remotely sensed ocean waves off Marineland, Florida[J]. Bound. Layer Met., 13: 193-203.

SHENK W E, SALOMANSON V V, 1972. A multispectral technique to determine sea surface temperatures using NIMBUS-2 data[J]. J. Phys. Oceanogr., 2(2): 157-167.

SHEU P J, Agee E M, 1977. Kinematic analysis and air-sea heatflux associated with mesoscale cellular convection during ANTEX75[J]. J. Meteorol Soc., 34(5): 793-801.

SHIFRIN K S, 1974. Influence of wind on the effective radiation of the ocean[J]. Atmos. Ocea. Phys., 10(7): 495.

SHIFRIN K S, CHERNYAK M M, 1974. Thermal radiation of waterdroplets in the microwave region[J]. Atmos. Ocea. Phys., 10(10): 685.

SHIFRIN K S, et al, 1974. Light scattering functions and structure of ocean hydrosols. Atmos[J]. Atmos. Ocea. Phys., 10(1): 13.

SHOOK D F, et al, 1980. Quantitative interpretation of Great Lakes remote sensing data[J]. Geophys. Res., 85: 3991-3996.

SHUCHMAN R A, MEADOWS G A, 1980. Airborne synthetic aperture radar observation of surf zone conditions[J]. Geophys. Res. Ltrs., 7(11): 857-860.

SHUCHMAN R A, et al, 1981. Static and dynamic modeling of a SAR imaged ocean scene[J]. IEEE J. Ocean. Engr., OB-6(2): 41-49.

SHUCHMAN R A, KASISCHKE E S, 1981. Refraction of coastal oceanwaves[M]//Beal R C. Spaceborne Synthetic Aperture Radar for Oceanography. Baltimore: Johns Hopkins Univ. Press.

SIDRAN M, 1980. Infrared sensing of sea surface temperature from space[J]. Remote Sens. of Environ., 10(2): 101-114.

SIDRAN M, 1981. Broadband reflectance and emissivity of specular and rough water surfaces[J]. Appl. Optics, 20(18): 3176-3183.

SMERKALOV V A, 1976. The optical mass of the real atmosphere as a function of wavelength[J]. Atmos. Ocea. Phys., 12(9): 609.

SMITH D E, 1979. Dynamic satellite geodesy[J]. Rev. Geophys. Space Phys., 17(6): 1411-1418.

SMITH R C, et al, 1973. Optical properties and color of Lake Tahoe and Crater Lake[J]. Limnol. Oceanogr., 18(2): 189-199.

SMITH R C, BAKER K S, 1978a. The bio-optical state of ocean waters and remote sensing[J]. Limnol. Oceanogr., 23(2): 247-259.

SMITH R C, BAKER K S, 1978b. Optical classification of natural waters[J]. Limnol. Oceanogr., 23(2): 260-267.

SMITH R C, 1981. Remote-sensing and depth distribution of ocean chlorophyll[J]. Mar. Ecology. Prog. Series, 5(3): 359-361.

SMITH R C, BAKER K S, 1981. Optical properties of the clearest natural waters(200-800 nm)[J]. Appl. Optics, 20(2): 177-184.

SMITH R C, WILSON W H, 1981. Ship and satellite bio-optical research in the California Bight[M]//GOWER J F R. Oceanography from Space. New York: Plenum Press: 281-294.

SMITH R C, BAKER K S, 1982. Oceanic chlorophyll concentrations as determined l-y satellite (NIMBUS-7 coastal zone color scanner)[J]. Mar. Biol., 66(3): 269-279.

SMITH R C, et al, 1982. Correlation of primary production as measured aboard ship in southern California coastal waters and as estimated from satellite chlorophyll images[J]. Mar. Biol., 66(3): 281-288.

SMITH W, et al, 1970. The determination of sea surface temperature from satellite high resolution infrared window radiation measurements[J]. Mon. Wea. Rev., 98(8): 604-611.

SMITH W L, WOOLF H M, 1976. The use of Eigenvectors of statistical covariance matrices for interpreting satellite sounding radiometer observations[J]. J. Atmos. Sci., 33: 1127-1140.

SNYDER R L, 1973. On the estimation of the directional spectrum of surface gravity waves from a programmed aircraft altimeter[J]. J. Geophys. Res., 78(9): 1475-1478.

SOBCYAK L W, 1977. Ice movements in the Beaufort Sea, 1973-1975: determination by ERTS imagery[J]. J. Geophys. Res., 82(9): 1413-1418.

SOBTI A, MOORE R K, 1976. Correlation between microwave scattering and emission from land and sea at 13. 9 GHz[J]. IEEE Trans. Geosci. Elect., GE-14(2): 93-96.

SORENSEN B M, MARACCI G, 1979. Monitoring of euphotic depth from aircraft[J]. Remote Sens. of Envir., 8(4): 349-351.

SOULES S D, 1970. Sun glitter viewed from space[J]. Deep-Sea Res., 17: 191-195.

SPENCE T W, LEGECKIS R, 1981. Satellite and hydrographic observations of low-frequency wave motions associated with a coldcore Gulf Stream ring[J]. Geophys. Res., 86(C3): 1945-1953.

SPINHIRNE J D, et al, 1980. Vertical distribution of aerosol extinction cross section and inference of aerosol imaginary index in the troposphere by lidar technique[J]. J. Appl. Meteorol., 19: 426.

STAELIN D H, 1981. Passive microwave techniques for geophysical sensing of the earth from satellites[J]. IEEE Trans. Antennas Propag., AP-29(4): 683-687.

STANLEY H R, 1979. The GEOS-3 Project[J]. Geophys. Res., 84(B8): 3779-3783.

STAVROPOULOS C C, DUNCAN C D, 1974. A satellite-tracked buoy in the Agulhas Current[J]. Geophys. Res., 79(18): 2744-2746.

STEINVALL O, et al, 1981. Laserdepth sounding in the Baltic Sea[J]. Appl. Optics, 20(19): 3284-3286.

STEWART R H, JOY J W, 1974. HF radio measurements of surface currents [J]. Deep-Sea Res., 21: 1039-1049.

STEWART R H, BARNUM J R, 1975. Radio measurements of oceanic winds at long ranges: an evaluation[J]. Radio Science, 10(10): 853-858.

STEWART R H, 1980. Satellite altimetric measurements of the ocean[R]. Pasadena: Report of the Topex Science Working Group, Jet Propulsion Laboratory.

STEWART R H, TEAGUE C, 1980. Dekameter radar observations of ocean wave growth and decay[J]. J. Phys. Oceanogr., 10: 128-143.

STILWELL D, PILON R O, 1974. Directional spectra of surface waves from photographs[J]. Geophys. Res., 79(9): 1277-1284.

STOGRYN A, 1967. The apparent temperature of the sea at microwave frequencies[J]. IEEE Trans. Antennas Propag., AP-15: 278-286.

STOMMEL H, et al, 1953. Rapid aerial survey of Gulf Stream with camera and radiation thermometer[J]. Science, 117: 639-640.

STOWE L L, FLEMING H E, 1980. The error in satellite retrieved temperature profiles due to the effects of atmospheric aerosols particles [J]. Remote Sens. of Envir., 9(1): 57-64.

STRAUCH R B, et al, 1975. Microwave FM-CW Doppler radar for boundary layer probing[J]. Geophys. Res. Ltrs., 193.

STRONG A E, RUFF I S, 1970. Utilizing satellite-observed solar reflections from the sea surface as an indicator of surface wind speeds. [J]. Remote Sens. of Envir., 1: 181-185.

STRONG A E, DERYCKE R J, 1973. Ocean current monitoring using a new satellite sensing technique[J]. Science, 181: 482-484.

STRONG A E, 1974. Remote sensing of algal blooms by aircraft and satellite in Lake Erie and Utah Lake[J]. Remote Sens. of Envir., 3: 99-109.

STRONG A E, 1978. Chemical whitings and chlorophyll distributions in the Great Lakes as viewed by LANDSAT[J]. Remote Sens. of Envir., 7: 61-73.

STUMPF H G, STRONG A E, 1974. ERTS-1 views an oil slick? [J]. Remote Sens. of Envir., 3: 87-91.

STUMPF H G, 1975. Satellite detection of upwelling in the Gulf of Tehuantepec, Mexico[J]. J. Phys. Oceanogr., 5(2): 383-388.

STUMPF H G, RAO P K, 1975. Evolution of Gulf Stream eddies as seen in satellite infrared imagery[J]. J. Phys. Oceanogr., 5(2): 388-393.

STUMPF H G, LEGECKIS R V, 1977. Satellite observations of mesoscale eddy dynamics in the eastern tropical Pacific Ocean[J]. J. Phys. Oceanogr., 7(5): 648-658.

SULLIVAN S A, 1963. Experimental study of the absorption in distilled water, artificial seawater, and heavy water in the visible region of the spectrum[J]. J. Opt. Soc. Amer., 53: 962-967.

SUTHERLAND R A, BARTHOLIC J F, 1979. Emissivity correction for interpreting thermal radiation from a terrestrial surface[J]. J. Appl. Meteorol., 18: 1165.

SWANSON P N, RILEY A, 1980. SEASAT scanning multichannel microwave-radiometer(SMMR): radiometric calibration algorithm development and performance[J]. IEEE J. Ocean. Engr., OE-5(2): 116-124.

SWIFT C T, 1974. Microwave radiometer measurements of the Cape Cod Canal[J]. Radio Science, 9(7): 641-654.

SWIFT C T, WILSON L R, 1979. Synthetic aperture radar imaging of moving ocean waves[J]. IEEE Trans. Antennas Propag., AP-27(6): 725-729.

SWIFT C T, 1980. Passive remote sensing of the ocean-a review[J]. Bound. Layer Met., 18(1): 25-54.

SWIFT C T, et al, 1980. Microwave radar and radiometric remote sensing measurements of lake ice[J]. J. Geophys. Res., 7: 243.

SYDOR M, 1980. Remote sensing of particulate concentrations in water[J]. Appl. Optics, 19(16): 2794-2800.

SZEKIELDA K H, MITCHELL W F, 1972. Oceanographic applications of color-enhanced satellite imageries[J]. Remote Sens. of Envir., 2: 71-77.

SZEKIELDA K H, 1976. Spacecraft oceanography [J]. Oceanogr. Mar. Bio. Ann. Rev., 14: 99-166.

TAPLEY B D, et al, 1979. SEASAT altimeter calibration: initial results[J]. Science, 204(4400): 1410-1412.

TAPLEY B D, et al, 1982. SEASAT altimeter data and its accuracy assessment[J]. J. Geophys. Res., 87(C9): 3179-3188.

TARPLEY J D, 1979. Estimating incident solar radiation at the surface from geostationary satellite data[J]. J. Appl. Meteorol., 18: 1172.

TASHENOV B T, et al, 1973. Determinations of the atmospheric-aerosol spectrum from the optical characteristics of the clear daytime sky[J]. Atmos. Ocea. Phys., 9(1): 171.

TAVARTKILADZE K A, 1979. Statistical characteristics of the spectral optical thickness of the atmosphere above the sea surface[J]. Atmos. Ocea. Phys., 13(11): 852-855.

TAYLOR P K, et al, 1981. Determinationsby SEASAT of atmospheric water and synoptic fronts[J]. Nature, 294: 737-739.

TAYLOR S E, WILLIAMSON L E, 1973. Satellite calibration site has brightness equivalent to clouds[J]. Bull. Amer. Meteorol Soc., 54(6): 551.

TCHERNIA P, JEANNIN P, 1980. Observations on the Antarctic eastwind drift using tabular icebergs tracked by satellite NIMBUS-F(1975-1977)[J]. Deep-Sea Res., 27: 467-474.

TEAGUE C C, et al, 1975. The radar cross section of the sea at 1. 95 MHz: comparison of in-situ and radar determinations[J]. Radio Science, 10(10): 847-852.

THEKAEKARA M P, 1976. Solar irradiance: total and spectral and its possible variations[J]. J. Appl. Optics, 15: 915-921.

THEON J S, 1973. A multispectral view of the Gulf of Mexico from NIMBUS-5[J]. Bull. Amer. Meteorol. Soc., 54(9): 934-937.

THOMANN G C, 1976. Experimental results of the remote sensing of sea-surface salinity at 20 cm wavelength[J]. IEEE: Trans. Geosci. Elect., GE-14(13): 198-214.

THOMAS R K, KRITIKOS H N, 1975. Measurement of sea state by RF interferometry[J]. IEEE: Trans. Geosci. Elect., GE-13(2): 73-80.

THOMPSON J D, et al, 1983. Collinear track altimetry in the Gulf of Mexico from SEASAT: measurements, models and surface truth[J]. J. Geophys. Res., 88(C3): 1625-1636.

THOMPSON T W, et al, 1981. SEASAT SAR cross-section modulation by surface winds: GOASEX observations[J]. J. Geophys. Res. Ltrs., 8(2): 159-162.

THORNDIKE A S, COLONY R, 1982. Sea ice motion in response to geostrophic winds[J]. J. Geophys. Res., 87(C8): 5845-5852.

TIMOFEYEV N A, 1975. Interpretation of radiation measurements on"meteor"satellites, and the basis for conversion from the albedo of the ocean-atmosphere system to the shortwave radiation at the ocean surface[J]. Atmos. Ocea. Phys., 11(1): 8.

TIMOFEYEV N A, SHUTOVA YE N, 1975. Angular structure of the upward longwave radiation field over the oceans[J]. Atmos. Ocea. Phys., 11(11): 850.

TOBER G, et al, 1973. Laser instrument for detecting water ripple slopes[J]. Appl. Optics, 12: 788 - 794.

TOMIYASU K, 1974. A note on specular ocean surface radar cross section[J]. J. Geophys. Res., 79(21): 3101.

TOWNSEND W F, 1980. An initial assessment of the performance achieved by the SEASAT radar altimeter[J]. IEEE J. Ocean. Engr., OE-5(2): 80 - 92.

TOWNSEND W F, et al, 1981. Satellite radar altimeters——present and future oceanographic capabilities[M]//GOWER J F R. Oceanography from Space. New York: Plenum Press: 625 - 636.

TRACTON M S, MCPHERSON R D, 1977. On the impact of radiometric sounding data upon operations numerical weather prediction at NMC[J]. Bull. Amer. Meteorol. Soc., 58(11): 1201 - 1209.

TRAGANZA E D, et al, 1980. Satellite observations of a nutrient upwelling off the coast of California[J]. J. Geophys. Res., 85: 4101 - 4106.

TWOMEY S, 1976. Computations of the absorption of solar radiation by clouds[J]. J. Atmos. Sci., 33: 1087 - 1091.

TYLER G L, et al, 1974. Wave directional spectra from synthetic aperture observations of radio scatter[J]. Deep-Sea Res., 21: 989 - 1016.

TYLER J E, 1976. Ocean analysis by means of Beer's Law[J]. Appl. Optics, 15: 2565 - 2567.

TYLER J E, 1979. Insitu quantum efficiency of oceanic photo synthesis[J]. Appl. Optics, 18(4): 442 - 445.

VALENZUELA G R, 1978. Theories for the interaction of electro magnetic and oceanic waves——a review. Bound. Layer Met[J]., 13(2): 61 - 87.

VAN MELLE M J, et al, 1973. Microwave radiometric observations of simulated sea surface conditions[J]. J. Geophys. Res., 78(6): 969 - 976.

VESECKY J F, et al, 1980. Radar observations of wave transformations in thevicinity of islands[J]. J. Geophys. Res., 85(C9): 4977 - 4986.

VESECKY J F, et al, 1981. Remote sensing of the ocean wave height spectrum using synthetic aperture radar images[M]//Gower J F R. Oceanography from Space. New York: Plenum Press: 449 - 458.

VIOLLIER M, et al, 1978. Airborne remote sensing of chlorophyll content under cloudy sky as applied to the tropical waters in the Gulf of Guinea[J]. Remote Sens. of Envir., 7: 235 - 249.

VIOLLIER M, et al, 1980. An algorithm for remote sensing of watercolor from space[J]. Bound. Layer Met., 18(3): 247 - 268.

VISSER H, 1979. Teledetection of the thickness of oil films on polluted water based on the oil and fluorescence properties[J]. Appl. Optics, 18(11): 1746 - 1749.

VONBUN F O, et al, 1978. Computed and observed ocean topography: a comparison[J]. Bound. Layer Met., 13: 253 - 263.

VOROB'YEV, et al, 1979. On the variations of optical path lengths and refraction angles in the earth's atmosphere[J]. Atmos. Ocea. Phys., 15(6): 408 - 414.

VUKOVICH F M, 1974. The detection of nearshore eddy motion and wind-driven currents using NOAA-1 sea surface temperature data[J]. J. Geophys. Res., 79(6): 853 - 860.

VUKOVICH F M, CRISSMAN B W, 1974. Case study of exchange processes on the western boundary of the Gulf Stream using NOAA-2satellite data ship data [J]. Remote Sens. of Envir., 3: 169 - 171.

VUKOVICH F M, 1976. An investigation of a cold eddy on the eastern side of the Gulf Stream using NOAA-2 and NOAA-3 satellite data and ship data [J]. J. Phys. Oceanogr., 6(4): 605 - 612.

VUKOVICH F M, CRISSMAN B W, 1978. Observations of the intrusion of a narrow warm tongue into the Sargasso Sea using satellite and in-situ data[J]. J. Geophys. Res., 83(C4): 1929 - 1934.

VUKOVICH F M, et al, 1979. Some apsects of the oceanography of the Gulf of Mexico using satellite and-in-situ data[J]. J. Geophys. Res., 84(C12): 7749 - 7768.

VUKOVICH F M, CRISSMAN B W, 1980. Some aspects of Gulf Stream western boundary eddies from satellite and in-situ data[J]. J. Phys. Oceanogr., 10(11): 1792 - 1813.

WADHAMS P, 1973. Attenuation of swell by sea ice[J]. J. Geophys. Res., 78(18): 3552 - 3563.

WADHAMS P, 1975. Airborne laser profiling of swell in an open icefield. [J]. J. Geophys. Res., 80(33): 4520 - 4528.

WAGNER C A, 1979. The geoid spectrum from altimetry[J]. J. Geophys. Res., 84(38): 3861 - 3871.

WALSH E J, 1974. Analysis of experimental NRL radar altimeter data. [J]. Radio Science, 9(9): 711 - 722.

WALSH E J, et al, 1979. Wave heights measured by a high resolution pulselimited radar altimeter[J]. Bound. Layer Met., 13: 263-277.

WALSH E J, 1979. Extraction of ocean wave height and dominant wavelength from GEOS-3 altimeter data[J]. J. Geophys. Res., 84(38): 4003-4010.

WARNE D K, 1978. LANDSAT as an aid in the preparation of hydrographic charts[J]. Photogramm. Eng. Rem. Sens., 44: 1011.

WATTS A B, 1979. On geoid heights derived from GEOS-3 altimeter data along the Hawaiian-Emperor seamount chain[J]. J. Geophys. Res., 84(38): 3917-3829.

WEBB D J, 1981. A comparison of SEASAT-A altimeter measurements of wave height with measurements made by a pitch-roll buoy[J]. J. Geophys. Res., 86: 6394-6398.

WEBSTER W J, et al, 1975. A radio picture of the earth[J]. Sky and Telescope, 49(1): 14-16.

WEBSTER W J, et al, 1976. Spectral characteristics of the microwave emission from a foam covered sea[J]. J. Geophys. Res., 81(18): 3095-3099.

WEISSMAN D E, et al, 1980. Modulation of sea surface radar cross section by surface stress: wind speed and temperature effects across the Gulf Stream[J]. J. Geophys. Res., 85(C9): 5032-5042.

WENDLER G, 1973. Sea ice observations by means of satellite[J]. J. Geophys. Res., 78(9): 1427-1448.

WENTZ F J, 1975. A two scale scattering model for foam-free sea microwave brightness temperatures[J]. J. Geophys. Res., 80(24): 3441-3446.

WENTZ F J, 1976. Cox and Munk's sea surf ace slope variance[J]. J. Geophys. Res., 81(9): 1607-1608.

WENTZ F J, 1978. The forward scattering of microwave solar radiation from a water surface[J]. Radio Science, 13(1): 131-138.

WENTZ F J, et al, 1982. Inter-comparisonof wind speeds inferred by the SASS, altimeter, and SMMR[J]. J. Geophys. Res., 87(C5): 3378-3384.

WETZEL L B, 1977. A model of sea backscatter intermittancy atextreme grazing angles[J]. Radio Science, 12(5): 749-756.

WEZERNAK C T, LYZENGA D R, 1974. Analysis of Cladophora distribution in Lake Ontario using remote sensing[J]. Remote Sens. of Envir., 3: 37-49.

WHITLOCK C H, et al, 1978. Penetration depth at green wavelengths in turbid waters[J]. Photogramm. Eng. Rem. Sens., 44: 1045.

WHITLOCK C H, et al, 1980. Spectral scattering properties of turbid waters [J]. J. Geophys. Res., 7: 81.

WHITLOCK C H, et al, 1981. Comparison of reflectance with backscatter and absorption parameters for turbid waters[J]. Appl. Optics, 20(3): 517-522.

WICKWARE G M, HOWARTH P J, 1981. Change detection in the Peace-Athabasca Delta using digital LANDSAT data[J]. Remote Sens. of Envir., 11 (1): 9-25.

WIDGER W K, WOODALL M P, 1976. Integration of the Planck Blackbody Radiation Function[J]. Bull. Amer. Meteorol. Soc., 57(10): 1217-1219.

WILHEIT T T, et al, 1972. Aircraft measurements of microwave emission from Arctic seaice[J]. Remote Sens. of Envir., 2: 129-141.

WILHEIT T T, 1978. A review of applications of microwave radiometry to oceanography[J]. Bound. Layer Met., 13: 277-295.

WILHEIT T T, 1979. A model for the microwave emissivity of the ocean's surface as a function of wind speed[J]. IEEE Trans. Geosci. Electr., 17(4): 244-249.

WILHEIT T T, CHANG A T C, 1980. An algorithm for retrieval of ocean surface and atmospheric parameters from the observations of the scanning multichannel microwave radiometer[J]. Radio Science, 15: 525-544.

WILHEIT T T, et al, 1980. Atmosphere corrections to passive microwave observations of the ocean[J]. Bound. Layer Met., 18(1): 65-78.

WILKERSON J C, et al, 1979. Surface observations for the evaluation of geophysical measurements from SEASAT[J]. Science, 204(4400): 1408-1410.

WILSON W H, KIEFER D A, 1979. Reflectance spectros copy of marine phytoplankton. Part 2. A simple model of ocean color[J]. Limnol. Oceanogr., 24(4): 673-682.

WITTE W G, et al, 1982. Influence of dissolved organic matter on turbid water optical properties and remote sensing reflectance[J]. J. Geophys. Res., 87: 441-446.

WON I J, et al, 1978. Mapping ocean tides with satellites: a computer simulation[J]. J. Geophys. Res., 83: 5947-5960.

WON I J, 1979. Mapping ocean tides with satellites: reply[J]. J. Geophys. Res., 84(B12): 6911.

WON I J, MILLER L S, 1979. Oceanic geoid and tides derived from GOES-3 satellite data in the northwestern Atlantic Ocean[J]. J. Geophys. Res., 84(38): 3833-3842.

WRIGHT J W, 1966. Backscattering from capillary waves with application to sea clutter[J]. IEEE Trans. Antennas Propag., AP-14: 749-754.

WRIGHT J W, 1978. Detection of ocean waves by microwave radar; the modulation of short gravity-capillary waves[J]. Bound. Layer Met., 13(2): 87-107.

WRIGHT J W, et al, 1980. Ocean-wave radar modulation transfer functions from the west coast experiment[J]. J. Geophys. Res., 85: 4957-4966.

WRYTKI K，1977. Advection in the Peru Current as observed by satellite [J]. J. Geophys. Res.，82(27)：3939－3944.

WUNSCH C，1981a. The promise of satellite altimetry[J]. Oceanus，24(3)：17－26.

WUNSCH C，1981b. An interim relative sea surface for the North Atlantic Ocean[J]. Mar. Geod.，5(2)：103－119.

WUNSCH C，GAPOSCHKIN E M，1980. On using satellite altimetry to determine the general circulation of the oceans with application to geoid improvement [J]. Rev. Geophys. Space Phys.，18(4)：727－745.

WURTELE M G，et al，1982. Wind direction alias removal studies of SEASAT scatterometer-derived wind[J]. J. Geophys. Res.，87(C5)：3365－3377.

WYLIE D P，1979. An application of a geostationary satellite rain estimation technique to an extra tropical area[J]. J. Appl Meteorol.，18：1640.

WYLIE D P，et al，1981. A comparison of three satellite based methods for estimating surface winds overoceans[J]. J. Appl Meteorol.，20：105－115.

YAKOVLEV A A，STAVITSKAYA N A，1979. Selection of optimum spectral segments for study of sea brightness variations[J]. Atmos. Ocea. Phys.，15 (7)：524－525.

YAKUBENKO V G，et al，1974. On the brightness fluctuations of an underwater light field[J]. Atmos. Ocea. Phys.，10(9)：621.

YEGOROV S T，et al，1979. Mapping the earth from satellites in its intrinsic 0. 8 radio emission[J]. Atmos. Ocea. Phys.，15(12).

YEH S D，BROWELL E V，1982. Shuttle lidar resonance fluorescence investigations 1：analysis of Na and K measurements[J]. Appl. Optics，21(13)：2365－2372.

YENTSCHV C S，1959. The influence of phytoplankton pigments on the color of the sea[J]. Deep-Sea Res.，7：1－9.

YESKE L A，et al，1973. On current measurements in Lake Superior by photogrammetry[J]. J. Phys. Oceanogr.，3(1)：165－167.

ZETLER B D，MAUL G A，1971. Precision requirements for a spacecraft tide program[J]. J. Geophys. Res.，76(27)：6601－6605.

ZLOTNICKI V，et al，1982. The inverse problem of constructing a gravimetric geoid[J]. J. Geophys. Res.，87(33)：1835－1848.

ZWALLY H J，et al，1979. Seasonal variation of total Antarctic sea ice area，1973－1975[J]. Antarctic J.，14(5)：102－103.

ZWALLY H J，et al，1980. Ice sheet surface elevation and changes observable by satellite radar altimetry[J]. J. Glaciology，24：491－493.

名词解释

AAFE：高级应用飞行实验——在航天器部署前飞行测试新仪器。

吸收率：板吸收的辐射通量与入射辐射通量之比。

吸收过程：通过改变介质的能量状态从光束中去除光子的过程。

吸收系数：板吸收的辐射功率与入射功率和板厚度的乘积之比。

吸收率：单位厚度的板吸收入射的光子的概率；等于不透明体的发射率。

气溶胶：半径范围从10^{-3} μm 到10^{1} μm 的大气颗粒，其在 EMR 的散射中是重要的。

AEM-n：应用探索任务——用于特殊目的的小型航天器，在 12 小时观察一个区域，每隔 5 天测量热惯性。在太阳同步的圆形 620 公里高度轨道采集数据。

AGC：自动增益控制—— 一些线扫描仪上的设备，可以沿着扫描线自动设置输出电压，此电压等于先前扫描线的平均电压。

反照率：目标(通常是地球)反射的总辐射能与入射的总辐射能的比率。

非均匀散射：从粗糙表面散射的微波功率在各方向上的积分与入射功率在 4π 球面度上的积分的比值。

单次散射的反照率：光散射系数与光衰减系数的比值，是关于波长的函数。

ALT：高度计——雷达或激光设备，通过对短时间发射的 EMR 往返路程进行定时以测量精确的距离。

AM：振幅调制——在固定频率改变波形振幅实现信息传输。

埃：波长测量单位，以瑞典物理学家安德斯·埃格斯特朗(1814—1874 年)的名字命名，等于 10^{-10} m。

偏近点角：采用开普勒变量解涉及偏心率和近地点角 f 的受摄轨道。

均值点角：使用开普勒变量解涉及偏心率和偏近点角的受摄轨道。

天线：类似望远镜，收集卫星传来的信号。

孔径：允许光线通过的相机镜头中的口径；雷达天线上的收集区域；望远镜中物镜的直径。

有效孔径：微波中指的是天线增益，光学中指的是观测面积；也用于描述光学系统中的有用的口径。

相对孔径：镜头的焦距与透镜孔径的比值；也称之为孔径系数，例如，可表示为 f：5.6。

近地点：卫星轨道上最接近地球中心的点。

远近点：卫星离地球最近的(近地点)和最远的(远地点)的点。

APT：自动图像传输——极轨气象卫星的可见光和红外数据的模拟传输格式。

ARGOS：由 CNES 设计、制造和提供的泰罗斯 - n 卫星航天器系列的数据采集和定位系统。

ART：机载辐射温度计。

衰减：吸收和散射之和与入射光束光子的比值；参考“消光”。

衰减系数：散射系数和吸收系数的和。

姿态：航天器(或飞机)相对于坐标系的位置，通常以地球为中心。

AVHRR：甚高分辨率辐射计——泰罗斯 - n 卫星(NOAA - 6 +)上搭载的扫描辐射计有四通

道(0.55～0.68 μm、0.72～1.10 μm、3.55～3.93 μm 和 10.5～11.5 μm)。

方位角：从某点的指北方向线起，顺时针方向到目标方向线之间的水平夹角，通常在导航中使用北端，而在大地测量中使用南端。

后向散射系数：光散射系数和后向散射辐射能百分比的乘积。

后向散射截面：从目标反射的雷达功率与接收功率的比值，再除以目标的面积，以分贝计算。

带宽：仪器中在指定阈值上的频率范围；通常是滤波器上的半功率点。

电子带宽：频带阀值范围内的每秒圈数。

斜压：液体层化条件，密度不只是由压力来确定。

正压：液体层化条件，密度仅通过压力来确定。

水深测量：确定海洋底地形的科学。

基本光束：由所有光线组成的 EMR 光束，在相隔的有限距离上穿过两个面积元。

圆束光束：具有无穷小横截面积 A 的圆柱形辐射能束。

分束器：传输某些光谱带并反射其他光谱的光学装置。

比尔定律：在板上入射和透射的辐亮度之间具有指数形式的统计关系。

二元掩模：在海洋图片中用于识别土地和云彩的黑色或白色像素(0 或 1)的图像。

比特：二进制数字的缩写。

黑体：吸收所有入射的辐射并根据普朗克定律辐射的物体。

布拉格散射：也称为相干散射，其中两个或多个散射的 EMR 波之间发生干涉，产生相长干涉。

布儒斯特角：在平面上，没有反射的垂直极化的 EMR 的入射角；参考"主入射角"。

电容：电介质表面上的电荷与表面的电位差之比。

CDA：命令和数据采集——用于向航天器发送命令，并从卫星中接收中继或直接的数据的地面无线电收发台。

啁啾脉冲：具有线性频率级联的方形波微波脉冲，经过分析后，可解译为更短的脉冲。

斩波器：用于中断辐射计中辐射能量通量的旋转扇形设备。

色球层：人眼可见的太阳光球层上方的透明发光气体层。

CNES：法国国家空间研究中心。

CODAR：沿海动力应用雷达用于确定海面流速和海面状况的陆基 HF(高频)遥感系统。

相干：振幅和相位相同的两个 EMR 波的特性。

互补性：EMR 可以描述为粒子或波，但不能同时存在的原理。

电导率：电介质传导电能的能力，以电阻率的倒数表示。

对比度：目标的辐亮度减去背景的辐亮度，再除以背景辐亮度。

控制点：用于定位照片或图像的地理表面信息。

电晕：由太阳光散射引起的太阳色球上方区域人眼可见的部分。

CZCS：海岸带彩色扫描——在 NIMBUS-7 实验卫星上搭载的扫描辐射计有六个通道(0.433～0.453 μm、0.510～0.530 μm、0.540～0.560 μm、0.660～0.680 μm、0.70～0.90 μm 和 10.5～12.5 μm)。

DCP：数据采集平台——搭载发射机或收发器的固定或自由运动平台，用于向卫星接收器传播数据，以中继到命令和数据采集站。

DCS：数据采集系统——对于 TIROS，是一个随机接入系统，用于从具有多普勒平台定位能力的固定和自由运动的平台获取数据。对于 GOES，是一个查询接收系统，从没有多普勒平台定位能力的固定和自由运动平台获取数据。对于 LANDSAT，是一个接收系统，从无需多普勒平台定位能力的固定平台采集数据。

汇报：对飞行员和宇航员进行飞行后采访，以讨论任务并对观测和照片进行多学科分析。

赤纬：经过天体和天极的大圆弧，天球赤道以北为正(+)，以南为负(-)测量。

位移电流密度：电容器板间隙中单位体积的电流；类似于导线中的传导电流。

电荷密度：单位体积的电荷，以库仑每立方米为单位。

能量密度：单位体积的辐射能量。

摄影密度：薄膜透射率以 10 为底的负对数。

有效深度：对线性温深剖面，辐射温度发射深度。

光学深度：在此深度上的衰减系数的积分的无量纲参数；参考“光学厚度”。

表皮深度：微波能量减少到 1/e 的距离；吸收系数的倒数；也被称为穿透深度。

介电常数：折射率的平方；实测介电常数与真空介电常数之比。

衍射：将 EMR 波列分离成其波长或频率；EMR 波列的傅里叶变换；参见“折射”。

探测灵敏度：探测器面积的平方根除以探测器噪声等效功率的比值；探测能力是探测器材料的固有性质，与结构无关。

量纲：可以推导出所有其他参数的基本测量术语，如长度 L，质量 M，时间 T。

偶极子：所有物理器件都具有等效但相反的电荷。

准线：一条直线，圆锥截面上的任何点到该直线的距离与该点到圆锥截面的焦点的距离的比为常数。

频数：波数和频率的非线性关系。

DMSP：国防气象卫星方案——太阳同步运载系列、极地轨道、850 km 高度、99°倾角、双通道卫星(0.55～1.0 μm，8～13 μm)、双分辨率(0.5 km，4 km)以及扫描辐射计。

离心率：从圆锥截面的任一点到焦点和到准线的距离为固定比率。

EDIS：环境数据和信息服务中心——美国国家海洋和大气局负责归档其运行的卫星数据和所有海洋水文资料。

e 折距离：光子在介质中传播衰减为e^{-1}的距离。

椭球：用于近似地球大小和形状的数学面。

发射率：由单位厚度的板发射光子的概率；等于不透明体的吸收率。

发射量：由平板发射的经测量的辐射通量与出射度的比率。

辐射发射：黑体发射的单位面积辐射功率(更常用的名称为出射度)。

EMR：电磁辐射——由麦克斯韦方程组描述的最经典的能量。

能量密度：单位体积的能量。

春分点：太阳沿着黄道从南到北通过天球赤道的点。

等电位：电位值恒定的表面。

EREP：地球资源试验综合计划——在美国天空实验室上搭载的 4 个地球观测仪器套件。

ERS - n：欧洲空间局遥感卫星。

ERTS - n：地球资源技术卫星——原名为美国陆地卫星系列实验土地利用航天器。

ESA：欧洲空间局。

ESMR：电子扫描微波辐射计——NIMBUS - 5 和 NIMBUS - 6 上的单频扫描仪。

ESSA：环境科学服务机构管理局——后发展为美国国家海洋和大气局的美国机构。

以太：在麦克斯韦公式问世之前的假想的电磁波的传播介质。

出射度：黑体发射的单位面积辐射功率。

摄影曝光：入射到胶片上的辐照度与胶片曝光于入射辐照度时间的乘积。

消光：衰减的替代术语。

FFT：快速傅里叶变换——在数字或光学处理过程中，用于快速确定图像或其他记录的频率内容。

基准：在照片或图像上进行标记，通常以十字或线(分开标记)形式用作几何参考标记。

能量通量：单位时间内通过单位面积的辐射能量；也就是单位面积的功率。

光子通量：单位时间内穿过单位面积的光子平均数。

调频：通过改变中心值附近频率同时保持波形振幅不变以达到调频信息传输的目的。

焦点：用对应的准线确定圆锥截面的固定点。

福莱尔水色等级：从蓝色(0)到棕色(12)渐变颜色，与海水透明度盘共同使用以描述海水颜色。

频率：单位时间通过固定点波的周期数。

角频率：单位时间内每个弧度中的旋转矢量；每个单位时间内通过固定点波的一个周期测量呈 2π 弧度。

GAC：全球覆盖——4 km 分辨率的全球 AVHRR 数据通常由泰罗斯 - n 卫星系列进行收集和归档。

天线增益：在天线方向图为各向同性的情况下，接收到的微波功率与实际接收的微波功率的比率。

摄影中的反差系数：摄影密度与对数摄影曝光曲线的线性部分的斜率。

γ 射线：伽马射线——波长短于紫外线或 X 射线的辐射。

选通：一种电子计时过程，将接收信号分离成选定的部分。

测地学：确定地球的大小和形状及对其各点进行定位的科学。

大地水准面：如果海平面静止，温度为 0 ℃，盐度为 35%，大地水准面则为与平均海平面高度一致的等势面。

GEOS - n：大地测量轨道卫星 - 实验卫星系列；GEOS - 3 有 1 个精确的雷达高度计，用于在非太阳同步 115°倾角轨道上，从 890 km 的高度遥感海面地形。

地转：压力梯度力与科里奥力平衡的流体运动条件。

地球同步或对地静止：指在地球赤道的轨道上保持平均经度不变的航天器。

GHA：格林威治时角——格林威治子午线和一个天文体子午线之间的天球赤道弧线，从 0°到 360°向西测量；参见“RA”。

GMS - n：对地静止气象卫星——日本宇航局的 GOES - n 系列，赤道上东经 135°附近对地静止。

GMT：格林威治标准时间——国际标准是在本初子午线上采用 24 小时制。

GOES - n：地球同步环境卫星——地球同步卫星的运载系列位于赤道轨道上 35 800 km 的高度；经度随具体的卫星轨道变化而产生相应变化。卫星上的传感器包括 VISSER 和 DCS。

梯度：单位距离内标量 A 的变化；在笛卡尔坐标系中，表示为 $\vec{\nabla} A \equiv \frac{\partial A}{\partial x}\boldsymbol{u}_x + \frac{\partial A}{\partial y}\boldsymbol{u}_y + \frac{\partial A}{\partial z}\boldsymbol{u}_z$.

灰体：灰体的透射率几乎为 0，其反射率与波长无关。

灰度色标：从黑色到白色条纹状中显示的单色系列色调。

GSFC：美国国家航空航天局(NASA)的戈达德航天飞行中心。

HCMM：热容量绘图任务——AEM－1 航天器上的辐射计，为两波段(0.5～1.1 μm，10.5～12.5 μm)扫描辐射计，天底最低分辨率为 600 m，刈幅 700 km。

HDA：高日均——20 世纪 60 年代的消云方案，其中几张图像的固定地理点中最高温度像素会被合成到一张图像中。

赫兹：每秒周期数的频率测量单位。

HF：高频 AM 无线电波，通常处于较高的千赫频率范围内。

HRPT：高分辨率图片传输——泰罗斯－*n* 卫星上搭载的 AVHRR 可直接读取系统；来自泰罗斯业务垂直探空器(TOVS)的数据也可用 HRPT 信标。

绝对湿度：空气中单位体积的水汽质量。

相对湿度：实际混合比除以饱和混合比得到的比率。

IFOV：瞬时视场——在扫描辐射计中，IFOV 是在瞬间观察到的区域，如同停止扫描一样；表示为角度(通常为毫弧度)或地表面积。

图像：光学或辐射扫描仪[获取的场景图像记录通常由望远镜(天线)和探测器组成]并通过飞行器运动获取沿轨维度。

主入射角：垂直偏振最小的垂向角度与折射率的非复指数的布儒斯特角相同。

入射角：从表面正交线到入射光线的角度；参见“天顶角”。

红外：EMR 光谱中波长大于约 0.75 μm 或高于人眼能看到的红色部分。

发射红外：EMR 光谱约位于 2.5 μm 和 100 μm 之间的部分，其中由地球发射的辐射大于从太阳反射的辐射。

反射红外：EMR 光谱约位于 0.75 μm 和 2.5 μm 之间的部分，其中反射的太阳红外大于从地球发射的红外；参见“红外照片”。

现场实测：拉丁语中所指的是“现场(初始的地方)”，就位；海洋学里意味着接触测量。

电场强度：电磁波中电场的振幅。

磁场强度：电磁波中磁场的振幅。

辐射强度：点源在给定方向上单位立体角辐射功率。

间隔频率：频率坐标中的无穷小非零间隔。

间隔波长：波长坐标中的无穷小非零间隔。

真空：拉丁语里的意思是“在真空中(测量)”。

离体：拉丁语里的意思是在玻璃中；在试管中进行测量。

红外：红外辐射，其波长大于可见红光(大于 750 nm)，短于亚毫米波长(0.1 mm)。

辐照度：以单位面积功率为单位，从半球上入射到平板上的辐射能量通量。

IRT：红外辐射温度计。

ITOS－*n*：改进的 TIROS 操作卫星——ITOS D，E，F 和 G 是 NOAA 2，3，4 和 5 的发射前的名称。

央斯基：功率通量密度，单位为瓦特每平方米赫兹。

JPL：加利福尼亚理工学院的喷气推进实验室。

开尔文：绝对温度，其中纯水在 273.16 K 下结冰并在 373.16 K 下沸腾。

基尔霍夫定律：当一个物体的辐射反由温度决定时，发射率等于在特定波长下该物体的吸收率。

LAC：局域覆盖——泰罗斯－n卫星系列上的 1 km 分辨率在获取 AVHRR 时没有定期归档，但可以通过有限区域的请求获得。

朗伯表面：将来自任何方向的辐射均匀漫反射到半球中的表面。

LANDSAT－n：地球资源技术卫星系列，它们距离地球中心 900 km 的高度，与太阳同步，99°倾角轨道。卫星上的传感器包括 DSS，MSS 和 REV；参见“ERTS－n”。

兰勒：每分钟内每平方厘米产生的克卡或 4.184×10^4 J/m^2。

LF：低频 AM 无线电波通常在较低的千赫频率范围内。

地方平均时：格林威治的时间减去当地子午线经度时间。

子午线角：格林威治子午线和天文物体的子午线之间的天球赤道弧线，从 0°到 180°向东为负(－)或向西为正(＋)测量。

METEOSAT：欧洲空间局的 GOES－n 卫星，在赤道东经 10°附近地球同步运行。

MF：中频 AM 无线电波通常在中间的千赫兹频率范围内。

微米：波长等于 10^{-6} m 的单位；例如，绿光的波长为 0.5 μm。

μW：微波辐射，频率在千兆赫兹范围内。

米氏散射：当辐射的波长近似等于或小于散射体的直径时，散射强度和波长之间呈现的关系。

混合比：水汽质量与包含蒸气的干燥空气质量之间的比率。

调制传递函数：照片中的分辨率与观测目标分辨率的比率。

单色：仅对光谱的一个波长或窄波长带中的光敏感。

蒙特卡罗：在计算机模拟中使用随机数建模物理现象的概率方法。

MSS：多谱段扫描仪——LANDSAT 1，2 卫星上的四个通道(0.5～0.6 μm，0.6～0.7 μm，0.7～0.8 μm，0.8～1.1 μm)扫描辐射计(LANDSAT－3 具有第五个 10.5～12.5 μm 通道)，空间分辨率为 80 m，刈幅宽度为 185 km。

多频段：也称为多光谱，指用几个窄波长或频率间隔观测同一处地物。

多学科：多学科科学家对单个数据组进行解译，分析一个系统的问题。

多重增强：对同一数据的不同级胶片进行曝光，以增强眼睛识别信息的能力。

多极化：通过几个偏振器同时观测同一物体。

多光谱：也称为多频段，指用几个窄波长或频率观测同一区域地物。

多级：使用相同仪器在不同距离处观察同一物体。

多站：几乎同时从多个位置观察物体。

多专题：在单个投影上显示几种数据类型。

多时：在不同时间采用相同仪器观测同一区域地物。

天底：航天器或飞机正下方的点。

天底角：航天器或飞机在天底方向和目标之间形成的角度，通常垂直于飞行线测量。

纳米：波长等于 10^{-9} m 的单位；例如，绿光的波长为 500 nm。

NASA：美国国家航空航天局 ——美国太空总署。

纳皮尔法则：基于五片饼图中相反和相邻项之间关系对右三角形方程的简化规则。

NE$\Delta\rho$：噪声等效差分反射比 ——为可见光遥感仪器中信噪比的倒数；辐射计中的内部电子噪声，以输出反射比波动的单位表示。

NETD：噪声等效差分温度——辐射计中的内部电子噪声，以输出温度波动单位表示。

奈培：定义为比尔定律的－1/2 自然对数，即 $-0.5\ln[\exp(-cr)]$，其中 r 代表物理距离，c

代表光衰减系数。

NIMBUS－n：载有用于测试和评价的新仪器的实验卫星系列。NIMBUS－7 位于太阳同步极地轨 955 km 处，并携带 CZCS，SMMR 和其他 6 个非海洋学仪器。

NOAA：美国商务部国家海洋和大气管理局。

NOAA－n：国家海洋和大气管理局位于太阳同步极轨上运行的环境卫星系列。

噪声等效功率：入射到探测器上的功率峰值与该探测器的噪声电压之积除以与功率相关的探测器电压。

结点：赤道平面和卫星轨道平面的交点。

实时预报：基于与预测和后报不同的当前环境条件的描述。

NRCS：归一化雷达截面；单位面积上的雷达截面。

不透明度：在光学物理学中被定义为透射率的倒数(τ)；有时在微波做功中用来表示 $1-\tau$。

地球同步轨道：其周期等于地球自转周期的赤道平面轨道；也称为对地静止轨道。

摄动轨道：偏离由天体力学中双体问题的轨道。

吻切轨道：该类轨道中心位于曲线凹侧上，即曲线上的给定点法线上，并且其半径等于该点处的曲率半径。

顺行轨道：该类轨道的升交点向西推进，倾角小于 90°

逆行轨道：该类轨道的升交点向东推进，倾角大于 90°。

太阳同步轨道：平面岁差为每天 0.986°的轨道。

全色：对人眼可见光谱所有波长的光敏感。

秒差距：天文距离单位，为 3.26 光年。

路径函数(或程辐射)：辐射传输式中等于光散射在 4π 球面度的积分的项。

远地点：在卫星离地球中心最远轨道上的点。

周期：正弦波进行一个循环所需的时间；波长与速度的比率。

磁导率：测量条件相同的情况下，真空中的磁场强度与电介质中的磁场强度的比率。

介电常数：当电荷分布相同时，真空中的电场强度与电介质中的电场强度的比率。

扰动：如果数量 q 表示为平均值$\overline{q}$和与平均值的偏差 q'，则偏差扰动为 $q' \ll q$。

相函数：4π 乘以体散射函数除以光散射系数。

摄影测量法：采用照片进行定量以及精确测量的技术；通常应用于使用大地测量控制的垂直航空摄像机观测所得的地图的制作。

照片：通过使用镜头、平片和光化学记录介质组成的相机对场景进行图形记录。

红外摄影：反射红外辐射图像，通常波段为 0.75～0.9 μm。

光子：辐射能量的量子。

明视：在光线明亮的条件下，透过人眼视野可看到颜色；参见“暗视”。

光球层：人眼可见的太阳表层。

图像元素：图像或照片上的个体分辨率单元或元素。

像素：“图像元素”的术语。

普朗克定律：完全辐射体出射度与波长和辐射体温度的关系。

偏振：对于(横向)振幅矢量和 EMR 波中的传播矢量的方向(极角)描述。

圆偏振：EMR 波中的横向振动，其在传播时旋转均匀。

水平偏振：平面 EMR 波在水平方向上的横向振动。

随机偏振：EMR 波的横向振动没有优选(水平或垂直)方向，例如阳光。

垂直偏振：平面 EMR 波在垂直方向上的横向振动。

多色仪：一种用于将辐射能量(尤其是可见光橙色)分解成其分量波长的仪器。

势能：矢量在空间上的偏导。

辐射功率：单位时间内的辐射能量。

扰动位：点源地表与物理地表之间的势能差异。

坡印亭矢量：表示辐射能量通量的方向的矢量。

可降水量：沿射线路径的大气水总质量，单位为 g/cm^2。

负片：属于一种照片类型的图像，其中高辐亮度数值的灰度色调比低辐射数值更暗。

正片：属于一种照片类型的图像，其中低辐亮度数值的灰度色调比高辐射数值更暗。

脉冲压缩：假设啁啾脉冲的雷达信号持续时间比初始脉冲时间短，则该类信号可通过无线电技术进行分析。

RA：赤经。

RADAR：无线电探测和测距。

雷达截面：目标反射功率与入射功率所成比率，以(有效)面积为测量单位。

辐亮度：每球面度中单位投射面积的辐射功率。

无线电海洋学：在微波仪器运用以及海洋遥感技术中所使用的术语。

辐射计：测量固定波长间隔辐亮度的仪器。

辐射测量：辐射定量测量的科学。

RAMS：随机存储系统——NIMBUS-6 航天器上的固定或运动平台定位系统，每天可提供 2 个定位，精度为 ±5 km。

RAR：真实孔径雷达——成像雷达，使用物理天线来确定沿轨道分辨率；参见“SAR”。

瑞利-金斯定律：黑体光谱出射度与微波频率温度之间的近似线性关系。

瑞利定律：当辐射波长比散射体直径大 1 个或更多数量级时，散射强度和波长之间的关系。

RBV：反束光导管——在美国陆地卫星航天器上搭载的 3 个摄像机系统覆盖了 0.47～0.575 μm，0.58～0.68 μm 和 0.69～0.83 μm 的测量范围。

反射比：测量的下行辐照度与在给定波长的上行辐照度的比率。

反射率：光子被平板反射的概率，为 1 减去透明体的吸收率。

反射系数：表面反射 EMR 与入射电场强度的 EMR 波的比值。

折射：由于传播介质密度的变化导致 EMR 射线弯曲；参见“衍射”。

折射率：真空中的光速与实测光速的比值。

折射计：用于测量两种介质之间光线折射角的仪器。

遥感：通过使用远离观测物体的感测装置来获取关于该物体的信息。

分辨率：系统区分目标的能力；分辨率可以表示为被动辐射计的 IFOV 或高度计和雷达的距离。

赤经：从春分点沿着天赤道向东到天体时的圈与天赤道的交点所夹的角度。

RMS：均方根——变量总和除以变量数目后再取平方根。

RSS：和的平方根——变量之和的平方根。

SAR：合成孔径雷达——微波(23.5 cm)成像装置搭载在空间分辨率为 25 m，刈幅宽度为 100 km 的 SEASAT-1 实验卫星中。

SASS：SEASAT-A 散射仪系统——单波长(2 cm)的活动微波散射计搭载在空间分辨率为 50 km 的 SEASAT-1 实验卫星中。

扫描线：图像矩阵中图像元素的交叉轨迹行。

多次散射：从光束散射出的光子被重新吸收到光束中而不改变介质能量状态的过程。

单次散射：通过传播方向的变化，光子可永久从光束中去除而不改变介质的能量状态的过程。

散射系数：平板散射的辐射功率与入射功率和板厚度的乘积的比。

双基散射系数：从粗糙表面散射的定向微波功率与入射到表面上的定向功率的比。

暗视：在昏暗光线条件下，人眼看不到颜色；参见“明视”。

SEASAT-n：实验海洋卫星的轨道是一个非太阳同步 800 km 的圆形轨道，倾角为 108°。机载传感器包括 ALT，SAR，SASS，SMMR 和 VIR。

海水透明度盘：一个直径为 30 cm 的圆盘，一边是白色，另一边是黑色，用于估算海水的透明度。

扇形函数：一组从正值变为负值的球谐函数，仅作为经度函数。

摄影灵敏度：摄影曝光的倒数。

主动传感器：传送和接收信号的遥感仪器，如激光高度计。

被动传感器：一种只能接收发射或反射的自然辐射的遥感仪器。

天体共轭赤经：通过天极的大圆弧，向西测量过天体的大圆弧的春分点之间的天赤道弧。

有效波高：平均高度为最高波的三分之一；与训练有素的观察员通常报告的波高准确对应。

单次散射反照率：光束散射与光衰减系数的比。

SLAR：侧视机载雷达——一种主动的微波雷达成像装置，其收发狭窄、垂直、扇状的能量脉冲，通常被处理成图像格式。

SMMR：扫描多通道微波辐射计——在 SEASAT-1 和 NIMBUS-7 上搭载五个波长(4.55 cm，2.81 cm，1.67 cm，1.36 cm，0.81 cm)的被动微波辐射计。

SMS-n：同步气象卫星——轨道高度为 35 800 km 的赤道轨道地球同步系列。与 GOES-n 相同，为其前身。

S/N：信噪比——仪器接收的功率与仪器本身内部噪声功率的比。

斯涅尔定律：光波从一种介质传播到另一种介质，入射角与折射角之间的关系。

太阳常数：地表的太阳平均辐照度；约为 1 385 W/m^2 或 -1.94 Ly(兰勒)。

延伸源：具有可测量的辐射面积，例如太阳或更大的行星；其辐射量延伸源完全填充辐射计的视场。

点源：一个无穷小的辐射能源，例如一颗星星；点源不会填充辐射计的视场。

源项：辐射传输式中等于散射和入射光束的总和的项。

光谱：变量(如海平面，电压等)的能量分散，为频率、波数等的函数。

分光辐射计：测量辐亮度的仪器，为波长函数。

镜面反射点：海表面上的点，能够反射太阳光到观测点。

球面谐函数：用于近似优算地球及地球以上位置的两维及三维函数的三角函数项。

扁球形：赤道半径大于极半径的非均匀球体。

SR：扫描辐射计——搭载在 NOAA 1-5 系列操作卫星上的两通道(0.5～0.7 μm，10.5～12.5 μm)的扫描辐射计。

SST：海面温度；一些文献用 SST 表示海面地形。

斯忒藩－玻耳兹曼定律：黑体总出射度和其温度之间的关系。

球面度：立体角单位，被定义为投影球面面积与半径平方的比。

刈幅宽度：遥感仪器观测数据时，在地球表面上天底中心路径宽度。

天线温度：微波天线上入射至每频率间隔的功率微波天线除以玻耳兹曼常数。

表观温度：目标地物与理想辐射体辐亮度相同时，地物的温度等于热动力温度乘以发射率。

亮度温度：与表观温度或等效黑体温度相同，通常微波工程师使用。

体积温度：用探测装置现场测量的水温。

温度距平：辐射计海面(现场)温度减去观察到的红外等效黑体温度。

等效黑体温度：采用同一辐射计测量时，具有与黑体辐亮度相同辐亮度的目标观测物的温度。

红外温度：通过红外辐射温度计测量水表面的温度。

微波温度：各偏振方向上的黑体温度；每个频率间隔上的球面度出射度除以 2。

表层温度：红外海气温度。

天空温度：大气的等效黑体温度；取决于波长和辐射计位置。

虚温：同等压力下干燥空气的密度与湿气密度相等时测量所得的温度。

田谐函数：所有球面谐波的集合是经度和纬度的函数。

光学厚度：(大气)光散射系数在距离上的积分，为一无量纲数。

THIR：温度/湿度红外辐射计——搭载在 NIMBUS 4－7 航天器的双通道(6.5～7.0 μm，10.5～12.5 μm)扫描辐射计。

泰罗斯－n 卫星：第三代业务气象卫星，在太阳同步极地轨道上运行，高 870 km。

公差椭圆：与纬度和经度给出的反映海面太阳边缘的海洋表面张力波斜坡范围相关的数学表达式。

美国宇航局海洋地形实验：用于精密测高的地形实验卫星。

TOVS：泰罗斯业务垂直探空器——由高分辨率红外辐射探测器、平流层探测单元和微波探测单元组成的 3 个仪器系统；可计算大气温度和湿度廓线。

透射系数：通过界面传输的 EMR 波电场幅值与入射电场幅值的比。

透射率：在不互相作用的情况下，平板单位厚度上的光子入射率。

透过率：平板中测量所得的辐射通量与平板上入射辐射通量的比率。

UHF：超高频无线电频段——无线电波通常位于高频范围内。

乌勒水色刻度尺：刻度尺的颜色从绿色(1)到土褐色(11)，用海水透明度盘描述近岸和河口的水颜色。

紫外线辐射：波长短于约 4 000 Å 的 EMR 光谱部分，或低于人眼能看到紫色的部分。

单位：测量系统中的复合量纲，如速度量纲 LT^{-1}，单位可以为弗隆每两周，英里每天，厘米每秒。

非偏振：“随机偏振”的术语。

UV：紫外线辐射。

VCO：压控振荡器——电子反馈电路中的设备，将输入直流电压转换为输出频率。

VHF：通常在中等兆赫兹频率范围内的甚高频无线电波。

VRRR：甚高分辨率辐射计——NOAA 2－5 系列卫星上搭载的两通道(0.6～0.7 μm，10.5～12.5 μm)扫描辐射计。

VIR：SEASAT－1 实验卫星上搭载的可见/红外辐射计两通道(0.5～0.9 μm，10.5～12.5 μm)

扫描辐射计。

可见光：在波长约为 400 nm 和 750 nm 之间的 EMR 光谱部分，或近似人眼看到紫色至红色光的范围。

VISSR：可见光/红外自旋扫描辐射计——地球同步卫星 GOES 系列搭载的两通道(0.55～0.7 μm,10.5～12.5 μm)扫描辐射计。

体散射函数：立方体散射的辐射强度与入射到该立方体的辐照度和立方体体积的乘积的比值。

VTPR：垂向温度剖面辐射计——多通道垂向观测辐射计，用于确定大气温度剖面和总温度，由 NOAA 4－5 搭载。

纵向波：介质颗粒的位移平行于行进方向的波；例如，声波。

横向波：介质的位移垂直于行进方向的波；例如，振动弦。

波长：连续波峰之间的直线距离。

波数：波峰之间直线距离的倒数。

维恩位移定律：黑体最大出射度波长与其温度之间的关系。

大气窗口：在大气辐亮度光谱中的窄波长间隔，其吸收作用最小，透射率最大。

X 射线：其波长介于紫外线和 γ 射线之间的放射线。

天顶：方向与局部重力矢量成 180°。

天顶角：从当地垂线到射线的角度；参考“入射角”。

带谐函数：所有球谐函数的集合只是纬度的函数，因此不影响其极轴的表面轴对称性。

ZD：时区号数——15°经度宽时区的倍数除以 15；西经为正，东经为负。

ZT：时区时间——格林威治时间减去观测者所在的 15°经度带的时区号数。

符号表

拉丁符号列表和缩写

$A(\lambda)$	光谱反照率
$\widetilde{A}(\theta,\varphi)$	方向反照率
$A_e(\theta,\varphi)$	有效孔径面积
A_i	第 i 个成分的面积
A'	轨道远地点
A_z	天体的方位角
$a(\lambda)$	光吸收系数
a	轨道长半轴
$B(\lambda)$	后向散射光的百分比
$b(\lambda)$	光散射系数
b	轨道短半轴
C_i	第 i 个成分的常数
$c(\lambda)$	光束衰减(消光)系数
℃	摄氏温度
C_D	拖曳系数
C_{sun}	太阳常数
D	直径
D_i	微波吸收强度因子
D_P	摄影胶片密度
D_λ^*	监测能力
d	距离
db	分巴
dB	分贝
dA_t	公差椭圆面积
$\boldsymbol{E}$	电场矢量
$\hat{E}$	轨道偏近点角
E	电场大小
E_P	摄影胶片曝光
e	轨道偏心率
e	自然对数的底数,约为 2.71828
EMR	电磁辐射
$\boldsymbol{F}$	力场矢量
$F(\lambda)$	正向散射光的百分比
F_e	椭圆轨道的地球焦点
f	极扁率;百分比;科里奥力参数
f	拱线和卫星半径矢量之间的角度
$G(\theta,\varphi)$	天线增益
G	万有引力常数,约为 $6.67\times10^{-11}\ m^3\cdot kg^{-1}\cdot s^{-2}$
G	格林威治子午线
GHA	格林威治时角
GMT	格林威治标准时间
g	重力加速度(平均),约为 980.6 cm/s^2
$\boldsymbol{H}$	磁场矢量
H_0	磁场大小
h	普朗克常数,为 6.625×10^{-34} J·s
h_{sat}	卫星高于地面高度
h	太阳(角)高度
$h_{1/3}$	有效波高
$I(\lambda)$	辐照度
i	$\sqrt{-1}$
i_j	米氏散射强度分布函数
J	焦耳
$J(\lambda)$	点源强度
J_n	n 级勒让德系数
K	开尔文温度
$K(\lambda)$	介电常数
$\boldsymbol{k}$	传播数矢量
k_0	传播数的大小
k	玻耳兹曼常数,为 1.38×10^{-23} J/K
$\hat{k}$	冯卡曼常数,为 0.4(无量纲)
$L(\lambda)$	辐亮度
L^*	程辐射
$\ell(K)$	劳仑兹线形
ℓ	混合长度
M	通过观察者的子午线

$M(\lambda)$	出射度
$\hat{M}$	轨道平近点角
M_e	地球质量，为 5.97×10^{24} kg
$M_{o;p}$	对象(o)或照片(p)的调制
MTF	调制传递函数
m	子午线角
m	质量
m	米
$\hat{m}$	混合比($\rho_{wv} \div \rho_d$)
N	数字密度；光子通量
N	牛顿
N_{as}	轨道升交点
N_{ds}	轨道降交点
$N(\lambda)$	归一化辐亮度
n	折射率
O	数量级
$P(\theta,\varphi)$	辐射功率
$\hat{P}(\lambda)$	相函数
P_N	北极
P_S	南极
P_n	n 级勒让德多项式
P^*	轨道近地点
P	压力(或部分压力)
P_0	1 013.25 mb
Q_H	海洋热通量
q	电荷
RA	赤经
$R_{\genfrac{}{}{0pt}{}{h}{v}}$	菲涅尔反射系数
$R(\lambda)$；$\widetilde{R}(\lambda)$	反射比(分别为 I_u/I_{in}；I_w/I_{in})
$\boldsymbol{r}$	范围矢量
r	半径
$\boldsymbol{S}$	辐射能量通量
$S(\lambda)$	源函数
S'	卫星在轨道上的位置
S	标准偏差估计
T	温度
$T_{\genfrac{}{}{0pt}{}{h}{v}}$	菲涅尔透射系数
t	时间
$\widetilde{U}$	上行微波大气函数
U	重力势
u	光学厚度；速度东向分量
$\hat{u}$	光学厚度
u_*	摩擦速度
$\boldsymbol{u}_i$	第 i 个成分的单位矢量
V	伏特体积
$\boldsymbol{v}$	速度矢量
$\lvert v \rvert$	速度大小(速度)
v	速度北向分量
v_0	光速，为 2.99×10^{10} cm/s
W	辐射能量密度
W	瓦特
w_e	等效线宽
w_p	可降水量
X	x(距离)的任意函数；第一个刺激色度值
x	方向分量/通常为东向分量；第一三色刺激色度坐标
$\bar{x}(\lambda)$	第一三色刺激色度函数
Y	概率密度函数的振幅；第二刺激色度值
y	方向分量，通常为北向分量；第二色度三色刺激坐标
$\bar{y}(\lambda)$	第二三色刺激色度函数
Z	第三三色刺激色度值
z	定向分量，通常为上向分量；第三三色刺激色度坐标
$\bar{z}(\lambda)$	第三三色刺激色度函数
z_e	有效深度

下标

A	气溶胶；天线
a	大气
ab	吸收的
a→w	空气到水
b	底部
B	亮度；背景

bb	黑体	R	复变量函数实数部;瑞利
c	侧风;宇宙起源	RN	接收器噪音
d	干的	re	反射
df	漫射	Sb	S 波段
e	赤道;有效的	s	海表面
em	发射	sc	散射
FT	第一年薄冰	sw	海水
FY	第一年带积雪冰	tr	透射
g	银河原点	u	通过空气 - 水界面上升;逆风 - 顺风
h	水平分量		
I	复变量函数虚数部	v	垂直分量
INJ	注入噪音	w	水中
in	入射	wv	水汽
Lb	L 波段	w→a	水到空气
MY	多年冰	y	黄色物质(gelbstoff)
P	微粒;极;极化;照片	↑	向上指示
pw	纯净水	↓	向下指示

希腊符号和文字符号列表

$\boldsymbol{A}$	任意矢量;微波矢势	$\varepsilon(\lambda)$	发射率
Å	埃	Z	天顶
$\alpha(\lambda)$	吸收率	ζ	天顶角
$\hat{\alpha}$	米氏散射粒度参数,为 $2\pi r/\lambda$	ζ_w	导热系数,约为 1.4×10^{-3} cal · sec^{-1} · cm^{-1} · $℃^{-1}$
α	表面波面方位角		
$\boldsymbol{B}$	任意矢量	η	开普勒轨道参数,为 $\sqrt{G/r^3}$
$\beta(\theta)$	体散射函数	θ	卫星坐标中的天底角
β	表面波面倾斜角	θ	球面坐标中的极角
$\boldsymbol{\Gamma}$	扭矩	i	轨道平面倾角
Γ	多光谱红外透射率系数	κ	波数
$\gamma(\lambda)$	水下辐亮度可见大气透射率	Λ	皮温度微分常数
γ_p	D_p与 $\log_{10}E_p$曲线斜线	λ	波长
γ_{ij}	双站散射系数	λ	经度
Δ	差值	μ	磁导率; $\mu=4\pi\times10^{-7}$ H/m
$\Delta\nu_i$	微波吸收线宽因子	ν	频率
δ	赤纬	ν^*	悬浮颗粒粒度参数
δ	Delta 函数;无穷小厚度	ν_w	水的运动粘度系数,约为 1.9×10^{-2} cm^2/s
$\delta(\lambda)$	表面辐亮度可见大气透射率		
E_R	能量,$E_R=h\nu$	$\xi(\lambda)$	滤波函数
ε	介电常数;$\varepsilon=8.854\times10^{-12}$ F/m	⊙	太阳符号

Π	微波海水的导电函数
π	圆面积与直径比，约为 3.14 159
$\rho(\lambda)$	菲涅尔反射率
$\hat{\rho}$	电荷密度
ρ	流体密度
$\sum$	求和
$\sum$	协方差矩阵
$\hat{\sigma}$	导电率；$\hat{\sigma}_0 = 0$ mhos
σ_{ij}^2	方差协方差
σ	斯坦福－波尔兹曼常数，为 $5.67\times10^{-8}\,\mathrm{W\cdot m^{-2}\cdot K^{-4}}$
σ	雷达目标横截面
σ	单位面积雷达目标横截面；NRCS
T	EMR 波的周期
T	矩阵的转置
$\tau(\lambda)$	透射率
τ_a	大气透射率
Υ	春分点
Υ	应力
υ	任意角
Φ	重力势能
ϕ	球面坐标系中的方位角
ϕ	纬度
χ	红外热通量参数
Ψ	开普勒摄动势能
ψ	任意标量
$\psi(0,1)$	随机数，范围从 0 到 1
Ω	立体角（球面度）
Ω	二分点岁差角
ω	角频率
ω	赤道平面和拱线之间的角度
ω_0	单次散射反照率

其他

‰	千分之几
¶	概率
$\lvert\ \rvert$	绝对值
$\equiv$	定义为
$\approx$	约等于
$\vec{\nabla}$	矢量梯度；“del”运算符
$\cdot$	矢量点积；$\boldsymbol{A}\cdot\boldsymbol{B}\equiv\lvert\boldsymbol{A}\rvert\cdot\lvert\boldsymbol{B}\rvert\cdot\cos\theta$
$\times$	矢量叉积；$\boldsymbol{A}\times\boldsymbol{B}\equiv\lvert\boldsymbol{A}\rvert\cdot\lvert\boldsymbol{B}\rvert\cdot\sin\theta\cdot\boldsymbol{u}$